Geochronology of Authigenic Illite：
Principles，Methods and Applications

自生伊利石年代学研究

——理论、方法与实践

张有瑜　刘可禹　罗修泉　著

科学出版社

北　京

内 容 简 介

本书以油气成藏史研究为主线,对自生伊利石年代学研究的理论、技术方法和实际应用进行全面系统介绍,全书分为四部分,即基础篇、技术篇、应用篇和讨论篇。基础篇和技术篇重点介绍自生伊利石的定义、分类、矿物学特征及其分离提纯方法,以及 K-Ar 法、Ar-Ar 法年龄测定技术;应用篇重点论述塔里木盆地、四川盆地自生伊利石年龄分布及其在成藏史研究中的应用,并对该项技术在泥页岩"哑层"和断层泥年龄测定方面的应用进行探索性研究;讨论篇主要对自生伊利石 K-Ar 法、Ar-Ar 法测年技术进行对比并对其应用前景进行深入探讨。

本书可供地质、石油天然气地质工作者,特别是油气成藏史研究人员、地质、石油院校师生阅读参考。

图书在版编目(CIP)数据

自生伊利石年代学研究:理论、方法与实践＝Geochronology of Authigenic Illite: Principles, Methods and Applications/张有瑜,刘可禹,罗修泉著. —北京:科学出版社,2016.3
ISBN 978-7-03-047757-6

Ⅰ.①自⋯　Ⅱ.①张⋯　②刘⋯　③罗⋯　Ⅲ.①伊利石-年代学-研究
Ⅳ.①P578.94

中国版本图书馆 CIP 数据核字(2016)第 053089 号

责任编辑:万群霞　陈姣姣 / 责任校对:胡小洁
责任印制:张　倩 / 封面设计:铭轩堂

科 学 出 版 社 出版
北京东黄城根北街 16 号
邮政编码:100717
http://www.sciencep.com
北京佳信达欣艺术印刷有限公司 印刷
科学出版社发行　各地新华书店经销
*
2016 年 3 月第　一　版　开本:787×1092　1/16
2016 年 3 月第一次印刷　印张:24 1/2
字数:580 000
定价:168.00 元
(如有印装质量问题,我社负责调换)

序　一

　　随着油气勘探难度的进一步加大,油气成藏史研究的作用和意义进一步彰显。自生伊利石年龄测定可为成藏史研究提供重要的年代学信息。自生伊利石年龄测定与油气成藏史研究结合始于国外 20 世纪 80 年代,并在北海油气区获得较好应用效果,显示出较好发展前景。为了适应国内油气勘探形势需要和跟踪国际发展前沿,中国石油天然气股份有限公司勘探开发研究院于 1996 年开始筹建我国首个重点针对油气成藏研究的年龄同位素质谱实验室,即自生伊利石同位素年龄测定实验室。经过近二十年的努力,自生伊利石年代学实验室在理论、技术、方法和应用等方面取得了一系列重要收获。该书是该实验室主要研究人员张有瑜教授与刘可禹教授和罗修泉研究员十几年合作研究成果的集中体现,能够正式出版,感到很欣慰,并表示祝贺!

　　该书内容比较全面、系统,涵盖理论、技术和方法,也有实例和讨论,可读性、实用性都比较强,具有较高的学术价值。更为可喜的是,该书中的实验数据不仅多,而且全,具有较强的可追溯性,图文并茂,可查、可用。

　　油气成藏史研究需要综合多方面知识,多种技术手段相结合。相信该书的出版能够在加速推广自生伊利石年代学研究知识方面发挥重要作用,使从事油气勘探的广大工作者能够更系统、充分了解自生伊利石年代学理论、技术及其应用,互相促进、共同提高。

　　从该书的内容可以看出,作者强调新技术开发和油气勘探实践的紧密结合。对塔里木盆地、四川盆地、鄂尔多斯盆地的系统研究成果可能很具有启发意义。此外,自生伊利石测试样品分布范围广、盆地和层位多,也很有借鉴意义。当然,对于多期成藏,与其他成藏史研究技术手段的对比,以及在油气勘探实践中的作用等方面,还需要继续加强研究。

中国科学院院士　贾承造

2015 年 7 月 6 日

序　二

Energy and hydrocarbons are important in today's society. Several geologic elements are necessary for hydrocarbons (oil or gas) to accumulate in sufficient quantities to be economically extracted. The petroleum systems approach is widely applied in petroleum exploration and relies on an understanding of various elements, including the nature of the source rock, generation and migration processes, reservoir rocks and seal/trap formation. Of fundamental importance is an understanding of the temporal evolution of the various elements of petroleum systems. One aspect that is often poorly constrained is the timing of petroleum migration and entrapment. This is a major obstacle for geoscientists when developing predictive hydrocarbon exploration models. K-Ar and Ar-Ar dating of authigenic illite offer opportunities to address these challenges.

Isotopic dating and geochemical studies of authigenic clay minerals are important tools to understand diagenetic and fluid flow histories for hydrocarbon exploration and reservoir management. Authigenic illite contains potassium and is therefore suitable for age determination using the K-Ar geochronometer. Dating of K-bearing illite minerals, using the K-Ar isotopic systems, offers the prospect of establishing the absolute timing of diagenetic events. These data are of fundamental importance and control points for understanding basin development, burial and thermal history, and the hydrocarbon system. Geochronology research such as that which Prof. Zhang conducts is extremely useful to the petroleum industry. I would like to congratulate the Science Press (China) for this special publication on Geochronology of Authigenic Illite —Principles, Methods and Applications by Professor Zhang focusing on his lifetime research contributions to illite age dating.

Prof. Zhang has been working since 1998 on authigenic illite dating which is a highly specialized field and only carried out in a few labs around the world. The PetroChina RIPED authigenic illite age dating facility is the only operational and dedicated facility of this kind in China providing reliable illite age data based on an integrated and holistic sample characterization, sample disintegration, clay separation and subsequent age dating. The key word here is reliable; many facilities are capable of measuring a K-Ar age but only a few scientists take the care to prepare and characterize the material in such a manner that the resulting data are meaningful. The RIPED illite age dating facility is one of only a very few facilities which is capable to obtain reliable

K-Ar age data, based on the detailed understanding of the special sample preparation and characterization requirements prior to age dating. In brief, the radiogenic isotope systematics of sedimentary rocks are complex due to the intimate mixture of minerals of different origins such as detrital phases, potentially from a variety of sources, as well as authigenic minerals. Consequently, it is often difficult to unambiguously interpret measured ages. Special sample preparation techniques involving freeze thaw disaggregation to avoid over crushing and extensive size separation to reduce the amount of detrital phases can address these issues and were implemented in the RIPED facility under Prof. Zhang's guidance. The validity and importance of the assumptions involved in K-Ar dating of authigenic illite (e. g. contamination, closed system behaviour, excess Ar) must be carefully addressed and the sample material characterized using a wide range of tools comprising X-ray diffraction, secondary electron microscopy, particle granulometry and transmission electron microscopy to name a few. I have been aware of Prof. Zhang's work on K-Ar dating of diagenetic events for a number of years, beginning in the early 2000's with his work on using K-Ar dating of diagenetic illite to constrain the timing of hydrocarbon migration in Tarim Basin sandstone reservoirs. I have spent more than 20 years studying diagenesis of sandstone reservoirs as a petroleum research geochemist, and one of the key issues to reduce exploration risk is to determine the timing of diagenetic events and how these relate to petroleum migration and trapping. The generated data are particularly valuable for helping to define, on a play scale, how the basin is interconnected in time. Exploration for oil and gas is a high risk task. Typically, an exploration well will cost between $ 20 to 50 or more million US dollars, yet the rate of success is around 5% to 15 %. One of the key focuses in the oil/gas industry is to develop and apply new technologies such as integrated authigenic illite age dating to lower that risk.

The research output of the RIPED illite age dating facility under Prof. Zhang's guidance has been exceptional with more than 600 investigated samples by the K-Ar and ^{40}Ar/^{39}Ar dating methods comprising surface and deep drill core samples from over 20 investigated stratigraphic reservoir units covering most geological ages from the Silurian to the Neogene of over 20 sedimentary basins and oil and gas fields in China. The Tarim Basin is a key study area of Prof Zhang with further main studies focusing on the Sichuan Basin and Ordos Basin. His scientific output involves publications in journals such as AAPG, Acta Petrolei Sinica, Petroleum Exploration and Development, Earth Science Frontiers etc. , numerous abstracts and confidential industry reports. The compiled book with 16 chapters contains a comprehensive introduction (Part 1) to the potential and difficulties of authigenic illite age dating, methods and techniques (Part 2), applications (Part 3) and a general discussion (Part 4) as well as an up-to-date complete reference list. This unique book summarizing the research of Prof. Zhang should be of wide spread interest to the Chinese petroleum geoscience community and students interested in this topic.

Horst Zwingmann
Kyoto，Japan
Aug.　2015

Horst Zwingmann

Prof. Zwingmann has a background in geochronology and low temperature geochemistry. He studied geology at Göttingen University，Germany and obtained a PhD in geochemistry from the Université Louis Pasteur，Strasbourg，France in 1995. He joined the Commonwealth Scientific and Industrial Research Organization，Australia and remained with CSIRO until 2015. Since 2009 he has been an associate professor at the University of Western Australia，Perth，Australia. In 2015 he was appointed Professor of Geotectonics at Kyoto University，Japan. His research interests focus on characterization and dating of brittle fault zones，diagenetic processes and very low temperature geochemical processes.

前　言

时光如梭,从1998年开始创建油气储层自生伊利石Ar同位素年代实验室至今,转眼已经度过了17个春秋。如果从1996年中国石油勘探开发研究院实验中心提交《建立年龄同位素质谱实验室报告》算起,已近20载。

17年来,在院、实验中心领导的关心和鼓励下,笔者相继建立了K-Ar法、Ar-Ar法同位素年龄测定和自生伊利石分离提纯实验室,开发了砂岩样品制冷-加热循环解离(简称冷冻)和自生伊利石分离提纯微孔滤膜真空抽滤(简称真空抽滤)等特色技术,并对国内主要含油气盆地或地区(油气田)的主要储层进行了自生伊利石年龄测定,层位从古生代志留系、泥盆系、石炭系、二叠系,到中生代三叠系、侏罗系、白垩系,到新生代古近系、新近系,并重点对塔里木盆地、四川盆地、鄂尔多斯盆地进行了系统研究,从理论、方法、技术到应用均取得了一系列重要认识。经历了艰辛与困惑,也收获了成功与欢乐。

为了推广自生伊利石年代学研究知识,让有志于自生伊利石年代学研究的同行不再是"从零起步",同时也为了让他们能在已有成果的基础上再攀高峰,在国内外挚友的鼓励和帮助下,终成此书。

之所以冠名为《自生伊利石年代学研究——理论、方法与实践》,其目的在于阐明"为什么要这样做"、"如何做"和"怎样做",强调"实用"和"适用",这可以理解为本书的宗旨和特色。

自生伊利石是分布非常广泛的一种黏土矿物。自生伊利石年龄测定,特别是自生伊利石K-Ar法年龄测定与油气成藏史研究始于国外20世纪80年代(Aronson and Burtner, 1983[①]; Lee et al., 1985[②]),或更早,可以说这是一项引进的技术。但国外主要是针对北海地区或北海油气区,层位主要是二叠系赤底群下莱曼组风成砂岩和中侏罗统布伦特群河流相砂岩,层位少,样品数量也相对较少。迄今为止,即便是国外也还没有自生伊利石年代学方面的专著出版,大多只是作为相关专著中的一章或几章、一节或几节,如Weaver(1989[③]);Emery和Robinson(1993[④]);Clauer和Chaudhuri(1995[⑤]);Stille和

---

①　Aronson J L, Burtner R L. 1983. K-Ar dating of illitic clays in Jurassic Nugget sandstone and timing of petroleum migration in Wyoming Overthrust Belt (abstract). AAPG Bulletin, 67:414

②　Lee M, Aronson J L, Savin S M. 1985. K-Ar dating of time of gas emplacement in Rotliegendes sandstone, Netherlands. AAPG Bulletin, 69(9):1381-1385

③　Weaver C E. 1989. Clays, Muds, and Shales. Developments in Sedimentology. Amsterdam-Oxford-New York-Tokyo: Elsevier

④　Emery D, Robinson A. 1993. Inorganic geochemistry — applications to petroleum geology. Oxford: Blackwell Scientific Publications

⑤　Clauer N, Chaudhuri S. 1995. Clays in Crustal Environments-Isotope Dating and Tracing. Berlin Heidelberg New York: Springer-Verlag

Shields(1997[①])；Meunier 和 Velde(2004[②])等。我们有自己的独特的发展、方法、技术和特点(样品多、层位多、自生伊利石类型多、特征全)。

回顾 17 年来的发展与进步，有 3 位良师益友至关重要。首先是罗修泉研究员。稀有气体质谱仪，也称静态真空质谱仪，属于高真空($10^{-8}\sim10^{-10}$ torr[③])、高灵敏度、高分辨率的大型精密仪器。在罗老师的带领下，很快便创建了高水平 Ar 同位素年代实验室(MM5400 静态真空质谱仪)并投入运营，"填补了国内石油系统 40 年来没有年龄同位素实验室的空白"，并且实验室充满石油(地质)特色。其次是 Horst Zwingmann 博士[澳大利亚联邦科学和工业研究院(CSIRO)教授，现为日本京都大学教授]和刘可禹博士(中国石油勘探开发研究院教授、澳大利亚新南威尔士大学客座教授、柯廷大学和 CSIRO 客座研究员，"中国国家千人计划"学者)。Horst Zwingmann 博士和刘可禹博士的帮助是全方位的，从仪器设备到实验技术，从英文写作到国际最新进展。

全书共 4 篇(基础篇、技术篇、应用篇、讨论篇)16 章。首先是基础篇，共 2 章，主要讨论"什么是自生伊利石"、"如何鉴定自生伊利石"和"怎样分离提纯自生伊利石"。其次是技术篇，共 5 章，重点介绍实验室的特色技术，如"冷冻"技术、"真空抽滤"技术，以及静态真空质谱仪技术、K-Ar 年龄测定技术、Ar-Ar 年龄测定技术，尤其是 K-Ar 技术和 Ar-Ar 技术，在兼顾体系和完整的基础上，重点突出石油(地质)特色，其核心内容如稀释剂分装、IAA(伊利石年龄分析)技术，以及自生伊利石 Ar-Ar 法问题等都是笔者重点推出的研究成果，许多内容可能在其他公开出版物中很难找到，如稀释剂分装、关于自生伊利石 Ar-Ar 法问题的全面系统论述等。然后是应用篇，共 7 章，分 3 个方面，其中关于在成藏史研究方面的应用，是本书的核心内容，属于十几年来公开发表成果，但都做了较大修改，增加了新的数据、新的认识和新的研究成果，并不是简单的再版，而是赋予了新内容，反映了当前的研究水平；不讨论泥页岩"哑地层定年"和"断层泥定年"，就不能冠以"自生伊利石年代学研究"，或至少是不全面的，第十三、十四章分别介绍了在这两个方面的初步探索，遗憾的是工作区或研究目的层不是十分理想，所以没有收到较好的应用效果，但这并不影响其价值和意义，因为我们强调的是方法和思路，此外，提供一些实实在在的年龄数据资料以及经验与教训也是非常有意义的。最后是讨论篇，共 2 章，不讨论自生伊利石 Ar-Ar 法，同样也不能称为"自生伊利石年代学研究"，因为这方面内容非常重要。自生伊利石 Ar-Ar 法可以说是一个"壁垒"或雷区，不仅实验难、周期长、费用高，而且问题多、争议多。如果仅仅怀着美好的期望，稍有不慎，就可能会陷入"误解"、"误用"。之所以会出现这样的问题，实测数据少、研究实例少、分析讨论少、普及知识少等，可能是主要原因。在对国内 5 个含油气盆地或地区 8 个层位(S、D、C、P、T、J、K、E)不同典型自生伊利石进行未真空封装 Ar-Ar 法年龄测定的基础上，分别以苏里格气田二叠系砂岩和塔里木志留系

　　① Stille P, Shields G. 1997. Radiogenic Isotope Geochemistry of Sedimentary and Aquatic Systems. Berlin Heidelberg：Springer-Verlag.

　　② Meunier A, Velde B. 2004. Illite-Origins, Evolution and Metamorphism. Berlin Heidelberg New York：Springer-Verlag.

　　③ 1torr＝133.322Pa.

沥青砂岩储层为例，全面系统地论述了自生伊利石 Ar-Ar 法问题及其与自生伊利石 K-Ar 法的技术对比和应用前景。增加"附录"部分的目的就是为了把我们所获得的具有较强代表性的自生伊利石年龄数据，包括 K-Ar 年龄、Ar-Ar 年龄、Ar-Ar 阶段升温数据和 Ar-Ar 年龄谱等，全部系统、完整地奉献给广大读者，其中很大一部分是在本书正文中没有机会详细列出或没有披露的，能为读者所用乃最大心愿！

　　全书由张有瑜、刘可禹、罗修泉执笔，罗修泉、刘可禹审校，最后由张有瑜统稿并定稿。为了填补数据空白（地区上的或层位上的）、为了数据的连续性、系统性以及可对比性（如 K-Ar、Ar-Ar 年龄对比等），本书及历年发表的论文中分别引用了国内同行学者的部分数据资料（SEM、XRD、K-Ar 年龄），如高岗、傅国有、罗小平、罗忠、刘四兵、马玉杰、任战利、苏劲、孙玉梅、王红军、王延斌、许怀先、于志超、张水昌、张忠民等。这些数据都是由笔者实验室完成的，具有较好的一致性和可比性。对于他们的协作和帮助，在此表示诚挚的谢意！

　　感谢中国科学院院士贾承造教授和日本京都大学 Horst Zwingmann 教授在百忙中为本书作序！

　　感谢中国石油勘探开发研究院领导、石油地质实验研究中心主任张水昌教授、前主任张大江教授，以及实验中心其他领导的支持和帮助！感谢提高石油采收率国家重点实验室、中国石油天然气集团公司盆地构造与油气成藏重点实验室的支持和帮助！感谢石油地质研究所陶士振教授、CSIRO Andrew Todd 博士的支持和帮助！感谢实验中心林西生、朱德升、游建昌、魏宝和、郑永平等有关同志所给予的支持和帮助！

　　对笔者而言，自生伊利石年代学研究同样也是一个新领域，充满着创新和挑战。书中不当、不妥之处在所难免，敬请读者批评指正。

　　潜心研究自生伊利石近 20 载，可谓魂牵梦萦、朝思暮想，特赋诗一首，以述情怀，并敬请鉴赏！

张有瑜

2015 年 7 月 1 日

报时鸟

——自主伊利石资

鱼名砂老报时鸟，
飘遥涵脱怠眠守。
静视神气漾漾来，
默记心头在何时晚。
待到学人欲知期。
浴火炼身报准期，
喜看神液腾华夏，
乐闻气流进万家。

甲午年（贰零壹肆）

七月二十日凌晨四时五十分

于北京

Preface

It has been 17 years since the establishment of the Petroleum Reservoir Authigenic Illite Argon Isotope Labaoratory, also known as the Authigenic Illite Geochronology Lab (AIG Lab) in the Research Institute of Petroleum Exploration and Development (RIPED) in 1998. Over the past 17 years, under the guidance of several RIPED presidents and directors of the Petroleum Geology Research and Laboratory Center, the AIG Lab has developed a series of unique methods or techniques including the repetitive freezing and thawing sandstone sample disaggregation technique (the freezing technique), and the vacuum filtrating device and technique to separate authigenic illite with microporous membrane (the vacuum filtrating technique). The AIG Lab has conducted numerous dating of petroleum reservoirs in major Chinese petroliferous basins and/or oil fields of a wide range of ages from the Palaeozoic to the Cenozoic periods including Silurian, Devonian, Carboniferous, Permian, Triassic, Jurassic, Cretaceous, Eogene and Neogene. The Lab has conducted systematic geochronological studies of hydrocarbon charge in the Tarim Basin, Sichuan Basin and Ordos Basin. It is pleased to see that over the past 17 years the AIG Lab has achieved a number of milestones in technique development and field applications of dating petroleum reservoir charge timing and has provided some critical geochronological information for understanding petroleum charge history in various basins.

This book intends to provide readers who are interested in authigenic illite geochronology some background knowledge and our hard-earned experience in the field of authigenic illite dating so they would not need to start from scratch and avoid some pitfalls.

Entitled 'Geochronology of Authigenic Illite—Principles, Methods, and Applications', the book intends to tell the readers on 'what is authigenic illite dating', 'why we need to date', 'how to date' and 'how to interpret the dating results'. We particularly want to emphasize practical and appropriate ways of conducting authigenic illite dating and interpreting the results.

Authigenic illite is a commonly occurring clay mineral in sedimentary basins. Authigenic illite geochronology, especially the use of authigenic illite K-Ar to date hydrocarbon charge timing, started in the 1980s abroad (Aronson and Burtner, 1983[1];

---

[1] Aronson J L, Burtner R L. 1983. K-Ar dating of illitic clays in Jurassic Nugget sandstone and timing of petroleum migration in Wyoming Overthrust Belt (abstract). AAPG Bulletin. 67: 414.

Lee et al. , 1985[1]) and was introduced to China subsequently in the 1990s. However, the application of the authigenic illite dating of hydrocarbon charge timing abroad primarily confined to the North Sea oilfields on limited reservoir intervals including the well documented Permian Rotliegend Group aeolian sandstone (the Lower Leman Sandstone), and the Middle Jurassic Brent Group fluvial sandstone reservoirs with limited dating samples. So far there have been no dedicated books on authigenic illite geochronology published in China and abroad, except for some individual chapters or sections embedded in books dealing with other themes, e. g. Weaver(1989[2]); Emery and Robinson(1993[3]); Clauer and Chaudhuri(1995[4]); Stille and Shields(1997[5]); Meunier and Velde(2004[6]). Since its introduction to China and especially over the past decade, authigenic illite geochronology has been further developed and applied to a wide range of basins and reservoir intervals in China.

Over the past 17 years, the research and development of the AIG Lab has been benefited from three key people. Firstly and foremostly, is Prof. Xiuquan Luo, a very experienced expert on the high-sensitivity, high-resolution, and high vacuum ($10^{-8} \sim 10^{-10}$ torr) noble gas mass spectrometer. Under his guidance and technical assistance, the AIG Lab has mastered the MM5400 static vacuum mass spectrometer and established a world-class Ar isotope geochronology laboratory in PetroChina. Dr Horst Zwingmann (now with Kyoto University) and Dr Keyu Liu (now with RIPED and Curtin University), both of the Commonwealth Scientific and Industrial Research Organisation (CSIRO) previously have been in close collaboration with the AIG Lab since 2003. Their contributions are multifaceted including instrumentation, technique development, field application and publications.

The book consists of four sections (Fundamentals, Techniques, Applications and Discussion) and 16 chapters. The Section on the "Fundamentals" comprises two chapters primarily dealing with "features of authigenic illites", "how to identify authigenic illites" and "how to obtain pure authigenic illites". The Section of the

----

① Lee M, Aronson J L, Savin S M. 1985. K-Ar dating of time of gas emplacement in Rotliegendes sandstone, Netherlands. AAPG Bulletin. 69(9): 1381-1385.

② Weaver C E. 1989. Clays, Muds, and Shales. Developments in Sedimentology 44. Amsterdam-Oxford-New York-Tokyo: Elsevier.

③ Emery D, Robinson A. 1993. Inorganic Geochemistry—Applications to Petroleum Geology. Oxford: Blackwell Scientific Publications.

④ Clauer N, Chaudhuri S. 1995. Clays in Crustal Environments-Isotope Dating and Tracing. Berlin Heidelberg New York: Springer-Verlag.

⑤ Stille P, Shields G. 1997. Radiogenic Isotope Geochemistry of Sedimentary and Aquatic Systems. Berlin Heidelberg: Springer-Verlag.

⑥ Meunier A, Velde B. 2004. Illite-Origins, Evolution and Metamorphism. Berlin Heidelberg New York: Springer-Verlag.

"Techniques" comprises five chapters dealing with unique techniques developed by the AIG Lab including the "freezing technique", the "vacuum filtrating technique", and also the "Static vacuum mass spectrophotometer", K-Ar and Ar-Ar dating techniques, respectively. Aimed with providing a systematic workflow we especially focused on the petroleum geological application aspects including spike (^{38}Ar) splitting, illite age analysis (IAA) and issues around authigenic illite Ar-Ar dating, which might not be easily found in the literature nowadays. The section on "Applications" comprises seven chapters covering three key aspects. Investigation of hydrocarbon charge is the principal component of the section and the entire book. The section contains several published papers by the authors over the past decade. However, the chapters are not simple reproduction of the published work but have been updated with new data, analysis and interpretation. Chapter 13 and 14 discuss some pilot work on the "barren-bed dating" and "fault gauge dating". Unfortunately those pilot studies are not very successful due to a number of factors, mostly not ideal geological settings. Nonetheless, they offer readers some hard-learned lessons on authigenic illite dating applicability in those areas. The Section on "Discussion" presents the authigenic illite Ar-Ar dating method in two chapters. Authigenic illite Ar-Ar dating is regarded as a "mine field" or "unresolved barrier" in the field of authigenic illite geochronology as it involves a long and difficult procedure and is also a costly and controversial method. Without a good understanding of various factors affecting the authigenic illite Ar-Ar ages, the method can easily be misused or abused. This is mainly caused by very limited data so far available and the lack of well investigated case studies and open discussion on the issue. By using the unencapsulated method, we have analyzed a variety of authigenic illite samples from five petroliferous basins and eight stratigraphic intervals (S, D, C, P, T, J, K and E) in China. We systematically addressed the issues relating to the authigenic illite Ar-Ar dating method and its potential applications using examples from the Sulige giant gas field in the Ordos Basin and the Silurian bituminous sandstone in the Tarim Basin. The inclusion of an Appendix section aims to provide readers with some typical authigenic illite dating results including K-Ar ages, Ar-Ar ages, and Ar-Ar age spectra, some of which are not discussed elsewhere in the book. We hope readers may find the data useful to their work.

The book is primarily written by Youyu Zhang with contribution from Keyu Liu and Xiuquan Luo. In addition to our own research work and data, for completeness of covering more regions and stratigraphic intervals, and for technique's comparison (e. g. K-Ar vs Ar-Ar), the book also makes use of some data (e. g. SEM, XRD, K-Ar ages) of other colleagues including Gang Gao, Guoyou Fu, Xiaoping Luo, Zhong Luo, Sibing Liu, Yujie Ma, Zhanli Ren, Jin Su, Yumei Sun, Hongjun Wang, Yanbin Wang, Huaixian Xu, Zhichao Yu, Shuichang Zhang, Zhongmin Zhang, et al. All those data were analyzed in the AIG Lab by the authors using the same procedure and can thus be compared.

We are grateful to Prof. Chengzao Jia, Academician of Chinese Academy of Sciences, and Prof. Horst Zwingmann of Kyoto University for their review and endorsement of the publication of this book.

We also would like to express our gratitude to many people in RIPED including the current director of the Petroleum Geology Research and Laboratory Center, Prof. Shuichang Zhang, former director, Prof. Dajiang Zhang for their unfailing support! The State Key Laboratory for Enhanced Oil Recovery and the CNPC Key Laboratory for Basin Structure and Hydrocarbon Accumulation are acknowledged for financial support. A number of people contributed to the work presented in the book in various ways including Prof. Shizhen Tao of RIPED, Andrew Todd of CSIRO, and Xisheng Lin, Jianchang You, Baohe Wei, Desheng Zhu and Yongping Zheng of the Petroleum Geology Research and Laboratory Center.

Even after years of research in the field, authigenic illite geochronology is still a new research field for us and is full of new challenges. It is anticipated that some inadequacy and omissions are present throughout the book. We welcome comments and suggestions from the readers.

Youyu Zhang

July 1, 2015

目 录

讨论篇

Contents

Part Ⅱ　Techniques

Part Ⅲ　Applications

Part Ⅳ Discussion

基　础　篇

基础篇

第一章　自生伊利石的定义、分类及其矿物学特征

伊利石和自生伊利石是两个密切相关的矿物学术语,讨论自生伊利石必然会涉及伊利石。然而,伊利石和自生伊利石既密不可分,又彼此之间具有明显的差异,伊利石强调的是晶体结构和化学成分特征,具有严格的定义和固定的矿物学参数,如化学式、晶体构造和化学组成等,而自生伊利石更多的是一个成因术语,强调的是成因特征,代表的是一组具有相似物理、化学性质的黏土矿物组分。本章将在简要介绍伊利石的基础上,重点讨论自生伊利石的定义、分类及其矿物学特征,并且是根据本书的特点,只重点介绍与年代学研究密切相关的主要矿物学特征,如 X 射线衍射(XRD)特征和形态、产状特征及化学成分特征,而对于其他方面的特征,如阳离子交换容量(CEC)、比表面积、红外光谱、穆斯堡尔谱等,则暂不讨论。关于伊利石的详细内容请参阅 Meunier 和 Velde(2004)的专著;关于黏土矿物基本概念,如基本结构单元、基本层型、层间域、层间物、层电荷、单位构造等,以及关于黏土矿物 XRD 分析基本概念,如自然风干定向样品(N 片)、乙二醇饱和处理定向样品(EG 片)、加热(550℃/2h)处理定向样品(HT 片或加热片)、基面间距(晶面间距)、d 值、晶面符号等,请参阅赵杏媛和张有瑜(1990)的专著。

第一节　伊　利　石

伊利石(Illite)这一术语是由 Grim 等(1937)提出的,并被作为在鉴定美国伊利诺斯州(Illionis)Fithian 镇附近煤层下面的泥质沉积物时所发现的(001)反射为 10×10^{-1} nm 的细粒云母类黏土矿物的总称[(001)表示晶面符号]。随后,伊利石就被广泛地用于命名基本不含膨胀组分的基面反射[$d_{(001)}$]为 10×10^{-1} nm 的黏土矿物。由于不是专指某一种特定矿物,因而伊利石在层状硅酸盐矿物分类表中尚无确切位置,一般暂放于云母族中,也有将其归入"水云母族"或"真云母族"(Eslinger and Pevear,1988;赵杏媛和张有瑜,1990;杨雅秀等,1994;赵杏媛等,2001)。

从理论上讲,伊利石是一种非膨胀性矿物,基面反射的 d 值为 10×10^{-1} nm,不管是乙二醇饱和处理还是加热处理,基面反射的 d 值均不发生变化。但随着研究工作的逐渐深入,人们发现,许多被描述为伊利石的黏土样品实际上都含有膨胀性蒙皂石层,这些蒙皂石层经过乙二醇饱和处理后都有非常特征的变化。Srodon 和 Eberl(1984)对一系列标准伊利石样品进行了研究,结果表明,绝大多数的样品都含有 9%～20% 的膨胀层,仅有一块样品不含膨胀层。因此,如果把伊利石定义为不含膨胀层,必然会把大部分传统的已经确定为伊利石的物质(包括美国 Illinois 州的 Fithian 伊利石)排除在外。显然,这种结果不会令人满意。Wilson(1987)认为伊利石可以含有小于 10% 的膨胀层。赵杏媛和张有瑜(1990)的含油气盆地黏土矿物研究得出了与 Wilson(1987)定义相同的结论。Wilson(1987)将其关于伊利石的定义称为"工作定义"(working definition)。实际经验证

明,应用 Wilson(1987)的这种工作定义,既方便了伊利石/蒙皂石(I/S)间层的间层比计算,也有利于说明某些地质问题(赵杏媛和张有瑜,1990;赵杏媛等,2001;徐同台等,2003a,2003b)。

Meunier 和 Velde(2004)的 XRD 谱图分峰研究成果表明,Fithian 伊利石的(001)衍射峰可以分解出 1 个 WCI(结晶较好伊利石)峰、1 个 PCI(结晶较差伊利石)峰和 2 个 I/S 间层衍射峰,说明具有一定的膨胀性(图 1.1)。Lanson(1997)发现 10×10^{-1} nm 衍射峰是由 2 个主要子峰组成,一个较宽并向大于 10×10^{-1} nm 方向偏移,另一个较窄并位于 10×10^{-1} nm 位置上。目前,通常把第一个宽峰,命名为结晶较差伊利石(poorly crystallized illite,PCI),把第二个窄峰,命名为结晶较好伊利石(well-crystallized illite,WCI)。Meunier 和 Velde(2004)认为,伊利石的定义或许可以根据所研究的地质背景而有所不同,或者更为准确地说,可以根据研究目的和所使用的分析鉴定技术,如 XRD、化学成分等而有所不同,并提出了他们自己的"工作定义"。感兴趣的读者可以参阅,这里不做详细介绍。

伊利石的理论结构式为 $(K,Na,Ca)_{<2}$ $(Al,Fe,Mg)_4$ $(Si,Al)_8 O_{20}$ · nH_2O 或 $(K,Na,Ca)_{<1}$ $(Al,Fe,Mg)_2$ $(Si,Al)_4 O_{10}$ · nH_2O

Bailey 等(1984)给出的伊利石代表性结构式为 $K_{0.75}$($Al_{1.75} R_{0.25}^{2+}$)($Si_{3.50} Al_{0.50}$)$O_{10}(OH)_2$,其中 R^{2+} 代表二价阳离子,主要为 Fe^{2+} 和 Mg^{2+}。

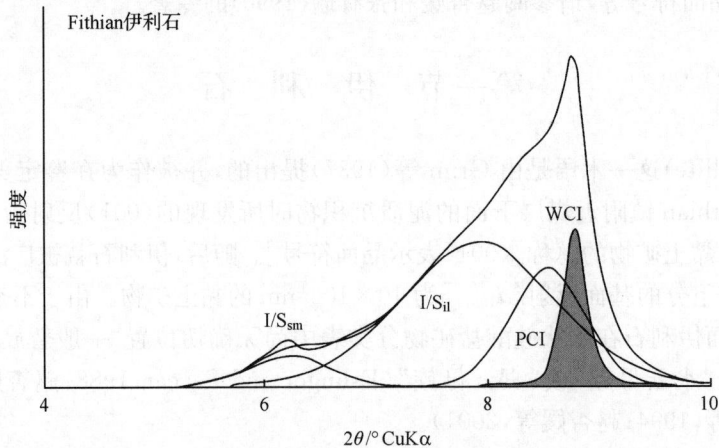

图 1.1　Fithian 伊利石 XRD 谱图(扣除本底)分峰成果图(Meunier and Velde,2004)

乙二醇饱和处理样品:I/S$_{il}$为富含伊利石 I/S 间层;I/S$_{sm}$为富含蒙皂石 I/S 间层

一、化学成分特征

伊利石是一种 2:1 层型的黏土矿物,常见的伊利石基本上都是二八面体矿物。与其他黏土矿物相比,伊利石的 K_2O 含量较高。根据世界各地 24 个伊利石样品的化学分析数据计算得出的伊利石的平均化学成分是:$w(SiO_2)$ 为 49.78%,$w(Al_2O_3)$ 为 26.346%,$w(Fe_2O_3)$ 为 4.304%,$w(FeO)$ 为 0.661%,$w(MgO)$ 为 2.753%,$w(CaO)$ 为 0.321%,$w(Na_2O)$ 为 0.245%,$w(K_2O)$ 为 7.019%,$w(TiO_2)$ 为 0.424%(Weaver and Pollard,

1973;赵杏媛和张有瑜,1990)。根据该化学成分计算得出的伊利石结构式为

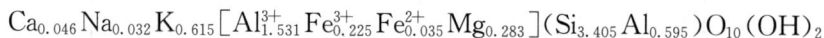

$$Ca_{0.046}Na_{0.032}K_{0.615}[Al^{3+}_{1.531}Fe^{3+}_{0.225}Fe^{2+}_{0.035}Mg_{0.283}](Si_{3.405}Al_{0.595})O_{10}(OH)_2$$

关于我国含油气盆地伊利石的化学成分可以参阅赵杏媛等(1995,2001)、徐同台等(2003b),这里不详细介绍。

二、X 射线衍射特征

标准伊利石,即不含膨胀层的伊利石定向样品的 X 射线衍射(XRD)特征为:$d_{(001)}=10\times10^{-1}$ nm 附近的衍射峰基本对称,并且存在整数倍衍射序列,也称整数基面衍射序列,即 $d_{(001)}=10\times10^{-1}$ nm,$d_{(002)}=5\times10^{-1}$ nm,$d_{(003)}=3.33\times10^{-1}$ nm,……(二级峰的 d 值等于一级峰的二分之一,三级峰的 d 值等于一级峰的三分之一,以此类推);自然风干(N 片)、乙二醇饱和处理(EG 片)和加热处理(550℃/2h)三个定向样品的 XRD 谱图上的(001)衍射峰形态、强度基本一致。

伊利石的 X 射线衍射特征与其晶体大小和结晶温度等密切相关,一般情况下,晶体粗大、结晶温度较高,则衍射能力强,衍射峰高、尖、窄并且对称程度高,反之则衍射能力降低,衍射峰宽化并且对称程度降低,这也正是利用 X 射线衍射分析技术进行伊利石成因类型鉴定的主要依据之一。变质伊利石,特别是温度较高的变质伊利石,晶体较大,衍射能力较强,而自生伊利石,特别是成岩自生伊利石,晶体细小,衍射能力相对较弱。图 1.2(a)是塔里木盆地塔北隆起英买 35 井志留系沥青砂岩(荧光细砂岩,S_1,5588.70m)中的自生伊利石黏土样品(0.3~0.15μm)的 XRD 谱图,从图中可以看出,伊利石的衍射特征非常明显,即(001)衍射峰的 d 值接近 10×10^{-1} nm[$d_{(001)}=10.23\times10^{-1}$ nm],峰形对称并具有整数衍射序列[$d_{(002)}=5.04\times10^{-1}$ nm,$d_{(003)}=3.33\times10^{-1}$ nm],属于典型的自生伊利石,由于含有少量膨胀层(间层比为 5%,即含有 5%蒙皂石层),(001)衍射峰的 d 值略微偏大,并且衍射峰位置、形状和强度在 N 片、EG 片和加热片三种不同处理的 XRD 谱图中略有不同,此外,粒级较细可能也是导致衍射峰宽化的主要原因之一。同时,从图中还可以看出,不含其他矿物相,说明该样品为纯自生伊利石。对于碎屑伊利石的 XRD 谱图,因为相对较为常见,故对其特征这里不再赘述。

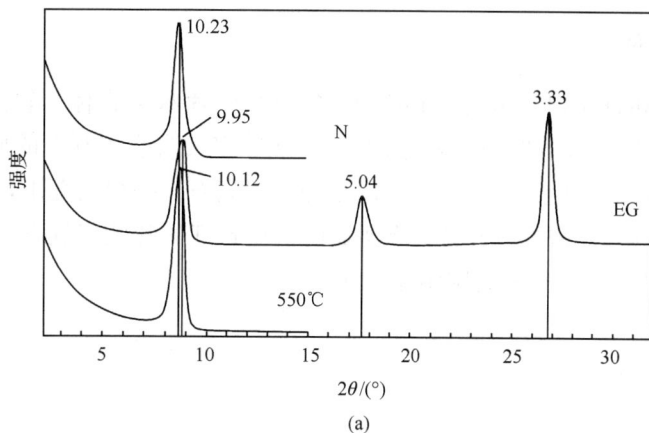

(a)

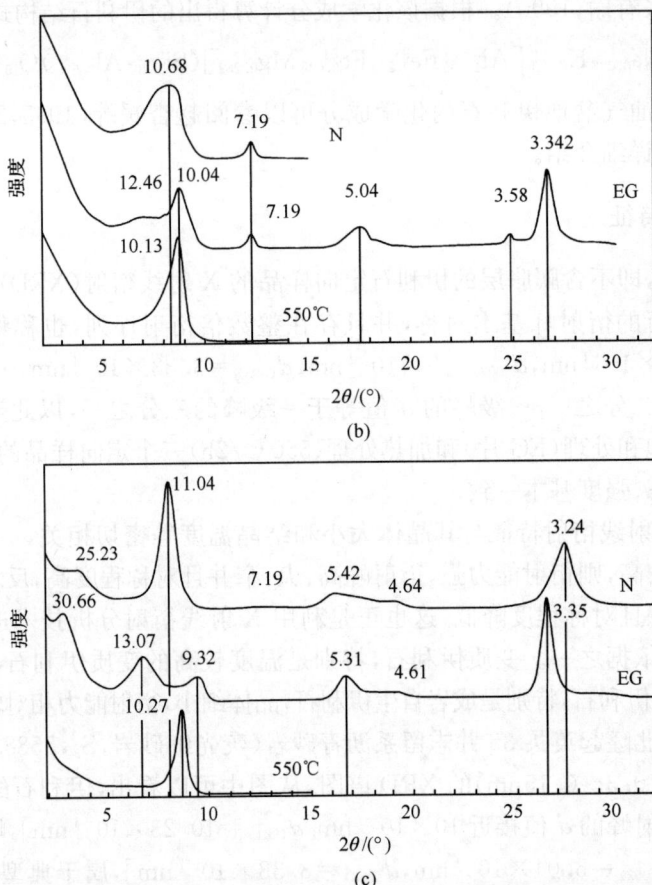

图 1.2　塔里木盆地志留系沥青砂岩自生伊利石 XRD 谱图（单位：10^{-1} nm）

N 为自然风干定向样品；EG 为乙二醇饱和处理定向样品；550℃为加热处理（550℃/2h）定向样品；(a)纯自生伊利石，基本不含膨胀层（间层比为 5％，0.3～0.15μm，英买 35 井，5588.70m；据张有瑜和罗修泉，2011）；(b)基本为纯自生 I/S 有序间层，含少量膨胀层（间层比为 20％，0.3～0.15μm，哈 6 井，6311.10m）；(c)纯自生 R1 型 I/S 有序间层，含较多膨胀层（间层比为 30％，＜0.15μm，塔中 67 井，4642.78m，据张有瑜等，2007）

三、形态、产状特征

　　砂岩中的伊利石在扫描电镜（SEM）下多呈丝状、片状集合体，呈片状时，多位于粒表，呈丝状时，多位于粒间和/或粒表（图 1.3）。丝状多为自生伊利石的形貌特征［图 1.3(b)］，片状则既可以是自生伊利石，也可以是碎屑伊利石。一般情况下，晶体粗大、破碎、片体较厚、颜色较暗、紧密堆积并且具有明显的挤压特征的片状伊利石，多为碎屑伊利石［图 1.3(a)］，而片状自生伊利石则明显不同。

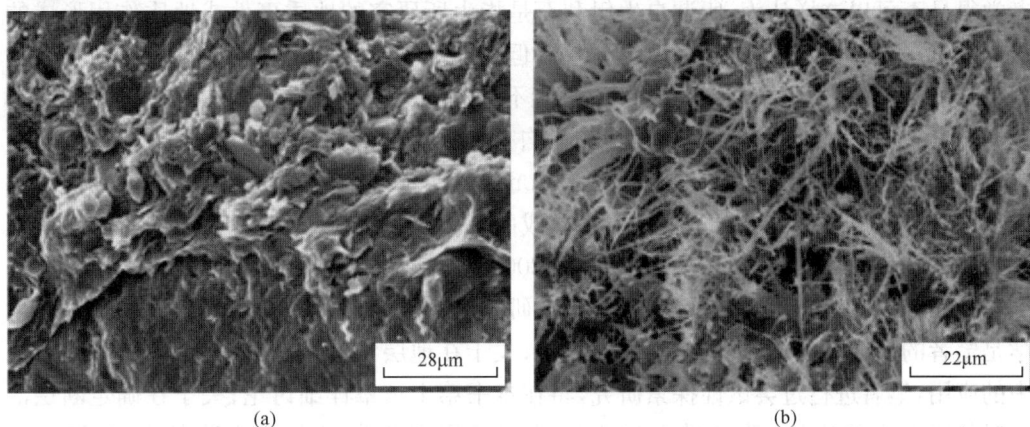

(a)　　　　　　　　　　　　　　　　　(b)

图 1.3　伊利石扫描电镜形态特征

(a)片状,库车拗陷,迪那 201 井,E₃,5177.07m,含砾细砂岩(张有瑜等,2004);(b)丝状,库车拗陷,依南 2 井,

J₁y,4702.00m,中砂岩

第二节　自生伊利石的定义和成因分类

从理论上讲,自生伊利石属于自生黏土矿物范畴,自生黏土矿物又属于自生矿物范畴,自生黏土矿物除了自生伊利石以外,还包括自生高岭石和自生绿泥石。显然,完全可以沿用自生矿物的定义来对自生伊利石进行定义。自生矿物的定义为在沉积成岩过程中形成的新矿物,包括同生、成岩及后生矿物(地质部地质辞典办公室,1981)。同生、成岩和后生矿物分别代表由同生作用、成岩作用和后生作用形成的矿物;同生作用、成岩作用和后生作用,分别代表发生在沉积物形成初期时的表层、沉积物被埋藏以后至固结为岩石以前和沉积物固结为岩石以后至变质作用以前三个沉积成岩演化阶段中的作用。由于后两个阶段也被分别称为早期成岩阶段和晚期成岩阶段,所以也可以把成岩、后生矿物统称为成岩矿物。因此,自生矿物也可以理解为包括同生矿物和成岩矿物。据此类推,可以认为所谓自生伊利石就是指在沉积成岩过程中形成的伊利石,包括同生伊利石和成岩伊利石。赵杏媛和张有瑜(1990)把黏土矿物划分为 4 种类型,即风化黏土矿物、自生黏土矿物、成岩黏土矿物和蚀变黏土矿物,并分别进行了系统论述。应该说明的是,关于自生伊利石,甚至是自生黏土矿物,抑或是自生矿物概念,不同的学者可能会有不同的理解,或者说强调的重点可能会有所差异,但本质是一样的,描述的现象也是相同的。

严格地讲,对自生伊利石进行定义属于矿物学的问题,既不是本书的重点,也超越了本书的范畴。但这又是一个必须清楚回答的基础问题,因为测年对象不同,解决的地质问题也就不同。如果基础问题不清楚,可能就会很难找到问题的关键,真正做到有的放矢、对症下药。自生伊利石定义强调的主要是沉积成岩属性,然而,自生伊利石年代学研究涉及的领域要更加宽广,譬如说,研究断层活动时代,测年对象是断裂活动过程中形成的伊利石;研究成矿围岩蚀变的发生时间,测年对象是成矿围岩蚀变(热液蚀变)过程中形成的伊利石;研究区域变质作用时间,测年对象是变质作用过程中形成的伊利石等。因此,笔者觉得是否可以这样认为,所谓自生伊利石是指由所研究的地质事件或地质作用形成的伊利石,按这种方式理解看起来宽泛、笼统,但可能更准确。因此,提出了如表1.1所示的划分方案。当然,这里的建议仅供参考,可能不具有广泛意义,只是针对本书而已。Wilson和Pittman(1977)的自生黏土矿物定义是:自生黏土矿物指的是就地形成(从地层水中直接沉淀,neoformation)的或再生(regeneration)的黏土矿物;王行信等(2003a)把自生黏土矿物定义为在沉积后和成岩过程中原地形成的黏土矿物。显然,这里对自生伊利石的理解与Wilson和Pittman(1977)、王行信等(2003a)的定义是一致的。

从表1.1可以看出,自生伊利石年代学研究至少包括5个研究领域,其中的成藏年代学是笔者的研究重点,同时也是本书的重点;关于在地层年龄,或探讨"哑地层"时代研究中的应用,笔者进行过尝试性探索研究,将在本书第十三章详细讨论;关于在确定断层活动时代研究中的应用,笔者进行过尝试性探索研究并为国内部分学者,如韩淑琴等(2007)、王勇生等(2009)等,进行过样品测试,将在本书第十四章详细讨论;关于在变质作用和蚀变作用研究方面的应用,笔者没有开展具体研究,只是为国内部分学者,如毕先梅和莫宣学(2004)、黄志章(2003)等,进行过样品测试,故只做简要探讨。

表 1.1　自生伊利石成因类型划分及其年代学意义

类型	成因描述	年代学意义
同生(自生)伊利石	由同生作用形成的或再生的伊利石;同生作用指沉积物形成初期,在其最表部所发生的作用(地质部地质辞典办公室,1981)	地层年龄
成岩(自生)伊利石	由成岩作用和后生作用形成的或再生的伊利石;成岩作用指沉积物被埋藏以后,直至固结为岩石以前所发生的作用;后生作用指沉积物固结为岩石以后至变质作用以前所发生的作用(地质部地质辞典办公室,1981)	成岩作用事件年龄,特别是砂岩油气藏油气注入事件年龄,即成藏年龄
断层(自生)伊利石	由断裂活动形成的或再生的伊利石	断裂活动事件的发生时间
变质(自生)伊利石	由变质作用形成的或再生的伊利石	变质作用事件的发生时间
蚀变(自生)伊利石	由蚀变作用形成的或再生的伊利石	蚀变作用事件的发生时间

第三节　成岩自生伊利石

沉积盆地中,随着深度增加,存在蒙皂石→伊利石成岩演化序列,早已成为广泛认可的共识,特别是对于正常沉积盆地,即具有正常盐度和正常地温梯度的沉积盆地,这种成岩演化序列的规律性非常好,随着深度增加,蒙皂石首先转变为I/S无序间层,进而转变为I/S有序间层,最终全部变为伊利石,即蒙皂石→I/S无序间层→I/S有序间层→伊利石。在正常沉积盆地中,泥岩中的蒙皂石→伊利石成岩演化序列被广泛用作有机质热演化阶段和成岩作用阶段划分的主要标志之一(赵杏媛和张有瑜,1990;应凤祥,1993;赵杏媛等,1995;王行信等,2003b;应凤祥等,2004)。尽管砂岩中的自生黏土矿物的形成机制与泥岩明显不同,但砂岩中仍然存在蒙皂石→伊利石成岩演化序列,即在正常沉积盆地中,随着埋深增加,蒙皂石经由 I/S 无序间层、I/S 有序间层,逐渐转化为伊利石,中浅层主要为蒙皂石和/或 I/S 无序间层,中深层主要为 I/S 有序间层、深层主要为 I/S 有序间层和/或伊利石。一般说来,自生黏土矿物具有两种成因机制,一种为新成黏土矿物(neo-formed clays),一种为变成黏土矿物(transformed clays),变成黏土矿物也可以称为转化黏土矿物。新成黏土矿物是指以固态方式从孔隙水中沉淀生成的黏土矿物;转化黏土矿物是指由先存矿物(preexisting minerals)或称母体矿物,通过蚀变作用而形成的黏土矿物。表 1.1 把这两种成因的自生伊利石分别描述为形成的和再生的伊利石,其实质内容是一样的。一般情况下,砂岩中的自生伊利石应该主要是新成伊利石,泥岩中的自生伊利石应该主要是变成(或转化、再生)伊利石。

I/S 间层是蒙皂石→伊利石成岩演化的中间过渡性矿物,I/S 间层比是表征其演化程度的定量描述参数。I/S 间层比定义为 I/S 间层中的蒙皂石晶层百分比,代号为%S,也有将其定义为 I/S 间层中的伊利石晶层百分比,代号为%I(因%S 和%I 的表述方式不符合物理量出版规范,目前多用文字表述,单位为%),两种定义互为 100%的余数,没有本质区别。I/S 间层是由伊利石层和蒙皂石层组成的间层矿物,通常也称为混层矿物,两种层的含量之和等于 100%。I/S 无序间层是指蒙皂石晶层占主要地位;I/S 有序间层是指伊利石晶层占主要地位。I/S 无序间层也称富蒙皂石黏土(smectite-rich materials)或蒙皂石黏土(smectite materials);I/S 有序间层也称富伊利石黏土(illite-rich materials)或伊利石黏土(illitic materials),Meunier 和 Velde(2004)分别将其称为富蒙皂石 I/S 间层和富伊利石 I/S 间层,代号分别为 I/S_{sm} 和 I/S_{il}(图 1.1)。显然,蒙皂石→伊利石成岩演化序列包含 4 组矿物,分别是端元矿物蒙皂石、伊利石和 I/S 无序间层、I/S 有序间层,每组矿物都不是简单固定的单一矿物,都具有一定的变化范围。从理论上讲,从蒙皂石到伊利石,间层比从 100%变化为 0,表 1.2 给出了每组矿物的变化范围。正如表 1.2 所示,通常都是把蒙皂石→伊利石成岩演化序列中的 I/S 有序间层和伊利石两组矿物统称为成岩自生伊利石或自生伊利石。这可以理解为关于自生伊利石的通俗定义,沿用使用习惯,属于一个约定俗成的矿物学术语。

从表 1.2 可以看出,在蒙皂石→伊利石成岩演化序列中存在 3 个间层比划分界限,其中的蒙皂石—I/S 无序间层和 I/S 有序间层—伊利石之间的划分界限不是很统一,根据实际应用如成岩作用阶段划分等有所不同,如应凤祥(1993)、应凤祥等(2004),这里是参考赵杏媛和张有瑜(1990)及 Wilson(1987)的建议。I/S 无序间层—I/S 有序间层之间的划分界限具有非常重要的意义,对于其区分标志,即 XRD 特征,国内外基本一致,但对其具体赋值则存在不同看法,且其在发展、演变过程中,主要有两种观点:一种为 40%,另一种为 50%。本书引用的是"中华人民共和国石油天然气行业标准"(包于进等,1995;林西生等,1996),即 40%;赵杏媛和张有瑜(1990)、应凤祥(1993)和应凤祥等(2004)将其设定为 50%。

从矿物学意义的角度出发,或者是从矿物鉴定的角度出发,或者是对于间层作用类型研究而言,表 1.2 中的 I/S 有序间层还可以进一步划分成 $R=1$、$R=2$ 和 $R\geqslant3$,即 IS、IIS、

IIIS 3 种类型(I 代表伊利石层;S 代表蒙皂石层)。由于对于自生伊利石年代学研究,这种进一步划分不是十分重要和常规黏土矿物 XRD 分析中一般不进行这一方面的进一步鉴定,这里不再深入探讨,读者可以参阅赵杏媛和张有瑜(1990)、张有瑜和赵杏媛(1991)和应凤祥等(2004)的有关论述。关于 I/S 间层比的分析方法请参阅石油天然气行业标准伊利石/蒙皂石间层矿物 X 射线衍射鉴定方法(SY/T 5983—94)(包于进等,1995)。

表 1.2　成岩自生伊利石及其类型和 XRD 特征

项目	蒙皂石→伊利石 成岩演化序列	间层比/% (蒙皂石层含量/%)	主要 XRD 特征(EG 片)
富蒙皂石黏土	蒙皂石	90~100	具有对称的 17×10^{-1} nm(001)衍射峰和完整的整数基面衍射序列,即 d 值分别约为 16.9、8.46、5.61、4.2 和 3.34 的系列衍射峰
	I/S 无序间层	40~90	具有 17×10^{-1} nm(001)衍射峰,但不对称,并且不具有完整的整数基面衍射序列
成岩自生伊利石 (富伊利石黏土)	I/S 有序间层	10~40	不具有 17×10^{-1} nm(001)衍射峰,并且不具有完整的整数基面衍射序列
	伊利石	0~10	具有对称的 10×10^{-1} nm(001)衍射峰和完整的整数基面衍射序列,即 d 值分别约为 10.0、5.0 和 3.33 的系列衍射峰

注:d 值的单位为 10^{-1} nm。

一、化学成分特征

I/S 间层的化学成分介于蒙皂石和伊利石之间,具有较宽的变化范围,主要与其间层比大小有关。Srodon 等(1986)发表了对英国威尔士志留系斑脱岩(Welsh Borderlands, United Kingdom)和波兰上石炭统斑脱岩(Upper Silesia, Poland)中的 I/S 间层矿物化学成分数据;赵杏媛等(1995, 2001)和徐同台等(2003b)发表了关于我国含油气盆地部分砂岩、泥岩中的 I/S 间层矿物的化学成分数据。

蒙皂石→伊利石成岩转化过程实际上是一个加钾、加铝、去硅、脱水的过程,显然含钾量具有重要意义,并最能够直接反映转化程度和代表成分特征。Srodon 等(1986)的数据中有 12 个样品为 I/S 有序间层,间层比变化范围为 37%~6%,氧化钾含量[$W(K_2O)\%$]变化范围为 4.78%~8.47%。图 1.4 是这 12 个样品的氧化钾含量[$W(K_2O)\%$]和间层比大小(S%)之间的相关关系图,从图中可以看出,两者之间具有非常好的负相关关系,相关系数为 0.95,说明随着成岩演化程度的逐渐增加,蒙皂石层逐渐减少、伊利石层逐渐增多,钾含量逐渐增加。我国含油气盆地部分砂岩、泥岩中的 I/S 有序间层矿物的氧化钾含量[$W(K_2O)\%$]分布范围为 3.88%~6.34%(赵杏媛等,1995, 2001;徐同台等,2003b)。

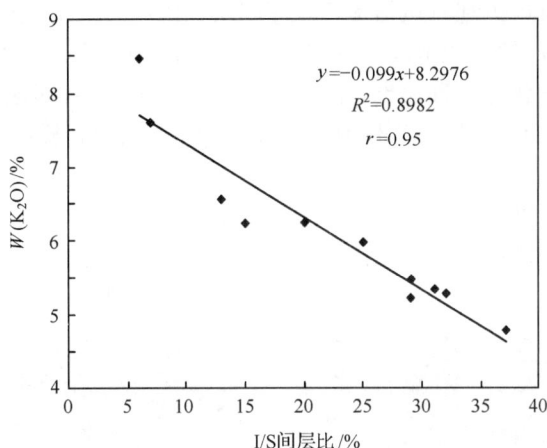

图 1.4 I/S 有序间层矿物的钾含量和间层比相关图

数据引自 Srodon 等(1986);间层比为 I/S 有序间层中的蒙皂石层百分比

二、X 射线衍射特征

如表 1.2 所示,I/S 有序间层矿物的总体 XRD 特征可以简单概括为两点:①没有 $17×10^{-1}$nm 衍射峰(EG 片);②不具有完整的整数基面衍射序列,但具体特征则与间层比大小密切相关,具有一定的变化范围,总体规律是间层比逐渐变小,d 值逐渐变小。图 1.2 是塔里木盆地志留系沥青砂岩中的自生伊利石的 XRD 衍射谱图,其中的 3 张 XRD 谱图很好地展示了 I/S 有序间层的 XRD 特征与间层比之间的对应关系。图 1.2(a)、图 1.2(b)和图 1.2(c)的间层比分别为 5%、20% 和 30%,从图 1.2(c)到图 1.2(b),再到图 1.2(a),间层比由 30% 减小为 5%,$10×10^{-1}$nm 位置附近衍射峰的 d 值逐渐变小,由 $13.07×10^{-1}$nm 逐渐减小为 $9.95×10^{-1}$nm,到图 1.2(a)就已经演变为伊利石,或工作定义下的伊利石。

如图 1.2(c)所示,在 I/S 有序间层的 XRD 谱中,经常会出现大基面间距衍射峰,如 $30.66×10^{-1}$nm[图 1.2(c)],原因是存在超点阵(Superlattice)构造。超点阵构造也称为 Karkberg 型(Karkberg-type)超点阵,是指"…ISIIISIIISII…"间层作用类型,并且含有随机分布的多余的 I,I 层数量大于 75%,也即每个 S 层之间至少有 3 个 I 层,即 $R≥3$ (Reynolds and Hower,1970;Eslinger and Peaver,1988)。这种大基面间距衍射峰常常是超点阵衍射峰的 2 级、3 级或更次一级的衍射峰。

三、形态、产状特征

I/S 间层的形态特征介于蒙皂石(蜂窝状、网状)和伊利石(片状、丝状、发丝状)之间,常见的 I/S 无序间层集合体形态有片状和不规则网状,常见的 I/S 有序间层集合体形态多为片状＋短丝状、指状,前者接近于蒙皂石,后者接近于伊利石。从无序间层到有序间层,随着间层中的蒙皂石晶层的减少和伊利石晶层的增多,间层矿物的集合体形态一般变化规律是由片状或不规则网状变为片状＋短丝状、指状。

　　前已述及,成岩自生伊利石包括 I/S 有序间层和伊利石。由此可见,成岩自生伊利石的形态特征具有较宽广的变化范围,可以是蜂窝状、不规则网状、片状、片状＋短丝状、指状、丝状、长丝状、发丝状等多种形态,主要取决于间层比大小,即成岩演化程度。图 1.5 是塔里木盆地志留系沥青砂岩自生伊利石的形态特征,该砂岩样品与图 1.2 中的 I/S 有序间层 XRD 谱图的砂岩样品属同一样品。从图 1.2 可知,图 1.5(a)、图 1.5(b)、图 1.5(c)中的自生 I/S 有序间层(自生伊利石)的间层比分别为 5％、20％和 30％。从图 1.2(c)到图 1.2(b),再到图 1.2(a),间层比由 30％减小为 5％,与此对应,形态特征则由蜂窝状、不规则网状演变为片丝状、片状,具有明显的规律性,或呈规律性变化。

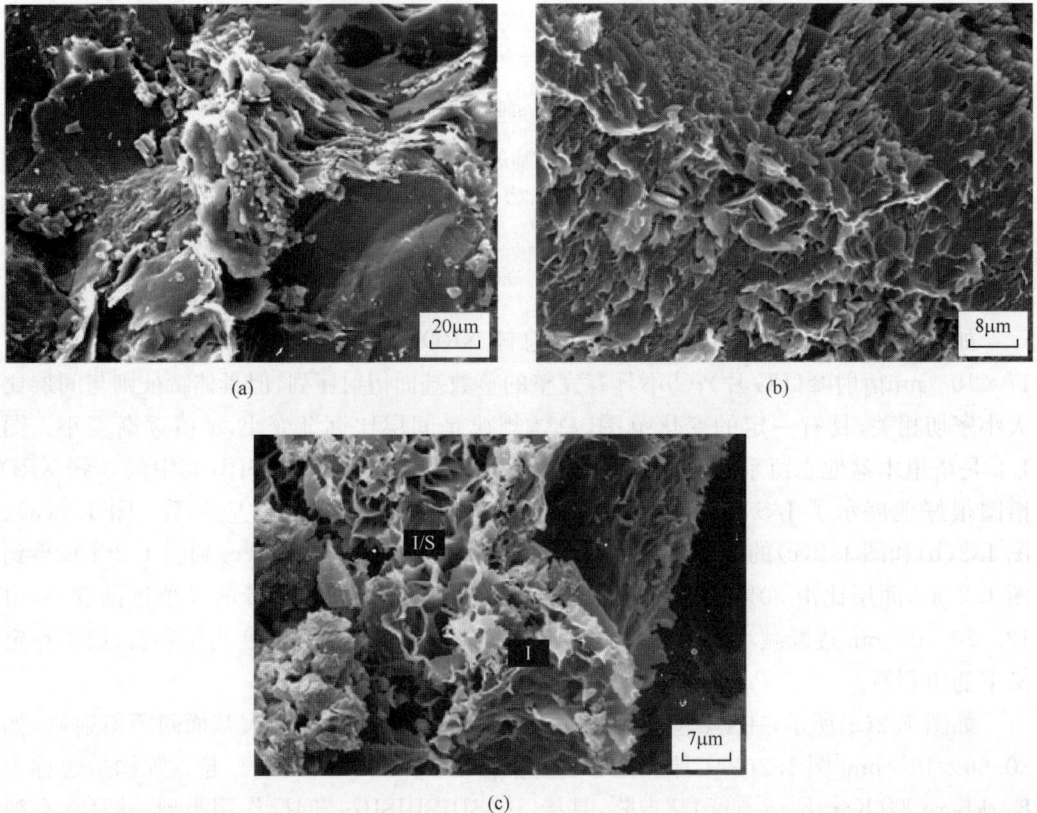

(a)　　　　　　　　　　　　　　　　　(b)

(c)

图 1.5　塔里木盆地志留系沥青砂岩自生伊利石特征

(a)粒间片状 I/S 有序间层(基本不含膨胀层,间层比为 5％),英买 35 井,5588.70m(张有瑜和罗修泉,2011);(b)粒间片丝状 I/S 有序间层(含较多膨胀层,间层比为 20％)与长石淋滤,哈 6 井,6311.10m(张有瑜和罗修泉,2012);(c)粒表蜂窝状 I/S 有序间层和丝状伊利石,含较多膨胀层(间层比为 30％),塔中 67 井,4642.78m(张有瑜等,2007)

　　片状、丝状即长丝状、发丝状是演化程度较高的自生伊利石(自生 I/S 有序间层)的常见形态特征,间层比一般都在 15％以下,图 1.3(b)是塔里木盆地库车拗陷依南 2 井侏罗系阳霞组砂岩中的自生伊利石(I/S 有序间层),间层比为 5％～10％,多呈发丝状;又如四川盆地三叠系须家河组砂岩中的自生伊利石(I/S 有序间层),间层比为 5％～10％,多呈片丝状、丝状、发丝状(图 1.6),再如鄂尔多斯盆地苏 1 井、苏 16 井二叠系下石盒子组砂岩中的自生伊利石(I/S 有序间层),间层比为 15％,主要呈片丝状、丝状(图 1.7)。

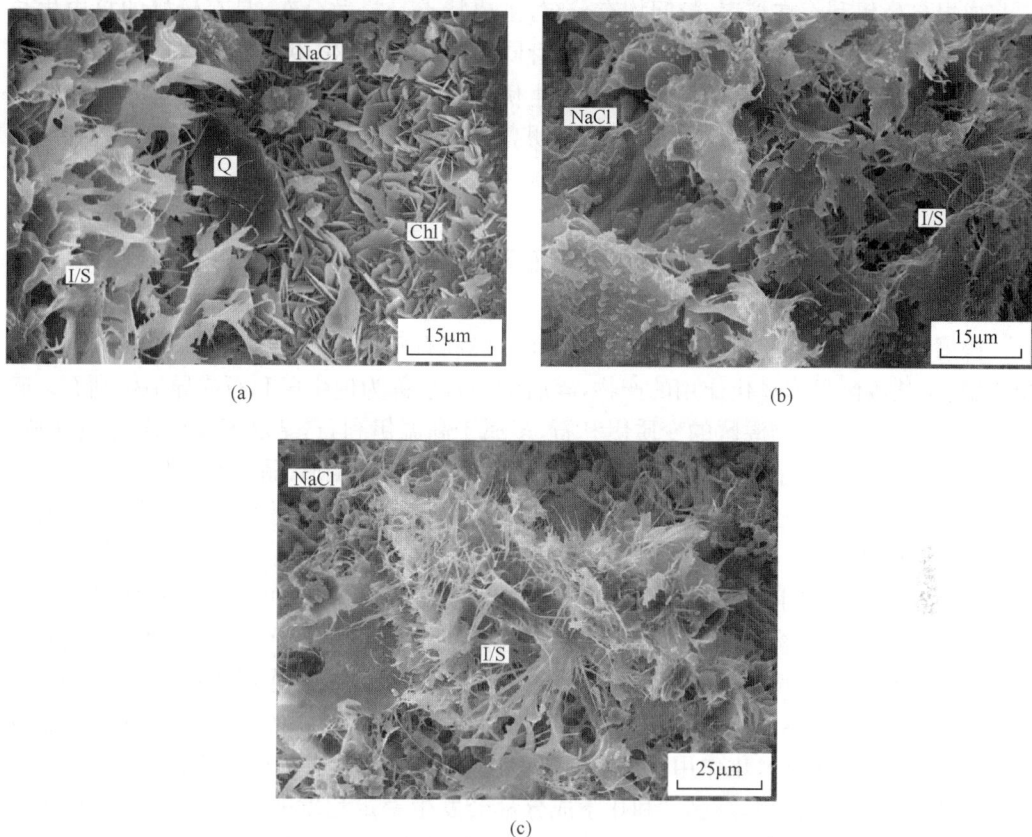

图 1.6　四川盆地须家河组砂岩自生伊利石特征

(a)粒间片丝状 I/S 有序间层(间层比为 5%)、针叶状绿泥石(Chl)、石英(Q)和氯化钠(NaCl),磨 24 井,2181.07m,须二段;(b)粒表片丝状 I/S 有序间层(间层比为 5%)、氯化钠(NaCl),广安 121 井,2229.5m,须四段;(c)粒表片丝状 I/S 有序间层(间层比为 10%)、氯化钠(NaCl),广安 111 井,2195.85m,须六段

图 1.7　鄂尔多斯盆地苏里格气田砂岩储层自生伊利石特征(张有瑜等,2014)

(a)粒表片状、片丝状、丝状伊利石(I)、I/S 有序间层(间层比为 15%),苏 1 井,3545.0m,P_2x;(b)粒表片丝状 I/S 有序间层(间层比为 15%)和片状高岭石(Kao),苏 16 井,3356m,P_2x

成岩自生伊利石在粒表、粒间均有分布,主要特点是松散分布,具有较好的自由生长空间,特别是丝状、发丝状自生伊利石。尽管同为片状,但自生伊利石与碎屑伊利石明显不同,与片状碎屑伊利石恰好相反,片状自生伊利石,晶体相对细小,晶体完整,边缘常生长有细小短丝状晶体;片体较薄、颜色浅且明亮;松散堆积,片与片之间存在较多空隙;主要分布在粒间孔隙或粒表溶蚀孔中(图1.5)。

第四节　碎屑伊利石

碎屑伊利石指的是与砂质同时沉积的陆源伊利石碎屑,由于直接来源于陆源区的表层土壤,是陆源区母岩风化作用的产物,碎屑伊利石也称为他生伊利石或异地伊利石。碎屑伊利石主要是来自物源区的变质伊利石,多属于高温伊利石,结晶度较高、衍射能力强,衍射峰尖而对称,晶体相对粗大、厚、暗,紧密堆积并常见挤压变形、晶形不完整[图1.3(a)]。典型代表是塔里木盆地新近系、古近系砂岩中的碎屑伊利石,以迪那201井为例,相对含量在60%(粒级<2μm)或90%(粒级<0.3μm)以上,间层比为5%,实测年龄为64~80Ma,远大于其地层年龄(渐新世,33.7~23.8Ma)(张有瑜等,2004)。该碎屑伊利石具有近变质伊利石的结构特征,快速堆积、快速埋藏、地温梯度低、干旱气候、埋藏时间短的大地构造环境使其既没有受到风化作用的影响,也没有受到成岩作用的影响,从而使其近变质结构特征得以保存下来。碎屑伊利石在从剥蚀、搬运到沉积的过程中,不可避免会受到风化作用,包括物理风化作用(机械破碎)和化学风化作用(水解作用、阳离子交换作用)等的影响,发生退变作用,结晶度和化学成分都会发生一定程度的改变,产生一定的膨胀层或膨胀性。这类伊利石在常规黏土矿物XRD分析中,常常被鉴定为I/S有序间层,并且具有较大的间层比变化范围,如10%~40%。这种情况在浅层、中浅层成岩早期砂岩中较为常见,如渤海湾盆地新近系、古近系,相对含量可以高达80%~90%,实测年龄明显大于地层年龄,如90~110Ma。笔者认为,与成岩自生伊利石概念对应,这类伊利石也应该归入碎屑伊利石的范畴,尽管其实质上应该是I/S有序间层,而非真正的伊利石,且也不具有明显的近变质结构特征或近变质结构特征遭受严重破坏。这一点对实测年龄数据的解释和应用具有非常重要的指导意义。对于自生伊利石和碎屑伊利石的分析与判断,间层比不是唯一判别标志,应该根据地质特征,如地质环境、岩性、埋深、成岩演化程度、样品黏土矿物特征、组合类型和年龄数据等进行综合判断,因为XRD特征(间层比)和形态特征均具有较强的多解性。相对而言,年龄数据具有相对较为重要的指示意义,往往具有"一票否决"作用。很明显,因为对于从砂岩中分离出来的伊利石样品而言,如果其实测年龄值大于该砂岩的地层年龄,则该伊利石无论如何也不会是在该砂岩成岩过程中形成的自生伊利石。老于或明显老于地层年龄肯定是碎屑伊利石或主要为碎屑伊利石,但小于地层年龄则不一定都是自生伊利石。风化、蚀变作用可能会引起放射成因氩丢失,从而使实测年龄变小。

实测年龄明显偏老主要来自碎屑伊利石的贡献,特别是当测试样品的矿物组成主要为碎屑伊利石时,如塔里木盆地新近系、古近系砂岩。通常都把这一类的实测年龄数据笼统地称为"碎屑伊利石年龄"。笔者认为,这种所谓"碎屑伊利石年龄"只具有概念意义或样品意义，而不具有实际地质意义，既不能代表源区地层的年龄，也不能代表源区岩石的年龄。首先，这种实测年龄本身就是不同粒级碎屑伊利石的平均值，并且粒级不同、数值不同，其次所谓碎屑伊利石实际上是一个混合体(mixture)，不具有清晰的单一成因，也可能含有再循环(recycled)伊利石(母岩中的碎屑组分)，并且在风化、剥蚀、搬运，直至沉积、成岩过程中还会受到不同程度的破坏和/或改造。

第五节　自生伊利石的年代学问题

从表1.1可以看出，自生伊利石年代学研究可以用于探讨不同地质事件的发生时间，也即可以解决不同地质事件的年代学问题，砂岩自生伊利石测年可以探讨油气成藏时代；泥页岩"哑层"自生伊利石测年可以探讨"哑层"时代；断层泥自生伊利石测年可以探讨断层活动时间；变质自生伊利石测年可以探讨区域变质作用时间；蚀变自生伊利石测年可以探讨热液蚀变作用时间和/或成矿时代。前已述及，自生伊利石具有两种不同的形成机制，一为"新成"，即以固态方式从孔隙水中沉淀生成，一为"变成"，即由先存矿物经固态转化形成。砂岩中的成因自生伊利石主要是以"新成伊利石"为主，而泥页岩、断层泥、成矿围岩和变质岩中的自生伊利石则可能主要是以"变成伊利石"为主。不同的自生伊利石具有不同的成因机制，不同的成因机制必然会产生不同的年代学问题。显然，虽然同为自生伊利石年代学研究，或者都是属于自生伊利石年龄测定，但不同的自生伊利石具有不同的特点，这一点对自生伊利石年龄数据分析可能会大有裨益。

砂岩中的成岩自生伊利石无疑是最佳的测试对象。首先，从成因上讲，砂岩中的成岩自生伊利石主要是"新成自生伊利石"，可能基本不存在继承氩问题。继承氩是指岩石在变质重结晶过程中保留了一部分变质作用前的放射成因氩(李志昌等，2004)；其次，从形态、产状上看，砂岩中的成岩自生伊利石可以利用SEM直观地判断其成因类型，也就是说其成因属性比较清楚；再次，从晶体大小上说，砂岩中的成岩自生伊利石与骨架颗粒包括碎屑钾长石和/或碎屑伊利石相差较大，完全可以通过分离提纯获取纯的或基本纯的自生伊利石。由此可见，砂岩中的成岩自生伊利石的年龄数据具有充实的矿物学基础，因而具有较高的可信度。碎屑钾长石和/或碎屑伊利石污染是砂岩成岩自生伊利石年龄测定中的最主要问题，但可以通过分离提纯技术使之尽最大程度降低并通过XRD纯度检测和伊利石年龄分析(IAA)技术进行校正(有关内容请参阅本书第二、三、四、六章)。

高岭石、绿泥石是砂岩储层中的常见成岩自生黏土矿物。在国内目前已发现的砂岩油气储层中，有相当一部分砂岩中的黏土矿物成分主要是高岭石和/或绿泥石，或以高岭石和/或绿泥石占绝对优势，如塔里木盆地三叠系，吐哈盆地、准噶尔盆地、焉耆盆地侏罗系，四川盆地三叠系，鄂尔多斯盆地二叠系、三叠系等。由于很难通过分离技术将其彻底剔除出去，所以对于这两种矿物，尤其是成岩绿泥石对自生伊利石K-Ar同位素测年分析的影响就成为一个必须回答的重要问题。高岭石、绿泥石都不含K，从理论上讲都不会对自生伊利石K-Ar体系产生影响，但有分析结果表明，有的成岩绿泥石含有明显的可测量的K(Curtis et al.，1985；Whittle，1986；Hillier and Velde，1991)。由于这种K可能是其母体矿物——蒙皂石的残余K，尽管含量很低，仍可能会对自生伊利石K-Ar体系产生影响。对于绿泥石,笔者进行过对比试验,结果表明绿泥石的存在没有对自生伊利石 K-Ar 年龄数据产生明显影响(表 1.3)(张有瑜等,2002)。这一结论对于自生伊利石 K-Ar 年龄数据评价和使用具有较为重要的指导意义,这就意味着测试样品中含有少量的绿泥石并不影响年龄数据的使用,或者说,一般情况下,可以认为绿泥石的存在(尤其是在含量较低时)对自生伊利石 K-Ar 体系不会产生明显的影响。但应该强调这一结论得以成立的前提是必须含有足够数量的成岩自生伊利石。如果绿泥石含量较高或占绝对优势,则说明成岩自生矿物主要是绿泥石,伊利石成岩作用不太发育或不发育,成岩自生伊利石较少或基本不含成岩自生伊利石。尽管绿泥石对 K-Ar 体系不会产生影响,但因不满足基本前提条件,同样不适合进行自生伊利石 K-Ar 法同位素测年分析。与绿泥石相似,如果高岭石含量过高或占绝对优势,说明成岩自生矿物主要是高岭石,伊利石成岩作用不太发育或不发育,成岩自生伊利石较少或基本不含成岩自生伊利石,同样因不满足基本前提条件而不适合进行自生伊利石 K-Ar 法同位素测年分析。

表 1.3　去除绿泥石的试验的结果对比(张有瑜等,2002)

储层	粒级/μm		黏土矿物相对含量/%					I/S 间层比/%	钾长石	W(K)/%	年龄/Ma
			S	I/S	I	K	C				
东海盆地细砂岩 E₃h	0.5~0.3	处理前	6	42			52	5	—	5.02	33.81
		处理后	9	91				5	—	5.16	34.55
	0.3~0.15	处理前	15	63			22	5	—	5.01	25.94
		处理后	12	88				5	—	5.62	25.32
准噶尔盆地含油细砂岩 J₁s	0.3~0.15	处理前		39	5		56	25	—	2.92	160.33
		处理后		92	4	4		30	—	3.77	156.19
	<0.15	处理前		48	3		49	25	—	3.07	163.63
		处理后		91	5			30	—	3.69	197.30

注: S 为蒙皂石;I/S 为伊利石/蒙皂石间层;I 为伊利石;K 为高岭石;C 为绿泥石。

　　利用自生伊利石年龄测定技术探讨地层或"哑地层"年代,是一项具有挑战性的研究。首先,从成因上讲,这种伊利石应该是泥页岩中的自生伊利石,即同生伊利石,可能主要为变成伊利石,这就不可避免地会存在继承氩问题;其次,在漫长的地质历史中,这种伊利石必然会受到成岩作用的影响,成岩作用会导致 K 的增加和 Ar 的丢失。海绿石是和伊利石非常接近的一类黏土矿物,同属于水云母族或真云母族。海绿石主要产于浅海相沉积岩和近代海底沉积物,是铝硅酸盐碎屑的海底分解产物。从地层学角度上看,海绿石成因确定、层位清晰,具有较强的时代指示意义,因而是进行年代学研究(K-Ar 法、Ar-Ar 法)较多的一种黏土矿物类型,但问题仍然很多。Weaver(1989)指出,导致海绿石 K-Ar 年龄常常偏小的原因可能主要有以下三条:①Ar 可能因温度升高而丢失;②成岩过程中可能获得 K(也与温度有关);③膨胀层,即蒙皂石层,对于保存 Ar 可能并不有效。关于海绿石的定义、XRD、形态和化学成分特征,可以参阅赵杏媛等(1995)的研究成果。沉积地层中的斑脱岩夹层对地层时代研究具有重要意义,其中的成岩自生伊利石可能是另外一种进行年代学研究(K-Ar 法、Ar-Ar 法)相对较多的黏土矿物类型,但同样会受到成岩作用的影响。另外，与砂岩中的成岩自生伊利石不同，泥页岩中的伊利石非常细小，一是不能利用 SEM 进行直观的形态、产状特征观察，很难获得直观的成因信息；二是颗粒大小与泥页岩中的伴生碎屑伊利石非常接近，分离提纯难度较大，甚至可能很难将二者彻底分离开。显然，这种自生伊利石的年代学研究，既涉及继承氩问题，又涉及碎屑污染问题，是一个范围相对较大的论题，既非常复杂又涉及领域较广，这里不展开深入探讨。对于这方面的内容，笔者只进行过初步的尝试性探索，相关内容请参阅本书第十三章。

　　利用自生伊利石年龄测定技术探讨断层活动时代、变质作用时代和蚀变作用时代，可能与哑地层时代研究基本类似，除分离提纯和成因类型鉴定方面的问题以外，继承氩是首先必须考虑的主要问题，因为由这些地质作用所形成的自生伊利石可能都主要是变成伊利石。所谓继承氩问题，是指断裂岩石（断层围岩）、变质岩原岩和成矿围岩中的含钾矿物母体中的放射成因氩必须被归零或清零，也即所积累的放射成因氩必须因受到断裂作用、变质作用或蚀变作用的破坏而全部散失掉，而不是部分或全部保留在新形成的自生伊利石中，特别是当围岩类型为砂岩、泥岩和/或云片岩类变质岩时。这就要求相关地质作用必须达到足够的强度，既具有足够高的温度又具有足够丰富的地质流体。对于变质时代和蚀变时代研究，笔者没有开展实际性工作，故不做讨论。对于断层活动时代研究，笔者同样只是进行过部分探索性研究，相关内容请参阅本书第十四章。笔者认为，对于烈度较低的中浅层滑移、平移或顺层断层的活动时代研究，自生伊利石年龄测定技术可能很难收到理想效果，因为这类断层的断裂机制主要是机械破碎，既缺少真正意义上的断层泥，又缺少热液交代作用和/或重结晶作用。

　　综上所述，不管是在哪一方面的应用，自生伊利石年代学研究首先必须要有"质"和"量"均符合要求的自生伊利石，然后还要不存在碎屑含钾矿物污染和继承氩问题。显然，自生伊利石年代学研究必须要有坚实的矿物学数据基础，缺少矿物学实验数据支持的年龄数据是缺乏足够说服力的。

参 考 文 献

包于进，林西生，张有瑜，等. 1995. SY/T5983-94. 伊利石/蒙皂石间层矿物 X 射线衍射鉴定方法. 中华人民共和国石油天然气行业标准. 北京：石油工业出版社

毕先梅，莫宣学. 2004. 成岩—极低级变质—低级变质作用及有关矿产. 地学前缘，11(1)：287-294

地质部地质辞典办公室. 1981. 地质辞典（二）矿物 岩石 地球化学分册. 北京：地质出版社

韩淑琴，陈情来，张永双. 2007. 红河断裂北段断层泥中自生伊利石 K-Ar 年龄及地质意义. 第四纪研究，27(6)：1129-1130

黄志章. 2003. K-Ar 法年龄测定报告. 北京：中国石油勘探开发研究院实验中心，21-2003-034

李志昌，路远发，黄圭成. 2004. 放射性同位素地质学方法与进展. 武汉：中国地质大学出版社

林西生，包于进，郑乃萱，等. 1996. 沉积岩黏土矿物相对含量 X 射线衍射分析方法. 中华人民共和国石油天然气行业标准 SY/T5163—1995. 北京：石油工业出版社

王行信，王少依，韩守华. 2003a. 泥岩黏土矿物的分布特征和控制因素. //徐同台，王行信，张有瑜，等. 中国含油气盆地粘土矿物. 北京：石油工业出版社：37-62，63-84

王行信，王少依，韩守华. 2003b. 黏土矿物研究在油气勘探中的应用. //徐同台，王行信，张有瑜，等. 中国含油气盆地粘土矿物. 北京：石油工业出版社：527-537

王勇生，朱光，胡召齐，等. 2009. 郯庐断裂带沂沭段伸展活动断层泥 K-Ar 同位素定年. 中国科学 D 辑：地球科学，39(5)：580-593

徐同台，包于进，王行信，等. 2003a. 中国含油气盆地粘土矿物图册. 北京：石油工业出版社

徐同台，王行信，张有瑜，等. 2003b. 中国含油气盆地粘土矿物. 北京：石油工业出版社

杨雅秀，张乃娴，苏昭冰，等. 1994. 中国粘土矿物. 北京：地质出版社

应凤祥. 1993. 碎屑岩成岩阶段划分规范 中华人民共和国石油天然气行业标准 SY/T 5477—92. 北京：石油工业出版社

应凤祥，罗平，何东博，等. 2004. 中国含油气盆地碎屑岩储集层成岩作用与成岩数值模拟. 北京：石油工业出版社

张有瑜，赵杏媛. 1991. 伊利石/蒙皂石间层矿物及其类型划分(摘要). 建材地质，1991(增刊)：52-53

张有瑜，罗修泉. 2011. 英买力沥青砂岩自生伊利石 K-Ar 测年与成藏年代. 石油勘探与开发，38(2)：203-210

张有瑜，罗修泉. 2012. 塔里木盆地哈 6 井石炭系、志留系砂岩自生伊利石 K-Ar、Ar-Ar 测年与成藏时代. 石油学报，33(5)：748-757

张有瑜，罗修泉，宋健. 2002. 油气储层中自生伊利石 K-Ar 同位素年代学研究若干问题的初步探讨. 现代地质，16(4)：403-407

张有瑜，Zwingmann H，Todd A，等. 2004. 塔里木盆地典型砂岩储层自生伊利石 K-Ar 同位素测年研究与成藏年代探讨. 地学前缘，11(4)：637-648

张有瑜，Zwingmann H，刘可禹，等. 2007. 塔中隆起志留系沥青砂岩油气储层自生伊利石 K-Ar 同位素测年研究与成藏年代探讨. 石油与天然气地质，28(2)：166-174

张有瑜，Zwingmann H，刘可禹，等. 2014. 自生伊利石 K-Ar、Ar-Ar 测年技术对比与应用前景展望——以苏里格气田为例. 石油学报，35(3)：407-416

赵杏媛，张有瑜. 1990. 黏土矿物与黏土矿物分析. 北京：海洋出版社

赵杏媛，王行信，张有瑜，等. 1995. 中国含油气盆地黏土矿物. 武汉：中国地质大学出版社

赵杏媛，杨威，罗俊成，等. 2001. 塔里木盆地粘土矿物. 武汉：中国地质大学出版社

Bailey S W, Brindley G W, Fanning D S, et al. 1984. Report of the clay minerals society nomenclature committee for 1982 and 1983. Clays and Clay Minerals, 32(3)：239-240

Curtis C D, Hughes C R, Whiteman J A, et al. 1985. Compositional variation within some sedimentary chlorites and some comments on their origin. Mineralogical Magazine, 49(352)：375-386

Eslinger E, Pevear D. 1988. Clay minerals for petroleum geologists and engineers. SEPM Short Course Notes No. 22, Tulsa：SEPM

Grim R E, Bray R H, Bradley W F. 1937. The mica in argillaceous sediments. The American Mineralogist, 22(7)：813-829

Hillier S, Velde B. 1991. Octahedral occupancy and chemical composition of diagenic (low temperature) chlorite. Clay Minerals, 26(2)：149-168

Lanson B. 1997. Decomposition of experimental X-ray diffraction patterns (profile fitting)：A convenient way to study clay minerals. Clays and Clay minerals, 45(2)：132-146

Meunier A, Velde B. 2004. Illlite：Origins, Evolution and Metamorphism. Berlin：Springer-Verlag

Reynolds R C, Hower J. 1970. The nature of interlaying in mixed-layer illite-montmorillonite. Clays and Clay Minerals, 18(1)：25-36

Srodon J, Eberl D D. 1984. Illite//Bailey S W. Reviews in Mineralogy 13, Micas. Washington DC：Mineralogical Society of America. 495-544

Srodon J, Morgan D J, Eslinger E V, et al. 1986. Chemistry of illite/smectite and end-member illite. Clay and Clay Minerals, 34(4)：368-378

Weaver C E. 1989. Clays, Muds, and Shales. Developments in Sedimentology 44. Elsevier

Weaver C E, Pollard L D. 1973. The chemistry of clay minerals. Amsterdam: Elsevier

Whittle C K. 1986. Comparison of sedimentary chlorite compositions by X-ray diffraction and analytical TEM. Clay Minerals, 21(5): 937-947

Wilson M D, Pittman E D. 1977. Authigenic clay in sandstones: Recognition of influence on reservoir properties and palaeoenviromental analysis. Journal of Sedimentary Petrology, 47(1): 3-31

Wilson M J. 1987. A Handbook of Determinative Methods in Clay Mineralogy. Balckie: Chapman and Hall

第二章　自生伊利石分离

要想对自生伊利石进行年龄测定,就必须首先把自生伊利石从砂岩、泥岩、断层泥等岩石样品中分离出来,去掉岩石样品中的非自生伊利石组分,把自生伊利石提取出来。显然,自生伊利石分离提纯是自生伊利石年代学研究的基础。自生伊利石分离的好坏将会直接影响年龄测定结果。自生伊利石分离提纯的最佳效果不仅要求彻底剔除碎屑钾长石和碎屑伊利石等碎屑含钾矿物,而且还要使自生伊利石得到最大程度的富集,高岭石、绿泥石和蒙皂石等非自生伊利石组分含量最大程度降低。从目前的情况看,尽量提取较细粒级的黏土组分可能是实现这一目的的唯一有效途径。

严格来说,自生伊利石分离仍然属于黏土分离的范畴,分离方法、原理和手段与其基本一致,或者可以说,自生伊利石分离是黏土分离的发展和延伸。换句话说,自生伊利石分离又和黏土分离有很大的不同,主要是自生伊利石分离的难度更大、要求更高。首先自生伊利石分离要求粒级更细,常规黏土分离一般要求提取 $<2\mu m$ 组分,而自生伊利石分离则要求越细越好,一般都在 $<0.3\mu m$;其次是自生伊利石分离要求逐级分离,也就是要求同时提取不同的连续粒级组分,如 $1\sim0.5\mu m$、$0.5\sim0.3\mu m$、$0.3\sim0.15\mu m$ 和 $<0.15\mu m$。

由于专业化程度相对较高和开展这方面的研究相对较少,关于黏土分离方面公开发表的参考文献相对较少,较为系统的则更少。为了保证内容的系统性和完整性,本书将以《黏土矿物与黏土矿物分析》(赵杏媛和张有瑜,1990)一书中的有关内容为基础进行系统介绍,并适当增加近期,特别是笔者近十几年的一些新经验、新认识、新技术、新方法。此外,须藤俊男(1981)、张敬森(1985)和赵杏媛等(2001)的研究成果同样具有较高的参考价值。

随着油气勘探程度的不断提高,构成油气储层的岩石类型越来越广泛,特别是国内外目前的油气勘探重点正从常规油气储层向非常规油气储层、从中浅层常规渗透性储层向深层和超深层致密储层发展,各种不同类型储层的岩石特征具有较大差别。有的岩石疏散、松软,有的岩石致密、坚硬;有的岩石黏土含量较多,有的岩石黏土含量较少;有的岩石含油,甚至是黑油,有的岩石不含油;有的岩石含有较多的有机质、煤,甚至是沥青,有的岩石则基本不含有机质;有的岩石含有较多的碳酸盐岩,有的岩石基本不含碳酸盐岩。除此之外,岩石的化学组成、矿物种类及矿物的晶体化学和胶体化学特征等都会对黏土分离,包括自生伊利石分离产生直接或间接的影响。显然,要想获得理想的分离提纯效果,在进行分离之前,就必须对岩石特性有较为深入的了解,因为不同的岩石类型应采用不同的分离方法。对于一些特殊的岩石样品,除了采用一般的方法以外,还需要根据样品特点进行相应处理。自生伊利石分离,包括黏土分离,看似简单,真正做好却不那么容易,关键在于每一步试验都需要做出正确判断,譬如悬浮了没有? 悬浮的好不好? 是不是充分悬浮? 如果没有悬浮,原因是什么? 应该采取什么措施? 如果方法措施正确,就会很容易,如果方法措施不准确,就可能会比较难。

黏土分离方法有多种,如重液分离法、重液离心分离法、沉降分离法和离心分离法等,目前国内外广泛采用的主要是沉降分离法和离心分离法。对于自生伊利石分离,沉降分离法和离心分离法同样也是目前国内外广泛采用的最主要方法。此外,笔者实验室的微孔滤膜真空抽滤法,也获得了较好的应用效果(张有瑜等,2001;张有瑜和罗修泉,2009,2011)。下面的内容将重点介绍沉降分离法、离心分离法和微孔滤膜真空抽滤分离法。

第一节　分　　散

所谓黏土分散,就是把岩石中的黏土,包括自生伊利石,分散在水中,并使之呈悬浮状态,即制备岩石样品的黏土悬浮液。要想把岩石样品中的黏土物质全部提取出来,并使提取的黏土样品不含或少含非黏土物质,制备悬浮良好的岩石样品的黏土悬浮液是至关重要的,这种悬浮液应具有良好的分散稳定性。为了实现这一点,必须使岩石样品中的黏土物质充分分散。显然,黏土的充分分散是黏土分离的前提。由于所提取的粒级组分更细,不仅仅只是要求尽量不含非黏土物质,而且还要求尽量富集自生伊利石并尽量减少非自生伊利石黏土组分,所以自生伊利石分离比常规黏土分离所要求的分散程度更高。实际工作中,常常会遇到提不出较细粒级组分,或分离不出自生伊利石,或提取的自生伊利石组分数量非常少,究其原因,绝大多数情况下都是因为黏土分散不彻底,也就是说悬浮液制备的不理想,要么是半悬浮,要么是假悬浮。所谓半悬浮是指相对较粗的黏土组分悬浮了,但相对较细或细—极细的黏土组分则没有悬浮,因而只能提取粗黏土,而不能提取细黏土;所谓假悬浮是指制备的悬浮液看起来混浊不清,好像是悬浮了,但实际上都是一些色素在起作用,如铁红或黑灰,而真正的黏土物质没有悬浮,当然也就不可能提取较多的黏土组分。

使岩石样品中的黏土组分分散并悬浮,可以采用物理的方法,也可以采用化学的方法,前者称为物理分散法,后者称为化学分散法。有的岩石样品只用物理分散法便可以使其中的黏土物质充分悬浮,有的岩石样品必须采用化学分散法才能使其中的黏土物质充分悬浮,有的岩石样品则需要采用物理分散法和化学分散法相结合的办法才能使其中的黏土物质充分悬浮。因此,分散方法的选择主要是根据样品的实际情况决定,但应考虑黏土的内在性质和研究目的的不同。一般规律是能用物理分散法解决问题的,尽量不用化学分散法;只用物理分散法不能解决问题的,就必须辅以适当的化学分散法。一般情况下,首先是物理分散法,然后是化学分散法,最后是物理分散法、化学分散法相结合,两者交替使用,直至充分悬浮或彻底悬浮。

一、化学分散法

化学分散法是往悬浮不太好的悬浮液中加入各种分散剂,使黏土物质充分分散、悬浮。

岩石样品中的有机质、铁、铝氧化物和碳酸盐岩等,能把分散的黏土颗粒胶结成较大颗粒,不易散开。黏土矿物颗粒表面一般都带有负电荷,所以黏土矿物颗粒表面常吸附有Ca^{2+}、Mg^{2+}、K^+、Na^+、Fe^{2+}、Fe^{3+}和Al^{3+}等多种阳离子。这些阳离子与黏土矿物颗粒结合的力量较强,离子扩散范围很小,凝聚力强,结果使黏土矿物颗粒不易散开。由于加入的化学分散剂既可以去除胶结物质,也可以改变黏土矿物颗粒表面的离子组成,所以化学分散法可以使黏土矿物颗粒完全分散在水中,形成具有一定稳定性的黏土悬浮液。

用于黏土分散的化学分散试剂种类很多,目前常用的有盐酸、NaOH、Na_2CO_3、H_2O_2、$NH_3 \cdot H_2O$ 和 EDTA(乙二胺四乙酸钠)等。对于不同的黏土,应采用不同的分散剂。一般来讲,对于因含有碳酸盐矿物而使黏土悬浮不好的样品,应加稀盐酸、醋酸和 EDTA 等分散剂去除碳酸盐;对于因含有机质而使黏土悬浮不好的样品,应加 H_2O_2(双氧水)去除有机质;对于因含有铁的氧化物、氢氧化物而使黏土悬浮不好的样品,应加 $Na_2S_2O_4$(连二亚硫酸钠)等化学分散剂去除铁质;对于因含有可溶盐类而使黏土不能悬浮的样品,应采用蒸馏水多次清洗的方法去除可溶盐类。

除此之外,还有一些其他类型的化学试剂也常被用作化学分散剂,如醋酸钠、碳酸氢钠、SHMP(六偏磷酸钠)、磷酸钠、草酸钠、柠檬酸钠(Hamilton et al.,1989;刘岫峰,1990;任磊夫,1992;林西生等,1995;张彦等,2003;高霞和左银辉,2007)。

利用化学分散法分散黏土,不可避免地会带入其他离子,从而改变黏土矿物的化学成分(阳离子组成),此外,用盐酸溶解碳酸盐成分,一些含铁的黏土矿物,如绿泥石等,也容易被溶解,其他的黏土矿物也容易遭到破坏,所以一般情况下应尽量采用物理分散法,而不采用化学分散法,尤其是准备对分离的黏土样品进行元素分析和化学成分分析时,更应以物理分散为主,不用或少用化学分散法。

对于自生伊利石分离,由于提取粒级更细和主要目的是进行 K-Ar 年龄测定,因而一般不宜使用破坏作用相对较强的化学分散剂,常用的主要是 H_2O_2、EDTA 和 SHMP(如笔者实验室)。

二、物理分散法

物理分散法是借助机械力的作用,使黏结在一起的黏土颗粒分散开来。目前实验室常用的物理分散法主要有研磨、湿磨、振荡、搅拌、搅动和超声波振动。研磨一般是指或主要是指干磨。搅动一般是指利用玻璃棒对悬浮液进行搅动。物理分散法不需要添加任何分散剂就能使黏土物质充分悬浮,它的优点在于不会改变黏土矿物的化学性质。

研磨、振荡和搅拌是最简单的物理分散方法,也是最早使用的物理分散方法。一般来说,振荡分散的效果不如研磨好,如果在研磨后再进行振荡处理,分散效果比单一的研磨或振荡都要好得多。搅拌只有与研磨或振荡结合使用才能提高分散效果,单独采用搅拌的方法不能使黏土完全分散。对于自生伊利石分离,一般不建议或不需要采用研磨(干磨)、振荡和搅拌方法进行分散处理,因为研磨、振荡和搅拌,可能强度过大,容易对自生伊利石造成破坏。

湿磨和搅动是最简单的物理分散方法,同时也是最基础的物理分散方法,有相当一部分样品只通过简单的湿磨和搅动就可以达到充分悬浮的效果。

湿磨是把经过浸泡的厘米大小砂岩块状样品同水一起倒入瓷研钵中,通过挤压、轻度研磨的办法使黏土物质从非黏土骨架颗粒上脱落并进入蒸馏水中。磨后把泥浆倒入烧杯中,残渣保留在瓷研钵中,加入蒸馏水后,再对第一次的残渣进行研磨,磨好后再把泥浆倒入烧杯中,如此重复多次,直至把样品中的黏土颗粒与非黏土颗粒分开为止,即继续研磨残渣并无泥浆产生时为止。笔者的实验对比研究表明,作为黏土分离过程中制备黏土悬浮液时的传统技术,湿磨仍不失为一种行之有效的实用技术,具有较好的应用前景。

超声波振动可以在不用氧化剂或分散剂的条件下,直接对黏土悬浮液进行超声分散,并且可以获得较好的分散效果。当经过湿磨和搅动后仍不能良好悬浮时,进行适当的超声波振动,一般都会获得较好的分散效果。超声分散主要是通过超声波振动所产生的分散力使黏土颗粒与黏土颗粒、黏土颗粒与碎屑骨架颗粒之间的结合状态被打散,使黏土颗粒的分散程度或细小程度进一步增加,从而提高分散效果。超声分散不仅能够提高提取黏土的数量,而且还能减少提取黏土中的非黏土杂质。更为重要的是,超声分散有利于提取相对更细的黏土组分。此外,经过超声波振动处理的悬浮液中 Si^{4+} 和 Al^{3+} 离子含量都很少表明,超声波振动处理对黏土矿物的分解破坏作用非常弱,正是由于超声波振动分散具有这样多的优越性,目前,这种方法已被广泛用于黏土分散(Watson,1971),更是自生伊利石分离中不可缺少的重要手段之一。

超声波的类型不同,分散效果也不相同。目前实验室用的超声波发生器主要有槽型和探针型两种。槽型超声波发生器主要供清洗精密仪器,故又称超声波清洗器;探针型超声波发生器主要用于分散粗粒物质。从分散效果看,探针型超声波发生器一般优于槽型超声波发生器。此外超声分散的方式和时间长短、超声波发生器的输出功率大小及黏土悬浮液的浓度,即黏土和水的比例等,都会影响分散效果。

虽然一般认为超声波振动处理对黏土矿物的分解破坏作用非常弱,但对其可能产生的破坏作用还是应该给予高度关注。对于常规黏土分离,必要时可以采用探针型或大功率槽型超声波发生器进行超声分散处理,从而提高或改善分散效果,但最好也应避免长时间连续处理;而对于自生伊利石分离,功率为 $120\sim150W$ 的中小型槽型超声波发生器可能比较适宜,一般不宜采用探针型或大功率槽型超声波发生器,因为所要提取的是粒级更细的自生伊利石,如 $0.3\sim0.15\mu m$ 和/或 $<0.15\mu m$。即便是采用中小型超声波发生器,也应该遵照短时、多次的原则,尽量避免长时间连续超声振动处理,以免对自生伊利石结构及其 K-Ar 放射性同位素体系产生干扰或破坏,从而导致实测年龄数据产生异常。

制冷—加热循环解离技术,简称冷冻技术,也属于物理分散方法,是近期发展起来的一种新方法(Liewig et al. ,1987;Clauer et al. ,1992,2013;Zwigmann et al. ,1998,1999;黄宝玲等,2002;王龙樟等,2004,2005;张有瑜等,2004,2014)。冷冻技术的方法原理是:根据砂岩样品具有一定的孔隙度和渗透性的特点,以水为载体,利用水结冰时体积膨胀原理,使进入孔隙中的水产生体积膨胀并对石英、长石等骨架颗粒形成膨胀压力,利用制冷—加热循环装置使体积膨胀过程周而复始,自动重复,直至骨架颗粒相互崩解,从而使生长在孔隙中和骨架颗粒表面上的自生伊利石等黏土胶结物脱落(图 2.1)。笔者(张有瑜等,2014)对冷冻技术进行了系统的实验研究,并与常规的湿磨技术进行了系统对比,结果表明,与传统的湿磨技术相比,冷冻技术既有优势,也有局限性。优势主要表现在剔除碎屑钾长石效果略微偏好和实测年龄数值相对偏小方面;局限性主要表现在解离效果变化较大,对于坚硬程度中等的中浅层或中深层砂岩,效果较好;而对于坚硬程度较高的深层或超深层砂岩,则效果较差,甚至不宜采用。关于冷冻技术的详细内容请参阅本书第三章。

　　与化学分散法相比,物理分散法确有其独特的优越性。尽管如此,在采用物理分散法进行黏土分散时,也要特别小心仔细,因为过度研磨(包括湿磨)、过度搅拌和过度的超声波振动不但会把非黏土物质如石英、长石等,粉碎到非常细的粒度,而且还会使具有完美晶形的黏土矿物颗粒破碎成形状不规则的微晶碎片,严重时,还会使黏土矿物的结构遭到破坏。

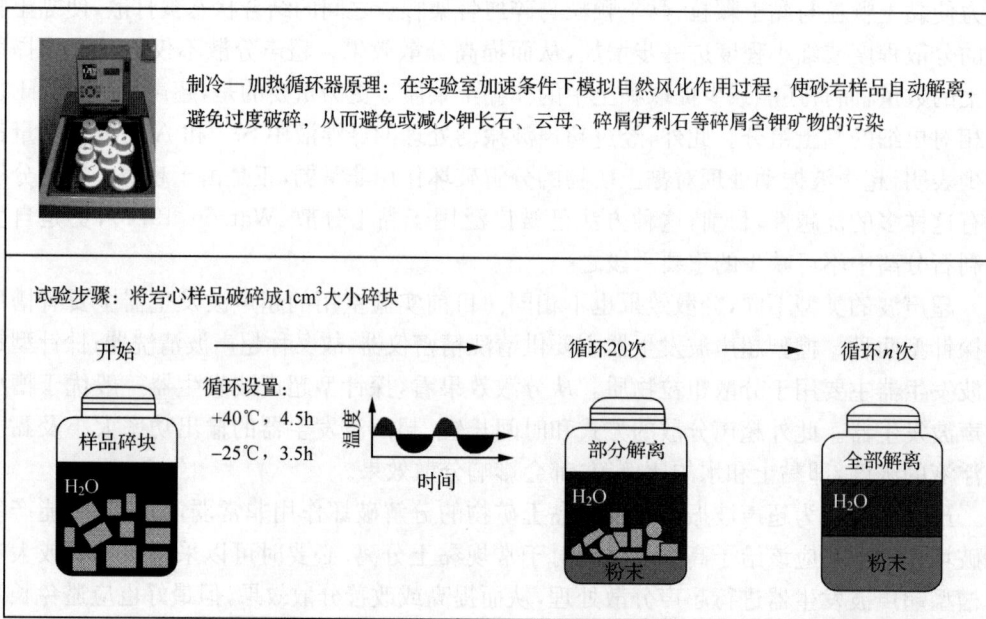

图 2.1　制冷—加热循环砂岩样品解离技术原理示意图(根据 Zwingmman,2003,修改,私人交流)
影响解离速度的因素:①比表面积;②毛管压力;③f(孔隙度、渗透率)

第二节　分　　离

　　前已述及,黏土分离的方法很多,目前国内外广泛使用的是沉降虹吸分离法和离心分离法。除了沉降虹吸分离法和离心分离法之外,笔者实验室的微孔滤膜真空抽滤法也展示出较好的应用前景。沉降虹吸分离法简称沉降法,离心分离法简称离心法,微孔滤膜真空抽滤法简称抽滤法。Stokes(斯托克斯)沉降法则(须藤俊男,1981;张敬森,1985;赵杏媛和张有瑜,1990)是沉降法和离心法的理论基础。

一、Stokes 沉降法则

　　在介质中呈均匀分布的分散颗粒由于受重力作用会发生沉降,当重力与阻力(介质黏滞系数)达到平衡时,分散颗粒作匀速沉降,这时颗粒的沉降速度与颗粒半径的平方成正比,与介质的黏滞系数成反比,这就是 Stokes 沉降法则,它们的关系式是

$$v = \frac{2}{9} gr^2 \frac{d_1 - d_2}{\eta} \qquad (2.1)$$

式中，v 为半径为 r 的分散颗粒在介质中沉降的速度，cm/s；g 为重力加速度，980cm/s²；r 为沉降分散颗粒的半径，cm；d_1 为分散颗粒的密度，g/cm³；d_2 为介质密度，g/cm³；η 为介质的黏滞系数，g/cm·s。

已知物体匀速运动有下列关系式：

$$t = s/v \qquad (2.2)$$

式中，t 为物体匀速运动的时间，s；v 为物体匀速运动的速度，cm/s；s 为物体匀速运动的距离，cm。

将式(2.1)代入式(2.2)可得

$$t = \frac{s}{\dfrac{2}{9} gr^2 \dfrac{d_1 - d_2}{\eta}} \qquad (2.3)$$

黏滞系数 η 是介质温度的函数，因此根据式(2.3)，利用不同温度条件下的黏滞系数，便可计算出一定温度条件下，一定粒径的分散颗粒沉降至一定深度所需要的时间，或一定粒径的分散颗粒在一定时间内所沉降的深度，或一定时间内沉降至一定深度的分散颗粒的半径大小(表2.1，表2.2)。

表 2.1　按 Stokes 定律计算的颗粒的沉降速度(须藤俊男，1981)

温度 /℃	黏度 /10⁻³(g/cm·s)	沉降 10cm 所需时间(t)				8h 沉降距离/cm
		20~2μm		<2μm		<2μm
		t/min	t/s	t/h	t/min	
5	15.19	7	13	12	2	6.6
6	14.73	7	0	11	41	6.8
7	14.29	6	48	11	20	7.1
8	13.87	6	36	11	0	7.3
9	13.48	6	25	10	41	7.5
10	13.10	6	14	10	23	7.7
11	12.73	6	3	10	6	7.9
12	12.39	5	54	9	49	8.1
13	12.06	5	44	9	34	8.4
14	11.75	5	35	9	19	8.6
15	11.45	5	27	9	5	8.8
16	11.16	5	19	8	51	9.0
17	10.87	5	10	8	37	9.3
18	10.60	5	3	8	24	9.5
19	10.34	4	55	8	12	9.8
20	10.09	4	48	8	0	10.0

续表

温度 /℃	黏度 /10^{-3}(g/cm·s)	沉降 10cm 所需时间(t)				8h 沉降距离/cm
		20~2μm		<2μm		<2μm
		t/min	t/s	t/h	t/min	
21	9.84	4	41	7	48	10.3
22	9.61	4	34	7	37	10.5
23	9.38	4	28	7	26	10.8
24	9.16	4	22	7	16	11.0
25	8.95	4	15	7	6	11.3
26	8.75	4	10	6	56	11.5
27	8.55	4	4	6	47	11.8
28	8.36	3	59	6	38	12.1
29	8.18	3	54	6	29	12.3
30	8.10	3	48	6	21	12.6
31	7.83	3	43	6	12	12.9
32	7.67	3	39	6	5	13.2
33	7.51	3	34	5	57	13.4
34	7.36	3	30	5	50	13.7
35	7.21	3	26	5	43	14.0

注：比重(d_1)=2.56(g/cm³)，考虑了 η 随温度的变化。

表 2.2　按 Stokes 定律计算的颗粒的沉降速度(Kachinsky,1958;转引自赵杏媛和张有瑜,1990)

粒径 /mm	比重 /(g/cm³)	沉降深度 /cm	沉降时间(t)								
			20℃			22.5℃			25℃		
			t/h	t/min	t/s	t/h	t/min	t/s	t/h	t/min	t/s
<0.05		25		2	34		2	25		2	16
<0.01		10		25	36		24	10		22	45
<0.005	2.20	10	1	42	24	1	36	41	1	30	59
<0.001		7	29	52	06	28	12	17	26	32	30
<0.05		25		2	27		2	19		2	11
<0.01		10		24	34		23	19		21	50
<0.005	2.25	10	1	38	18	1	32	30	1	27	21
<0.001		7	28	40	29	27	04	39	25	28	51
<0.05		25		2	22		2	14		2	06
<0.01		10		33	38		29	19		21	00
<0.005	2.30	10	1	34	31	1	29	16	1	24	02
<0.001		7	27	34	22	26	02	11	24	30	16

续表

粒径 /mm	比重 /(g/cm³)	沉降深度 /cm	沉降时间(t)								
			20℃			22.5℃			25℃		
			t/h	t/min	t/s	t/h	t/min	t/s	t/h	t/min	t/s
<0.05		25		2	27		2	09		2	01
<0.01		10		22	45		21	29		20	13
<0.005	2.35	10	1	31	02	1	25	58	1	20	54
<0.001		7	26	33	09	25	04	35	23	35	51
<0.05		25		2	12		2	04		1	57
<0.01		10		21	59		20	41		19	33
<0.005	2.40	10	1	27	54	1	22	45	1	18	13
<0.001		7	25	28	20	24	08	23	22	48	31
<0.05		25		2	07		2	00		1	53
<0.01		10		21	13		19	59		18	53
<0.005	2.45	10	1	24	53	1	19	54	1	15	31
<0.001		7	24	45	15	23	18	23	22	01	15
<0.05		25		2	03		1	56		1	49
<0.01		10		20	31		19	19		18	15
<0.005	2.50	10	1	22	01	1	14	14	1	12	58
<0.001		7	23	55	43	22	31	52	21	17	17
<0.05		25		1	59		1	51		1	46
<0.01		10		19	51		18	41		17	39
<0.005	2.55	10	1	19	24	1	14	44	1	10	37
<0.001		7	23	09	23	21	48	13	20	36	00
<0.05		25		1	55		1	49		1	43
<0.01		10		19	14		18	06		17	06
<0.005	2.60	10	1	16	55	1	12	24	1	08	25
<0.001		7	22	25	57	21	07	17	19	57	26
<0.05		25		1	52		1	45		1	40
<0.01		10		18	39		17	33		16	35
<0.005	2.65	10	1	14	34	1	10	12	1	06	21
<0.001		7	21	45	09	20	28	59	19	21	13
<0.05		25		1	49		1	42		1	37
<0.01		10		18	06		17	02		16	06
<0.005	2.70	10	1	12	24	1	08	10	1	04	24
<0.001		7	21	06	44	19	52	47	18	48	40

续表

粒径 /mm	比重 /(g/cm³)	沉降深度 /cm	沉降时间(t)								
			20℃			22.5℃			25℃		
			t/h	t/min	t/s	t/h	t/min	t/s	t/h	t/min	t/s
<0.05		25		1	45		1	39		1	34
<0.01		10		17	35		16	33		15	38
<0.005	2.75	10	1	10	19	1	06	13	1	02	34
<0.001		7	20	30	32	19	18	40	18	14	51
<0.05		25		1	43		1	37		1	31
<0.01		10		17	06		16	06		15	12
<0.005	2.80	10	1	08	22	1	04	22	1	00	50
<0.001		7	19	56	28	18	40	34	17	44	23

注：考虑了 d_1 的变化。

二、沉降虹吸分离法

沉降虹吸分离法是根据 Stokes 沉降法则,在一定时间内和一定的深度里,用虹吸管吸出一定量的黏土悬浮液(图 2.2),离心、沉淀和烘干、称重,得出该粒径颗粒的含量。例如,如果想要分离粒径的上限为 $2\mu m$(0.002mm),根据表 2.1 可知,温度为 20℃时,如果规定沉降时间为 8h,则该时间内的沉降深度为 10cm($d_1 = 2.56g/cm^3$, $d_2 = 1g/cm^3$),因此,用虹吸管提取 10cm 深的悬浮液,离心沉淀、烘干后便可得到粒径<$2\mu m$ 的黏土样品。

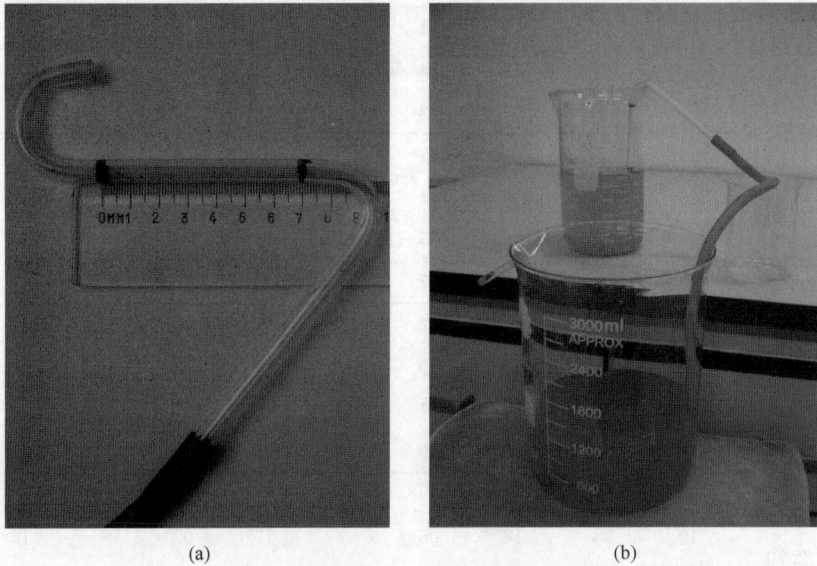

(a)　　　　　　　　　　　　　　　(b)

图 2.2　虹吸法提取黏土悬浮液装置
(a)虹吸管;(b)提取黏土悬浮液

同样,如果想要分离粒级的上限为 $1\mu m(0.001mm)$,在温度为 $20℃$、黏土颗粒比重(d_1)为 2.50 时,如果规定沉降时间为 24h,则该时间内的沉降深度为 7cm(表 2.2)。同理,利用表 2.1 和表 2.2 也可以确定沉降时间,例如,想要分离粒级的上限为 $1\mu m(0.001mm)$,在温度为 $20℃$、黏土颗粒比重(d_1)为 2.50 时,如果规定提取悬浮液的深度为 7cm,那沉降时间应为 23 小时 55 分 43 秒(表 2.2),即约为 24h。

沉降虹吸分离法的操作比较简单,首先把充分悬浮的黏土悬浮液移入高脚烧杯中,用玻璃棒反复搅动使其充分悬浮后,令其自由沉降,按照 Stokes 沉降法则(表 2.1 和表 2.2),一定时间后提取一定深度的黏土悬浮液,每次提取后,应往烧杯中加入等量的蒸馏水,再搅动、沉降和提取,如此反复多次,直至加入蒸馏水搅动后,在规定的时间内,应该提取悬浮液的深度内的悬浮液不再混浊时为止(即提取深度范围内的液体为清液)。

尽管沉降虹吸分离法步骤简单、操作简便,但是,要想分离彻底,也即分离出来的黏土样品多而不含或少含非黏土物质,仍应小心、仔细、严格操作,尤其应该注意以下几点。

(1) 黏土悬浮液的浓度不宜太高,以免因影响颗粒的自由沉降而不符合 Stokes 沉降法则。一般情况下,黏土悬浮液的浓度应控制在 3% 以下。

(2) 颗粒沉降过程应在恒温或温度变化较小的条件下进行。

(3) 提取悬浮液时,向上弯曲的吸管嘴应比杯底的沉积颗粒高出 3～5cm,以免把已沉降的粗颗粒吸出。

(4) 虹吸管放入烧杯中时,一定要慢、稳,切勿搅动,避免把已沉降的粗颗粒吸出。

(5) 一定要准确控制提取黏土悬浮液的深度。如图 2.2 所示,建议用油性记号笔在虹吸管上标上刻度,如 7cm。

用虹吸管提取黏土悬浮液的具体操作方法是:①从虹吸管的乳胶管一端注满蒸馏水,然后用左手捏住乳胶管一端,使蒸馏水不能从玻璃管一端流出,同时用右手拿住玻璃管一端;②如图 2.2 所示,将虹吸管的玻璃管一端缓慢放入盛有悬浮液的烧杯中,并使虹吸管的上刻度线与悬浮液液面持平,同时将乳胶管一端置于准备盛装提取悬浮液的大烧杯,如 5000mL 大烧杯的上方,或置于其中;③松开乳胶管一端,悬浮液则会自动流入大烧杯中,待液面下降至与虹吸管的下刻度线持平时,右手提起虹吸管使其高于液面,直至虹吸管中的悬浮液全部流入大烧杯中;④用蒸馏水反复冲洗虹吸管内、外壁,保持虹吸管干净并为下一次的提取做好准备。

三、离心分离法

离心分离法是利用离心机来分离黏土的一种方法。分散的颗粒由于受离心力的作用必然会向离心管底部移动,显然,离心机的转速越快,分散颗粒所受的离心力的作用就越强,其沉降速度也就越快。黏土悬浮液中,大黏土颗粒沉降快,小黏土颗粒沉降慢,原因是大黏土颗粒受的重力作用大,小黏土颗粒受的重力作用小。如果用离心力代替重力,根据 Stokes 沉降法则,通过变换离心机的转速和离心时间,同样可以把不同粒径的黏土颗粒分开(图 2.3)。

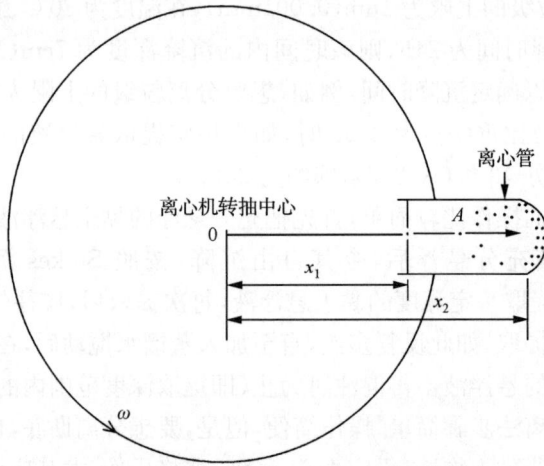

图 2.3 离心分离的沉降距离计算

如图 2.3 所示,位于 A 点的分散颗粒所受的离心力(F')和介质阻力(F)分别为

$$F' = \frac{4}{3}\pi r^2(d_1 - d_2)\omega^2 x \tag{2.4}$$

$$F = 6\pi\eta rv \text{(Stokes 法则)} \tag{2.5}$$

因为离心力和介质阻力大小相等,方向相反,所以

$$\frac{4}{3}\pi r^2(d_1 - d_2)\omega^2 x = 6\pi\eta rv \tag{2.6}$$

分散粒子在离心沉降过程中,x 是个变量,v 也是一个变量,因此,以 $v = dx/dt$ 代入式(2.6),然后对 x 和 t 同时积分就可以得到离心分离法的基本计算公式,即

$$t = \frac{\eta\log\dfrac{x_2}{x_1}}{3.81n^2 r^2(d_1 - d_2)} \tag{2.7}$$

式中,t 为分离黏土所需的离心时间,s;n 为离心机转速,rps,每秒转速;r 为分散颗粒的半径,cm;η 为介质的黏滞系数,g/cm·s;x_1 为离心机中心轴到液面的距离,cm;x_2 为离心机中心轴到管底的距离,cm;d_1 为分散颗粒的密度,g/cm³;d_2 为介质密度,g/cm³。

离心机的转头,也称转子,有甩平转子(水平转头)和角转子(角度转头)之分。甩平转子中的离心杯,在离心机静止不转时,是自然下垂,当离心机开始运转并逐渐加快至最大速度时,便呈水平状态[与离心机转轴垂直,图 2.3 和图 2.4(a)],而角转子中的离心杯,则是不管离心机转动与否均与离心机转轴呈一定的角度[图 2.4(b)]。甩平转子的特点是离心容量相对较大,但转速相对较低,多为低速或中高速(10000rpm[①] 以下);角转子的特点是转速相对较大,最大转速多在 10000rpm 或 15000rpm 以上,但离心容量相对较小。

---

① 1rpm=1r/min,转每分。

显然,利用式(2.7)进行计算的前提条件,应该是甩平转子,根据式(2.7)并以美国热电公司(Thermo Electron Corporation)索福(Sorvall) RC 6 Plus 高速冷冻离心机的 HS-4 甩平转子为例,固定离心机条件(x_1、x_2 和 n)和 d_1 与 d_2,就可以计算出分离不同粒级的分散颗粒所需的离心时间(表 2.3)。

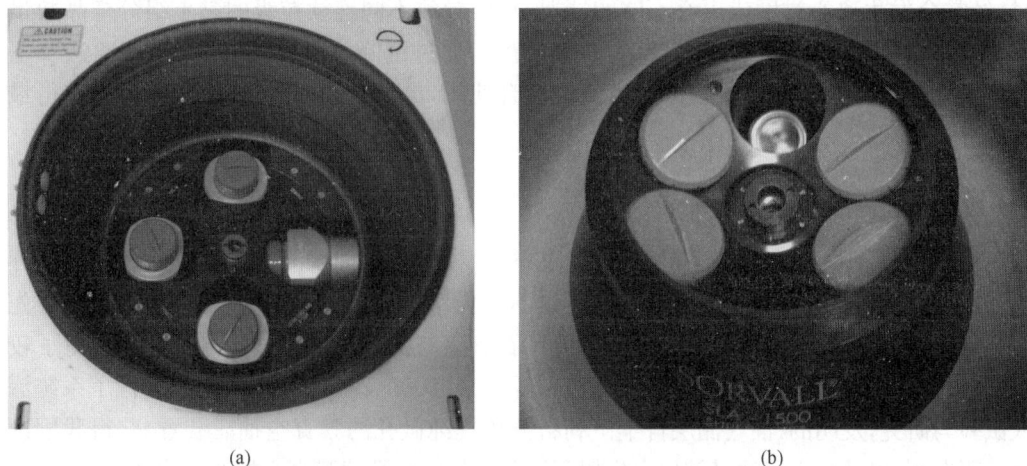

(a)　　　　　　　　　　　　　　　(b)

图 2.4　离心机转子(Thermo Electron Corporation,Sorvall RC 6 Plus 高速冷冻离心机)

(a)甩平转子(水平转头,HS-4);(b)角转子(角度转头,SLA-1500)

表 2.3　根据离心分离公式计算的部分粒径颗粒的离心沉淀时间(假定条件下)

温度(T) /℃	黏度(η) /10^{-2}(g/cm·s)	离心沉淀时间(t)								
		$n=3000$rpm			$n=5000$rpm			$n=7000$rpm		
		0.5μm			0.3μm			0.15μm		
		t/h	t/min	t/s	t/h	t/min	t/s	t/h	t/min	t/s
20	1.009		6	29		6	29		13	13

注:(1)$d_1=2.55$,$d_2=1$;(2) $x_1=7.5$,$x_2=17$,x_1 与离心杯液面高度有关;(3) 0.5μm、0.3μm 和 0.15μm 是离心沉淀的黏土粒径界限值,上限由进行离心分离的悬浮液决定,如果分别为<1μm、<0.5μm 和<0.3μm 的悬浮液,则离心沉淀的黏土组分分别为 1～0.5μm、0.5～0.3μm 和 0.3～0.15μm,而离心管中的液体,或分别为<0.5μm、<0.3μm 和<0.15μm 的悬浮液,或均为清液(当均不含比相应界限值更细的黏土组分时)。

对于常规黏土分离来说,由于想要提取的黏土粒级相对较粗(一般为<2μm),不需要进行连续逐级分离,离心分离的目的主要是把黏土物质和蒸馏水分开,相对简单并且对离心机的要求也不是太高,一般情况下低速(5000rpm 以下)离心机即可以满足要求,只要通过试验,采用足够高的转速和足够长的时间,能够使黏土组分全部沉淀和离心清液清澈透明不含黏土物质即可,而不需要进行复杂计算。但对于自生伊利石分离,由于想要提取的黏土粒级相对较细,一般<0.3μm,需要进行连续逐级分离,相对复杂,离心分离不仅具有非常重要的作用,而且对离心机的要求也相对较高,一般都需要配备高速离心机。如果利用沉降虹吸法提取的是<1μm 黏土悬浮液,根据表 2.3,则可以分别获取 1～0.5μm、0.5～0.3μm、0.3～0.15μm 黏土组分和<0.15μm 黏土悬浮液。然后,再利用更高的转速和更长的时间对<0.15μm 黏土悬浮液进行离心沉淀,如索福 RC 6 Plus 高速冷冻离心

机、SLA-1500 角转子、250mL 离心杯，离心机转速和离心时间分别为 14300rpm 和 30min，便可以获得＜0.15μm 黏土组分。

离心分离法的优点是速度快、时间短，缺点是固定的离心机条件不易满足和欲提取粒级的离心转速和离心时间不易准确掌握，特别是对于自生伊利石分离，在连续逐级分离时，经常会发生离心过度或离心不够的情况，从而导致不同连续粒级的黏土组分样品数量不符合正常规律，有的粒级过多，有的粒级过少。通过沉降虹吸分离法、离心分离法及下面将要介绍的微孔滤膜真空抽滤分离法的结合使用，灵活掌握和取长补短，便可以获得最佳的分离效果。

四、微孔滤膜真空抽滤分离法

微孔滤膜真空抽滤分离法，就是借助真空泵、抽滤瓶和抽滤漏斗建立一个真空抽滤环境，并利用微孔滤膜的过滤作用来分离提取不同粒级的黏土组分。胡振铎等（1999）首先对利用微孔滤膜真空抽滤技术进行自生伊利石分离与提纯进行了试验与研究并获得了较好的应用效果。张有瑜等（2001）、张有瑜和罗修泉（2009，2011）对该项技术进行了系统深入试验与研究，发明的《油气储层自生伊利石分离提纯微孔滤膜真空抽滤装置》获得我国国家发明专利，以及建立了油气储层自生伊利石分离提纯微孔滤膜真空抽滤方法（图 2.5）。

图 2.5　自生伊利石分离提纯微孔滤膜真空抽滤装置（局部）

3000mL 塑料烧杯中为＜0.3μm 黏土悬浮液；真空抽滤漏斗中的滤膜的孔径为 0.15μm；真空抽滤漏斗中为 0.3～0.15μm 黏土组分；抽滤瓶中为＜0.15μm 黏土悬浮液

微孔滤膜的全称是混合纤维素酯微孔滤膜，有 1.2μm、0.8μm、0.45μm、0.3μm 和＜0.15μm 等多种微孔孔径规格的产品，从理论上讲，利用微孔滤膜真空抽滤装置，使用不同孔径的微孔滤膜，便可以分别提取以这些孔径为分界值的黏土组分，如 1.2～0.8μm、0.8～0.45μm、0.45～0.3μm、0.3～0.15μm 和＜0.15μm 等。

微孔滤膜真空抽滤分离法的优势主要体现在提取较细粒级的黏土组分上，优点主要有两点，一是效率高，二是相对容易准确控制粒级。此外，设备成本相对较低，也是该项技术的主要优点之一,特别是当没有配备高速离心机时,可以发挥重要作用。对于储层砂岩而言,细粒级黏土组分(<0.3μm 或<0.15μm)一般较少,相应悬浮液浓度较低、数量较大,而真空抽滤技术的特点是,数量越大,优势越明显。对于提取相对较粗粒级的黏土悬浮液,由于需要的沉降时间相对较短和对离心机的要求相对较低,真空抽滤技术不具有明显优势。

利用 Stokes 沉降法则[式(2.3)]计算可知,想要获得粒级<0.3μm 和粒级<0.15μm 的黏土悬浮液,如果采用沉降法,在设定提取悬浮液深度为 10cm 时,则需要分别自由沉降 367h(约 15 天)和 1467h(约 61 天),比较漫长,而采用微孔滤膜真空抽滤技术则相对较为容易。从表 2.3 可以看出,如果采用离心分离法,在使用索福 RC 6 Plus 高速离心机和 HS-4 甩平转子,分别设定转速为 5000rpm 和 7000rpm 的条件下,需要分别离心 6′29″和 13′13″[00∶06∶29(h∶min∶s)和 00∶13∶13(h∶min∶s)],而采用微孔滤膜真空抽滤技术要相对容易得多。应该指出的是,这里所计算的沉降时间和离心时间,均是沉降 1 次或离心 1 次的时间。以提取<1μm 悬浮液为例,采用沉降虹吸法,一般需要抽提 10～20 次(不同样品变化较大,主要与砂岩样品投放量、黏土含量和悬浮状况及每次提取量有关),对所提取的悬浮液采用离心法分离一般需要 8～10 次(索福 HS-4 甩平转子,离心容量约为 225mL×4;同样变化较大,主要与悬浮液体积和离心容量有关)。特别强调的是,由于特别耗时和基本不具有可行性,笔者没有开展过利用沉降虹吸法提取粒级<0.3μm 和粒级<0.15μm 黏土悬浮液的工作实践,上面的计算主要是为了说明问题。通过上面的计算可以看出,对于提取粒级<0.3μm 和粒级<0.15μm 的黏土悬浮液,采用离心分离技术具有一定的可行性,但前提条件是需要配备大容量离心机,如这里的 900mL(225mL×4),如果离心容量较小,如每次 300mL,则离心次数就会数倍增加,既工作量较强又非常费时。

对于微孔滤膜真空抽滤技术,应该根据实验室的设备条件,和沉降虹吸分离法、离心分离法结合使用,充分发挥每种技术的优势,从而达到最佳的使用效果。笔者实验室的做法是,首先利用沉降虹吸法提取粒级<1μm 黏土悬浮液,然后根据表 2.3,利用离心分离技术分别获取粒级为 1～0.5μm、0.5～0.3μm 的黏土组分和粒级<0.3μm 的悬浮液,接着使用 0.15μm 孔径的微孔滤膜,利用微孔滤膜真空抽滤技术对粒级<0.3μm 的悬浮液进行真空抽滤,从而获取粒级为 0.3～0.15μm 的黏土组分和粒级<0.15μm 的黏土悬浮液,最后再利用更高的转速和更长的时间对粒级<0.15μm 的黏土悬浮液进行离心沉淀,如索福 RC 6 Plus 高速冷冻离心机、SLA-1500 角转子、250mL 离心杯、14300rpm 转速和 30min 离心时间,获得粒级<0.15μm 黏土组分。离心机转速和离心时间根据实际情况而定,以离心管中的液体为清液为准,即清澈透明,不含黏土物质时为准,如果没有达到要求,可以适当提高转速或适当加长离心时间。关于微孔滤膜真空抽滤装置与技术的详细内容,请参阅本书第四章。

第三节　分离程序简介及其要点和注意事项

一般来说,自生伊利石分离即黏土分离,包括采样、选样、称样、碎样、洗油、蒸馏水浸泡、湿磨或制冷-加热循环样品解离、制备和提取黏土悬浮液、离心沉淀、烘干、称重和包装等步骤,其中任何一个环节的工作完成得不理想,都会影响分离质量。因此,要想既分离彻底又不含或少含非黏土杂质,也就是使自生伊利石得到最大程度富集并彻底剔除碎屑钾长石和碎屑伊利石等陆源碎屑矿物,就必须认真仔细地做好每一步工作。

一、采样、选样、称样

采样是自生伊利石分离的第一步工作,也是最为关键的一步。自生伊利石分离的目的是获取自生伊利石样品,获取自生伊利石样品的目的是进行年龄测定,进行自生伊利石年龄测定的目的是探讨油气成藏时代。由此可以看出,这一系列工作的中心只有一个,那就是"自生伊利石",而且必须是"砂岩油气储层中的成岩自生伊利石"。因此,是否发育自生伊利石和通过分离提纯能否获得自生伊利石,就是采样、选样工作的立足点和出发点。要想获得理想的自生伊利石样品、理想的自生伊利石年龄数据和理想的油气成藏史研究应用效果,就必须对所研究油气藏的地质特征有非常深入的了解。地质认识是地质实验的基础,实验数据有助于地质认识的发展和完善,基础地质工作不扎实一般是不可能获得理想的实验数据的,尤其是自生伊利石年代学研究属于探索性较强的研究项目,任何一个条件得不到满足,就可能会失去实际使用价值。

自生伊利石是否发育是多种地质因素联合作用的综合结果。能否获得理想的应用效果首先主要取决于自生伊利石成岩作用与油气注入事件是否具有成因联系。在采样之前,必须深入掌握所研究油气藏的岩石类型、埋深、成岩作用类型、成岩演化程度及油气运移成藏规律等基本石油地质特征,只有做到这一点,才能够真正做到实验分析项目设计有依据、采样有目的、送样有把握。

尽管影响自生伊利石成岩作用的因素很多,但最重要的影响因素主要是岩石类型、埋深、古地温梯度和古水介质条件。孔、渗条件主要与岩石类型有关,温度条件主要与埋深和古地温梯度有关,成岩环境和阳离子类型主要与水介质条件有关。一般来说,孔渗好及温度高有利于成岩作用发育,富 K^+ 的碱性环境有利于自生伊利石发育。对砂岩油气储层自生伊利石年代学研究最理想的岩石样品首先是细砂岩、中砂岩,其次是粉砂岩,除此以外的其他岩石类型则往往不够理想,如砾岩、含砾砂岩、粗砂岩、不等粒砂岩、泥质粉砂岩,当然也包括粉砂质泥岩和泥岩。前者不仅粒度适中、分选较好、孔隙发育、连通较好,有利于成岩化学物质的带入和带出,对成岩作用发育非常有利,且泥质杂基含量较低,有利于自生伊利石的分离和提纯,如果化学成熟度较高,骨架颗粒主要为石英,则更加理想,塔里木的东河砂岩是典型例子之一。东河砂岩主要为石英细砂岩,为海相,分选好,结构成熟度和成分成熟度均比较高,杂基含量低,成岩黏土胶结物主要为自生伊利石。而后者则恰恰相反,结构成熟度和成分成熟度均较低或非常低,成岩过程常主要表现为物理成岩作用,即主要是机械压实作用,且杂基含量较高,这些杂基主要是陆源碎屑矿物且相对较细,通过分离一般很难将其彻底剔除掉。此外,这类砂岩样品不仅是自生伊利石含量很少或基本不含自生伊利石,而且黏土杂基主要为碎屑伊利石,实测年龄常常是基本接近于、大于或远大于其地层年龄。

温度是影响成岩演化程度的主要因素之一,并且主要与埋深和地温梯度有关。因此,从样品埋深上讲,对于黏土矿物正常转化型盆地(正常地温梯度、正常盐度),一般中深层是最佳的采样深度,因为在这个深度范围内,成岩演化阶段一般都会达到中成岩晚期阶段或晚成岩阶段,如渤海湾盆地中深层(2500～3000m 以下)(赵杏媛和张有瑜,1990;赵杏媛等,1995;徐同台等,2003a,2003b)。正如本书第一章所述,通常所说的自生伊利石指的是广义伊利石,包括真正矿物学意义上的伊利石和蒙皂石→伊利石成岩演化过程中的伊利石/蒙皂石(I/S)有序间层,特别是间层比小于 25% 或 15% 的 I/S 有序间层,因为对我国含油气盆地而言,绝大多数盆地的蒙皂石→伊利石成岩演化程度没有达到伊利石(间层比<5%)阶段,即真正矿物学意义上的伊利石,即便是演化程度相对较高的砂岩储层,如鄂尔多斯盆地二叠系、四川盆地三叠系和库车拗陷侏罗系,I/S 有序间层的间层比也多在 5% 以上。而对浅层、中浅层则可能不适合,如渤海湾盆地古近系、新近系及酒西盆地古近系、新近系等,因为在这个深度范围内,成岩演化阶段大多在早成岩阶段—中成岩阶段早期,蒙皂石→伊利石成岩演化过程主要在蒙皂石和/或 I/S 无序间层阶段,基本没有自生伊利石发育,砂岩中的伊利石主要是陆源碎屑伊利石和/或 I/S 间层,特别是类似于油砂、黑油或稠油疏松砂岩储层,如珠江口盆地部分古近系、新近系砂岩储层、渤海湾盆地滩海地区部分古近系、新近系砂岩储层,或是未成岩,或是弱成岩,化学成岩作用基本不发育,更没有发育自生伊利石成岩作用,自然也就不存在自生伊利石。

气候和水介质条件是影响成岩作用特征的主要因素之一,富 K^+ 的碱性环境有利于自生伊利石发育,富 Fe^{2+}、Mg^{2+} 的碱性环境有利于自生绿泥石发育,富 Al^{3+} 的酸性环境有利于自生高岭石发育。从理论上讲,高岭石、绿泥石不会对自生伊利石的 K-Ar 放射性同位素体系产生影响,但自生黏土矿物主要为绿泥石和/或高岭石、或绿泥石和/或高岭石占绝对主要地位,表明该砂岩的成岩作用类型主要是绿泥石和/或高岭石成岩作用,自生伊利石成岩作用不发育或基本不存在,说明基本没有自生伊利石,问题的关键在于没有适合的测年对象,而不是因为绿泥石和/或高岭石,如吐哈盆地、准噶尔盆地的侏罗系,可能也包括鄂尔多斯盆地三叠系。干燥的古气候条件和快速堆积、快速埋藏同样不利于自生伊利石成岩作用发育,主要为陆源碎屑伊利石,如库车前陆盆地古近系、新近系等(张有瑜等,2002,2004;徐同台等,2003a,2003b)。

对于自生伊利石测年与成藏年代学研究,采样、选样原则有以下三条:①具有伊利石成岩作用;②伊利石成岩作用,即蒙皂石→伊利石成岩演化程度,达到一定的质和量,所谓质是指 I/S 有序间层的间层比达到 30%～25% 或 15% 以下;所谓量是指在数量上占主要地位;③伊利石成岩作用与油气运移成藏作用,即油气注入事件具有成因联系。

采样量和采样密度主要根据研究内容和研究目的确定,一般情况下,500g 左右或 350～500g 的砂岩岩心样品便可以满足基本分析要求。考虑综合分析测试项目的分析测试内容多、周期长、费用高,一般一个油气藏或相同层位 1～2 个样品即可。Lee 等(1985)的样品分布涵盖研究气藏的气层和水层;Hamilton 等(1989)的自生伊利石标准年龄剖面同样包括油气层和水层(张有瑜等,2002),但在实际研究中一般很难实现,主要原因在于钻井取心层段和取心数量相对有限,采样受到限制。

从理论上讲,油层和气层都是理想的采样层位,但笔者的经验表明,气层样品的结果相对较好,而油层的样品则变化较大,有的较好,有的则不理想。有些含油样品,特别是含稠油或黑油的样品,首先是分离工作难度很大,很难悬浮或彻底悬浮,其次是提取的样品数量较少且质量不太高，年龄数据因而也不理想。这是一个非常复杂的问题，初步推测很可能主要是与油进入储层时，储层的成岩作用所处阶段有关，即储层的成岩程度有关。如果油进入时，储层成岩程度较低，油进入后导致成岩作用终止，那么自生伊利石的成岩演化程度自然较低，从而导致所提取的自生伊利石样品，不管是质（即间层比大小）还是量（数量）均不理想；其次是含油样品需要经过洗油及其后续的反复处理，去除有机质残留和/或氯仿残余，使矿物颗粒表面特性由亲油变为亲水，从而达到悬浮状态。在这一系列反复处理过程中，可能会使黏土物质，特别是自生伊利石组分遭受损失，结果使提取的黏土物质数量偏少。另外，虽然经过蒸馏水反复清洗，但残余有机质和残余氯仿及其与双氧水反应后的残余物质很难被彻底清洗干净，结果使最终的测年样品不是太"干净"，并最终导致 K、Ar 含量明显偏低或产生异常年龄数据。正是这种先天的"不足"和后天的"不利"，常常导致部分含油砂岩样品的效果不够理想。但这绝不等于不应该采含油的砂岩样品，如果是这样就既违背了自生伊利石年代学的方法基础，又与自生伊利石年代学研究的目的相矛盾。归根结底，导致年龄数据不理想的主要原因是成岩程度较低，或自生伊利石发育程度较差，虽然发生油气注入事件，但不存在记录油气注入事件的载体，不存在适合进行年龄测定的测试对象，而不在于是否含油，即不满足这项技术的前提条件。

一般情况下，最好选用岩心样品，岩屑样品可以进行分析，但一般不建议选用，原因主要有以下三点：①很难保证样品代表性；②很难挑取足够的样品数量（350～500g）；③经过反复淘洗，岩屑样品中的黏土组分可能有损失，不利于自生伊利石的分离、提纯和富集。

选样时一般尽量避开砂岩样品中的泥砾、泥质夹层、煤层、煤线、炭屑和植物碎片，泥砾、泥质夹层陆源碎屑杂基含量较高，不利于自生伊利石分离提纯；有机物质的存在不利于黏土组分悬浮。

样品称重很有必要，即便是不要求计算黏土总量或自生伊利石含量。因为通过称重可以准确把握样品投放量，避免样品过少或过多，样品投放过少，可能会导致所提取的自生伊利石样品数量不够；样品投放过多，可能会导致总是抽提不完（悬浮液不清），从而使工作量大幅度增加。

二、碎样、洗油

碎样是指用锤头把砂岩岩心样品破碎成小块状。碎样应该小心仔细，既不能用球磨机（碎样机）代替，也不能把样品破碎过细。如果下一步的细碎工作准备采用浸泡＋湿磨方式，为了便于操作，可以使破碎程度稍微偏细一点，如约为 0.5cm 大小；但如果下一步的细碎工作准备采用制冷—加热循环解离即冷冻方式，则最好不要破碎过细，应该为 1cm 大小或稍大一点。不论采用哪一种方式，碎样过程一定要轻、缓、柔、慢，切忌用力过狠、过重，既要使样品破碎开，又不能把样品砸成粉末。如果岩心样品数量允许的话，最好弃去被砸成粉末状的样品，或过筛（如 35 目筛子），或通过手工筛选。

对于轻微含油的砂岩样品，用双氧水处理＋蒸馏水反复清洗，可能会满足要求。但对于含油较多的砂岩样品，特别是含稠油、黑油的砂岩样品，必须进行洗油处理。洗油处理一般是用氯仿抽提的办法把样品洗至荧光 3 级以下，或氯仿在抽提器中呈清澈透明为止。如果样品中的油洗得不彻底，就会影响黏土悬浮和自生伊利石分离效果。

由于样品量较大(500g左右)，且需要把样品中的油全部洗净，所以自生伊利石分离中的洗油是一项较为繁琐的工作，工作量大、耗时长和费用高。李连生等(1995)提出了一种先用汽油进行粗洗，接着离心分离，然后再用索氏抽提仪进行精洗的办法，既较快又较经济。然而，应该引起注意的是这种方法存在一定的安全隐患，对离心粗洗后的汽油应有专人负责，以免发生火灾。

三、浸泡—湿磨或制冷—加热循环样品解离

这一步工作也可简单地称为"细碎"，目的是把黏土组分和骨架颗粒分开，即使黏土组分脱离骨架颗粒并进入蒸馏水中，最终形成黏土悬浮液。

浸泡是指把已经被粗碎成细小块状的砂岩样品，或是已经彻底洗油的砂岩样品放入烧杯中并加入蒸馏水。浸泡的目的是使样品松散，有利于下一步的湿磨。加入蒸馏水时，切忌数量太多，以刚刚浸没过样品为宜。烧杯大小根据样品数量确定，最好是采用1000mL或更大的高脚烧杯。在浸泡之前，最好用浓度为1.6mol/L的稀盐酸对样品进行试验，以掌握含碳酸盐情况。

湿磨是把经过浸泡的厘米大小砂岩块状样品同水一起倒入瓷研钵中，通过挤压、轻度研磨的办法使黏土物质从非黏土骨架颗粒上脱落并进入蒸馏水中。磨后把泥浆倒入烧杯中，残渣保留在瓷研钵中，加入蒸馏水后，再对第一次的残渣进行研磨，磨好后再把泥浆倒入烧杯中，如此重复多次，直至把样品中的黏土颗粒和非黏土颗粒分开为止，也即继续研磨残渣并无泥浆产生时为止。

湿磨是传统黏土分离过程中制备黏土悬浮液时的常用技术，研磨过程中应该轻、缓、柔，并且研磨程度一定要适中，一定不能研磨过度，把钾长石等碎屑含钾矿物研磨至黏土粒级，从而对后续的分离工作产生不利影响，进而影响分离质量。研磨程度根据样品实际情况确定，如果石英、长石等骨架颗粒相对较粗，则研磨程度应该相对较轻，如果石英、长石等骨架颗粒相对较细，则研磨程度可以适当增加，基本原则是以不使骨架颗粒发生破碎为准。

如果采用制冷—加热循环解离技术，则首先把已经被粗碎成细小块状的砂岩样品，或已经彻底洗油的砂岩样品装入特氟隆样品瓶中并加入适量蒸馏水，然后再把已经装有样品的特氟隆瓶子放入制冷—加热循环器的水浴槽(装有冷冻液)中，最后开机并启动提前编写好的制冷—加热循环程序，开始解离试验。

在制冷—加热循环解离过程中，应该重点注意以下5点：①弃去已经被砸碎成粉末状的样品；②如果是经过洗油处理的样品，或者虽然没有经过洗油处理但属于微含油的样品，在放入特氟隆瓶中之前，应用蒸馏水进行漂洗以去掉油珠或残余有机质，或用双氧水进行简单处理，去掉油膜和/或有机质残余，使样品由亲油变为亲水，笔者的实验研究表明，油的存在会明显降低解离效率(张有瑜等，2014)；③特氟隆样品瓶中的蒸馏水一定不能加满，要留有少许空间，以防冷冻时因蒸馏水体积膨胀而使瓶子胀裂；④解离过程中，应坚持每天都对解离情况进行观察并做好记录；⑤经过一段时间的冷冻处理后，为提高效率可以把已经彻底解离的样品先取出来，然后再把尚未解离的块状样品放回去，继续冷冻，直至全部彻底解离。

四、制备黏土悬浮液

将经过浸泡—湿磨或制冷—加热循环解离处理的样品放入烧杯中,加满蒸馏水后用玻璃棒搅拌,使黏土颗粒充分分散,最好选用 1000mL 高脚烧杯,如果样品量较多,可以同时使用两个 1000mL 烧杯。加入的蒸馏水不宜太满,否则容易溢出。搅拌后,静止 8h,如果烧杯上部 10cm 内,黏土颗粒充分悬浮,悬浮液即制备成功;如果烧杯上部 10cm 内基本清澈,则应继续放置一段时间,至完全清澈后,弃去清液,重新加入蒸馏水,然后再搅拌→静置 8h→弃去清液,如此重复多次,直至烧杯上部 10cm 内,黏土颗粒充分悬浮为止。

弃去清液时,最好不采用倾倒的办法,应该用虹吸管吸出,因为倾倒会对已经沉淀到烧杯底部的黏土颗粒产生扰动,并使其悬浮,要么容易造成黏土组分丢失,要么基本倒不出清液,使清洗效率大为降低。为了既提高清洗效率又不会造成黏土损失,可以同时制作一个相对较长的虹吸管如图 2.6 所示,并同时换成 5000mL 大烧杯,将静置的时间适当加长,直至接近烧杯底部全部为清液时,再用长虹吸管将清液全部吸出。

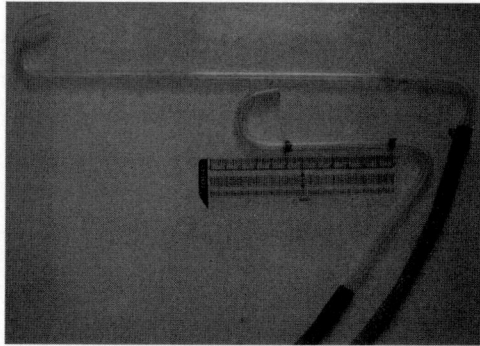

图 2.6　虹吸管

一般情况下,经过 3~5 次的蒸馏水清洗,样品中的黏土组分多能悬浮良好。如果超过 5 次还未见悬浮或悬浮不好,就应该仔细分析,找出造成不悬浮的原因并进行相应处理。

黏土悬浮液的制备是黏土分离的关键,也是黏土分离的核心问题,因为只有"散"得开,才能"提"得出,悬浮液制备的好坏将会直接影响分离效果。制备黏土悬浮液时,应参考本章第一节所讲述的内容,采用化学分散法或物理分散法,尽量使岩石样品中的黏土组分彻底分散、充分悬浮。

根据笔者多年的实践经验,这里把黏土悬浮液制备过程中的常见问题和处理方法及关键要点按正常情况下应遵循的步骤简单介绍如下。

因黏土颗粒与非黏土颗粒结合紧密造成不悬浮的,应重新湿磨,并用超声波振荡,使黏土颗粒从非黏土颗粒上彻底脱落下来。

如果经过初步的蒸馏水清洗,仍不能悬浮或悬浮不好,则首先应考虑是不是因为样品颗粒相对较粗,黏土颗粒和非黏土颗粒仍然结合在一起,没有散开,这时应该再次进行湿磨,并适当加大力度,同时用超声波超声振荡加速分散,直至研磨后的残渣呈干净、透亮并具有晶体(玻璃)光泽(闪光)的单颗粒状态时为止。这时为了加快进度、提高效率和降低工作量,可以通过反复涮洗,只保留富含黏土物质的泥浆样品,把基本不含黏土物质并呈干净、透亮且在灯光照射下闪光的单颗粒状骨架颗粒样品(主要是石英、长石等)置于另外的烧杯中,暂时保存,待分离结束时,如果没有其他特殊用途,便可以弃去。把保留下来的泥浆样品加入适当数量的蒸馏水,适当超声振荡后,静置 8h,如果悬浮良好,则可以进入提取黏土悬浮液阶段;如果仍不悬浮或悬浮不好,则应该查找原因,继续进行处理。因油未洗净或有机质含量太高造成不悬浮的,应重新彻底洗油或去掉有机质。

经过洗油处理的样品,颗粒表面表现为亲油而非亲水,加入蒸馏水后,常常是水是水,颗粒是颗粒,互不相融,蒸馏水清澈透明,特别是当油未洗彻底时,有机质含量过高时也会发生类似情况。这时,要想使黏土悬浮,就必须先去掉油和/或有机质,一般是采用双氧水处理。

去有机质的双氧水氧化法是先将浸泡有样品的烧杯中的清水倒掉,然后再加入原浓度的双氧水,边加边搅动,这时就会有有机质被双氧水氧化后产生的黑烟向外冒,如此反复进行多次,直到样品颜色变浅不再冒烟时为止。反应终止后,倒去上部清液,再用蒸馏水清洗多次,直到黏土组分充分悬浮时为止。

去除有机质是黏土分离,特别是自生伊利石分离中的一个非常重要的环节,既要特别重视又要小心谨慎,应该重点注意以下两点:①注意防止因氧化而引起的样品外溢,反应生成的气泡外溢或外溅,既不安全、不卫生,又会造成黏土组分包括自生伊利石丢失;②反应过程可能相当漫长,特别是对于那些含有较多的黑油、黑煤和炭屑的样品,如图 2.7 所示,可能需要数天、数周或更长时间,总是在不断冒泡,反应总也不结束,这时既不能操之过急,也不能提前放弃。如果操之过急,必然会加大双氧水加入量,容易引起剧烈反应,造成样品大量外溢,等处理结束时,大量的黏土组分,特别是自生伊利石可能已经遭受损失,剩下的只是石英、长石等碎屑矿物组分;如果提前放弃,则意味着处理不彻底,会导致有机质大量残留,影响悬浮质量,并进而影响分离效果,即提不出多少黏土组分,特别是粒级更细的自生伊利石。

因碳酸盐矿物含量高造成不悬浮的,应除去碳酸盐。除去碳酸盐的方法一般有两种,即稀盐酸法和 EDTA 法。对于自生伊利石分离,一般不建议采用稀盐酸法,除非碳酸盐含量较多时。

1) 稀盐酸法

利用稀盐酸溶解碳酸盐的方法可以用下面的反应方程式表示:

$$CaCO_3 + 2HCl \longrightarrow CaCl_2 + CO_2 \uparrow + H_2O \tag{2.8}$$

在装有湿磨好并已洗好油的样品的烧杯中,加入浓度为 $0.64 \sim 0.97$ mol/L($2\% \sim 3\%$,质量分数)的稀盐酸,一边加一边用玻璃棒不断搅动,直到反应停止,静止澄清后吸出上层清液,然后再加稀盐酸搅动,重复进行,直到加稀盐酸不再起反应时为止。如果主要为白云质,则稀盐酸处理应该在温度低于 60℃ 的水浴上进行。

稀盐酸处理后,应该用蒸馏水反复清洗样品,直到黏土组分充分悬浮时为止。

图 2.7　双氧水氧化法去除有机质

(a)含油(黑油、黑煤、炭屑)砂岩(塔里木盆地,C—S);(b)双氧水与有机质反应(正视图),1000mL 高脚烧杯;
(c)双氧水与有机质反应(顶视图),1000mL 高脚烧杯;(d)黏土悬浮液,1000mL 高脚烧杯

2) EDTA 法

(1) 原理

EDTA 是一种氨羧络合剂,由于它在水中的溶解度较小,化学上常用的是它的二钠盐(NaR_2)。在溶液中 EDTA 二钠盐可以与 1～4 份的金属阳离子形成 1∶1 的易溶于水的络合物。1 个 EDTA 分子可电离出 4 个 H^+,因此,在碱性环境下 EDTA 的络合能力更强。

碳酸盐在 EDTA 溶液中有下列电离平衡存在:

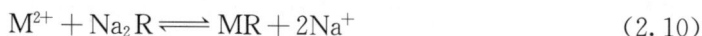

$$MCO_3 \rightleftharpoons M^{2+} + CO_3^{2-} \tag{2.9}$$

$$M^{2+} + Na_2R \rightleftharpoons MR + 2Na^+ \tag{2.10}$$

随着 M^{2+}(二价阳离子)与 EDTA 的稳定络合物(MR)的不断形成,反应[式(2.10)]不断向右进行,从而使得碳酸盐不断溶解。

(2) 方法

先把湿磨好并已洗好油的样品放入烧杯中,然后加入 EDTA 二钠盐(乙二胺四乙酸钠)饱和溶液,边加边用玻璃棒搅动,直至不起泡为止,静止 12h 后,倒出上部澄清液,再加入蒸馏水反复清洗直到黏土颗粒充分悬浮为止。

稀盐酸法和 EDTA 法处理碳酸盐各有其优缺点,稀盐酸法费用低,但时间长,且对黏土矿物(特别是三八面体绿泥石)有轻微破坏;EDTA 法时间短,且对黏土矿物没有任何破坏作用,但费用较高。

由于可溶性盐类使黏土絮凝而造成不悬浮的,应用蒸馏水反复清洗。鉴于部分样品要清洗数十遍才能悬浮,为缩短清洗时间,可以采用离心沉淀法加速进程,特别是在似悬浮非悬浮时,每次清洗都需要等待很长的时间才能澄清,这时可以采用离心机离心加速沉淀,弃去清液后,进行再次清洗。

对于去除可溶性盐类,六偏磷酸钠效果较好,如果悬浮状况仍不是太好,可以尝试用滴管加入 n 滴质量分数为 5‰(0.2mol/L)的六偏磷酸钠溶液,常可以使分散效果明显改善。

因铁质含量高造成不悬浮的,应去铁质。去铁的方法是:往装有样品的烧杯中加柠檬酸钠、碳酸氢钠和连二亚硫酸钠,使之与样品反应,从而去掉样品中以氧化物和氢氧化物形式存在的铁。

因酸性很强而造成不悬浮的(主要是一些以高岭石为主的样品),应用蒸馏水反复清洗。如果清洗数遍,仍不悬浮并一直呈絮凝状态,应该进行碳酸钠处理。

碳酸钠处理的方法是,把样品放入聚氯乙烯烧杯中,加入 0.72mol/L(3‰,质量分数)的 Na_2CO_3 溶液后放在水浴上加热至 60℃,恒温 20min 后,黏土即可悬浮。黏土悬浮的原因是,碳酸钠溶液既中和掉样品中的酸性介质又除掉样品中的非晶态物质。

五、提取黏土悬浮液、离心沉淀、真空抽滤

对于常规黏土分离,一般情况下,由于提取的是<2μm 粒级组分,提取黏土悬浮液和离心沉淀是两个彼此独立的实验过程;而对于自生伊利石分离,由于需要提取不同的连续粒级组分,提取黏土悬浮液和离心沉淀、真空抽滤,则是一个相互交替进行的实验过程。

提取黏土悬浮液和离心沉淀、真空抽滤都是黏土分离的关键实验步骤,不管是采用沉降虹吸分离法、离心沉淀分离法,还是真空抽滤法,都应该按照本章第二节中所介绍的操作方法完成,对第二节中所介绍的注意事项应该给予足够的重视,确保提取悬浮液的质量,既要把样品中的黏土组分全部提取出来,又要尽量不含或少含杂质。采用沉降虹吸法时,一定要掌握好提取悬浮液的时间和深度,并且提取悬浮液时尽量小心仔细,避免扰动;采用离心沉淀法时,在从离心杯中向外倾倒清液或悬浮液时,切忌将已经离心沉淀的黏土组分倒出;在采用真空抽滤技术时,既要防止因微孔滤膜上面的黏土组分积累过多而影响抽滤效果,又要注意在收集黏土样品时,不要把微孔滤膜划破,并进而影响抽滤质量。

六、烘干、研磨、称重、包装

这是黏土分离的最后一步工作。所谓"烘干"是指,通过分离提取的黏土组分仍然含有较多的蒸馏水,需要放入水浴槽中进行蒸干,当然也可以令其自然风干,但一般时间较长。为了使黏土矿物,特别是自生伊利石的结构免遭破坏,水浴温度应低于 60℃。一般的做法是:先将通过离心沉淀或真空抽滤获取的黏土样品放入温度低于 60℃的水浴中蒸干水分,然后再放入温度为 60℃的烘箱中进行恒温干燥 8h 或过夜。

　　为了便于分析和制样,对于常规黏土分离,应将已干燥好的黏土样品放在玛瑙研钵中研磨至 200 目以下,即手摸无粒状感觉。研磨的另一项目的是提高样品的均匀程度,使样品尽量均匀。对于自生伊利石分离,一般不建议对样品进行研磨,因为研磨有可能会对自生伊利石结构造成破坏,使放射成因氩发生丢失。正确的做法是:对于呈薄片状的或"纸状"的样品,可以用剪刀剪成细小"碎片状"或微片状;对于呈"坨状"或"疙瘩状"的样品,应该用"擀面杖"或木棒"擀压"或挤压成细小颗粒状或微粒状。

　　最后,应把已呈细粒状、微粒状或细小片状的样品仔细包装、准确称重并标明样品编号和做好记录。

参 考 文 献

高霞,左银辉. 2007. 粘土矿物分离及样品制备. 新疆地质,2007,25(2):213-215

胡振铎,欧光习,夏毓亮. 1999. 辽河滩海地区下第三系古地温及生烃成藏时间的地球化学研究. 北京:核工业北京地质研究院

黄宝玲,王大锐,刘玉琳,等. 2002. 油气储层钾氩定年中的自生粘土矿物提纯技术及意义. 石油实验地质,24(6):550-554,560

李连生,杨吉,杨正华. 1995. 稠油样品中的粘土矿物分离提取实验. 西安地质学院学报,17(3):95-96

林西生,包于进,郑乃萱,等. 1995. 沉积岩粘土矿物相对含量 X 射线衍射分析方法. 中华人民共和国石油天然气行业标准,SY/T 5163—1995

刘岫峰. 1990. 沉积岩实验室研究方法. 北京:地质出版社

任磊夫. 1992. 粘土矿物与粘土岩. 北京:地质出版社

王龙樟,戴橦谟,彭平安. 2004. 气藏储层自生伊利石^{40}Ar/^{39}Ar 法定年的实验研究. 科学通报,49(增刊Ⅰ):81-85

王龙樟,戴橦谟,彭平安. 2005. 自生伊利石^{40}Ar/^{39}Ar 法定年技术及气藏成藏期的确定. 地球科学——中国地质大学学报,30(1):78-82

须藤俊男. 1981. 粘土矿物学. 严寿鹤,刘万,贾克实. 北京:地质出版社

徐同台,包于进,王行信,等. 2003a. 中国含油气盆地粘土矿物图册. 北京:石油工业出版社

徐同台,王行信,张有瑜,等. 2003b. 中国含油气盆地粘土矿物. 北京:石油工业出版社

张敬森. 1985. 土壤胶体的分离和提纯//熊毅,等. 土壤胶体,第二册. 北京:科学出版社:1-39

张彦,陈文,杨慧宁. 2003. 用于同位素测年的自生伊利石分离纯化流程探索. 地球学报,24(6):622-626

张有瑜,董爱正,罗修泉. 2001. 油气储层自生伊利石分离提纯及其 K-Ar 同位素测年技术研究. 现代地质,15(3):315-320

张有瑜,罗修泉. 2004. 油气储层自生伊利石 K-Ar 同位素年代学研究现状与展望. 石油与天然气地质,25(2):231-236

张有瑜,罗修泉. 2009. 油气储层自生伊利石分离提纯微孔滤膜真空抽滤装置:中国. ZL200610090591.1

张有瑜,罗修泉. 2011. 油气储层自生伊利石分离提纯微孔滤膜真空抽滤装置与技术. 石油实验地质,33(6):671-676

张有瑜,罗修泉,宋健. 2002. 油气储层自生伊利石 K-Ar 同位素年代学研究若干问题的初步探讨. 现代地质,16(4):403-407

张有瑜,Zwigmann H,刘可禹,等. 2014. 油气储层砂岩样品制冷—加热循环解离技术实验研究. 石油实验地质,36(6):752-761

张有瑜,Zwingmann H,Todd A,等. 2004. 塔里木盆地典型砂岩储层自生伊利石 K-Ar 同位素测年研究与成藏年代探讨. 地学前缘,11(4):637-648

赵杏媛,张有瑜. 1990. 粘土矿物与粘土矿物分析. 北京:海洋出版社

赵杏媛,王行信,张有瑜,等. 1995. 中国含油气盆地粘土矿物. 武汉:中国地质大学出版社

赵杏媛，杨威，罗俊成，等. 2001. 塔里木盆地粘土矿物. 武汉：中国地质大学出版社

Clauer N, Cooker J D, Chaudhuri S. 1992. Isotopic dating of diagenic illites in reservoir sandstones: Influence of the investigator effect//Houseknecht D W, Pitman E D. Origin, diagenesis, and petrophysics of clay minerals in sandstones, SEPM Special Publication, 47: 5-12

Clauer N, Liewig N. 2013. Episodic and simultaneous illitization in oil-bearing Brent Group and Fulmar Formation sandstones from the northern and southern North Sea based on illite K-Ar dating. The American Association of Petroleum Geologist Bulletin, 97(12): 2149-2171

Hamilton P J, Kelley S, Fallick A E. 1989. K-Ar dating of illite in hydrocarbon reservoirs. Clay Minerals, 24(2): 215-231

Lee M, Aronson J L, Savin S M. 1985. K/Ar dating of Rotliegendes Sandstone, Netherlands. The American Association of Petroleum Geologist Bulletin, 68(12): 1381-1385

Liewig N, Clauer N, Sommer F. 1987. Rb-Sr and K-Ar dating of clay diagenesis in Jurassic sandstone oil reservoir, North Sea. The American Association of Petroleum Geologist Bulletin, 71(12): 1467-1474

Watson J R. 1971. Ultrasonic vibration as a method of soil dispersion. Soils and Fert. , 34: 127-134

Zwingmann H, Claure N, Graupp R. 1998. Timing of fluid flow in sandstone reservoir of the north German Rotliegend (Permian) by K-Ar dating of related hydrothermal illite//Parnell J. Dating and duration of fluid-flow and fluid-rock interaction. Special Publications, 144: 91-106

Zwingmann H, Claure N, Gaupp R. 1999. Structure-related geochemical (REE) and isotopic (K-Ar, Rb-Sr, δ^{18}O) characteristics of clay minerals from Rotliegend sandstone reservoirs (Permian, northern Germany). Geochimica et Cosmochimica Acta, 63(18): 2805-2823

技术篇

第三章 油气储层砂岩样品制冷—加热循环解离技术实验研究

油气成藏年代学研究是当前油气勘探中的热点问题之一。自生伊利石是砂岩储层中的常见胶结物,由于含有钾,适合于进行 K-Ar 同位素年龄测定。由于可以提供重要的油气注入年代学数据,自生伊利石 K-Ar 同位素年龄测定受到了广大油气勘探工作者的广泛重视并已逐渐成为当前油气成藏史研究中的一项重要内容。

自生伊利石分离提纯是砂岩储层自生伊利石 K-Ar 同位素测年分析的关键技术之一,剔除碎屑钾长石和碎屑伊利石等碎屑含钾矿物杂质并尽量使自生伊利石得到最大程度的富集是其主要目的。从目前情况来看,尽量提取较细粒级的黏土组分,很可能是实现这一目的的唯一有效途径。此外,分离过程中尽量避免对碎屑钾长石和碎屑伊利石等碎屑含钾矿物的过度破碎也同样具有非常重要的意义。

制备黏土悬浮液是自生伊利石分离提纯的第一个重要环节。悬浮液制备的好坏将会直接影响分离提纯效果。制备黏土悬浮液,一般常规的办法是采用湿磨,也就是把经过粗碎(5mm 以下)和浸泡后的砂岩样品连水一起倒入瓷研钵中进行研磨,从而使黏土颗粒(如自生伊利石等)与非黏土颗粒(如石英、碎屑钾长石、碎屑伊利石等)分开(相互脱离)。在常规黏土分离中,这一步流程一般称为细碎。当砂岩样品比较致密坚硬时,湿磨可能会使非黏土颗粒被过度破碎至黏土粒级,从而使在后续分离过程中所提取的较细粒级如<0.3μm 或更细的黏土组分中仍然含有碎屑钾长石和/或碎屑伊利石,进而影响年龄测定结果。为了解决这一问题,Liewig 等(1987)提出了模拟自然风化过程的制冷—加热循环样品解离技术,Zwingmann 等(1998,1999)对此进行了研究与应用。国内黄宝玲等(2002)对该项技术进行过初步探索性研究,王龙樟等(2004,2005)及张有瑜和罗修泉(2004)、张有瑜等(2004)也相继对该项技术进行了实际应用。本章将对该项技术的方法原理、实验技术和实际效果及应用前景进行系统论述。

第一节 方法原理及实验设备和实验方法

一、方法原理

砂岩是重要的油气储层之一。各种砂岩均含有不同的孔隙(孔隙度)和具有一定的渗透性。制冷—加热循环样品解离技术简称冷冻技术,就是根据砂岩具有一定的孔隙度和渗透性的特点,以水为载体,利用水结冰时体积膨胀原理,使进入孔隙中的水产生体积膨胀并对石英、长石等骨架颗粒形成膨胀压力,利用制冷—加热循环装置使体积胀缩过程周而复始、自动重复,直至骨架颗粒相互崩解,从而使生长在孔隙中和骨架颗粒表面上的自生伊利石等胶结物脱落。

制冷—加热循环样品解离技术原理如图 2.1 所示。

二、实验设备与实验方法

制冷—加热循环器是该项实验的主体设备,本次研究采用的是德国 Julab 公司的产品,型号为 FP45-HL[图 3.1(a)]。该制冷—加热循环器配有一个微控制单元(集成程序设计器),可以预存 6 个制冷—加热程序(profile),自动循环,水浴槽开口尺寸为 23cm×26cm(W×L),深度(D)为 20cm,工作液为乙二醇/蒸馏水混合液(50%/50%,体积比),工作温度范围为-40～200℃。

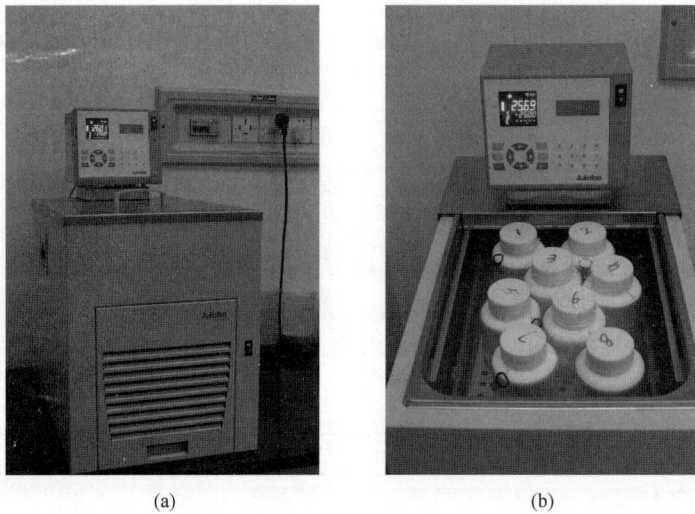

图 3.1 制冷—加热循环器和特氟隆样品瓶、冷冻液(张有瑜等,2014)
(a)制冷—加热循环器;(b)特氟隆样品瓶、冷冻液,瓶颈上的铝片为永久标签,分别打有 1～8 个圆孔,
以表示 1～8 号瓶子

首先用锤子把砂岩岩心样品破碎成小于 1cm³ 大小的细小块状[图 3.2(a)]并装入容积为 500mL 的特氟隆瓶子中,加入适量蒸馏水后,盖上盖子,然后把装有样品的特氟隆瓶子放在水浴槽的工作液即冷冻液中,盖上水浴槽盖子后,便可以启动机器、运行预先编好的制冷—加热程序(如 profile 0)并设定循环次数(run,代号为 r)等于 99 后,即可以开始冷冻—加热循环解离实验[图 3.1(b)]。表 3.1 是本书经过多次实验确定的制冷—加热程序(profile 0)。表 3.1 中的设定温度和设定时间均可以根据实验情况进行适当调整。表 3.1 中时间为零,表示对该实验阶段不设既定工作时间,设备达到预设定温度后自动进入下一个温度阶段;温度阶段编号不连续设定,如 1、3、6、9 的用意在于留有充分余地,需要时可以在两个相邻温度阶段之间增加新的温度阶段,如 2、4、5 等。由于从 40℃降温至-25℃和从-25℃升温至 40℃均需要一定时间,分别约为 3h 和 1h,所以一个循环约需 12h,一个昼夜(day,代号为 d)可以完成两个循环。

图 3.2　制冷—加热循环砂岩样品解离效果(张有瑜等,2014)

1000mL 高脚烧杯,直径为 9.5cm

(a)开始时(把砂岩样品敲碎成 1cm 大小块状)样品编号为 A19、A25;(b)结束时(420d 后),A19 基本全部解离;
(c)结束时(420d 后)A25 少量未解离

表 3.1　砂岩样品解离制冷—加热循环程序

温度阶段编号	1	3	6	9
设定温度/℃	−25	−25	40	40
设定时间 /(h：min)	00：00	03：30	00：00	04：30
仪器工作状态	从室温(开机时)或 +40℃(运行时)降 温至−25℃,不设 既定工作时间	保持−25℃并 恒温 3.5h	从−25℃升温至 40℃,不设既 定工作时间	保持 40℃并 恒温 4.5h

资料来源:张有瑜等,2014

　　笔者的经验表明,在砂岩样品制冷—加热循环解离实验过程中,有以下 4 个方面的问题应该引起重视:①对特氟隆瓶子一定要做好永久性编号,并对装样情况做好详细记录;②破碎成小于 1cm³ 大小的细小块状砂岩样品在装入特氟隆瓶子之前,最好过 35 目筛,因为在用锤子砸碎样品的过程中,可能会把石英、长石等骨架颗粒碎成粉末,如果不把这部分粉末去掉,可能会对分离提纯质量产生影响;③在往特氟隆瓶中加蒸馏水时,切不可加满,一定要留下少量空间,以防冷冻时因蒸馏水体积膨胀而使特氟隆瓶子胀裂;④设定循环次数为 99 的目的在于使机器较长时间内不停机,待到砂岩样品彻底充分解离[图 3.2(b)、图 3.2(c)]时,可以通过人工干预方式实现停机。

第二节　实　验　样　品

本书的研究选择了一批具有典型特征的砂岩样品进行实验(表 3.2),28 块砂岩样品基本上可以划分为三组。

第一组为库车拗陷依南 2(YN2)气田侏罗系砂岩(6 块,A1～A6),埋深相对较深(4535～4966m),泥质、硅质胶结,黏土矿物主要为伊利石/蒙皂石(I/S)有序间层(65%～92%)和伊利石(6%～20%),I/S 有序间层的间层比较低(15%),含少量绿泥石,个别样品含少量高岭石,含油级别主要为荧光,个别为油迹(A2);根据致密疏松情况可以进一步划分为两类,一类主要为阳霞组(J₁y),相对较疏松,含炭屑或薄煤层,硅化弱,孔渗相对较好,以 A1 号样品为代表[图 3.3(a)];另一类为阿合组(J₁a),致密度相对较高,多为较硬或坚硬,硅化强,孔渗相对较低,以 A6 号样品为代表[图 3.3(a)];扫描电镜(SEM)下观察也显示出类似特征,前者见有粒缘缝、粒间溶孔,后者则基本不见孔隙[图 3.4(a)、图 3.4(d)]。

第二组为四川盆地三叠系须家河组砂岩(12 块,A7～A18),埋深相对较浅(1715～2548m),主要为灰质胶结,绿泥石、硅质次之,孔隙度、渗透率均相对较低,黏土矿物主要为绿泥石,含量为 60%～88%,其次为 I/S 有序间层(40%～12%),I/S 有序间层的间层比较低(5%),其中有 4 块样品含油或微含油(A11、A14、A15、A16),同样可以划分为两类,一类疏松或较疏松,含煤,包括 A7～A13 和 A16～A18,共 10 块样品,以 A7 号样品为代表[图 3.3(b)];另一类较硬,包括 A14 和 A15,以 A14 号样品为代表[图 3.3(b)];扫描电镜下观察也显示出类似特征,前者见有粒间孔隙,后者则孔隙少[图 3.4(c)、图 3.4(d)]。

第三组为塔中凸起塔中 47(TZ47)油藏石炭系、志留系砂岩,埋深相对较深(4393～4988m,10 块,A19～A28),主要为泥质、泥灰质或灰泥质胶结,孔渗相对较低,含油级别以油斑为主,黏土矿物特征、孔隙发育(致密、疏松)情况和硅化程度等变化相对较大,其中石炭系巴楚组(C₁b)含砾砂岩段砂岩,5 块样品中有 2 块相对较为疏松,另外 3 块较为坚硬,A20、A21 号样品孔隙较为发育[图 3.4(e)、图 3.4(f)],其他较差,黏土矿物特征基本一致,均以 I/S 有序间层为主(62%～87%),间层比相对较高(20%～25%),含少量伊利石和高岭石;其中的志留系沥青砂岩段(S₁³)砂岩相对较为坚硬,硅化较强,如样品 A25[图 3.3(c)],特别是沥青砂岩非常坚硬,孔隙较少并且连通较差,如样品 A28,[图 3.4(h)],A24 号样品虽然因含泥较多,相对较为疏松,但孔隙发育情况仍然较差,基本不见孔隙[图 3.3(c)、图 3.4(g)]。

表3.2 部分典型砂岩样品的岩石学特征及其冷冻—加热循环解离效果(张有瑜等,2014)

样号	盆地构造油气田	井深/m	层位	岩性	致密度、孔隙发育情况(SEM)	硬度(肉眼)	基质、胶结物	含油气情况	平均孔隙度/%	平均渗透率/mD①	黏土矿物相对含量/%* I/S	I	K	C	I/S间层比/%	冷冻—加热循环 时间/d	次数/r	解离程度/%
A1	塔里木盆地 车拗陷 南2气田	4535	J$_1$y	中砂岩	—	较疏松	泥质、硅质	荧光			84	7	4	6	15	30	60	100
A2		4536		中砂岩	致密,见粒缘缝和粒间溶孔	含较多炭屑或薄煤层,硅化弱	泥质、硅质	油迹	7.44	5.05	88	7	2	3	15	30	60	100
A3		4550		中砂岩	致密			荧光			91	7		2	15	30	60	100
A4		4560		细砂岩		较硬、硅化强	泥质、硅	荧光			92	6		2	15	150	300	100
A5		4900	J$_1$a	细砂岩		较硬、硅化强	质、灰质	荧光	3.83	1.82	80	6		14	15	150	300	100
A6		4966		细砂岩	致密	坚硬、硅化强		荧光			65	20	4	11	15	540	1080	95
A7	四川盆地	1715		中细砂岩	较疏松,粒间孔隙 30~60μm	较疏松、含煤		气层			22			78	5	48	96	100
A8		1773	T$_3$x^6	中细砂岩	较致密,粒间孔隙 10~30μm	较疏松	灰质(方解石为主,绿泥泥)	不含油	5.28	0.14	31			69	10	48	96	100
A9		2151		中细砂岩	较致密,粒间孔隙 10~30μm	较硬	石,硅质次之,白云石少见	不含油			40			60	5	48	96	100
A10		2196		中细砂岩	致密	较疏松、含煤		不含油			36			64	10	48	96	100
A11		2230		中细砂岩	较疏松,粒间孔隙 20~60μm	较疏松	含油	含油			26			74	5	99	198	100
A12		2324	T$_3$x^4	中细砂岩	较疏松,粒间孔隙 30~80μm	疏松、含煤		气层	5.69	0.31	12			88	10	48	96	100
A13		2357		细砂岩	较致密,粒间孔隙 15~60μm	较疏松		气层			24			76	5	48	96	100

续表

样号	盆地构造油气田	井深/m	层位	岩性	致密度、孔隙发育情况(SEM)	硬度(肉眼)	基质、胶结物	含油气情况	平均孔隙度/%	平均渗透率/mD①	黏土矿物相对含量/%*				I/S间层比/%	冷冻—加热循环		解离程度/%
											I/S	I	K	C		时间/d	次数/r	
A14		2401		中砂岩	较致密、粒间孔隙20~80μm	较硬		含油			15			85	5	99	198	100
A15	四川盆地	2412	T$_3$x^4	细砂岩	致密、孔隙少	较硬	灰质(方解石)为主，硅质次之，白云石少见	微含油	5.69	0.31	39			61	5	99	198	100
A16		2454		细砂岩	致密	较疏松		含油			31			69	5	99	198	100
A17		2531		中砂岩	较致密、粒间孔隙20μm±	较疏松		气层			21			79	5	48	96	100
A18		2548		中细砂岩	较致密、粒间孔隙20~60μm	疏松、含煤		气层			30			70	5	48	96	100
A19	塔里木盆地	4393	C$_1$b	含砾细砂岩	较致密、粒间缝5μm±	坚硬、硅化强		油浸			72	7	21		20	420	840	95
A20	塔中隆起	4396		细砂岩	较疏松、粒间孔隙20~50μm	较疏松、硅化弱	灰泥质	荧光			86	6	8		25	37	74	100
A21	塔中47油藏	4397		含砾细砂岩	较疏松、粒间孔隙20~40μm	坚硬、硅化强	灰质	油斑	8.50	1.10	82	11	7		20	840	1680	75
A22		4399		灰质细砂岩	样品致密、连通差	较疏松、硅化弱	泥灰质	油浸			86	5	9		25	38	76	100
A23		4402		细砂岩	较致密、泥质含量高	较硬、硅化强		油斑			87	12	1		20	180	360	95

续表

样号	盆地构造油气田	井深/m	层位	岩性	致密度、孔隙发育情况(SEM)	硬度（肉眼）	基质、胶结物	含油气情况	平均孔隙度/%	平均渗透率/mD①	黏土矿物相对含量/%*				I/S间层比/%	冷冻—加热循环		解离程度/%
											I/S	I	K	C		时间/d	次数/r	
A24	塔里木盆地 塔中隆起 塔中47油藏	4891	S_1^3	中砂岩	致密，泥质含量高	较疏松含泥较多		油斑			62	4	34		25	59	118	70
A25		4893		细砂岩	致密，粒间缝5～10μm	坚硬、硅化强		油斑			55	6	39	3	25	420	840	85
A26		4982		细砂岩	粒间孔隙80μm土，充填缝10～20μm	坚硬、硅化强	泥灰质灰泥质	油斑	10.7	2.70	47	8	42	3	45	840	1680	50
A27		4985		细砂岩	较致密，粒间孔隙10μm土，连通差	坚硬、硅化强		油斑			21	2	75	2	10	840	1680	60
A28		4988		沥青砂岩	较致密，粒间孔隙20～50μm，连通差	坚硬、硅化强		沥青质			50	13	37		25	840	1680	50

注：I/S 为伊/蒙间层；I 为伊利石；K 为高岭石；C 为绿泥石；* 为冷冻法分离的<1μm 黏土组分黏土矿物组成；d 为天数；r 为次数；解离程度为 100%表示块状砂岩样品全部解离成小于 1mm 或更细的粉砂和黏土粉末，即解离程度为 95%表示尚有 5%的砂岩样品未解离，即仍旧为块状；以此类推。

① 1mD=0.986923×10^{-15} m²，毫达西。

图 3.3　砂岩样品的岩石学特征(岩心照片)与其制冷—加热循环解离时间(张有瑜等,2014)

(a)A1,中砂岩,YN2,J_1y,4536m,含炭屑(煤),较疏松,荧光,30d;A6,细砂岩,YN2,J_1a,4966m,硅化强,坚硬,荧光,540d;(b)A7,中细砂岩,四川,T_3x^6,1715m,含煤,较疏松,不含油,48d;A14,中砂岩,四川,T_3x^4,2401m,较硬,含油,99d;(c)A24,中砂岩,TZ47,S_1t,4891m,含泥较多,较疏松,油斑,59d;A25,细砂岩,TZ47,S_1t,4893m,硅化强,坚硬,油斑,420d

图 3.4　部分典型砂岩样品的岩石学特征(SEM)与其解离时间(张有瑜等,2014)

(a)A2,中砂岩,YN2,J_1y,4536m,较疏松,见粒缘缝和粒间溶孔,油迹,30d;(b)A6,细砂岩,YN2,J_1a,4966m,致密,荧光,540d;(c)A7,中细砂岩,四川,T_3x^6,1715m,较疏松,粒间孔隙 $30\sim60\mu m$,48d;(d)A15,细砂岩,四川,T_3x^4,2412m,致密,孔隙少,微含油,99d;(e)A20,细砂岩,TZ47,C_1b,4396m,较疏松,粒间孔隙 $20\sim50\mu m$,37d;(f)A21,细砂岩,TZ47,C_1b,4397m,较疏松,粒间孔隙 $20\sim40\mu m$,油斑,840d;(g)A24,细砂岩,TZ47,S_1t,4891m,致密,油斑,59d;(h)A28,沥青砂岩,TZ47,S_1t,4988m,较致密,粒间孔隙,$20\sim50\mu m$,连通差,含沥青,840d

第三节　解离效果及其影响因素

一、解离效率

解离效率可以用三个方面的参数进行定量表征,一是解离时间,二是解离速度,三是解离程度。

解离时间指的是把 1 厘米大小的块状砂岩样品解离成粉砂或粉末状所需要的时间,可以用冷冻—加热循环次数(r)或天数(d)表示。解离时间长短实际上反映的是解离速度快慢。由于解离速度概念,虽然理论上清晰,但实际上很难测定,所以这里用解离时间间接表示,不单独进行讨论。毋庸置疑,从实用角度上讲,显然是时间越短、速度越快越好。时间短、速度快有利于提高工作效率和缩短样品分析测试周期。从表 3.2 可以看出,本书实验样品的解离时间变化范围非常大,短者需要 $30\sim59d$,长者需要 $420\sim840d$,说明解离速度相差较大,部分样品相对较快,部分样品则非常慢。

解离程度,也可以称为解离率或解离百分比,指的是把厘米大小的块状砂岩样品解离成粉砂或粉末状的彻底程度。同样,从实用角度上讲,显然是越彻底越好。解离得越彻底,越有利于自生伊利石等黏土组分从砂岩骨架颗粒上脱落,脱落得越多,越有利于在后续的自生伊利石分离提纯环节中提取更多的自生伊利石黏土组分。从表3.2可以看出,本书实验样品的解离程度同样相差较大,虽然多数样品基本上彻底解离,达到了95%~100%,但仍有部分样品相对较低,为70%~85%,少部分样品只有50%~60%。

解离效率主要与砂岩样品的物理特性密切相关,孔、渗好,固结弱,效率高;孔、渗差,固结强,效率低,道理很明显,孔隙发育并且连通好,蒸馏水便会很容易地进入砂岩岩石内部,固结弱表明,只需要相对较小的膨胀力,就可以使其崩解;孔隙不发育并且连通较差或者不连通,从而使蒸馏水很难进入砂岩岩石内部,固结强表明,需要有较大的膨胀力,才能使其崩解。从表3.2可以看出,本章实验研究成果很好地反映了这种规律。总体上讲,四川盆地三叠系砂岩,埋深浅、疏松,解离效率较高,解离彻底(解离程度为100%)且解离时间相对较短,多为48d;依南2井侏罗系阿合组砂岩,埋深较深、致密、较硬—坚硬,解离效率中等,解离时间主要为150d,解离程度为95%~100%;塔中47井石炭系、志留系砂岩,埋深较深、以坚硬为主,解离效率较低,解离时间较长,长达420~840d,并且解离程度较低,为50%~85%。砂岩的物理特性是粒度、分选、压实、固结、胶结类型、胶结强度等结构特征和沉积-成岩过程中的各种因素综合作用的结果。尽管这些因素之间既相互影响又相互制约,但除了粒度、分选等结构特征因素之外,一般来说,压实、固结、胶结类型、胶结强度等因素均或多或少地与埋深具有较为直接的对应关系,即埋深大,则致密、坚硬;埋深浅,则相对松、软。显然,样品埋深应该是解离效率的最主要影响因素,本书的实验研究很好地证明了这一点(图3.5)。

值得注意的是,图3.5中的样品解离时间与埋深并不是呈线性相关,而可能是呈二次函数相关,并且相关系数较低,只有0.57,说明解离效率,也即解离时间的控制因素非常复杂,除了埋深以外,还有其他因素在起着更加关键的控制作用。例如,依南2井阳霞组砂岩,4块样品的埋深基本接近,为4535~4560m,但解离时间却相差5倍,其中的A1~A3号样品为30d,A4号样品为150d。岩心观察表明,A1~A3号样品普遍含有较多的炭屑或薄煤层并且相对疏松[表3.2、图3.3(a)]。显然,炭屑或薄煤层起到了关键控制作用。炭屑或薄煤层使砂岩样品存在薄弱部位,蒸馏水会很容易进入岩石内部进而加速崩解。再如,四川盆地三叠系砂岩,12块样品埋深相差不大,为1715~2548m,坚硬程度差异也不是太明显,但解离时间却相差1倍多,其中的A7~A10、A12~A13、A17~A18样品为48d,A11、A14~A16样品为99d。进一步对比可以发现,4块解离时间较长的样品均为含油砂岩[表3.2、图3.3(b)]。显然,原油的存在使蒸馏水向孔隙内部的渗入受到抑制,从而使解离效率大幅度降低,说明含油与否可能是除坚硬程度之外的另外一项重要影响因素。此外,虽然埋深相近,但孔隙发育情况、泥质含量和硅化强度等相差较大可能也是导致解离时间与埋深之间的相关系数相对较低的另外一项主要原因。特别是泥质含量和硅化强度可能对解离效率具有更加明显的控制作用,塔中47井的石炭系—志留系砂岩很好地说明了这一点。从表3.2可以看出,A19～A23和A24～A28两组样品,均属于上、下层砂岩,彼此之间埋深相差非常小,但解离时间却相差非常大,快者仅需37～38d或59d,慢者则长达420d、840d或更长(因为没有解离彻底)。通过对比可以发现,A20、A21样品,埋深仅相差1m,孔隙发育情况大致相当,但解离时间却相差非常大,前者仅为37d,后者则长达840d或更长,二者之间硬度即硅化程度相差较大可能是主要原因;再如A24、A25样品,埋深仅相差2m,孔隙都不发育,但解离时间同样相差非常大,前者仅为59d,后者则长达420d,除了硬度以外,二者之间泥质含量相差较大可能也是主要原因之一[表3.2、图3.3(c)]。特别是A26、A27、A28号样品,虽然埋深没有增加太多,但硅化强度增加非常大,非常坚硬,虽然经过长达840d的制冷—加热循环解离试验,仍有40%～50%没有解离,说明固结程度非常高,试验温度(-25℃)条件下由蒸馏水体积膨胀所产生的作用力可能还达不到使其彻底崩解的要求,也就是说解离时间可能会是很长,甚至是无限长。这也很好地解释了为什么解离时间与埋深之间不是简单的线性关系(图3.5)。

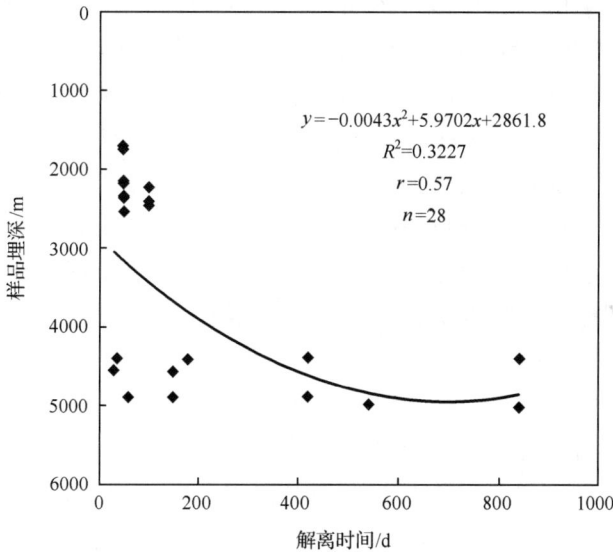

$$y = -0.0043x^2 + 5.9702x + 2861.8$$
$$R^2 = 0.3227$$
$$r = 0.57$$
$$n = 28$$

图3.5　部分典型砂岩样品解离时间与埋深关系曲线(张有瑜等,2014)

对于孔隙发育情况描述,SEM观察具有明显的优越性,如图3.4所示,孔隙发育或较发育,一般描述为疏松或较疏松,孔隙不发育,一般描述为致密。但应强调指出的是,SEM描述中的疏松或较疏松和手标本描述中的疏松或松软并不完全一致,如样品A20和样品A21孔隙相对发育,SEM描述均为较疏松,但手标本观察却相差较大,前者较为疏松(松软),后者则非常坚硬,结果是前者解离时间较短,仅为37d,而后者则很长,长达840d以上[表3.2、图3.4(e)、图3.4(f)]。再如样品A24和样品A28,前者孔隙不发育,SEM描述为致密,后者见有少量孔隙,SEM描述为较致密,但前者解离时间较短(59d),后者则很长(840d以上)或很难彻底解离,说明两块样品在硬度上的差异非常大,解离效果与手标本描述吻合较好,即前者较疏松、泥质含量高,后者坚硬、硅化强[表 3.2、图 3.4(g)、图 3.4(h)]。显然,对于 SEM 描述和手标本描述以及二者之间的差异,一定要准确理解、综合运用,SEM 描述中的所谓疏松、致密主要反映的是孔隙发育情况,手标本描述中的所谓疏松、坚硬主要反映的是样品硬度情况。

二、解离质量

解离质量是实验所追求的最终目的,至少应该包括以下两个方面的含义。

(1)利用这种技术制备的黏土悬浮液,通过分离提纯所提取的自生伊利石黏土组分首先要量足够多。包括两个方面的指标,一是粒级组分个数要多,或所提取的黏土组分粒级要足够细,二是各个粒级组分的样品量要足够多,能够满足自生伊利石 X 射线衍射(XRD)纯度检测、钾含量测定和氩同位素比值测定及自生伊利石透射电镜(TEM)纯度观察等各项分析测试的样品需求。两个方面的指标相互关联,黏土组分数量较多的样品,一般都能够提取多个不同粒级,特别是相对较细的黏土组分,而黏土组分数量较少的样品,一般只能够提取粒级相对较粗的黏土组分,粒级相对较细的黏土组分则极少或基本没有。

(2)所提取的自生伊利石黏土组分要足够纯,也就是使自生伊利石得到最大程度的富集。同样包括两个方面的指标,一是不含或基本不含碎屑伊利石和/或碎屑钾长石,二是高岭石、绿泥石等其他黏土矿物越少越好。这里应该强调说明的是,尽管对应从哪几个方面进行评价很容易理解,但要想利用实验或实验数据做出评价则非常困难。因为解离效果,即自生伊利石分离提纯效果是多方面因素综合作用结果,既和包括细碎等悬浮液制备技术、分离技术等密切相关,也和砂岩特征密切相关。因此,利用相同样品分别采用传统的湿磨技术和本章的冷冻技术制备黏土悬浮液,进而完成自生伊利石分离提纯并进一步对所提取的各粒级自生伊利石黏土组分分别进行 XRD 纯度检测、钾含量测定和氩同位素比值测定等系统配套的实验分析,然后再对实验数据进行分析对比并做出判断可能是较为可行的办法。本书的研究利用四川盆地三叠系须家河组砂岩样品(12 块)进行了自生伊利石分离提纯对比试验研究,共获得了 85 组实验分析测试数据,其中采用传统湿磨技术处理的有 47 组,采用冷冻技术处理的有 38 组(表 3.3)。

通过对比表 3.3 数据可以发现,总体上讲,分别采用湿磨技术和冷冻技术分离提取的各个不同对应粒级组分基本一致,没有存在较大的规律性差异,说明对于利用自生伊利石 K-Ar 年龄测定探讨油气成藏史,从实验技术角度上讲,采用冷冻技术和采用湿磨技术的年龄测定结果都是可信的,两者基本一致,本质上不会产生较大的明显差异。但仍可以发现一些细小的系统差异,并可以从中获得一些有意义的启示,即两种技术的各自强项与弱项,从而为其实际运用提供有价值的参考依据,达到灵活运用、取长补短,获得最佳的实际应用效果。

表 3.3　湿磨、制冷—加热循环解离技术自生伊利石分离提纯效果对比数据表（张有瑜等，2014）

样号	井深/m	样品粒级/μm	解离方法	黏土矿物相对含量/% 伊/蒙(I/S)	绿泥石(C)	I/S间层比/S%	钾长石	钾含量/%	年龄/Ma
A7	1715	1～0.5	湿磨	11	89	5	微量	2.25	156.02
			冷冻	13	87	10	—	2.57	152.67
		0.5～0.3	湿磨	14	86	5	微量	2.58	150.49
			冷冻	17	83	5	—	2.80	142.79
		0.3～0.15	湿磨	35	65	5	—	3.70	135.19
			冷冻	35	65	10	—	4.41	142.89
		<0.15	湿磨	52	48	5	—	4.81	129.46
A8	1773	1～0.5	湿磨	38	62	10	微量	4.10	144.50
			冷冻	22	78	10	—	3.09	135.78
		0.5～0.3	湿磨	50	50	10	微量	5.34	133.15
			冷冻	25	75	5	—	4.22	128.72
		0.3～0.15	湿磨	55	45	5	—	5.32	138.23
			冷冻	47	53	10	—	5.57	126.80
		<0.15	湿磨		NES			6.12	129.79
A9	2151	1～0.5	湿磨	26	74	5	微量	3.99	149.34
			冷冻	29	71	5	—	4.20	148.40
		0.5～0.3	湿磨	35	65	5	微量	5.14	140.12
			冷冻	34	66	5	—	4.83	138.91
		0.3～0.15	湿磨	68	32	10	—	6.16	135.24
			冷冻	58	42	10	—	6.11	136.40
		<0.15	湿磨	86	14	10	—	6.46	135.52
A10	2196	1～0.5	湿磨	30	70	5	微量	3.51	145.25
			冷冻	24	76	5	—	3.97	145.78
		0.5～0.3	湿磨	54	46	10	微量	5.89	137.27
			冷冻	29	71	10	—	4.45	140.83
		0.3～0.15	湿磨	64	36	10	—	6.12	130.51
			冷冻	56	44	10	—	5.88	133.02
		<0.15	湿磨	77	23	10	—	6.08	130.84
A11	2230	1～0.5	湿磨	20	80	5	微量	2.42	148.61
			冷冻	17	83	5	—	2.83	148.28
		0.5～0.3	湿磨	20	80	5	微量	3.53	144.08
			冷冻	25	75	5	—	3.56	139.81
		0.3～0.15	湿磨	49	51	5	—	4.79	140.80
			冷冻	36	64	5	—	3.95	130.09
		<0.15	湿磨	66	34	5	—	5.51	137.16

样号	井深/m	样品粒级/μm	解离方法	黏土矿物相对含量/% 伊/蒙(I/S)	黏土矿物相对含量/% 绿泥石(C)	I/S间层比/S%	钾长石	钾含量/%	年龄/Ma
A12	2324	1～0.5	湿磨	9	91	10	微量	1.98	144.50
		1～0.5	冷冻	9	91	5	微量	1.61	139.47
		0.5～0.3	湿磨	12	88	10	微量	2.34	133.63
		0.5～0.3	冷冻	10	90	5	微量	1.97	132.92
		0.3～0.15	湿磨	NES				3.26	138.77
		0.3～0.15	冷冻	17	83	5	—	2.90	138.08
A13	2357	1～0.5	湿磨	23	77	5	微量	3.26	147.99
		1～0.5	冷冻	17	83	5	微量	2.95	148.27
		0.5～0.3	湿磨	37	63	5	微量	5.13	147.85
		0.5～0.3	冷冻	25	75	10	微量	3.60	148.92
		0.3～0.15	湿磨	68	32	5	微量	5.98	145.92
		0.3～0.15	冷冻	31	69	10	—	4.46	140.69
		<0.15	湿磨	77	23	5	—	6.23	143.76
A14	2401	1～0.5	湿磨	10	90	5	微量	1.51	133.61
		1～0.5	冷冻	9	91	5	—	1.76	134.60
		0.5～0.3	湿磨	12	88	5	微量	1.98	135.85
		0.5～0.3	冷冻	13	87	5	—	2.09	137.06
		0.3～0.15	湿磨	24	76	5	—	2.72	129.74
		0.3～0.15	冷冻	22	78	5	—	3.03	135.70
		<0.15	湿磨	NES				3.83	128.12
A15	2412	1～0.5	湿磨	28	72	5	微量	3.82	154.10
		1～0.5	冷冻	26	74	5	微量	3.93	152.11
		0.5～0.3	湿磨	43	57	5	微量	5.38	151.04
		0.5～0.3	冷冻	35	65	5	微量	4.56	145.80
		0.3～0.15	湿磨	74	26	5	微量	6.20	146.74
		0.3～0.15	冷冻	56	44	5	—	5.31	143.91
		<0.15	湿磨	84	16	5	—	6.39	143.80
		<0.15	冷冻	NES				5.06	145.67
A16	2454	1～0.5	湿磨	32	68	5	微量	3.65	134.17
		1～0.5	冷冻	20	50	5	微量	3.72	127.75
		0.5～0.3	湿磨	38	62	5	微量	5.18	137.58
		0.5～0.3	冷冻	30	70	5	微量	4.07	131.29
		0.3～0.15	湿磨	66	34	5	微量	5.95	135.67
		0.3～0.15	冷冻	43	57	5	—	5.03	132.99
		<0.15	湿磨	78	22	5	微量	6.23	136.53
		<0.15	冷冻	NES				4.74	133.89

续表

样号	井深/m	样品粒级/μm	解离方法	黏土矿物相对含量/%		I/S间层比/S%	钾长石	钾含量/%	年龄/Ma
				伊/蒙(I/S)	绿泥石(C)				
A17	2531	1～0.5	湿磨	18	82	5	微量	2.90	148.89
			冷冻	11	89	5	微量	2.71	140.23
		0.5～0.3	湿磨	52	48	5	微量	5.92	133.82
			冷冻	20	80	5	微量	3.52	133.60
		0.3～0.15	湿磨	63	37	5	—	5.60	141.83
			冷冻	32	68	5	—	4.45	139.41
		<0.15	湿磨	71	29	5	—	5.89	140.25
A18	2548	1～0.5	湿磨	11	89	5	微量	2.48	143.10
			冷冻	21	79	5	微量	3.18	137.61
		0.5～0.3	湿磨	28	72	5	微量	4.16	146.72
			冷冻	27	73	5	微量	4.03	132.25
		0.3～0.15	湿磨	52	48	5	—	5.05	144.72
			冷冻	42	58	10	—	5.40	138.84
		<0.15	湿磨	71	29	5	—	5.86	142.26

注：NES 表示因样品量不够，没有进行 XRD 分析。

在 12 块样品中，采用湿磨技术时，有 11 块样品（A7～A11，A13～A18）（表 3.3、图 3.6）能够提取<0.15μm 粒级的黏土组分，而采用冷冻技术时只有两块样品（A15、A16）（表 3.3、图 3.6）能够提取<0.15μm 粒级的黏土组分，说明采用湿磨技术，黏土组分提取效率相对较高，而冷冻技术则相对较低。在黏土矿物特征或黏土矿物组成方面，基本上都是采用湿磨技术的 I/S 有序间层（自生伊利石）含量偏高，采用冷冻技术的偏低（12 块样品中只有 A7 和 A18 两块样品的较粗粒级稍有异常），说明采用湿磨技术，所提取的 I/S 有序间层（自生伊利石）含量相对较高，而冷冻技术则相对较低。在剔除碎屑钾长石方面，冷冻技术具有一定的优势，特别是在相对较粗粒级，如在 1～0.5μm 和 0.5～0.3μm 组分中，采用湿磨技术时，12 块样品全部检测出碎屑钾长石，而采用冷冻技术时，只有一半即 6 块样品（A12～A13、A15～A18）（表 3.3）检测出碎屑钾长石，而在相对较细的粒级组分（0.3～0.15μm 和<0.15μm）中，这种优势不十分明显；从年龄数据上看，约 1/3 的样品年龄值基本一致或相差较小，其余样品的主要特点是采用冷冻技术的年龄值比采用湿磨技术的相对偏小，说明冷冻技术仍然具有一定优势，因为年龄值偏小说明样品可能更纯，即碎屑钾长石含量更低，可能与剔除碎屑钾长石效果略好有关，并且同样也是在相对较粗的粒级组分中表现较为明显（图 3.6）。

以上四个方面的对比可以发现，湿磨技术和冷冻技术互有优势，前者在能够提取更细粒级的自生伊利石方面和自生伊利石含量方面表现出一定优势，后者在剔除碎屑钾长石方面和自生伊利石实测年龄相对偏小方面表现出一定优势。两种技术的优势主要是由其各自的技术特点决定的，可能主要与破碎的粉细程度密切相关。对比而言，湿磨技术可以把砂岩岩石颗粒磨得较细或很细（0.1mm 以下或更细，肉眼估测），能够使自生伊利石（包

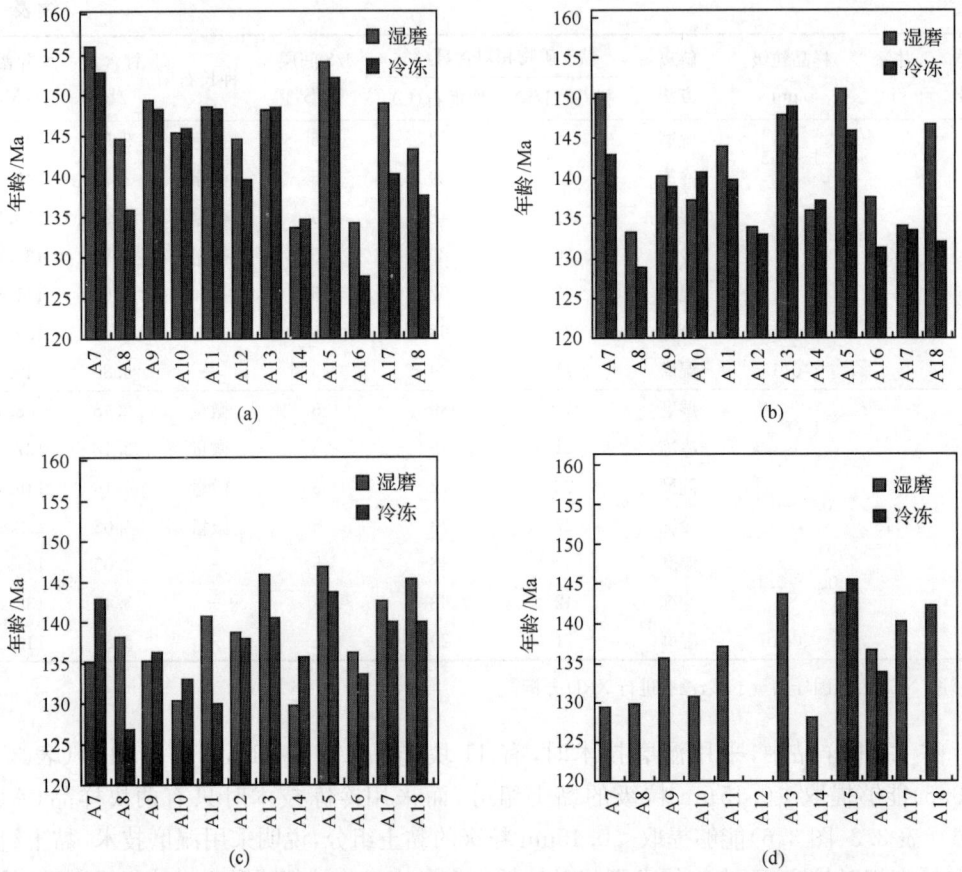

图 3.6　分别采用湿磨技术和冷冻技术分离提取的不同粒级自生伊利石的年龄对比

(a)粒级为 1~0.5μm；(b)粒级为 0.5~0.3μm；(c)粒级 0.3~0.15μm；(d)粒级<0.15μm

括其他黏土胶结物)全部或基本全部从砂岩骨架颗粒上脱落,从而可以最大限度提取自生伊利石;而冷冻技术使砂岩样品解离的粉细程度相对较低,如前所述一般在毫米级别以下,且还有相当数量的砂岩碎屑可能大到数毫米[肉眼估测,参见图 3.2(b)、图 3.2(c)],从而导致还有相当数量的,特别是更为细小的自生伊利石(包括其他黏土胶结物),仍然保留在骨架颗粒上没有脱落并因而不能够被提取出来。由此可见,湿磨技术可能会导致碎屑钾长石过度研磨绝非空穴来风,研磨过程中一定要轻、缓、柔,研磨程度一定要适中;粉细程度相对较低可能是冷冻技术的固有缺陷,实验过程中应加长解离时间。

第四节　应用现状及前景展望

冷冻技术自 Liewig 等(1987)首次提出后,便受到了国内外学者的广泛关注,并被认为是自生伊利石分离提纯的一种发展趋势或潮流(Clauer et al. ,1992)。毫无疑问,冷冻技术的发明具有非常重要的积极意义,但我们同时也应该看到,在本书的研究之前,对该项技术尚缺乏深入系统的详细研究,对于所谓的优势,还缺乏全面的客观认识,既没有系统的实验数据支持,也没有开展与传统湿磨技术的系统对比试验研究。Liewig 等(1987)简要介绍了该项技术并对 3 块砂岩样品进行了解离试验(工作温度区间为-10～15℃)。尽管其对两种悬浮液制备技术[一为颚式粉碎机和球磨机(19 块样品),另一为冷冻技术(3 块样品)]的分离效果进行了分析,但没有开展相同样品的对比试验;Zwingmann 等(1998,1999)、王龙樟等(2004,2005)、张有瑜和罗修泉(2004)及张有瑜等(2004)主要是使用该项技术完成了部分砂岩样品的解离;黄宝玲等(2002)利用自行设计组装的反复冷冻—解冻碎样装置,开展了初步探索性研究,但不够系统全面,一是工作温度区间可能偏窄(-10～10℃);二是所提取的黏土组分粒级偏粗,且分级较宽(1～2μm,0.2～1μm,<0.2μm);三是实验数据不配套或不完整,特别是只对 1 块样品进行了 K-Ar 年龄测定,并且对最细粒级(<0.2μm)的黏土组分没有进行 K-Ar 年龄测定。云建兵等(2009)采用人工办法,将装有砂岩样品碎块(1cm 大小)的不锈钢容器轮流置入冷柜(-18℃)和烘箱(60℃)中,理论上讲,其解离效率应该相对较低。

本次对比试验研究表明,对冷冻技术应该客观评价,其实际效果并没有想象中的那么明显。与传统的湿磨技术相比,冷冻技术既有优势,也有局限性。优势主要表现在剔除碎屑钾长石效果略微偏好和实测年龄数值相对偏小方面;局限性主要表现在解离效果变化较大,部分砂岩相对较好,部分砂岩则相对较差。从表 3.2 可以看出,在本次试验研究的 28 块砂岩样品中,有半数样品的解离时间在 1～3 个月(30～59d),表明速度相对较快,时间适中,具有一定的可行性,而另外半数样品的解离时间则长达 3 个月(99d)以上,特别是塔里木盆地志留系砂岩部分样品经过长达近 3 年(扣除节假日,840d)的连续冷冻处理,解离程度也只有 50%～75%,说明速度非常慢,将会严重限制该项技术的推广与应用。甚至可以认为,对于这一类样品,即便是解离时间再长,可能也不能够完全解离。因此,可以认为,对于坚硬程度中等,也即压实、成岩、硅化程度中等的中浅层或中深层砂岩,冷冻技术效果较好,具有较好的应用前景,而对于坚硬程度较高,也即压实、成岩、硅化程度较强或非常强的深层或超深层砂岩,冷冻技术效果较差,不宜采用。近期,冷冻技术的发明者 Claure 和 Liewig(2013)也认为,该项技术具有一个很大缺陷,即对硅化较强的砂岩,解离速度非常慢,因而非常费时,可能需要长达 6 个月以上。

湿磨是传统黏土分离过程中制备黏土悬浮液时的常用技术(赵杏媛和张有瑜,1990;赵杏媛,2001)。为了避免过度研磨,即把钾长石等碎屑含钾矿物研磨至黏土粒级,尽管普遍认为,研磨过程中应该轻、缓、柔,但据笔者所知,到目前为止,尚没有对此开展系统研究,更缺乏实验数据支持。冷冻技术的发明,为这种对比研究创造了先决条件。本次系统对比试验研究表明,湿磨技术可能会导致碎屑钾长石过度研磨绝非空穴来风,研磨过程中一定要轻、缓、柔,并且研磨程度一定要适中;同时,过度研磨问题远非通常所认为的那么严重,对年龄数据的影响一般较少或非常少,只要掌握好这种辩证关系并且使用得当,湿磨仍不失为制备黏土悬浮液的行之有效的实用技术,既具有较强的生命力,也具有较好的应用前景。

参 考 文 献

黄宝玲,王大锐,刘玉琳,等. 2002. 油气储层钾氩定年中的自生黏土矿物提纯技术及意义. 石油实验地质,24(6): 550-554,560

王龙樟，戴橦谟，彭平安. 2004. 气藏储层自生伊利石^{40}Ar/^{39}Ar法定年的实验研究. 科学通报，49(增刊 I)：81-85

王龙樟，戴橦谟，彭平安. 2005. 自生伊利石^{40}Ar/^{39}Ar法定年技术及气藏成藏期的确定. 地球科学——中国地质大学学报，30(1)：78-82

云建兵，施和生，朱俊章，等. 2009. 砂岩储层自生伊利石^{40}Ar/^{39}Ar定年技术及油气成藏年龄探讨. 地质学报，83(8)：1134-1140

张有瑜，罗修泉. 2004. 油气储层自生伊利石K-Ar同位素年代学研究现状与展望. 石油与天然气地质，25(2)：231-236

张有瑜，Zwingmann H，Todd A，等. 2004. 塔里木盆地典型砂岩储层自生伊利石K-Ar同位素测年研究与成藏年代探讨. 地学前缘，11(4)：637-648

张有瑜，Zwingmann H，刘可禹，等. 2014. 油气砂岩储层样品制冷—加热循环解离技术实验研究. 石油实验地质，36(6)：752-761

赵杏媛. 2001. 样品选取与处理//赵杏媛，杨威，罗俊成，等. 塔里木盆地黏土矿物. 武汉：中国地质大学出版社：1-7

赵杏媛，张有瑜. 1990. 黏土分离//赵杏媛，张有瑜. 黏土矿物与黏土矿物分析. 北京：海洋出版社：73-83

Clauer N，Cooker J D，Chaudhuri S. 1992. Isotopic dating of diagenic illites in reservoir sandstones：Influence of the investigator effect. In：Houseknecht D W，Pitman E D (eds). Origin, diagenesis, and petrophysics of clay minerals in sandstones, SEPM Special Publication，47：5-12

Clauer N，Liewig N. 2013. Episodic and simultaneous illitization in oil-bearing Brent Group and Fulmar Formation sandstones from the northern and southern North Sea based on illite K-Ar dating. The American Association of Petroleum Geologist Bulletin，97(12)：2149-2171

Liewig N，Clauer N，Sommer F. 1987. Rb-Sr and K-Ar dating of clay diagenesis in Jurassic sandstone oil reservoir, North Sea. The American Association of Petroleum Geologist Bulletin，71(12)：1467-1474

Zwingmann H，Claure N，Graupp R. 1998. Timing of fluid flow in a sandstone reservoir of the north German Rotliegend (Permian) by K-Ar dating of related hydrothermal illite//Parnell J. Dating and Duration of Fluid Flow and Fluid-Rock Interaction. London：Geological Society, Special Publications，144：91-106

Zwingmann H，Claure N，Gaupp R. 1999. Structure-related geochemical (REE) and isotopic (K-Ar, Rb-Sr, δ^{18}O) characteristics of clay minerals from Rotliegend sandstone reservoirs (Permian, northern Germany). Geochimica et Cosmochimica Acta，63(18)：2805-2823

第四章 油气储层自生伊利石分离提纯微孔滤膜
真空抽滤装置与技术

自生伊利石分离提纯是砂岩油气储层自生伊利石 K-Ar 同位素测年分析的关键技术之一,剔除碎屑钾长石和碎屑伊利石等碎屑含钾矿物杂质并尽量使自生伊利石得到最大程度的富集是其主要目的。从目前来看,尽量提取较细粒级的黏土组分很可能是实现这一目的的唯一有效途径。

黏土分离,尤其是细粒(粒级<0.3μm、粒级<0.1μm 或更细)黏土分离是黏土、黏土矿物、非晶态研究与实验的重要基础工作之一。油气储层自生伊利石分离提纯微孔滤膜真空抽滤装置与技术为细粒黏土分离提供了一种既切实可行又优质高效的新途径,除了油气勘探以外,在地质、煤炭、非金属矿床、农业、建材等实验、研究领域均具有较好的应用前景,本项装置与技术已获中国发明专利(张有瑜和罗修泉,2009)。

第一节 装置组成

图 4.1 是油气储层自生伊利石分离提纯微孔滤膜真空抽滤装置的工作照片;图 4.2 是其结构示意图,各部件的名称、连接及作用与使用说明如下:①机械真空泵;②电磁隔断放气阀,与机械真空泵共用一个电源开关,同步开启、同步关闭;其有两点作用:一是不抽真空时,防止真空泵返油污染系统;二是增加系统的真空密封程度,使真空维持时间加长;③三通玻璃阀,其中两端与系统连接,另一端闲置即通大气;④胶皮塞,13 号,用于缓冲瓶玻璃管与缓冲瓶的连接;⑤缓冲瓶,通过 2 根玻璃管和 1 个 13 号胶皮塞与系统连接;⑥九通电磁阀,其中的 5 个阀门与系统连接形成 4 个独立的抽滤系统,与二通玻璃阀连接的阀门为总阀门,在对系统抽真空的过程中该总阀门应始终保持在开的状态,另外 4 个阀门备用,也可以换成五通电磁阀,该九通电磁阀应配备总电源开关,对系统抽真空时,首先打开总电源开关,然后再打开控制各独立抽滤系统的电磁阀门的电源开关;⑦二通玻璃阀,用于九通电磁阀总阀门的封堵,该二通玻璃阀一端与九通电磁阀的总阀门连接,另一端闲置即通大气,使用过程中通过调节阀门使其始终处于关闭状态;⑧不锈钢微孔滤膜真空抽滤漏斗(自行设计、加工制造,图 4.3,详细要求见图 4.4);⑨胶皮塞,12 号,用于不锈钢抽滤漏斗和双嘴三角抽滤瓶之间的真空密封;⑩双嘴三角抽滤瓶,上抽气嘴与系统连接,下放水嘴连接乳胶管并用止水夹进行封堵;⑪止水夹,用于乳胶管封堵,为提高密封程度,可同时使用 2 个止水夹。

除了上述主要部件以外,油气储层自生伊利石分离提纯微孔滤膜真空抽滤装置还需要以下有关材料和部件:①调压器(为九通电磁阀提供 24V 直流电源);②微孔滤膜,Φ(滤膜直径)= 150mm,ϕ(滤孔直径)分别为 0.45μm、0.3μm、0.15μm;③玻璃管 2 根,长度视缓冲瓶而定(用于缓冲瓶与系统的连接);④增强塑料管,若干(用于系统各真空部件之间的连接即图 4.1、图 4.2 中各真空部件之间的连线);⑤喉箍 5 个,型号 16 或 25(根据需要而定,用于卡紧与九通电磁阀连接的增强塑料管);⑥乳胶管若干(与双嘴三角抽滤瓶的下放水嘴连接,用于转移滤液);⑦控制台架 1 个(用于安装真空泵、九通电磁阀电源开关、三通玻璃阀、九通电磁阀等;对材质、式样、规格等均无严格要求,以满足需要如场地、空间、强度等为准);⑧其他材料若干(用于固定各真空部件等)。

以上各部件均以满足需要为准,对规格、型号、材质、厂家等均可以根据需要选择。

图 4.1　自生伊利石分离提纯微孔滤膜真空抽滤装置
本装置属于自行组装,不是正式工业产品,看起来比较简易、不够美观,但能清楚说明问题

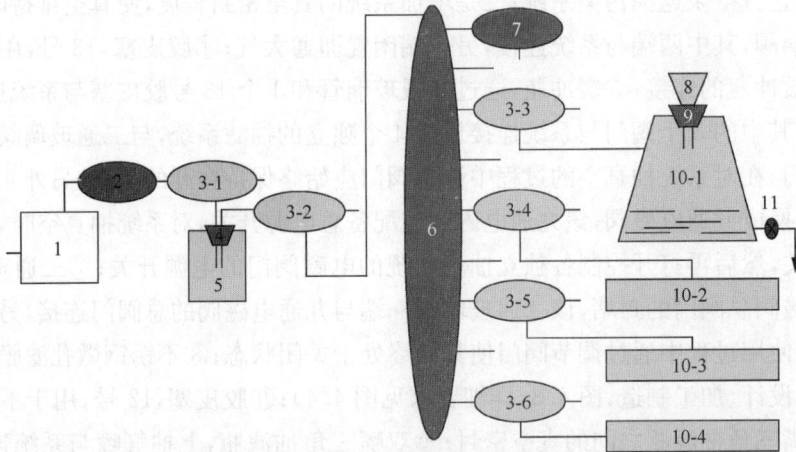

图 4.2　自生伊利石分离提纯微孔滤膜真空抽滤系统结构示意图(张有瑜和罗修泉,2011)
1. 机械真空泵;2. 电磁隔断放气阀;3. 三通玻璃阀,6 个;4. 胶皮塞,13 号;5. 缓冲瓶;6. 九通电磁阀;7. 二通玻璃阀;8. 不锈钢微孔滤膜真空抽滤漏斗;9. 胶皮塞,12 号;10. 双嘴三角抽滤瓶,4 个,10-2、10-3、10-4 的构成和连接同 10-1;11. 止水夹

图 4.3　不锈钢微孔滤膜真空抽滤漏斗(自行设计、加工)

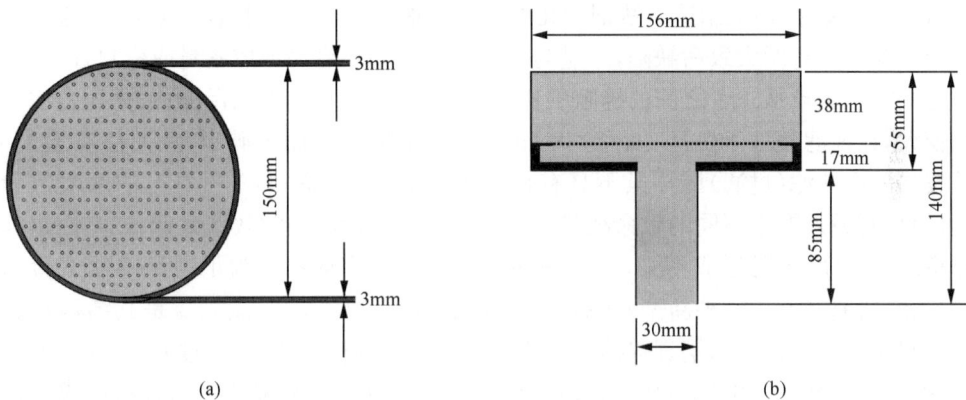

(a)

(b)

图 4.4　不锈钢微孔滤膜真空抽滤漏斗结构示意图(张有瑜和罗修泉,2011)

(a)俯视图;(b)剖视图;不锈钢侧壁厚 3mm;不锈钢底板厚 9mm;不锈钢底筒厚 1.5mm;不锈钢滤板厚 1mm;
滤孔直径为 1mm;滤孔间距为 3mm;滤板应留出 10mm 的周边不打孔,即打孔的直径为 130mm;漏斗焊接完
成后必须进行真空检漏

第二节　装置特点暨创造性发明

油气储层自生伊利石分离提纯微孔滤膜真空抽滤装置(技术)具有以下五大技术特点
暨创造性发明。

(1)在真空泵和缓冲瓶之间引入电磁阀。该电磁阀与机械真空泵共用一个电源开
关。打开真空泵时,电磁阀接通,从而对系统抽真空;关闭真空泵时,电磁阀关闭,从而使
整个系统保持高度密封状态,既提高了抽滤效率,又可以使真空泵不需要连续不间断的工
作,从而减少电力消耗、节省能源并减少实验室噪声。

(2)在缓冲瓶三通玻璃阀与抽滤瓶前端的三通玻璃阀之间引入九通电磁阀。该九通
电磁阀的各个通道均具有独立的电源开关,通电时开启,断电时关闭,可以使一台真空泵
同时对 8 个抽滤瓶进行抽真空,从而形成 8 套独立的真空抽滤系统(理论上讲)。但由于
受实验室场地和实验操作人员的工作能力限制,目前只对 4 个抽滤瓶同时抽真空,即形成
4 个独立的真空抽滤系统(另外 4 个阀门闲置,也可以换成五通电磁阀或根据需要确定),

从而使抽滤效率提高 3 倍,既可以同时对 4 个样品进行分离提纯,也可以利用 4 个抽滤瓶同时对 1 个样品进行分离提纯,或同时抽滤同一个粒级,或进行接力抽滤。该九通电磁阀具有以下三个方面的作用:①使 4 个抽滤瓶互不影响,既可以同时工作,也可以独立工作;②使抽滤瓶的密封程度大幅度提高;③使抽滤瓶在不抽真空时,也保持高度密封状态,从而使真空维持时间加长,抽滤效率提高。

(3) 在九通电磁阀与抽滤瓶之间引入三通玻璃阀门。在抽滤过程中,需要对抽滤瓶进行各种操作,如安装、更换或清洗抽滤漏斗,以及安装或更换微孔滤膜、转移抽滤瓶中的滤液、清洗抽滤瓶等。在进行这些操作时,可以利用各自的三通玻璃阀门使各自的抽滤瓶(系统)与大气接通,解除真空状态,既可以轻易完成各种操作,还不会对其他的抽滤瓶(系统)产生任何影响。

(4) 自行设计、加工制造不锈钢微孔滤膜真空抽滤漏斗。对于本项应用,普通陶瓷抽滤(过滤)漏斗具有两大致命缺陷,一是与微孔滤膜之间不容易形成密封或密封程度较低,容易造成黏土微粒从二者之间的缝隙中通过,从而使分离质量难以保证;二是陶瓷滤孔的孔径较大,在抽滤瓶处于负压(真空)状态时,容易造成微孔滤膜破裂,从而使实验失败。普通玻璃沙心抽滤(过滤)漏斗虽不具有普通陶瓷抽滤(过滤)漏斗所具有的两大致命缺陷,但却具有另外两个不同的致命缺陷,一是滤心孔径过细,抽滤效率太低;二是固定滤心不容易冲洗干净,容易形成污染,一个漏斗只能用于一个样品。为了满足本项试验的要求,本书的研究开发了一种新型不锈钢真空抽滤漏斗(图 4.3)。图 4.4 是其结构示意图及加工制作要求。该不锈钢真空抽滤漏斗克服了上述两种普通抽滤(过滤)漏斗的所有缺点,平整、光滑、孔径适中($\phi=1$mm),既可以使微孔滤膜与抽滤漏斗之间容易形成并保持良好的密封状态,从而提高抽滤质量和抽滤效率,又可以使微孔滤膜的使用寿命大幅度提高,即便是待抽滤的黏土悬浮液数量较大,如 20L 以上,也只需一张微孔滤膜。

(5) 采用双嘴抽滤瓶并在下抽滤嘴之后加装放水阀(止水夹)。在抽滤过程中,当滤液装满抽滤瓶时,需要将滤液及时转移。如果采用单嘴抽滤瓶,则是非常麻烦,首先需要揭开微孔滤膜释放真空(通大气),然后再取下抽滤漏斗,并将滤液从抽滤瓶中倒出,最后再重新安装抽滤漏斗和微孔滤膜后,才能够继续进行抽滤,既费时又费力且容易造成微孔滤膜、抽滤瓶破碎。此外,还容易使粗粒黏土颗粒落入抽滤瓶,从而影响分离提纯质量。采用双嘴抽滤瓶后,在需要转移滤液时,可以先利用抽滤瓶与九通电磁阀之间的三通玻璃阀门,使抽滤瓶通大气,解除真空状态,然后打开放水阀(止水夹),滤液便会自动地从抽滤瓶中流出。关闭放水阀(止水夹)和三通玻璃阀后,便可以继续进行抽滤,既省时又省力,而且既安全又优质、高效。

第三节　技 术 流 程

图 4.5 是油气储层自生伊利石分离提纯微孔滤膜真空抽滤装置的技术流程图,概述如下。

第 1 步:采用沉降分离技术提取小于 1μm 黏土悬浮液(7cm,24h);第 2、3 步:采用低速离心机(如 LXJ-II,上海医用分析仪器厂)或高速离心机(如 Sorvall,RC-6 Plus,美国赛默飞世尔)的低速转子(甩平转子)对小于 1μm 黏土悬浮液进行离心分离,分别分离出 1~0.5μm、0.5~0.3μm 黏土组分;第 4 步:采用本章所述微孔滤膜真空抽滤装置,利用孔径为 0.15μm 的微孔滤膜对<0.3μm 的黏土悬浮液进行真空抽滤,提取 0.3~0.15μm 黏土组分(自生伊利石);第 5 步:采用高速离心机(如 Sorvall,RC-6 Plus,美国赛默飞世尔)对<0.15μm 黏土悬浮液进行高速离心分离,提取<0.15μm 黏土组分(自生伊利石)。

　　第 2、3 步的分离工作也可以采用微孔滤膜真空抽滤装置完成,但实践证明,利用低速离心机更加便捷,原因是粒级相对较粗,采用离心分离时,对离心机的转速要求相对较低,需要的离心时间也相对较短。此外,低速离心机的离心容量相对较大(4×250mL 或更大),当悬浮液体积不是太大时,利用低速离心机则可以很轻松地完成。抽滤过程中,应及时用 2cm 宽的油画板刷对黏土样品进行收集,避免因黏土样品累积过多而影响抽滤效果。收集时,应小心仔细,以免将滤膜划破。第 5 步分离工作最好是采用高速离心机完成,通过选择适当的转速和离心时间(与离心容量、离心半径有关,随离心机而异),使所有的细粒组分(<0.15μm)全部离心沉淀,既简便又快捷。

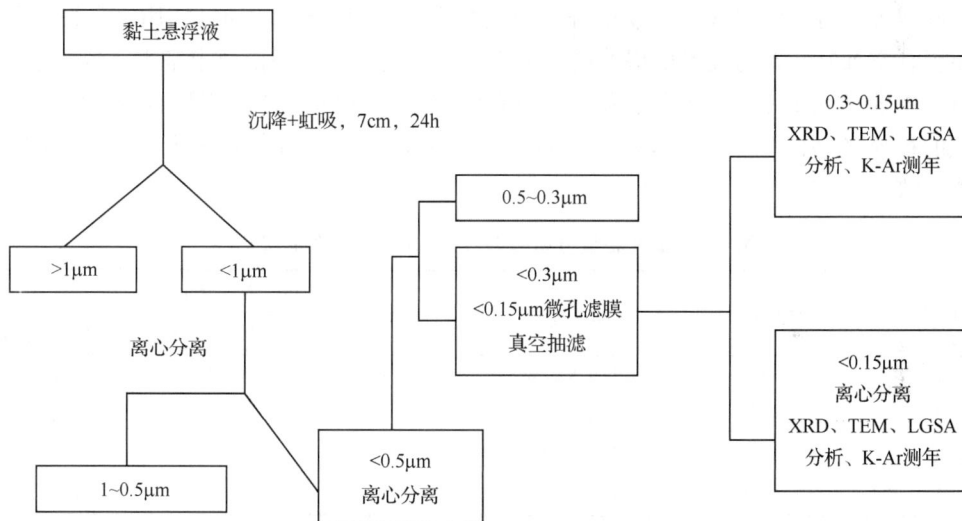

图 4.5　自生伊利石分离提纯微孔滤膜真空抽滤技术流程(张有瑜和罗修泉,2011)

第四节　分离提纯效率与质量

　　关于细粒(粒级<0.3μm、粒级<0.1μm 或更细)自生伊利石黏土组分的分离,国内外大多采用高速、超高速离心分离技术。本章所述的微孔滤膜真空抽滤装置(技术)不论是在分离提纯效率方面还是在分离提纯质量方面均具有较为明显的优越性。

　　关于笔者发明的微孔滤膜真空抽滤装置的分离提纯效率,可以简单概括为操作简便、速度快、效率高、简单适用并且设备成本低,具有非常明显的优越性。因为对于储层砂岩来说,<0.3μm、<0.1μm 或更细的粒级组分含量非常少,其黏土悬浮液的浓度极低,采用高速、超高速离心分离技术提取,既繁琐又费时,劳动强度也相对较大,而且更为重要的是

不容易准确控制粒级,尤其是在进行逐级分离时。而采用笔者发明的微孔滤膜真空抽滤装置(技术)则可以较轻松地达到目的,尤其是在需要提取的样品量较多,也即悬浮液体积较大时,本项发明的优越性就更加明显。此外,本项发明可以构成多个独立(目前为 4 个)的抽滤系统,既可以 4 个抽滤系统同时对一个样品的自生伊利石黏土悬浮液进行抽滤(分离提纯),也可以同时对 4 个样品的自生伊利石黏土悬浮液进行抽滤(分离提纯),从而使分离提纯效率成倍(3 倍)提高,大幅度缩短样品分析周期。需要时,还可以对同一个样品的自生伊利石悬浮液(如<1μm)进行接力抽滤,同时分别提取不同的粒级组分,如利用其中的 3 个抽滤系统分别用 0.45μm、0.3μm 和 0.15μm 微孔滤膜进行抽滤,便可以分别提取 1~0.45μm、0.45~0.3μm、0.3~0.15μm 组分和<0.15μm 悬浮液。正是因为如此,尽管笔者实验室配备有 2 台冷冻、大容量、高速离心机(Sorvall,RC-6 Plus,16500rpm,4×250mL;14500rpm,6×250mL;rpm=转/分钟),但真空抽滤装置的作用仍是不可替代的。

关于分离提纯质量,从理论上讲,应该包括两个方面的含义,一是所提取的黏土组分的粒级应符合要求;二是所提取的黏土组分应最大限度地富集自生伊利石,不含碎屑伊利石和碎屑钾长石等碎屑含钾矿物组分。激光粒度分析(LGSA)表明,利用笔者发明的微孔滤膜真空抽滤装置与技术所提取的黏土组分的粒度分布与理论要求基本一致。激光粒度分析中的 $d(0.1)$(累计百分比为 10% 所对应的粒径)和 $d(0.9)$(累计百分比为 90% 所对应的粒径)分别为 0.132~0.135μm 和 0.256~0.279μm,与分离粒级(0.15~0.3μm)基本一致(表 4.1)。

表 4.1　激光粒度分析数据表(张有瑜和罗修泉,2011)

样号	粒级/μm	测试对象	激光粒度分布参数		
			$d(0.1)$/μm	$d(0.5)$/μm	$d(0.9)$/μm
1	0.3~0.15	黏土悬浮液	0.132	0.180	0.256
2	0.3~0.15	黏土悬浮液	0.135	0.186	0.270
3	0.3~0.15	黏土悬浮液	0.134	0.186	0.279
4	0.3~0.15	黏土悬浮液	0.134	0.184	0.267

注: $d(0.1)$、$d(0.5)$ 和 $d(0.9)$ 分别为累计百分比为 10%、50% 和 90% 所对应的粒径。

关于自生伊利石富集程度及是否含有碎屑伊利石和碎屑钾长石等碎屑含钾矿物组分,可能更多的是与样品特征和黏土悬浮液制备技术有关。样品特征和黏土悬浮液制备技术是基础、是前提,分离提纯技术只能是在此基础上发挥作用,二者互为依赖关系,而且样品基础是起决定性的因素。首先,样品中是否含有自生伊利石和含量多少是决定自生伊利石富集程度的最主要因素,道理很简单,如果样品中根本就不含自生伊利石或含量非常少,即便是分离提纯技术再先进,也是不可能分离出自生伊利石或使自生伊利石得到较大程度富集的。其次,如果样品硬度较大或者过度破碎均会导致很难彻底剔除非黏土碎屑含钾矿物组分。实际工作(张有瑜等,2001,2002,2004,2007)表明,利用笔者发明的微孔滤膜真空抽滤装置所提取的黏土组分(0.3~0.15μm 和<0.15μm),除个别样品外,基本不含碎屑钾长石(XRD 检测限以下,下同);自生伊利石和碎屑伊利石的情况则相对较为复杂,自生伊利石含量大多在 95% 以上,有相当一部分为 99%~100%,个别含量较低

者,主要是因为样品中不含自生伊利石或自生伊利石含量较低,主要为蒙皂石、伊利石/蒙皂石无序间层、高岭石、绿泥石和碎屑伊利石等其他黏土矿物;碎屑伊利石含量绝大多数均在2%或3%以下并常常是0%,即不含碎屑伊利石,但也有个别样品含量较高,如塔里木盆地古近系、新近系砂岩,这主要是与该砂岩的黏土矿物特征有关,其黏土矿物主要为碎屑成因的变质伊利石(90%以上)和少量绿泥石(10%以下),基本不含自生伊利石。

第五节　应用现状及前景展望

微孔滤膜(真空)抽滤装置在化学分析、仪器分析、卫生检验、制药工业和机械制造等行业的液体过滤中被广泛采用。由于自生伊利石分离暨黏土分离具有特殊的要求,如目的是提取自生伊利石黏土组分而不是杂质过滤和抽滤过程中需要完成滤液转移、系统清洗等各种操作,普通的抽滤装置不能满足这种要求。胡振铎等(1999)对利用微孔滤膜真空抽滤技术进行自生伊利石分离与提纯进行了试验与研究并获得了较好的应用效果。他们的真空抽滤装置使用单嘴抽滤瓶,利用自行加工的有机玻璃滤板(滤孔直径 $\phi=1\text{mm}$)解决陶瓷漏斗滤孔过大问题,并用密封胶圈实现有机玻璃滤板与陶瓷漏斗之间的真空密封。他们的研究开创了利用真空抽滤装置进行自生伊利石分离提纯的先例。本章所述的技术创新是在他们的成果基础上的进一步发展与提高,克服了以往真空抽滤装置与技术的操作繁琐、效率较低、实用性不强等一系列技术难题,既操作简便、效率较高,又性能可靠、质量较高,并且稳定性强、实用性强,可以作为成型固定设备投入日常生产、科研与实验,为自生伊利石分离暨黏土分离开创了一种既切实可行又优质高效的新途径,具有非常广阔的应用前景。

到目前为止,利用笔者发明的微孔滤膜真空抽滤装置和技术已对我国21个含油气盆地或地区,特别是塔里木盆地、四川盆地、鄂尔多斯盆地和松辽盆地等主要砂岩储层进行过自生伊利石分离与提纯,为自生伊利石 K-Ar 同位素年代测定提供了大量的高质量测试样品,为油气成藏史研究提供了大量的自生伊利石年龄数据及科学依据,发挥了重要作用(张有瑜等,2004,2007;王红军和张光亚,2001;高岗等,2002;赵靖舟和田军,2002;黄道军等,2004;张忠民等,2006;任战利等,2006;崔军平等,2007;邹才能等,2007;肖晖等,2008;刘四兵等,2009)。同时,作为一项重要的基础实验工作,本项发明的微孔滤膜真空抽滤装置和技术在笔者所承担的科研项目中发挥了重要作用,如中石油"九五"科技工程项目、"十五"北方油气区石炭系—二叠系项目、塔里木油田横向课题以及与澳大利亚联邦科学和工业研究院石油资源部(CSIRO Petroleum)国际合作课题等(张有瑜等,2004,2007)。

笔者发明的微孔滤膜真空抽滤装置和技术是中国石油勘探开发研究院石油地质实验研究中心自生伊利石分离提纯实验室的重要基础保障设施之一,使用率较高,为国内有关大专院校、研究院所和油田研究院等提供技术服务,已经、正在并将继续发挥重要作用。

前已述及,关于细粒(粒级<0.3μm、粒级<0.1μm 或更细)自生伊利石黏土组分的分离,国内外大多是采用高速、超高速离心分离技术(Liewig et al.,1987;Hamilton et al.,1989;Hogg et al.,1993;Hamilton,2003)。本章所述的微孔滤膜真空抽滤装置与技术在国外未见报道。

参 考 文 献

崔军平,任战利,陈全红,等. 2007. 海拉尔盆地乌尔逊凹陷油气成藏期次分析. 西北大学学报(自然科学版), 37(3):974-979

高岗,黄志龙,刚文哲. 2002. 塔里木库车坳陷依南 2 气藏成藏期次研究. 古地理学报,4(2):98-104

胡振铎,欧光习,夏毓亮. 1999. 辽河滩海地区下第三系古地温及生烃成藏时间的地球化学研究. 核工业北京地质研究院,辽河石油勘探局勘探开发研究院

黄道军,刘新社,张清,等. 2004. 自生伊利石 K-Ar 测年技术在鄂尔多斯盆地油气成藏时期研究中的初步应用. 低渗透油气田,9(4):37-39

刘四兵,沈忠民,吕正祥,等. 2009. 川西坳陷中段须二段天然气成藏年代探讨. 成都理工大学学报(自然科学版), 36(5):523-530

任战利,萧德铭,迟元林. 2006. 松辽盆地基底石炭—二叠系烃源岩生气期研究. 自然科学进展,16(8):974-979

王红军,张光亚. 2001. 塔里木克拉通盆地油气勘探对策. 石油勘探与开发,28(6):50-52

肖晖,任战利,崔军平. 2008. 塔里木盆地孔雀 1 井志留系含气储层成藏期次研究. 石油实验地质,30(4):357-362

张有瑜,罗修泉. 2004. 油气储层自生伊利石 K-Ar 同位素年代学研究现状与展望. 石油与天然气地质,25(2): 231-236

张有瑜,罗修泉. 2009. 油气储层自生伊利石分离提纯微孔滤膜真空抽滤装置,中国,ZL 2006 1 0090591. 1

张有瑜,罗修泉. 2011. 油气储层自生伊利石分离提纯微孔滤膜真空抽滤装置与技术. 石油实验地质,33(6): 671-676

张有瑜,董爱正,罗修泉. 2001. 油气储层自生伊利石分离提纯及其 K-Ar 同位素测年技术研究. 现代地质,15(3): 315-320

张有瑜,罗修泉,宋健. 2002. 油气储层自生伊利石 K-Ar 同位素年代学研究若干问题的初步探讨. 现代地质, 16(4):403-407

张有瑜,Zwingmann H,Todd A,等. 2004. 塔里木盆地典型砂岩储层自生伊利石 K-Ar 同位素测年研究与成藏年代探讨. 地学前缘,11(4):637-648

张有瑜,Zwingmann H,刘可禹,等. 2007. 塔中隆起志留系沥青砂岩油气储层自生伊利石 K-Ar 同位素测年研究与成藏年代探讨. 石油与天然气地质,28(2):166-174

张忠民,周瑾,邹兴威. 2006. 东海盆地西湖凹陷中央背斜带油气运移期次及成藏. 石油实验地质,28(1):30-33, 37

赵靖舟,田军. 2002. 塔里木盆地哈得 4 油田成藏年代学研究. 岩石矿物学杂志,21(1):62-68

邹才能,陶士振,张有瑜. 2007. 松辽南部岩性地层油气藏成藏年代研究及其勘探意义. 科学通报,52(19): 2319-2328

Hamilton P J. 2003. A review of radiometric dating techniques for clay minerals cements in sandstones//Worden R H, Morad S. Clay mineral cements in sandstones. Special Publication No. 34 of the International Association of Sedimentologists:253-287

Hamilton P J, Kellley S, Fallick A E. 1989. K-Ar dating of illite in hydrocarbon reservoirs. Clay Minerals,24(2): 215-231

Hogg A J C, Hamilton P J, Macintyre R M. 1993. Mapping diagenetic fluid flow within a reservoir:K-Ar dating in the Alwyn area (UK North Sea). Marine and Petroleum Geology,10(3):279-294

Liewig N, Clauer N, Sommer F. 1987. Rb-Sr and K-Ar dating of clay diagenesis in Jurassic sandstone oil reservoir, North Sea. The American Association of Petroleum Geologist Bulletin,71(12):1467-1474

第五章　静态真空质谱仪分析技术

静态真空质谱仪,也可以称作稀有气体质谱仪或惰性气体质谱仪,主要用于稀有气体或惰性气体(He、Ne、Ar、Kr、Xe)同位素比值分析与测定的大型质谱仪,同时也是 Ar 同位素年代实验室,包括 K-Ar 同位素年代实验室和 Ar-Ar 同位素年代实验室的主体仪器。关于稀有气体质谱仪分析技术或 K-Ar、Ar-Ar 年龄测定中的质谱分析技术,以往的教科书中虽有介绍,但大都相对比较简略,如 Faure(1977)、福尔 G(1983)、McDougall 和Harrison(1999)、李志昌等(2004),主要是简要介绍方法原理,而对具体的实验设备和实验技术等基础方面的内容相对较少;笔者重点对实验设备和实验技术等相关基础内容进行全面系统的详细介绍(罗修泉,2006)。对于自生伊利石年代学研究而言,要想建立一个完整的概念体系,对一些必需的基本概念和基础知识的深入了解是非常必要的,尤其是初学者,更为重要的是,本书的读者主要是地质或石油地质领域的研究人员,主要从事成藏史或成藏年代学研究,而不是真空实验室或同位素年代学实验室的从业人员,这正是笔者编写本章内容的主要目的。Ar 同位素比值分析与测定,或者说 Ar 同位素年代学研究,是静态真空质谱仪分析技术的主要用途之一。这里将以笔者(罗修泉,2006)的论述为基础,重点简要介绍静态真空质谱分析技术中与 Ar 同位素比值分析与测定有关的内容。关于其他更为详细的内容及与同位素质谱仪相关的方法原理等基础知识,请参阅相应的专著或教科书,如胡汉泉和王迁(1982)、黄达峰等(2006)、罗修泉(2006)等。

据笔者所知,国内外广泛使用的静态真空质谱仪可能主要由英国原 GV 公司(VG 公司、Micromass 公司)生产,早期的型号有 VG1200(MM-1200)、VG3600,近期的型号主要是 MM5400(或 VG5400)。后因 GV 公司被美国热电公司收购,故现在的生产厂家主要有美国的热电公司(ThermoFisher Scientific)和英国的 Nu 仪器公司(Nu Instruments Ltd)(仪器型号分别为 Helix SFT 和 Noblesse)以及美国热电公司的 ARGUS VI(多接收器)。本章将主要以笔者实验室(中国石油勘探开发研究院石油地质实验研究中心 Ar 同位素年代实验室)的 MM5400 静态真空质谱仪为例进行系统介绍,其他型号的仪器虽各有特色,但主体设备和主要构成基本相似。

第一节　静态真空质谱仪

一、真空、动态真空和静态真空

在质谱分析中,真空是一个处处都要用到的基本概念。真空并不是指没有气态物质的空间,而是指其压力较常压小的任何气态空间。

为了获得真空,必须对特定空间进行抽气(或排气)。抽气的方法主要有物理排气和化学吸气两种。前者是通过各种抽气机械(机械泵、扩散泵、离子泵和分子泵等)把空间中的气体排走。后者则是使用化学性能极为活泼的金属(铝、锆、钽、钛、钡、镁和钙等),在真空中加热到一定温度,使它们和容器内各种残余气体(惰性气体除外)起作用成为各种化合物,降低空间的气体浓度,从而达到提高真空度的目的。

任何一个真空容器,尽管在不断地进行抽气,但它的压力绝不会无止境地降低。通常压力降到一定程度后便会处于平衡状态,真空度不再上升。这是因为任何一个真空容器都不可避免地会存在漏气和放气的问题。当抽走(或吸走)的气体量大于漏气和放气的气体量时,真空度上升;当前者与后者相等时,真空度保持不变。这种在抽气状态下所获得的真空叫做动态真空。有时,针对某些分析的要求,要把真空容器和抽气系统隔断,或者把真空容器和物理抽气设备隔断,仅用化学吸气剂吸气。在这两种情况下所获得的真空叫做静态真空。

二、动态真空质谱仪和静态真空质谱仪

任何质谱仪都必须有一个真空抽气系统来维持仪器的真空要求,在仪器不进行样品分析时抽气系统总是连通质谱仪进行抽气的。当仪器进行样品分析时,通常有两种做法。一种是抽气系统仍然连通质谱仪的分析系统进行抽气,称为动态真空质谱仪。另一种是抽气系统与质谱仪的分析系统隔断(吸气泵除外),处于静态真空方式,这样的质谱仪便称为静态真空质谱仪。

现代的静态真空质谱仪多以不锈钢制成可烘烤的全金属系统。仪器的静态空白本底可以降到相当低的水平。静态真空质谱仪目前主要应用于惰性气体同位素分析。它的最大优点是与动态真空质谱仪相比可以把分析灵敏度提高$1\sim2$个数量级,大大降低样品用量。它的缺点主要是记忆效应较大,故在分析中要注意烘烤系统使记忆效应降低,必要时还应通过改正来减少其影响。

三、静态真空质谱仪的真空技术要求

如前所述,静态真空质谱仪在分析样品时要求把分析系统与抽气系统隔断,因此,要求分析系统达到$10^{-7}\sim10^{-8}$Pa的超高真空。因此,建立超真空分析系统应注意以下几点。

(1)真空系统应有足够的密封性,尽可能减少漏气。

(2)真空系统内壁应有较高的光洁度,尽可能减少对气体的吸附。

(3)全系统应允许在$300\sim350$℃的高温下烘烤10h以上。

(4)真空分析系统要避免有机杂质的污染。

四、静态真空质谱仪的超高真空系统组件

对于一个具体的超高真空系统,可以根据仪器的主要用途、实验室的场地条件、仪器的允许空间和经费情况等,选配不同的超高真空系统组件,作者实验室的MM5400静态真空质谱仪的超高真空系统只是在其标准配置的基础上增加了一个海绵钛炉,由超高真空阀门、法兰盘和密封垫圈、吸气泵(包括海绵钛炉和锆铝泵)、冷阱(包括U形冷阱和活性炭冷指)和真空机组组成。

（1）超高真空阀门：阀门在超高真空系统中是最重要的部件，它是一种全金属可烘烤阀门。阀门在关闭状态下可烘烤至 $300℃$，在打开状态下可烘烤至 $350\sim450℃$。

（2）法兰盘和密封垫圈：在超高真空系统中，管道与管道、管道与阀门及管道与各真空部件之间的连接都必须使用法兰盘。超高真空系统主要使用两种法兰盘，一种是使用铜垫圈密封的法兰盘；另一种是使用金垫圈密封的法兰盘。

（3）吸气泵：静态真空系统中的吸气泵主要用来清除一切非惰性气体，使系统中的惰性气体得到纯化。最常用的吸气泵有三种类型，即海绵钛炉、锆铝泵和钛升华泵，其中钛升华泵因本实验室仪器没有配备，故不做介绍。

1）海绵钛炉：在一个铬镍铁合金管中放置适量的海绵钛，并通过法兰盘连接到真空系统中。在合金管的外面有一个加热炉，可连续升温至 $900℃$ 左右。当温度升至 $850\sim900℃$ 时，海绵钛去气（脱气），这时吸附在其中的气体被释放出来并被抽走。当温度降至 $800℃$ 时，海绵钛对 O_2、N_2、CO、CO_2 和碳氢化合物等大量气体有极强的吸附能力；当温度降至 $400℃$ 时，则可大量吸附氢。海绵钛炉的优点是吸气量大，并可以反复长期使用；缺点是每次对样品纯化后都必须去气才能恢复吸气能力。

2）锆铝泵：锆铝泵所用的材料是一种非蒸散型锆铝合金吸气剂。在一定温度下，通过物理和化学的吸附和吸收，吸气剂与各种活性气体形成稳定的化合物或固溶体，从而达到消气净化的目的。在使用前，吸气剂必须在真空中加热激活。因为在激活时吸气剂会放出大量气体，故一般不要用离子泵对正在加热激活的锆铝泵进行抽气，而应该使用涡旋分子泵或扩散泵，系统中与抽气无关的部分都要关闭，而有关部分则要保持在 $100℃$ 左右。激活时，吸气剂加热至 $750\sim800℃$，保持 $20min$ 以上，然后降至常温并抽至超高真空。激活后的锆铝泵就会具有抽气能力。它在 $250\sim400℃$ 时大量吸附 O_2、N_2、CO、CO_2 和碳氢化合物等气体；在常温下大量吸附 H_2。因此，有时一个系统常使用两个锆铝泵，其中一个在室温工作，另一个在 $250\sim400℃$ 工作。

（4）冷阱：静态真空系统中常用两种类型的不锈钢金属冷阱。一种是把不锈钢管做成 U 形连接于系统中，当不加吸气剂的 U 形管用液氮冷却时，可用来吸附蒸汽、Xe 和 CO_2。另一种是在不锈钢直管中加入适量活性炭，即所谓活性炭冷指。当这种冷指冷却到液氮温度时，便可吸附 Ar、Kr 和 Xe；如果冷指上升到干冰温度，Ar 便会释放出来，但 Kr 和 Xe 仍然吸附在其中。静态真空质谱仪正是利用冷阱的这些吸附和解吸的特性来分离和纯化气体的。

（5）真空机组：任何一个静态真空系统，都必须配置合适的真空机组来获得相应的真空。在配置真空机组时，首先应考虑是否能获得所要求的超高真空和抽速，其次要考虑机组残留气体是否会造成过高本底，最后还要使操作尽量方便可靠。如图 5.1 所示，比较理想的静态真空系统是以机械泵作为前级，以离子泵和分子泵作为抽气主体，再配以吸气泵排除 H_2 和其他残存的活性气体，当气量较大时，用分子泵抽气；当气量较少时，用离子泵抽气，从而获得并维持清洁的高真空。这种抽气系统是目前使用比较广泛的静态超高真空系统。

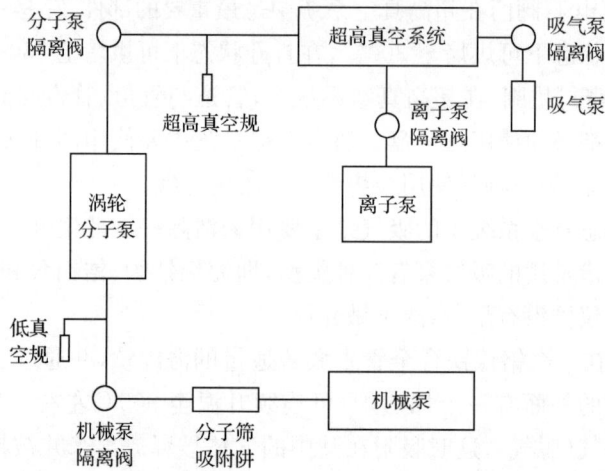

图 5.1　静态超高真空抽气系统示意图(罗修泉,2006)

五、静态真空质谱仪超高真空的获得

要想获得超高真空,就必须解决好放气和漏气问题。为了减少放气,超高真空部分绝不允许使用真空油脂之类的东西。放气问题主要靠高温烘烤来解决。

至于漏气,必须通过检漏找出漏气部位并加以堵漏。常用的检漏物质主要有丙酮、氩气、氦气等;常用的判断方法主要是通过真空规观察真空变化情况,和/或利用仪器的扫峰(peak scanning)程序观察峰强度变化情况。

如果整个系统已满足超高真空的密封要求,并且处于大气状态即没有经过抽真空,系统中的气体压力等于大气压,则应按照下面的步骤开始抽气,即抽真空。

(1)启动机械泵,打开系统所有阀门,待真空进入 1Pa 左右时,启动涡轮分子泵。

(2)当真空进入 10^{-6} Pa 数量级时,使锆铝泵阀门处于少许打开的位置(把阀门关紧后再打开半圈),然后对系统的高真空部分置于 200~300℃烘烤 10h 以上。

(3)当烘烤温度降至 100℃左右时,关离子泵和高真空规阀门,开锆铝泵阀门,对锆铝泵加热至 750℃并保持 20min 以上;这时锆铝泵正在被激活,有大量气体放出,用分子泵排气。

(4)如果使用两个锆铝泵,则一个降至室温,另一个保持在 250~400℃;如果仅用一个锆铝泵,则降至室温。

(5)接通离子泵电源,待系统降至室温后,开离子泵阀门;经过一定时间抽空后,真空可达 10^{-7} Pa 数量级。

(6)关闭分子泵与超高真空系统之间的隔离阀,使锆铝泵阀门处于少许打开的位置[见步骤(2)],重新让超高真空系统在 200~300℃烘烤 10h 以上,然后降至室温。

经过上述程序的烘烤排气,一般都可获得 10^{-7}~10^{-8} Pa 的超高真空。如果空白本底仍未达要求,则可再重复步骤(6),直至达到要求。

六、静态真空质谱仪的进样装置

静态真空质谱仪的进样装置可以概括地分为三类,分别是固体熔样装置、包体击碎装置和气体进样装置,既可以只配备一种,也可以同时配备多种,通过配备不同的进样装置实现对不同类型样品的分析能力。另外,通过在进样装置的前端加装某种特殊设备,还可以实现对一些特殊类型样品,如石英管真空封装样品、光薄片(微区)样品、单矿物颗粒样品等的分析与测试。

熔样装置用来把固体样品加热熔融,使样品中的气体在真空中释放出来。目前使用比较多的主要是电阻加热炉和激光熔样装置。配备电阻加热炉(包括电子轰击炉等)的静态真空质谱仪一般称为常规(Ar-Ar)系统,配备激光熔样装置的静态真空质谱仪一般称为激光(Ar-Ar)系统。激光熔样是近年发展起来的熔化微量样品的先进技术,特别适合于进行微区和单颗粒样品分析。

七、静态真空质谱仪的纯化系统

纯化系统通常包括抽气装置、纯化装置、标准样许入装置和惰性气体分离装置。不同实验室的纯化系统可能略有不同。

图 5.2 是纯化系统示意图。抽气装置在前面讨论静态真空时已谈及,这里不再重复。纯化装置包括两级,两者之间被主干通道的阀门(图 5.2 中的 14)隔开。第一级用海绵钛炉或锆铝泵,装在系统的入口端(靠近进样装置);第二级用锆铝泵,装在出口端(靠近质谱仪)。通常,可以让样品经过第一级纯化后,再进入第二级进一步纯化。但对于小量和微量样品,则可直接通入第二级纯化。

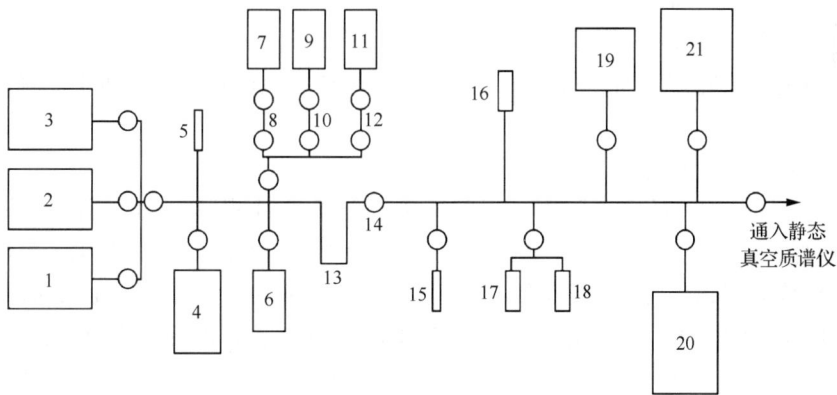

图 5.2　静态真空质谱仪纯化系统示意图(罗修泉,2006)

1. 包体破碎装置;2. 固体熔样装置;3. 气体进样装置;4. 涡轮分子泵;5. 低真空规;6. 海绵钛泵;7. 标准样1;8. 标准样1分样体积;9. 标准样2;10. 标准样2分样体积;11. 标准样3;12. 标准样3分样体积;13. U形冷阱;14. 主通道隔离阀;15. 活性炭冷阱;16. 超高真空规;17. 锆铝泵1;18. 锆铝泵2;19. 离子泵;20. 低温冷凝泵;21. 激光熔样装置

标准样许入装置接于系统的入口端,每套装置都由一大一小两体积组成,其间有阀门隔开。标准气样装在大体积中,每次由小体积放入系统。这样的装置至少有两套,一套用来储存空气,作为惰性气体同位素分析的参照标准。另一套用来储存 K-Ar 法测年用的 ^{38}Ar稀释剂;如果不作 K-Ar 法测年,也可用于储存别的标准物质。

图 5.2 中的活性炭冷阱、"U"形冷阱和低温冷凝泵等主要是用于进行惰性气体分离,即 He、Ne、Ar、Kr、Xe 分离,对于惰性气体同位素分析,包括比值和含量测定等,必不可少(孙明良,1997,2001a,2001b;叶先仁等,2001);但对于 Ar 同位素年龄测定,包括 K-Ar 法和 Ar-Ar 法,一般很少使用。

第二节　Ar 同位素分析

一、Ar 同位素分析方法

启动仪器熔样程序,使熔样炉钼坩埚中的待测样品在高温(1400～1500℃)下熔融并释放出气体。先用海绵钛炉在 800℃ 条件下,对样品所释放的气体进行一级纯化,即吸附 O_2、N_2、CO、CO_2 和碳氢化合物等活性气体,纯化时间 10min,海绵钛炉的吸附能力非常强,经过 10min 的吸附纯化,绝大部分活性气体会基本吸附殆尽;然后,使气体通入锆铝泵,并同时把海绵钛炉降温至 400℃,进行二、三级纯化(也可以统称为二级纯化),纯化时间为 10min,海绵钛炉温度为 400℃时可以大量吸附 H_2,MM5400 静态真空质谱仪的纯化系统配备有两个锆铝泵,一个保持为室温,一个设定为 300℃,在室温条件下工作的锆铝泵可大量吸附 H_2,在 300℃条件下工作的锆铝泵,可大量吸附 O_2、N_2、CO、CO_2 和碳氢化合物等活性气体;经过一、二、三级纯化,待测气体已经基本不含各种活性气体,可以通入质谱仪测量系统,启动提前编写好的峰跳测量程序,便可以进行 Ar 同位素测定,具体步骤包括以下几个方面。

1. 编写峰跳测量程序

峰跳测量程序应该提前编写好并录入到与质谱仪联机的控制计算机中。峰跳测量程序应该包括以下内容。

(1) 设定峰中心位置。

(2) 设定峰跳测量的循环顺序。当磁场从一个峰跳到另一个峰时,首先需要设定一定的等待时间,以便磁场达到稳定状态。然后需要设定采峰记录时间(数据采集时间或积分时间);积分时间越长,读数越精确,但时间过长又会因整个分析延长而引入误差;故积分时间一般是大峰较短,小峰适当长些。例如,Ar 同位素分析峰跳循环的顺序可设定为 ^{36}Ar 峰中心→质量 37.5 基线→^{38}Ar 峰中心→^{40}Ar 峰中心→^{36}Ar 峰中心;其中等待时间设为 3s,积分时间除 ^{40}Ar 峰设为 3s 外,其他各峰和基线均设为 4s。

(3) 设定测量数据比值个数,一般为 8～10 个。

2. 进样并开始峰跳测量

把已经纯化好的气体样品通入质谱仪测量系统,启动提前编写好的峰跳测量程序,开始峰跳测量,并在进样的同时开始计时。

(1) 首先确定峰中心位置,对所要测定的峰一一扫描,逐个确定其峰中心的磁场值。

(2) 记录各峰跳位置的强度和时间,一般记录 9～11 组数据。

3. 归零处理并求出同位素峰高或比值

进样后，由于管壁上吸附的少量气体会与样品气体进行交换，从而使各同位素的观测值将随时间有所漂移。真正能够代表样品特征的应该是进样时刻，也即样品一通入质谱测量系统时的数值，为此，必须对测量数据进行归零处理，即以同位素数据（峰高和/或同位素比）为纵坐标，时间为横坐标进行线性回归，求出时间为零时的强度（峰高）和/或同位素比值。

二、Ar 含量计算方法

Ar 含量计算主要有两种方法，即峰高法和同位素稀释法，前者相对简单，但准确性较低，后者较为复杂，但准确性较高。

峰高法主要用于气体样品，如天然气、温泉气样品 He、Ar 同位素分析中 Ar 含量的计算，其方法原理是根据 Ar 同位素的信号强度（可以用丰度最大的 ^{40}Ar 近似代替）、仪器灵敏度（单位气量的信号强度）、分析室体积、天然气样品进气量等进行计算，测量过程中需要准确记录详细的分样、扩散过程并经过复杂换算，具体的计算方法请参阅罗修泉（2006）的详细论述。

峰高法还可以用于固体样品，如辉石、橄榄石等 He、Ar 同位素分析中 Ar 含量的计算。

同位素稀释法，又称同位素稀释分析，是同位素年龄测定中最常用的分析技术。利用同位素稀释技术，可以通过质谱仪测定样品中的元素含量。不同的同位素年龄测定方法采用不同的同位素稀释剂，如 Ar、Sr、Pb 和 Nd 等。关于同位素稀释剂，李志昌等（2004）给出的定义是：运用人工方法在加速器中使一个元素中的某个同位素异常富集，即相对丰度异常提高，用这样元素的氧化物或盐类制成溶液，或呈气体状态就是所谓同位素稀释剂。K-Ar 法使用的是 ^{38}Ar 稀释剂（^{38}Ar$_s$，气体），以瑞士伯恩大学无机化学学院（Institute for Inorganic Chemistry, University of Bern）的产品为例，纯度大于 99.998%[$V(^{38}$Ar$)\geqslant$ 99.998%]，$R(^{38}$Ar$/^{36}$Ar$)>1000000$；$R(^{38}$Ar$/^{40}$Ar$)>10000$。

以 K-Ar 法为例，将同位素稀释法的工作原理或简单流程简述如下。

（1）将适量的 ^{38}Ar 稀释剂装入仪器纯化系统中的标准样体积（图 5.2 中 7、9、11 中的任意一个，可以称其为稀释剂储罐）中。

（2）准确测定装入稀释剂储罐中的 ^{38}Ar 稀释剂的同位素比值和初始值。

（3）在由样品熔融释放并经过纯化的气体中加入一定数量的 ^{38}Ar 稀释剂，充分混合后，用静态真空质谱仪测定混合样品（样品气体和 ^{38}Ar 稀释剂）的 Ar 同位素比值。

（4）根据 ^{38}Ar 稀释剂的初始值，利用稀释剂衰减公式计算稀释剂加入量。

（5）根据混合样品（样品气体和 ^{38}Ar 稀释剂）的 Ar 同位素比值（测量值），利用同位素稀释公式计算样品的放射性 ^{40}Ar 含量；

（6）根据样品重量、样品放射性 ^{40}Ar 含量、样品 K 含量，利用 K-Ar 年龄计算公式计算 K-Ar 年龄。

关于 ^{38}Ar 稀释剂衰减公式和同位素稀释公式的定义和推导，请参见罗修泉（2006）的论述。

^{38}Ar 稀释剂分析是 K-Ar 法年龄测定中的核心技术之一，^{38}Ar 稀释剂是 K-Ar 年龄测定实验室必须具备的先决条件之一，甚至可以说，如果没有在其纯化系统中加装^{38}Ar 稀释剂，静态真空质谱仪就不能用来进行 K-Ar 年龄测定。鉴于这一点，为了保证相关知识的体系性、完整性和连续性，和为了便于理解和掌握，关于^{38}Ar 稀释剂的分装、标定和定量计算等详细内容将在本书的第六章，即自生伊利石 K-Ar 法年龄测定技术中集中系统介绍。

三、空白本底检查

当仪器系统的真空状态达到要求时，首先应该进行系统空白本底检查，确定符合要求后，才能开始进行样品分析。空白本底检查包括两项试验，一是全流程热空白本底测定，二是标样年龄测定。

1. 全流程热空白本底测定

不投样品但全部按照实际样品测试流程操作，并测出^{40}Ar、^{38}Ar 和^{36}Ar 同位素峰的强度值，即 $I(^{40}Ar)$、$I(^{38}Ar)$、$I(^{36}Ar)$，单位为伏特（V）。空白本底水平主要用^{40}Ar 的强度表示。虽然从理论上讲，空白水平肯定是越低越好，但实际上是不可能绝对没有本底的，到底多低才算符合要求，很难统一界定，因为不同的实验室、不同的仪器系统会有所差异，更为重要的是，测试对象不同和测试目的不同也都会有不同的要求。准确地讲或者是笼统地说，就是越低越好，太高不行。实际上，空白本底水平只具有参考意义，真正具有决定意义的是标样测定结果，只有在空白本底水平较低并且标样测定结果也非常理想时，才可以认为是真空条件和仪器状态均达到了做样要求。对于常规样品年龄测定而言，以 MM5400 静态真空质谱仪为例，$I(^{40}Ar) < 0.05V$，或更低，可能较为可取。

此外，必要时，可以将全流程热空白测定结果，即 $I(^{40}Ar)$、$I(^{38}Ar)$、$I(^{36}Ar)$，作为空白本底值从实际样品测量值加以扣除，但较为麻烦并且工作量增加太多，即便是不要求每个样品都测本底，但至少每一个工作日要测一次本底。对于一般性样品的常规分析，实际意义不大，可以不予考虑。

2. 标样年龄测定

在开始进行实际样品测试之前，必须首先进行标准样品分析，即全部按照实际样品测试流程对标准样品进行年龄测定。国内目前常用的标准样品主要是黑云母，采自北京房山花岗闪长岩，编号为 ZBH-25，其次是角闪石，编号为 GBW 04418（表 5.1）。当然，也可以选用国际标样，或根据需要选用不同的标准样品。表 5.2 给出了部分国际标样的有关参数。

表 5.1　K-Ar 法、Ar-Ar 法同位素测年分析国内标样（罗修泉，1998）

编号	矿物名称	$W(K)/\%$	$N(^{40}Ar)/(10^{-9}mol/g)$	年龄±1σ/Ma
ZBH-25	黑云母	7.599	1.8157	133.2
GBW 04418	角闪石	0.729	4.8688	2060±8

注：$N(^{40}Ar)$表示放射成因氩的丰度。

表 5.2　K-Ar 法、Ar-Ar 法同位素测年分析国际标样（McDougall and Harrison,1999）

编号	矿物名称	$W(K)/\%$	$N(^{40}Ar^*)/(10^{-10}mol/g)$	年龄$\pm 1\sigma$/Ma
Hb3gr	角闪石	1.247 ± 0.011	31.63 ± 0.19	1072 ± 11
MMhb-1	角闪石	1.556 ± 0.004	16.24 ± 0.09	519.4 ± 2.5
		1.555 ± 0.003	16.27 ± 0.05	520.4 ± 1.7
LP-6	黑云母	8.33 ± 0.03	19.30 ± 0.20	128.9 ± 1.4
		8.37 ± 0.05	19.23 ± 0.10	127.9 ± 1.1
FY12a	角闪石	0.954 ± 0.005	8.11 ± 0.04	433.8 ± 3.0
SB-2	黑云母	7.63 ± 0.01	22.45 ± 0.28	162.1 ± 2.0
SB-3	黑云母	7.49 ± 0.02	22.13 ± 0.11	162.9 ± 0.8
GA1550	黑云母	7.70 ± 0.06	13.43 ± 0.07	97.9 ± 0.9
		7.63 ± 0.02	13.43 ± 0.07	98.8 ± 0.5
77-600	角闪石	0.336 ± 0.003	2.712 ± 0.008	414.1 ± 3.9
B4M	白云母	8.68 ± 0.08	2.811 ± 0.056	18.6 ± 0.4
B4B	黑云母	7.91 ± 0.08	2.381 ± 0.023	17.3 ± 0.2
HD-B1	黑云母	7.985 ± 0.023	3.444 ± 0.033	24.7 ± 0.3
GHC-305	黑云母	7.57 ± 0.01	14.28 ± 0.04	105.6 ± 0.3

参 考 文 献

福尔 G. 1983. 同位素地质学原理. 潘曙兰, 乔广生, 译. 北京: 科学出版社: 52-58

胡汉泉, 王迁. 1982. 真空物理与技术及其在电子器件中的应用. 上册. 北京: 国防工业出版社

黄达峰, 罗修泉, 李喜斌, 等. 2006. 同位素质谱技术与应用, 质谱技术丛书. 北京: 化学工业出版社

李志昌, 路远发, 黄圭成. 2004. 放射性同位素地质学方法与进展. 武汉: 中国地质大学出版社

罗修泉. 1998. 钾氩同位素地质年龄测定 中华人民共和国地质矿产行业标准 DZ/T 0184. 7—1997//中华人民共和国
  地质矿产部发布. 同位素地质样品分析方法 中华人民共和国地质矿产行业标准 DZ/T 0184. 1~0184. 22—1997.
  北京: 中国标准出版社: 55-60

罗修泉. 2006. 静态真空质谱仪分析技术//黄达峰, 等. 同位素质谱技术与应用, 质谱技术丛书. 北京: 化学工业出
  版社: 36-70

孙明良. 2001a. 天然气中 Ar 同位素测量的新技术. 石油实验地质, 23(4): 452-455

孙明良. 2001b. 天然气中稀有气体同位素的分析技术. 沉积学报, 19(2): 271-275

孙明良, 叶先仁. 1997. 固体样品中 He、Ar 同位素的质谱测定. 沉积学报, 15(1): 48-53

叶先仁, 吴茂炳, 孙明良. 2001. 岩矿样品中稀有气体同位素组成的质谱分析. 岩矿测试, 20(3): 174-178

Faure G. 1977. Principles of isotope geology. New York, Santa Barbara, London, Sydney, Toronto: John Wiley
  & Sons

McDougall I, Harrison T M. 1999. Geochronology and thermochronology by the $^{40}Ar/^{39}Ar$ method. 2ed. New York,
  Oxford: Oxford University Press

第六章　自生伊利石 K-Ar 法年龄测定技术

从理论上讲,自生伊利石 K-Ar 同位素年龄测定实际上是 K-Ar 法同位素年龄测定技术在测定自生伊利石年龄上的具体应用。因此,自生伊利石 K-Ar 同位素年龄测定与 K-Ar 法同位素年龄测定的方法原理是一致的。

作为同位素年代地质学的一个重要分支,K-Ar 法同位素年龄测定早在 1950 年前后就已经成为广泛采用的测量含钾矿物或岩石年龄的重要方法。关于 K-Ar 法同位素年龄测定的方法原理,论述文献较多,比较经典的如 Faure(1977)、福尔(1983),近期的如陈文寄和彭贵(1991)、Hamilton(2003)、李志昌等(2004)、罗修泉(2006),感兴趣的读者可以参阅。本章将在简单介绍基本原理和基本方法的基础上,重点介绍^{38}Ar 稀释剂的分装、标定和定量计算技术及自生伊利石年龄分析技术,前者文献中很少涉及,虽然对于非从业人员并不十分重要,但却是 K-Ar 年龄测定实验技术中的核心技术之一;后者可以说是自生伊利石 K-Ar 年龄测定技术中的特色技术之一,虽然看似简单,但如果不深入了解其方法原理,常常会产生误解、误用问题。

第一节　基 本 原 理

一、理论基础

钾是自然界中分布最广泛的元素之一。钾元素有三个同位素,分别是^{39}K、^{40}K 和^{41}K,其中^{40}K 是放射性同位素,可以通过放射性衰变产生^{40}Ar。钾的三个同位素的相对丰度在现代实验室分析误差范围内可以认为是一个常数,分别为:$N(^{39}K) = 93.2581\%$、$N(^{40}K) = 0.01167\%$、$N(^{41}K) = 6.7302\%$(Steiger and Jager,1977)。

氩是惰性气体,自然界中的氩主要存在于大气中。空气中的氩含量为 0.93%(体积分数)。氩有三个同位素:^{36}Ar、^{38}Ar 和^{40}Ar。在实验误差范围内,大气氩的同位素组成也可以认为是个常数。Nier(1950)测定的现代空气氩同位素丰度分别是:$N(^{36}Ar) = 0.337\%$、$N(^{38}Ar) = 0.063\%$ 和 $N(^{40}Ar) = 99.600\%$,$R(^{40}Ar/^{36}Ar) = 295.5$。

矿物、岩石等地质体中,由于^{40}K 的放射性衰变不断产生^{40}Ar。这部分自矿物、岩石结晶后形成的氩,称为放射成因氩,通常表示为^{40}Ar*。通过测定岩石、矿物中的母体同位素^{40}K(或钾元素)和子体同位素^{40}Ar(或氩元素)含量及氩同位素比值,根据放射性衰变定律或 K-Ar 年龄计算公式便可以计算出矿物、岩石自形成封闭体系以来的时间,即矿物、岩石形成以来的年龄。

$$t = \frac{1}{\lambda_{40}}\ln\left[\frac{\lambda_{40}}{\lambda_e}\frac{N(^{40}Ar^*)}{N(^{40}K)} + 1\right] \tag{6.1}$$

式中,t 为年龄,a;$\lambda_{40} = \lambda_\beta + \lambda_e$,$\lambda_e = 0.581 \times 10^{-10}\,a^{-1}$,$\lambda_\beta = 4.962 \times 10^{-10}\,a^{-1}$;$N(^{40}Ar^*)$ 为

由放射成因积累的 ^{40}Ar 的量,mol/g;$N(^{40}$K$)=1.167\times10^{-4}N($K$)$,mol/g。

二、基本假设

利用式(6.1)进行计算,必须在以下假设条件得到满足时,所计算出的 t 值才能代表岩石、矿物的年龄。

(1)恒定的现代 $N(^{40}$K$)/N($K$)$ 值。

(2)自岩石、矿物形成以后,一直保持为封闭体系,没有 K 或 Ar 的获得或丢失,也就是说,在岩石、矿物形成以后没有发生钾或氩的带入或带出。

(3)岩石、矿物形成时所携带的氩同位素比值,尤其是 $R(^{40}$Ar$/^{36}$Ar$)$,应与现代大气中的氩同位素比值相同。也就是说可以用现代大气氩同位素比值来校正样品形成时的非年龄意义的 ^{40}Ar。或者说,经过大气氩校正以后,样品在形成时的放射成因 ^{40}Ar 应为零,即无过剩氩。

(4)样品中不含其他含钾矿物杂质,即无含钾矿物污染。

第(1)条是 K-Ar 法年龄测定中的重要常数之一。前已述及,^{40}K 同位素丰度占 K 丰度的 0.01167%,也即 $N(^{40}$K$)/N($K$)$ 等于 0.01167。利用这个常数,可以根据 K 含量计算 ^{40}K 的含量。

除了第(1)条以外,其他 3 条则是正确分析和使用 K-Ar 年龄数据应该考虑的 3 个方面的主要问题。其中第(2)、(3)条主要与样品的保存性和形成环境有关,对于火成岩体形成年龄研究具有非常重要的意义,测试矿物类型、后期热液活动、构造抬升和风化蚀变等都会对年龄数据产生重要影响。对于自生伊利石 K-Ar 年龄测定而言,其中第(4)条具有非常重要的特殊意义。第(4)条要求准备进行年龄测定的自生伊利石样品一定要非常纯,不含任何碎屑含钾矿物相,即碎屑钾长石和/或碎屑伊利石及碎屑云母(主要是绢云母和/或白云母)。碎屑含钾矿物污染常常是导致自生伊利石样品实测年龄明显偏老的主要原因之一。

碎屑含钾矿物污染对自生伊利石 K-Ar 同位素年龄具有非常大的影响,砂岩中的自生伊利石由于是最晚期结晶的产物,年龄一般都相对较小,而陆源碎屑含钾矿物,包括碎屑钾长石和碎屑伊利石的年龄则要大很多,有的甚至要大上几倍或 1~2 个数量级。因此,碎屑含钾矿物即便是含量非常少,也常常会使自生伊利石的 K-Ar 同位素实测年龄产生较大的偏差。图 6.1 表明,对于年龄为 50Ma 的自生伊利石样品,如果含有含量仅为 2% 的年龄为 450Ma 的碎屑白云母污染物,则实测年龄大约为 59Ma,由此而引起的年龄偏差高达 20%。从图 6.1 还可以看出,污染矿物相的年龄越大,所产生的偏差越大,同样是对于年龄为 50Ma 的自生伊利石样品,如果其污染物为年龄为 1000Ma 的碎屑钾长石,即便其含量只有 3%,也会使实测年龄高达 97.5Ma。由此可以看出,即便是数量非常少的碎屑含钾矿物污染,也会产生极不正确的实测年龄。对于自生伊利石 K-Ar 同位素测年,彻底剔除碎屑含钾矿物污染是决定其成功与否的关键之一。此外,图 6.1 同时还表明,实测年龄与碎屑含钾矿物含量呈正相关关系,含量越高,实测年龄偏老越多。

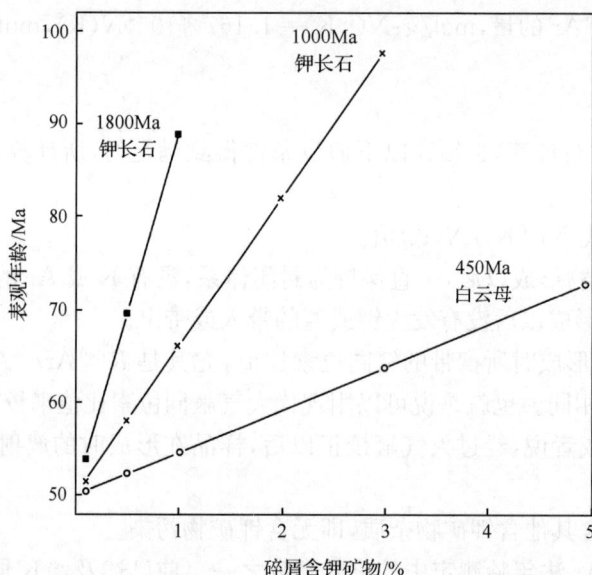

图 6.1　碎屑含钾矿物污染对自生伊利石实测年龄的影响（Hamilton et al.，1989）
图中三条直线分别表示年龄为 50Ma 的自生伊利石[$W(K)=7.5\%$]与不同含量年龄分别为 450Ma 的碎屑
白云母[$W(K)=7.7\%$]、1000Ma 的碎屑钾长石[$W(K)=10\%$]和 1800Ma 的碎屑钾长石[$W(K)=10\%$]混
合后的混合样品的表观 K-Ar 年龄

第二节　实验方法与技术

　　图 6.2 是自生伊利石 K-Ar 法、Ar-Ar 法同位素年龄测定实验流程图，从图中可以看出，自生伊利石 K-Ar 法年龄测定包括 4 个大的实验步骤，分别是自生伊利石分离、测钾、测氩和年龄计算。测钾、测氩指的是直接测定样品中的 K 含量和放射性[40]Ar 含量。[40]K 含量是通过测定样品的 K 含量，然后利用常数 $N(^{40}K)/N(K)=1.167\times10^{-4}$ 计算得出。

一、[40]K 含量[$N(^{40}K)$]测定

　　K 含量测定是岩石矿物化学全分析中的常规项目之一。由于 K-Ar 法对 K 含量测量值的准确度和精确度有特殊的要求，需要对样品中的 K 含量作专门的单项测定。目前国内主要采用的是火焰光度计、原子吸收光谱和等离子光谱。原子吸收光谱法是一种使用时间较长的经典方法，具有快速、灵敏、准确等优点，由于各元素具有吸收特定波长谱线的特性，因此一般没有谱线干扰和化学干扰，可以在溶样后，不经化学提纯，直接进行测定。等离子光谱法是近期发展起来的一种新方法，其特点是更加简便、快速，而且精度更高。

　　K 含量测定精度直接影响 K-Ar 年龄的精确性。对 K 含量很低的年轻样品，这种影响更加明显。根据我国原地质矿产部颁布的行业标准（DZ/T 0184.7—1997），常规 K-Ar 法年龄测定对 K 含量测定的精度要求是：在 $W(K)\geqslant1\%$ 时，测定误差应小于 $\pm1\%$；在 $0.1\%<W(K)<1\%$ 时，测定误差应为 $\pm2\%\sim\pm4\%$；在 $W(K)<0.1\%$ 时，测定误差应为 $\pm4\%\sim\pm10\%$（罗修泉，1998）。

```
┌──────────────┐
│     砂岩      │
└──────┬───────┘
       │
┌──────┴───────┐
│  自生伊利石分离  │
└──────┬───────┘
```

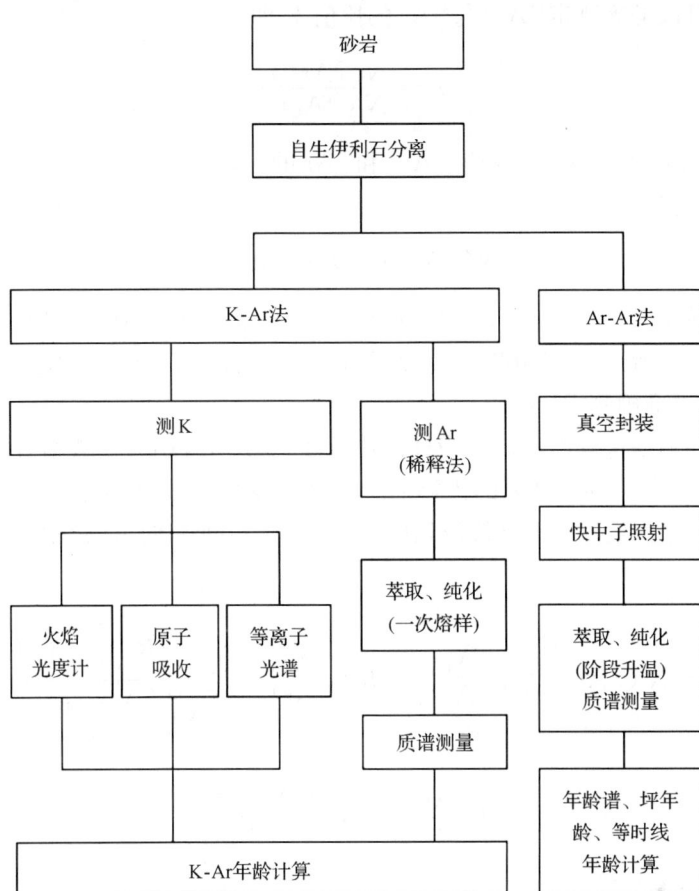

图 6.2　自生伊利石 K-Ar 法、Ar-Ar 法同位素年龄测定实验流程图

$N(^{40}K)$ 的计算公式为

$$N(^{40}K) = \frac{W(K) \times 0.01 \times 1.167 \times 10^{-4}}{39.102} \tag{6.2}$$

式中，39.102 为钾元素的相对原子量（罗修泉，1998）。

二、放射成因 ^{40}Ar 含量 $[N(^{40}Ar^*)]$ 测定

岩石、矿物中的放射成因氩含量很低，特别是年轻且 K 含量较低的样品更是如此。因此，准确测定氩含量是 K-Ar 法年龄测定的关键。关于氩含量的测定，目前国内外主要使用的是同位素稀释法（图 6.2）。

关于氩同位素稀释法的基本原理，本书第五章已经述及，简单地说就是在从样品萃取的氩气中加入已知量的 ^{38}Ar 稀释剂作为标尺，用质谱仪测量经过纯化后的混合气体中的 ^{40}Ar、^{38}Ar 和 ^{36}Ar 丰度，对其中的 ^{40}Ar 进行大气氩校正，并以 ^{38}Ar 作为标尺，计算出样品中放射成因氩（$^{40}Ar^*$）的含量。

假定样品中只含有 $^{40}Ar^*$，如果加入一定量的 ^{38}Ar，并准确知道它的量为 $N(^{38}Ar)_s$，

则利用质谱仪可以准确测定 $^{40}Ar^*$ 与 ^{38}Ar 的比值 k，即

$$k = \frac{N(^{40}Ar^*)}{N(^{38}Ar)_s} \tag{6.3}$$

式中，$N(^{40}Ar^*)$ 和 $N(^{38}Ar)_s$ 分别为 $^{40}Ar^*$ 和 ^{38}Ar 的含量。

由此可以求得

$$N(^{40}Ar^*) = k N(^{38}Ar)_s \tag{6.4}$$

式中，^{38}Ar 是稀释剂，$N(^{38}Ar)_s$ 为 ^{38}Ar 稀释剂的量，这就等于把 ^{38}Ar 做一把尺子，来量度 $^{40}Ar^*$ 的量。因为质谱仪可以准确测定同位素比值，只要 ^{38}Ar 定量足够准确，则 $^{40}Ar^*$ 的量便可以准确测定。

但事实上并不是这样简单。因为样品中除了 $^{40}Ar^*$ 外，还有非放射性成因的大气氩 ^{36}Ar、^{38}Ar 和 ^{40}Ar；另外在所加入的稀释剂中多多少少也会残存部分 ^{36}Ar 和 ^{40}Ar，所以实际计算要复杂得多。经过一系列假设和推导（罗修泉，2006），便可以得出下面的实际计算公式：

$$N(^{40}Ar^*) = N(^{38}Ar)_s \left\{ \left[R\left(\frac{^{40}Ar}{^{38}Ar}\right)_m - R\left(\frac{^{40}Ar}{^{38}Ar}\right)_s \right] - \frac{\left[1 - R\left(\frac{^{38}Ar}{^{36}Ar}\right)_m R\left(\frac{^{36}Ar}{^{38}Ar}\right)_s \right]}{\left[R\left(\frac{^{38}Ar}{^{36}Ar}\right)_m R\left(\frac{^{36}Ar}{^{38}Ar}\right)_A - 1 \right]} \right.$$
$$\left. \left[R\left(\frac{^{40}Ar}{^{38}Ar}\right)_A - R\left(\frac{^{40}Ar}{^{38}Ar}\right)_m \right] \right\} \tag{6.5}$$

式中，右下角标 m、A 和 s 分别为样品、大气和稀释剂的同位素测量值；除 $N(^{38}Ar)_s$、$R(^{40}Ar/^{38}Ar)_m$ 和 $R(^{38}Ar/^{36}Ar)_m$ 外，其他都是常数；$R(^{40}Ar/^{38}Ar)_A$ 和 $R(^{36}Ar/^{38}Ar)_A$ 分别为 1581 和 5.349；$R(^{40}Ar/^{38}Ar)_s$ 和 $R(^{36}Ar/^{38}Ar)_s$ 分别为 ^{38}Ar 稀释剂的同位素比值测量值；$R(^{40}Ar/^{38}Ar)_m$ 和 $R(^{38}Ar/^{36}Ar)_m$ 为加入稀释剂后的混合气体样品的同位素比值，在质谱测量中可直接求出，问题是如何测定加入的稀释剂量，即 $N(^{38}Ar)_s$。

式（6.5）即通常所说的同位素稀释公式，由于不同的稀释剂具有不同的稀释公式表述方式，如 Fauer（1977）、福尔（1983）和李志昌等（2004），所以严格地说，式（6.5）应该是 ^{38}Ar 同位素稀释法的同位素稀释公式。

三、^{38}Ar 稀释剂的定量方法

^{38}Ar 稀释剂定量的最常用方法是大小体积分样法，俗称大小球法，也就是将一个几千毫升的大体积 V 与一个只有约 1mL 的小体积 v 用阀门连接，小体积再通过另一阀门与纯化系统接通（如图 5.2 中的大体积 9 和小体积 10）。简单地说，大小体积分样法就是利用稀释剂衰减公式计算 ^{38}Ar 稀释剂的量，由于每次分样都会造成消耗，所以，每次分样的 ^{38}Ar 稀释剂量都会随着分样次数的增加而呈指数关系衰减。关于 ^{38}Ar 稀释剂衰减公式，罗修泉（1998，2006）分别进行过简要概述和详细推导。为了便于系统了解，这里将其

具体推导过程详细介绍如下。

设大体积内已装入 ^{38}Ar 稀释剂,并与小体积连通平衡后压力为 P_0;然后第 1 次把小体积的 ^{38}Ar 抽空,并从大体积放入 ^{38}Ar,平衡后压力为 P_1,则有

$$VP_0 = (V + v)P_1$$

故

$$P_1 = P_0 \left(\frac{V}{V+v} \right) \tag{6.6}$$

第 2 次把小体积内的 ^{38}Ar 抽空,并从大体积放入 ^{38}Ar,平衡后压力为 P_2,同样有

$$VP_1 = (V + v)P_2$$

$$P_2 = P_1 \left(\frac{V}{V+v} \right) \tag{6.7}$$

将式(6.6)代入式(6.7)得

$$P_2 = P_0 \left(\frac{V}{V+v} \right)^2$$

依此类推,当第 n 次把小体积内的 ^{38}Ar 抽空,并从大体积放入 ^{38}Ar,平衡后压力为 P_n,则有

$$P_n = P_0 \left(\frac{V}{V+v} \right)^n \tag{6.8}$$

式(6.8)两边取对数整理后得

$$\ln \frac{P_n}{P_0} = n \ln \frac{V}{V+v}$$

$$P_n = P_0 e^{n \ln \frac{V}{V+v}} \tag{6.9}$$

式(6.9)两边乘以 v 得

$$P_n v = P_0 v e^{n \ln \frac{V}{V+v}} \tag{6.10}$$

式中,$P_n v$ 和 $P_0 v$ 分别为第 n 次和初始状态小体积的稀释剂量 $N(^{38}\text{Ar})_n$ 和 $N(^{38}\text{Ar})_0$,即

$$N(^{38}\text{Ar})_n = N(^{38}\text{Ar})_0 e^{n \ln \frac{V}{V+v}} \tag{6.11}$$

在式(6.11)中,

$$\ln \left(\frac{V}{V+v} \right) = \ln \left(1 - \frac{v}{V+v} \right) \tag{6.12}$$

因 $-1 \leqslant \frac{v}{V+v} < 1$,故式(6.12)可用幂级数展开为

$$\ln \left(1 - \frac{v}{V+v} \right) = - \left[\left(\frac{v}{V+v} \right) + \frac{1}{2} \left(\frac{v}{V+v} \right)^2 + \frac{1}{3} \left(\frac{v}{V+v} \right)^3 + \cdots \right] \tag{6.13}$$

又因 $v \ll V$,故式(6.13)右边第 2 项及其后的各项可忽略不计,于是式(6.13)可简化为

$$\ln\left(\frac{V}{V+v}\right) = -\frac{v}{V+v} \qquad (6.14)$$

设：

$$\phi = \frac{v}{V+v} \qquad (6.15)$$

将式(6.14)和式(6.15)代入式(6.11)则有

$$N({}^{38}\text{Ar})_n = N({}^{38}\text{Ar})_0 e^{-\phi n} \qquad (6.16)$$

式中,ϕ 为稀释剂分样的衰减系数。对于一台具体的质谱仪而言,由于其 ^{38}Ar 稀释剂分样系统中的大体积 V 和小体积 v,在出厂时就已经固定,所以衰减系数 ϕ 是一个固定常数。以 MM5400 静态真空质谱仪为例,其大体积 V 和小体积 v 分别为 3000mL 和 1.5mL,通过计算可得其衰减系数 ϕ 为 0.00049975,因此其衰减公式为

$$N({}^{38}\text{Ar})_n = N({}^{38}\text{Ar})_0 e^{-0.00049975 n} \qquad (6.17)$$

式(6.17)表明,只要知道 ^{38}Ar 稀释剂的初始量,即 $N({}^{38}\text{Ar})_0$,就可以计算出第 n 次分样的 ^{38}Ar 稀释剂量,即 $N({}^{38}\text{Ar})_n$。$N({}^{38}\text{Ar})_0$ 也称为稀释剂初始值。对于第 n 次测量的放射性 ^{40}Ar 含量,即 $N({}^{40}\text{Ar}^*)$ 计算而言,$N({}^{38}\text{Ar})_n$ 即是式(6.5) 中的 $N({}^{38}\text{Ar})_s$。

显然,要想计算放射性 ^{40}Ar 含量就必须首先测定 ^{38}Ar 稀释剂初始值。

测定 ^{38}Ar 稀释剂初始值是 ^{38}Ar 稀释剂分装与标定的主要目的,同时也是 K-Ar 法同位素年龄测定实验室的重要基础工作之一。

四、^{38}Ar 稀释剂的分装与标定

(一) ^{38}Ar 稀释剂的分装

稀释剂分装包括两个方面的含义,一是指把稀释剂装入系统中,即装入质谱仪纯化系统中的稀释剂储罐中；二是装入稀释剂的量要合适,既不能太多也不能太少,也就是说,每次分样的稀释剂的信号强度既不能太强也不能太弱。稀释剂分装是一项非常精细的工作,技术要求非常高。同时,稀释剂分装工作也可以说是一项小系统工程,环节多、步骤长、时间长,每一步工作都非常具体,既复杂又繁琐,必须小心仔细、精确到位,稍有不慎,如果暴露大气或对稀释剂造成污染,都会使整个分装工作宣告失败。同时,为了获得最佳的分装效果,既要精密设计,又要谨慎操作,并与玻璃工师傅紧密配合。鉴于具体分装过程很难详细描述,这里只把主要实验步骤和重点注意事项简述如下。

1) 确定应装入的 ^{38}Ar 稀释剂的最佳量,即标准状态下的体积$[V({}^{38}\text{Ar})_{s, STP}]$

确定依据：质谱仪接收器的量程。

计算方法：首先确定欲获得的 ^{38}Ar 稀释剂的信号强度,即 $I({}^{38}\text{Ar})_s$,单位为 V(伏特),然后根据高法拉第接收器的高阻值计算出信号电流、根据仪器 Ar 灵敏度计算出信号分

压,最后根据^{38}Ar 稀释剂储罐体积(大体积)、小体积之和计算出应装入的^{38}Ar 稀释剂的最佳量,即标准状态下的体积$[V(^{38}Ar)_{s,STP}]$。

注意事项:确定^{38}Ar 稀释剂的信号强度时,一定要充分考虑质谱仪的接收器配备情况和仪器将来的使用情况,既要同时兼顾又要方便使用。以 MM5400 静态真空质谱仪为例,如果只准备使用高法拉第杯,应该为 5~0.1V,即 $0.1V < I(^{38}Ar)_s < 5V$;如果同时兼顾高法拉第杯和倍增器,则不宜大于 0.05V。

2) 确定^{38}Ar 稀释剂最佳装入量和拥有量之间的量比关系并设计一套玻璃分装系统

3) 加工制作玻璃分装系统

不同情况需要加工不同的玻璃分装系统,较为复杂的应该包括盛有^{38}Ar 稀释剂的安瓿(主安瓿)、准备盛装^{38}Ar 稀释剂的安瓿(空安瓿)、准备回收剩余^{38}Ar 稀释剂的安瓿(回收安瓿)和用于击碎主安瓿内密封嘴的铁棒(铁柱或铁块),子安瓿的个数应该根据最佳装入量和拥有量之间的量比关系,即准备将原始稀释剂分装成多少份确定,回收安瓿中应该提前装入活性炭;最简单的分装系统可以只含有 1 个主安瓿和 1 个回收安瓿[图 6.3(a)、图 6.3(a-1)和图 6.3(a-2)];如果所拥有的原始^{38}Ar 稀释剂数量较大,可能需要经过两次分装,即首先把较大数量的原始稀释剂分装成若干份,然后再取其中的一份分装到系统中。

4) 将玻璃分装系统连接到质谱仪纯化系统中

如图 6-3(a)所示,将玻璃分装系统连接到质谱仪纯化系统的稀释剂储罐接口端,然后抽真空并缠上加热带烘烤脱气,待真空程度达到要求并基本不放气时,便可以进行分装。

注意事项:为提高稀释剂储罐免受大气污染的保险系数,如图 6-3(a)所示,可以在储罐左侧隔断阀前端再加装一个隔断阀(高真空阀门)。

5) 稀释剂分装

因为不同情况要求不同的扩散、截取过程,因而稀释剂分装的实际操作过程差别较大,很难建立一个固定模式,这里只以笔者实验室最近一次分装(2012 年 10~12 月)(图 6.3)为例对主要步骤进行简要介绍,在实际分装过程中,每一步骤的具体操作都可以根据实际情况进行适当调整。

(1) 用磁铁操作小铁棒击碎主安瓿的内密封嘴,使^{38}Ar 稀释剂扩散至整个玻璃分装系统、储罐(大体积)和小体积中[图 6.3(a)和图 6.3(a-1)]。

(2) 截取 1 小体积^{38}Ar 稀释剂[图 6.3(b)]。

(3) 回收安瓿加液氮吸 15min,目的是只保留小体积中的稀释剂,把其余稀释剂全部吸收到回收安瓿中[图 6.3(b)]。

(4) 使小体积中的稀释剂回放(扩散)到大体积中[图 6.3(c)]。

(5) 截取 1 小体积^{38}Ar 稀释剂,并使其扩散到质谱仪纯化系统中[图 6.3(d)]。

(6) 按正常程序测量^{38}Ar 稀释剂信号强度即峰高,符合要求后,隔断稀释剂储罐和玻璃分装系统。

(7) 在保持高真空状态下,首先热熔封割(火焰焊封)并取下回收安瓿,妥善保存,被

封装在其中的 ^{38}Ar 稀释剂可备以后再次使用。为了保证被吸附的稀释剂不会因解吸而发生散失,热熔封割工作应该是在取下液氮后的第一时间内完成,同时要求既不能使回收安瓿暴露大气,也不能使余下的玻璃分装系统暴露大气,否则的话,既可能会导致回收安瓿中的稀释剂报废,也可能会使储罐中的稀释剂受到大气污染,从而导致整个分装工作失败[图 6.3(e)]。

(8) 继续在保持高真空状态下,然后热熔封割(火焰焊封)并取下余下的玻璃分装系统。要求热熔封割过程中一定不能使靠近稀释剂储罐一侧的可伐玻璃管暴露大气,使其长期保持高真空即负压状态有利于储罐中的稀释剂免受大气污染,即有利于稀释剂的长期保存和使用[图 6.3(e)、图 6.3(f)]。

(9) 给可伐玻璃管加装不锈钢保护套,保证不会遭受意外破坏从而使储罐中的稀释剂受到大气污染[图 6.3(g)]。

(二) ^{38}Ar 稀释剂的同位素比值测定

结束分装后,即可以开始进行 ^{38}Ar 稀释剂标定。所谓 ^{38}Ar 稀释剂标定实际上指的是 ^{38}Ar 稀释剂的同位素丰度测定,并进而求出同位素比值。具体做法是:首先利用分样器即稀释剂储罐大、小体积,分出 1 小体积 ^{38}Ar 稀释剂,然后按照正常测试程序将其导入质谱仪测量 Ar 同位素信号强度,主要是 ^{40}Ar、^{38}Ar、^{36}Ar 同位素峰的信号电压,即 $I(^{40}\text{Ar})_s$、$I(^{38}\text{Ar})_s$ 和 $I(^{36}\text{Ar})_s$,进而计算出同位素比值,即 $R(^{40}\text{Ar}/^{38}\text{Ar})_s$ 和 $R(^{36}\text{Ar}/^{38}\text{Ar})_s$。为了提高准确性,可以重复进行 10 次以上,最后取所有测量的平均值作为最终结果。表 6.1 是笔者实验室最近一次分装(2012 年 10~12 月)(图 6.3)的测量结果,$R(^{40}\text{Ar}/^{38}\text{Ar})_s$ 和 $R(^{36}\text{Ar}/^{38}\text{Ar})_s$ 分别为 0.000621703 和 0.000132838。应该说明的是,表 6.1 中的数据只适用于笔者实验室,不具有普遍意义。尽管如此,这些数据仍具有较高的参考价值,因为它给出了具体的计算方法和量值范围。

(三) ^{38}Ar 稀释剂初始值测定

关于 ^{38}Ar 稀释剂初始值,即式(6.17)中的 $N(^{38}\text{Ar})_0$ 测定,通常的做法是,分析一个已知年龄,也即已知其放射成因氩含量[$N(^{40}\text{Ar}^*)$]的标准样,用式(6.5)求出与之混合的 ^{38}Ar 稀释剂量[$N(^{38}\text{Ar})_n$],再代入式(6.17)求出 $N(^{38}\text{Ar})_0$。为准确起见,最好分析标样 3~5 次,然后求出平均值,即为 ^{38}Ar 稀释剂初始值[$N(^{38}\text{Ar})_0$]。

国内 K-Ar 同位素年代测定实验室一般采用国内标样 ZBH-25(黑云母),其标准年龄和标准放射成因氩含量分别为 133.2Ma 和 1.8157×10^{-9} mol/g(表 5.1)。表 6.2 是笔者实验室最近一次分装(2012 年 10~12 月)(图 6.3)的测量结果,^{38}Ar 稀释剂初始值[$N(^{38}\text{Ar})_0$] 为 7.8292695×10^{-12} mol。同样应该说明的是,与表 6.1 相似,表 6.2 中的数据只适用于笔者实验室,不具有普遍意义,但这些数据仍具有较高的参考价值,因为它给出了具体的计算方法和量值范围。

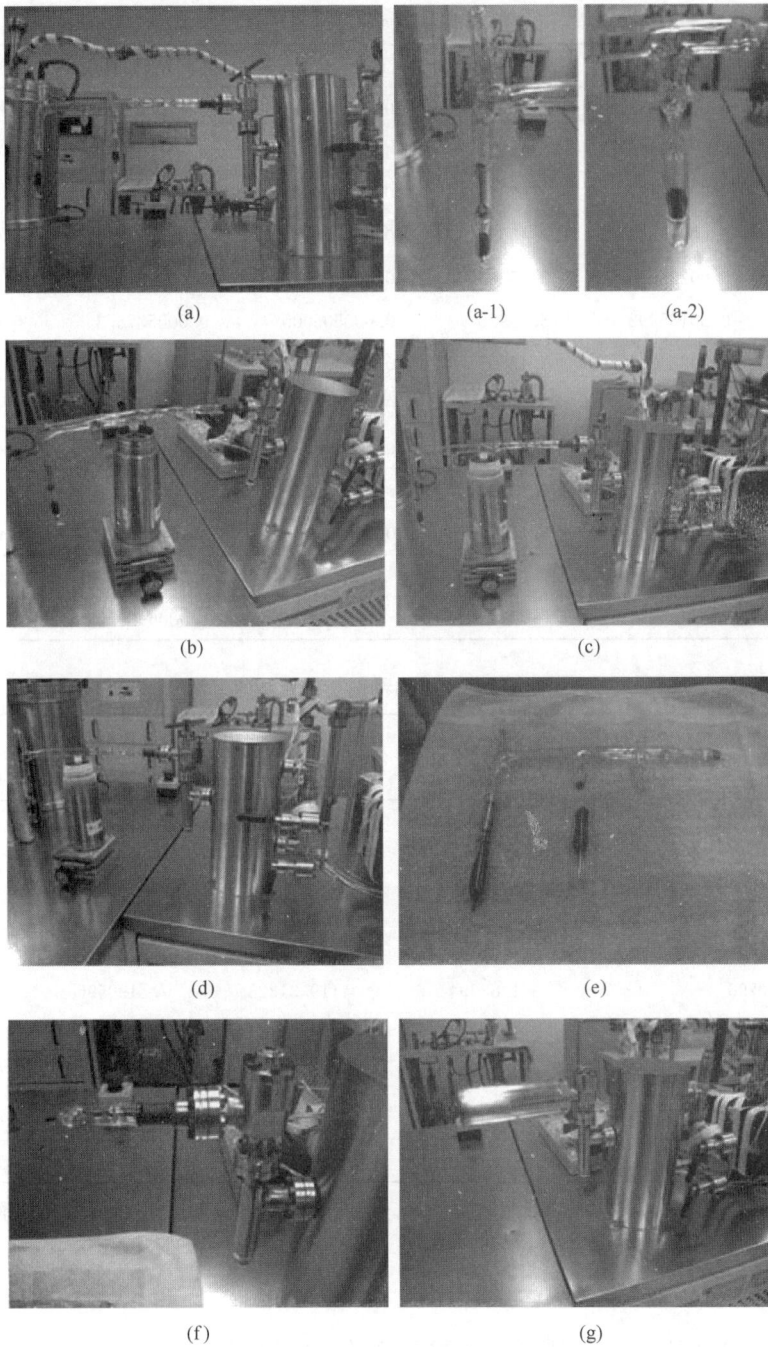

图 6.3　^{38}Ar 稀释剂分装技术及分装流程示意图

(a)玻璃分装系统；(a-1)主安瓿和小铁棒,盛有^{38}Ar 稀释剂,内密封嘴朝上(已被小铁棒击破)；(a-2)回收安瓿,内装活性炭,备回收剩余^{38}Ar 稀释剂,内密封嘴朝下；(b)回收安瓿加液氮吸收剩余^{38}Ar 稀释剂,注意:小体积下阀门为关,稀释剂储罐左侧上、下阀门均为开；(c)使小体积中的稀释剂扩散至大体积,注意:储罐左侧下阀门为关,小体积下阀门为开；(d)放 1 小体积稀释剂进入质谱仪进行信号强度测量,注意:小体积下阀门为关、上阀门为开；(e)热熔封割下来的回收安瓿和剩余玻璃分装系统；(f)保持高真空状态的、与稀释剂储罐连接的可伐玻璃管；(g)可伐玻璃管加装不锈钢保护套,确保不受损坏

表 6.1　^{38}Ar 稀释剂丰度测定

测量次数	$I(^{40}\text{Ar})_s/V$	$I(^{38}\text{Ar})_s/V$	$I(^{36}\text{Ar})_s/V$	$R(^{40}\text{Ar}/^{38}\text{Ar})_s$	$R(^{36}\text{Ar}/^{38}\text{Ar})_s$
1	0.00195032	3.45928	0.000544865	0.000563794	0.000157508
2	0.00188966	3.56878	0.00419940	0.000529497	0.000117670
3	0.00182137	3.52875	0.000459521	0.000516152	0.000130222
4	0.00234849	3.45611	0.000432361	0.000679518	0.000125100
5	0.00226096	3.45085	0.000469252	0.000655189	0.000135982
6	0.00185992	3.45920	0.000505005	0.000537673	0.000145989
7	0.00224339	3.43865	0.000437469	0.000652404	0.000127221
8	0.00232616	3.43721	0.000445866	0.000676758	0.000129717
9	0.00238368	3.41016	0.000467437	0.000698994	0.000137072
10	0.00224278	3.43290	0.000476579	0.000653319	0.000138827
11	0.00234304	3.46895	0.000402068	0.000675432	0.000115905
平均值				0.000621703	0.000132838
校正值				0.000612999	0.000134724

表 6.2　^{38}Ar 稀释剂初始值测定

测量次数	样重/g	稀释剂次数(n)	$R(^{40}\text{Ar}/^{38}\text{Ar})_m$	$R(^{38}\text{Ar}/^{36}\text{Ar})_m$	$N(^{38}\text{Ar})_n$ /(10^{-12}mol)	$N(^{38}\text{Ar})_0$ /(10^{-12}mol)
1	0.00748	0	1.93572	1289.19500	7.7791938	7.7791938
2	0.00776	1	2.10772	974.16540	7.6416652	7.6454854
3	0.00880	2	2.19202	1711.09594	7.7614453	7.7692075
4	0.00807	3	1.86264	4823.44400	7.9608598	7.9728053
5	0.00796	4	1.88094	4119.31223	7.8190596	7.8347071
6	0.00785	5	1.88390	3350.05433	7.7677072	7.7871430
7	0.00865	6	2.04301	4311.37005	7.7994701	7.8228943
8	0.00847	7	1.96490	3671.47678	7.9947001	8.0227194
平均值						7.8292695

注：测试样品为国内标样 ZBH-25（黑云母）；$N(^{38}\text{Ar})_n$ 等于 $N(^{38}\text{Ar})_s$，表示第 n 次分样的 ^{38}Ar 稀释剂量。

五、年龄计算

从式(6.17)可以看出，知道了 ^{38}Ar 稀释剂的初始值[$N(^{38}\text{Ar})_0$]，便可以计算出第 n 次分样的 ^{38}Ar 稀释剂量，即[$N(^{38}\text{Ar})_n$]，也即式(6.5)中的[$N(^{38}\text{Ar})_s$]；从式(6.5)可以看出，知道了 ^{38}Ar 稀释剂的同位素比值[$R(^{40}\text{Ar}/^{38}\text{Ar})_s$、$R(^{36}\text{Ar}/^{38}\text{Ar})_s$]和 ^{38}Ar 稀释剂量[$N(^{38}\text{Ar})_s$]，只要利用质谱仪测定出被测样品和 ^{38}Ar 稀释剂混合气样的 Ar 同位素比值[$R(^{40}\text{Ar}/^{38}\text{Ar})_m$、$R(^{38}\text{Ar}/^{36}\text{Ar})_m$]，便可以计算出被测样品的放射成岩氩含量[$N(^{40}\text{Ar}^*)$]；从式(6.1)可以看出，知道了放射成岩氩含量[$N(^{40}\text{Ar}^*)$]、^{40}K 含量[$N(^{40}\text{K})$]，根据钾含量

计算]和样品重量,便可以计算出被测样品的 K-Ar 年龄。但实际样品年龄测定中,还有一个因素必须予以考虑,即质量歧视校正。

质量歧视是指同一元素不同同位素所观测的峰高并不按真实的同位素丰度成比例,而是按质量的大小有一系统的偏大或偏小,故必须对质量歧视进行校正。

大气中 ^{40}Ar 对 ^{36}Ar 的同位素比值 $R(^{40}Ar/^{36}Ar)_A = 295.5$,是一个常数。如果质谱仪测量值为 $R(^{40}Ar/^{36}Ar)_{am}$,则两者的相对差值 $D_{Ar} = \dfrac{\left[R\left(\dfrac{^{40}Ar}{^{36}Ar}\right)_{am} - 295.5 \right]}{R\left(\dfrac{^{40}Ar}{^{36}Ar}\right)_{am}}$,其中:am 表示大气氩测量值。$D_{Ar}$ 是与同位素比的质量差成正比的,故单位质量对 ^{36}Ar 的相对偏离量 $\delta_{Ar} = D_{Ar}/4$。这就是说,质量数每增加一个单位,其他 Ar 同位素就要比 ^{36}Ar 偏离一个 δ_{Ar}。因此,校正后的 Ar 同位素应是

$$N(^{36}Ar)_校 = N(^{36}Ar)_m \tag{6.18a}$$

$$N(^{37}Ar)_校 = N(^{37}Ar)_m(1 - \delta_{Ar}) \tag{6.18b}$$

$$N(^{38}Ar)_校 = N(^{38}Ar)_m(1 - 2\delta_{Ar}) \tag{6.18c}$$

$$N(^{39}Ar)_校 = N(^{39}Ar)_m(1 - 3\delta_{Ar}) \tag{6.18d}$$

$$N(^{40}Ar)_校 = N(^{40}Ar)_m(1 - 4\delta_{Ar}) \tag{6.18e}$$

不同仪器有不同的 δ_{Ar} 值,同一仪器 δ_{Ar} 值是稳定的,不必每次分析都测定,一般定期进行检查即可。

笔者实验室的 MM5400 静态真空质谱仪的大气标样 $R(^{40}Ar/^{36}Ar)$ 平均测量值为 304.01(接收器为高法拉第),即 $R(^{40}Ar/^{36}Ar)_{am} = 304.01$,根据式(6.18)计算便可以求出其质量歧视校正系数,即 $Q_{F(40,38)} = 0.986$、$Q_{F(38,36)} = 0.986$,其中,Q 为质量歧视校正系数;F 为高法拉第接收器;(40,38)和(38,36)分别为 $R(^{40}Ar/^{38}Ar)$ 和 $R(^{38}Ar/^{36}Ar)$。如果接收器为倍增器,则用 Q_M 表示,计算方法相同,只是大气标样和测试样品的 Ar 同位素比值测定均应使用倍增器。

同理,质量歧视校正系数也可以利用下式求出:

$$Q_{F(40/38)} = \frac{R(^{40}Ar/^{36}Ar)_m + 295.5}{2R(^{40}Ar/^{36}Ar)_m}$$

年龄钾含量测定结果一般用 K 元素重量百分比表示,即 $W(K)$,需要利用下面的公式进行换算才能得到 ^{40}K 同位素含量,即 $N(^{40}K)$:

$$N(^{40}K) = \frac{W(K) \times 0.01 \times 1.167 \times 10^{-4}}{39.102}$$

式中,0.01 为由百分含量换算为绝对含量;1.167×10^{-4} 为常数,等于 $N(^{40}K)/N(K)$(原子数比);39.102 为钾的相对原子量。

如果年龄钾测定结果为 K_2O 重量百分比，即 $W(K_2O)$，则应先利用下面的公式换算成 K 元素重量百分比：

$$W(K) = W(K_2O) \times 0.01 \times 0.8301 \tag{6.19}$$

式中，0.01 为由百分含量换算为绝对含量；0.8301 为 K 原子在 K_2O 中的重量比。

根据式(6.5)计算得出的放射成因氩含量，即 $[N(^{40}Ar^*)]$ 的单位为 mol，需要除以样品重量(g)，才能得到单位放射成因氩含量，即 mol/g。

实际样品分析测试过程中，除年龄数据外，还必须提供 ^{40}Ar 总量 $[N(^{40}Ar_t)]$、放射成因氩占 ^{40}Ar 总量的百分比 $[N(^{40}Ar^*)/\%]$ 和年龄相对误差 (E_T) 或绝对误差 (σ_T) 等有关参数，这些参数对于年龄数据的分析与应用具有重要意义。罗修泉(1998)给出了这些参数的计算公式，引述如下：

$$N(^{40}Ar_t) = R(^{40}Ar/^{38}Ar)_m N(^{38}Ar)_s \tag{6.20}$$

式中，$N(^{40}Ar_t)$ 为 ^{40}Ar 总量。

$$N(^{40}Ar^*)\% = \frac{N(^{40}Ar^*) \times 100}{N(^{40}Ar_t)} \tag{6.21}$$

式中，$N(^{40}Ar^*)\%$ 为放射成因氩占 ^{40}Ar 总量的百分比，分子中的 $N(^{40}Ar^*)$ 为根据式(6.5)计算得出的放射成因氩含量 $[N(^{40}Ar^*)]$，即没有除以样品重量之前的 $N(^{40}Ar^*)$，单位为 mol。

$$E_T = \left\{ (E_K)^2 + (E_S)^2 + (E_{40/38})^2 \left[\frac{1}{N(^{40}Ar^*)\%} \right]^2 + (E_{38/36})^2 \left[\frac{1 - N(^{40}Ar^*)\%}{N(^{40}Ar^*)\%} \right]^2 \right\}^{1/2}$$

$$\tag{6.22}$$

式中，E_T 为年龄的相对偏差；E_K 为钾含量测定的相对偏差(K 含量测定的误差范围见本节中的"^{40}K 含量测定"内容，这里不再重复)；E_S 为稀释剂标定的相对偏差(取经验值 0.6，即 0.6%)；$N(^{40}Ar^*)\%$ 为放射成因氩占 ^{40}Ar 总量的百分比；$E_{40/38}$ 为 $R(^{40}Ar/^{38}Ar)_m$ 的相对偏差；$E_{38/36}$ 为 $R(^{38}Ar/^{36}Ar)_m$ 的相对偏差。

$$\sigma_T = E_T t \tag{6.23}$$

式中，σ_T 为年龄的绝对标准偏差，Ma；t 为年龄，Ma。

表 6.3 为笔者实验室的 K-Ar 法同位素年龄测定实验数据处理运算表。表中以国内标样 ZBH-25(黑云母)的实测数据为例，给出了运用 Microsoft Excel 语句编写的详细计算程序。之所以这样做的目的就在于可以使读者建立起一个非常完整的整体概念，从而实现将各部分知识前后贯通、融为一体。从表中可以看出，本次测定的年龄数据和放射成因氩含量分别为 133.93Ma 和 1.8323×10^{-9} mol/g，与其标准年龄和标准放射成因氩含量(133.2Ma 和 1.8157×10^{-9} mol/g)(表 5.1)基本一致，说明实验过程比较理想。

表 6.3　K-Ar 法同位素年龄测定实验数据处理运算表

	A	B	C	D	E	F	G	H	I	J	K
1	日期	2014.05.15.	基础数据								1. 计算 ^{38}Ar 稀释剂量
2	样号	ZBH-25	$N(^{38}Ar)_0$/mol		$R(^{40}Ar/^{38}Ar)_s$		$R(^{36}Ar/^{38}Ar)_s$		Q_F	稀释剂序号/n	$N(^{38}Ar)_n$/mol
3	样品称重/g	0.00775	7.8292695×10^{-12}		0.000612999		0.000134724		0.986	331	6.6355092×10^{-12}
4	钾含量/%	7.60	测量数据						2. 计算 Ar 同位素比值		
5	$R(^{40}Ar/^{38}Ar)_m$	2.1911	$I(^{40}Ar)$/V	$I(^{38}Ar)$/V	$E[I(^{38}Ar)]$/%	$I(^{36}Ar)$/V	$E[I(^{36}Ar)]$/%	$R(^{40}Ar/^{38}Ar)$	$E[R(^{40}Ar/^{38}Ar)]$/%	$R(^{38}Ar/^{36}Ar)$	$E[R(^{38}Ar/^{36}Ar)]$/%
6	$R(^{38}Ar/^{36}Ar)_m$	3272.9982	1.72232	0.7750400	0.03	0.0002335	9.00	2.2222	0.03	3319.4708	9.00
7	放射成因氩含量 $[N(^{40}Ar^*)/g]$/(mol/g)	1.832×10^{-9}	3. 计算 Ar 同位素比值校正值			4. 计算每克样的放射成因氩含量				5. 计算每克样的 ^{40}K 含量	
8	^{40}K 含量 $[N(^{40}K)/g]$/(mol/g)	2.268×10^{-7}	$R(^{40}Ar/^{38}Ar)$	$R(^{38}Ar/^{36}Ar)$		$N(^{40}Ar^*)$/mol	$N(^{40}Ar_r)$/mol	$[N(^{40}Ar^*)/N(^{40}Ar_r)]$/%	$[N(^{40}Ar^*)/g]$/(mol/g)	钾含量/%	^{40}K 含量 $[N(^{40}K)/g]$/(mol/g)
9	放射成因氩含量 $[N(^{40}Ar^*)/N(^{40}Ar_r)]$/%	96.30	2.1911	3272.9982		1.420×10^{-11}	1.475×10^{-11}	96.30	1.8323×10^{-9}	7.60	2.268×10^{-7}
10	$N(^{40}Ar^*)/N(^{40}K)$	0.0080779	6. 计算年龄值		7. 计算年龄误差				常数		
11	年龄值/Ma	133.93	t/Ma			$E(K)$/%	E_τ	σ_τ/Ma	λ_β/a^{-1}	λ_a/a^{-1}	$N(^{40}K)/N(K)$
12	年龄绝对偏差/Ma	1.97	133.93			1.3	1.47	1.97	0.581×10^{-10}	4.962×10^{-10}	1.167×10^{-4}

注：Microsoft Excel 运算方法（用 Excel 语句编写）如下：

K3=C3 * Exp(-0.0004998 * J3);H6=C6/D6;I6=D6/F6;K6=G6/G6;　　C9=H6 * I3;D9=J6 * I3;F9=K3 * (C9-E3-((1-D9 * G3)/(D9 * 5.349-1)) * (1581-C9));G9=H6 * K3;H9=(F9/G9) * 100;I9=F9/B3;J9=B4;K9=0.0001167 * J9 * 0.01/39.1;C12=1.804 * 1000 * LN((9.54 * I9/K9)+1);F12=IF(J9≥1,1.3,IF(J9≥0.1,2,10));

G12=SQRT(F12 * F12+0.6 * 0.6+(100 * 100)/(H9 * H9) * I6+((1-H9 * 0.01)/(H9 * 0.01)) * K6 * K6);H12=C12 * G12/100;

B5=C9;B6=D9;B7=I9;B8=K9;B9=H9;B10=C12;B11=C12;B12=H12。

年龄误差是多方面因素的综合作用结果。由式(6.22)可以看出,年龄误差既与钾含量测定误差、^{38}Ar稀释剂初始值测定误差有关,也与氩同位素比值测定误差以及放射成因氩含量有关。而放射成因氩含量又与年龄大小具有较强的相关性,一般规律是,年龄越老,放射成因氩含量越高。对于实测年龄数据一定要综合分析、准确判断,而不应该只是考虑误差大小。罗修泉(1998)给出的年龄结果的误差范围具有较高的指导意义。对于常规样品分析,当样品年龄老于5Ma时,若K含量高于1%,年龄结果的相对误差范围小于±5%;K含量为1%~0.1%时,相对误差范围为±5%~±10%;K含量低于0.1%时,相对误差范围为±10%~±20%。如果样品更年轻,则误差将变大。

第三节　自生伊利石年龄分析技术

一、问题的提出

所谓自生伊利石年龄分析技术就是利用数学方法扣除碎屑钾长石和/或碎屑伊利石对自生伊利石实测年龄数据的影响,从而使实测年龄数据更加接近"真值",也即获得"校正年龄"。

剔除碎屑钾长石和/或碎屑伊利石等碎屑含钾矿物杂质并尽量使自生伊利石得到最大程度的富集是自生伊利石分离提纯的主要目的,但由于样品特征千差万别,有时难免会因为某种原因而没有能够将碎屑钾长石和/或碎屑伊利石彻底剔除掉,尤其是碎屑伊利石,这时如果不将碎屑含钾矿物的影响扣除掉,就可能会影响年龄数据的实际应用,因为即便是极少量或微量的碎屑伊利石、碎屑钾长石等碎屑含钾矿物杂质,也可能会对自生伊利石K-Ar年龄产生较大的影响(Hamilton et al.,1989)(图6.1)。本书的实际样品分析也充分证明了这一点,含有数量不等的碎屑钾长石和/或碎屑伊利石是导致部分样品的表观K-Ar年龄明显偏大的主要原因之一(张有瑜等,2001,2004,2007;张有瑜和罗修泉,2011,2012;Zhang et al.,2005,2011)。

对于利用数学方法扣除碎屑钾长石和/或碎屑伊利石对自生伊利石K-Ar年龄数据的影响,国外许多学者都曾进行过深入系统的研究并提出了不同的方法,比较著名的有Pevear(1992,1994,1999)的IAA技术,即伊利石年龄分析技术(illite age analysis)并申请了美国专利(Exxon专利)、Grathoff等(1998)的IPQ技术,即伊利石多型鉴定技术(illite polytype quantification)和Liewig等(1987)的方法等。尽管如此,笔者认为这仍是一个没有得到很好解决并充满挑战的问题。主要原因有以下三点:第一,所有方法均是假设伊利石的表观K-Ar年龄是碎屑钾长石和/或碎屑伊利石与成岩自生伊利石的两个端元矿物相的混合年龄,并且呈线性相关关系,而实际上,碎屑钾长石和/或碎屑伊利石更多的可能是一个混合物相,并不同源,更不会具有单一的相同年龄,即便是成岩自生伊利石的年龄可能也是一个平均年龄或混合年龄。太多的假设和近似必然会使相关性大大降低;关于这个问题,Srodon(1999)及Clauer和Chaudhuri(2001)进行过详细论述。第二,钾长石的定量分析和伊利石成因类型定性、定量分析具有相当大的不确定性。碎屑钾长石和/或碎屑伊利石的准确定量分析是利用数学方法扣除其对自生伊利石K-Ar年龄影响的关键,而当绝对含量相对较低(小于 10%或更低)时,XRD 定量分析的误差相对较大。正是由于定量不准,从而使校正幅度或者过大,或者过小,所得到的校正结果即"校正年龄"与实际情况偏离较远,从而失去实际意义。第三,影响表观年龄数据的因素较为复杂,并非总是较细粒级的年龄都比较粗粒级的小[图 6.4(a)、图 6.4(d)],有时较细粒级的年龄反而比相对较粗粒级的年龄大[图 6.4(b)、图 6.4(c)],从而使得这种校正计算难以进行。由此看来,关于这个问题,目前仍处于不断探索阶段,尚有许多内容需要进一步研究。此外,这个问题可能更多的是属于黏土矿物 XRD 分析领域的问题,已经超出了本节内容的范畴。所以,本章只简单介绍笔者实验室的年龄处理技术的方法、原理及初步尝试结果(张有瑜等,2001)。Pevear 的 IAA 技术和笔者的方法即下面将要介绍的方法基本类似,其他学者的方法将在相关内容中简要介绍,抛砖引玉是撰写本节的主要目的。关于国外技术和方法的详细内容,感兴趣的读者可以参阅相关学者的原文。

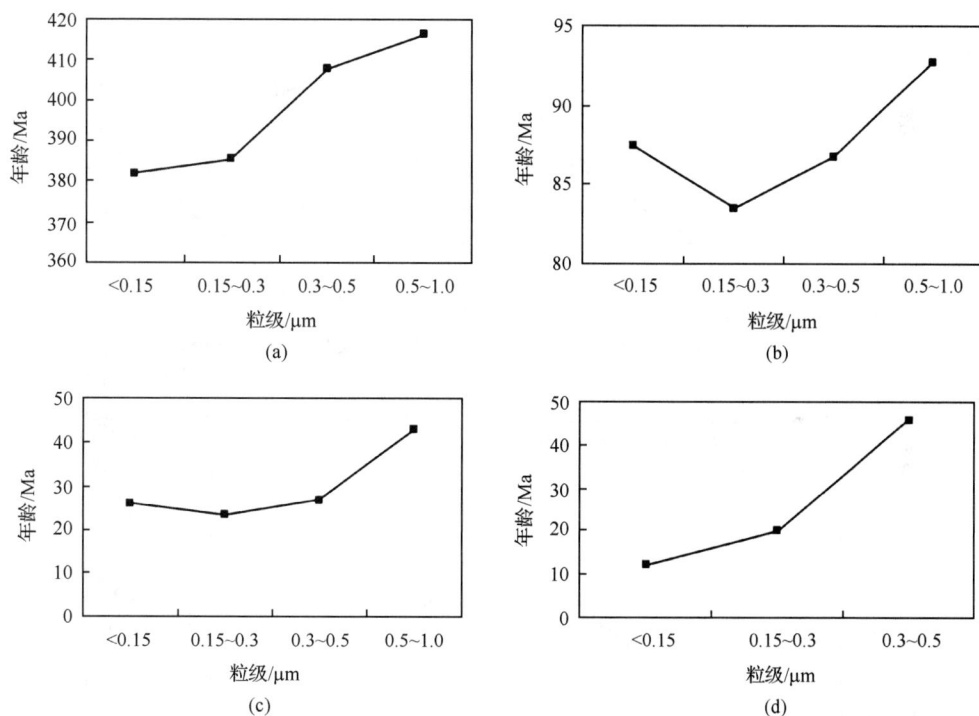

图 6.4 自生伊利石黏土样品表观 K-Ar 年龄随其粒级变化曲线(张有瑜等,2001)
(a)塔里木盆地,S,沥青砂岩;(b)四川盆地,T_3x^2,须二段气层砂岩;(c)东海盆地,E_3h,含气砂岩;(d)黄骅拗陷,含油砂岩,Ed_3^F

二、理论依据

要想利用数学方法扣除碎屑钾长石和碎屑伊利石对自生伊利石 K-Ar 年龄的影响,确立二者之间的数学关系则是必须首先解决的问题。研究表明,在碎屑含钾矿物相含量小于 5%的范围内,自生伊利石黏土样品的表观 K-Ar 年龄与其碎屑含钾矿物相含量之间呈线性关系(Hamilton et al.,1989)(图 6.1)。笔者对此进行了进一步的理论计算

（图 6.5）。结果表明，自生伊利石黏土样品的表观 K-Ar 年龄与其碎屑含钾矿物相含量之间基本呈线性关系，相关程度与二者之间的年龄差密切相关，年龄差越小，相关系数越高。

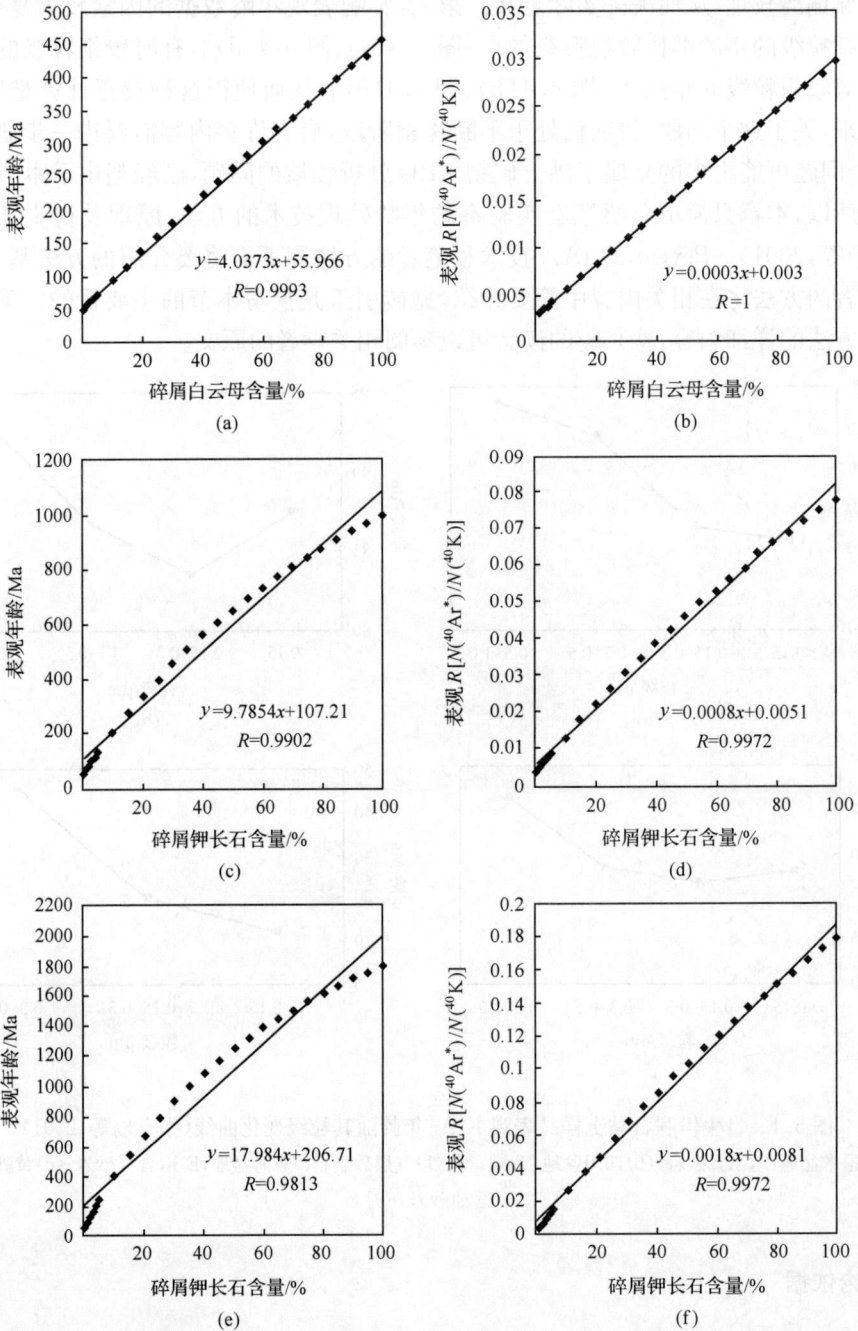

图 6.5　自生伊利石表观 K-Ar 年龄、表观 R(^{40}Ar* /^{40}K)与其碎屑含钾矿物含量相关图（根据图 6.1 计算）
(a)、(b)分别为 50Ma 自生伊利石[W(K)＝7.5％]和 450Ma 碎屑白云母[W(K)＝7.7％]；(c)、(d)分别为 50Ma 自生伊利石[W(K)＝7.5％ K]和 1000Ma 碎屑钾长石[W(K)＝10％]；(e)、(f)分别为 50Ma 自生伊利石(7.5％ K)和 1800Ma 碎屑钾长石[W(K)＝10％]

与表观年龄相比,表观 $R(^{40}\text{Ar}^*/^{40}\text{K})$ 与碎屑含钾矿物相含量之间的线性关系更好。由此可以认为,当 XRD 纯度检测表明,自生伊利石 K-Ar 测年黏土样品中仍含有少量碎屑钾长石和/或碎屑伊利石杂质时,可以根据不同粒级自生伊利石黏土样品的表观 $R(^{40}\text{Ar}^*/$ $^{40}\text{K})$ 及其碎屑钾长石和/或碎屑伊利石含量,利用线性关系进行校正计算,从而扣除碎屑钾长石和/或碎屑伊利石的影响并计算出校正年龄,即扣除了碎屑钾长石和/或碎屑伊利石影响的自生伊利石 K-Ar 年龄,使其更加接近于真值。

应该强调说明的是,图 6.5 只是理论计算结果。实际样品分析中,碎屑钾长石和/或碎屑伊利石含量一般不应超过 5%。如果碎屑含钾矿物含量过高,应该查找原因,重新分离。或者是所分析样品中可能根本就不存在自生伊利石,不适合进行自生伊利石 K-Ar 年龄测定。对这类样品的年龄数据,应该慎用。

三、假设条件

实际样品分析过程中,由于种种原因,在所分离提纯的自生伊利石黏土样品中有时可能会既含有碎屑钾长石,又含有碎屑伊利石。尽管由于风化程度、成岩改造程度等不尽相同,碎屑钾长石与碎屑钾长石之间、碎屑伊利石与碎屑伊利石之间和碎屑钾长石与碎屑伊利石之间在年龄数值上可能互有差异、不尽相同,鉴于二者同属陆源碎屑,年龄可能相近,为了使问题简化,这里假设碎屑钾长石与碎屑伊利石同源并具有相同的年龄。只有这样,才有可能通过数据处理技术,将碎屑钾长石和碎屑伊利石换算成一个单一参数,从而使得可以据此进行校正计算并进而计算出"校正年龄"。

四、参数选取

设不同粒级自生伊利石黏土样品的 $R(^{40}\text{Ar}^*/^{40}\text{K})$ 测量值即表观 $R(^{40}\text{Ar}^*/^{40}\text{K})$ 为 y;设不同粒级自生伊利石黏土样品中的碎屑钾长石和碎屑伊利石含量之和为 x。

参数 x 的换算考虑了以下因素:①自生伊利石含量;②碎屑钾长石含量;③碎屑伊利石含量;④碎屑钾长石的 XRD 特征;⑤碎屑伊利石的 XRD 特征;⑥钾长石的含钾量;⑦伊利石的含钾量;⑧伊利石/蒙皂石间层矿物间层比。

参数 x 的选取和换算是"校正年龄"计算的核心内容,同时也是一个很难统一的内容。不同的学者、不同的样品如砂岩或泥页岩、不同的 XRD 实验技术如定向样品(定向片)或非定向样品(非定向片),以及不同的 XRD 定量分析方法等,均可能会导致对参数 x 赋予不同的定义并进行不同的换算。正是因为如此,笔者对参数 x 的具体换算过程,这里不准备作详细讨论,因为可能不具备广泛适用性。具体换算过程并不十分重要,关键是方法和思路。即使对于国外学者的方法也是如此,要么是对所研究的样品对象并不适用,要么是不具备该方法所要求的实验条件。应该强调说明的是,尽管参数 x 可以被赋予不同的定义,或者说采用不同的表现方式,但其本质一定是不变的,它一定代表的是,粗、中、细不同粒级黏土组分(自生伊利石黏土样品)中导致实测年龄数据偏老的碎屑含钾矿物相(主要是碎屑钾长石和/或碎屑伊利石)的含量,而不会是粗、中、细黏土样品的粒径或其他。

Grathoff 等(1998)把参数 x 定义为 $2M_1$ 多型伊利石含量(图 6.6)。Grathoff 等(1998)对 3 种古生界页岩伊利石进行了 K-Ar 年代学研究。研究发现,3 种伊利石样品中均含有 3 种不同多型的伊利石即 2M$_1$ 多型伊利石、1M 多型伊利石和 1M$_d$ 多型伊利石,并认为前者为碎屑成因,即碎屑伊利石,后两者为自生成因,即成岩自生伊利石。为了获得不同多型伊利石的准确定量分析数据,Grathoff 等(1998)分别利用了 3 种不同的 XRD 实验技术和定量计算方法。最后利用表观年龄与其 2M$_1$ 多型伊利石含量的线性相关关系计算出成岩自生伊利石,即 1M 多型伊利石和 1M$_d$ 多型伊利石年龄。

　　Liewig 等(1987)则把参数 x 定义为钾长石和伊利石(自生伊利石)的含量比,并且利用的是深度相近的不同砂岩样品的相同粒级(粒级<1μm 和粒级<0.6μm)黏土组分,而不是同一样品的不同粒级黏土组分。具体做法是:利用 XRD 分析技术(定向片,刮涂法制片技术,自然风干定向片、乙二醇饱和处理定向片,490℃、4h 加热处理定向片),首先确定钾长石的绝对含量和黏土总量,然后确定伊利石的相对含量,并根据黏土总量和伊利石相对含量计算出伊利石的绝对含量,最后计算出钾长石和伊利石的绝对含量比值并乘以 100 后即为 x 的具体数值(图 6.7)。

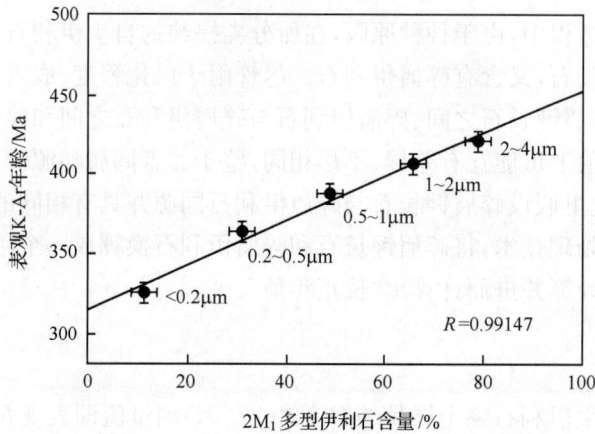

图 6.6　伊利石黏土表观 K-Ar 年龄与其 2M$_1$ 多型伊利石含量相关图(Waukesha 伊利石,
S,Illinois 盆地北部,引自 Grathoff et al.,1998)

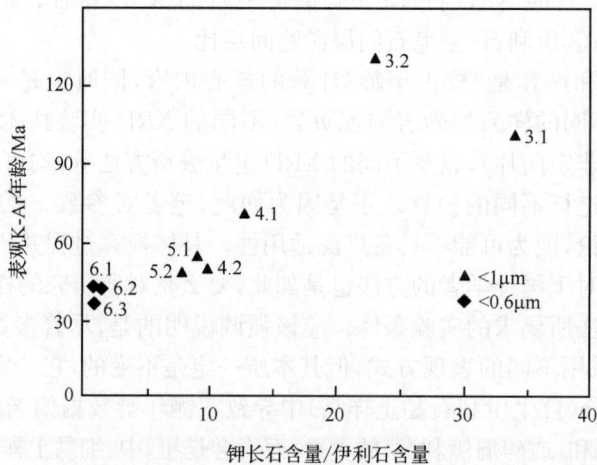

图 6.7　伊利石黏土(粒级<1μm 和粒级<0.6μm)表观 K-Ar 年龄与其钾长石含量/伊利石含量相关图
(Liewig 等,1987)

应该说明的是,参数 y 也可以是不同粒级自生伊利石黏土样品的表观年龄,如 Grathoff 等(1998)、Liewig 等(1987)和 Pevear(1992,1994,1999)等的研究(图 6.6~图 6.8)。

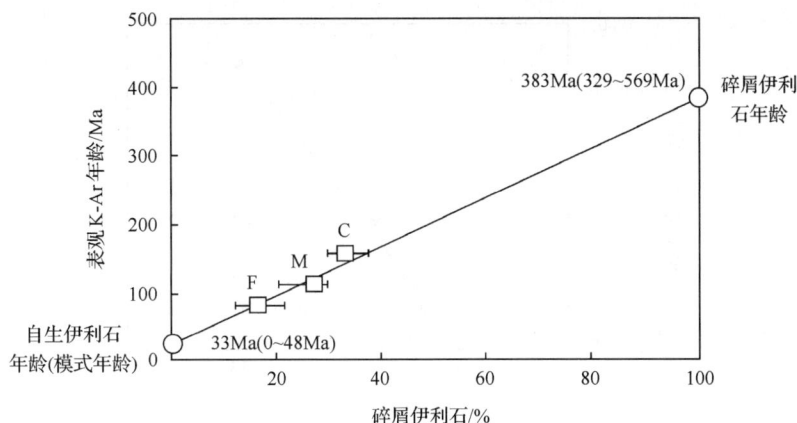

图 6.8 泥页岩黏土样品伊利石年龄分析(IAA)技术(Pevear,1999)

C、M、C 分布表示粗、中、细粒级黏土组分

五、校正年龄计算

(1) 根据 XRD 纯度检测分析结果,计算各个粒级自生伊利石黏土样品的碎屑钾长石和碎屑伊利石含量之和,即 x。

(2) 各个粒级自生伊利石黏土样品的 $R(^{40}Ar^*/^{40}K)$ 测量值为 y。

(3) 以 x、y 为参数作线性回归并求出碎屑组分为零时的 $R(^{40}Ar^*/^{40}K)_{校正}$。

(4) 根据所求出的 $R(^{40}Ar^*/^{40}K)_{校正}$,利用 K-Ar 测年公式[式(6.1)]计算出碎屑组分为零时的年龄即"校正年龄"。

图 6.9 是利用上述方法对部分仍含有微量碎屑伊利石和/或碎屑钾长石杂质的样品进行"校正年龄"计算的结果。理论上讲,数据点越多,准确性和代表性就会越高。显然,图 6.9 中的 3 组数据点的准确性和代表性要比 2 组数据点的高。然而,这只是理论上的期望。从实用角度讲,数据点增多,就意味着分析工作量和分析费用成倍增长、分析周期大幅度增加,从而使可行性大大降低。此外,数据点增多,也意味着黏土组分粒级分组增多。由于砂岩中的细粒黏土组分含量一般较少(<5%或更少),粒级分组增多必然会导致很难提取能够满足多项分析,如 XRD、测 K、测 Ar、TEM 等要求的足够数量的黏土样品。如果选用相对较粗粒级的黏土组分,则可能会因为碎屑含钾矿物含量较多而引起线性关系降低,从而使校正年龄计算失去意义。因此,笔者认为 1μm 以下 3 组数据较为可行,如果样品量不够,2 组数据亦可。

对于校正年龄,一定要根据各种地质资料对其进行合理性评判。时刻记住,校正年龄计算只是一种补救措施,校正年龄应该辩证运用,仅供参考。不经评判的运用校正年龄可能会导致错误的判断。应该特别强调的是,如果所使用的年龄数据是校正年龄或是经过数学处理而获得的"年龄",就一定要明确标明并清楚说明该年龄数据是如何得来的,同时还应该给出相应的实测年龄数据(图 6.9)。不加说明并且不给出任何矿物学数据支持的所谓年龄数据的可信度是非常低的,而且还容易产生误导,即容易使读者把经过数学处理的"数据"误认为是实测数据。

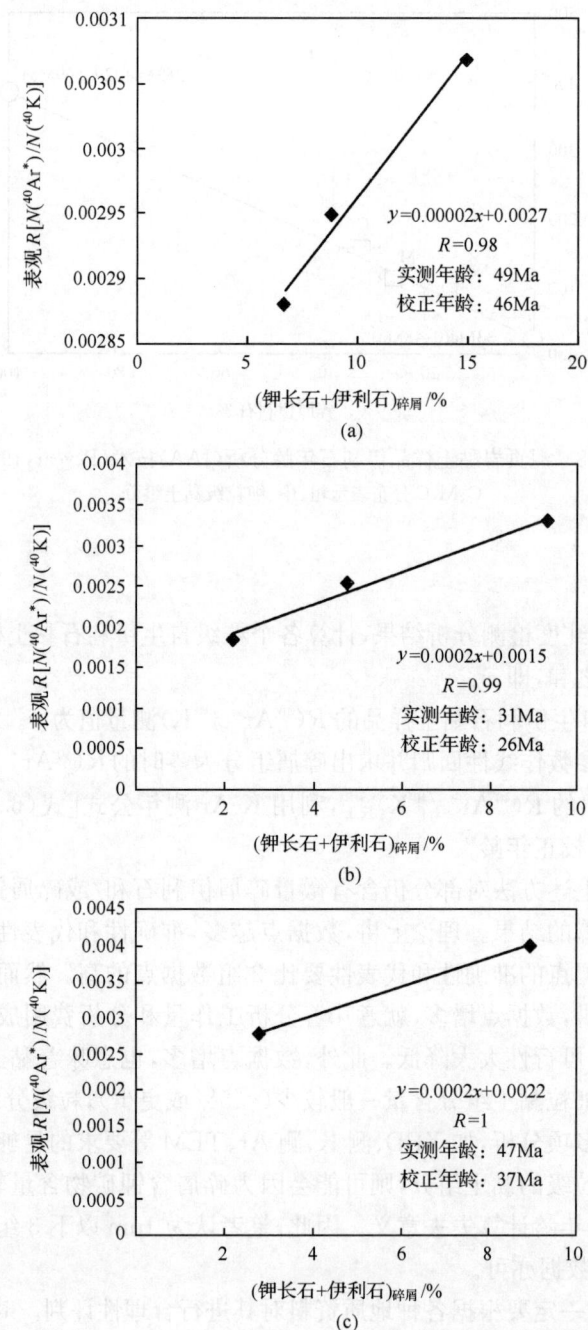

图 6.9　自生伊利石黏土样品表观 R(⁴⁰Ar*/⁴⁰K) 与其碎屑含钾矿物含量相关图(张有瑜等,2001)

(a)塔里木盆地,J_1y,灰色荧光中砂岩,油气层,粒级分别为 1～0.5μm、0.5～0.3μm、0.3～0.15μm;(b)渤中拗陷,Es_2,粗砂岩,粒级分别为 1～0.5μm、0.5～0.3μm、0.3～0.15μm;(c)辽河拗陷,Es_2,油浸砂岩,粒级分别为 1～0.5μm、0.5～0.15μm

参 考 文 献

陈文寄，彭贵. 1991. 年轻地质体系的年代测定. 北京：地震出版社

福尔 G. 1983. 同位素地质学原理. 潘曙兰，乔广生译. 北京：科学出版社

李志昌，路远发，黄圭成. 2004. 放射性同位素地质学方法与进展. 武汉：中国地质大学出版社

罗修泉. 1998. 钾氩同位素地质年龄测定 中华人民共和国地质矿产行业标准 DZ/T 0184. 7—1997. 见：中华人民共和国地质矿产部发布. 同位素地质样品分析方法 中华人民共和国地质矿产行业标准 DZ/T 0184. 1~0184. 22—1997. 北京：中国标准出版社：55-60

罗修泉. 2006. 静态真空质谱仪分析技术//黄达峰，等. 同位素质谱技术与应用，质谱技术丛书. 北京：化学工业出版社：36-70

张有瑜，罗修泉. 2011. 英买力沥青砂岩自生伊利石 K-Ar 测年与成藏年代. 石油勘探与开发，38(2)：203-208

张有瑜，罗修泉. 2012. 塔里木盆地哈 6 井石炭系、志留系砂岩自生伊利石 K-Ar、Ar-Ar 测年与成藏年代. 石油学报，33(5)：748-757

张有瑜，董爱正，罗修泉. 2001. 油气储层自生伊利石分离提纯及其 K-Ar 同位素测年技术研究. 现代地质，15(3)：315-320

张有瑜，Zwingmann H，Todd A，等. 2004. 塔里木盆地典型砂岩储层自生伊利石 K-Ar 同位素测年研究与成藏年代探讨. 地学前缘，11(4)：637-648

张有瑜，Zwingmann H，刘可禹，等. 2007. 塔中隆起志留系沥青砂岩油气储层自生伊利石 K-Ar 同位素测年研究与成藏年代探讨. 石油与天然气地质，28(2)：166-174

Clauer N，Chaudhuri S. 2001. Extracting K-Ar ages from shales：The analytical evidence. Clay Minerals，36：227-235

Faure G. 1977. Principles of Isotope Geology. Toronto：John Wiley & Sons

Grathoff G H，Moore D M，Hay R L，et al. 1998. Illite polytype quantification and K/Ar dating of Plaeozoic shales：A technique to quantify diagenetic and detrital illite//Schieber J，Zimmerle W，Smith P. Shales and Mudstones II，E. Schweizerbart's sche Verlagsbuchhandlung (Nägele u. Obermiller)，D-70176 Stuttgart：161-175

Hamilton P J. 2003. A review of radiometric dating techniques for clay mineral cements in sandstone\\Worden R H，Morad S. Clay minerals Cements in Sandstones. Special Publication Number 34 of the International Association of Sedimentologists. Cornwall：Blackwell Publishing：253-287

Hamilton P J，Kelly S，Fallick A E. 1989. K-Ar dating of illite in hydrocarbon reservoirs. Clay Minerals，24(2)：215-231

Liewig N，Clauer N，Sommer F. 1987. Rb-Sr and K-Ar dating of clay diagenesis in Jurassic sandstones oil reservoir，North Sea. AAPG Bulletin，71(12)：1467-1474

Nier A O. 1950. A redetermination of the relative abundances of the isotopes of carbon, nitrogen, oxygen, argon and potassium. Physical Review，77：789-793

Pevear D R. 1992. Illite age analysis，a new tool for basin thermal history analysis\\Kharaka Y K，Maest A S. Water-Rock Interaction. Rotterdam：A A Balkema：1251-1254

Pevear D R. 1994. Potassium-argon dating of illite components in an earth sample：US. Patent 5288695

Pevear D R. 1999. Illite and hydrocarbon exploration. Proceedings from the National Academy of Sciences，96：3440-3446

Srodon J. 1999. Extracting K-Ar ages from shales：A theoretical test. Clay Minerals，34：375-378

Steiger R H，Jager E. 1977. Subcommission on geochronology：Convention on the use of decay constants in geo-cosmochronology. Earth and Planetary Science Letters，36(3)：359-362

Zhang Y Y，Zwingmann H，Liu K Y，et al. 2011. Hydrocarbon charge history of the Silurian bituminous sandstone reservoirs in the Tazhong uplift，Tarim Basin，China. AAPG Bulletin，95(3)：395-412

Zhang Y Y，Zwingmann H，Todd A，et al. 2005. K-Ar dating of authigenic illites and its applications to the study of hydrocarbon charging histories of typical sandstone reservoirs in Tarim Basin，China. Petroleum Science，2(2)：12-24，81

第七章 自生伊利石 Ar-Ar 法年龄测定技术

Ar-Ar 法准确地说应该是 ^{40}Ar-^{39}Ar 法,是由 K-Ar 法发展演变而来的一种同位素年龄测定方法。与自生伊利石 K-Ar 法相似,自生伊利石 Ar-Ar 法同位素年龄测定同样也是 Ar-Ar 法同位素年龄测定技术在测定自生伊利石年龄上的具体应用。显然,自生伊利石 Ar-Ar 同位素年龄测定与常规 Ar-Ar 法同位素年龄测定的方法原理是一致的。Ar-Ar 法又叫快中子活化法,需要把待测样品送到核反应堆进行快中子照射,使样品中的 ^{39}K 转变成 ^{39}Ar。自生伊利石,特别是砂岩油气储层中的成岩自生伊利石,属于低温矿物,且颗粒细小,一般在 0.3μm 以下,在进行快中子照射的过程中容易产生 ^{39}Ar 核反冲丢失现象,从而使实测年龄明显偏老。除技术复杂、周期长、费用高等不利因素以外,^{39}Ar 核反冲丢失现象极大地限制了 Ar-Ar 法在自生伊利石年龄测定领域的推广与应用。从这一点上看,自生伊利石 Ar-Ar 法又与自生伊利石 K-Ar 法明显不同,自生伊利石 Ar-Ar 法的应用远不如自生伊利石 K-Ar 法广泛。此外,尽管经过近 40 年的不断努力,^{39}Ar 核反冲丢失现象仍然是一个没有得到很好解决的难题,因而决定自生伊利石 Ar-Ar 法的发展前景仍旧充满着极大的挑战。

关于 Ar-Ar 法同位素年龄测定的方法原理,论述文献较多,比较经典的如 Faure(1977)和福尔(1983),近期的如陈文寄和彭贵(1991)、McDougall 和 Harrison(1999)、Hamilton(2003)、李志昌等(2004)和罗修泉(2006),特别是 McDougall 和 Harrison(1999)的专著进行了详细的系统论述,感兴趣的读者可以参阅。本章将在简要介绍 Ar-Ar 法基本原理、基本方法、基本技术等基础内容的基础上,重点探讨 ^{39}Ar 核反冲丢失现象,并在最后对一些与之相关的主要问题展开初步探讨。对于一些具体问题,特别是 ^{39}Ar 核反冲丢失现象控制因素,以及 ^{39}Ar 核反冲丢失现象对年龄数据解释与应用的影响等关键性问题,将在本书最后一篇,即讨论篇中的相关章节中通过实例研究(鄂尔多斯盆地苏里格气田二叠系下石盒子组砂岩和塔里木盆地志留系沥青砂岩)进行深入探讨。建立一个系统完整的方法概念体系是编写本章内容的主要目的。

第一节 基 本 原 理

前已述及,Ar-Ar 法是在 K-Ar 法的基础上发展起来的,因此从原理上讲,Ar-Ar 法和 K-Ar 法是一致的,都是通过测定岩石、矿物中的母体同位素 ^{40}K(或钾元素)含量、子体同位素 ^{40}Ar(或氩元素)含量和氩同位素比值,然后根据放射性衰变定律进行计算进而求出矿物、岩石自形成封闭体系以来的时间,即矿物、岩石形成以来的年龄。差别在于,K-Ar 法是通过钾含量测定进而获得 ^{40}K 含量 $N(^{40}K)$,然后利用质谱仪测定放射性 ^{40}Ar* 含量 $N(^{40}Ar^*)$,进而求出年龄,而 Ar-Ar 法是把待测样品放入核反应堆中进行快中子照射,通过核反应 $^{39}K(n,p)^{39}Ar$ 使部分 ^{39}K 蜕变成 ^{39}Ar,然后利用质谱仪测定放射性 ^{40}Ar*

和 ^{39}Ar 比值 $[R(^{40}\text{Ar}^* /^{39}\text{Ar})]$ 进而求出年龄。Ar-Ar 法是将 ^{39}Ar 量通过 ^{39}K 转化为 ^{40}K 量,并需要引入照射参数 J。

如第六章所述,K-Ar 法的年龄计算公式为

$$t = \frac{1}{\lambda_{40}} \ln\left[\frac{\lambda_{40}}{\lambda_e} \frac{N(^{40}\text{Ar}^*)}{N(^{40}\text{K})} + 1\right] \tag{7.1}$$

式中,t 为年龄,a;$\lambda_{40} = \lambda_\beta + \lambda_e$,$\lambda_e = 0.581 \times 10^{-10} \text{a}^{-1}$,$\lambda_\beta = 4.962 \times 10^{-10} \text{a}^{-1}$;$N(^{40}\text{Ar}^*)$ 为因放射成因积累的 ^{40}Ar 的量,mol/g;$N(^{40}\text{K}) = 1.167 \times 10^{-4} N(\text{K})$,mol/g。

样品照射过程中的 Ar^{39} 的产额与快中子流强度、照射时间和快中子俘获横截面等因素有关。由于直接准确测量中子流和它的能量是十分困难的,故通常采取间接的方法,即引入照射参数 J。

在式(7.1)中设:

$$\frac{\lambda_{40}}{\lambda_e} \frac{1}{N(^{40}\text{K})} = \frac{J}{N(^{39}\text{Ar})} \tag{7.2}$$

将式(7.2)代入式(7.1)得

$$t = \frac{1}{\lambda_{40}} \ln\left(1 + JR\left(\frac{^{40}\text{Ar}^*}{^{39}\text{Ar}}\right)\right) \tag{7.3}$$

由式(7.3)可知,只要求出 $R(^{40}\text{Ar}^* /^{39}\text{Ar})$ 和 J 值,年龄 t 便可求得。

关于式(7.3)的详细推导过程,可以参阅李志昌等(2004),这里不再赘述。

照射参数 J 为无量纲,由每次照射的标准样品的 $R(^{40}\text{Ar}^* /^{39}\text{Ar})$ 测定,每次照射有每次的 J 值,每个待测样品有每个待测样品的 J 值。获取照射参数(J 值)是 Ar-Ar 法的特色工作之一,具有非常重要的意义。

第二节　实验方法与技术

从本书图 6.2 可以看出,自生伊利石 Ar-Ar 法年龄测定同样包括四个大的实验步骤,分别是自生伊利石分离、核反应堆快中子照射、质谱测量和年龄计算。质谱测量包括 $^{40}\text{Ar}/^{39}\text{Ar}$ 值测定,即 $R(^{40}\text{Ar}^* /^{39}\text{Ar})$ 测定和 J 值测定。根据 $R(^{40}\text{Ar}^* /^{39}\text{Ar})$ 和 J 值利用式(7.3)便可以求出 Ar-Ar 年龄。

一、放射成因氩比值$[R(^{40}\text{Ar}^* /^{39}\text{Ar})]$测定

在讨论 $R(^{40}\text{Ar}^* /^{39}\text{Ar})$ 求解之前,必须首先说明的是,待测样品在照射过程中除了产生 ^{39}Ar 以外,还产生一些对 $R(^{40}\text{Ar}^* /^{39}\text{Ar})$ 有干扰作用的同位素,对它们必须进行校正。只有进行校正以后,才能准确求解 $R(^{40}\text{Ar}^* /^{39}\text{Ar})$。与校正有关的是下列核反应:$^{40}\text{Ca}(n, n\alpha)^{36}\text{Ar}$、$^{42}\text{Ca}(n, \alpha)^{39}\text{Ar}$、$^{40}\text{Ca}(n, \alpha)^{37}\text{Ar}$ 和 $^{40}\text{K}(n, p)^{40}\text{Ar}$。有干扰效应的主要是由 Ca 产生的 ^{36}Ar、^{39}Ar 及由 K 产生的 ^{40}Ar;由于由 Ca 产生的 ^{37}Ar 对测量没有干扰,所以正好可以用它作为 Ca 干扰校正的参考同位素。另外,样品中总是存在非放射性成因的

初始氩同位素;对大多数样品而言,初始氩同位素组成是与大气氩一致的,故还需要进行大气氩同位素的校正。

经过一系列假设和推导,便可以得到下面的计算公式:

$$R\left(\frac{^{40}\mathrm{Ar}^*}{^{39}\mathrm{Ar_K}}\right) = \frac{R\left(\frac{^{40}\mathrm{Ar}}{^{39}\mathrm{Ar}}\right)_m - C_1 R\left(\frac{^{36}\mathrm{Ar}}{^{39}\mathrm{Ar}}\right)_m + C_1 C_2 R\left(\frac{^{37}\mathrm{Ar}}{^{39}\mathrm{Ar}}\right)_0 - C_3 + C_3 C_4 R\left(\frac{^{37}\mathrm{Ar}}{^{39}\mathrm{Ar}}\right)_0}{1 - C_4 R\left(\frac{^{37}\mathrm{Ar}}{^{39}\mathrm{Ar}}\right)_0}$$

$$(7.4)$$

式中,$^{39}\mathrm{Ar_K}$ 为经快中子照射由 $^{39}\mathrm{K}$ 转变产生的 $^{39}\mathrm{Ar}$,所以式(7.4)中的 $R(^{40}\mathrm{Ar}^*/^{39}\mathrm{Ar_K})$ 即为式(7.3)中的 $R(^{40}\mathrm{Ar}^*/^{39}\mathrm{Ar})$,关于式(7.4)的详细推导过程参见罗修泉(2006)。

在式(7.4)中,C_1、C_2、C_3、C_4 均为常数;$R(^{37}\mathrm{Ar}/^{39}\mathrm{Ar})_0$ 为停止照射时的 $R(^{37}\mathrm{Ar}/^{39}\mathrm{Ar})$,可以根据测量值,即 $R(^{37}\mathrm{Ar}/^{39}\mathrm{Ar})_m$ 计算得出(见下述内容),所以只要用质谱仪测量出同位素比值 $R(^{40}\mathrm{Ar}/^{39}\mathrm{Ar})_m$、$R(^{37}\mathrm{Ar}/^{39}\mathrm{Ar})_m$ 和 $R(^{36}\mathrm{Ar}/^{39}\mathrm{Ar})_m$,便可以求出 $R(^{40}\mathrm{Ar}^*/^{39}\mathrm{Ar_k})$,即式(7.3)中的 $R(^{40}\mathrm{Ar}^*/^{39}\mathrm{Ar})$。

在式(7.4)中,C_1 为大气氩的 $R(^{40}\mathrm{Ar}/^{36}\mathrm{Ar})$,等于 295.5;$C_2$ 和 C_4 是与 Ca 干扰同位素有关的校正系数,称为 Ca 干扰同位素校正因子;C_3 是与 K 干扰同位素有关的校正系数,称为 K 干扰同位素校正因子;K、Ca 干扰同位素校正因子由经快中子照射的光谱纯硫酸钾和光谱纯氟化钙样品分别通过质谱分析测定,关于其具体的测定和计算方法参见富云莲(1998)和罗修泉(2006)。K、Ca 干扰同位素校正因子主要与核反应堆有关,McDougall 和 Harrison(1999)给出了国际上主要核反应堆的测定结果,其中 C_2 的分布范围为 $2\times10^{-4}\sim3\times10^{-4}$,平均为 2.65×10^{-4};C_4 的分布范围为 $6.4\times10^{-4}\sim9.4\times10^{-4}$,平均为 7.2×10^{-4};C_3 变化相对较大,尽管给出了建议值(0.003),但仍然强调"进行独立测定很有必要"。笔者实验室的 K、Ca 干扰同位素校正因子分别为 $2.4\times10^{-4}(C_2)$、$8.06\times10^{-4}(C_4)$ 和 $0.005(C_3)$。

必须特别说明的是,由于 $^{37}\mathrm{Ar}$ 是一个半衰期只有 35.1d 的放射性同位素,如果不是照射后立即进行质谱分析,而是经过一段时间后再分析,则必须对 $^{37}\mathrm{Ar}$ 的衰变进行校正,求出停止照射时所产生的 $N(^{37}\mathrm{Ar})$,即 $N(^{37}\mathrm{Ar})_0$。式(7.4)中必须使用校正值即 $R(^{37}\mathrm{Ar}/^{39}\mathrm{Ar})_0$,而不能直接使用测量值即 $R(^{37}\mathrm{Ar}/^{39}\mathrm{Ar})_m$。$R(^{37}\mathrm{Ar}/^{39}\mathrm{Ar})_0$ 的求解可以采用两种方法,一是先根据 $N(^{37}\mathrm{Ar})_m$ 计算 $N(^{37}\mathrm{Ar})_0$,然后再根据 $N(^{37}\mathrm{Ar})_0$ 和 $N(^{39}\mathrm{Ar})_m$ 计算 $R(^{37}\mathrm{Ar}/^{39}\mathrm{Ar})_0$,即 $R(^{37}\mathrm{Ar}_0/^{39}\mathrm{Ar}_m)$;二是根据 $R(^{37}\mathrm{Ar}/^{39}\mathrm{Ar})_m$ 直接计算 $R(^{37}\mathrm{Ar}/^{39}\mathrm{Ar})_0$。两种计算方法在原理上是一致的,主要根据测量值进行选择,如果测量值为同位素峰高(强度),则选择前者,如果测量值为同位素比值则选择后者,结果是一样的。

$N(^{37}\mathrm{Ar})_0$ 计算公式为

$$N(^{37}\mathrm{Ar})_0 = \frac{N(^{37}\mathrm{Ar})_m \lambda_{37} t_1 e^{\lambda_{37} t_2}}{1 - e^{-\lambda_{37} t_1}} \tag{7.5a}$$

$R(^{37}Ar/^{39}Ar)_0$ 计算公式为

$$R(^{37}Ar/^{39}Ar)_0 = \frac{R(^{37}Ar/^{39}Ar)_m \lambda_{37} t_1 e^{\lambda_{37} t_2}}{1 - e^{-\lambda_{37} t_1}} \tag{7.5b}$$

式中，$N(^{37}Ar)_0$ 和 $N(^{37}Ar)_m$ 分别为照射停止时和质谱测量时的 ^{37}Ar 量；$R(^{37}Ar/^{39}Ar)_0$ 和 $R(^{37}Ar/^{39}Ar)_m$ 分别为照射停止时和质谱测量时的 $R(^{37}Ar/^{39}Ar)$；t_1 和 t_2 分别为在反应堆中的照射时间(min)和从停止照射到进行质谱分析的间隔时间(min)；λ_{37} 为 ^{37}Ar 的衰变常数，为 1.37×10^{-5}/min。

二、照射参数 J 值测定

前已述及，为了测定 J 值，通常需要把已知年龄的标准样品与待测样品一起放入反应堆进行照射，然后再利用质谱仪测出标样的 $R(^{40}Ar^*/^{39}Ar)$，通过计算便可以得到 J 值。

由式(7.3)可知：

$$J = \frac{e^{\lambda_{40} t} - 1}{R(^{40}Ar^*/^{39}Ar)} \tag{7.6}$$

式中，t 为标样年龄，a。

目前所使用的核反应堆照射通道中的中子流通量并不是均匀不变的，通常都是沿纵向存在一定的中子流通量变化梯度。由于 J 值与中子流大小有关，所以中子流通量梯度会直接影响 J 值的大小。为了获取准确 J 值，具体做法是沿纵向从底部到顶部均匀分布数个标样，每个标样可以测出一个 J 值，然后作 J 值的纵向变化曲线，而每一待测样品的 J 值可根据其所在的纵向位置来确定。如果 J 值变化曲线近似直线，也可简单地用内插法确定 J 值。

目前国内(如笔者实验室)使用的主要是国内标样 ZBH-25(黑云母)，其标准年龄为 133.2Ma(表 6.1)。

三、阶段升温技术、阶段年龄和年龄谱

从式(7.3)、式(7.4)可以看出，Ar-Ar 法不需要像 K-Ar 法那样单独测钾，它只需测定样品的 $R(^{40}Ar/^{39}Ar)$ 值便可以计算年龄。因此，与 K-Ar 法相比，Ar-Ar 法有一个极大的好处就是可以分阶段升温熔样，测定不同温度阶段的 $R(^{40}Ar/^{39}Ar)$ 值并计算出不同温度的年龄，即阶段年龄，也称表观年龄、表面年龄或视年龄。以从低温到高温各个温度阶段的 ^{39}Ar 累积量的百分数为横坐标，以各个温度阶段的阶段年龄数据为纵坐标作图，便可以得到样品的年龄谱图，简称年龄谱(Ar-Ar age spectrum)。图 7.1 是国际标样 GA1550(黑云母)的年龄谱(McDougall and Harrison,1999)。表 7.1 是塔里木盆地哈 6 井石炭系角砾岩段砂岩自生伊利石未真空封装 Ar-Ar 法阶段升温测年分析数据表，图 7.2 是其年龄谱(张有瑜和罗修泉,2012)。

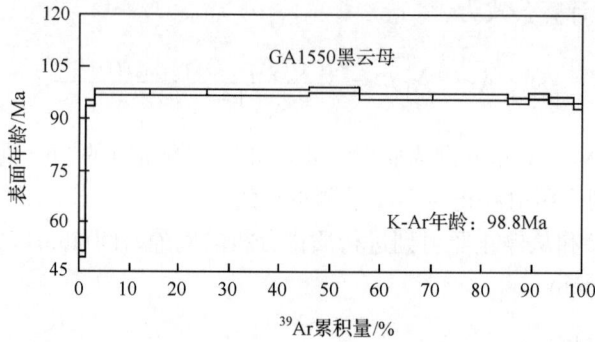

图 7.1　国际标样 GA1550(黑云母)Ar-Ar 法年龄谱(McDougall and Harrison,1999)

表 7.1　哈 6 井石炭系角砾岩段砂岩自生伊利石未真空封装 Ar-Ar 法阶段升温测年分析数据表

温度 /℃	$R(^{40}\mathrm{Ar}/ ^{39}\mathrm{Ar})$	$R(^{36}\mathrm{Ar}/ ^{39}\mathrm{Ar})$	$R(^{37}\mathrm{Ar}/ ^{39}\mathrm{Ar})$	$R(^{40}\mathrm{Ar}^* / ^{39}\mathrm{Ar})$	$N(^{39}\mathrm{Ar})$ /10^{-14} mol	$^{39}\mathrm{Ar}$ /%	$^{40}\mathrm{Ar}^*$ /%	年龄±1σ /Ma
500	70.7962	0.105136	0.07636	39.7315	6.67	8.21	57.34	164.96±32.09
550	37.3170	0.033012	0.09496	27.5661	20.59	25.34	74.59	116.03±10.80
580	40.8759	0.026437	0.35883	33.0938	22.41	27.59	81.47	138.43± 8.60
620	51.4409	0.028972	0.32108	42.9086	19.90	24.49	83.85	177.52± 9.27
660	113.3490	0.109659	0.71977	81.0379	4.48	5.52	72.25	321.83±30.81
700	115.1274	0.154553	0.79599	69.5533	3.04	3.74	61.48	279.57±39.25
800	33.5999	0.017819	0.21664	28.3499	4.16	5.12	84.80	119.20± 6.75

　　注:样品粒径为 0.15～0.3μm;样品重量为 78.39mg;$J=0.002410$;总气体年龄为 158.92Ma;K-Ar 年龄为 94.35Ma,年龄偏老 68%,核反冲丢失 41%。

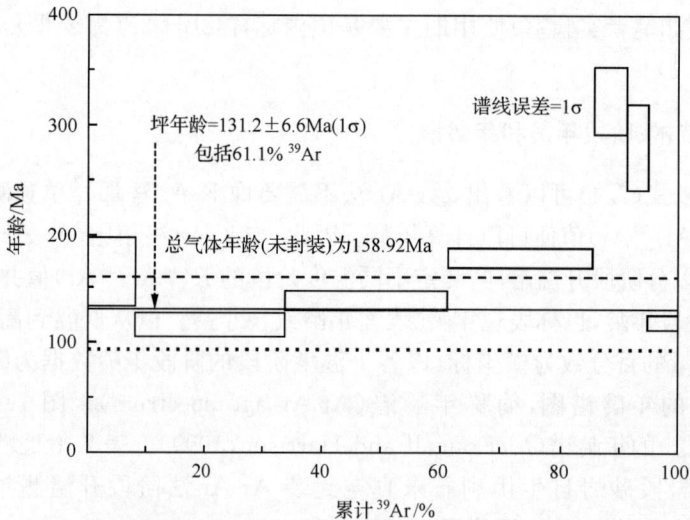

图 7.2　哈 6 井石炭系角砾岩段砂岩自生伊利石未真空封装 Ar-Ar 法年龄谱
K-Ar 年龄(实测)为 94.35Ma;Ar-Ar 年龄偏老 68%;核反冲丢失(计算)41%

　　年龄谱可以准确地反映样品随温度升高的年龄值和^{39}Ar 析出量变化特征,不同的矿物、不同的形成环境和不同的结晶演化历史具有不同的谱图特征,根据年龄谱可以获得关于样品形成环境和后期受热历史等重要信息,如"过剩氩"、结晶特征和后期热事件等。过剩氩是指岩石矿物在形成时从环境中捕获的并封闭在其晶格中的 Ar(^{40}Ar),而不是在形成之后由放射性衰变而产生的并保持在晶格中的放射性 Ar(^{40}Ar*)。由式(7.3)可知,^{40}Ar* 增多,年龄增大,过剩氩是引起实测年龄明显偏老的常见原因之一。

　　从低温到高温的阶段升温过程实际上反映的是样品(岩石和/或矿物)颗粒从边缘到中心的释 Ar 过程,McDougall 和 Harrison(1999)的模式图通俗易懂(图 7.3),直观地阐述了释 Ar 过程、放射成岩氩、^{39}Ar 分布特征、年龄变化即年龄谱特征及意义。李志昌等(2004)总结出 5 种不同的常见谱图类型,分别是平坦型、阶梯型、马鞍型、平缓曲线型和混合型(图 7.4),并同时给出了每种类型的地质成因与意义。图 7.1 和图 7.4(a)为标准的

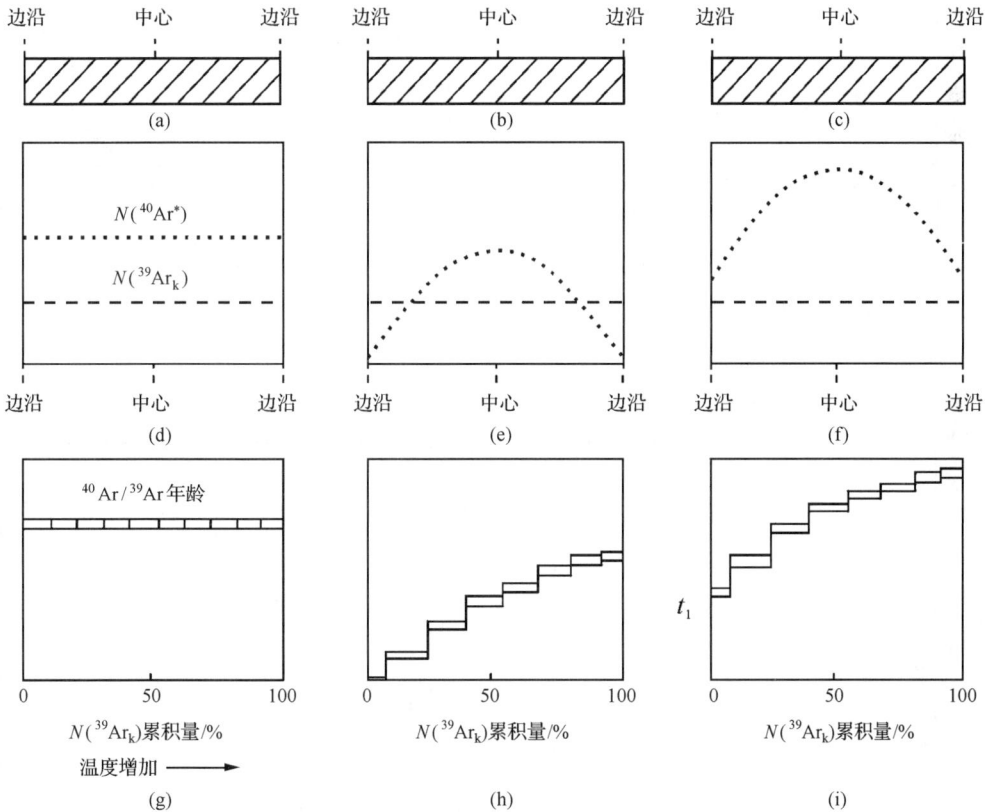

图 7.3　Ar-Ar 法年龄谱模式图(McDougall and Harrison,1999)

(a)、(b)、(c)表示矿物颗粒横断面;(d)、(e)、(f)表示放射性^{40}Ar[$N(^{40}$Ar*)]和由^{39}K 衰变产生的^{39}Ar[$N(^{39}$Ar$_K$)]分布情况;(g)、(h)、(i)表示阶段升温 Ar-Ar 年龄变化情况。(a)、(d)、(g)快速结晶并且没有受到后期热事件的破坏;(b)、(e)、(h)受到现在热事件(地质意义上的现在热事件,不是地质历史热事件)的破坏并发生部分放射成岩氩丢失,颗粒边沿放射成因氩基本为零,从颗粒边沿到颗粒中心放射成因氩含量快速增加;(c)、(f)、(i)与(b)、(e)、(h)相似,只是后期热事件的破坏作用是发生在 t_1 以前,而不是现在(地质历史热事件,而不是现在热事件)。最开始阶段的表观年龄代表后期热事件的最大年龄,最高温阶段的表观年龄代表原始结晶作用的最小年龄。假设所有温度阶段都具有相同表观年龄误差(年龄谱中,横坐标为零和 100,分别表示对应于颗粒边沿和颗粒中心)

平坦型年龄谱,大部分阶段的表观年龄基本一致,表明样品自结晶后基本未受到扰动,始终保持为封闭系统,其年龄代表样品的结晶年龄。如果随温度升高年龄不断升高,最后达到平稳值,则可能预示样品结晶后经历过后期热扰动,越靠近表层氩丢失越多,只有高温阶段的平稳年龄才代表或接近其结晶年龄。图 7.4(b)为多级阶梯型年龄谱,可能反映受到多期热干扰,低温阶段年龄反映蚀变矿物形成时间,高温阶段年龄反映原生矿物结晶年龄。马鞍型可能反映存在"过剩氩"[图 7.4(c)];平缓曲线型可能反映氩的连续扩散丢失[图 7.4(d)];混合型表明样品是由多个矿物相组成。显然,对于常规 Ar-Ar 法,即火成岩、火成(火山)矿物 Ar-Ar 法年龄数据分析与应用,这些典型谱图具有较强的指导意义,感兴趣的读者请参考原文。应该指出的是,年龄谱多式多样,影响年龄谱解释的因素相对较多,具有较强的探索性,一定要具体情况具体分析,特别是样品特征(如全岩、单矿物、多矿物、新鲜程度等),不能简单套用。

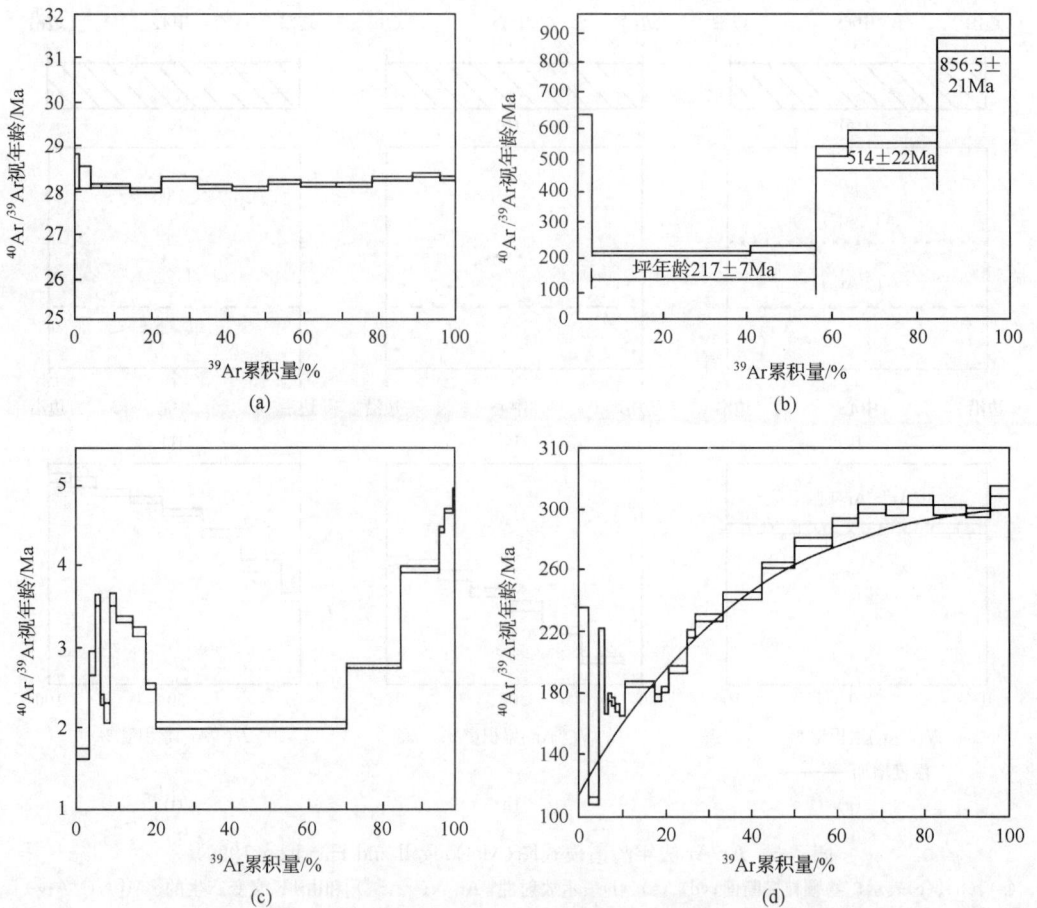

图 7.4　Ar-Ar 法年龄谱常见类型(李志昌等,2004)

(a)平坦型;(b)阶梯型;(c)马鞍型;(d)平缓曲线型

　　自生伊利石年龄谱主要表现为平坦型、阶梯型、平缓曲线型,或平坦型+阶梯型,总体特征表现为呈台阶状步步抬升,笔者将其统称为上升谱,如图 7.2 所示,如果平坦段较宽,则接近为平坦型；如果平坦段较窄，则接近为阶梯型；如果基本没有平坦段，则接近为平缓曲线型（张有瑜和罗修泉，2012；张有瑜等，2014）。图 7.2 是常见的自生伊利石年龄谱之一，1～3 阶段接近为平坦型，4～6 阶段接近为阶梯型，总体表现为呈台阶状步步抬升。应该特别强调指出的是，与常规 Ar-Ar 法明显不同，自生伊利石年龄谱不具备任何明确的地质意义，因为每一个阶段的表观年龄都是受到^{39}Ar 核反冲丢失现象影响以后的表观年龄，也就是受到^{39}Ar 核反冲丢失现象影响以后的年龄谱。Hamilton(2003)指出："这种年龄谱没有实际意义，即便是具有年龄坪（坪年龄）也是一样，因为这种年龄谱是核反冲丢失现象和矿物释氩过程的综合反映"。

年龄谱呈阶梯状连续增长实际上反映的是 $R(^{40}Ar^*/^{39}Ar)$ 值随温度增加逐渐增大，伊利石/蒙皂石(I/S)间层中的伊利石层和蒙皂石层分别具有不同的释 Ar 特征可能是产生这种现象的主要原因。首先 I/S 间层中的伊利石层的 Ar 释放温度比蒙皂石层高，其次蒙皂石层含 K 低并且其结构特征适合接收反冲的^{39}Ar 原子。在快中子照射过程中，由于具有较高的反冲能量，^{39}Ar 反冲原子会发生均一化，从而导致蒙皂石层接收了额外的^{39}Ar 原子，结果使 $R(^{40}Ar^*/^{39}Ar)$ 值低温阶段相对较低，高温阶段相对较高，形成随着温度增加逐渐增大的上升年龄谱（张彦等，2006；张有瑜等，2014）。

Hamilton(2003)给出了伊利石黏土样品（含自生伊利石和碎屑伊利石）年龄谱的模式谱图（图 7.5）。该模式年龄谱主要由三部分组成，分别是低温区的零年龄段、中温区的阶梯年龄段和高温区的峰值年龄段，其中零年龄段代表的是^{39}Ar 核反冲丢失现象（将在下面的内容中详细讨论），阶梯年龄段主要反映的是来自成岩自生伊利石的贡献，峰值年龄段主要反映的是来自碎屑伊利石（结晶较好伊利石）的贡献。对于这个模式年龄谱的准确理解和准确使用，笔者认为以下两点非常重要：①零年龄段的反冲^{39}Ar 是来自于整个样品，既有来自阶梯年龄段的^{39}Ar 核反冲丢失，也有来自峰值年龄段的^{39}Ar 核反冲丢失；②阶梯年龄段并非只有成岩自生伊利石的贡献，也有碎屑伊利石的贡献；峰值年龄段并非只有碎屑伊利石的贡献，也有自生伊利石的贡献，差异只是贡献大小不同而已，也就是说，阶梯年龄段的年龄并不能代表自生伊利石的年龄；峰值年龄段的年龄也不能代表碎屑伊利石的年龄；与前面的论述一致，不管是阶梯年龄段还是峰值年龄段都不具有明确的地质意义。

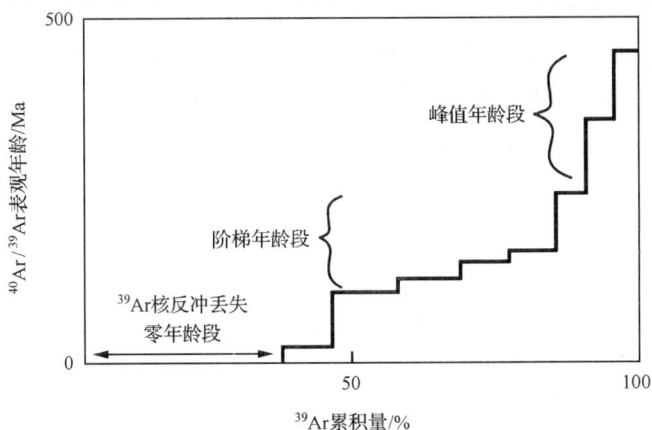

图 7.5　页岩伊利石黏土组分 Ar-Ar 法（真空封装）年龄谱模式图（Hamilton，2003）

　　阶段升温的温度阶段划分应该根据样品的释 Ar 特征确定,总体原则是一要足够多,二要足够合理。所谓足够多是指阶段划分既不能太多也不能太少,阶段太多一是增加工作量,二是使每个阶段的"^{39}Ar 释放量"变小,容易产生较大误差;阶段太少,不利于准确反映样品的年龄变化特征,从而使阶段升温失去意义;所谓足够合理是指每个阶段的 ^{39}Ar 释放量基本均衡,不能是部分阶段量太大,而部分阶段量太小,这样既不利于谱图美观、协调,又不利于准确反映样品的年龄变化特征。

四、^{39}Ar 核反冲丢失现象、真空封装技术和 ^{39}Ar 核反冲丢失程度

　　^{39}Ar 核反冲丢失现象指的是在 ^{39}K 转变成 ^{39}Ar 的过程中,^{39}Ar 会获得足够能量从其母原子的晶格位置上发生位移,反冲到周围环境中并发生丢失,从而使实测年龄偏老。^{39}Ar 核反冲丢失现象的发现是基于同一样品的 K-Ar、Ar-Ar 年龄对比。Brereton 等(1976)观察到了海绿石中的 ^{39}Ar 核反冲丢失现象,认为 ^{39}Ar 核反冲丢失现象是导致海绿石 Ar-Ar 年龄明显比 K-Ar 年龄偏老的主要原因。Halliday(1978)观察到了黏土矿物中的 ^{39}Ar 核反冲丢失现象。^{39}Ar 的反冲距离与快中子能量密切相关,变化范围较大,平均约为 0.1μm,Turner 和 Cadogan(1974)认为为 0.08μm,Onstott 等(1995)认为为 0.16μm。由于黏土颗粒大小与 ^{39}Ar 的反冲距离基本相当,所以 ^{39}Ar 核反冲丢失现象就成为利用 Ar-Ar 法对黏土矿物,特别是自生伊利石,进行年龄测定的最大问题。

　　前已述及,表 7.1 和图 7.2 是笔者对塔里木盆地哈 6 井石炭系角砾岩段砂岩自生伊利石的未真空封装 Ar-Ar 法阶段升温测年分析结果(张有瑜和罗修泉,2012)。从表 7.1 和图 7.2 可以看出,Ar-Ar 法测年数据中,不管是阶段表观年龄(138.43～321.83Ma)、坪年龄(131.24Ma),还是总气体年龄(158.92Ma),都明显大于该样品的 K-Ar 年龄(94.35Ma),显然,快中子照射过程中的 ^{39}Ar 核反冲丢失是造成这种现象的主要原因,否则没有办法解释(关于坪年龄和总气体年龄概念,将在下面的内容中详细讨论)。系统配套、扎实可靠的矿物学实验分析数据表明,该样品确为自生伊利石,应该是自生 I/S 有序间层,即广义的自生伊利石,并且几乎接近为纯自生伊利石,相对含量为 94%;只含少量伊利石、高岭石(含量均为 3%);自生 I/S 有序间层的间层比为 20%,表明成岩演化程度相对较高;没有检测出碎屑钾长石(表 7.2)。其中含量占 3% 的伊利石,可能为碎屑伊利石,但因为含量较少,对年龄数据的影响应该比较小。该自生 I/S 有序间层主要呈蜂窝状、丝状广泛分布于粒表和石英晶体表面的溶蚀坑中(图 7.6)。

表 7.2　哈 6 井石炭系角砾岩段砂岩(C⁶)储层自生伊利石 K-Ar 法同位素测年分析数据表
(张有瑜和罗修泉,2012)

层位	井深 /m	岩性	样品粒级 /μm	黏土矿物相对含量/%			I/S 间层比 /%	钾长石	钾含量 /%	放射成因氩 /(mol/g)	$R(^{40}Ar_{放}/^{40}Ar_{总})$ /%	年龄 /Ma
				I/S	I	K						
C⁶	5953	油浸细砂岩	0.15～0.3	94	3	3	20	—	4.72	7.928×10⁻¹⁰	89.65	94.35

注:I/S 为伊利石/蒙皂石间层;I 为伊利石;K 为高岭石;"—"为未检出。

(a)　　　　　　　　　　　　　　　　　　(b)

(c)

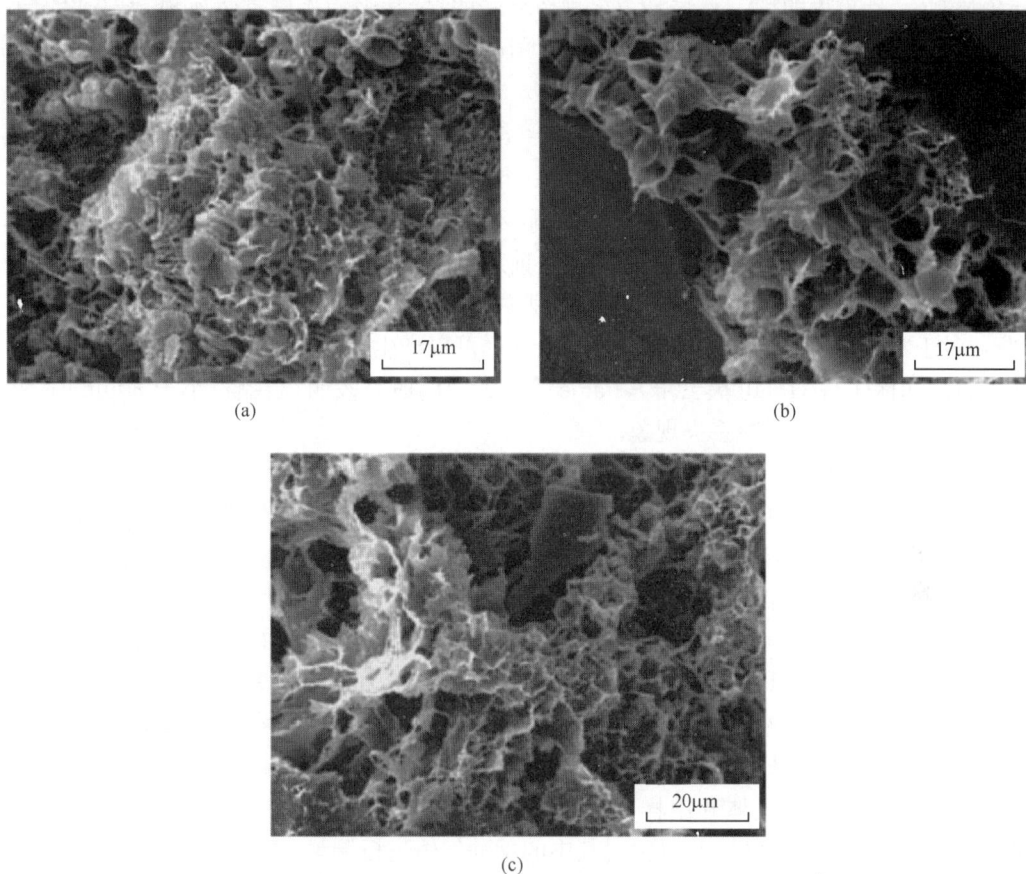

图 7.6　哈 6 井石炭系角砾岩段砂岩(C^6)岩石学特征(张有瑜和罗修泉,2012)

(a)粒表片状高岭石和蜂窝状 I/S 有序间层;(b)石英晶体表面溶蚀坑中的丝状 I/S 有序间层;(c)粒表丝状 I/S 有序间层

图 7.1 可以作为基本没有发生^{39}Ar 核反冲丢失的一种典型代表,从图中可以看出,除了最开始时的低温阶段(第 1、2 阶段)和结束时的高温阶段(第 12 阶段)以外,其他所有温度阶段的 Ar-Ar 表观年龄都和 K-Ar 年龄基本一致,Ar-Ar 阶段表观年龄范围为 95～100Ma,K-Ar 年龄为 98.8Ma。通过对比可以发现图 7.2 与图 7.1 明显不同,存在^{39}Ar 核反冲丢失现象是客观事实。这里只是以图 7.2 为例,说明^{39}Ar 核反冲丢失现象,实质上反映存在^{39}Ar 核反冲丢失现象的年龄谱多种多样;对于图 7.2 的样品为自生伊利石的属性认识可以有不同的看法;被测样品可以是纯自生伊利石,可以全是碎屑伊利石,也可以是两者的混合;被测对象可以是伊利石,可以是海绿石,也可以是斑脱岩(蒙脱石、I/S 间层、伊利石),但不管被测对象是什么,Ar-Ar 年龄比 K-Ar 年龄明显偏老是不争的事实,说明^{39}Ar 核反冲丢失现象的确存在。关于^{39}Ar 核反冲丢失现象,国外有很多成果发表,国内也有相应的研究成果发表(张彦等,2006;张有瑜和罗修泉,2012;张有瑜等,2014)。为了对砂岩油气储层中的自生伊利石^{39}Ar 核反冲丢失现象及影响因素进行系统研究,笔者对我国主要含油气盆地主要油气储层部分典型自生伊利石样品(塔里木、四川、鄂尔多斯、东海、渤海湾 5 个盆地;S、D、C、T、J、K、E 7 个层系,59 个样品)进行了未真空封装 Ar-Ar

法年龄测定,结果表明^{39}Ar核反冲丢失现象非常明显,其影响作用不容忽视,对此将在本章第四节详细介绍,并请参阅本书"讨论篇"中的相关内容,详细数据请参阅本书"附录"部分。

存在^{39}Ar核反冲丢失现象是国内外的一致观点,Clauer等(2011)指出:"所有的公开发表的成岩—低级变质作用伊利石的Ar-Ar年代测定研究结论,不管是全熔年龄还是阶段升温年龄,都表明由于受^{39}Ar核反冲影响,不能利用Ar-Ar法测年技术直接对黏土矿物进行年龄测定,需要在进行快中子照射之前对黏土样品进行真空封装"。

另外,需要特别说明的是,^{39}Ar核反冲丢失现象并不是仅限于伊利石,特别是自生伊利石,对于常见造岩矿物,如果颗粒较细时,同样可以产生^{39}Ar核反冲丢失现象,如图7.1所示的国际标样GA1550(黑云母),Paine等(2006)的研究表明,当颗粒小于50μm时,就会产生明显的^{39}Ar核反冲丢失现象。

为了克服^{39}Ar核反冲丢失现象,Hess和Lippolt(1986)提出了石英管真空封装技术,也称显微包裹技术,即在送核反应堆进行快中子照射之前,先把已经用铝箔包好的样品放入石英管中,然后抽真空,等达到一定的真空状态($10^{-3}\sim10^{-5}$Pa)后,在保持抽真空的状态下对石英真空管进行烧熔密封(焊封),使样品在快中子照射过程中始终保持在真空密封状态下,直至装入仪器系统中开始进行Ar同位素比值测定时再打开。Hess和Lippolt(1986)发明了一种可以在高真空状态下戳破(杵破)石英真空管的特殊装置,并测定了部分黑云母矿物的^{39}Ar核反冲丢失现象;Foland等(1992)提出了真空封装全熔(或一次熔样)测定方法,即一次升温到高温状态(1300℃),使石英真空管和装在其中的样品同时熔融,使真空管中的反冲气体和由样品熔化后释放的气体混合,然后一起导入质谱进行测量,而不是先把真空管杵破,并单独对其中的反冲气体进行测量(不升温,在室温条件下),然后再利用阶段升温技术对样品进行测量(Hess和Lippolt,1986);Dong等(1995)对石英管真空封装技术进行了改进,即在烧熔密封时,把石英管底端置于蒸馏水中(目的是保持样品为室温状态,不会因石英管被加热而温度升高),并利用激光Ar-Ar测年技术对黏土中的Ar保存机理进行研究;Onstott等(1997)提出了激光真空封装Ar-Ar分析技术,先利用激光脉冲击破石英真空管,再利用激光探针进行阶段升温年龄测定;Dong等(2000)先把自生伊利石黏土用蒸馏水分散,再用高速离心机离心沉淀使自生伊利石黏土形成密实"泥饼"(目的是增加自生伊利石黏土样品的致密程度,使其呈压实"饼状",有利于降低^{39}Ar核反冲丢失程度),然后再进行真空封装,对海湾海岸页岩自生伊利石进行了年代学研究;Clauer等(2012)在进行真空封装时,为了避免样品因烧熔石英管导致的温度升高而受到破坏,采用把石英管浸在冰水中的办法,并对德国西北部二叠系赤底统含气砂岩自生伊利石进行Ar-Ar年代学研究。

石英管真空封装技术使快中子照射过程中的反冲^{39}Ar气体得以保持在石英管中,并能够利用质谱仪进行测量,为深入研究^{39}Ar核反冲丢失现象和实验数据的进一步开发利用创造了先决条件。反冲^{39}Ar气体占整个样品^{39}Ar释放量的百分比,即图7.5中与零年龄段对应的^{39}Ar累积量,定义为^{39}Ar核反冲丢失程度或^{39}Ar核反冲丢失量。这部分^{39}Ar气体量是在没有升温的条件下,也就是在室温下的测量结果,因而不是样品因受热熔融而释放出来的,只能是来自于^{39}Ar核反冲丢失。显然,如果不采用真空封装技术,这些反冲^{39}Ar 气体就会因逃逸到周围环境中而散失,是不可能再用仪器进行测量的,所以 Ar-Ar 法或自生伊利石 Ar-Ar 法又有真空封装和未真空封装之分。显然,未真空封装,或未真空封装自生伊利石 Ar-Ar 法是不可能直接测量出^{39}Ar 核反冲丢失程度的。为了定量表征^{39}Ar 核反冲丢失现象,笔者提出了计算^{39}Ar 核反冲丢失程度概念(张有瑜和罗修泉,2012;张有瑜等,2014),将在下一节中详细论述。

真空封装技术自提出(Hess and Lippolt,1986)至今,已有 30 多年的发展与研究历史,但真正用于砂岩油气储层中的自生伊利石 Ar-Ar 法年龄测定却非常少,王龙樟等(2004,2005)对鄂尔多斯盆地苏里格气田二叠系砂岩储层自生伊利石进行了真空封装 Ar-Ar 法年龄测定;Clauer 等(2012)对德国西北部二叠系赤底统含气砂岩自生伊利石进行了真空封装 Ar-Ar 法年代学研究。

五、激光熔样技术、激光 Ar-Ar 法和原位激光 Ar-Ar 法

激光熔样是近年发展起来的熔化微量样品的先进技术,特别适合于进行微区和单颗粒样品分析。配备激光熔样装置的静态真空质谱仪,可以称为激光 Ar-Ar 系统,如果同时采用全自动高真空阀门,则可以称为全自动激光 Ar-Ar 系统。采用激光熔样进行年龄测定的 Ar-Ar 法可以称为激光 Ar-Ar 法,如果同时加装摄像头和监视器,还可以对光薄片样品进行原位矿物或岩石年龄测定,这种方法可以称为原位激光 Ar-Ar 法。

激光熔样装置是激光 Ar-Ar 系统的主要组成部分之一,在常规 Ar-Ar 系统中加装激光熔样装置,便可以形成既可以进行常规 Ar-Ar 法年龄测定,也可以开展激光 Ar-Ar 法年龄测定的双 Ar-Ar 系统。McDougall 和 Harrison(1999)对激光熔样技术(激光探针)进行了详细介绍;戴橦谟和陈文(1999)对激光微区^{40}Ar/^{39}Ar 定年技术及其应用与发展进行了论述,感兴趣的读者可以参阅,这里只简单介绍。

常规或普通激光熔样装置,一般由两部分组成,一部分是样品室,另一部分是激光聚焦系统(图 7.7)。样品室由上、下两个法兰盘组成,中间用铜垫圈连接,因此样品室也可以被称作熔样法兰盘。熔样法兰盘,外径约 70mm,下盘侧面有一个圆孔通入质谱仪的纯化系统,上盘顶部中央有一约 40mm 的圆形开口,并用能穿透激光的玻璃封接,形成玻璃窗。在一块略小于玻璃窗口的薄铜板顶面挖上很多直径约 2.5mm 的小槽,每个小槽中可以放入一个样品,并将该铜板置于下盘底部中央。整个样品盘放置在一个平台上,激光束从玻璃窗上方射入样品盘。平台可在 X-Y-Z 三个方向由计算机控制,以便把分析对象精确移至激光束之下并实现聚焦。样品的对中、瞄准和熔化情况都可通过摄像头反映在显示屏上,分析人员可随时观察监控。如果设定好相关的参数,通过计算机控制还可以实现样品的自动化分析。通常采用的激光主要有两种类型,一种是脉冲激光,它能量集中,可以对极小的微区进行分析(激光熔融坑可小于 10μm);另一种是连续波(CW)激光,它的光斑较大,能量可调,可以按阶段升温分析样品。

近期以来,激光 Ar-Ar 法在普通地质、矿床地质和构造地质中的造岩矿物和/或岩石(变质岩、成矿围岩和构造岩等)年龄测定中的应用得到了较快发展,但在成岩自生黏土矿物,包括伊利石、海绿石、斑脱岩等年龄测定领域中的应用却相对较少,并且主要是关于泥页岩中的自生伊利石,真正关于砂岩油气储层中的自生伊利石则非常少见。Dong 等

(1997)对威尔士盆地页岩光薄片进行了成岩自生伊利石原位激光 Ar-Ar 法年龄测定。就笔者所知,利用原位激光 Ar-Ar 法技术对砂岩自生伊利石进行年龄测定可能还没有取得实际性进展(未见公开发表),比较而言,激光束斑相对较大、自生伊利石颗粒相对较小可能是很难解决的障碍之一(激光束斑约 60μm,碎屑伊利石约 30μm;自生伊利石约几微米;激光束斑:20～1000μm)(Dong et al.,1997;戴橦谟和陈文,1999)。

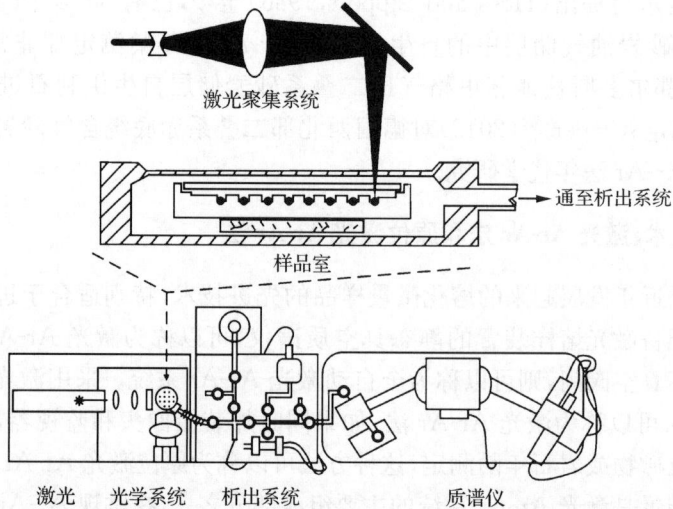

图 7.7　激光熔样装置示意图(McDougall and Harrison,1999)

第三节　实验数据处理技术及其作用与意义

从前面的讨论中可知,Ar-Ar 法的最大优势之一就是可以阶段升温,从低温到高温划分成若干个温度阶段,分阶段熔样并进行测量,最终便可以获得一系列阶段升温年龄数据,温度阶段少则数个,一般为十几个,多则可达二十多个。对这一系列数据进行适当的处理包括计算和绘图,便可以获得多个有用参数,如坪年龄、初始氩比值、等时线年龄、反等时线年龄等,为解决各种不同的地质问题提供更多的重要信息。Ar-Ar 法阶段升温年龄数据处理,包括阶段表观年龄及其误差计算,是一项非常复杂而繁琐的工作,计算项目多、考虑因素多、计算步骤多、涉及内容多,并且计算公式多而复杂,目前多采用专业软件完成,比较常用的有 Isoplot. xla(Ludwig,1992)和 ArArCALC(Koppers,2002)等。这种软件在 Windows Excel 环境下运行(Microsoft Excel 加载宏),简单、方便、灵活,效果非常好。笔者实验室使用的是 Isoplot. xla,该软件有多种版本,可以在不同的 Windows Excel 版本下运行。关于这些参数的计算公式,可以参阅文献(富云莲,1998)。关于这些参数的计算方法和计算过程,只重点介绍其定义、原理、意义和应用。

一、年龄坪、坪年龄

年龄坪(plateau)指的是年龄谱(spectrum 或 spectra)中表观年龄基本一致的一段宽

而平稳的年龄谱。坪年龄(plateau age)是构成年龄坪的所有阶段表观年龄的加权平均值。年龄坪具有严格的定义,McDougall 和 Harrison(1999)给出了不同作者的年龄坪定义;李志昌等(2004)给出了可代表矿物结晶年龄的坪年龄的约束条件。通过仔细对比可以发现,年龄坪的构成涉及四个方面的要素,一是年龄数据要一致;二是温度阶段要连续;三是温度阶段个数要足够多;四是要有足够代表性。因此,笔者认为,年龄坪的定义至少应该包括以下三个方面的内容:①构成年龄坪的阶段表观年龄必须是在误差范围内一致;②构成年龄坪的温度阶段必须是连续的且至少要在 3~5 个阶段以上;③构成年龄坪的年龄阶段的 ^{39} Ar 累积释放量至少要占总释放量的 50% 以上。对于一个具体的年龄谱来说,是否能够成坪,也即是否具有年龄坪,或者说关于参加坪年龄计算的阶段年龄数据选择,富云莲(1998)认为:"一般可以根据年龄谱的变化选择,或严格按照统计学方法来代替直观判断",但不管是 Isoplot.xla 专业软件,还是 ArArCALC 专业软件,都具有严格的判定标准,满足条件的,可以成坪,并给出坪年龄;不符合条件的,则没有年龄坪,并且也没有坪年龄。以 Isoplot.xla 为例,阶段个数必须是 3 个以上, ^{39} Ar 累积释放量可以根据样品特点和/或研究目的适当调整,如 50% 或更高。

从前面的讨论中可知,严格地讲,Ar-Ar 法中至少有 3 种类型的年龄谱,即常规造岩矿物(包括火成岩)年龄谱、未真空封装自生伊利石年龄谱和真空封装自生伊利石年龄谱,每种类型的年龄谱都有可能形成年龄坪,并具有坪年龄。因此,准确地讲,与此对应年龄坪和坪年龄也应该有 3 种类型,即常规造岩矿物(包括火成岩)型、未真空封装自生伊利石型和真空封装自生伊利石型,分别具有不同的作用和意义,所以下面将分开讨论。

1. 常规年龄坪、常规坪年龄

常规年龄坪、常规坪年龄是指通常所说的年龄坪和坪年龄,这里将其定义为没有发生明显的 ^{39} Ar 核反冲丢失现象的年龄谱中的年龄坪和坪年龄,是常规造岩矿物,包括火成岩,所具有的特征。常规年龄坪、常规坪年龄可以分别简称年龄坪、坪年龄,之所以称其为"常规",主要目的是便于与另外两种类型区分。

对于造岩矿物 Ar-Ar 年龄测定,常规坪年龄具有非常重要的意义。当与等时线年龄在误差范围内一致,并且其 $R(^{40}$Ar$/^{36}$Ar$)$ 初始值,也称初始氩比值[$R(^{40}$Ar$/^{36}$Ar$)_{初始}$],接近大气氩值(295.5)时,坪年龄可以解释为测试样品的结晶年龄或氩封闭年龄,说明样品的 K-Ar 体系自进入封闭状态后再没有受到新的热干扰,并且放射成因 ^{40}Ar 与 ^{39}Ar 在晶体中均匀分布,阶段升温期间在各温度阶段下所释放的氩气的 $R(^{40}$Ar$/^{39}$Ar$)$ 值基本恒定(McDougall and Harrison,1999;李志昌等,2004)(关于等时线年龄、初始氩定义及其确定方法见下面的内容)。

图 7.8 是笔者实验室的一个角闪石样品的 Ar-Ar 法年龄测定成果图。从图 7.8(a)可以看出,该样品的年龄谱为平坦型,具有非常好的年龄坪,坪年龄为 121.99Ma,与其等时线年龄和反等时线年龄分别为 122.2Ma 和 121.5Ma[图 7.8(b)、图 7.8(c)],基本一致,并且其初始氩值分别为 290 和 308,与大气氩值(295.5)基本接近,由此可以认为,该坪年龄可能代表该角闪石矿物的结晶年龄。

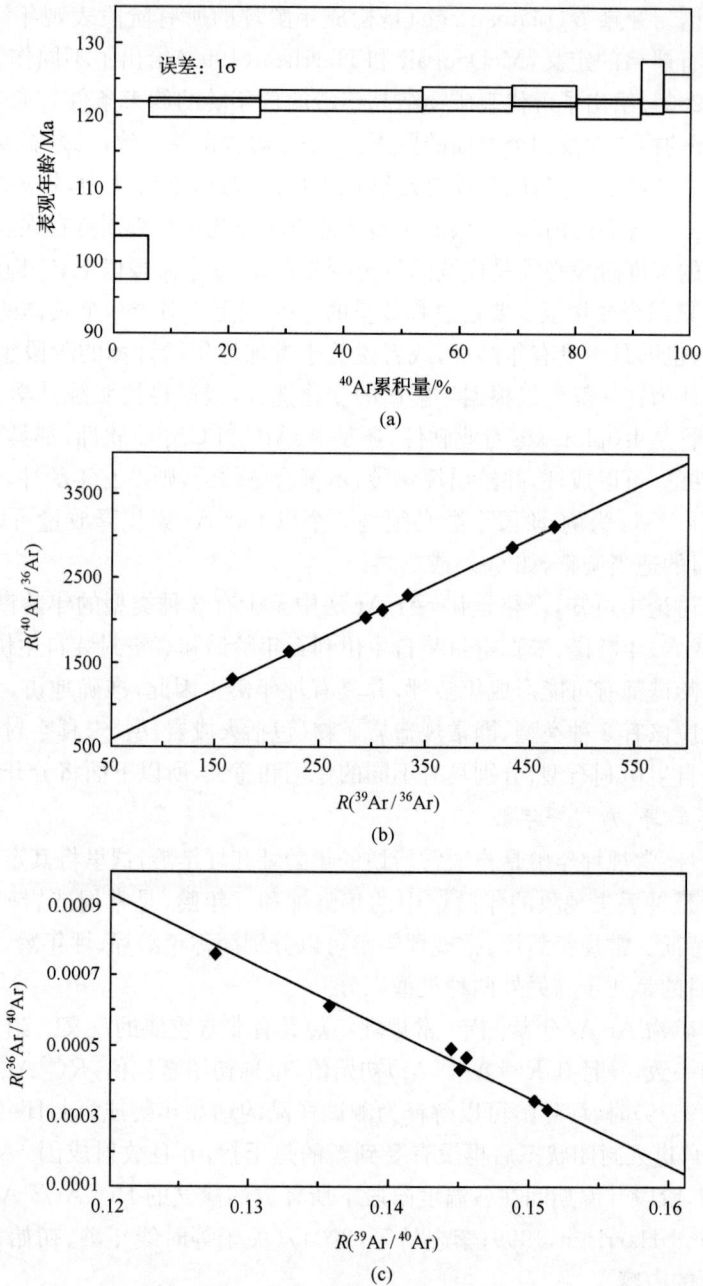

图 7.8　某角闪石样品阶段升温 Ar-Ar 法年龄谱、等时线和反等时线

(a)年龄谱;坪年龄＝121.99±0.59Ma(1σ),MSWD＝0.34,包括 94％ ^{39}Ar;(b)等时线;等时年龄＝122.2± 3.3Ma,初始^{40}Ar/^{36}Ar＝290±55,MSWD＝0.98;(c)反等时线;反等时线年龄＝121.5±2.8Ma,初始^{40}Ar/^{36}Ar＝ 308±47,MSWD＝2.0;为了美观,(b)和(c)的横坐标没有给出零点,2 条直线在纵坐标上的截距分别为 290 和 0.00325(倒数为 308)

2. 未真空封装年龄坪、未真空封装坪年龄

与常规造岩矿物类似,未真空封装自生伊利石 Ar-Ar 法年龄测定有时也可以形成年

龄坪,并具有坪年龄如图 7.2 所示。这里将这种类型的年龄坪、坪年龄定义为未真空封装年龄坪和未真空封装坪年龄,即发生明显的 ^{39}Ar 核反冲丢失现象的年龄谱中的年龄坪和坪年龄,是成岩自生伊利石,特别是砂岩油气储层中的细粒自生伊利石所具有的特征。这种坪年龄一般都明显大于或远大于其相同样品的 K-Ar 年龄(笔者所分析的 59 个样品中有 11 个样品具有年龄坪,其坪年龄全部大于或远大于其相同样品的 K-Ar 年龄,如图 7.2 所示,详见本书附录四)(张有瑜和罗修泉,2012;张有瑜等,2014)。Emery 和 Robinson (1993)的北海油田二叠系砂岩储层自生伊利石相同样品的 K-Ar 年龄和未真空封装 Ar-Ar 坪年龄分别为 155Ma 和 240Ma。

与常规坪年龄不同,由于存在 ^{39}Ar 核反冲丢失现象,这种未真空封装坪年龄可能不具有明确的地质意义。因为构成这种年龄坪的各个阶段的表观年龄都受到了 ^{39}Ar 核反冲丢失现象的影响,由此而得出的所谓坪年龄是受到了 ^{39}Ar 核反冲丢失现象影响以后的坪年龄。正如 Emery 和 Robinson(1993)所论述的一样,这种坪年龄的存在只能说明构成年龄坪的各个温度阶段的 ^{39}Ar 核反冲丢失程度基本接近。

3. 真空封装年龄坪和真空封装坪年龄与校正年龄坪和校正坪年龄

真空封装自生伊利石年龄谱中,有的也可能会形成年龄坪,并具有坪年龄,为了便于区分,这里将其分别定义为"真空封装年龄坪"和"真空封装坪年龄"。理论上讲,真空封装年龄坪的形成机理和未真空封装年龄坪是一致的,就是说,同样是受到了 ^{39}Ar 核反冲丢失现象影响以后的年龄坪,之所以成坪,是因为构成年龄坪的各个温度阶段的 ^{39}Ar 核反冲丢失程度基本接近。因此,与未真空封装坪年龄一样,真空封装坪年龄可能不具有明显的地质意义。

Clauer 等(2012)采用数学计算的办法,把封存在石英管中的反冲 ^{39}Ar 气体重新加权分配(restoring)到每个温度阶段,并根据反冲 ^{39}Ar 气体数量对阶段表观年龄进行校正,从而计算出校正 ^{39}Ar 释放量和校正表观年龄,然后重新做出年龄谱(表 7.3、图 7.9)。为了便于区分,这里将其定义为校正年龄谱。与此对应,这种年龄谱中的年龄坪和坪年龄,则应该分别定义为校正年龄坪和校正坪年龄。由于考虑了 ^{39}Ar 核反冲丢失现象的影响,校正坪年龄可能近似反映或接近于自生伊利石的年龄,准确地说应该是被测样品的年龄。然而,反冲 ^{39}Ar 气体的分配不可能完全符合自然情况,以及计算过程中的数据取舍等不可避免地会产生偏差,所以最终的计算结果即校正坪年龄,可能会存在一定或相对较大的偏差。以 Clauer 等(2012)的 6 号样品的 <0.2μm 粒级为例,其 K-Ar 年龄为 166.0Ma;真空封装坪年龄为 227.0Ma;校正坪年龄为 182.96Ma;真空封装总气体年龄为 173.03Ma(原文为 173.4Ma;总气体年龄将在下面的内容中详细讨论)。需要指出的是,表 7.3、图 7.9 中的 6～8 阶段严格地讲不能称为"坪",只能称为"平台"(3 个阶段的 ^{39}Ar 累积量接近 66%),原因在于这 3 个阶段的表观年龄数值相差略大,但为了说明问题,这里仍将其近似为坪(理论上讲这种近似不会产生本质影响,只是不是十分严谨而已)。由此可以看出,校正坪年龄与 K-Ar 年龄基本接近,可能近似代表自生伊利石年龄[Clauer 等(2012)指出,XRD 分析表明 6 号样品基本为纯(自生)伊利石],而真空封装坪年龄则明显偏老。

表 7.3 　自生伊利石样品真空封装 Ar-Ar 法阶段升温测年分析数据表（Clauer et al. ,2012）

阶段	温度/℃	$N(^{39}Ar)$/%	$N(^{39}Ar)$累积量/%	阶段年龄/Ma	2σ/Ma	校正$N(^{39}Ar)$/%	校正$N(^{39}Ar)$累积量/%	校正阶段年龄/Ma	2σ/Ma	总气体年龄计算
		A		B		C		D		E
1	室温	19.4	19.4	0	0	0	0	0	0	0.00
2	250	1.3	20.7	19.8	1.4	1.61	1.61	15.96	1.4	0.26
3	300	1.8	22.5	69.0	0.8	2.23	3.84	55.61	0.8	1.24
4	350	3.8	26.3	178.5	0.3	4.71	8.55	143.87	0.3	6.78
5	400	4.8	31.1	252.3	0.5	5.95	14.51	203.35	0.5	12.11
6	450	7.6	38.7	229.6	0.3	9.42	23.93	185.06	0.3	17.45
7	500	18.2	56.9	225.9	0.7	22.57	46.50	182.08	0.7	41.11
8	550	26.8	83.7	227.0	0.4	33.23	79.73	182.96	0.4	60.84
9	600	8.8	92.5	235.7	0.4	10.91	90.64	189.97	0.4	20.74
10	650	4.7	97.2	245.0	0.5	5.83	96.47	197.47	0.5	11.52
11	700	0.9	98.1	105.3	1.9	1.12	97.59	84.87	1.9	0.95
12	750	0.2	98.3	17.1	6.2	0.25	97.83	13.78	6.2	0.03
13	1400	1.6	99.9	0		1.98	99.82	0	0	0.00
合计		99.9								173.03

注：$C=A\times100/(100-19.4)$；$D=B\times(100-19.4)/100$；$E=B\times A/100$；总气体年龄为根据原文数据计算（结果与原文略有差异）；采用 6 号样品，粒级<0.2μm。

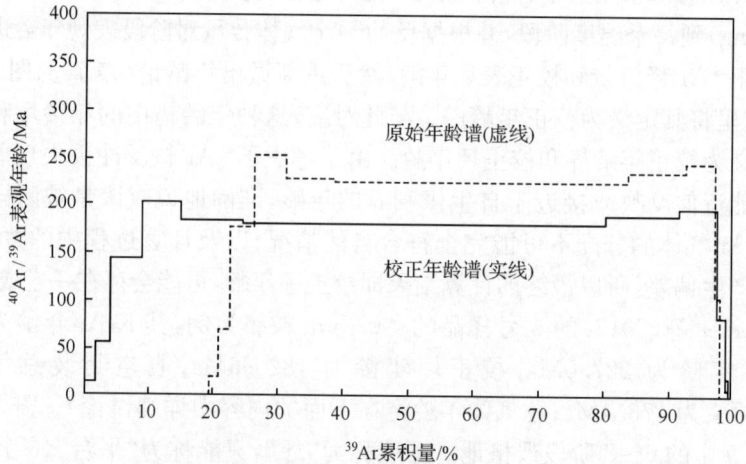

图 7.9 　自生伊利石样品真空封装 Ar-Ar 年龄谱（Clauer et al. ,2012）

6 号样品，粒级<0.2μm

　　王龙樟等（2004,2005）认为，其真空封装年龄谱中的年龄坪可能基本没有受到核反冲丢失的影响，因而坪年龄是可靠的，并进一步认为坪年龄代表了自生伊利石的形成年龄，推测气藏形成的最早时间不早于 169Ma。以其中的苏 4 井（苏里格气田）自生伊利石样品为例,王龙樟等(2004)给出的坪年龄,即测量的真空封装坪年龄,为 169.1Ma,如果按照 Clauer 等(2012)的方法计算校正坪年龄,则应该为 150.9Ma。笔者(张有瑜等,2014)的邻近井(苏 16 井)自生伊利石 K-Ar 年龄为 141Ma。显然,校正坪年龄更接近于自生伊利石年龄,而真空封装坪年龄明显偏老。应该说明的是,尽管真空封装坪年龄(169Ma)、校正坪年龄(150.9Ma)、K-Ar 年龄(141Ma)及真空封装总气体年龄(130.46Ma)彼此之间相差不是太大,但校正坪年龄(包括真空封装总气体年龄)更为合理,既考虑了 ^{39}Ar 核反冲丢失现象的影响,又对其进行了校正,可能更具有说服力。王龙樟等(2004,2005)的真空封装 Ar-Ar 年龄测定成果,填补了国内空白,且在国外也不多见,具有较高的科学价值,同时为 ^{39}Ar 核反冲丢失现象研究提供了非常宝贵的对比数据。

二、等时线年龄、反等时线年龄、初始氩比值

从式(7.4)可以看出,在 Ar-Ar 年龄计算中,都是假定初始氩同位素组成与大气氩是一致的,也即校正系数 C_1 等于大气氩比值,即 295.5。一旦初始氩组成与大气氩不一致,则会造成年龄的系统偏差。实际上,自然界有些岩石矿物的确有"过剩氩"存在。过剩氩主要指样品所捕获的初始氩与大气氩相比富集了很多 ^{40}Ar。为了分辨过剩氩,往往需要对数据进行等时线处理。由式(7.6)得

$$N(^{40}Ar^*) = N(^{39}Ar)_K \frac{e^{\lambda_{40}t} - 1}{J} \tag{7.7}$$

如果 $N(^{40}Ar)$ 表示样品经空白改正后的总量,$N(^{40}Ar)_0$ 和 $N(^{36}Ar)_0$ 表示初始氩的量,则有

$$N(^{40}Ar) - N(^{40}Ar)_0 = N(^{39}Ar)_K \frac{e^{\lambda_{40}t} - 1}{J} \tag{7.8}$$

两边除以 $N(^{36}Ar)$,因 $N(^{36}Ar) = N(^{36}Ar)_0$,移项得

$$R\left(\frac{^{40}Ar}{^{36}Ar}\right) = R\left(\frac{^{39}Ar_K}{^{36}Ar}\right) \times \frac{e^{\lambda_{40}t} - 1}{J} + R\left(\frac{^{40}Ar}{^{36}Ar}\right)_0 \tag{7.9}$$

式(7.9)为一直线方程,以 $R(^{39}Ar_K/^{36}Ar)$ 为横坐标,$R(^{40}Ar/^{36}Ar)$ 为纵坐标,用最小二乘法可拟合出一条直线,即所谓的"等时线"。通过该直线的斜率可以求出年龄,即"等时线年龄",而根据该直线在纵坐标上的截距可以求出样品初始氩值,即 $R(^{40}Ar/^{36}Ar)_0$。

需要指出的是(图 7.8)在作上述等时线时,通常仅用年龄坪上的数据点(富云莲,1998),因为这样更能满足 $R(^{40}Ar/^{36}Ar)_0$ 是常数的条件,效果会更好。

初始氩,[即 $R(^{40}Ar/^{36}Ar)_0$]可以用来判断样品是否有过剩氩存在,如果明显大于295.5,即大气氩值,则表明可能存在"过剩氩"。

但利用上述等时线求初始值也存在一定的问题。两个坐标轴都以 $N(^{36}Ar)$ 作分母,由于 $N(^{36}Ar)$ 是氩同位素中丰度最低的一个,用它作分母的数据点引入的误差较大,从而使等时线截距也误差较大。为此,还可以用另外一种以 $N(^{40}Ar)$ 为分母的等时线求解。由式(7.8)可得

$$N(^{40}\mathrm{Ar}) - N(^{36}\mathrm{Ar})R\left(\frac{^{40}\mathrm{Ar}}{^{36}\mathrm{Ar}}\right)_0 = N(^{39}\mathrm{Ar})_\mathrm{K}\frac{e^{\lambda_{40}t} - 1}{J} \tag{7.10}$$

两边除以 $N(^{40}\mathrm{Ar})$ 并整理得

$$\frac{R\left(\dfrac{^{39}\mathrm{Ar_K}}{^{40}\mathrm{Ar}}\right)}{\dfrac{J}{e^{\lambda_{40}t} - 1}} + \frac{R\left(\dfrac{^{36}\mathrm{Ar}}{^{40}\mathrm{Ar}}\right)}{R\left(\dfrac{^{36}\mathrm{Ar}}{^{40}\mathrm{Ar}}\right)_0} = 1 \tag{7.11}$$

式(7.11)是直线方程。如果 $R(^{39}\mathrm{Ar_K}/^{40}\mathrm{Ar})$ 和 $R(^{36}\mathrm{Ar}/^{40}\mathrm{Ar})$ 分别为横坐标和纵坐标,则它们的截距分别为 $J/(e^{\lambda_{40}t} - 1)$ 和 $R(^{36}\mathrm{Ar}/^{40}\mathrm{Ar})_0$;前者可以求出年龄,后者可以求出氩初始值。这种等时线相对于前面的等时线被称为"反等时线",由此而求出的年龄被称为"反等时线年龄"。由于它的两个坐标轴都用 $N(^{40}\mathrm{Ar})$ 作分母,而 $N(^{40}\mathrm{Ar})$ 通常是氩同位素中丰度最高的一个,故测定误差相对较小,也就是说它所给出的氩初始值和年龄比较可靠。

在作反等时线时,也是仅用年龄坪上的数据点,如果没有年龄坪,可以先舍弃明显不合理的数据点,然后再试做,如果相关性较好,则可能会提供一定的有用信息。

对于造岩矿物 Ar-Ar 年龄测定,等时线年龄、初始氩值具有非常重要的意义,特别是初始氩值是判断是否存在过剩氩的主要参数之一。当坪年龄、等时线年龄在误差范围内一致,且其 $R(^{40}\mathrm{Ar}/^{36}\mathrm{Ar})$ 初始值接近大气氩值(295.5)时,可以解释为测试样品的结晶年龄或氩封闭年龄。如图 7.8 所示,该角闪石样品的坪年龄、等时线年龄和反等时线年龄分别为 121.99Ma、122.2Ma 和 121.5Ma,在误差范围内一致,初始氩值为 290~308,和大气氩值基本一致,因而可以认为,坪年龄可能代表其结晶年龄。而对于自生伊利石 Ar-Ar 年龄测定,由于受 $^{39}\mathrm{Ar}$ 核反冲丢失现象影响,$^{39}\mathrm{Ar}$ 发生丢失,不管是 $R(^{39}\mathrm{Ar_K}/^{36}\mathrm{Ar})$ 还是 $R(^{39}\mathrm{Ar_K}/^{40}\mathrm{Ar})$ 都不能反映原始状况,并且核反冲作用还可能会引起 $^{40}\mathrm{Ar}$ 发生丢失,因而等时线技术可能因此而失去其应有的价值和意义。可能正是因为如此,在自生伊利石 Ar-Ar 法年代学研究中,很少使用等时线技术。关于等时线技术方面的内容,这里不再深入讨论,感兴趣的读者,可以参阅文献(McDougall and Harrison,1999;李志昌等,2004)。

三、全熔年龄、总气体年龄、计算 $^{39}\mathrm{Ar}$ 核反冲丢失程度

可以采用阶段升温熔样是 Ar-Ar 法的显著特色或主要优越性之一,但在有些情况下,因为某种原因,如样品量太少不适合分阶段熔融、仅是为了进行年龄比对不需要分阶段熔融、因受条件限制难以实现阶段熔融等,也可以采取一次熔样方法,即一次把温度升到最高(1200~1400℃),使样品一次性全部熔融,而不是阶段熔融。采用一次性熔融样品所获得的 Ar-Ar 年龄称为全熔年龄(Total Fusion Age)。由于样品类型不同,全熔年龄也有常规全熔年龄和真空封装全熔年龄之分。这里的常规全熔年龄,实际上是指通常所说的全熔年龄,也就是样品不采用真空封装,目的是便于与采用真空封装的样品区分。Foland 等(1992)把真空玻璃管和样品一起在 1300℃温度条件下一次熔融,并提出真空封装全熔年龄(e-fuse age)的概念。理论上讲,常规全熔年龄即通常所说的全熔年龄,如果没有发生明显的 $^{39}\mathrm{Ar}$ 核反冲丢失现象,应该和 K-Ar 年龄一致。真空封装全熔年龄由于

采用了真空封装技术,虽然存在^{39}Ar 核反冲丢失现象,但理论上讲也应该和 K-Ar 年龄一致。正因为如此,Foland 等(1992)认为:"对于存在^{39}Ar 核反冲丢失或其他形式 Ar 丢失的极细粒样品 Ar-Ar 年龄测定,如自生矿物或井壁取心中的极细小样品等,真空封装全熔技术具有较好的发展前景,简单并且适应性强"。

总气体年龄(total gas age)实际上也可称为总平均年龄,是指所有温度阶段表观年龄的加权平均值。理论上讲,对于常规 Ar-Ar 法,总气体年龄和全熔年龄应该是基本相当的,差异是全熔年龄为一次熔样,而总气体年龄是先分阶段熔样,然后再求平均值。显然,如果没有发生明显的^{39}Ar 核反冲丢失现象,与全熔年龄一样,总气体年龄也应该是和 K-Ar 年龄一致。对于自生伊利石 Ar-Ar 法,Dong 等(1995)提出了真空封装总气体年龄(encapsulated total gas age)和未真空封装总气体年龄(unencapsulated total gas age)概念。真空封装总气体年龄是指采用真空封装时,包括^{39}Ar 反冲气体(反冲出来但被保存在石英管中)和室温下保留在矿物中并通过加热释放出来的^{39}Ar 气体均参与计算而得出的总平均年龄;未真空封装总气体年龄是指未采用真空封装时保留在矿物中并通过加热释放出来的^{39}Ar 气体均参与计算而得出的总平均年龄。如果不采用真空封装,^{39}Ar 反冲气体就会因散失到周围环境中而跑掉,不可能再用仪器进行测量,所以未真空封装总气体年龄一般都会大于或远大于真空封装总气体年龄。Dong 等(1995)的数据表明,对于成岩自生伊利石,相同样品的未真空封装总气体年龄比其真空封装总气体年龄偏老达 54%(表 7.4)。从道理上讲,封装总气体年龄应该与 K-Ar 年龄一致,因为虽然有核反冲丢失,但被保留在石英管中并可以进行测量。实测数据证明,对于成岩自生伊利石,相同样品的真空封装总气体年龄和其 K-Ar 年龄基本一致(表 7.3 和表 7.5);而未封装总气体年龄因受核反冲影响明显偏老,不具有明确的地质意义。表 7.1 表明,塔里木盆地哈 6 井石炭系角砾岩段砂岩自生伊利石 K-Ar 年龄、未真空封装总气体年龄分别为 94.35Ma、158.92Ma,未真空封装总气体年龄比 K-Ar 年龄偏老 68%。

表 7.3 给出了总气体年龄的计算方法,具体地说,就是先用每个阶段的表观年龄乘以各自阶段的^{39}Ar 释放量百分比,然后再求和。

^{39}Ar 核反冲丢失程度是研究^{39}Ar 核反冲丢失现象的重要参数,如果不采取真空封装技术,是不可能直接测定^{39}Ar 核反冲丢失程度的,为此笔者提出了计算^{39}Ar 核反冲丢失程度的方法,也就是根据同一样品的 K-Ar 年龄和未真空封装总气体年龄计算^{39}Ar 核反冲丢失程度,其物理意义是未真空封装总气体年龄中比 K-Ar 年龄大的那一部分年龄是由^{39}Ar 核反冲丢失而引起的,具体地说,就是用未真空封装总气体年龄减去 K-Ar 年龄后再除以未真空封装总气体年龄(张有瑜和罗修泉,2012;张有瑜等,2014)。

显然,对于自生伊利石 Ar-Ar 年龄测定,真空封装全熔年龄和总气体年龄概念具有较为积极的意义,真空封装全熔年龄和真空封装总气体年龄可能代表样品年龄,也即自生伊利石年龄(被测样品为自生伊利石时),未真空封装总气体年龄虽然没有明确的地质意义,但可以用来计算核反冲丢失程度,定量表征^{39}Ar 核反冲丢失现象。

此外,与真空封装总气体年龄对应,Dong 等(1995)还提出了"保留年龄"(retention age)概念。保留年龄是指采用真空封装时,室温下保留在矿物中并通过加热释放出来的^{39}Ar 气体均参与计算而得出的总平均年龄,与真空封装总气体年龄的差别在于,真空封装总气体年龄包括反冲^{39}Ar气体,而保留年龄不包括反冲^{39}Ar气体,一般来说,保留年龄都会比真空封装总气体年龄大。从物理意义上讲,保留年龄和未真空封装总气体年龄应该是大致相当的,但其实际数值却不完全一致,一般情况下,未真空封装总气体年龄都会大于或明显大于保留年龄(表7.4、表7.5),因为未真空封装时的^{39}Ar反冲丢失远比真空封装时强烈。鉴于保留年龄概念地质意义不十分明确,应用效果不十分明显,并且尚需进一步探索,所以这里不做进一步讨论。另外,Dong等(2000)还提出了校正总气体年龄(corrected total gas age)概念和校正保留年龄(corrected retention age)概念,由于较为复杂和探索性较强,这里不做详细介绍。

表7.4 斑脱岩(Wales)自生伊利石样品 Ar-Ar 法阶段升温测年分析数据表(Dong et al.,1995)

样品	IC $(\Delta 2\theta)$/(°)	沉积年龄 /Ma	未真空封装总气体年龄/Ma	真空封装总气体年龄/Ma	保留年龄 /Ma	真空封装^{39}Ar 反冲丢失/%	偏老程度 /%
RJM536(变质斑脱岩)	0.17	517~530	407.2	397.9	404.9	0.99	2
			412.2	400.8	401.1	0.82	3
BRM1311(成岩斑脱岩)	0.84	443~462	535.5	350.2	465.6	27.24	53
			536.5	347.9	489.7	31.73	54

注:IC表示伊利石结晶度,IC>0.43表示成岩带,IC为0.26~0.43表示近变带,IC<0.26表示浅变带;偏老程度表示未真空封装总气体年龄比真空封装总气体年龄的偏老程度,根据表中数据计算。

表7.5 K-斑脱岩(texas gulf coast)自生伊利石(I/S)样品 Ar-Ar 法阶段升温测年分析数据表
(Dong et al.,2000,有增删)

样号	粒级/μm	IC $(\Delta 2\theta)$/(°)	间层比 I/%	K-Ar 年龄 /Ma	真空封装总气体年龄/Ma	保留年龄 /Ma	真空封装 ^{39}Ar 反冲丢失/%
7773	0.2~2	0.4	70	45.0	44.3	51.3	13.8
	0.02~0.2	0.5	70	48.9	44.0	52.6	16.5
	<0.02	0.6	60	50.1	43.1	54.1	20.5
	全岩				43.1	49.9	13.2
7376	0.2~2	0.5	80	44.7	42.9	49.6	13.4
	0.02~0.2	0.6	75	37.7	37.5	45.4	17.5
	<0.02	0.6	60	30.3	35.2	45.7	23.0
	全岩				43.7	50.9	14.2

注:真空封装总气体年龄略小于相同样品的K-Ar年龄,可能与分析时间有关,K-Ar法早,Ar-Ar法晚,其间可能有^{40}Ar丢失;I%表示I/S间层中的伊利石层含量;样号为样品埋深(ft,1ft=0.3048m),采自得克萨斯奥斯汀Giddings油田。

第四节 问题与讨论

(1)尽管Ar-Ar法不能直接用于自生伊利石年龄测定,但笔者的未真空封装年龄测定工作仍然具有较为重要的积极意义。

Foland 等(1992)指出,由于存在^{39}Ar 核反冲丢失现象,对于通过分离提取的极细粒矿物,建议不要采用 Ar-Ar 法进行年龄测定。Clauer 等(2011)认为关于^{39}Ar 核反冲丢失现象研究已经有近 40 年的历史了,并指出不能用 Ar-Ar 法测年技术直接对黏土矿物进行年龄测定,特别是较细粒级(粒级<2μm)。从 2009 年开始,笔者对我国主要含油气盆地主要油气储层部分典型自生伊利石样品(塔里木、四川、鄂尔多斯、东海、渤海湾 5 个盆地;S、D、C、T、J、K、E 7 个层系;1~0.5μm、0.5~0.3μm、0.3~0.15μm、<0.15μm 4 个粒级;59 个样品)进行了未真空封装 Ar-Ar 法年龄测定(张有瑜和罗修泉,2012;张有瑜等,2014,2015;第十五章、十六章、附录一~附录四)。对此,读者可能会提出疑问,既然已知晓不能用 Ar-Ar 法直接对自生伊利石进行年龄测定,可为什么还要做这么多自生伊利石样品未真空封装 Ar-Ar 年龄测定? 其实问题并非如此简单,首先,笔者进行自生伊利石Ar-Ar 年龄测定的主要目的是研究核反冲问题,而并非仅是为了测定年龄,因为所有样品在开展 Ar-Ar 法测试之前,都已经有非常好的 K-Ar 年龄数据且获得了较好的成藏史研究应用效果;其次,虽然存在^{39}Ar 核反冲丢失现象基本上是国内外的共识,但由于研究较少和公开发表的实测年龄数据资料较少,对许多问题的认识都远不够清晰和深入,特别是对砂岩油气储层中的自生伊利石的影响更是知之甚少,如反冲丢失程度变化范围、对年龄数据的影响程度、主要控制因素、是否普遍存在、适当增大粒级是否可以避免等。经过十几年的实验与研究,笔者实验室积累了丰富的我国主要含油气盆地主要储层的各种典型自生伊利石样品,并且同时具有非常好的 K-Ar 年龄数据和系统配套的黏土矿物分析数据,为开展深入研究和回答上述问题创造了较好的先决条件。

从前面的讨论可以看出,在 2009 年以前,可供参考的资料非常少,可能只有 Kunk 和Brusewitz(1987)、Emery 和 Robinson(1993)、Dong 等(1995,2000)和王龙樟等(2004,2005)的自生伊利石 Ar-Ar 年龄数据,真正是关于油气砂岩储层的只有 Emery 和 Robinson(1993)和王龙樟等(2004,2005)的数据。因此,完全可以认为笔者这批自生伊利石Ar-Ar 年龄数据国内外少见,是非常珍贵的,具有较高的参考价值,对于证实和研究^{39}Ar核反冲丢失现象及回答上述问题具有非常重要的积极意义。

笔者没有开展真空封装方面的试验主要基于以下五点考虑:①真空封装并没有真正解决^{39}Ar 核反冲丢失问题;②需要对仪器进行改造;③工作量大、分析周期长;④效果可能不会十分理想;⑤已经有非常好的 K-Ar 年龄数据,完全可以作为未真空封装 Ar-Ar 年龄的对比标准,因而对真空封装年龄数据的需求不是非常必要和紧迫。未真空封装自生伊利石 Ar-Ar 法年龄测定,从常规 SEM、XRD 分析(预分析),到自生伊利石分离,到XRD 纯度检测、测钾、测氩(K-Ar 年龄测定),到根据矿物学和 K-Ar 年龄数据进行样品筛选,到送核反应堆进行快中子照射,再到阶段升温 Ar-Ar 年龄测定,一个周期下来,需要 2~3 年或更长时间;如果开展真空封装试验,除上述实验步骤外,还需要组建真空封装系统进行真空封装,并且还需要对质谱仪的熔样系统进行改造,才能实现对真空封装样品的 Ar-Ar 年龄测定,时间还会更长。显然,要想对自生伊利石真空封装 Ar-Ar 年龄测定进行批量样品分析,工作量和难度非常大。正因为如此,公开发表的自生伊利石真空封装Ar-Ar 年龄数据资料非常少,据笔者不完全统计,真正关于油气砂岩储层的则可能不到20 个样品,王龙樟等(2004,2005)分析了 3 个样品;Clauer 等(2012)分析了 15 个样品。

　　表 7.6 是笔者对我国主要含油气盆地主要砂岩储层部分典型自生伊利石未真空封装
Ar-Ar 年龄测定数据统计表,图 7.10～图 7.13 是其研究成果,关于其作用和意义这里只进
行简单的讨论,详细内容请参阅本书第十五、十六章及相关文献(张有瑜和罗修泉,2012;张
有瑜等,2014,2015);关于详细年龄数据、阶段升温数据和年龄谱,请参阅本书附录。

**表 7.6　我国主要含油气盆地主要砂岩储层部分典型自生伊利石样品未真空封装 Ar-Ar 法阶段
升温测年数据统计表**

项目	最大值	最小值	平均值	样品数
偏老程度/%(与 K-Ar 年龄对比)	268	5	49	59
计算^{39}Ar 核反冲丢失程度/%	73	5	28	59

　　注:偏老程度=(未真空封装总气体年龄-K-Ar 年龄)/K-Ar 年龄×100;计算^{39}Ar 核反冲丢失程度=(未真空封
装总气体年龄-K-Ar 年龄)/未真空封装总气体年龄×100。

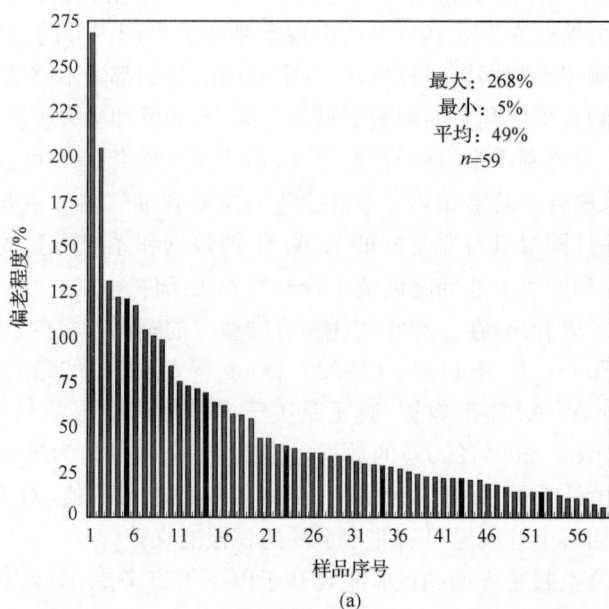

(a)

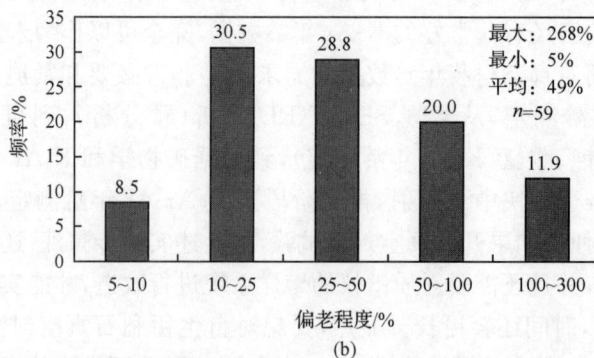

(b)

图 7.10　我国主要含油气盆地主要砂岩储层部分典型自生伊利石样品未真空封装 Ar-Ar 年龄与
K-Ar 年龄相比偏老程度分布情况

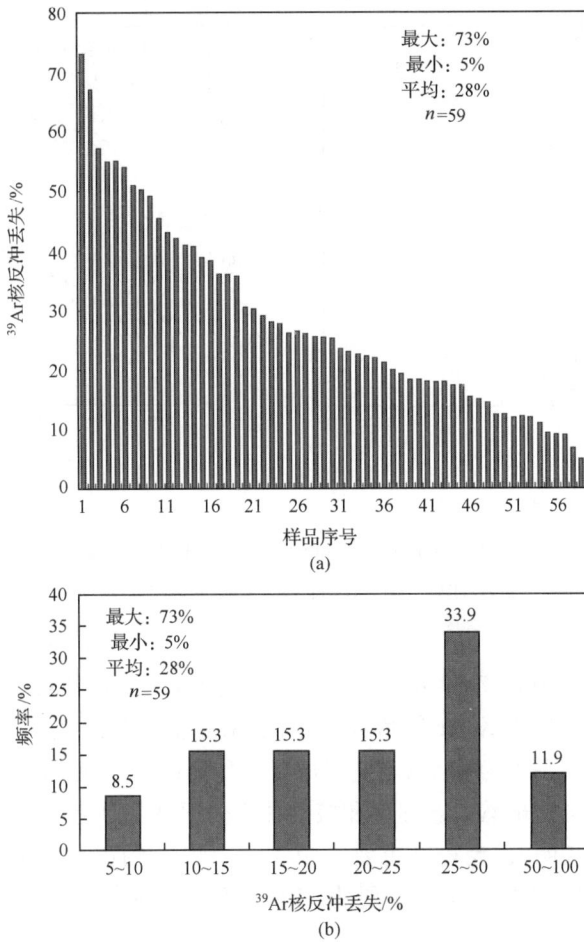

图 7.11 我国主要含油气盆地主要砂岩储层部分典型自生伊利石样品未真空封装 Ar-Ar 法年龄
测定计算 ^{39}Ar 核反冲丢失程度

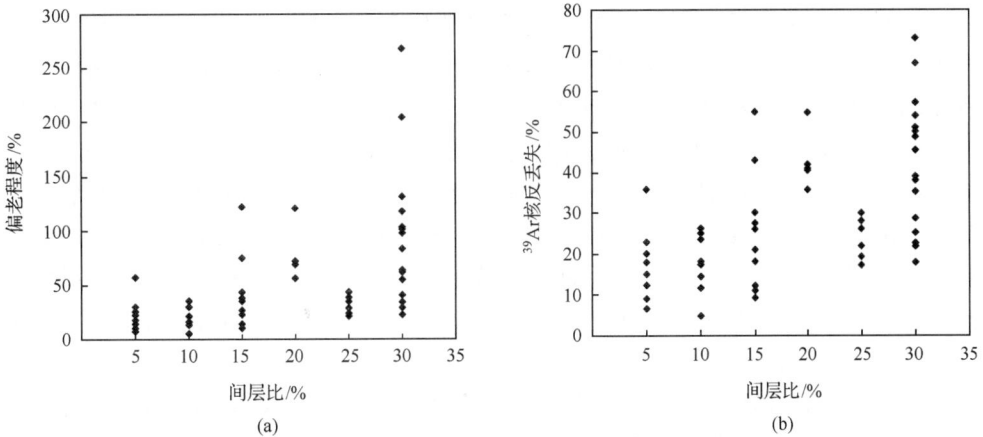

图 7.12 我国主要含油气盆地主要砂岩储层部分典型自生伊利石样品未真空封装 Ar-Ar 法年龄
测定偏老程度、计算 ^{39}Ar 核反冲丢失程度与间层比关系图
（a）偏老程度与层间比关系图；（b）计算 ^{39}Ar 核反冲丢失程度与层间比关系图

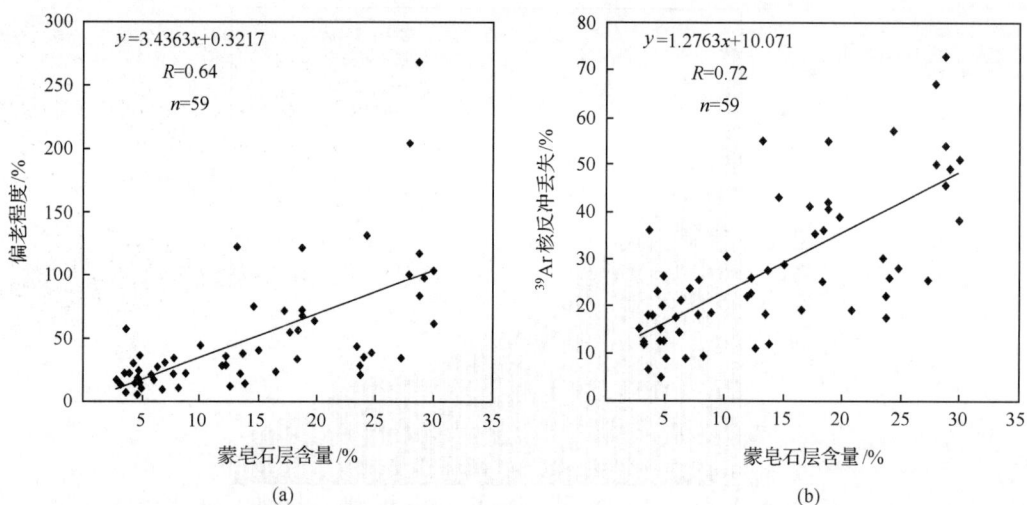

图 7.13　我国主要含油气盆地主要砂岩储层部分典型自生伊利石样品未真空封装 Ar-Ar 法年龄
测定偏老程度、计算 ^{39}Ar 核反冲丢失程度与蒙皂石层含量关系图
(a)偏老程度与蒙皂石层含量关系图；(b)计算 ^{39}Ar 核反冲丢失程度与蒙皂石层含量关系图

　　从表 7.6、图 7.10 和图 7.11 可以看出，^{39}Ar 核反冲丢失现象对 Ar-Ar 年龄数据的影响非常明显，与相同样品的 K-Ar 年龄数据相比，未真空封装总气体年龄明显偏老，最大为 268%，最小为 5%，平均为 49%；与此对应，计算 ^{39}Ar 核反冲丢失程度最大为 73%，最小为 5%，平均为 28%。虽然偏老程度和核反冲丢失程度都是呈连续分布，即各种程度的均有，但频率直方图表明，偏老程度主要为 10%～100%，约占 80%，并且主要为 10%～50%，约占 60%；核反冲丢失程度主要为 10%～50%，约占 80%，并且主要为 25%～50%，约占 34%。

　　自生伊利石中的 ^{39}Ar 核反冲丢失现象，主要与其颗粒大小（粒级或粒径）、结晶度（膨胀性）和含量有关（张有瑜和罗修泉，2012；张有瑜等，2014）。成岩自生伊利石（自生 I/S 有序间层）的结晶程度可以用间层比（蒙皂石层百分含量）间接表示，间层比较小，表示结晶程度较高；间层比较大，表示结晶程度较低。从图 7.12 可以看出，偏老程度和核反冲丢失程度均与间层比呈较为明显的正相关关系，即间层比越大，偏老程度和核反冲丢失程度越高，反之亦然，说明结晶程度越低，越偏老、丢失越明显。同时，从图 7.12 还可以看出，相关程度不是太高，即数据点较为分散，变化范围较大。其实这也很正常，因为结晶程度只是影响因素之一，即便是具有相同结晶程度即间层比的自生伊利石，如果含量差别较大或颗粒大小相差较大，则对 ^{39}Ar 核反冲丢失现象的影响作用也会相差较大。为此，笔者提出了蒙皂石层含量的概念（张有瑜等，2014）。需要说明的是，蒙皂石层含量和间层比不同，尽管定义都是蒙皂石晶层的含量，前者指的是测年样品中的蒙皂石层含量，后者指的是 I/S 有序间层中的蒙皂石层含量，前者是根据后者进一步计算得来的，等于后者（即间层比）与样品中 I/S 有序间层相对含量的乘积再除以 100。显然，蒙皂石层含量更能准确反映测年样品的膨胀性（也可以理解为结晶程度，膨胀性越强、结晶程度越低）。从图 7.13 可以看出，偏老程度和反冲丢失程度与蒙皂石层含量的相关程度明显增加，相关系数分别为 0.64 和 0.72,说明相关性非常强。前已述及,^{39}Ar 核反冲丢失现象受多种因素控制,而对于一个受多种因素控制的参数,采用单因素回归时,相关系数不会非常高。

自生伊利石的颗粒大小(粒级或粒径)无疑是 ^{39}Ar 核反冲丢失现象最主要控制因素,但由于数据相对较少(只对 9 块样品进行过连续粒级自生伊利石 Ar-Ar 年龄测定)和样品粒级相差相对较小(1μm 以下 4 个粒级,并且主要是 0.3μm 以下),请参见文献(张有瑜等,2014)和本书第十五、十六章。

从上面的讨论可以看出,笔者的未真空封装自生伊利石 Ar-Ar 年龄测定与研究工作,用大量实验数据充分证实,^{39}Ar 核反冲丢失现象不仅普遍存在,并且还非常明显,对年龄数据的影响平均偏老 49%,核反冲丢失平均为 28%,说明对 ^{39}Ar 核反冲丢失现象必须给予高度重视,不可忽略。

(2) 真空封装技术没有从根本上解决 ^{39}Ar 核反冲丢失问题,应用及发展前景充满挑战。

本章第二节对石英管真空封装技术进行了简要介绍,从中可以看出,真空封装技术并没有从根本上解决 ^{39}Ar 核反冲丢失问题,或者说没有从物理意义上解决 ^{39}Ar 核反冲丢失问题,只是为进一步分析研究和数据处理提供必要的前提条件。Clauer 等(2011)指出 ^{39}Ar 核反冲丢失是一个物理过程,对所有接受快中子照射的细粒矿物都会产生影响。本章第三节对真空封装年龄数据处理技术进行了详细介绍,从中可以看出,阶段表观年龄和坪年龄(真空封装坪年龄)均不能代表样品(自生伊利石)年龄,因为都受到了 ^{39}Ar 核反冲丢失现象的影响;真空封装总气体年龄和校正坪年龄可能等于或接近样品年龄(K-Ar 年龄),因为考虑了 ^{39}Ar 核反冲丢失现象并对其影响进行了校正,但其最大可能也只是相当于 K-Ar 年龄(样品年龄)。Foland 等(1992)的真空封装全熔年龄因为是一次性熔样,相当于 K-Ar 法,基本等于 K-Ar 年龄(样品年龄,从其数据表中的标样数据资料也可以看出)。由此看来,真空封装技术的应用和发展前景面临着极大挑战。如果不是在物理意义上克服或减小 Ar 核反冲丢失现象等方面取得重大进展,如采用真空预加热、真空压实和采用其他类型中子源(如氘-氚等)(Renne et al.,2005),就目前情况看,与自生伊利石 K-Ar 法相比并不具备明显优势,可能很难获得比 K-Ar 法更好的应用效果。此外,技术复杂、分析周期长、分析费用高等也都是具有重要影响作用的不利因素。样品量较少是 Ar-Ar 法的主要优势之一,但对于自生伊利石年龄测定,特别是砂岩油气储层中的自生伊利石,样品量可能不是主要问题。笔者的经验证明,只要方法得当,绝大多数砂岩样品都可以通过分离提取出足够满足各种相关分析测试项目需求的样品量。用样量少的确是优点,但不是在所有地方都具有不可或缺的实用价值和意义,过分地强调这一点,可能与实际情况不符。下面将分三种情况做进一步探讨。

第一种情况为被测样品为纯自生伊利石(包括自生 I/S 有序间层),K-Ar 法可以给出非常好的年龄数据(Emery and Robinson,1993;张有瑜等,2004,2007,2014,2015;张有瑜和罗修泉,2011,2012;Zhang et al.,2005,2011;Clauer et al.,2012);真空封装 Ar-Ar 也可以给出相对较好的年龄数据,如真空封装总气体年龄、校正坪年龄(Clauer et al.,·2012)。第二种情况为被测样品全部为或主要为碎屑伊利石,不含自生伊利石或自生伊利石含量较低,不管是 K-Ar 法还是真空封装 Ar-Ar 法,都不可能获得有意义的年龄数据,因为主要是碎屑伊利石的贡献,没有明确的地质意义。第三种情况为被测样品主要为自生伊利石,含有少量(10%以下或更低)碎屑伊利石,毫无疑问,不管是 K-Ar 法还是真空封装 Ar-Ar 法,所获得的直接年龄数据(包括 K-Ar 实测年龄和 Ar-Ar 阶段表观年龄)都是混合年龄,虽然主要是自生伊利石的贡献,但都受到了碎屑伊利石的影响,即包含碎屑伊利石的贡献。在这种情况下,首先,可以肯定地说,K-Ar 法不可能从实测年龄数据中区分出自生伊利石年龄和碎屑伊利石年龄的,解决办法只有两个,一是在对年龄数据进行地质解释应用时适当考虑碎屑伊利石的影响因素;二是利用伊利石年龄分析(IAA)技术扣除碎屑伊利石的影响,求出碎屑伊利石含量为零时的年龄值,即校正年龄(参见本书第六章第三节)。其次,同样可以肯定地说,真空封装 Ar-Ar 法也是不可能从实测年龄数据,包括阶段表观年龄和坪年龄(真空封装坪年龄)中区分出自生伊利石年龄和碎屑伊利石年龄的,尽管从理论上讲在年龄谱中的中低温区,自生伊利石的贡献应该多一些,中高温区碎屑伊利石的应该多一些,但没有办法或很难准确确定比例是多少,因而也就不能确定年龄,且还有一点非常重要,就是不管是中低温区还是中高温区,阶段表观年龄都受到了[39]Ar 核反冲丢失现象的影响。Clauer 等(2012)的校正年龄谱虽然校正了反冲丢失的影响,但同样不能准确确定二者的比例,如果没有非常可靠的 K-Ar 和/或 Rb-Sr 年龄数据等作参考,可能很难获得合理结果。与 K-Ar 法一样,解决办法也只有两种,一是在对年龄数据进行地质解释应用时适当考虑碎屑伊利石的影响因素;二是利用伊利石年龄分析(IAA)技术扣除碎屑伊利石的影响,求出碎屑伊利石含量为零时的年龄值,即校正年龄。差别只是在利用 IAA 技术时,K-Ar 法使用的是 K-Ar 年龄,真空封装 Ar-Ar 法使用的是真空封装总气体年龄。对于伊利石 Ar-Ar 年龄分析技术,Van der 等(2001)提供了一个非常有价值的参考实例,其在研究加拿大南部落基山脉 Lewis 逆冲断层的活动时代时,首先分离出粗(2~0.2μm)、中(0.2~0.02μm)、细(<0.02μm)三个不同连续粒级的断层泥黏土(自生伊利石)组分,然后进行真空封装 Ar-Ar 法阶段升温年龄测定,并同时利用 XRD 分析技术确定不同粒级组分中的碎屑伊利石含量,最后,利用不同粒级组分的碎屑伊利石含量(参数 x)和真空封装总气体年龄(参数 y)做线性回归,求出碎屑伊利石含量为零时的真空封装总气体年龄(51.5Ma),并认为代表自生伊利石年龄即断层活动时代[不同粒级组分的真空封装总气体年龄范围为 67.2~133.0Ma;核反冲丢失范围为 10%~30%;2 块样品,8 组数据(各含 1 个重复样)]。

从上面的讨论可以看出,在真空封装年龄数据中,真空封装总气体年龄概念意义最清楚并且也最有使用价值。理论上讲,真空封装总气体年龄等于或相当于 K-Ar 年龄。应该特别强调的是,对于常规 Ar-Ar 法,一般都简单地说总气体年龄等于或相当于 K-Ar 年龄,但对于自生伊利石 Ar-Ar 法,一定要强调是否采用真空封装技术,只有真空封装总气体年龄才等于或相当于 K-Ar 年龄,而未真空封装总气体年龄,理论上讲与 K-Ar 年龄是不对等的,一般都会偏老或明显偏老,偏老程度与核反冲丢失程度正相关,变化范围相对较大(5%~268%)(表 7.6、图 7.10 和图 7.12)。

(3) 自生伊利石 K-Ar 法简便经济、技术稳定、数据可靠,具有较好的发展前景。

从前面的讨论可以看出,自生伊利石 K-Ar 法的优点非常明显,没有核反冲丢失现象、简便、经济、快捷、技术稳定、数据可靠。缺陷或不足概括起来可能主要表现在以下三个方面。第一,自生伊利石分离,其实,这并不是只属于 K-Ar 法的问题,Ar-Ar 法同样需要分离提纯自生伊利石,而且 K-Ar 法还有一个很大优势,就是可以通过尽量提取较细粒级的自生伊利石,实现最大程度地降低碎屑伊利石污染,从而获得最大纯度的自生伊利石;而 Ar-Ar 法则不然,粒级越细、核反冲丢失现象越明显,年龄越偏老;如果选用较粗粒级,就可能会大大增加含有碎屑伊利石的可能性。第二,K-Ar 法用样量大,Ar-Ar 法用样量小,砂岩储层中的自生伊利石尽管含量相对较低,但不属于极其珍贵样品,样品量可能不是主要问题。第三,K-Ar 法需要分开测钾、测氩,如果样品不均一,可能会产生测量误差。从理论上讲,样品不均一问题肯定影响测量误差,但与^{39}Ar 核反冲丢失现象相比,其实际影响作用要小得多,可以忽略不计。显然,自生伊利石 K-Ar 法具有较好的发展前景。

应该指出的是,这里并非否认 Ar-Ar 法,对于造岩矿物年龄测定而言,Ar-Ar 法具有其他方法不可替代的优势和价值,也正是因为如此,近期以来,Ar-Ar 法方兴未艾,得到了突飞猛进的发展。但对于自生伊利石年龄测定,^{39}Ar 核反冲丢失现象上升为"主要矛盾",其他的优势和价值也就大打折扣。Clauer 等(2012)对自生伊利石 K-Ar 法和自生伊利石真空封装 Ar-Ar 法进行了系统对比研究,认为两种方法并不对立且都不过时;两种方法各有特长且可以互补。笔者完全赞同这种观点,同时也认为^{39}Ar 核反冲丢失现象或者说自生伊利石真空封装 Ar-Ar 法的确是一个值得深入探讨的课题,这里的分析与对比只代表笔者的初步认识和观点,每一个论题都具有充分讨论的空间。

(4)矿物学分析鉴定数据是自生伊利石 Ar-Ar 年龄数据解释与应用的基石,应该给予足够重视。

Ar-Ar 法,特别是自生伊利石 Ar-Ar 法年龄测定是一个技术性要求非常高的实验分析测试项目,具有较强的研究性和探索性,从样品筛选到真空封装、快中子照射,从温度阶段划分、Ar 同位素比值测定到实验数据分析,每一步都非常重要,既需要丰富的经验也需要较高的技巧,如分析的目的是进行自生伊利石年龄测定,可所送样品(待测样品)中根本就不存在自生伊利石,甚至连伊利石都没有或含量非常低,那测定的价值和意义又如何体现? 又如,对待测样品的特性一定要非常了解,温度阶段的划分要和矿物的释氩特征高度吻合,只有这样才能够获得比例协调、漂亮合理的年龄谱。再如,原始实验数据处理一定要去伪存真、合理取舍,Ar-Ar 法的确可以获得数个、十几个或二十几个阶段表观年龄,但这并不等于可以任意取舍,必须是在不违反 Ar-Ar 法的定义、原理和规则的前提下进行解读;坪年龄、总气体年龄等 Ar-Ar 法参数的获取和地质解释与应用必须要和所测矿物对象高度吻合,简单地套用和照搬没有实质意义,要想做到这一点,就首先需要加强矿物学分析鉴定工作。笔者始终坚持认为,没有矿物学数据支持的年龄数据是缺乏足够说服力的,特别是对自生伊利石 Ar-Ar 法年龄测定(当然也包括 K-Ar 法),在给出年龄数据及其解释与应用时,必须同时给出矿物学数据,并且最好同时给出 SEM 照片和 XRD 谱图,从而使读者相信,数据扎实、可靠且结论和数据一致,而不是年代学与矿物学严重脱离。

(5)普及 Ar-Ar 法,特别是自生伊利石 Ar-Ar 法知识具有非常重要的现实意义。

本章详细系统地介绍了自生伊利石 Ar-Ar 法的方法、原理及数据处理技术;同时笔者一直在重点强调 Ar-Ar 法不能直接用于自生伊利石年龄测定或自生伊利石不能直接用 Ar-Ar 法进行年龄测定,并且认为真空封装技术没有真正解决^{39}Ar 核反冲丢失问题,其发展和应用前景充满挑战。普及 Ar-Ar 法,特别是自生伊利石 Ar-Ar 法知识具有非常重要的现实意义。本章内容是从道理上系统阐述为什么 Ar-Ar 法不能直接用于进行自生伊利石年龄测定? 是用大量实际数据充分证明^{39}Ar 核反冲丢失现象的确存在,并且作用明显,从而打消疑虑、丢掉幻想,即只是片面地夸大 Ar-Ar 法的优点,而没有去足够地重视"^{39}Ar 核反冲丢失"现象。只有对自生伊利石 Ar-Ar 法真正了解,才不会误用、误信,才会取长补短,充分发挥 Ar-Ar 法,包括 K-Ar 法的长处,使两者达到完美结合,既解决地质疑难问题又将自生伊利石年代学研究引向深入,才会知道问题之所在,并明确进一步研究方向,从而争取实质性进展,并趋于进一步完善。

参 考 文 献

陈文寄,彭贵. 1991. 年轻地质体系的年代测定. 北京:地震出版社

戴橦谟,陈文. 1999. 激光微区^{40}Ar/^{39}Ar 定年技术及其应用与发展//陈文寄,计凤桔,王非. 年轻地质体系的年代测定(续). 北京:地震出版社,57-76

福尔 G. 1983. 同位素地质学原理. 潘曙兰,乔广生,译. 北京:科学出版社

富云莲. 1998. ^{40}Ar-^{39}Ar 同位素地质年龄及氩同位素比值测定 中华人民共和国地质矿产行业标准 DZ/T 0184. 8—1997. 见:中华人民共和国地质矿产部发布. 同位素地质样品分析方法 中华人民共和国地质矿产行业标准 DZ/T 0184. 1~0184. 22—1997. 北京:中国标准出版社

李志昌,路远发,黄圭成. 2004. 放射性同位素地质学方法与进展. 武汉:中国地质大学出版社

罗修泉. 2006. 静态真空质谱仪分析技术//黄达峰,等. 同位素质谱技术与应用,质谱技术丛书. 北京:化学工业出版社

穆治国. 2003. 激光显微探针^{40}Ar-^{39}Ar 同位素定年. 地学前缘,10(2):301-307

王龙樟,戴橦谟,彭平安. 2004. 气藏储层自生伊利石^{40}Ar/^{39}Ar 法定年的实验研究. 科学通报,49(增刊 I):81-85

王龙樟,戴橦谟,彭平安. 2005. 自生伊利石^{40}Ar/^{39}Ar 法定年技术及气藏成藏期的确定. 地球科学,30(1):78-82

张彦,陈文,陈克龙,等. 2006. 成岩混层(I/S)Ar-Ar 年龄谱型及^{39}Ar 核反冲丢失机理研究. 地质论评,52(4):556-561

张有瑜,陶士振,刘可禹,等. 2015. 四川盆地须家河组致密砂岩气自生伊利石年龄分布与成藏时代. 石油学报,36(11):1367-1379

张有瑜,罗修泉. 2011. 英买力沥青砂岩自生伊利石 K-Ar 测年与成藏年代. 石油勘探与开发,38(2):203-208

张有瑜,罗修泉. 2012. 塔里木盆地哈 6 井石炭系、志留系砂岩自生伊利石 K-Ar、Ar-Ar 测年与成藏年代. 石油学报,33(5):748-757

张有瑜,Zwingmann H,刘可禹,等. 2007. 塔中隆起志留系沥青砂岩油气储层自生伊利石 K-Ar 同位素测年研究与成藏年代探讨. 石油与天然气地质,28(2):166-174

张有瑜,Zwigmann H,刘可禹,等. 2014. 自生伊利石 K-Ar、Ar-Ar 测年技术对比与应用前景展望——以苏里格气田为例. 石油学报,35(3):407-416

张有瑜,Zwingmann H,Todd A,等. 2004. 塔里木盆地典型砂岩储层自生伊利石 K-Ar 同位素测年研究与成藏年代探讨. 地学前缘,11(4):637-648

Brereton N R, Hooker P J, Miller J A. 1976. Some conventional potassium-argon and ^{40}Ar-^{39}Ar age studies of glauconite. Geological Magazine, 113(4):329-340

Clauer N, Jourdan F, Zwingmann H. 2011. Dating petroleum emplacement by illite ^{40}Ar-^{39}Ar laser stepwise heating:Discussion. AAPG Bulletin, 95(12):2107-2111

Clauer N, Zwingmann H, Liewig N, et al. 2012. Comparative ^{40}Ar/^{39}Ar and K-Ar dating of illite-type clay minerals:A tentative explanation for age identities and differences. Earth-Science Reviews, 115:76-96

Dong H L, Hall C M, Halliday A N, et al. 1997. Laser ^{40}Ar-^{39}Ar dating of microgram-size illite samples and implications for thin section dating. Geochimica et Cosmochimica Acta, 61(18):3803-3808

Dong H L, Hall C M, Peacor D R, et al. 1995. Mechanisms of argon retention in clays revealed by laser ^{40}Ar-^{39}Ar dating. Science, 267: 355-359

Dong H L, Hall C M, Peacor D R, et al. 2000. Thermal ^{40}Ar/^{39}Ar separation of diagenetic from detrital clays in Gulf Coast shales. Earth and Planetary Science Letters, 175: 309-325

Emery D, Robinson A. 1993. Inorganic geochemistry: Applications to petroleum geology. Oxford: Blackwell Scientific Publications

Faure G. 1977. Principles of isotope geology. Toronto: John Wiley & Sons

Foland K A, Hubacher F A, Arehart G B. 1992. ^{40}Ar/^{39}Ar dating of very fine-grained samples: An encapsulated-vial procedure to overcome the problem of ^{39}Ar recoil loss. Chemical Geology, 102(1-4): 269-276

Foland K A, Linder J S, Laskowski T E, et al. 1984. ^{40}Ar/^{39}Ar dating of glauconites: Measured Ar recoil loss from well-crystallized specimens. Chemical Geology, 46(3): 261-264

Halliday A N. 1978. ^{40}Ar/^{39}Ar stepheating studies of clay concentrates from Irish orebodies. Geochimica et Cosmochimica Acta, 42(12): 1851-1858

Hamilton P J. 2003. A review of radiometric dating techniques for clay mineral cements in sandstone//Worden R H, Morad S. Clay minerals cements in sandstones. Spiecial Publication Number 34 of the International Association of Sedimentologists. Cornwall: Blackwell Publishing, 253-287

Hess J C, Lippolt H J. 1986. Kinetics of Ar isotopes during neutron irradiation: ^{39}Ar loss from minerals as a source of error in ^{40}Ar/^{39}Ar dating. Chemical Geology, 59(4): 223-236

Koppers A A P. 2002. ArArCALC——software for ^{40}Ar/^{39}Ar age calculation. Computers & Geosciences, 28: 605-619

Kunk M J, Brusewitz A M. 1987. ^{39}Ar recoil in an I/S clay from the Ordovician "big bentonite bed" at Kinnekulle, Sweden. Geological Society of America Bulletin, 19: 230

Ludwig K R. 1992. Isoplot——A plotting and regression program for radiogenic-isotope data. United States Geological Survey Open-file Report: 91-445

McDougall I, Harrison T M. 1999. Geochronology and Thermochronology by the ^{40}Ar/^{39}Ar Method. 2nd ed. Oxford: Oxford University Press

Merrihue C, Turner G. 1966. Potassium-argon dating by activation with fast neutrons. Journal of Geophysical Research, 71: 2852-2857

Onstott T C, Millar M L, Ewing R C, et al. 1995. Recoil refinements: Implications for the ^{40}Ar/^{39}Ar dating technique. Geochimica et Cosmochimica Acta, 59(9): 1821-1834

Onstott T C, Mueller C, Vrolijk P J, et al. 1997. Laser ^{40}Ar/^{39}Ar microprobe analyses of fine-grained illite. Geochimica et Cosmochimica Acta, 61(18): 3851-3861

Paine J H, Nomade S, Renne P R. 2006. Quantification of ^{39}Ar recoil ejection from GA1550 biotite during neutron irradiation as a function of grain dimensions. Geochimica et Cosmochimica Acta, 70: 1507-1517

Renne P R, Knight K B, Nomade S, et al. 2005. Applications of deuteron-deuteron (D-D) fusion neutrons to ^{40}Ar/^{39}Ar geochronology. Applied Radiation and Isotopes, 62(1): 25-32

Turner G, Cadogan P H. 1974. Possible effects of ^{39}Ar recoil in ^{40}Ar-^{39}Ar dating. Geochimica et Cosmochimica Acta, 5: 1601-1615

Van der P B A, Hall C M, Vrolijk P J, et al. 2001. The dating of shallow faults in the Earth's crust. Nature, 412(12): 172-175

Zhang Y Y, Zwingmann H, Liu K Y, et al. 2011. Hydrocarbon charge history of the Silurian bituminous sandstone reservoirs in the Tazhong uplift, Tarim Basin, China. AAPG Bulletin, 95(3): 395-412

Zhang Y Y, Zwingmann H, Todd A, et al. 2005. K-Ar dating of authigenic illites and its applications to the study of hydrocarbon charging histories of typical sandstone reservoirs in Tarim Basin, China. Petroleum Science, 2(2): 12-24, 81

应 用 篇

第八章 塔里木盆地典型砂岩储层自生伊利石 K-Ar 同位素测年研究与成藏年代探讨

塔里木盆地是一个大型复合叠合盆地,共有 12 个一级构造单元(图 8.1),目前已相继在寒武系、奥陶系、志留系、泥盆系、石炭系、三叠系、侏罗系、白垩系、古近系、新近系 10 套层系中发现工业油气流,除寒武系和奥陶系主要为碳酸盐储层外,其余 8 套均主要为砂岩储层。

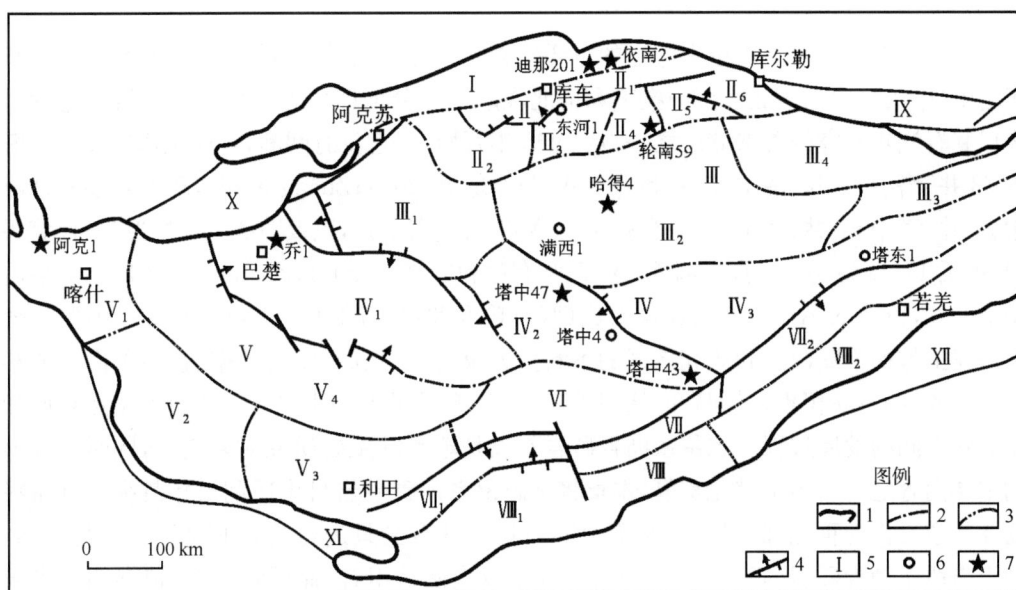

图 8.1 塔里木盆地构造区划图(贾承造,1997)及部分研究井井位图

1. 盆地边界;2. 一级单元界线;3. 二级单元界线;4. 断层;5. 构造单元编号;6. 井位;7. 研究井;Ⅰ. 库车拗陷;Ⅱ. 塔北隆起;Ⅱ₁. 轮台凸起;Ⅱ₂. 英买力低凸起;Ⅱ₃. 哈拉哈塘凹陷;Ⅱ₄. 轮南低凸起;Ⅱ₅. 草湖凹陷;Ⅱ₆. 库尔勒鼻状凸起;Ⅲ. 北部拗陷;Ⅲ₁. 阿瓦提凹陷;Ⅲ₂. 满加尔凹陷;Ⅲ₃. 英吉苏凹陷;Ⅲ₄. 孔雀河斜坡;Ⅳ. 中央隆起;Ⅳ₁. 巴楚断隆;Ⅳ₂. 塔中低凸起;Ⅳ₃. 塔东低凸起;Ⅴ. 西南拗陷;Ⅴ₁. 喀什凹陷;Ⅴ₂. 叶城凹陷;Ⅴ₃. 和田凹陷;Ⅴ₄. 麦盖提斜坡;Ⅵ. 塔古孜巴斯拗陷;Ⅶ. 塔南隆起;Ⅶ₁. 民丰北凸起;Ⅶ₂. 罗布庄凸起;Ⅷ. 东南拗陷;Ⅷ₁. 民丰凹陷;Ⅷ₂. 若羌凹陷;Ⅸ. 库鲁克塔格断隆;Ⅹ. 柯坪断隆;Ⅺ. 铁克力克断隆;Ⅻ. 阿尔金山断隆

塔里木盆地砂岩油气藏大多是经历过多期生排烃、多期油气运移、多期成藏和多期调整与破坏的复杂油气藏。油气藏成藏期研究是油气勘探的重要研究内容之一。不同的学者利用不同的方法,如供烃中心、运聚方式(王红军和张光亚,2001)、成藏模式(赵靖舟和吴保国,2001;田作基等,2001)、油气水界面追溯法(邓良全等,2000;赵靖舟,2001)、含油气系统(李小地等,2000;赵靖舟和李启明,2001;周兴熙,2000)和流体包裹体分析方法(赵靖舟,2002)等从不同的角度对塔里木砂岩油气藏的成藏史进行了深入研究并获得了较为

明确的初步认识。本章将利用自生伊利石 K-Ar 同位素测年技术对塔里木盆地典型砂岩油气藏的油气充注史进行初步探讨。

本章将重点对志留系沥青砂岩、石炭系东河砂岩段—含砾砂岩段（C$_{III}$ 油组）、三叠系砂岩（T$_{III}$ 油组）、侏罗系阿合组和阳霞组砂岩、白垩系—古近系—新近系砂岩油气储层进行系统分析与研究，并在与邻区、邻井对比的基础上，结合常规地球化学分析方法的成藏史研究成果及黏土矿物特征对其地质意义进行初步探讨；对于泥盆系，由于层系划分尚未统一，不单独讨论，和石炭系存在争议的，暂时归并到石炭系；和志留系存在争议的，暂时归并到志留系。

第一节　志留系沥青砂岩

志留系沥青砂岩是塔里木盆地的重要砂岩储层之一，层位上属于下志留统，主要分布于塔中（中央）隆起、塔北（北部）拗陷和塔北隆起等部分地区。志留系沥青砂岩是笔者自生伊利石测年研究的首选储层之一，从 1998 年开始，一直没有间断，首先是塔中 47 井、塔中 23 井、塔中 30 井、塔中 32 井和乔 1 井（张有瑜等，2004；Zhang et al.，2005），接着是塔中 37 井、塔中 67 井、塔中 12 井和孔雀 1、龙口 1、英南 1 井，以及英买 35、英买 35-1、英买 34、英买 11、英买 41 井（张有瑜等，2007；张有瑜和罗修泉，2011；Zhang et al.，2011）；然后是哈 6 井，以及 K-Ar 法、Ar-Ar 法对比（张有瑜和罗修泉，2012；Zhang et al.，2016）。随着研究工作的不断深入和研究地区的不断扩大及自生伊利石年龄数据（包括平面上的和纵向上的）的不断积累，对问题的认识不断提高、不断深化、不断丰富，经历了从点到面和从面到空间的发展过程。志留系沥青砂岩不仅是笔者的主要研究对象之一，同时是本书的主要内容之一。为了避免重复，本章将把志留系沥青砂岩自生伊利石年龄纵向分布特征及其意义作为重点，而对于其平面分布特征及其意义只进行简要的总体归纳与总结。关于志留系沥青砂岩的地层划分、发育、分布及生储盖组合、储层特征等，请参阅本书第九、十、十一章。为使读者获得完整的总体概念，本章把志留系沥青砂岩自生伊利石年龄数据全部汇总于表 8.1，图 8.2 是其年龄分布图。关于不同地区的自生伊利石发育和年龄分布特征请分别参阅本书第九章（塔中隆起、塔北拗陷孔雀河地区）、第十章（塔北隆起英买力地区）、第十一章（塔北隆起哈拉哈塘凹陷哈 6 井）；关于志留系沥青砂岩自生伊利石 K-Ar、Ar-Ar 年龄数据对比请参阅本书第十六章。

结合表 8.1 和图 8.2，本章将志留系沥青砂岩自生伊利石及其年龄数据的平面分布特征简单概括如下。

（1）自生伊利石普遍发育，主要为片状、蜂窝状，其次为片丝（片＋短丝）状、丝状，主要与间层比大小，即结晶程度密切相关，并且具有较强的地区性：①塔北隆起轮台凸起英买 35 井等、哈拉哈塘凹陷哈 6 井主要为片状、片丝状；②塔北拗陷孔雀河斜坡孔雀 1 井主要为丝状；③塔中隆起巴楚凸起乔 1 井主要为片状，塔中凸起塔中 67 井等主要为蜂窝状。高岭石，主要为片状、六方板状、书状、蠕虫状。

表 8.1　塔里木盆地志留系沥青砂岩储层自生伊利石 K-Ar 法同位素测年分析数据表

样号	构造单元	井号	井深/m	岩性	样品粒级/μm	黏土矿物相对含量/%					I/S混层比/%	钾长石	钾含量/%	$R(^{40}Ar_{放}/^{40}Ar_{总})/\%$	年龄/Ma
						S	I/S	I	K	C					
A1	塔北隆起 轮台凸起	英买34	5386.90	含油细砂岩	0.3~0.15		92		8		5	—	3.00	96.68	255.40
A2	塔北隆起 轮台凸起	英买35	5388.70	含油细砂岩	<0.15		88		12		5	—	3.41	96.59	281.01
A3	塔北隆起 轮台凸起	英买35	5588.70	荧光细砂岩	0.3~0.15		92		8		5	Tr	3.43	96.59	279.90
A4	塔北隆起 轮台凸起	英买35-1	5574.00	油斑	0.3~0.15		100				5	—	6.38	97.52	293.49
A5	塔北隆起 轮台凸起	英买35-1	5631.60	细砂岩	0.3~0.15		97			3	5	—	6.07	97.63	286.60
A6	塔北隆起 轮台凸起	英买11	5562.00	中砂岩	0.3~0.15		94			6	5	—	6.71	97.01	287.76
A7	塔北隆起 哈拉哈塘凹陷	哈6	6307.10	沥青砂岩	0.3~0.15		53			47	15	Tr	3.71	96.78	277.26
A8	塔北隆起 哈拉哈塘凹陷	哈6	6311.10	沥青砂岩	0.3~0.15		91	4	5		20	—	4.34	95.72	136.38
A9	塔北拗陷 满加尔凹陷	羊屋2	5217.65	沥青砂岩	0.3~0.15		92	4	4		30	—	5.10	95.09	124.87
A9	塔北拗陷 满加尔凹陷	羊屋2	5217.65	沥青砂岩	<0.15		80	6	14		25	—	3.23	94.13	242.39
A10	塔北拗陷 满加尔凹陷	羊屋2	5290.61	沥青砂岩	0.3~0.15	因样品量不够,故未进行 XRD 分析						—	3.21	92.98	243.17
A11	塔北拗陷 满加尔凹陷	羊屋2	5460.00	沥青砂岩	0.3~0.15		91	8	1		10	—	5.37	98.13	319.68
A11	塔北拗陷 满加尔凹陷	羊屋2	5460.00	沥青砂岩	<0.15		56	4		40	30	—	4.38	97.88	375.89
A12	塔北拗陷 英吉苏凹陷	龙口1	4601.50	荧光砂岩	0.3~0.15		63	3		34	30	—	3.36	93.71	274.54
A12	塔北拗陷 英吉苏凹陷	龙口1	4601.50	荧光砂岩	<0.15		66	2		32	30	—	3.43	93.23	271.20
A13	塔北拗陷 英吉苏凹陷	龙口1	4725.75	荧光砂岩	0.3~0.15	因样品量不够,故未进行 XRD 分析						—	3.81	92.57	225.76
A13	塔北拗陷 英吉苏凹陷	龙口1	4725.75	荧光砂岩	<0.15		66	3		31	30	—	3.89	91.12	219.26
A14	塔北拗陷 英吉苏凹陷	英南2	3821.40	砂岩	0.3~0.15	2	88	5		5	35	—	4.01	96.37	285.67
A14	塔北拗陷 英吉苏凹陷	英南2	3821.40	砂岩	<0.15	2	89	4		5	35	—	3.97	96.47	279.23
A15	孔雀河斜坡	孔雀1	2799.70	砂岩	0.3~0.15		66	11		23	25	—	4.95	98.17	389.64
A16	孔雀河斜坡	孔雀1	2962.10	砂岩	0.3~0.15	因样品量不够,故未进行 XRD 分析						—	4.69	95.86	383.12
X1	孔雀河斜坡		—	砂岩	0.3~0.15		80	1		19	15	—	5.26	97.94	384.78
X2	孔雀河斜坡		—	砂岩	<0.15		81	1		18	15	—	5.45	96.25	392.32

续表

样号	构造单元	井号	井深/m	岩性	样品粒级/μm	S	I/S	I	K	C	I/S间层比/%	钾长石	钾含量/%	$R(^{40}Ar^{放}/^{40}Ar^{总})$/%	年龄/Ma
A17	巴楚断隆	乔1	1719.10	沥青砂岩	<0.15		72			28	5	—	6.02	98.18	383.45
A18	中央隆起 塔中低凸起	塔中47	4985.02		<2		20		80		5	—	2.51	97.35	383.53
A19			4986.96		<2		20		80		5	—	0.88	94.39	363.89
A20		塔中23	4774.00	沥青砂岩	0.45~0.15		75	15	10		20	Tr	4.70	96.44	293.54
A21		塔中37	4679.93		0.3~0.15		99	1			25	—	5.58	93.59	209.88
					<0.15		99	1			25	—	5.56	93.68	203.96
A22		塔中67	4642.78	沥青砂岩	0.3~0.15		100				30	—	4.42	94.91	234.15
					<0.15		100				30	—	4.50	71.61	224.07
A23		塔中12	4380.40		0.3~0.15		96	1	3		30	—	4.21	81.02	234.10
					<0.15		97	1	2		30	—	4.38	84.29	227.31
A24		塔中82	4377.46		0.3~0.15		92	3	2	3	30	Tr	3.47	93.48	279.67
A25		塔中30	4162.12		0.3~0.15		80	8		12	25	—	4.02	89.71	296.31
A26			4059.98		0.3~0.15		92	7		1	25	—	4.80	96.13	248.10
A27		塔中62	4088.62		0.3~0.15		92	7		1	25	—	4.62	95.82	240.58
A28			4212.80		<0.15		81	5	14		25	Tr	3.58	97.40	363.81
A29	塔东低凸起	塔中32	3794.24	沥青砂岩	0.3~0.15		82	5	8	5	30	—	4.09	83.96	235.17
Z1	沙雅隆起 阿克库勒凸起	沙102	5565.36	中砂岩	0.3~0.15		73	3	6	18	15	—	4.56	91.72	390.69
Z2		沙117	5421.65	粉砂岩	0.3~0.15		45	5		50	10	—	4.06	92.35	433.79
Z3		沙108	5418.70	油砂细砂岩	0.3~0.15		67	5		28	15	—	3.39	87.24	364.77
Z4		沙119-1	5327.43	稠油沥青岩	0.3~0.15		86	7	7		25	—	2.84	84.64	317.49
				细砂岩	<0.15								3.44	80.63	368.44

因样品量不够，故未进行 XRD 分析

注：S 为蒙皂石；I/S 为伊/蒙间层；I 为伊利石；K 为高岭石；C 为绿泥石；Tr 为微量；"—"表示未检出；X1、X2 见任战利，2007）；Z1~Z4 的分析测试工作均由笔者实验室完成，X1、X2 引自肖晖等（2008）；Z1~Z4 引自张永旺等（2011）；X1、X2、Z1~Z4 见张忠民，2007）。

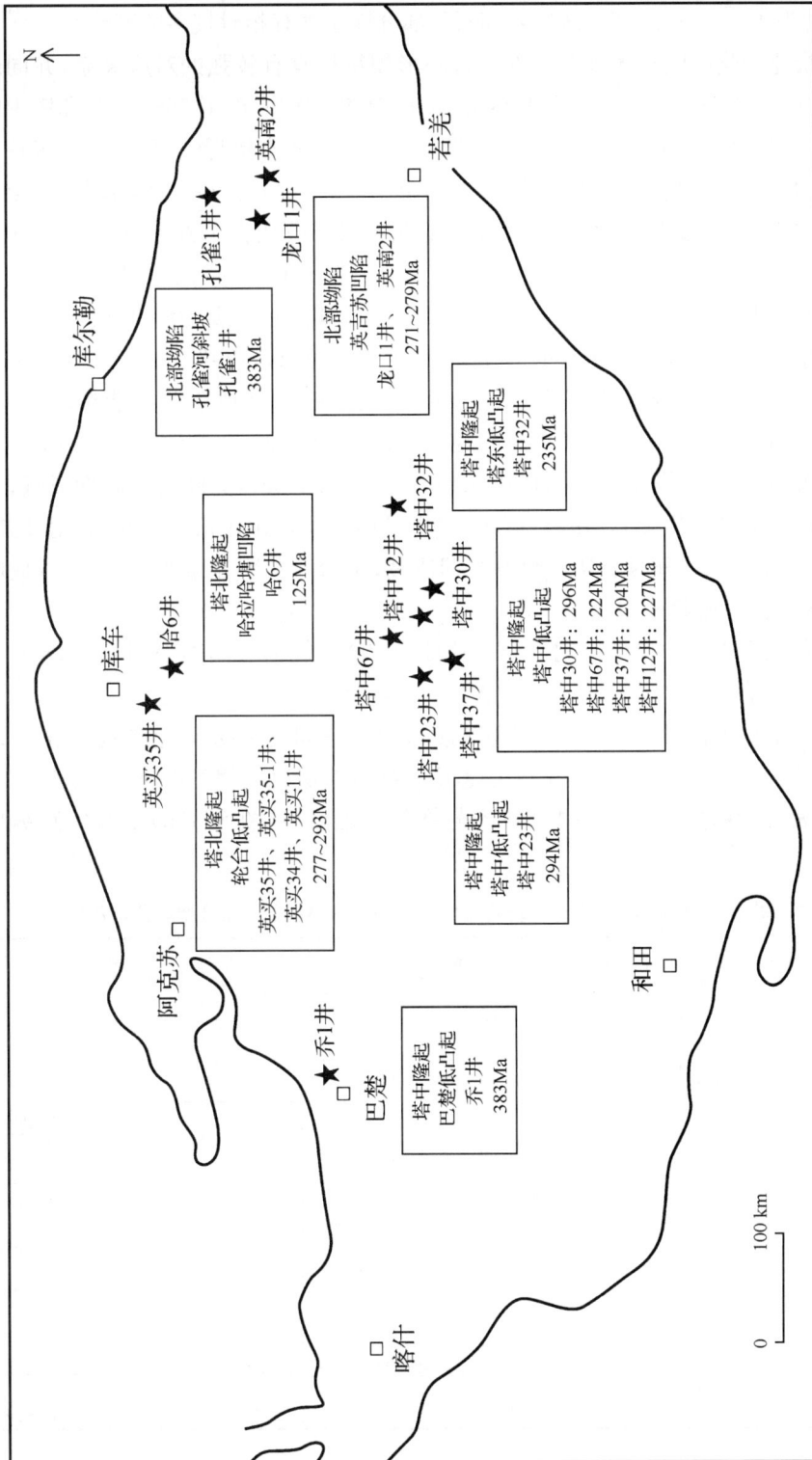

图 8.2　塔里木盆地志留系砂岩自生伊利石年龄分布图(张有瑜和罗修泉,2012)

（2）自生伊利石含量变化较大，但主要以自生伊利石为主，高者为100%，接近纯自生伊利石，低者为45%～53%，含有较多绿泥石，部分样品含有相对较多的高岭石。

（3）间层比变化范围较大（5%～30%），与形貌特征具有较强的对应关系，并同时具有较强的地区性：①塔北隆起轮台凸起英买34井、英买35井、英买35-1井等和塔中隆起巴楚凸起乔1井，间层比较低，为5%，尤其是英买35井，基本接近纯伊利石，形貌特征主要为片状；②塔北隆起哈拉哈塘凹陷哈6井，间层比中等，为15%～20%，基本接近纯I/S有序间层，形貌特征主要为片丝状；③塔北拗陷孔雀河斜坡孔雀1井和塔中隆起塔中37井、塔中67井、塔中12井等，间层比相对较高，为25%～30%，特别是塔中67井，基本接近纯R=1(R1型)I/S有序间层，相对含量为100%，形貌特征主要为蜂窝状。

（4）自生伊利石年龄分布范围较宽，为383～125Ma（粒级为0.3～0.15μm或<0.15μm），表明为多期成藏并具有较强的分布规律性：①盆地东西两端相对较大，如乔1井和孔雀1井（383Ma），为晚加里东期—早海西期成藏；②盆地中心相对较小，如塔中67井、塔中37井、塔中12井、塔中32井（210～235Ma），为晚海西晚期成藏；③英买力地区（英买34井、英买35井、英买35-1井）和英吉苏凹陷（龙口1井、英南2井）中等（255～293Ma），为早海西晚期—晚海西期成藏；④哈6井明显偏小（125Ma），成藏期明显偏晚，为燕山中晚期。

关于志留系沥青砂岩自生伊利石形貌特征、XRD特征请参阅本书图1.5、图1.2；进一步的详细内容请参阅本书第九、第十、第十一和第十六章。

为了深入探讨志留系沥青砂岩自生伊利石年龄的纵向变化规律，笔者选择塔中47井进行系统研究。表8.2是塔中47井石炭-志留系砂岩储层自生伊利石K-Ar法同位素测年分析数据表，其中的TZ47-11～TZ47-17号样品为志留系，图8.3(b)是其年龄纵向分布图。

表8.2　塔中47井石炭-志留系砂岩储层自生伊利石K-Ar法同位素测年分析数据表

样号	层位	井深 /m	岩性	样品粒级 /μm	黏土矿物相对含量/%				I/S间层比/%	钾长石	钾含量 /%	年龄 /Ma
					I/S	I	K	C				
TZ 47-1	C⁸	4393	荧光细砂岩	1～0.5	55	10	35		20	—	3.94	303.98
				0.5～0.3	73	6	21		20	—	4.54	288.08
				0.3～0.15	89	6	5		20	—	5.13	<u>269.17</u>
TZ 47-2	C⁸	4396	油斑砂岩	1～0.5	68	12	20		25		4.96	302.85
				0.5～0.3	85	5	10		25		5.36	268.48
				0.3～0.15	94	4	2		25		5.53	<u>234.01</u>
				<0.15	95	3	2		25		5.60	234.41
TZ 47-3	C⁸	4397	油斑砂岩	1～0.5	73	15	12		20	Tr	3.43	315.61
				0.5～0.3	因样品量不够，故未进行XRD分析						3.71	279.27
				0.3～0.15	90	7	3		20		3.91	<u>252.19</u>

续表

样号	层位	井深/m	岩性	样品粒级/μm	黏土矿物相对含量/%				I/S间层比/%	钾长石	钾含量/%	年龄/Ma
					I/S	I	K	C				
TZ 47-4	C^8	4399	油斑砂岩	1~0.5	64	8	28		25	—	4.64	270.92
				0.5~0.3	86	6	8		25	—	5.44	249.08
				0.3~0.15	96	3	1		25	—	5.68	234.60
				<0.15	96	3	1		25	—	5.64	<u>199.52</u>
TZ 47-5	C^8	4402	油斑砂岩	1~0.5	87	12	1		20	Tr	4.07	309.58
				0.5~0.3	因样品量不够,故未进行 XRD 分析						4.14	298.44
				0.3~0.15	因样品量不够,故未进行 XRD 分析						4.42	<u>269.91</u>
TZ 47-6	C^9	4406	含油砂岩	<2	70		30		10	Tr	4.90	255.33
				<0.4	90	10			25	—	4.83	<u>237.47</u>
TZ 47-7	C^9	4407		<2	30		70		15		4.90	<u>263.82</u>
TZ 47-8	C^9	4408	荧光砂岩	<2	30		70		10		4.80	<u>260.01</u>
TZ 47-11	S$_1$t	4891	油斑砂岩	1~0.5	33	6	61		25	—	2.80	340.22
				0.5~0.3	51	5	44		25	—	3.56	324.43
				0.3~0.15	78	3	19		25	—	4.33	288.21
				<0.15	86	2	12		25	—	4.48	<u>280.96</u>
TZ 47-12	S$_1$t	4893		1~0.5	33	7	60		25	—	2.54	324.43
				0.5~0.3	54	5	41		25	—	3.40	302.68
				0.3~0.15	79	6	15		25	—	4.46	<u>279.23</u>
TZ 47-13	S$_1$t	4982	砂岩	1~0.5	23	5	68	4	45	—	1.35	369.00
				0.5~0.3	28	6	61	5	50	—	1.58	329.50
				0.3~0.15	66	11	21	2	45	—	2.32	<u>284.75</u>
TZ 47-14	S$_1$t	4985	油斑砂岩	<1	21	2	75	2	10	—	1.47	<u>360.26</u>
TZ 47-15	S$_1$t	4986		<2	20		80		5	—	2.51	<u>383.53</u>
TZ 47-16	S$_1$t	4987	沥青砂岩	<2	20		80		5	—	0.88	<u>363.89</u>
TZ 47-17	S$_1$t	4988		1~0.5	28	13	59		25	—	3.30	410.47
				0.5~0.3	50	16	34		25	—	4.42	376.52
				0.3~0.15	73	11	16		25	—	5.54	<u>334.81</u>

注:S 为蒙皂石;I/S 为伊/蒙间层;I 为伊利石;K 为高岭石;C 为绿泥石;Tr 为微量;带下划线的年龄数据表示样品年龄。

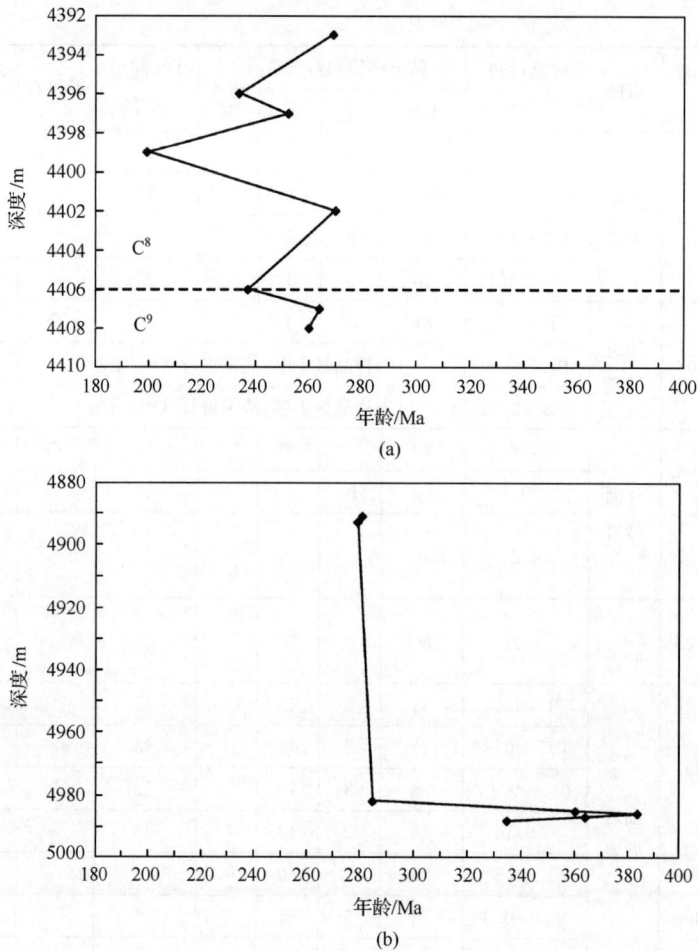

图 8.3　塔中 47 井石炭系、志留系砂岩自生伊利石年龄纵向分布
(a) 含砾砂岩段(C^8)、东河沙岩段(C^9)；(b) 下砂岩段(S_1^3,沥青砂岩段)

　　塔中 47 井石炭-志留系是笔者完成的两个自生伊利石纵向年龄剖面之一,另一个为依南 2 井侏罗系(将在下面的内容中讨论)。这两个纵向年龄剖面的获得,难度非常大,不仅工作量较大,而且时间比较漫长,从 2001 年年底采回样品到 2011 年年底完成所有项目分析,前后用时十年(包括 Ar-Ar 年龄测定),其中包括自生伊利石分离、SEM、TEM、XRD 分析、K 含量测定、K-Ar 年龄测定、根据 K-Ar 年龄数据筛选 Ar-Ar 年龄测定样品、核反应堆照射、Ar-Ar 年龄测定等诸多环节。为了充分保证质量,分离过程中的样品细碎即制备黏土悬浮液采用制冷—加热循环解离技术,由于非常坚硬,部分样品如 TZ47-3、TZ47-13、TZ47-14(表 8.2)的冷冻时间长达近 3 年(840d;详见张有瑜等,2014)。由于样品较多和设备(制冷—加热循环器)容量有限,需要分批次进行,同时为了了解年龄随粒级的变化规律,大部分样品均分离出 4 个(部分为 3 个)连续不同粒级黏土组分并对每个粒级组分均进行了 XRD 分析和 K-Ar 年龄测定。

　　塔中 47 井位于中央隆起塔中低凸起(图 8.1),是一口重点预探井并在志留系获得工业油气流。

塔中 47 井志留系沥青砂岩属于下志留统塔塔埃尔塔格组(S_1t)下砂岩段,主要为潮坪相沉积,岩石类型主要为细粒岩屑砂岩,孔、渗中等[油气层段 4978.5～4986.0m;Φ(孔隙度)为 12%～18%,K 渗透率为 10～2700mD]。黏土矿物主要为高岭石、迪开石,六方板状、蠕虫状,晶体较大[图 8.4(b)、图 8.4(d)、图 8.4(f)、图 8.4(g)],相对含量高达 70%～80%(粒级<2μm)(表 8.2),伊利石相对较少,主要为丝状、短丝状、指状(片+短丝),具有明显的自生成因特征,部分为片状、略厚、相对较大,相对松散并且色浅、较为明亮[图 8.4(a)、图 8.4(d)],虽然自生成因特征不十分明显,但结合其实测年龄明显小于地层年龄(440～428Ma)综合推断,应该属于自生成因。纵向上,丝状、片状自生伊利石相间分布,不具有明显规律性,可能主要与砂岩孔渗特征有关。孔渗相对较好层段,具有相对充足的生长空间,为丝状,而相对较差层段,由于较为致密,主要为片状。尽管扫描电镜观察和 XRD 数据中的相对较粗粒级组分均显示主要为高岭石,但相对较细粒级组分(<0.3μm)则仍然以自生伊利石为主,相对含量为 66%～86%(表 8.2),说明黏土矿物粒级分异较大,高岭石结晶较好,颗粒较大,主要集中分布在粗粒级组分中。这一点从图 8.4 中也可以明显看出,高岭石、自生伊利石颗粒大小相差显著,高岭石普遍要比自生伊利石大十几倍到几十倍。I/S 有序间层(即自生伊利石)的间层比以 25% 为主,相对较大,说明成岩演化程度不是很高,并且与其形貌特征基本一致。从图 8.4 可以看出,自生伊利石的形状虽然被描述为丝状、短丝状,但也非常接近于蜂窝状[图 8.4(e)、图 8.4(g)、图 8.4(h)],说明间层比较大,与 XRD 结果一致。自生伊利石年龄为 279.23～383.53Ma,范围相对较宽,相当于泥盆纪中晚期(加里东晚期—海西早期)到石炭纪(早海西期)。结合 SEM 和 XRD 分析结果(指状、短丝状 I/S 有序间层和无碎屑含钾矿物污染)可以认为,该年龄基本上代表的是自生伊利石年龄,可能反映早期油气注入事件,代表古油藏的最早成藏期。年龄数据与深度具有较好的对应关系,相对较浅的年龄相对偏小(4891～4893m,279.23～280.96Ma)相对较深的年龄相对较大(4985～4988m,334.81～383.53Ma)(表 8.2),说明成藏时间相对较深的相对较早(加里东晚期—海西早期),相对较浅的相对较晚(早海西期),并且如果把石炭系、志留系自生伊利石年龄作为整体分析,就会发现这种规律性更加明显(图 8.3)。此外,从表 8.1 可以看出羊屋 2 井同样具有深度大、年龄老的变化规律:深度为 5217.65m,年龄为 242.39～243.17Ma;深度为 5290.61～5460.00m,年龄为 319.68～375.89Ma。

为了深入探讨自生伊利石年龄数据随深度增加变老的原因,笔者对自生伊利石形貌特征与深度之间的对应关系进行了详细研究(图 8.4),没有发现明显规律性,说明形貌特征与年龄数据之间没有明显的对应关系,也就是说形貌特征可能不是年龄大小的主要控制因素。年龄随深度变老可能主要反映的是油气运移特征,如运移方式、运移通道、运移先后等方面的差异。

综合图 8.2、图 8.3 和表 8.1、表 8.2,根据自生伊利石年龄的空间分布特征并结合油气系统研究成果进行对比分析,可以发现古构造格局,即供烃中心(沉积、沉降中心)可能是主要的成藏控制因素之一。油气系统研究表明,满加尔凹陷以东地区(盆地东端)和阿瓦提凹陷(盆地西端)为主要供烃中心(张光亚等,2002),孔雀 1 井、龙口 1 井、英南 2 井位于满加尔供烃中心及其周围,乔 1 井、英买力地区位于阿瓦提供烃中心及其周围。平面

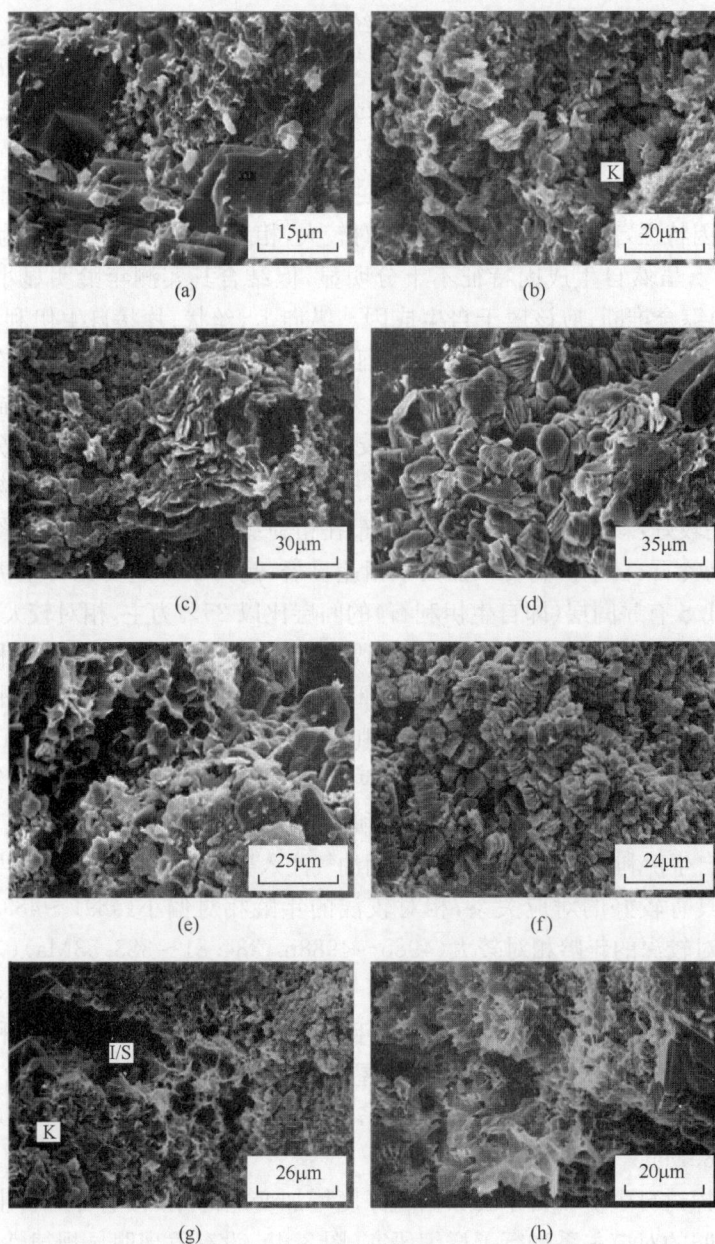

图 8.4　塔中 47 井志留系砂岩黏土矿物特征

(a) 4892.00m,片状、丝状 I/S;(b) 4892.89m,丝状 I/S,片状高岭石(K);(c) 4894.06m,片状 I/S;
(d) 4980.19m,自生高岭石;(e) 4982.72m,片丝状 I/S;(f) 4986.00m,蠕虫状高岭石、迪开石;
(g) 4986.00m,丝状 I/S,高岭石;(h) 4986.96m,丝状 I/S

上,位于供烃中心及其周围的古油藏,如孔雀 1 井和乔 1 井年龄较大、成藏较早,可能与下
伏寒武系烃源岩埋深相对较大、生排烃相对较早有关。离油源较近、运移距离相对较短可
能是成藏相对较早的另一个主要原因,龙口 1 井、英南 2 井和英买力地区年龄相对较大,
可能与其分别位于满加尔供烃中心和阿瓦提供烃中心周围有关。同理,羊屋 2 井自生伊

利石年龄较大,可能与其位于满加尔凹陷、靠近生烃中心有关。纵向上,自生伊利石年龄随深度增大变老可能与油气运移有关,来自深部寒武系烃源岩的油气以断裂作为油气运移通道,从深部向浅部运移并在有利构造部位聚集成藏。

通过进一步对比可以发现,塔中凸起自生伊利石年龄分布并非完全一致,部分井或部分井区明显偏老,如塔中 47 井(363.89～383.53Ma)、塔中 82 井(279.67Ma)、塔中 62 井(240.58～363.81Ma)等(表 8.1),表明可能存在局部油气注入(充注)中心(注入点),可能与油气运移通道(深大断裂)有关。

陈元壮等(2004)、刘洛夫等(2006)、霍红等(2007)利用咔唑类化合物对塔中、塔北地区志留系古油藏油气运移进行了系统研究并得出了基本一致的认识,可以简单概括为以下四点:①塔中隆起志留系,第一期(加里东晚期)油气主要来自满加尔凹陷,沿北西—南东(巴东 2 井、塔中 47 井→塔中 67 井→塔中 11 井、塔中 37 井)方向和北东—南西(塔中 32 井→塔中 15 井→塔中 44 井)方向运移(陈元壮等,2004;霍红等,2007);②塔里木盆地志留系,第二期(海西晚期)油气主要来自阿瓦提凹陷,以阿瓦提凹陷为中心向四周运移,即自阿瓦提凹陷中心向乔 1 井、方 1 井、巴东 2 井、胜利 1 井呈辐射状沿优势运移通道在志留系储层内或沿不整合面运移(刘洛夫等,2006);③在垂向上,油气有自下而上的运移趋势,并特别指出由于志留系本身存在东高西低的构造格局,在油气自北西向南东侧向运移的同时,在垂向上必然表现出自下而上的运移趋势(陈元壮等,2004;霍红等,2007);④塔北地区志留系,第一期成藏时经历了长距离运移,油气来自满加尔凹陷,首先向北西方向进入塔北隆起志留系,然后在志留系储层内(或沿不整合面)沿上倾方向继续向北西方向运移,如由羊屋 2 井向西北面的哈 4 井(哈 4 井位于哈 6 井南侧),和由跃南 2 井向西北面的英买 2 井运移(陈元壮等,2004)。由此可以看出,塔中 47 井、羊屋 2 井可能都是油气首先注入点之一,油气首先进入塔中 47 井、羊屋 2 井,然后再向优势方向进行侧向运移。

通过对比可以发现,志留系沥青砂岩自生伊利石年龄分布与咔唑类化合物研究成果一致,不仅反映成藏时间,而且还很好地反映了成藏特征和成藏规律,年龄数据的平面变化反映油气侧向运移特征,年龄数据随深度增大,如塔中 47 井、羊屋 2 井等,反映油气自下而上的垂向运移特征。随着自生伊利石年龄数据的不断积累,一定会使成藏认识进一步深化并从立体空间上对油气运移成藏特征进行更加细致的刻画。

第二节　石炭系东河砂岩段—含砾砂岩段($C_Ⅲ$ 油组)

东河砂岩段和角砾岩段主要分布于塔北隆起、北部拗陷和中央隆起,是东河塘油田、哈得逊油田和塔中 4 油田等的主力产层(图 8.1)。由于分布较广和不同地区发育、缺失、相变情况变化较大等原因,塔里木石炭系岩性段划分变化较大,岩性段名称和代号不尽统一,且时代归属也存有异议。鉴于发育较全,本章暂以塔中 47 井为依据简单概述。塔中 47 井石炭系共划分为 9 个岩性段,分别是含灰岩段(C^1)、砂泥岩段(C^2)、上泥岩段(C^3)、标准灰岩段(C^4)、中泥岩段(C^5)、生屑灰岩段(C^6)、下泥岩段(C^7)、含砾砂岩段(C^8)和东河砂岩段(C^9)。区域上,塔里木石炭系优质储层或主要产层,主要发育在砂泥岩段、生屑灰岩段、含砾砂岩段及东河砂岩段并分别命名为 $C_Ⅰ$、$C_Ⅱ$ 和 $C_Ⅲ$ 油组,其中 $C_Ⅲ$ 油组(含砾砂岩段和东河砂岩段)是本章的研究重点。

关于东河沙岩的时代归属,目前尚未统一,塔里木盆地现场倾向于早石炭世,即下石炭统巴楚组东河砂岩段,代号因井而异,有的为 C^9 如塔中 47 井,有的为 C^8 如塔中 82 井,有的为 C^7 如哈得 4 井,也有部分学者认为属于上泥盆统东河塘组(D_3d)(邹义声,1996;赵杏媛等,2001;朱怀诚等,2002),本章选用早石炭世的划分方案。为了避免混淆,本章用岩性段名称表示,而不采用岩性段代号(表 8.3)。塔中地区的东河砂岩主要属于滨海相沉积,岩石类型主要为中细粒石英砂岩,成分成熟度和结构成熟度较高,颗粒大小均匀,磨圆好,胶结物以方解石和铁方解石为主,石英自生加大普遍发育,孔、渗较好(Φ 为 $10\%\sim20\%$,K 为 $10\sim200mD$)。由于较为纯净,虽然黏土较少,但自生伊利石(I/S 有序间层)较为发育,主要为指状、片丝状、短丝状[图 8.5(a)],透射电镜下呈长纤维状,边界清晰平直,部分样品高岭石和绿泥石较为发育。

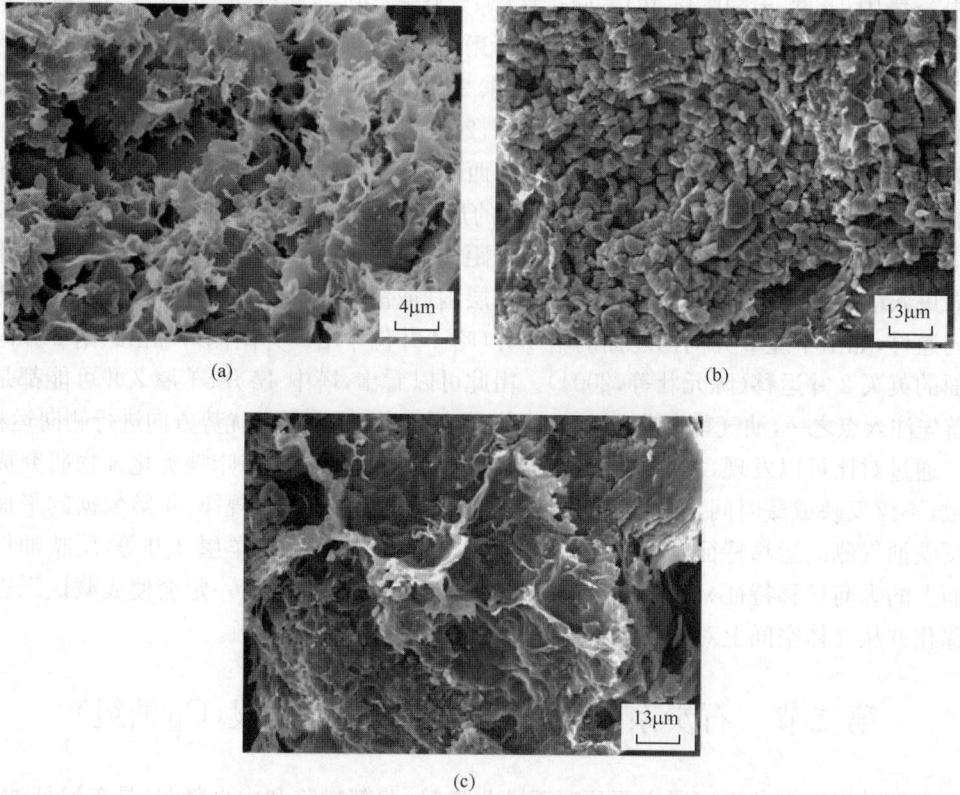

(a)　　　　　　　　　　　　(b)

(c)

图 8.5　塔里木盆地石炭系、三叠系砂岩黏土矿物特征

(a) 片丝状 I/S 有序间层,油迹细砂岩,塔中 47 井,东河砂岩段,4406.51m,SEM;(b) 粒间蠕虫状高岭石,砂岩,轮南 26 井,T,4973.85m,SEM;(c) 粒表片状、丝状 I/S 有序间层,砂岩,轮南 26 井,T,4973.85m,SEM

关于含砾砂岩段,由于岩性变化,在不同地区的名称也不一致,塔中 47 井、塔中 43 井等称为含砾砂岩段;塔中 12 井、塔中 30 井、哈得 4 井、哈 6 井、轮南 631 井等称为角砾岩段,塔中 32 井等称为砂砾岩段,岩性段代号大多为 C^6,少数为 C^8。同样,为了避免混淆,这里也是用岩性段名称简单表示,而不采用岩性段代号(表 8.3)。塔中地区的含砾砂岩

表 8.3　塔里木盆地石炭系、三叠系砂岩储层自生伊利石 K-Ar 法同位素测年分析数据表

层系	样号	构造单元	井号	层位油组	井深/m	岩性	样品粒级/μm	黏土矿物相对含量/%					I/S间层比/%	钾长石	钾含量/%	$R(^{40}Ar_{放}/^{40}Ar_{总})$/%	年龄/Ma
								S	I/S	I	K	C					
石炭系	B1	塔北隆起 哈拉哈塘凹陷	哈6	角砾岩段	5953.40	油浸细砂岩	0.3~0.15		94	3	3		20	—	4.72	89.65	94.35
	B1						<0.15		94	3	3		20	—	5.09	50.30	85.79
	B2	轮南低凸起	轮南59	东河砂岩段	5369.00	含油细砂岩	0.3~0.15	1	96	2	1		20	—	4.82	64.35	231.34
	B3		轮南63	东河砂岩段	5578.28		0.3~0.15		94	3	2	1	25	—	4.67	91.88	206.24
	B3						<0.15		95	2	2	1	25	—	4.56	91.90	210.72
	B4				5580.28		0.3~0.15		95	2	2	1	25	—	4.06	92.65	203.43
	B5	塔北拗陷 满加尔凹陷	哈得4	东河砂岩段	5080.00	含油细砂岩	0.3~0.15	3	97	2	1		10	—	5.35	94.06	241.93
	B6	塔中隆起 塔中低凸起	塔中401	东河砂岩段	3712.30	含油细砂岩	0.45~0.15		92	1	1	3	30	—	4.04	93.55	258.76
	B7		塔中24		3810.00		0.45~0.15		77	2	1	21	25	—	4.38	88.68	284.96
	B8		塔中43	东河砂岩段	3736.66	含油细砂岩	0.3~0.15		98	2	2	3	25	Tr	5.08	91.79	193.32
三叠系	C1	塔北隆起 轮南低凸起	轮南26	TⅢ	4973.85	砂岩	0.3~0.15		93	2	2	3	30	—	3.63	40.63	48.15
	C1						<0.15		96	1	1	2	30	—	3.59	25.64	32.83

注:S 为蒙皂石;I/S 为伊/蒙间层;I 为伊利石;K 为高岭石;C 为绿泥石;Tr 为微量;"—"为未检出;C1 引自苏劲(2010)。

段主要属于滨海相沉积,岩性主要为粉砂岩、细砂岩、含砾粉砂岩、含砾细砂岩、含砾中砂岩,变化较大。哈 6 井角砾岩段砂岩黏土矿物主要为蜂窝状、丝状自生伊利石(I/S 有序间层),见有少量高岭石(见本书第十一章)。

表 8.3 给出了塔中油田、哈德逊油田、轮南油田和哈 6 井油气藏 7 口井的东河砂岩段和含砾砂岩段砂岩自生伊利石年龄数据,图 8.6 是其年龄平面分布图;塔中 47 井的数据见表 8.2,图 8.2(a)是其纵向分布图;图 8.7 是其年龄分布频率直方图。从这些图表中可以看出,除哈 6 井角砾岩段外,石炭系自生伊利石年龄分布基本稳定,不管是在平面上还是在纵向上,年龄数据基本一致,为 187.64～284.96Ma,并主要集中分布在 203.43～284.96Ma,具有明显峰值(220～240Ma),平均年龄为 234Ma,相当于晚二叠世—早三叠世(海西晚期),其中塔中 24 井略大,为 285Ma,相当于早海西晚期,塔中 43 井略小,为

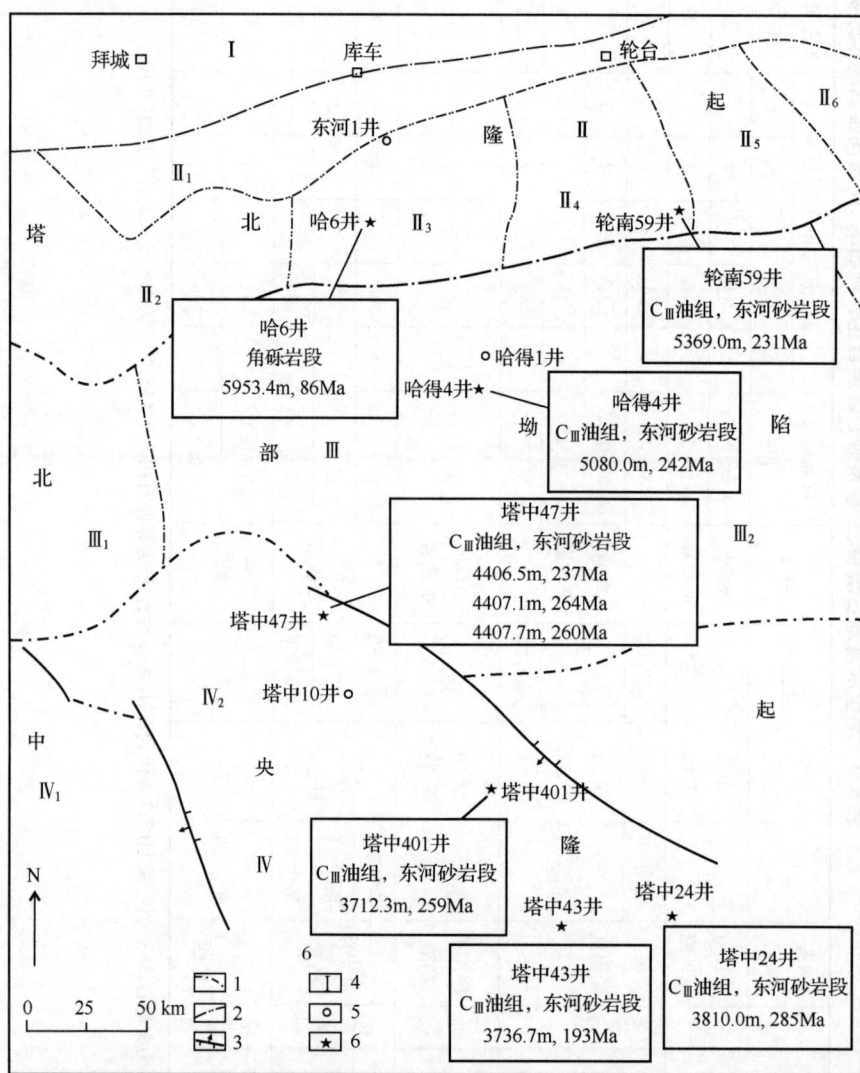

图 8.6　塔里木盆地石炭系砂岩自生伊利石年龄平面分布图(张有瑜和罗修泉,2012)

1. 一级构造单元界线;2. 二级构造单元界线;3. 断层;4. 构造单元编号(同图 8.1);5. 井位;6. 研究井

193Ma，相当于印支晚期。同时从表8.2和表8.3还可以看出，尽管不同井的年龄测定样
品的粒级范围不尽统一，但其黏土矿物主要为自生伊利石（90％～98％）。个别井粒级范
围相对较宽、粒级相对较大，主要是因为东河砂岩非常纯净和坚硬（硅化较强），黏土胶结
物较少，特别是塔中47井，如样品 TZ47-7 和样品 TZ47-8，由于采用的是模拟自然风化过
程的冷冻—加热循环样品解离技术，所提取的黏土组分数量特别少，只有扩大粒级范围或
选用相对较粗的粒级，才能获得足够的样品量。结合自生伊利石 XRD 纯度检测数据（基
本不含碎屑含钾矿物）、钾含量数据（基本一致）和年龄数据（基本一致）综合分析，尽管可
能存在一定的误差，但可以初步认为该年龄基本上代表的是自生伊利石年龄，可能反映早
期油气注入事件，代表古油藏最早成藏期。由此，可以初步认为，东河砂岩油气藏可能主
要为海西晚期成藏。

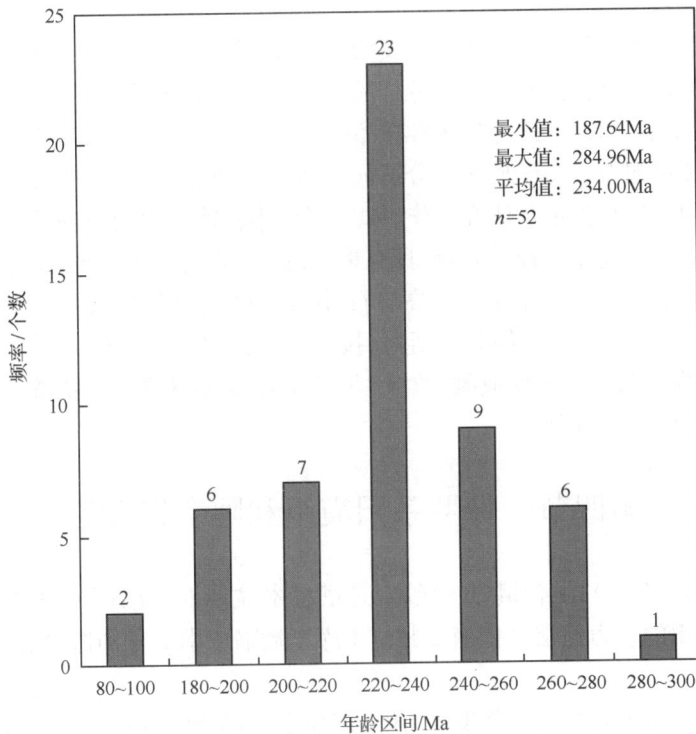

最小值：187.64Ma
最大值：284.96Ma
平均值：234.00Ma
$n=52$

图 8.7　塔里木盆地石炭系砂岩自生伊利石年龄分布频率直方图
13 口井；34 块砂岩样品；粒级为 0.3～0.15mm、<0.15mm；54 组数据

　　东河砂岩或石炭系油气藏是塔里木盆地的重要油气藏之一，不同的学者利用不同的
方法对其成藏史进行了深入研究，并普遍认为东河砂岩油气藏主要形成于海西晚期（古生
代末期）并具有多期形成演化史，即海西晚（末）期（古生代末期）形成、中生代（印支期—燕
山期）调整、古近纪—新近纪—第四纪（喜马拉雅期）天然气大量聚集（邓良全等，2000；周
兴熙，2000；王红军和张光亚，2001；赵靖舟和李启明，2001）。自生伊利石年龄记录了早期
油气成藏事件，从另一个方面证实东河砂岩油气藏主要是海西晚期成藏。

　　与其他地区相比，哈6井角砾岩段的自生伊利石年龄明显偏小，只有86Ma，相当于

燕山晚期,表明成藏期明显偏晚。关于哈 6 井石炭系角砾岩段油气藏的详细内容请参阅本书第十一章。

第三节　三叠系砂岩(T$_{\text{III}}$油组)

三叠系砂岩是塔里木盆地油气勘探的重点目的层之一,是轮南、桑塔木、解放渠东油田,以及吉拉克气田等的主力产层(邱中建和龚再升,1999)。三叠系主要分布在塔里木盆地中北部,主要为岩屑砂岩,多为近源堆积产物,成熟度较低。纵向上,三叠系储层在塔北隆起主要集中于中上统的 T$_{\text{I}}$、T$_{\text{II}}$、T$_{\text{III}}$ 三个砂组(油组)中。三叠系储层以次生孔隙为主,在塔北轮南、克拉克、英买力地区孔渗相对较好,孔隙度为 20%~25%,渗透率大于 200mD(赵杏媛等,2001)。

轮南低凸起三叠系砂岩黏土矿物主要为高岭石(含量以大于 50% 为主,粒级<2μm)(赵杏媛等,2001;徐同台等,2003),部分样品含有较多的蒙皂石和/或伊利石/蒙皂石无序间层,笔者研究的吉 105 井三叠系砂岩样品(4334.85~4500.0m)SEM 鉴定结果也表明主要为高岭石和绿泥石。由于矿物成分特征可能不太理想,很少开展关于塔里木三叠系砂岩的自生伊利石年龄测定与研究工作。2010 年,笔者曾为中国石油油气地球化学重点实验室有关项目组做了 4 块样品分析,具有重要意义。其中 1 块砂岩采自轮南 26 井 T$_{\text{III}}$油组,虽然 SEM 鉴定结果显示主要为高岭石[图 8.5(b)],但自生伊利石相对较为发育,主要为片丝状[图 8.5(c)],细粒级组分接近为纯自生伊利石(96%),实测年龄为 32.83Ma,表明为喜马拉雅早期成藏(粒级<0.15μm,见表 8.3)(苏劲,2010)。由于数据资料较少,故不做进一步探讨。

第四节　侏罗系阳霞组和阿合组砂岩

侏罗系阳霞组(J$_1$y)、阿合组(J$_1$a)砂岩是塔里木盆地油气勘探的另外一套重点目的层,是依南 2 气田的主力储层。依南 2 井位于库车拗陷依南 2 号构造,是依南 2 气田的发现井(图 8.1)。

阳霞组、阿合组砂岩均为下侏罗统,阳霞组位于上部,阿合组位于下部,两者之间呈整合接触。阳霞组、阿合组砂岩为河道砂体,镜下研究表明,岩石类型为岩屑砂岩,压实作用较强,岩石致密、颗粒之间呈线-凹凸接触,云母受挤压变形、断裂、泥化较强,原生粒间孔已基本消失殆尽,微孔隙和微裂隙是主要储集空间。孔、渗相对较低,主要属于特低孔、特低渗储层,阳霞组砂岩平均孔隙度和平均渗透率分别为 7.44% 和 5.05mD;阿合组砂岩平均孔隙度和平均渗透率分别为 3.83% 和 1.82mD(张光亚等,1999)。

阳霞组储层厚度为 121.5m,盖层为顶部泥岩和克孜勒努尔组(J$_1$kz)下部泥岩;阿合组储层厚度为 199.5m,盖层为阳霞组底部泥岩、碳质泥岩和煤层。三叠系—侏罗系暗色泥岩、碳质泥岩和煤层是阳霞组、阿合组气藏的主要气源岩,油气运移以近距离垂向运移为主,属于自生自储油气藏(王振华,2001;高岗等,2002)。

依南 2 井侏罗系砂岩是笔者进行塔里木盆地自生伊利石年代学研究的另外一个重点

层系,同时也是笔者所完成的两个自生伊利石纵向年龄剖面之一(另外一个为塔中 47
井)。图 8.8 是阳霞组、阿合组砂岩自生伊利石形态特征纵向变化剖面,表 8.4 是其 K-Ar
测年分析数据表,图 8.9 是其实测年龄纵向分布图。

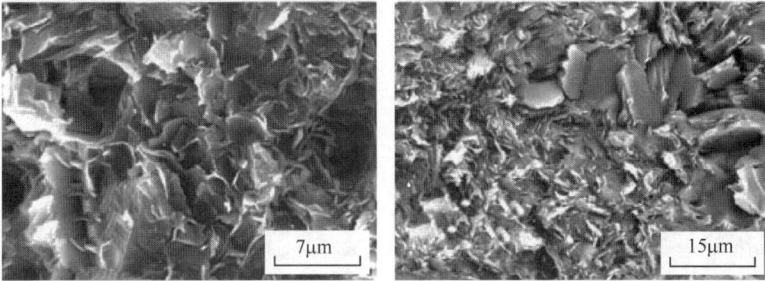

(a)

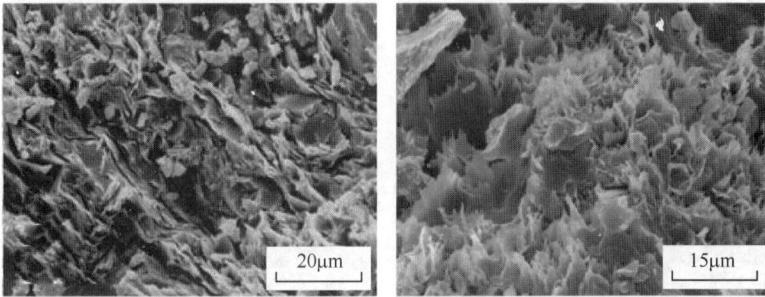

(b)

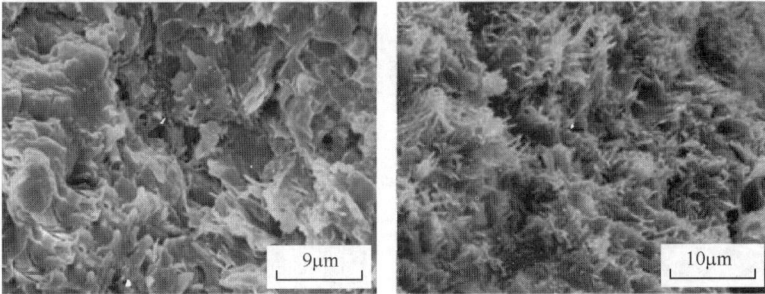

(c)

(d)

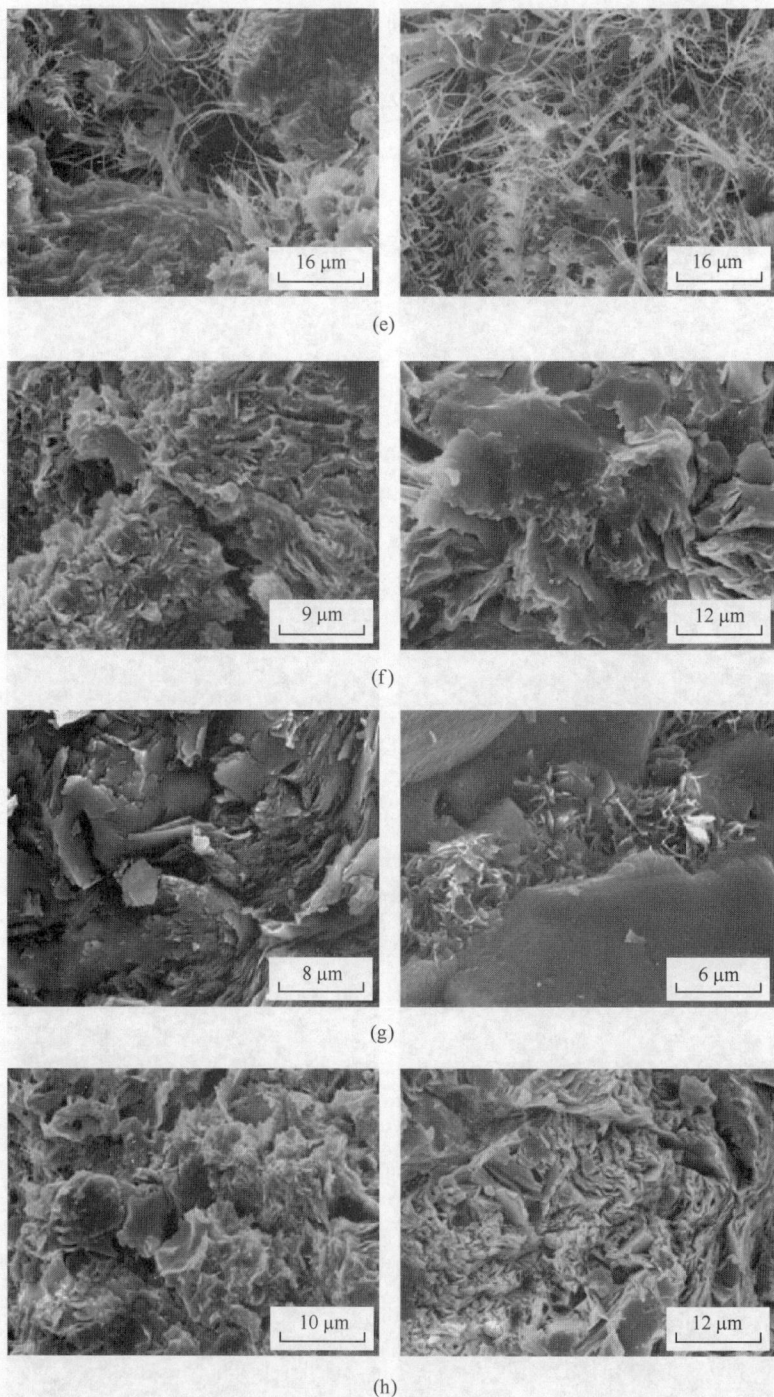

图 8.8　依南 2 井侏罗系阳霞组、阿合组砂岩自生伊利石形态特征纵向变化剖面

(a) YN2-1,J_1y,4535.04m,片状、丝状,52.37Ma(自生伊利石年龄,下同)；(b) YN2-2,J_1y,4535.50m,片状、丝状,31.53Ma；(c) YN2-3,J_1y,4550.40m,片状、丝状,23.29Ma；(d) YN2-4,J_1y,4560.10m,片丝、丝状,34.39Ma；(e) YN2-7,J_1y,4702.00m,片状、丝状,28.08Ma；(f) YN2-9,J_1a,4897.00m,片状,86.63Ma；(g) YN2-10,J_1a,4900.40m,片、片丝状,33.04Ma；(h) YN2-11,J_1a,4965.60m,片状,65.74Ma

表 8.4　依南 2 井侏罗系砂岩储层自生伊利石 K-Ar 法同位素测年分析数据表

样号	层位	井深/m	岩性	解离方法	粒级/μm	黏土矿物相对含量/%				I/S同层比/%	钾长石(XRD)	K/%	K-Ar 年龄数据		选取年龄/Ma
						I/S	I	K	C				$R(^{40}Ar_{放}/^{40}Ar_{总})/\%$	年龄/Ma	
YN2-1	J_1y	4535.04	荧光细砂岩(含煤)	冷冻	1~0.5	72	11	11	6	15	—	6.02	87.63	123.54	
					0.5~0.3	82	8	4	6	15	—	6.55	85.06	86.61	
					0.3~0.15	90	5	—	5	15	—	6.32	83.76	52.37	52.37
					<0.15	91	4	—	5	15	—	6.34	86.02	53.40	
YN2-2		4535.50	油迹中砂岩(含煤)	冷冻	1~0.5	76	13	7	4	15	—	6.24	95.34	120.49	
					0.5~0.3	88	6	2	4	15	—	6.50	90.18	73.65	
					0.3~0.15	93	4	1	2	15	—	6.43	76.03	39.98	
					<0.15	94	3	—	3	15	—	6.28	68.90	31.53	31.53
g-19		4535.80	油迹中砂岩	湿磨	1~0.5	86	—	—	14	5	—	6.69	88.43	61.15	
					0.5~0.15	94	—	—	6	10	—	6.79	77.71	23.85	23.85
YN2-3		4550.40	荧光中砂岩(含煤)	冷冻	1~0.5	84	13	—	3	15	—	7.10	94.99	91.23	
					0.5~0.3	92	6	—	2	15	—	6.98	85.92	46.60	
					0.3~0.15	97	2	—	1	15	—	6.73	72.52	23.29	23.29
YN2-4		4560.10	荧光细砂岩	冷冻	1~0.5	84	12	—	4	15	—	6.62	94.22	120.51	
					0.5~0.3	91	7	—	2	15	—	6.99	84.88	61.63	
					0.3~0.15	95	3	—	2	15	—	6.68	70.24	36.14	
					<0.15	97	2	—	1	15	—	6.70	69.63	34.39	34.39
shy-4		4560.13	荧光中砂岩	湿磨	1~0.45	74	21	—	5	10	—	6.85	—	52.06	
					0.45~0.3	84	12	—	4	10	—	6.92	—	50.06	
					0.3~0.15	87	8	—	5	10	—	6.52	84.91	48.89	<u>46.00</u>
shy-5		4610.50	含砾粗砂岩	湿磨	1~0.45	43	19	26	12	15	—	5.47	90.16	78.62	
					0.45~0.15	46	20	23	11	15	—	5.41	84.94	76.54	
					<0.4	64	27	—	9	10	—	6.43	80.51	49.73	<u>48.00</u>
YN2-7		4702.00	荧光中砂岩	冷冻	<0.1	因样品量不够，故未进行 XRD 分析						6.19	48.67	28.08	28.08

续表

样号	层位	井深/m	岩性	解离方法	粒级/μm	黏土矿物相对含量/%				I/S间层比/%	钾长石(XRD)	K-Ar年龄数据			选取年龄/Ma
						I/S	I	K	C			K/%	$R(^{40}Ar^{放}/^{40}Ar^{总})/\%$	年龄/Ma	
g-20		4841.00	荧光中砂岩	湿磨	1~0.5	72			28	5	—	6.27	90.39	63.22	
					0.5~0.15	86			14	10	—	6.71	77.11	35.70	35.70
					<0.15	91	3		6	10	—	6.50	90.88	34.07	34.07
YN2-9		4897.00	荧光砂岩	冷冻	<2	44			56	5	Tr	4.99	85.58	86.63	86.63
YN2-10	J₁a	4900.40	荧光细砂岩	冷冻	1~0.5	73	10		17	15	Tr	5.68	94.14	87.97	
					0.5~0.3	84	5		11	15	—	6.34	88.72	47.24	
					0.3~0.15	82	3		15	15	—	6.29	84.83	35.46	
					<0.15	因样品量不够，故未进行XRD分析						6.31	83.74	33.04	33.04
YN2-11		4965.60	荧光细砂岩	冷冻	1~0.5	61	14	10	15	15	Tr	5.41	94.08	117.46	
					0.5~0.3	73	9	5	13	15	Tr	5.96	88.85	88.01	
					0.3~0.15	87	4		9	15	—	5.74	80.31	69.68	
					<0.15	91	2		7	15	—	5.78	81.76	65.74	65.74

注：I/S 为伊利石/蒙皂石；I 为伊利石；K 为高岭石；C 为绿泥石；Tr 为微量；带下划线的斜体数字表示校正年龄。

　　图 8.8 表明,依南 2 井侏罗系自生伊利石发育情况为阳霞组(4379～4732m)相对较好,阿合组(4732～4995m)相对较差,且不同深度变化较大。阳霞组为下部好于中上部,中上部(4535～4610m)自生伊利石多呈片状、短丝状、指状,细、小,较为发育[图 8.8(a)～图 8.8(d)];下部自生伊利石(4700～4703m)多呈长丝状、毛发状,粗、长,非常发育[图 8.8(e)]。阿合组为上部好于下部,上部(4787m、4839～4843m)呈短丝状,较为发育,下部(4897m、4900m、4966m)基本为片状,仅在片状伊利石边缘发育少量短丝状自生伊利石[图 8.8(f)～图 8.8(h)]。

　　从表 8.4 和图 8.9 可以看出,阳霞组、阿合组自生伊利石年龄分布范围较宽,为23.29～86.63Ma,并且同样表现出随深度变化较大的特点,虽然总体上讲,阳霞组相对较小、阿合组相对较大,但相对较大年龄和相对较小年龄交替分布,不具有绝对的分布界限,阳霞组虽然整体偏小,但也有相对较大的年龄分布,阿合组虽然整体年龄偏大,但也有相对较小的年龄分布。

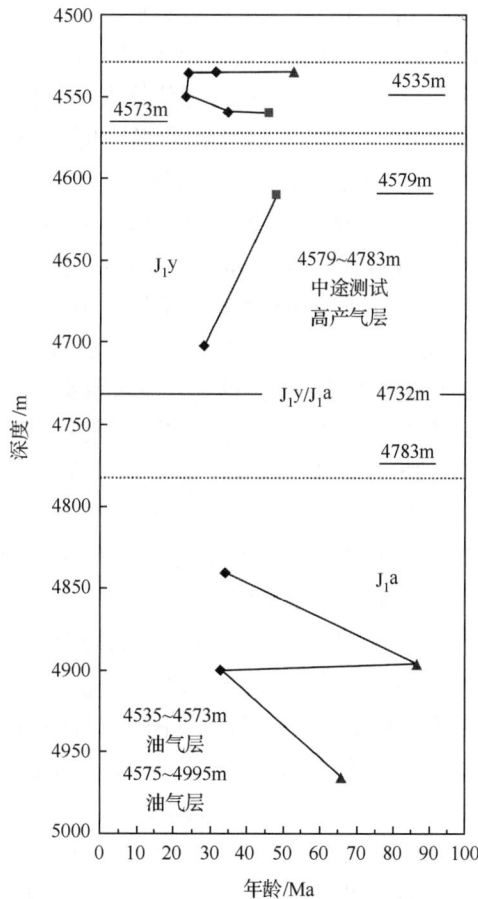

图 8.9　塔里木盆地侏罗系阳霞组、阿合组砂岩自生伊利石年龄纵向分布
实心正方形数据点为校正年龄

　　为了深入探讨阳霞组、阿合组自生伊利石年龄数据的纵向变化原因,笔者将年龄数据和自生伊利石形态特征进行系统对比,结果表明,两者之间具有较好的对应关系,即丝状,

年龄小;片状,年龄大;并且进一步表现出短丝状(细、小),年龄相对偏小,长丝状(粗、长),年龄相对偏大的变化趋势。例如,图8.8(b)~图8.8(e)主要为丝状,年龄较小,为23.29~34.39Ma;图8.8(a)、图8.8(f)和图8.8(h)主要为片状,年龄较大,为52.37~86.63Ma;特别是图8.8(c)以短丝状为主,年龄最小(23.29Ma),图8.8(e)以长丝状为主,年龄略大(28.08Ma)。图8.8(b)和图8.8(d),可能还包括图8.8(g),虽然分别为短丝状和长丝状,但年龄略大,分别为31.53Ma、34.39Ma和33.04Ma,可能与含有较多片状有关。据此可以初步认为,阳霞组、阿合组砂岩可能含有多期自生伊利石,短丝状最晚(23.29~23.85Ma)、长丝状稍早(28.08Ma)、片状较早(52.37~86.63Ma),样品YN2-2、YN2-4、YN2-10[图8.8(b)、图8.8(d)、图8.8(g)]年龄稍大(31.53~34.39Ma),可能是因为受到片状自生伊利石的影响。由此可以进一步认为23~34Ma基本代表阳霞组、阿合组砂岩的自生伊利石年龄,可能代表的早期成藏时间为阳霞组略晚,为23~28Ma,相当于新近纪早期(中新世);阿合组略早,为33~34Ma,相当于古近纪晚期(渐新世)。对于片状伊利石,根据其产状特征(相对松散堆积)和实测年龄数据(52.37~86.63Ma)明显小于其地层年龄(J$_1$,205.1~180.1Ma)推断,可能主要是早期成岩自生伊利石,代表早期成岩事件,而非碎屑伊利石。同理,从表8.4可以看出,尽管绝大部分样品的自生伊利石(I/S)含量都在90%以上,但普遍含有少量(2%~8%)结晶程度更高的伊利石(I,粒级为0.3~0.15μm或<0.3μm)(表8.4)。这部分伊利石,可能是碎屑成因,也可能是早期成岩成因,根据实测年龄推测,可能主要为早期成岩作用产物。不管是何种成因,由于含量较少,这部分伊利石都不会产生实际性影响(样品shy-5除外)。样品shy-5为含砾粗砂岩,对于自生伊利石K-Ar年龄测定不是十分理想。样品shy-4、shy-5的选取年龄分别为46.00Ma和48.00Ma,该年龄为校正年龄,即扣除碎屑伊利石(这里指的是更高结晶度的早期成岩伊利石)影响后的自生伊利石年龄,只具有参考意义。

前已述及,依南2井阳霞组—阿合组气藏为自生自储油气藏,烃源岩为中、上三叠统浅湖-半深湖相泥岩和中、下侏罗统煤系烃源岩。三叠系烃源岩主要生油高峰期为晚白垩世—古近纪,侏罗系烃源岩主要生油高峰期为新近纪。油气系统研究表明,库车含油气系统具有两期成藏特征,依南2气田属于晚期成藏,主要发生在新近纪。油气包裹体研究表明,依南2气田油气充注发生在中新世以来(田作基等,2001)。由此看来,阳霞组—阿合组砂岩自生伊利石年龄记录了油气成藏事件,可以作为该类油气藏成藏史研究的有效手段之一。另外,自生伊利石年龄纵向分布同时还反映出可能具有自下而上的运移特征。

笔者对英买8井(塔北隆起英买力低凸起,参见图8.1)侏罗系砂岩进行过自生伊利石K-Ar年龄测定,结果为90.26Ma。该样品埋深为5240.99m,细砂岩,粒级为0.3~0.15μm,组分黏土矿物组成为:I/S,92%;I,5%;C,3%;间层比,25%;钾含量为3.93%。根据XRD数据、SEM特征(片状)和实测年龄(明显小于其地层年龄:205.1~142.0Ma)推测,该I/S有序间层应该属于成岩自生伊利石,进一步说明,侏罗系可能的确存在早期成岩自生伊利石,并且不同地区年龄差异较大,依南2井为52.37~86.63Ma,英买8井为90.26Ma。

依南2井阳霞组、阿合组,包括塔中47井,自生伊利石年龄纵向分布剖面,具有非常重要的指导意义。通过这两个纵向年龄剖面可以得出以下四个方面的重要启示:①自生伊利石年龄从形式上讲,的确是一个非常具体的数字,但这个具体的数字并不是固定不变的,重复测量或重复采样都会产生不完全一致的结果,甚至会具有相对较大的浮动范围。这正是自生伊利石年代学,或沉积岩年代学研究的特点,与火山岩或造岩矿物年代学研究具有很大的不同。对于新鲜或比较新鲜的玄武岩样品而言,不管重复多少次,测量结果都应该是一样的,不会也不应该产生较大差异,原因就在于是单源、单成因。而对于自生伊利石或沉积岩则明显不同,每次测量或重复采样都会产生不同程度的差异,测量结果完全一致,原因就在于其多源、多成因属性。对此,笔者曾进行过研究并认为应该允许实测年龄数据具有一定的偏差,片面地追求年龄数据上的一致可能是不现实的(张有瑜等,2004)。应该强调指出的是,允许有偏差并不意味着可大可小,重复测量、重复采样的结果应该是基本一致并在相对较窄的范围内变化,理论上讲,就是对反映成藏时代不会产生质的差异。显然,结合地质特征和其他方法的研究成果综合分析、研究年龄数据可能是至关重要的;②对于一个油气藏,特别是厚层、多层(块状)油气藏,自生伊利石年龄可能不是一个简单的单一固定值,采样层位不同,年龄就可能会具有较大差异,说明切不可把自生伊利石年龄数据简单化、绝对化(非此即彼),应该是在保证质量(的确为自生伊利石年龄)的前提下,进行综合分析,寻找规律;③自生伊利石年龄剖面可能可以反映油气成藏规律,即运移特征;④自生伊利石年龄剖面变化较大、成因复杂、影响因素众多,除成藏因素以外,砂岩储层的岩石学特征、孔渗条件、断层分布等都会具有重要影响。

第五节　白垩系—古近系—新近系砂岩

白垩系-古近系-新近系砂岩是塔里木盆地三套深埋优质砂岩储集层之一,是塔北隆起牙哈、英买 7 号、羊塔克和库车拗陷克拉 2 号、大北、迪那 2 以及西南拗陷(塔西南)柯克亚等凝析油气田的主力产层(邱中建和龚再升,1999;戴金星等,2014)。

白垩系砂岩主要分布在库车拗陷、塔北隆起和西南拗陷,在库车拗陷和塔北隆起英买力地区自上而下划分为卡普沙良群(K_1 或 K_1kp)和巴什基奇克组(K_1bs),其中卡普沙良群自下而上进一步划分为亚格列木组(K_1y)、舒善河组(K_1sh)、巴西盖组(K_1b),在西南拗陷统称为克孜勒苏群(K_1kz)(王招明等,2004)。古近系、新近系砂岩在库车拗陷、塔北隆起最为发育,自下而上划分为库姆格列木群(E_{1-2}km)、苏维依组(E_{2-3}s)和吉迪克组(N_1j)、康村组(N_{1-2}k)、库车组(N_2k)。白垩系与上覆古近系、新近系呈平行不整合或不整合接触,与下伏侏罗系喀拉扎组呈平行不整合接触。

对于白垩系-古近系-新近系砂岩油气藏,由于样品分析相对较少并且也不够系统,所以本章只重点讨论阿克莫木气田(阿克 1 井)和迪那 2 气田(迪那 201 井),而对其他内容只做简要介绍。

阿克 1 井位于西南拗陷喀什凹陷(图 8.1),在下白垩统克孜勒苏群(K_1kz)上砂岩段获高产气流,是阿克莫木气田的发现井。上砂岩段为褐色、灰褐色含砾细砂岩、细砂岩、砂砾岩,夹灰白色砂砾岩。本次研究的样品为灰褐色细砂岩,自生伊利石发育,主要呈片状、短丝状[图 8.10(a)],片状伊利石个体小、厚度薄、松散分布,具有典型的自生成因形态特征。中澳双方[澳大利亚联邦科学和工业研究院(CSIRO)石油资源部 K-Ar 同位考测年实验室和笔者实验室,下同]实验室分别对该砂岩样品进行了分析,年龄基本一致,分别为 18.79Ma(RIPED)和 22.60Ma(CSIRO,D1)(表 8.5),相当于中新世早期。

表 8.5　塔里木盆地白垩系、古近系、新近系砂岩储层自生伊利石 K-Ar 法同位素测年分析数据表

样号	构造单元	井号	层位	井深/m	岩性	粒级/μm	黏土矿物相对含量/% I/S	I	K	C(C/S)	I/S(C/S)同层比/%	钾长石	K-Ar年龄数据 K/%	$R({}^{40}Ar_{放}/{}^{40}Ar_{总})$/%	年龄/Ma
D1	西南物陷	阿克1	K₁kz	3371.50	细砂岩	CSIRO <2	50	4	2	50	20	Tr	6.56	65.89	32.60
						CSIRO <0.4	94	4				—	6.32	67.30	23.32
						CSIRO <0.1	因样品量不够,故未进行 XRD 分析						6.32	57.20	22.60
						RIPED <0.15	99		1		15	Tr	5.38	58.69	18.79
D2		迪那 201	E₃	4787.62	荧光砂岩	CSIRO <2	60			40		Tr	4.76	87.45	97.88
						CSIRO <0.4	90			10	5	—	5.50	83.35	63.63
						CSIRO <0.1	88	1		12	5	—	5.18	81.69	67.73
						RIPED <0.15	91			9	5	—	5.21	84.34	68.36
D3				4977.00	细砂岩	<0.15	94				5	—	4.82	82.18	79.07
D4				4990.00	细砂岩	<0.15	94				5	—	5.23	84.31	76.44
D5	库车物陷		K	5196.45	中砂岩	0.3~0.15	96	2	1	1	25	—	4.90	42.98	15.47
D6				5265.70	细砂岩	<0.15	94	2	1	3	30	—	3.93	59.99	25.49
D7				5329.96	细砂岩	<0.15	77	3		2(18)	30(40)	—	3.46	56.71	23.53
D8		克深 2-2-1	K₁bs	6609.25	细砂岩	0.3~0.15	93		2	5	5	—	4.61	52.91	43.26
						<0.15	94		2	4	5	—	4.66	71.91	42.46
D9				6619.20	细砂岩	0.3~0.15	96		1	3	5	—	5.25	66.62	27.71
						<0.15	96		1	3	5	—	4.95	63.41	26.13
D10				6630.50	细砂岩	<0.3	95		1	4	10	—	5.81	78.02	35.20
D11		克拉 201	K₁bs	3770.00	荧光	0.5~0.15	90	5	2	3	30	—	4.13	53.95	31.32
D12		克拉 2	K₁bs	3796.30	细砂岩	0.5~0.15	83	4	4	9	20	—	4.32	76.81	61.46
D13			N₁j-E	4734.40	粉砂岩	0.3~0.15	83	8		9	5	—	3.87	83.54	107.07
D14	塔北隆起	英买 32	K₁bs	5298.80	粉砂岩	0.3~<0.15	77	4		4(15)	20(25)	—	3.51	78.96	86.63
						<0.15	因品量不够,故未检出;故未进行 XRD 分析						3.95	81.92	86.68
D15			K₁kp	5357.58	荧光	0.3~0.15	87	5	5	5	25	—	3.64	88.12	129.76
D16				5362.52	粉砂岩	0.3~0.15	83	8	5	5	20	—	4.90	90.48	117.39
D17		英买 8	K₁bs	5197.45	细砂岩	0.3~0.15	77	5		2(16)	30(50)	—	3.03	77.22	80.68
						<0.15	因品量不够,故未进行 XRD 分析						3.33	77.24	75.70

注:I/S 为伊利石/蒙皂石;I 为伊利石;K 为高岭石;C 为绿石,C 为高岭石,C/S 为混层;Tr 为微量;"—"表示未检出;RIPED 表示由笔者实验室完成;D8~D10 引自于志超(2015)。
同位素测年实验室完成;CSIRO 表示由澳大利亚联邦科学和工业研究院(CSIRO)石油资源部 K-Ar 同位素测年实验室完成;RIPED 表示由笔者实验室完成;D8~D10 引自于志超(2015)。

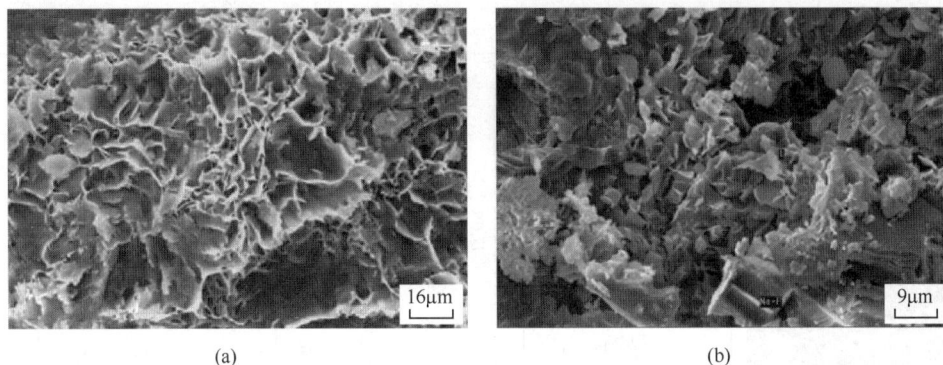

图 8.10　塔里木盆地白垩系砂岩自生伊利石 SEM 特征

(a) 粒表片状伊利石,褐色砂岩,阿克 1 井,$K_1 kz$,3371.50m,SEM;(b) 片状伊利石,中砂岩,
迪那 201 井,K,5196.45m,SEM

阿克 1 井位于塔西南侏罗系含油气系统。该含油气系统侏罗系烃源岩(中-下侏罗统湖相和煤系暗色泥岩)于中新世进入生油门限,现今处于生油高峰期甚至凝析油—湿气阶段,油气系统关键时刻为第四纪西域期末(李小地等,2000)。自生伊利石年龄与生烃期基本一致。本次测年结果表明,在中新世可能有古油气运移或古油藏形成。刘胜等(2015)对阿克莫木气田的气源进行探讨,认为可能主要来自乌恰构造带北部的二叠系烃源岩和侏罗系康苏组烃源岩,并进一步根据第一期有机包裹体均一温度(51～76℃,主要为60～70℃)推测第一期油气充注在中新世,并同时指出第一期充注的油气可能在晚中新世(7.8Ma)遭到破坏。

迪那 201 井位于库车拗陷(图 8.1),属于迪那 2 气田,位于该气田发现井迪那 2 井西侧,吉迪克组底砾岩段($N_1 j^5$)-白垩系(K)为一块状凝析气藏,古近系为冲积扇-河道相沉积,分为 6 个岩性段,第 3 段(E_3^3)试油获高产油气流,白垩系以河流-冲积扇亚相为主,二者呈不整合接触。本次研究的古近系砂岩样品属于第 1 岩性段(E_3^1),岩石类型为岩屑细砂岩,次棱角—次圆状,分选中等,灰泥质胶结,较为致密,黏土矿物主要为片状伊利石(图8.11),其次为片状绿泥石。中澳双方实验室分别对该砂岩样品进行了分析,年龄分别为68.36Ma(RIPED)和 63.63Ma(CSIRO)(D2)(表 8.5),基本接近,并与笔者(RIPED 实验室)之前的 2 块第 3 岩性段砂岩(E_3^3)的测年结果(79.07Ma 和 76.44Ma,D3、D4,见表8.5)基本一致。由此可以初步认为,迪那 201 井古近系砂岩的伊利石年龄为 64～80Ma,明显大于地层年龄(渐新世,33.7～23.8Ma)。

王行信等(2003)研究表明,塔里木盆地古近系—新近系成岩程度很差、尚处于早成岩I/S 无序间层演化阶段,但其泥岩中的伊利石的结晶度指数($\Delta°2\theta$)均小于 0.42、大于0.25,具有近变质岩伊利石的结构特征,其下伏地层中泥岩伊利石的结晶度指数均大于0.42,属正常沉积-成岩伊利石。古近系—新近系泥岩伊利石的结晶度自下而上变好表明该泥岩为快速堆积。沉降史研究(张光亚等,1999)表明,库车前陆盆地在古近纪开始缓慢沉降的基础上,新近纪沉积速率逐渐加快,库车组($N_2 k$)沉积速率可达 1200m/Ma 以上,康村组($N_{1-2} k$)可达 350m/Ma 以上。新近纪时期,库车前陆盆地隆、拗地形高差大,具有

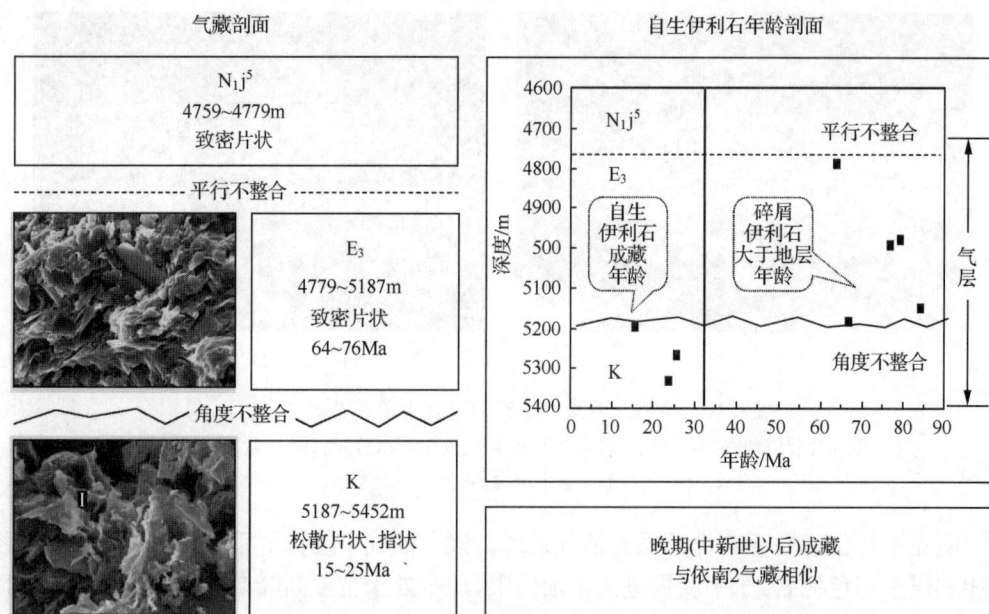

图 8.11　迪那 201 井气藏(迪那 2 气田)砂岩自生伊利石年龄纵向分布

快速沉降、快速充填特征。快速上升、剥蚀和快速堆积使陆源变质伊利石受化学风化作用的影响较小,而地温梯度低、埋藏时间短使其受成岩作用改造较小,从而使其近变质结构特征得以保存下来。在这样一种大地构造活动背景下,古近系砂岩短时间内被快速深埋,加上地温梯度较低,化学成岩作用发育程度较差,结果使其伊利石等黏土矿物主要为碎屑成因,而非成岩自生成因。以下三条证据可以充分说明这一点,第一,主要呈片状;第二,间层比较低(5%),表明结晶度较高;第三条也是最重要的一条,即下伏白垩系砂岩中的伊利石具有明显不同的特征:呈短丝状、片状[图 8.10(b)],间层比为 25%~30%,年龄较小(15.47~25.49Ma,表 8.5),表明为正常沉积成岩伊利石。此外,大于地层年龄也可以作为最有力的证据之一。陆源碎屑成因表明该伊利石与油气成藏没有成因联系,不能用于油气成藏史研究。

　　与古近系不同,迪那 201 井白垩系砂岩中的伊利石主要为成岩自生成因(短丝状、片状、间层比为 25%~30%)。该白垩系 3 块砂岩样品的自生伊利石年龄分别为 15.47Ma、25.49Ma 和 23.53Ma(表 8.5),相当于中新世早期。由此可以初步认为,该油气藏可能与依南 2 气藏相同,也属于库车含油气系统中的晚期成藏,油气充注主要发生在中新世以来。

　　如图 8.11 所示,本次研究的迪那 201 井具有较强的代表性。对于这类由吉迪克组底部砾岩-白垩系组成的块状油气藏,可以利用白垩系砂岩中的成岩自生伊利石探讨其油气充注史,尽管该块状气藏主体为古近系砂岩,并且其伊利石主要为碎屑成因。本次研究结果表明,对于厚层状或块状油气藏,由于砂岩特征千差万别,有的层段中的伊利石可能主要为成岩自生成因,因而可能记录油气注入时间,有的层段中的伊利石则可能主要为陆源碎屑成因,与油气注入没有成因联系,结果使不同层段之间的年龄相差较大。这时一定要结合地质特征进行深入分析，简单的取舍或放弃可能都是不可取的。对于这一点，应该引起重视，可能具有较强的启发意义和指导意义。

迪那201井气藏的直接盖层为吉迪克组膏泥岩段（N_1j^4，4480～4759m，厚279m），因此，应该说明的是，相对盖层的地层年龄（23.8～15Ma）而言，白垩系自生伊利石实测年龄（15～25Ma）应该有点偏大，但这很正常，15～25Ma的实测年龄给出的提示是可能为中新世早期成藏，而不一定就是绝对时间，15～25Ma的确是实实在在的具体数字，但切不可将其绝对化，其中原因前已述及。其实，3块样品的实测年龄变化较大（D5、D6、D7样品分别为15.47Ma、25.49Ma、23.53Ma）也能说明问题（表8.5）。应该容许自生伊利石实测年龄数据有一个适当的变化范围或浮动区间。

为了进一步对比和分析，表8.5同时还给出了克拉2井、克拉201井、英买8井、英买32井，以及最近为中国石油盆地构造与油气成藏重点实验室有关项目组分析的克深2-2-1井的年龄数据（于志超，2015）。由表8.5可以总结以下三点：①迪那201井、克深2-2-1井及阿克1井白垩系自生伊利石实测年龄分别为15～25Ma、26～28Ma、19～23Ma，虽然数据本身可能稍微偏大并且彼此之间相差相对较大，但都反映出早期成藏时间可能在中新世；②白垩系砂岩伊利石实测年龄数据分布范围较大，说明较为复杂，特别是有相对一部分样品，如克拉2井、英买8井、英买32井，基本接近为白垩系地层年龄（142～65.5Ma），其中原因有待进一步深入研究。总体上讲，白垩系砂岩粒度偏细（粉砂岩、粉细砂岩）、颜色偏红（褐色、红褐色较多），可能既不利于自生伊利石发育生长，也不利于自生伊利石分离提纯；③古近系、新近系砂岩伊利石实测年龄都大于其地层年龄，说明主要为碎屑伊利石。

对于新近系砂岩，测试样品较少，部分露头砂岩样品的伊利石K-Ar年龄测定结果表明，明显偏老（70～98Ma，参见本书第十四章），远大于其地层年龄，说明主要为碎屑伊利石，可能不适合开展自生伊利石年龄测定及成藏时代应用研究。

参 考 文 献

陈元壮，刘洛夫，陈利新，等. 2004. 塔里木盆地塔中、塔北地区志留系古油藏的油气运移. 地球科学，29（4）：473-482

戴金星，等. 2014. 中国煤成大气田及气源. 北京：科学出版社

邓良全，刘胜，杨海军. 2000. 塔中隆起石炭系油气成藏期研究. 新疆石油地质，21（1）：23-26

高岗，黄志龙，刚文哲. 2002. 塔里木盆地库车拗陷依南2气藏成藏期次研究. 古地理学报，4（2）：98-104

霍红，刘洛夫，解启来，等. 2007. 塔中地区志留系原油运移方向研究. 新疆石油地质，28（2）：175-178

贾承造. 1997. 中国塔里木盆地构造特征与油气. 北京：石油工业出版社

李小地，张光亚，田作基，等. 2000. 塔里木盆地油气系统与油气分布规律. 北京：地质出版社

刘洛夫，霍红，李超，等. 2006. 利用咔唑类化合物研究油气的运移——以塔里木盆地环阿瓦提凹陷志留系古油藏为例. 石油实验地质，28（4）：366-369

刘胜，杨飞，吴金才，等. 2015. 喀什凹陷北缘阿克莫木气田气源探讨. 天然气地球科学，26（3）：486-494

邱中建，龚再升. 1999. 中国油气勘探. 第二卷（西部油气区）. 北京：石油工业出版社

任战利. 2007. K-Ar法年龄测定报告. 北京：中国石油勘探开发研究院实验中心

苏劲. 2000. K-Ar法年龄测定报告. 北京：中国石油勘探开发研究院实验中心

田作基，张光亚，邹华耀，等. 2001. 塔里木库车含油气系统油气成藏的主控因素及成藏模式. 石油勘探与开发，28（5）：

王红军,张光亚.2001.塔里木克拉通盆地油气勘探对策.石油勘探与开发,28(6):50-52

王行信,王少依,韩守华.2003.泥质岩黏土矿物的分布特征和控制因素//徐同台,王行信,张有瑜,等.中国含油气盆地黏土矿物.北京:石油工业出版社:37-62

王招明,钟端,赵培荣,等.2004.库车前陆盆地露头区油气地质.北京:石油工业出版社

王振华.2001.塔里木盆地库车拗陷油气藏形成及油气聚集规律.新疆石油地质,22(3):189-191

肖晖,任战利,崔军平.2008.塔里木盆地孔雀1井志留系含气储层成藏期次研究.石油实验地质,30(4):357-362

徐同台,王行信,张有瑜,等.2003.中国含油气盆地黏土矿物.北京:石油工业出版社

于志超.2015.K-Ar法年龄测定报告.北京:中国石油勘探开发研究院实验中心

张光亚,李洪辉,李小地,等.1999.库车前陆盆地演化与油气资源评价.塔里木石油勘探开发指挥部,中国石油勘探开发研究院

张光亚,王红军,李洪辉,等.2002.塔中北坡志留系油气藏形成条件研究.塔里木油田分公司研究院,中国石油勘探开发研究院塔里木分院,石油地质研究所

张永贵,张忠民,冯兴强,等.2011.塔河油田南部志留系油气成藏主控因素与成藏模式.石油学报,32(5):767-774

张有瑜,罗修泉.2004.油气储层自生伊利石 K-Ar 同位素年代学研究现状与展望.石油与天然气地质,25(2):231-236

张有瑜,罗修泉.2011.英买力沥青砂岩自生伊利石 K-Ar 测年与成藏时代.石油勘探与开发,38(2):203-210

张有瑜,罗修泉.2012.塔里木盆地哈6井石炭系、志留系砂岩自生伊利石 K-Ar、Ar-Ar 测年与成藏时代.石油学报,33(5):748-757

张有瑜,董爱正,罗修泉.2001.油气储层自生伊利石分离提纯及其 K-Ar 同位素测年技术研究.现代地质,15(3):315-320

张有瑜,Zwingmann H,刘可禹,等.2007.塔中隆起志留系沥青砂岩油气储层自生伊利石 K-Ar 同位素测年研究与成藏时代探讨.石油与天然气地质,28(2):166-174

张有瑜,Zwingmann H,刘可禹,等.2014.油气储层砂岩样品制冷—加热循环解离技术实验研究.石油实验地质,36(6):752-761

张有瑜 Zwingmann H,Todd A,等.2004.塔里木盆地典型砂岩油气储层自生伊利石 K-Ar 同位素测年研究与成藏年代探讨.地学前缘,11(4):637-648

张忠民.2007.K-Ar法年龄测定报告.北京:中国石油勘探开发研究院实验中心

赵靖舟.2001.油气水界面追溯法与塔里木盆地海相油气成藏期分析.石油勘探与开发,28(4):53-56

赵靖舟.2002.塔里木盆地烃类流体包裹体与成藏年代分析.石油勘探与开发,29(4):21-25

赵靖舟,李启明.2001.塔里木盆地含油气系统特征与划分.新疆石油地质,22(5):393-396

赵靖舟,吴保国.2001.塔里木盆地哈得4油田成藏模式探讨.中国石油勘探,6(1):20-23

赵杏媛,杨威,罗俊成,等.2001.塔里木盆地粘土矿物.武汉:中国地质大学出版社

周兴熙.2000.复合叠合盆地油气成藏特征——以塔里木盆地为例.地学前缘,7(3):39-47

朱怀诚,罗辉,王启飞,等.2002.论塔里木盆地"东河砂岩"的地质时代.地层学杂志,26(3):197-201

邹义声.1996.塔北隆起井下巴楚组及东河砂岩的时代.新疆石油地质,17(4):359-363

Zhang Y Y,Liu K Y,Luo X Q.2016.Evaluation of $^{40}Ar/^{39}Ar$ geochronology of authigenic illites in determining hydrocarbon charge timing:a case study from the Silurian bituminous sandstone reservoirs,Tarim Basin,China.Acta Geilogica SINICA (English Edition)(待刊)

Zhang Y Y,Zwingmann H,Liu K Y,et al.2011.Hydrocarbon charge history of the Silurian bituminous sandstone reservoirs in the Tazhong uplift,Tarim Basin,China.AAPG Bulletin,95(3):395-412

Zhang Y Y,Zwingmann H,Todd A,et al.2005.K-Ar dating of authigenic illite and its applications to study of hydrocarbon charging histories of typical sandstone reservoirs in the Tarim Basin,China.Petroleum Science,2(2):12-24,81

第九章　塔中隆起志留系沥青砂岩油气储层自生伊利石 K-Ar 同位素测年研究与成藏年代探讨

志留系沥青砂岩是塔里木盆地的重要砂岩储层之一,主要分布在塔中(中央)隆起、北部拗陷和塔北隆起等部分地区。迄今为止,塔中隆起钻遇沥青砂岩的井已多达 35 口以上,塔中 11 井、塔中 47 井获得工业油气流或低产油气流,塔中 10 井、塔中 12 井、塔中 30 井等获少量液体原油并可望获得工业油气流,塔中 23 井、塔中 67 井、塔中 32 井等见到良好的油气显示(图 9.1)(塔中 47 井、塔中 10 井、塔中 11 井分别位于塔中 12 井西北约 70km、31km、21km)。志留系沥青砂岩油气藏成藏史研究是塔中隆起黑油勘探的重点研究内容之一。利用自生伊利石 K-Ar 同位素测年技术对其油气成藏史进行探讨是本次研究的主要目的。

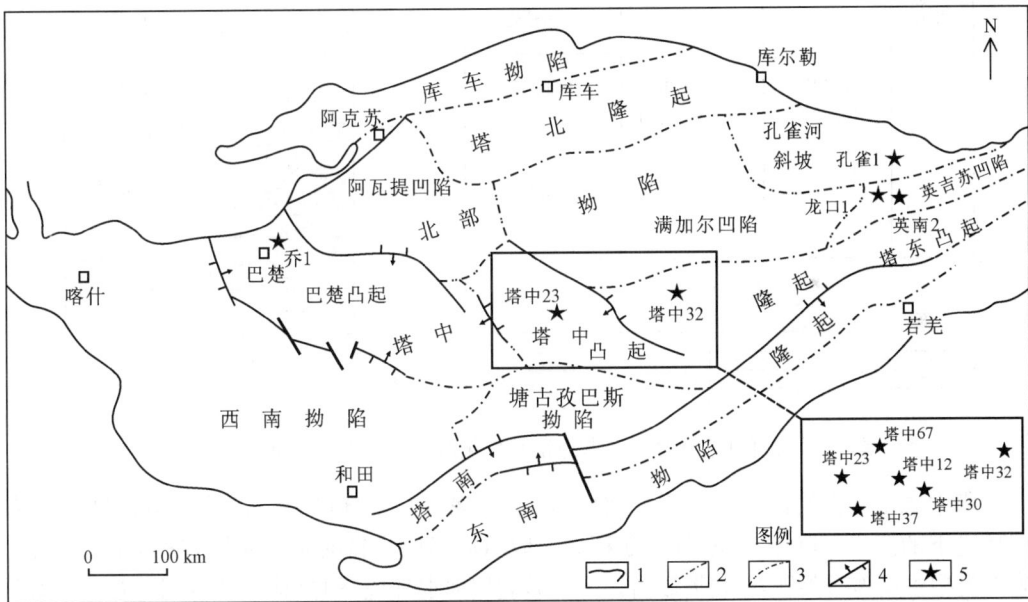

图 9.1　塔里木盆地构造单元划分(贾承造,1997;Katz,2001)及研究井井位(Zhang et al. ,2011)

1. 盆地边界;2. 一级单元界线;3. 二级单元界线;4. 断层;5. 研究井

第一节　地 质 背 景

塔中志留系沥青砂岩属于下志留统塔塔埃尔塔格组(S_1t)下砂岩段(S_1^3),也称沥青砂岩段(张光亚等,2002),以前曾将其划分为中上志留统,在不同地区的厚度、埋深均相差较大,巴楚凸起乔 1 井较浅(1474.5～1895.0m)、厚度较大(419.5m),塔中低凸起由西向东依次变浅,西部的塔中 23 井较深,为 4774.0～4959.5m,向东至塔中 30 井变浅,为

4117.0～4283.0m，厚度为 185.5～159.5m，塔东低凸起塔中 32 井埋深 3591.0～3836.0m，厚 245.0m。该沥青砂岩在北部拗陷孔雀河斜坡属于下志留统土什布拉克组，埋深 2638.8～3461.0m，厚 822.2m，在英吉苏凹陷未单独分层（表 9.1）。

塔中志留系沥青砂岩段的上覆地层为依木干他乌组红泥岩段、上砂岩段和上泥岩段，为整合接触，下伏地层为寒武-奥陶系泥灰岩、碳酸盐岩，为主力烃源岩层，呈角度不整合接触。沥青砂岩段与红泥岩段（区域盖层）和寒武-奥陶系泥灰岩、碳酸盐岩构成完整的生储盖组合（表 9.1、图 9.2）。

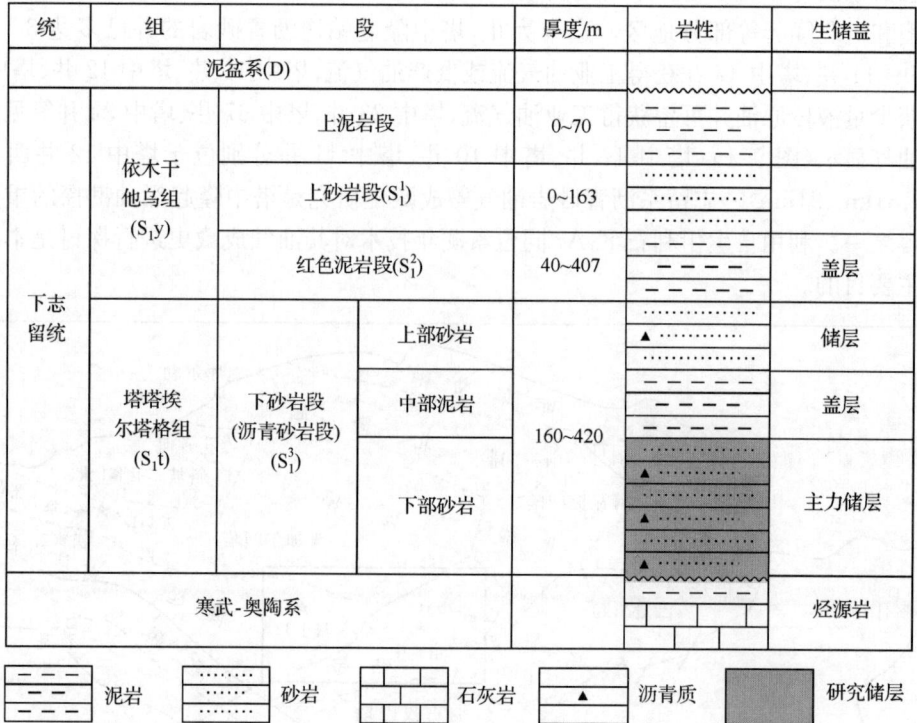

统	组	段		厚度/m	岩性	生储盖
		泥盆系(D)				
下志留统	依木干他乌组(S₁y)	上泥岩段		0~70		
		上砂岩段(S₁¹)		0~163		
		红色泥岩段(S₁²)		40~407		盖层
	塔塔埃尔塔格组(S₁t)	下砂岩段（沥青砂岩段）(S₁³)	上部砂岩	160~420		储层
			中部泥岩			盖层
			下部砂岩			主力储层
	寒武-奥陶系					烃源岩

泥岩　　砂岩　　石灰岩　　▲ 沥青质　　研究储层

图 9.2　塔里木盆地塔中隆起志留系简化地层剖面(Zhang et al.，2011)

塔中志留系沥青砂岩段分为上部砂岩、中部泥岩和下部砂岩三部分。下部砂岩为海侵环境下的滨岸—陆棚沉积，分布面积大、储集物性好，是目前志留系最有利的勘探层位，岩石类型主要为石英砂岩、岩屑砂岩。上部砂岩以海退环境下的潮坪沉积为主，主要为潮下砂坝和潮汐水道砂体，岩石类型主要为岩屑砂岩，几乎无石英砂岩分布，砂体发育程度和规模均比下部砂岩差（朱如凯等，2005）。上部砂岩储层物性较差，孔隙度多小于 10%，渗透率多小于 1mD。下部砂岩储层的物性特征明显好于上部砂岩储层，但平面变化较大，如塔中 47 井较好，平均孔隙度和平均渗透率分别为 11.9% 和 163.84mD，塔中 20 井较差，平均孔隙度和平均渗透率分别为 4.52% 和 0.15mD。塔中 12 井沥青砂岩段下部砂岩的平均孔隙度和平均渗透率分别为 10.04% 和 8.02mD（张光亚等，2002）。

本次研究的 3 块样品（A1～A3，表 9.2）均为下部砂岩，分别采自塔中 37 井、塔中 67 井和塔中 12 井，塔中 37 井为灰色粉砂岩，不含油[图 9.3(a)]；塔中 67 井为灰黑色含油层状沥青细砂岩，具层理构造[图 9.3(b)]；塔中 12 井与塔中 67 井类似，为灰黑色层状沥青

表 9.1　塔中隆起及孔雀河地区部分井分井志留系地层分层数据表（张有瑜等，2007；Zhang et al.，2011）

构造单元	中央隆起							北部坳陷		
	巴楚断隆	塔中低凸起					塔东低凸起	英吉苏凹陷		孔雀河斜坡
地层 / 井号	乔1*	塔中23*	塔中37*	塔中67*	塔中12*	塔中30*	塔中32*	龙口1*	英南2*	孔雀1**
上覆地层	D　1067.5	D　4536.0	D　4403.0	$D_3d(C^8)$　4259.5	$D_3d(C^7)$　4073.5	D　4027.5	C^6　3591.0	J_1a　4621.0	J　3802.5	J_1a　1806.0
下志留统(S_1)　依木干他乌组(S_1y)　上泥岩段	缺失	缺失	缺失	4329.0	缺失	缺失	缺失	缺失	缺失	缺失
塔塔埃尔塔格组(S_1t)　上砂岩段(S_1^1)	缺失	4698.5***	4508.0***	4440.0	4198.5	4075.0***	缺失	缺失	缺失	2276.2（土什布拉克组）
红泥岩段(S_1^2)	1474.5	4774.0***	4582.0***	4496.5	4247.0	4117.0***	缺失	缺失	缺失	2638.8
下砂岩段(S_1^3)	1895.0	4959.5***	4741.5***	4680.0（未穿）	4424.0	4283.0***	3836.0***	S　5010.0（未穿）	S　4507.0	缺失
柯坪塔格组(S_1k)　暗色泥岩段(S_1^4)	1963.5	缺失	缺失	缺失	缺失	缺失	缺失	—	—	3461.0
下伏地层	O_{2+3}	O_{2+3}	O_{1+2}	O_{1+2}	O_{1+2}	O_{2+3}	O_{2+3}	—	O_{2+3}	O_{2+3}

* 分层数据引自各井完井地质总结报告；** 引自张克银（2005）；*** 完井地质总结报告中将该井志留系地层划分为中上志留统（S_{2+3}）。

表 9.2　塔中隆起及孔雀河地区志留系沥青砂岩储层自生伊利石 K-Ar 法同位素测年分析数据表（张有瑜等，2007；Zhang et al.，2011）

样号	构造单元	井号	井深/m	样品粒级/μm	黏土矿物相对含量/%					I/S间层比/%	钾长石(XRD)	钾含量/%	放射成因氩/(10^{-9}mol/g)	R($^{40}Ar_{放}$/$^{40}Ar_{总}$)/%	年龄/Ma	数据来源
					S	I/S	I	K	C							
B1	巴楚断隆	乔 1	1719.10	<0.15		72			28	5	未检出	6.02	4.46	98.18	383.45	张有瑜等，2004
B2	塔中低凸起	塔中 23	4774.00	0.45～0.15		75	15	10		20	微量	4.70	2.60	96.44	293.54	张有瑜等，2004
A1	塔中低凸起	塔中 37	4679.93	<2		78	15	4	3	25	未进行 K-Ar 年龄测定					赵杏媛，2005**
A1	塔中低凸起	塔中 37	4679.93	0.3～0.15		99	1			25	未检出	5.58	2.15	93.59	209.88	本次研究
													2.20	92.47	214.15*	本次研究
A1	塔中低凸起	塔中 37	4679.93	<0.15		99	1			25	未检出	5.56	2.60	93.68	203.96	本次研究
													2.18	93.32	212.72*	本次研究
A2	塔中低凸起	塔中 67	4642.78	<2		80	15		5	30	未进行 K-Ar 年龄测定					赵杏媛，2005**
A2	塔中低凸起	塔中 67	4642.78	1～0.5		91	7		2	30	未检出	4.90	2.68	95.77	290.57	本次研究
A2	塔中低凸起	塔中 67	4642.78	0.5～03		93	5		2	30	未检出	4.54	2.07	61.10	245.32	本次研究
A2	塔中低凸起	塔中 67	4642.78	0.3～0.15		100				30	未检出	4.42	1.92	94.91	234.15	本次研究
													1.92	55.52	234.37*	本次研究
A2	塔中低凸起	塔中 67	4642.78	<0.15		100				30	未检出	4.50	1.86	71.61	224.07	本次研究
													1.91	45.87	229.24*	本次研究
A3	塔中低凸起	塔中 12	4380.40	<2		64	26	10		30	未进行 K-Ar 年龄测定					赵杏媛，2005**
A3	塔中低凸起	塔中 12	4380.40	0.3～0.15		96	1	3		30	未检出	4.21	1.83	81.02	234.10	本次研究
													1.82	58.62	232.88*	本次研究
A3	塔中低凸起	塔中 12	4380.40	<0.15		97	1	2		30	未检出	4.38	1.84	84.29	227.31	本次研究
													1.85	85.72	228.25*	本次研究
B3	塔中低凸起	塔中 30	4162.12	0.3～0.15		80	8		12	25	未检出	4.02	2.25	89.71	296.31	本次研究
B4	塔东低凸起	塔中 32	3794.24	<0.15		82	5	8	5	30	未检出	4.09	1.78	83.96	235.17	张有瑜等，2004

续表

样号	构造单元	井号	井深/m	样品粒级/μm	黏土矿物相对含量/%					I/S同层比/%	钾长石(XRD)	钾含量/%	放射成因氩/$(10^{-9}\,\text{mol/g})$	$R(^{40}\text{Ar}_{放}/^{40}\text{Ar}_{总})$/%	年龄/Ma	数据来源
					S	I/S	I	K	C							
B5		龙口1	4601.50	0.3~0.15		63	3		34	30	未检出	3.36	1.73	93.71	274.54	王红军,2003**
				<0.15		66	2		32	30	未检出	3.43	1.74	93.23	271.20	
B6	英吉苏凹陷	英南2	4725.75	0.3~0.15	因样品量不够，故未进行 XRD 分析							3.81	1.59	92.57	225.76	
				<0.15								3.89	1.57	91.12	219.26	
B7			3821.40	0.3~0.15	2	88	5		5	35	未检出	4.01	2.15	96.37	285.67	赵靖舟,2003**
				<0.15	2	89	4		5	35	未检出	3.97	2.08	96.47	279.23	
B8	孔雀河斜坡	孔雀1	2799.70	0.3~0.15		66	11		23	25	未检出	4.95	3.73	98.17	389.64	包书景,2003**
												5.00	3.95	98.45	406.43*	本次研究
B9			2962.10	0.3~0.15	因样品量不够，故未进行 XRD 分析							4.69	3.47	95.86	383.12	包书景,2003**

注：S 为蒙皂石；I/S 为伊/蒙同层；I 为伊利石；K 为高岭石；C 为绿泥石；* 表示该年龄数据为重复测量结果；** 表示未发表。

砂岩,但粒度偏细,且含油程度较低[图 9.3(c)]。

图 9.3　塔中隆起及孔雀河地区志留系沥青砂岩岩石学特征(张有瑜等,2007)

(a) 灰色粉砂岩,塔中 37 井,S_1^3,4679.73m,岩心照片;(b) 灰黑色稠油层状砂岩,塔中 67 井,S_1^3,4642.78m,岩心照片;(c) 灰黑色含油层状砂岩,塔中 12 井,S_1^3,4380.40m,岩心照片;(d) 粒表蜂窝状 I/S 有序间层,岩石较致密,孔隙不发育,灰色粉砂岩,塔中 37 井,S_1^3,4679.73m,SEM;(e) 粒表蜂窝状 I/S 有序间层,孔隙发育,灰黑色稠油层状砂岩,塔中 67 井,S_1^3,4642.78m,SEM;(f) 粒表蜂窝状 I/S 有序间层,灰黑色含油层状砂岩,塔中 12 井,S_1^3,4380.40m,SEM;(g) 粒表蜂窝状 I/S 有序间层,岩石较致密,孔隙不发育,灰色粉砂岩,塔中 37 井,S_1^3,4679.73m,SEM;(h) 长片状 I/S 有序间层,自形晶,粒级<0.15μm,灰黑色稠油层状砂岩,塔中 67 井,S_1^3,4642.78m,TEM

第二节　实验技术与方法

油气储层自生伊利石 K-Ar 同位素年代测定是一项包括内容较多的综合分析测试技术,对此作笔曾做过系统论述(张有瑜等,2001)。关于自生伊利石的分离与提纯,本次研究采用的是沉降分离技术、低速离心机、高速离心机离心分离技术和真空抽滤分离技术相结合的综合分离技术,分别提取 1~0.5μm、0.5~0.3μm、0.3~0.15μm 和<0.15μm 4 个粒级的黏土组分,并主要对两个较细粒级组分进行了 K-Ar 年龄测定及其他相关分析。

在进行 K-Ar 年龄测定之前,分别利用 X 射线衍射(XRD)分析技术和透射电镜(TEM)对待测黏土粉末样品进行了纯度检测,分析内容包括伊利石成因类型及其相对含量和形貌特征等。

本次研究中所用 ^{38}Ar 同位素稀释剂的纯度为 99.99%。每次进行样品 Ar 同位素比值测定时,均用黑云母标样(ZBH-25,标准年龄为 133.2Ma)对仪器进行性能稳定性检测。K-Ar 年龄计算采用由 Steiger 和 Jager(1977)推荐的 ^{40}K 丰度常数和衰变常数。年龄误差考虑了样品称重误差、$R(^{38}Ar/^{36}Ar)$ 和 $R(^{40}Ar/^{38}Ar)$ 及钾含量测量误差,误差范围为 $\pm 1\sigma$。

第三节　结果与讨论

一、黏土矿物特征

本次研究的 3 块砂岩样品分为两种类型,一类为不含油的灰色粉砂岩,粒度较细,一类为含油的灰黑色层状砂岩,粒度相对较粗,灰黑色—黑色含油层与灰色—灰白色不含油层、呈互层状。塔中 12 井灰黑色层状砂岩样品(A3)的薄片鉴定表明,该砂岩层理构造发育,主要由"干净"的含沥青细砂岩纹层与不含油的粉砂岩纹层和不含油或含少量油的细砂岩纹层组成。含沥青纹层以细砂为主,分选好,泥质杂基含量低,填隙物总量低,以方解石、铁方解石、粉-细晶含铁白云石为主,少量含铁方解石,颗粒点-线接触,与后两者相比,成分成熟度、结构成熟度均相对较高,孔隙相对发育,沥青分布普遍,均匀分布于粒间孔隙中;不含油纹层以粉砂为主,填隙物含量相对较高,以泥质杂基为主,碳酸盐胶结物含量很少,孔隙不发育或有少量泥质微孔隙;含少量油的纹层以细砂为主,常含少量粉砂,分选性较含沥青纹层差,填隙物也较高,且以泥质杂基为主,碳酸盐胶结物含量低,孔隙发育差,以泥质微孔为主。薄片鉴定结果表明,孔隙发育特征是控制沥青分布的主要原因,孔隙发育、泥质含量低,有利于原油充注和碳酸盐矿物沉淀,原油遭受破坏后形成沥青,从而形成含沥青的纹层;孔隙不发育,泥质含量高,不利于原油充注和碳酸盐矿物沉淀,则形成后两种纹层。SEM(扫描电镜)分析也得出同样结论,塔中 37 井粉砂岩,致密,孔隙不发育[图9.3(d)],不含油,与塔中 12 井层状砂岩的粉砂岩纹层相似;塔中 67 井细砂岩,孔隙发育,含油[图 9.3(e)]。塔中 12 井层状砂岩含油纹层与不含油纹层的 SEM 对比分析也得出相同的结论,但差异远不如塔中37井和塔中67井明显,原因可能是两种纹层的粒度差异相对较小。

SEM分析表明,3块砂岩样品的黏土矿物均以蜂窝状伊利石/蒙皂石(I/S)有序间层为主[图9.3(d)~图9.3(f)],见有少量的丝状伊利石[图9.3(g)]。该I/S有序间层TEM下呈长片状,边界平直[图9.3(h)]。与塔中37井和塔中67井相比,塔中12井砂岩样品丝状伊利石明显增多,并含有较多的高岭石。XRD分析结果与SEM一致,塔中37井和塔中67井两块砂岩样品中的I/S有序间层含量相对较高,分别为78%和80%,伊利石为15%,含少量高岭石(小于4%)和绿泥石(3%~5%),塔中12井砂岩样品中的I/S有序间层含量相对偏低,为64%,但伊利石含量相对偏高,为26%,并含有较多的高岭石(10%,小于2μm粒级)(表9.2)。

与常见的I/S有序间层不同,塔中志留系沥青砂岩中的I/S有序间层具有特殊的形貌和XRD特征,常见的I/S有序间层多为片状+短丝状、指状,XRD谱图不具有大基面间距衍射峰,而塔中志留系沥青砂岩中的I/S有序间层则与累托石接近,形貌呈蜂窝状,XRD谱图具有大基面间距衍射峰[图9.4,自然风干定向样品(N)为25.23×10^{-1}nm;乙二醇饱和处理定向样品(EG)为30.66×10^{-1}nm]。由于该I/S有序间层XRD谱图,虽具有大基面间距衍射峰但并不具备整数基面衍射序列,且大基面间距衍射峰的d值与累托石[自然风干定向样品(N)为25×10^{-1}nm左右;乙二醇饱和处理定向样品(EG)为27×10^{-1}nm左右]具有一定的差异,赵杏媛等(2001)将其定名为"似累托石"或"非典型累托石"。同样也是由于这一点,本书将其划分为I/S有序间层而非累托石,因为"似累托石"或"非典型累托石"都不是标准的黏土矿物名称。

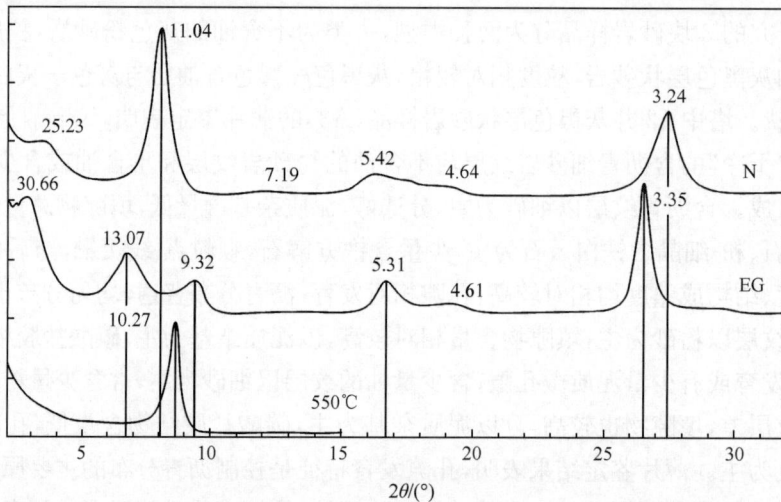

图9.4　塔中67井志留系沥青砂岩I/S有序间层XRD谱图(张有瑜等,2007;Zhang et al.,2011)

550℃为加热(550℃/2h)处理定向样品温度;衍射峰d值的单位为10^{-1}nm

该I/S有序间层只存在于含油气层井段的砂岩中,而在相同井段的泥岩中则未见分布,赵杏媛和张宝收(2007)对其形成机理进行了研究与探讨,认为该I/S有序间层为成岩自生矿物,该矿物的形成与油气运移成藏(有机酸)具有直接联系,可以作为推断古油气藏是否存在的直接证据之一。

二、年龄测定结果

表 9.2 给出了 3 块样品不同粒级组分的 K-Ar 年龄测定结果,两个较细粒级组分 (0.3～0.15μm 和＜0.15μm)的年龄范围为 203.96～234.37Ma,塔中 37 井略小,为 203.96～214.15Ma,塔中 67 井和塔中 12 井略大,为 224.07～234.37Ma。XRD 纯度检测结果表明,其黏土矿物基本全部由自生 I/S 有序间层组成,相对含量为 96％～100％,碎屑伊利石相对含量小于 1％(塔中 37 井、塔中 12 井),未检测出碎屑钾长石。TEM 检测也得出相同结论,即主要由长片状 I/S 有序间层组成[图 9.3(h)],未见碎屑伊利石和碎屑钾长石。据此可以初步认为,样品基本不含碎屑含钾矿物(碎屑钾长石和碎屑伊利石),其年龄基本上代表的是自生 I/S 有序间层的年龄,可能反映早期油气注入事件,代表古油藏的最早成藏期。为了进一步研究数据的重复性,本次研究对 3 块样品的两个较细粒级组分(0.3～0.15μm 和＜0.15μm)和孔雀 1 井的 1 块样品(2799.70m,0.3～0.15μm)均进行了重复测量。两次测量的结果基本一致表明,该年龄数据具有较高的重复性和可靠性,导致塔中 37 井和孔雀 1 井年龄数据偏差稍大的原因可能是样品存在一定程度的不均一性。

为了深入研究不同粒级组分的样品特征和年龄变化规律,本次研究对塔中 67 井的 4 个粒级组分(1～0.5μm、0.5～0.3μm、0.3～0.15μm 和＜0.15μm)均进行了 K-Ar 年龄测定,并利用 XRD 谱图分峰技术对其伊利石成因类型和含量进行了分析与鉴定。图 9.5 表明,两个较粗粒级样品的 XRD 谱图可以分解出碎屑伊利石峰,含量分别为 7％和 5％,两个较细粒级样品的 XRD 谱图则分解不出碎屑伊利石峰,表明其为 100％的自生 I/S 有序间层。与此对应,两个较粗粒级的年龄相对稍大,分别为 290.57Ma 和 245.32Ma,两个较细粒级的年龄相对较小,分别为 234.15Ma 和 224.07Ma(表 9.2),说明含有少量碎屑伊利石是导致两个较粗粒级年龄略微偏大的主要原因,从而进一步证实两个较细粒级组分的年龄基本上代表的是自生 I/S 有序间层的年龄。

为了便于分析与对比,本书还引用了笔者实验室的有关分析数据,包括乔 1 井、塔中 23 井、塔中 30 井、塔中 32 井、龙口 1 井、英南 2 井和孔雀 1 井,年龄范围为 219.26～383.45Ma(B1～B9,见表 9.2)。

从图 9.6 可以看出,塔中隆起及孔雀河地区志留系沥青砂岩自生伊利石年龄尽管范围较宽(203.96～383.45Ma),但具有较为明显的分布规律,基本特征是盆地边部年龄较大、盆地中心年龄较小:位于盆地西部(塔中隆起西端)巴楚凸起的乔 1 井和位于盆地东北部(孔雀河地区)孔雀河斜坡的孔雀 1 井较大,分别为 383.45Ma 和 383.12Ma,相当于中泥盆(晚加里东期);位于盆地东北部(孔雀河地区)英吉苏凹陷的龙口 1 井和英南 2 井相对较大,分别为 271.20Ma 和 279.23Ma,相当于早二叠世(早海西期)(龙口 1 井有 1 块样品年龄相对较小,为 219.26Ma);位于盆地中心(塔中低凸起中部)的塔中 37 井、塔中 67 井、塔中 12 井及塔中 32 井(塔东低凸起)较小,为 203.96～235.17Ma,相当于晚二叠世—

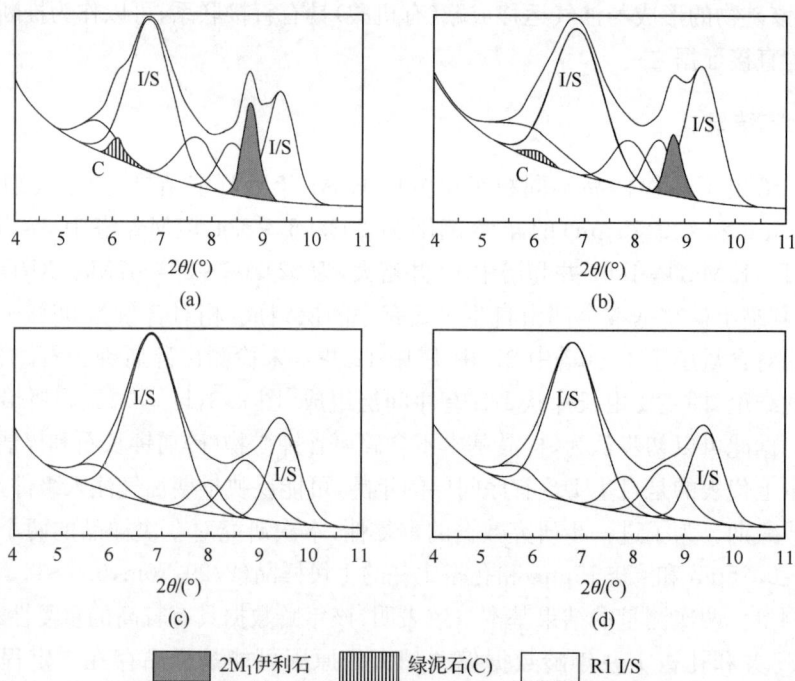

图 9.5　塔中 67 井志留系沥青砂岩伊利石 XRD 谱图（EG 片）及其成因类型鉴定（分峰技术）

（张有瑜等，2007；Zhang et al.，2011）

（a）粒级为 1～0.5μm；（b）粒级为 0.5～0.3μm；（c）粒级为 0.3～0.15μm；（d）粒级为＜0.15μm

早三叠世（晚海西期）。与塔中 37 井、塔中 67 井、塔中 12 井和塔中 32 井相比，塔中 23 井和塔中 30 井的年龄明显偏大，分别为 293.54Ma 和 296.31Ma，可能与含少量碎屑伊利石（分别为 15％和 8％）有关。

三、讨论

张光亚等（2002）对塔中北坡志留系油气藏形成条件进行了详细研究，认为塔中志留系油气藏的形成经历了加里东期—早海西期的成藏与破坏、晚海西期的成藏及喜马拉雅期的油气再充注、古油气藏的调整与改造过程；沥青砂岩的形成代表了最早一期古油藏的成藏与破坏，稠油油藏的形成代表了早期古油藏的保存与改造，正常油藏和天然气的形成代表了晚期油气的再充注。严永新等（2003）、林学庆等（2003）、赵增禄（2003）、张克银等（2004）和张克银（2005）分别对孔雀河斜坡含油气系统进行了详细研究，认为古生界烃源岩在加里东运动末期—海西运动早期形成原生油藏，燕山运动中晚期—喜马拉雅运动期进行改造调整。本次测年结果与上述结论基本一致。同时，本次测年结果还进一步表明，塔中及孔雀河地区志留系油藏的形成具有较强的规律性，盆地边部乔 1 井、孔雀 1 井及龙口 1 井、英南 2 井相对较早，主要为晚加里东期—早海西期成藏，盆地中心塔中 37 井、塔中 67 井、塔中 12 井及塔中 32 井相对较晚，主要为晚海西期成藏。

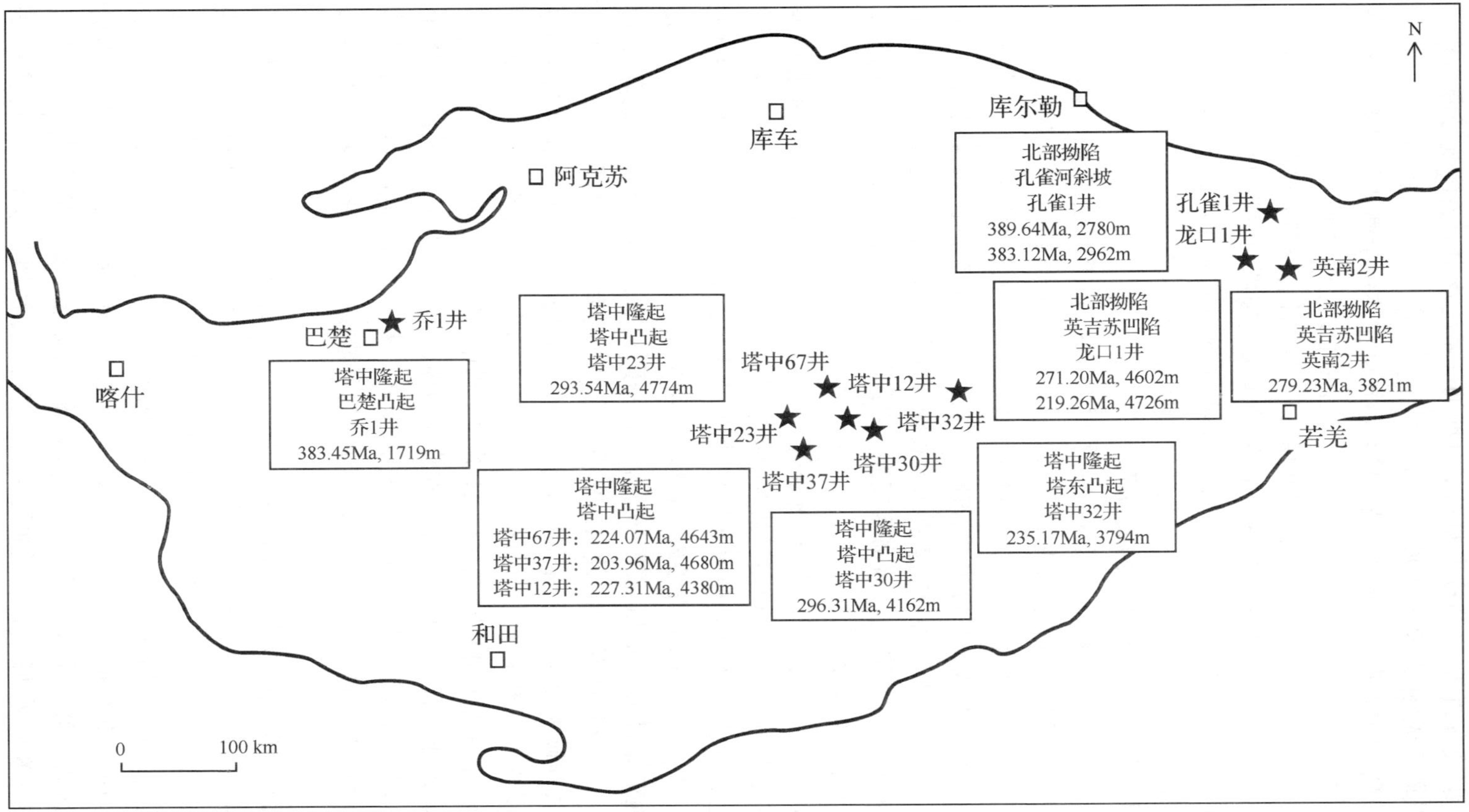

图 9.6　塔中隆起及孔雀河地区志留系沥青砂岩伊利石 K-Ar 年龄分布 (Zhang et al., 2011)

　　油气系统研究表明,塔里木克拉通盆地古生界复杂油气系统由寒武系烃源岩加里东期-早海西期、晚海西期、喜马拉雅期三个时期油气系统及中上奥陶统烃源岩喜马拉雅期油气系统共同组成(张光亚等,2002)。

　　加里东期-早海西期油气系统是最早形成,源灶主体位于满加尔凹陷以东,在中上奥陶统沉积厚度大于6000m的凹陷深处烃源岩达到高演化程度进入生气窗,其余大部分地区则处于生油窗内,此外在阿瓦提凹陷和塘古孜巴斯凹陷分别形成两个供烃中心。围绕这些供烃中心,克拉通盆地古隆起开始形成,该期最大规模的成藏事件是早海西期的志留系古油藏的形成与破坏。乔1井位于加里东期-早海西期油气系统阿瓦提供烃中心的古隆起,是油气运移的主要指向之一。孔雀1井及龙口1井、英南2井位于该油气系统主力烃源灶的油灶范围内,具有较好的成藏条件。

　　晚海西期,克拉通盆地构造格局发生了很大变化,古隆起范围进一步扩大,塔北、塔东、塔中、巴楚古隆起进入强烈发展阶段,构造抬升大,地层剥蚀大。有效烃源岩灶集中分布在克拉通盆地中心地带。大量古油藏的形成证实晚海西期油气系统是克拉通盆地一期有效的油气系统。寒武系烃源岩灶、古隆起发育和广泛分布的区域盖层——中上奥陶统泥岩、石炭-二叠系膏泥岩等成藏要素组合在晚海西期形成很好的配置关系。塔中37井、塔中67井和塔中12井均位于晚海西期油气系统的有效烃源灶的范围内且还位于构造高部位,有利于油气聚集成藏。

　　图9.7是乔1井、塔中11井(张光亚等,2001,2002)和孔雀河地区(张克银等,2004)的地层埋藏史和古地温演化史图。从图中可以看出,盆地西缘的乔1井区,在志留系——泥盆系沉降之后,晚加里东运动使本区抬升,早期油气注入事件发生在抬升之前(383Ma,乔1井)[图9.7(a)]。这时,沥青砂岩埋深较大(1800m),下伏寒武系地层已进入大量生烃阶段。盆地东部的孔雀河地区,第一次油气注入事件主要发生在加里东运动晚期(孔雀1井,383Ma)。与盆地西部相似,此时志留系沥青砂岩的埋藏深度约为2500m,其下伏寒武系烃源岩(泥质碳酸盐岩)大量生烃[图9.7(c)]。海西运动期,本区长期处于隆升状态,龙口1井、英南2井的油气注入时间主要发生在早海西运动中晚期(280~273Ma)[图9.7(c)]。盆地中部的塔中11井区(塔中11井位于塔中12井西北33km处),海西运动期处于稳定沉降期,油气注入事件主要发生在晚海西期(235~204Ma,塔中37井、塔中67井、塔中12井、塔中32井)[图9.7(b)]。此外,图9.7表明,根据自生伊利石年龄确定的油气注入时间和根据流体包裹体均一温度(T_h)的盆地模拟结果(张光亚等,2001,2002)完全一致。

　　包裹体均一温度可以代表当时形成时的地层温度,也可以是注入流体的温度,代表流体来源当时的地层温度,主要是由流体注入的方式决定:依靠早期断裂的渗流作用,高温流体从深部地层(烃源岩)缓慢注入浅部地层(储层),形成的包裹体应该代表当时形成时的地层温度;依靠断裂活动,高温流体从深部地层(烃源岩层)快速通过断裂注入浅部地层(储层),形成的包裹体应该代表深部地层当时的温度环境(张光亚等,2001)。本次研究的塔中11井区属于第一种情况[图9.7(b)],而乔1井则属于第二种情况[图9.7(a)]。乔1井构造明显受断裂活动控制,油气通过断裂快速运移充注到志留系砂岩储层中,因此乔1井志留系砂岩中的包裹体均一温度反映的是形成时寒武系烃源岩层系的温度。结合乔1

井埋藏史分析,乔 1 井志留系两期包裹体即两期油气充注过程分别发生在泥盆纪末期和
二叠纪末期,其中第一期与本次自生伊利石测年结果基本一致[图 9.7(a)]。塔中 11 井志留
系沥青砂岩段发育两期包裹体。与第一期和第二期烃类包裹体同期形成的盐水包裹体的均
一化温度分别为 70~90℃ 和 90~140℃。结合埋藏史分析可知,这两期包裹体分别形成于
晚海西期和喜马拉雅期,其中第一期与本次自生伊利石测年结果基本一致[图 9.7(b)]。

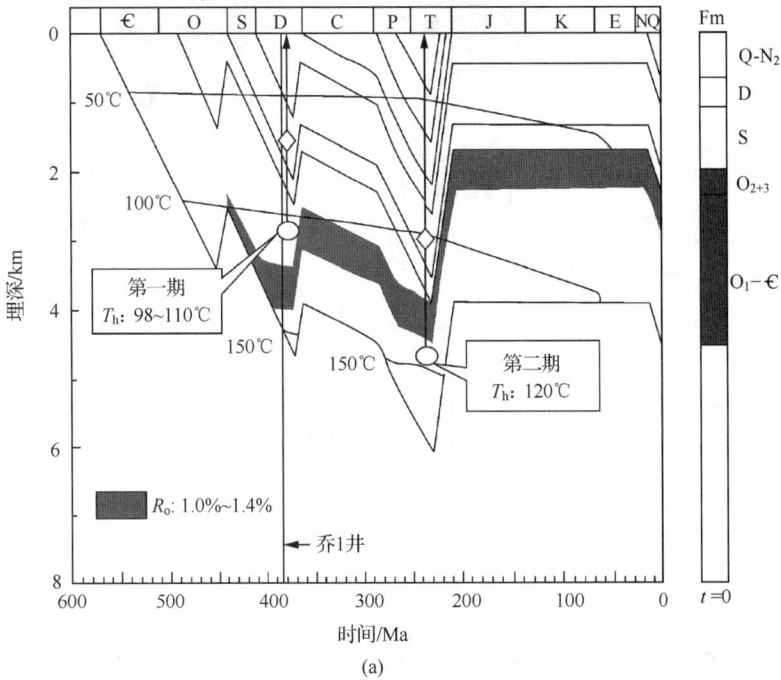

(a)

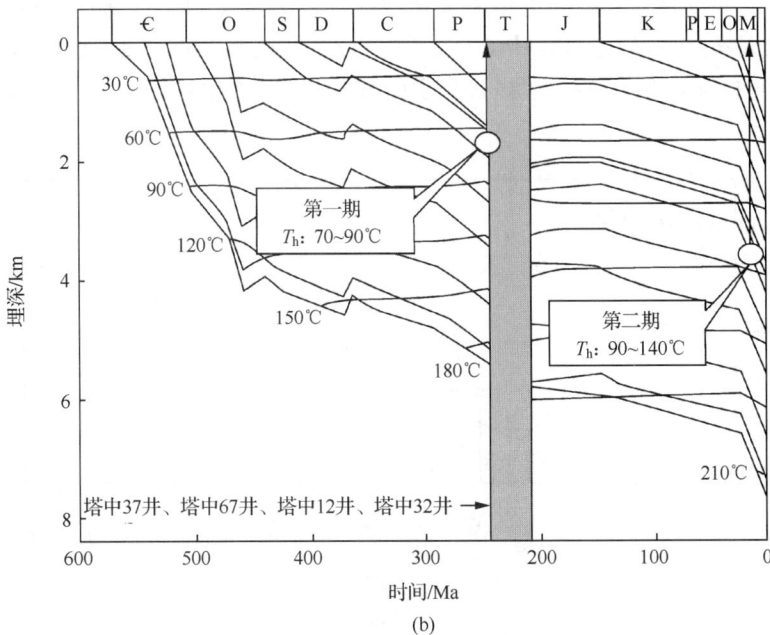

(b)

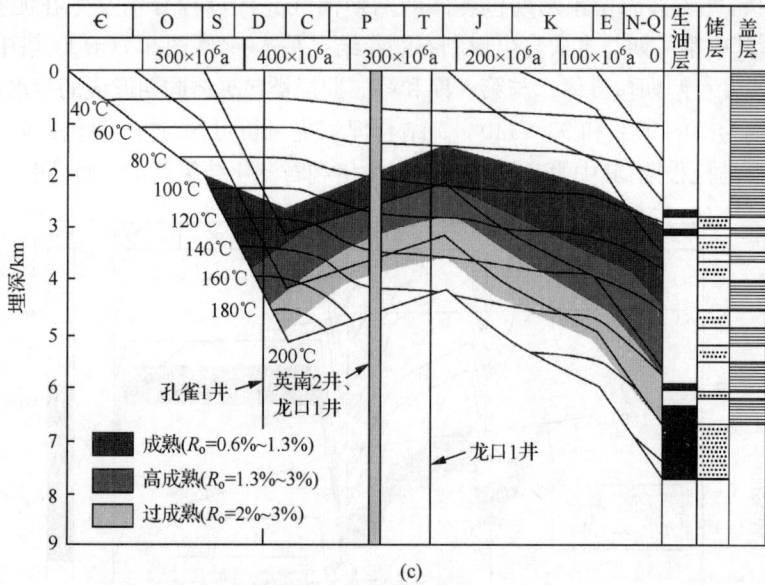

图 9.7　乔 1 井、塔中 11 井和孔雀河地区埋藏史和古地温演化史(Zhang et al. ,2011)

(a) 乔 1 井(张光亚等,2001),菱形表示包裹体赋存层位;(b) 塔中 11 井(张光亚等,2002);

(c) 孔雀河地区(张克银等,2004);垂直线代表自生伊利石年龄或自生伊利石年龄分布范围

对于孔雀 1 井来说,肖晖等(2008)的流体包裹体研究结论也与自生伊利石测年结果完全一致,并认为加里东运动晚期,孔雀 1 井寒武系烃源岩埋深达 9～10km,处于生湿气阶段。

从沥青砂岩自生伊利石年龄和沥青砂岩厚度分布图(图 9.8)可以看出,自生伊利石年龄与沥青砂岩厚度具有较好的正相关关系,厚度大,年龄大,说明古构造格局可能是主要的成藏控制因素之一,位于沉降中心(沉积中心)及其周围的古油藏,如乔 1 井、孔雀 1 井成藏较早,可能与下伏寒武系烃源岩(泥质碳酸盐岩)埋深相对较大,生、排烃相对较早有关。

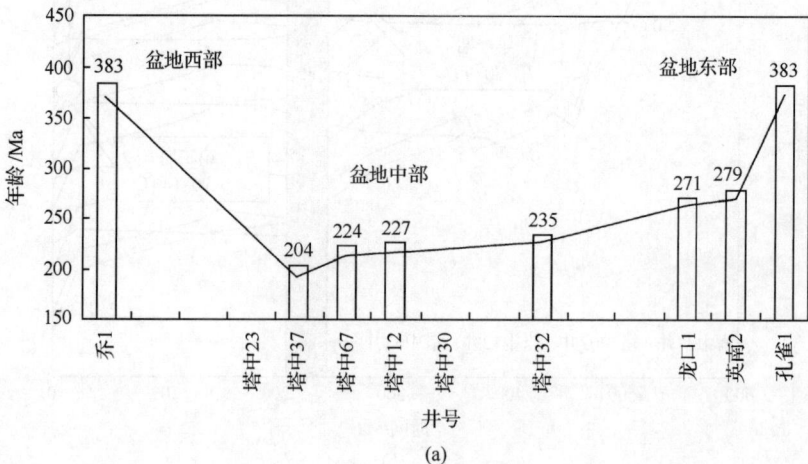

(a)

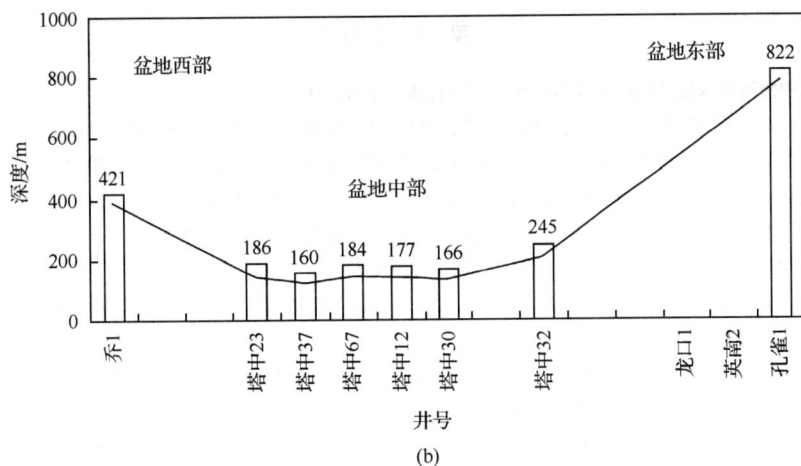

图 9.8 塔中隆起及孔雀河地区志留系沥青砂岩自生伊利石年龄和沥青砂岩厚度分布图
（张有瑜等，2007；Zhang et al.，2011）
（a）沥青砂岩自生伊利石年龄分布图；（b）沥青砂岩厚度分布图

第四节 结论、认识与建议

（1）本次研究表明，塔中隆起及孔雀河地区志留系沥青砂岩油藏主要形成于晚加里东期—早海西期和晚海西期并具有较强的分布规律性，盆地边部乔 1 井、孔雀 1 井及龙口 1 井、英南 2 井相对较早，为 383～271Ma，主要为晚加里东期—早海西期成藏；盆地中心塔中 37 井、塔中 67 井、塔中 12 井及塔中 32 井相对较晚，为 203～235Ma，主要为晚海西期成藏。

（2）本次研究表明，塔中隆起及孔雀河地区志留系沥青砂岩自生伊利石年龄与沥青砂岩厚度具有较好的正相关关系，说明古构造格局可能是主要的成藏控制因素之一，位于沉降中心（沉积中心）及其周围的古油藏，如乔 1 井、孔雀 1 井，成藏较早。

（3）本次测年结果不仅与油气系统等常规油气成藏史研究成果基本一致，而且还反映了志留系沥青砂岩油藏在形成时间上的差异，说明该项技术可以作为志留系沥青砂岩油气藏成藏年代探讨的有效手段之一并具有较好的应用前景。

（4）本次研究表明，由于不均一性及各种复杂因素的存在，即便是同一块样品的重复测量，也很难得到完全一致的测年结果（样品 A1～A3、B8）（表 9.2）。因此，应该容许自生伊利石测定年龄具有一定的分布范围或偏差，就是说在很多情况下，实测年龄总是可能会比实际年龄略微偏大或偏小。从地质意义上讲，这种偏差一般是比较小的，不会对成藏史研究等产生较大影响。对于这一特点，作者曾进行过强调（张有瑜等，2004；张有瑜和罗修泉，2004），应该有较为充分的认识。

（5）本次研究表明，对于伊利石成因类型定性、定量分析，XRD 谱图分峰技术是较为有效的技术手段之一，对此应该开展深入研究并加以推广。

参 考 文 献

贾承造. 1997. 中国塔里木盆地构造特征与油气. 北京:石油工业出版社

林学庆,李永林,李亚玉,等. 2003. 孔雀河地区油气勘探有利目标. 新疆石油地质,24(5):427-429

肖晖,任战利,崔军平. 2008. 塔里木盆地孔雀1井志留系含气储层成藏期次研究. 石油实验地质,30(4):357-362

严永新,田云,袁光喜,等. 2003. 孔雀河斜坡含油气系统及有利区带. 新疆石油地质,24(5):411-414

张光亚,王红军,李洪辉,等. 2001. 塔里木盆地阿瓦提凹陷及其周缘地区石油地质条件评价、区带优选与勘探目标选择. 塔里木油田分公司研究院,中国石油勘探开发研究院塔里木分院,石油地质研究所

张光亚,王红军,李洪辉,等. 2002. 塔里北坡志留系油气藏形成条件研究. 塔里木油田分公司研究院,中国石油勘探开发研究院塔里木分院,石油地质研究所

张克银,邵志兵,邹元荣. 2004. 塔里木盆地孔雀河地区复式油气系统. 新疆石油地质,25(2):122-124

张克银. 2005. 孔雀河斜坡维马克2号含气构造成藏剖析. 新疆石油地质,26(4):383-385

张有瑜,董爱正,罗修泉. 2001. 油气储层自生伊利石分离提纯及其K-Ar同位素测年技术研究. 现代地质,15(3):315-320

张有瑜,罗修泉. 2004. 油气储层自生伊利石K-Ar同位素年代学研究现状与展望. 石油与天然气地质,25(2):231-236

张有瑜,Zwingmann H,Todd A,等. 2004. 塔里木盆地典型砂岩油气储层自生伊利石K-Ar同位素测年研究与成藏年代探讨. 地学前缘,11(4):637-648

张有瑜,Zwingmann H,刘可禹,等. 2007. 塔中隆起志留系沥青砂岩油气储层自生伊利石K-Ar同位素测年研究与成藏年代探讨. 石油与天然气地质,28(2):166-174.

赵杏媛,杨威,罗俊成,等. 2001. 塔里木盆地粘土矿物. 武汉:中国地质大学出版社

赵杏媛,张宝收. 2007. 塔里木盆地累托石的发现及其地质意义. 新疆石油地质,28(2):248-251

赵增录,刘文汇,杨斌谊,等. 2003. 孔雀河斜坡维马2号气藏形成机理. 新疆石油地质,24(6):549-551

朱如凯,郭宏莉,何东博,等. 2005. 塔中地区志留系柯坪塔格组砂体类型和储集性. 石油勘探与开发,32(5):16-19,24

Katz B J. 2001. Geological challenges of exploration:On-shore China,with special focus on the Tarim and Junggar basin. // Downey M W,Threet J C,Morgan W A. Petroleum provinces of the twenty-first century. AAPG Memoir,74:319-334

Steiger R H,Jager E. 1977. Subcommission on geochronology:Convention on the use of decay constants in geo- and cosmochronology. Earth and Planetary Science Letters,36(3):359-362

Zhang Y Y,Zwingmann H,Liu K Y,et al. 2011. Hydrocarbon change history of the Silurian bituminous sandstone reservoirs in the Tazhong uplift,Tarim Basin,China. AAPG Bulletin,95(3):395-412

第十章 英买力地区志留系沥青砂岩自生伊利石 K-Ar 测年与成藏年代

英买力地区是目前塔里木盆地油气勘探的重点地区之一,从寒武系到新近系均有油气层或油气显示分布,具有较大的勘探潜力。志留系沥青砂岩是英买力地区近期发现的一个新层系,相继在英买 34 井、英买 35 井和英买 35-1 井等发现高产或工业油流。英买力志留系沥青砂岩油气藏为潜山油气藏,盖层为白垩系卡普沙良群泥岩,油气成藏史复杂。英买力志留系沥青砂岩油气成藏史研究对于英买力地区复式油气藏聚集区油气勘探具有重要的指导意义。

自生伊利石 K-Ar 同位素测年是国外 20 世纪 80 年代中后期发展起来的一项新技术并主要用于探讨北海地区油气田成藏史。Lee 等(1985)、Hamilton 等(1989,1992)、Hamilton(2003)对该项技术进行了系统论述。笔者于 1990 年对该项技术进行了简要介绍(张有瑜,1990)。王飞宇等(1997)等发表了关于塔里木盆地的自生伊利石 K-Ar 测年实验与应用研究成果。"九五"期间,笔者实验室开始对该项技术进行专项立题攻关,相继建立了自生伊利石分离提纯实验室和自生伊利石 K-Ar 年代测定实验室,不管是在理论认识上,还是在实验技术及实际应用上均取得了一系列重要进展(张有瑜等,2001,2002,2004,2007,2009;张有瑜和罗修泉,2004;Zhang et al.,2005)。此外,白国平(2000)、辛仁臣等(2000)、赵靖舟和田军(2002)等也都对该项技术进行了探索性研究并取得了较好的应用成果。

自生伊利石 K-Ar 同位素年代测定是一项综合分析测试技术,目前仍处于探索阶段,在伊利石的成因类型鉴定、自生伊利石和碎屑伊利石的分离、年龄数据的解释与应用等方面都存在不同看法。本章应用该项技术对英买力地区志留系沥青砂岩油气藏成藏时代进行尝试性研究。

第一节 研究区地质背景

英买力地区位于塔里木盆地塔北隆起西端,包括轮台凸起西段和南喀-英买力低凸起,四周被凹陷包围(图 10.1)。

志留系沥青砂岩主要分布在轮台凸起西部英买 32 潜山构造带的英买 35 井、英买 34 井、英买 38 井、英买 11 井和英买 41 井区,厚度变化较大,其中英买 35 井、英买 35-1 井、英买 34 井相对较小,分别为 102m、124m 和 121m;英买 41 井厚度中等,为 176m,英买 11 井较大,为 337.5m。向北东方向志留系被彻底剥蚀,表现为白垩系呈角度不整合直接覆盖在寒武系(英买 33 井、英买 32 井、英买 321 井)或奥陶系(英买 322 井)碳酸盐岩层之上。

关于塔里木盆地志留系,目前比较一致的划分方案是,自下而上依次为柯坪塔格组

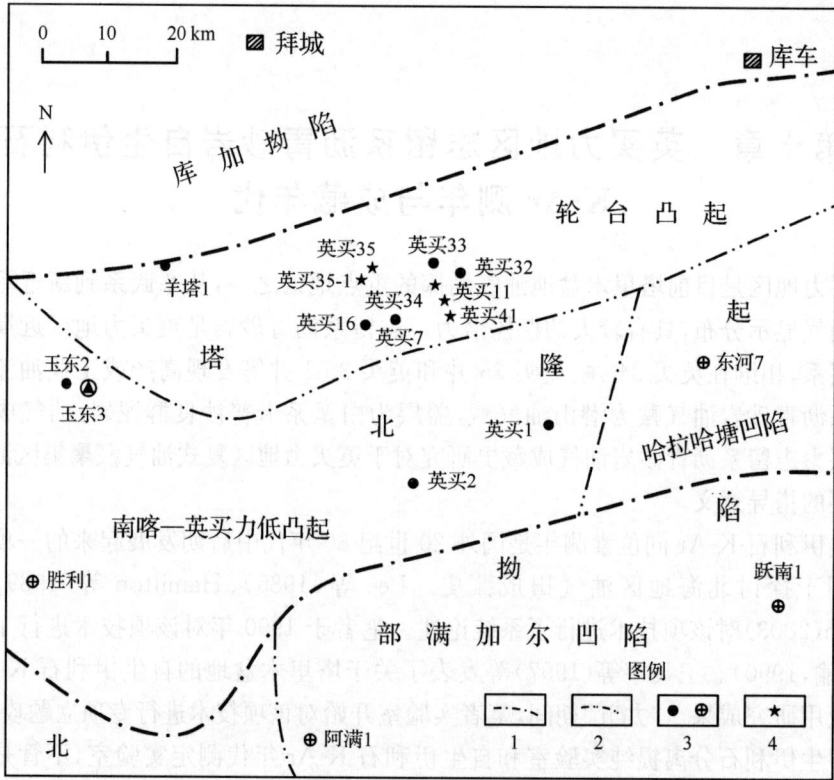

图 10.1　英买力地区构造井位图(张有瑜和罗修泉,2011)

1. 一级构造单元界线;2. 二级构造单元界线;3. 井位;4. 研究井

(S_1k)、塔塔埃尔塔格组(S_1t)、依木干他乌组(S_2y)和克兹尔塔格组(S_3k),其中柯坪塔格组和克兹尔塔格组均为跨纪地层,地层时代尚未精确厘定,初步认为,柯坪塔格组下部为上奥陶统,地层代号为(O_3—S_1)k;克兹尔塔格组上段为泥盆系中-下统或泥盆系,地层代号为(S_3—D_{1-2})k 或(S_3—D)k(周志毅,2001;张师本等,2003;贾承造等,2004)。

志留系沥青砂岩的主要产出层位是柯坪塔格组和塔塔埃尔塔格组,两者之间为连续沉积,没有明显的岩性界线。

关于塔里木盆地志留系地层的进一步划分,目前尚未统一,尤其是对于地层岩性段名称的使用不尽一致(王成林等,2007)。对于英买力地区已完钻探井志留系的进一步划分,目前同样没有取得统一。笔者在大量文献资料调研的基础上,初步确定本次研究砂岩样品层位为柯坪塔格组(S_1k)。

柯坪塔格组为潮坪—滨外相碎屑沉积,岩性为灰绿色和紫红色粉-细砂岩、泥岩、页岩。沥青砂岩以细砂岩为主,少量中砂岩,以厚层、巨厚层状为主,岩石致密,孔渗性较差,平均孔隙度约为 5%(英买 35-1 井为 5.53%,英买 35 井为 5.18%),平均渗透率约为3.8 mD,总体为特低孔、特低渗储层。

本次研究的 8 块样品(表 10.1)分别采自英买 35-1 井、英买 35 井、英买 34 井、英买 11 井和英买 41 井,除英买 11 井为中砂岩外,其他 7 块样品均为细砂岩,分别为荧光、油斑或含油细砂岩,岩性变化较大,含有较多的中-粗砂纹层或小透镜砂体并发育较多溶蚀孔。

表 10.1　英买力地区志留系沥青砂岩储层自生伊利石 K-Ar 法同位素测年分析数据表（张有瑜和罗修泉,2011）

样号	井号	井深/m	岩性	样品粒级/μm	黏土矿物相对含量/% I/S	I	K	C	I/S同层比/%	钾长石(XRD)	钾含量/%	放射成因氩/(mol/g)	$R(^{40}Ar_{放}/^{40}Ar_{总})$/%	年龄±1σ/Ma
A1	英买 35-1	5574.00	油斑细砂岩	<2	87	—	3	10	5					
				0.3~0.15	97	—	3	—	5	—	6.07	$3.270×10^{-9}$	97.63	286.60±2.58
A2	英买 35	5631.60	细砂岩	<2	69	—	—	31	5					
				0.3~0.15	94	—	—	6	5	—	6.71	$3.630×10^{-9}$	97.01	287.76±2.09
A3	英买 35	5588.70	荧光细砂岩	<2	100	—	—	—	5	—	6.38	$3.526×10^{-9}$	97.52	293.49±2.08
A4	英买 34	5386.90	含油细砂岩	0.3~0.15	24	19	51	6	5	—	3.00	$1.427×10^{-9}$	96.68	255.40±2.05
				<0.15	92	8	—	—	5	—	3.41	$1.798×10^{-9}$	96.59	281.01±1.80
A5	英买 34	5388.70	含油细砂岩	<2	88	—	12	—	5					
				0.3~0.15	7	86	—	7	5	Tr	3.43	$1.801×10^{-9}$	96.59	279.90±2.41
A6	英买 11	5562.00	中砂岩	<2	53	—	46	—	5	—	3.71	$1.928×10^{-9}$	96.78	277.26±2.04
A7	英买 41	5293.20	含油细砂岩	0.3~0.15	13	8	79	—	5	因样品量不够,故未进行 XRD 分析	1.37	$5.241×10^{-10}$	87.78	208.10±3.34
				<0.15	8	—	71	21	5		1.49	$5.409×10^{-10}$	90.05	198.03±2.49
A8	英买 41	5295.00	含油细砂岩	<2	1	—	68	31	5	—				
				0.3~0.15	2	—	10	88	5	—	0.47	$1.607×10^{-10}$	75.97	187.15±6.95

注：S 为蒙皂石;I/S 为伊/蒙间层;I 为伊利石;K 为高岭石;C 为绿泥石;Tr 为微量;"—"表示未检出。

孔隙发育情况不一,不同井之间具有较大差异,英买 35 井致密、孔隙不发育,英买 34 井孔隙发育相对较差,英买 41 井孔隙发育相对较好[图 10.2(a)~10.2(c)]。

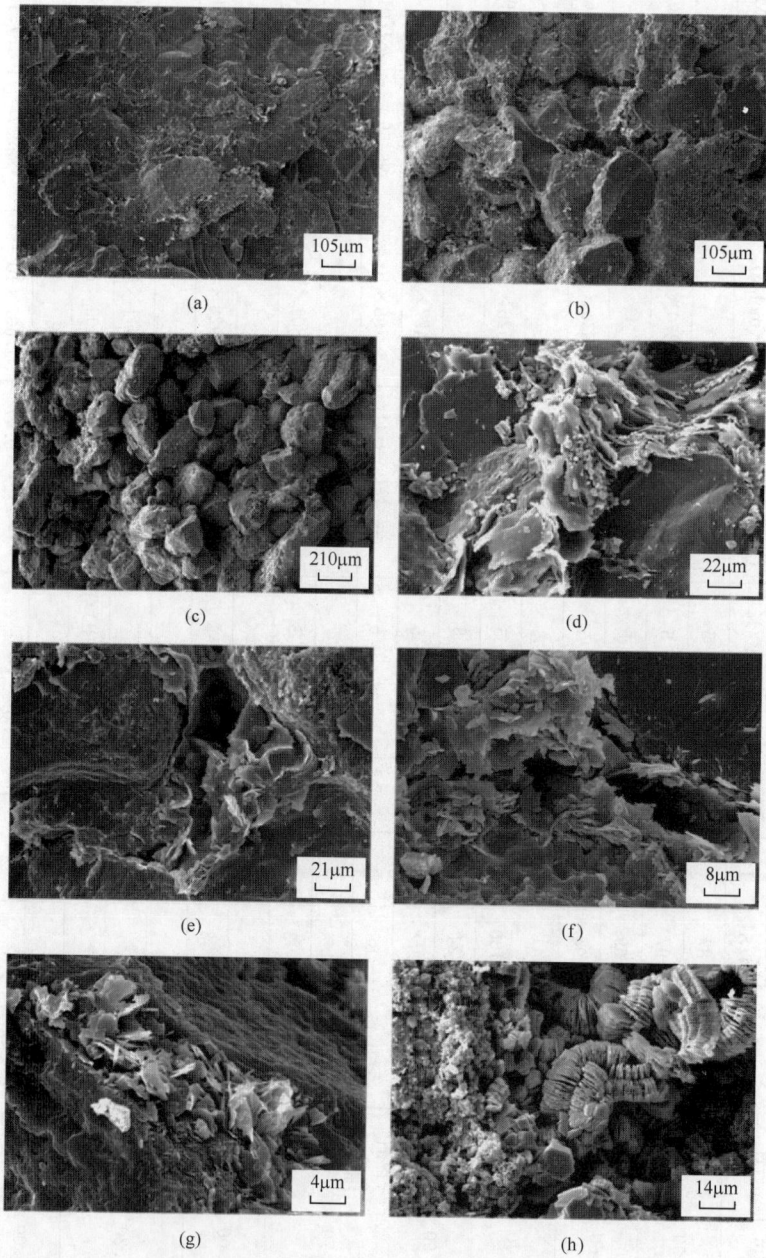

图 10.2　英买力地区志留系沥青砂岩岩石学特征(张有瑜和罗修泉,2011)

(a) 荧光细砂岩,英买 35 井,S_1k,5588.70m,岩石致密,孔隙不发育,SEM;(b) 含油细砂岩,英买 34 井,S_1k,5388.70m,粒间孔隙,孔径 20~30μm,连通较好,SEM;(c) 含油细砂岩,英买 41 井,S_1k,5293.20m,粒间孔隙,孔径 50~120μm,连通好,SEM;(d) 荧光细砂岩,英买 35 井,S_1k,5588.70m,粒间片状 I/S 有序间层,SEM;(e) 油斑细砂岩,英买 35-1 井,S_1k,5574.00m,粒间片状 I/S 有序间层,SEM;(f) 油斑细砂岩,英买 35-1 井,S_1k,5631.00m,粒间片状 I/S 有序间层,SEM;(g) 中砂岩,英买 11 井,S_1k,5562.00m,粒表溶蚀坑内片状 I/S 有序间层,SEM;(h) 含油细砂岩,英买 34 井,S_1k,5388.70m,粒间六方板状、书状、蠕虫状高岭石,SEM

第二节　实验技术与方法

油气储层自生伊利石 K-Ar 同位素年代测定是一项内容较多的综合分析测试技术，包括洗油（氯仿抽提）、扫描电镜（SEM）、X 射线衍射（XRD）黏土矿物分析、自生伊利石分离提纯、自生伊利石 XRD 纯度检测、K 含量测定和 Ar 同位素比值[$R(^{40}Ar/^{38}Ar)$、$R(^{38}Ar/^{36}Ar)$]测定（张有瑜等，2001）。

本次研究分别提取 1～0.5μm、0.5～0.3μm、0.3～0.15μm 和<0.15μm 4 个粒级的黏土组分。首先采用沉降法（Stokes 沉降法则）提取<1μm 粒级组分，再利用低速离心机离心分离，分别获取 1～0.5μm 和 0.5～0.3μm 两个粒级组分，接着采用真空抽滤技术（张有瑜等，2001；张有瑜和罗修泉，2009）提取 0.3～0.15μm 粒级组分，最后利用高速离心机离心分离并获得<0.15μm 粒级组分。采用逐级分离的主要目的是充分保障分离效果，最大限度地减小碎屑含钾矿物的影响。主要对两个较细的粒级组分（0.3～0.15μm 和<0.15μm）进行 K-Ar 年龄测定及其他相关分析。

在进行 K-Ar 年龄测定之前，首先利用 XRD 分析技术对待测黏土粉末样品进行自生伊利石纯度检测，并利用谱图分峰技术进行伊利石成因类型鉴定及其相对含量分析。

钾含量采用原子吸收法（PE AA100）测定。Ar 同位素比值利用高灵敏度质谱计（MM5400）采用同位素稀释法测定，每次测定时，均用黑云母标样（ZBH-25，标准年龄为133.2Ma）对仪器进行稳定性检测。K-Ar 年龄计算采用由 Steiger 和 Jager（1977）推荐的 ^{40}K 丰度常数和衰变常数，年龄误差考虑了样品称重误差、$R(^{40}Ar/^{38}Ar)$ 和 $R(^{38}Ar/^{36}Ar)$ 以及钾含量测量误差，误差范围为±1σ。

第三节　实验结果与讨论

一、黏土矿物特征

岩石薄片镜下观察表明，本章研究的志留系沥青砂岩样品的岩石类型主要为石英砂岩，其次为岩屑石英砂岩，石英含量较高（83%～92%），粒级分布范围较宽，从粉砂至粗砂均有分布且分布不均，从而使颗粒之间呈较紧密堆积，填隙物总量较低（2%～5%），主要为泥质，石英次生加大发育。

SEM 分析表明，本章研究的砂岩样品的黏土矿物特征因井而异，变化较大，英买 35 井、英买 35-1 井以片状或片丝（片＋短丝）状伊利石/蒙皂石（I/S）有序间层为主[图 10.2(d)～图 10.2(f)]，见有少量的高岭石；英买 11 井、英买 34 井虽仍以片状 I/S 有序间层为主[图 10.2(g)]，但高岭石（片状、蠕虫状）明显增多[图 10.2(h)]，而英买 41 井以高岭石（片状、书状、扇状、蠕虫状）占绝对优势，I/S 有序间层较少。

XRD 分析结果与 SEM 一致。英买 35 井、英买 35-1 井 I/S 有序间层含量相对较高，分别为 69%～87% 和 99%，尤其是英买 35 井基本上为纯 I/S 有序间层；英买 41 井以高岭石和绿泥石为主，相对含量为 87%～99%；英买 34 井（5386.90m）、英买 11 井则是介于两者之间,I/S有序间层和高岭石+绿泥石的相对含量主要为43%～25%和57%～75%(粒级<2μm)(表10.1)。英买34井的另外1块样品(5388.70m)高岭石非常发育(86%,粒级<2μm),但0.3～0.15μm粒级仍是以I/S有序间层为主(92%),说明黏土矿物粒级分异较大,高岭石结晶较好,颗粒较大,粗粒级组分主要为高岭石,或者说高岭石主要集中分布在粗粒级组分中。

应该说明的是,表10.1中的英买35井和英买11井的数据看起来好像不太一致,<2μm粒级鉴定为伊利石(I),0.3～0.15μm粒级鉴定为I/S有序间层。实际上这是不矛盾的,因为在利用XRD技术进行黏土矿物分析与鉴定时,间层比较小(≤5%)的I/S有序间层,可以并经常被鉴定为伊利石。间层比较小(≤5%)表明,该I/S有序间层的成岩演化程度较高,已基本接近为伊利石。

图10.2(d)～图10.2(g)表明,英买力地区志留系沥青砂岩中的I/S有序间层虽不是丝状,但仍具有明显的自生成因特征,主要表现在以下四点:①呈弯曲片状,晶体完整,边缘生长有细小短丝状晶体;②片体较薄、颜色较浅且明亮;③松散堆积,片与片之间存在较多空隙;④主要分布在粒间孔隙或粒表溶蚀孔中。据此可以初步认为,该I/S有序间层应为自生成因,即通常所说的自生伊利石。

二、年龄测定结果

表10.1给出了本次研究8块样品不同粒级组分的K-Ar年龄测定结果。从表中可以看出,年龄数据分为两组,英买35-1井、英买35井、英买34井、英买11井略大,为255～293Ma;英买41井略小,为188～208Ma。

XRD纯度检测结果表明,英买35-1井、英买35井、英买34井、英买11井0.3～0.15μm粒级和<0.15μm粒级黏土组分均以自生伊利石(I/S有序间层)为主,相对含量为53%～100%,主要为88%～100%,尤其是英买35井,基本为纯自生I/S有序间层(图10.3),高岭石和/或绿泥石含量较低,除英买11井相对较高(47%)外,主要为0%～12%,不含碎屑伊利石;此外,除英买34井的一个样品(5388.70m)外,其他样品均未检测出碎屑钾长石。高岭石和绿泥石都不含K,理论上讲均不会对自生伊利石的K-Ar放射性同位素体系产生影响。笔者曾对绿泥石进行过对比试验,结果表明绿泥石的存在没有对自生伊利石K-Ar年龄产生明显影响(张有瑜等,2002)。尽管英买11井样品中绿泥石含量较高(47%),考虑到该样品I/S有序间层含量相对较高且为自生成因,可以初步认为,绿泥石的存在对该井自生伊利石年龄数据不会产生较大影响;该样品的年龄数据与英买35-1井、英买35井、英买34井基本一致也充分说明了这一点。据此可以初步认为,英买35-1井、英买35井、英买34井、英买11井的年龄数据基本上代表的是自生I/S有序间层的年龄,可能反映早期油气注入事件,代表油藏(古油藏)的最早成藏期。

与英买35-1井、英买35井、英买34井、英买11井不同,英买41井0.3～0.15μm和<0.15μm粒级黏土矿物主要为高岭石和绿泥石,相对含量为92%～98%,含有少量伊利石(8%～2%),其伊利石年龄数据虽然较小(0.3～0.15μm和<0.15μm粒级)(表10.1),但可能主要为碎屑伊利石经过风化剥蚀等各种地质作用后的残余混合年龄,且可信度较低(含钾矿物含量较低、钾含量较低),可能不具有确切的地质意义。

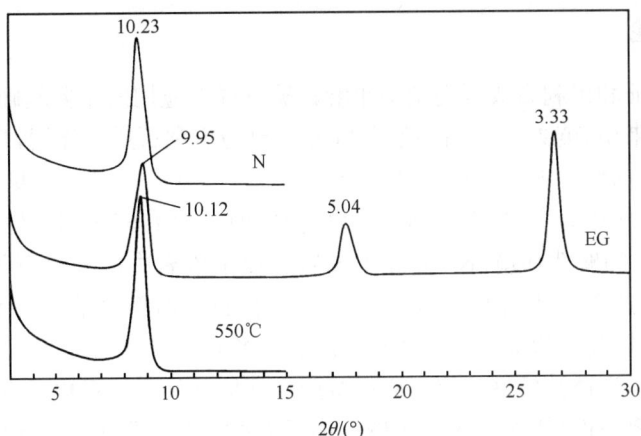

图 10.3　英买 35 井志留系沥青砂岩 I/S 有序间层 XRD 谱图（张有瑜和罗修泉，2011）

荧光细砂岩；S_1k，5588.70m，粒级为 0.3～0.15μm；N 为自然风干定向样品；EG 为乙二醇饱和处理定向样品；
550℃为加热（550℃/2h）处理定向样品；衍射峰 d 的单位为 10^{-1}nm

　　从图 10.4 可以看出，英买力地区志留系沥青砂岩自生伊利石年龄虽然分为两组（255～293Ma 和 188～208Ma），但以第 1 组为主，这不仅表现在样品数量上，更多的是表现在分布范围上。除了位于东南角的英买 41 井局部地区以外，其他绝大部分地区均为第 1 组，并且数据较为一致，主要集中在 277～293Ma，说明本次研究的年龄数据不论是在样品数量上，还是在分布范围上均具有较强的代表性，能够较好地反映该地区的早期总体成藏特征。

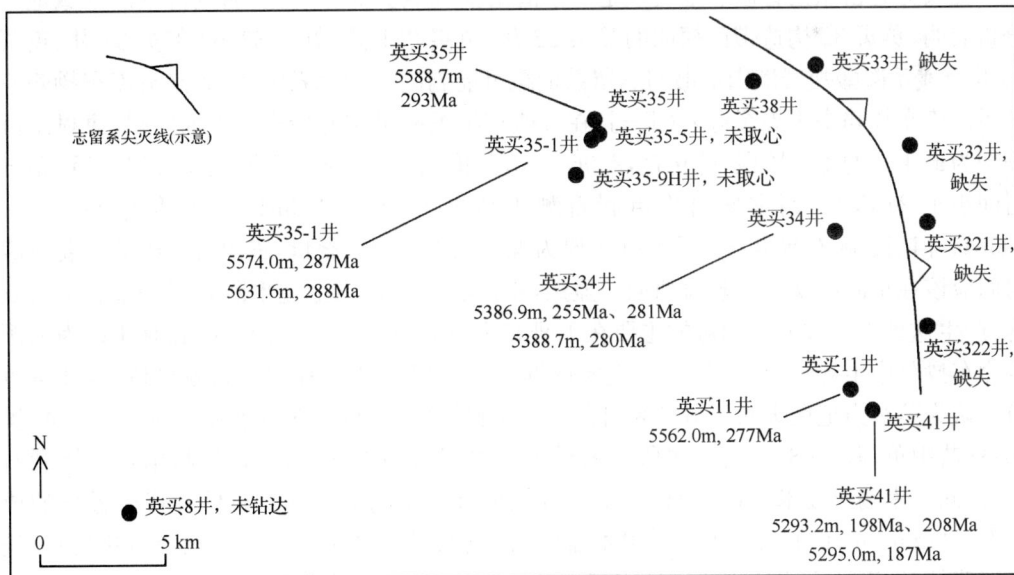

图 10.4　英买力地区志留系沥青砂岩储层自生伊利石 K-Ar 年龄分布（张有瑜和罗修泉，2011）

三、实验结果讨论

成岩作用特征和伊利石成因类型是年龄数据解释与应用的主要基础研究内容。对于所研究样品层位来说，英买 35-1 井、英买 35 井主要为伊利石成岩作用，自生伊利石发育；英买 41 井主要为高岭石成岩作用，自生伊利石不发育；英买 34 井、英买 11 井介于两者之间，以伊利石成岩作用为主，自生伊利石发育，但同时也含有较多的自生高岭石。自生伊利石形成于富 K^+ 的碱性环境，K^+ 来源于成岩过程中砂岩中的钾长石等富 K 组分的溶解，特别是在低渗透砂岩中，由于渗滤性能差，钾长石的溶解很容易导致孔隙介质呈富 K^+ 的碱性环境和伊利石的沉淀。酸性水介质和有酸性流体来源是形成自生高岭石的必要介质条件。砂岩渗透性较好是使介质保持酸性环境并使高岭石化反应能连续不断地进行下去的一个必要条件（使 K^+、Na^+ 等碱性离子及时排出孔隙）（徐同台等，2003）。如前所述，图 10.2(a)～图 10.2(c) 表明，英买 35 井致密，孔隙不发育，有利于形成自生伊利石；英买 41 井相对疏松，孔隙发育，有利于形成自生高岭石，而英买 34 井介于两者之间，孔隙相对发育，自生伊利石和自生高岭石均相对发育。由此可见，英买力地区志留系沥青砂岩自生伊利石发育情况与其孔、渗特征是密切相关的。英买 35 井的自生伊利石既是低渗透特征的产物，也是造成低渗透的原因之一（堵塞孔隙）。同理，英买 41 井的高岭石既是高渗透性的产物，也是维持高渗透的主要原因之一（对孔隙喉道影响较少）。由此看来，对于利用自生伊利石 K-Ar 同位素年代测定技术研究油气成藏史而言，英买力地区志留系沥青砂岩具有较好的先决条件，自生伊利石发育较好且分布范围广，自生伊利石年龄可以较好地反映油气注入时间并代表最早成藏期。

英买力志留系沥青砂岩油气藏是一个潜山油气藏。油源对比、油藏特征及区域地质分析表明，英买 32 构造带已探明的英买 32 井、英买 321 井、英买 33 井、英买 34 井、英买 35 井寒武系碳酸盐岩潜山油藏与志留系油藏可能属同一油气系统，油源来自库车拗陷三叠系。库车拗陷中生界烃源岩(T—J)在吉迪克组沉积早期开始进入生油门限，康村组沉积期为最主要的生油阶段（陈亿良，2006）。由此推断，成藏时代应该在新近纪以后（距今时间小于 24Ma）。而本次自生伊利石测年结果为 $255 \sim 293Ma$，主要集中在 $277 \sim 293Ma$，相当于晚石炭世—二叠纪并主要为晚石炭世—早二叠世，表明古油藏的主要成藏时间应该在早海西晚期—晚海西期。显然，本次测年结果与上述推断并不一致。笔者认为，产生这种不一致的原因可能主要在于研究手段和研究对象不同。油源对比认为油源为库车拗陷中生界烃源岩(T—J)，主要依据可能是可动油具有湖相烃源岩特征，并且也有人认为英买力地区天然气分别来自北部库车拗陷的三叠系、侏罗系和南部的寒武系、奥陶系（苗中英等，2008）。而本次研究的对象是志留系沥青砂岩，并且是利用自生伊利石 K-Ar 同位素测年技术，自生伊利石年龄可能记录最早的油气注入事件并代表最早的成藏期（Hamilton et al.，1989）。塔里木盆地志留系沥青质主要是表生—浅层氧化沥青，是古油藏抬升、剥蚀出露地表或近地表遭受破坏后的产物，来源于寒武系—奥陶系海相烃源岩（张光亚等，2002），是曾形成过古油藏的有力证据（张师本等，2003）。

志留系沥青砂岩是塔里木盆地的重要砂岩储集层之一，分布相对较广，除本次研究的英买力地区（塔北隆起）外，在塔中隆起、北部拗陷等地区均有分布。如前所述，关于塔里木盆地志留系地层的进一步划分,目前尚未统一,地层岩性段名称较乱,如柯坪塔格组上段在塔中称下砂岩段(包括下沥青砂岩段、暗色泥岩段和上沥青砂岩段),在塔北地区称沥青砂岩段(王成林等,2007),并将其划分为塔塔埃尔塔格组(张光亚等,2002;张有瑜等,2007)。由此看来,志留系沥青砂岩尽管在层位归属和岩性段名称上不尽统一,但在分布区域内是可以进行大致对比的。因此,志留系沥青砂岩的自生伊利石年龄同样也可以在分布区域内进行大致对比。笔者对塔中隆起(巴楚断隆、塔中凸起、塔东凸起)及北部拗陷孔雀河地区(孔雀河斜坡、英吉苏凹陷)志留系沥青砂岩的自生伊利石年龄进行过系统研究,结果为 204～383Ma(张有瑜等,2004,2007)。尽管年龄数据范围较宽,但具有较为明显的分布规律,基本特征是:盆地东西两端相对较老,为 383Ma(西端:巴楚断隆乔 1 井为383.45Ma;东端:孔雀河斜坡孔雀 1 井为 383.12Ma),相当于中泥盆世,为晚加里东末期—早海西早期成藏;盆地中部相对较小,为 204～235Ma(塔中凸起中部塔中 37 井、塔中 67 井、塔中 12 井,塔东凸起塔中 32 井),相当于晚二叠世—早三叠世,为晚海西期晚期—印支早期成藏。本次研究的英买力地区与英吉苏凹陷的英南 2 井(279Ma)和龙口 1井(271Ma)接近,相对较老,为 255～293Ma,并以 277～293Ma 为主,相当于晚石炭世—早二叠世,为早海西晚期—晚海西期成藏。

　　油气系统研究表明,塔里木克拉通盆地加里东期—早海西期油气系统的主体烃源灶位于满加尔凹陷以东并在阿瓦提凹陷和塘古孜巴斯拗陷分别形成两个供烃中心,晚海西期油气系统的有效烃源灶集中分布在克拉通盆地中心地带(张光亚等,2002)。巴楚断隆、孔雀河地区及本次研究的英买力地区的志留系沥青砂岩油气藏可能主要属于加里东期—早海西期油气系统,孔雀 1 井、英南 2 井和龙口 1 井位于主体烃源灶的油灶范围内,乔 1井位于靠近阿瓦提供烃中心的古隆起,是油气运移的主要指向之一。塔中、塔东低凸起可能主要属于晚海西期油气系统,塔中 37 井、塔中 67 井、塔中 12 井和塔中 32 井均位于该油气系统有效烃源岩灶的主体部位,也是古隆起强烈发育部位,具有较好的成藏条件。自生伊利石年龄和生烃中心对比表明,位于生烃中心的古油藏,如孔雀 1 井、英南 2 井和龙口 1 井,以及位于生烃中心周围的古油藏,如乔 1 井成藏较早,可能与下伏寒武系烃源岩(泥质碳酸盐岩)埋深相对较大,生排烃相对较早有关(张有瑜等,2004)。与孔雀 1 井和乔1 井相比,英买力地区成藏时间相对较晚可能与其离生烃中心相对较远有关。

　　应该强调说明的是,塔里木盆地志留系沥青砂岩分布范围广、地质历史长,上述讨论仅仅是根据现有数据资料的初步分析,而实际成藏过程可能要复杂得多,随着勘探工作的逐步深入和自生伊利石年龄数据的不断积累,将会对志留系沥青砂岩古油藏的形成历史取得更加深入的认识。

第四节　结　　论

　　英买力地区志留系沥青砂岩的自生黏土矿物特征具有较强的地区性,英买 35-1 井、英买 35 井区主要为自生伊利石,英买 41 井区主要为自生高岭石,英买 34 井、英买 11 井区虽仍以自生伊利石为主,但也含有较多的自生高岭石。英买力地区志留系沥青砂岩的自生伊利石年龄为 255～293Ma 并以 277～293Ma 为主,相当于晚石炭世—早二叠世,表明主要为早海西晚期—晚海西期成藏。

　　英买力地区志留系沥青砂岩的自生伊利石年龄与区域上的数据范围一致，表明该项技术可以作为塔里木志留系沥青砂岩油气藏成藏年代探讨的有效手段之一，具有较好的应用前景。

参 考 文 献

白国平. 2000. 伊利石 K-Ar 测年在确定油气成藏期中的应用. 石油大学学报(自然科学版),24(4):100-104

陈亿良. 2006. 英买 34 井录井报告. 库尔勒:塔里木油田公司

贾承造,张师本,吴绍祖,等. 2004. 塔里木盆地及周边地层(上册)各纪地层总结. 北京:科学出版社

苗忠英,张秋茶,陈践发,等. 2008. 英买力地区天然气地球化学特征. 天然气工业,28(6):40-43

王成林,张惠良,李玉文,等. 2007. 塔里木盆地志留系划分、对比及其地质意义. 新疆石油地质,28(2):185-188

王飞宇,何萍,张水昌,等. 1997. 利用自生伊利石 K-Ar 定年分析烃类进入储集层的时间. 地质论评,43(5):540-545

辛仁臣,田春志,窦同君. 2000. 油藏成藏年代学分析. 地学前缘,7(3):48-54

徐同台,王行信,张有瑜,等. 2003. 中国含油气盆地粘土矿物. 北京:石油工业出版社

张光亚,王红军,李洪辉,等. 2002. 塔中北坡志留系油气藏形成条件研究. 塔里木油田分公司研究院 中国石油勘探开发研究院塔里木分院、石油地质研究所

张师本,倪寓南,龚福华,等. 2003. 塔里木盆地周缘地层考察指南. 北京:石油工业出版社

张有瑜. 1990. 粘土矿物同位素分析//赵杏媛,张有瑜. 粘土矿物与粘土矿物分析. 北京:海洋出版社:269-284

张有瑜,罗修泉. 2004. 油气储层自生伊利石 K-Ar 同位素年代学研究现状与展望. 石油与天然气地质,25(2):231-236

张有瑜,罗修泉. 2009. 油气储层自生伊利石分离提纯微孔滤膜真空抽滤装置,中国,ZL 2006 1 0090591.1

张有瑜,罗修泉. 2011. 英买力沥青砂岩自生伊利石 K-Ar 测年与成藏年代. 石油勘探与开发,38(2):203-210

张有瑜,董爱正,罗修泉. 2001. 油气储层自生伊利石分离提纯及其 K-Ar 同位素测年技术研究. 现代地质,15(3)315-320

张有瑜,罗修泉,宋健. 2002. 油气储层中自生伊利石 K-Ar 同位素年代学研究若干问题的初步探讨. 现代地质,16(4):403-407

张有瑜,Zwingmann H,刘可禹,等. 2007. 塔中隆起志留系沥青砂岩油气储层自生伊利石 K-Ar 同位素测年研究与成藏年代探讨. 石油与天然气地质,28(2):166-174

张有瑜,Zwingmann H,Todd A,等. 2004. 塔里木盆地典型砂岩油气储层自生伊利石 K-Ar 同位素测年研究与成藏年代探讨. 地学前缘,11(4):637-648

赵靖舟,田军. 2002. 塔里木盆地哈得 4 油田成藏年代学研究. 岩石矿物学杂志,21(1):62-68

周志毅. 2001. 塔里木盆地各纪地层. 北京:科学出版社

Hamilton P J,Giles M R,Ainsworth P. 1992. K-Ar dating of illites in Brent Group reservoirs:A regional perspective//Morton A C,Haszeldine R S,Giles M R,Brown S. Geology of the Brent Group. Geological Society Special Publication,61:377-400

Hamilton P J. 2003. A review of radiometric dating techniques for claymineral cements in sandstones//Worden R H,Morad S. Clay Mineral cements in sandstones. International Association of Sedimentologists Special Publication,34:253-287

Hamilton P J,Kelly S,Fallick A E. 1989. K-Ar dating of illite in hydrocarbon reservoirs. Clay Minerals,24(2):215-231

Lee M,Aronson J L,Savin S M. 1985. K-Ar dating of times of gas emplacement in Rotliegendes Sandstone,Netherlands. AAPG Bulletin,69(9):1381-1385

Steiger R H,Jager E. 1977. Subcommission on geochronology:Convention on the use of decay constants in geo- and cosmochronology. Earth and Planetary Science Letters,36(3):359-362

Zhang Y Y,Zwingmann H,Todd A,et al. 2005. K-Ar dating of authigenic illites and its applications to the study of hydrocarbon charging histories of typical sandstone reservoirs in Tarim Basin,China. Petroleum Science,2(2):12-24,81

第十一章 塔里木盆地哈 6 井石炭系、志留系砂岩自生伊利石 K-Ar、Ar-Ar 测年与成藏年代

哈 6 井是近期塔里木盆地塔北隆起哈拉哈塘凹陷上的一口风险探井。该井在石炭系角砾岩段获工业油气流,在志留系沥青砂岩段获油气显示,发现了石炭系岩性地层油藏并展现出良好的勘探前景。研究哈 6 井石炭系、志留系油气藏成藏史对进一步搞清其油藏类型、规模以及扩大勘探成果具有重要的指导意义。

自生伊利石 K-Ar 测年是国外 20 世纪 80 年代中后期发展起来的一项新技术,Lee 等(1985)、Hamilton 等(1989,1992)和 Hamilton(2003)对该项技术进行了系统论述。十余年来,笔者实验室对该项技术进行了系统研究,在理论认识、实验方法及实际应用等方面均取得了一些重要进展(张有瑜等,2001,2004;张有瑜和罗修泉,2009,2011;Zhang et al.,2011)。王飞宇等(1997)、辛仁臣等(2000)也都进行过探索性研究并获得了较好的应用效果。自生伊利石 Ar-Ar 测年是 Ar-Ar 法测年技术在自生伊利石年代测定领域中的应用,Emery 和 Robinson(1993)、Hamilton(2003)进行了系统论述,王龙樟等(2004)、张彦等(2006)也进行过探索性研究。

成岩自生伊利石,特别是油气储层成岩自生伊利石年代学研究目前仍是一个前沿性研究课题,尚有许多认识和技术问题,如自生伊利石和碎屑伊利石的定性、定量分析,年龄数据与常规成藏史研究成果的综合对比与应用等,均需进一步深入探索,尤其是近年来,自生伊利石 Ar-Ar 测年引起较多关注。关于自生伊利石 K-Ar、Ar-Ar 测年方法的对比和应用前景,更成为一个目前亟须回答的现实问题。

本章利用自生伊利石 K-Ar、Ar-Ar 测年技术对哈 6 井石炭系角砾岩段砂岩和志留系沥青砂岩油气藏成藏时代进行分析与研究,并以实测年龄为依据,重点对自生伊利石 Ar-Ar 测年方法的有关技术、理论和应用问题进行初步探讨。

第一节 地 质 背 景

哈 6 井位于哈拉哈塘凹陷中部,西侧为英买力低凸起,北侧为轮台凸起,东侧为轮南低凸起,南侧为满加尔凹陷(图 11.1)。图 11.2 给出了哈 6 井石炭系、志留系地层的发育情况。从图 11.2 可以看出,油气主要分布在石炭系角砾岩段,在志留系塔塔埃尔塔格组、柯坪塔格组沥青砂岩段见到良好油气显示。石炭系、志留系与其上覆地层二叠系、下伏地层奥陶系均呈角度不整合接触。石炭系内部的角砾岩段与东河砂岩段,以及东河砂岩段与志留系塔塔埃尔塔格组也呈角度不整合接触。石炭系角砾岩段和志留系塔塔埃尔塔格组沥青砂岩是本次研究的重点层段。

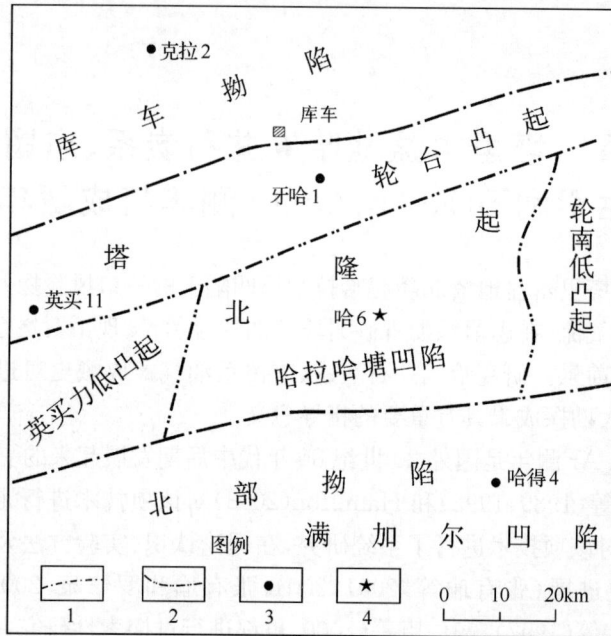

图 11.1　哈 6 井构造井位图(林志永,2007,修改)

1. 一级构造单元界线;2. 二级构造单元界线;3. 井位;4. 研究井

系	统	组	段	地层代号及接触关系	井深/m	厚度/m	油气显示
二叠系				P	5630.0	343.5	
石炭系	下统	卡拉沙依组	砂泥岩段	C^2	5775.0	145.0	
			上泥岩段	C^3	5797.0	22.0	
			标准灰岩段	C^4	5813.0	16.0	
			中泥岩段	C^5	5898.0	85.0	
		巴楚组	角砾岩段	C^6	5962.0	64.0	▨
		东河塘组	东河砂岩段	C^7	6102.0	140.0	
志留系	下统	塔塔埃尔塔格组		S_1t	6341.0	239.0	▲
		柯坪塔格组		S_1k	6485.0	144.0	▲
奥陶系	上统	桑塔木组		O_3s	9570.0	85.0	
终孔深度与层位					O_1p, 7459.0		

图例

〜〜〜 角度不整合	▨ 油气层	▲ 沥青砂岩

图 11.2　哈 6 井石炭系、志留系地层剖面(张有瑜和罗修泉,2012;分层数据引自林志永,2007)

　　石炭系角砾岩段分布深度为 5898.0～5962.0m,属辫状三角洲沉积,岩性为中厚—厚层状泥岩、粉砂质泥岩与泥质粉砂岩呈等厚—略等厚互层,局部夹泥晶灰岩,底部为薄层—中厚层状荧光—油浸细砂岩、中砂岩、含砾细砂岩和砂砾岩等。本次研究样品是采自角砾岩段底部的油浸细砂岩(5953.4m)。

志留系地层分布深度为 6102.0～6485.0m,属弱氧化—弱还原环境下的滨海相沉积,包括塔塔埃尔塔格组和柯坪塔格组,两者之间为连续沉积。塔塔埃尔塔格组下部和柯坪塔格组上部发育大套的中厚层—厚层状沥青砂岩,黑色沥青分布不均,多呈斑状、零星状分布。塔塔埃尔塔格组下部油气显示相对较好,多为荧光、油斑、油浸,柯坪塔格组上部油气显示相对较弱,局部见荧光显示。本次研究样品为塔塔埃尔塔格组下部沥青砂岩,采样井深分别为 6307.1m 和 6311.1m,因含较多黑色沥青而呈灰黑色[图 11.3(a)]。

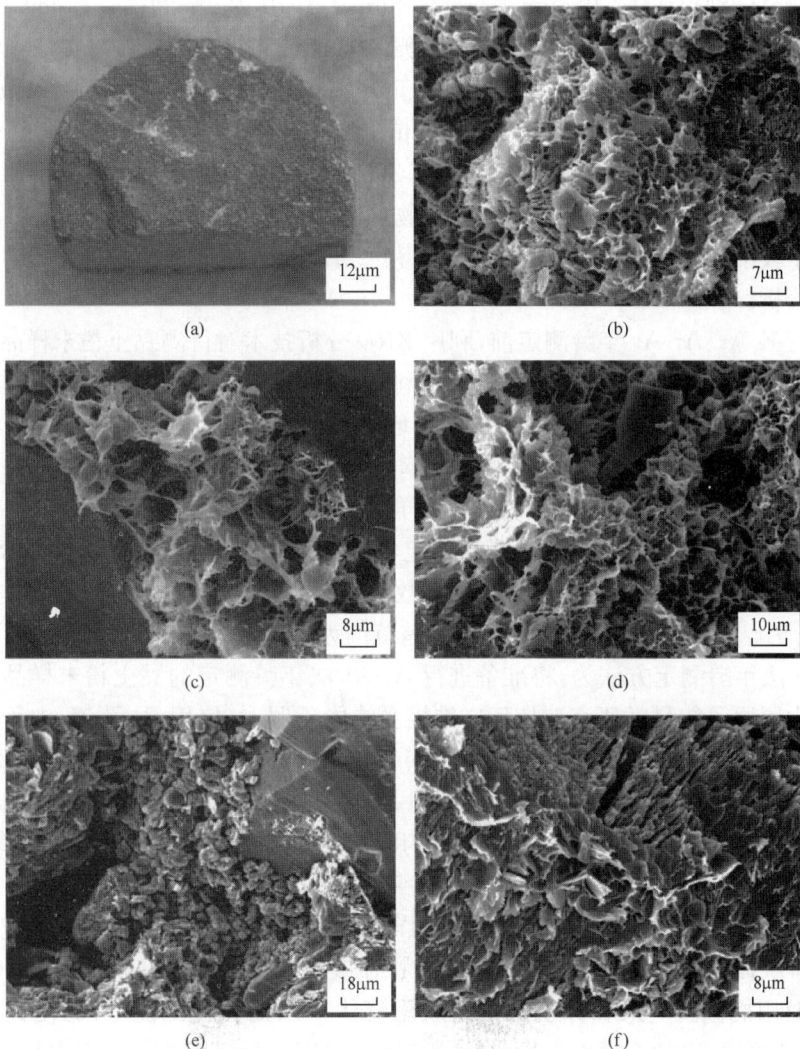

图 11.3　哈 6 井石炭系角砾岩段(C^6)和志留系沥青砂岩(S_1t)岩石学特征(张有瑜和罗修泉,2012)
(a) 灰黑色沥青砂岩,S_1t,6307.1m,岩心直径 10 cm;(b) 粒表片状高岭石与蜂窝状 I/S(伊利石/蒙皂石)有序间层,油浸细砂岩,C^6,5953.4m,SEM;(c) 石英晶体表面溶蚀坑中的丝状 I/S 有序间层,油浸细砂岩,C^6,5953.4m,SEM;(d) 粒表丝状 I/S 有序间层,油浸细砂岩,C^6,5953.4m,SEM;(e) 粒间片状高岭石与丝状 I/S 有序间层,沥青砂岩,S_1t,6307.1m,SEM;(f) 粒表片状 I/S 有序间层与长石淋滤,沥青砂岩,S_1t,6311.1m,SEM

第二节　实验技术与方法

油气储层自生伊利石 K-Ar、Ar-Ar 同位素年代测定是一项较为复杂的综合分析测试技术，包括洗油（氯仿抽提）、扫描电镜（SEM）观察、X 射线衍射（XRD）黏土矿物预分析、自生伊利石分离提纯、自生伊利石 XRD 纯度检测、核反应堆快中子照射、K 含量测定和 Ar 同位素比值[K-Ar 法为 $R(^{40}Ar/^{38}Ar)$ 和 $R(^{38}Ar/^{36}Ar)$；Ar-Ar 法为 $R(^{40}Ar/^{39}Ar)$、$R(^{37}Ar/^{39}Ar)$ 和 $R(^{36}Ar/^{39}Ar)$]测定等。

本次研究分别提取 1～0.5μm、0.5～0.3μm、0.3～0.15μm 和＜0.15μm 4 个粒级的黏土组分。首先采用沉降法（Stokes 沉降法则）（赵杏媛和张有瑜，1990）提取＜1μm 悬浮液；然后利用低速离心分离，分别获取 1～0.5μm 和 0.5～0.3μm 两个粒级组分；接着采用微孔滤膜真空抽滤技术提取 0.3～0.15μm 粒级组分；最后利用高速离心分离获得＜0.15μm 粒级组分（张有瑜和罗修泉，2001，2009）。采用逐级分离的主要目的是充分保障分离提纯质量，最大限度减小碎屑含钾矿物（碎屑钾长石和碎屑伊利石）的可能影响，并主要对两个较细的粒级组分（0.3～0.15μm 和＜0.15μm）进行 K-Ar、Ar-Ar 年龄测定及其他相关分析。

在进行 K-Ar、Ar-Ar 年龄测定前，利用 XRD 分析技术对待测黏土粉末样品进行自生伊利石纯度检测，利用谱图分峰技术进行伊利石成因类型鉴定及其相对含量分析。

K-Ar 法年龄测定中的 K 含量是由国家地质实验测试中心采用等离子光谱测定。Ar 同位素比值由笔者实验室利用高灵敏度质谱仪（MM5400 静态真空质谱仪）采用同位素稀释法测定，每次测定时，均用黑云母标样（国内标样，编号为 ZBH-25，标准年龄为 133.2Ma，K 含量为 7.6%）对仪器进行稳定性检测。K-Ar 年龄计算采用由 Steiger 和 Jager（1977）推荐的 ^{40}K 丰度常数和衰变常数。年龄误差考虑了样品称重误差、$R(^{40}Ar/^{38}Ar)$ 和 $R(^{38}Ar/^{36}Ar)$ 及钾含量测量误差，误差范围为 $\pm1\sigma$。

Ar-Ar 法年龄测定方法为：将准备进行 Ar-Ar 法年龄测定的黏土粉末样品封装在石英瓶中送中国原子能科学研究院核反应堆接受快中子照射（使用 B4 孔道，中子流通量为 2.6×10^{13} 个/(cm²·s)，照射总时间为 600min)，同时用国内标样黑云母（ZBH-25）作为监控样和待测样品一起封装并接受快中子照射；使用石墨电阻炉对经过快中子照射的样品进行阶段升温加热，每个阶段加热 20min 并用海绵钛吸气泵（简称钛泵，也称海绵钛炉）和锆铝吸气泵（简称锆铝泵）纯化 20min。关于静态真空质谱仪的纯化系统、各种纯化装置及其纯化原理和方法，罗修泉（2006）作过详细论述，本书只简要介绍本次研究的具体纯化过程。本次研究的具体纯化过程包括：①对钛泵进行升温脱气（850～900℃，恒温 25min，同时用机械真空泵和分子泵抽走脱附气体），以提高纯化能力；②使钛泵降温至 800℃并保持恒温，启动石墨电阻炉（熔样炉）熔样程序开始升温熔样，利用钛泵对样品所释放的气体进行一级纯化，即吸附 O_2、N_2、CO、CO_2 和碳氢化合物等活性气体，纯化时间为 10min，钛泵的吸附能力非常强，经过 10min 的吸附纯化，绝大部分活性气体会被基本吸附殆尽。③使钛泵降温至 400℃，并同时利用锆铝泵进行二级、三级纯化，纯化时间为 10min，钛泵在温度为 400℃时可以大量吸附 H_2，MM5400 静态真空质谱仪的纯化系统配备有 2 个锆铝泵,1 个保持为室温,1 个设定为 300℃。在室温条件下工作的锆铝泵可大量吸附 H_2,在 300℃ 条件下工作的锆铝泵,可大量吸附 O_2、N_2、CO、CO_2 和碳氢化合物等活性气体。④经过一、二、三级纯化后,待测气体已经基本不含各种活性气体,可以进入质谱仪测量系统进行 Ar 同位素测定。为充分保证纯化质量,MM5400 静态真空质谱仪的测量系统在接收器下方另外配备 1 个锆铝泵,一般设定在常温下工作,以实现在测量同时的进一步纯化。熔样起始温度为 400℃,最高温度为 900℃。具体的温度阶段根据样品的释 Ar 特点确定并进行适当调整。采用高灵敏度质谱仪(MM5400 静态真空质谱仪)对样品所释放并经过纯化的 Ar 气进行同位素(^{36}Ar、^{37}Ar、^{38}Ar、^{39}Ar、^{40}Ar)测定,每个峰值采集 11 组数据,计算出比值后回归至时间零点,进而得到样品的 Ar 同位素比值。利用 Isoplot 软件进行年龄谱绘制和坪年龄计算等数据处理工作。年龄误差考虑了 $R(^{40}Ar/^{39}Ar)$、$R(^{37}Ar/^{39}Ar)$、$R(^{36}Ar/^{39}Ar)$ 测量误差和放射成因氩含量 $[N(^{40}Ar^*)]$ 等。误差范围为 $\pm1\sigma$。

第三节　实验结果与讨论

一、黏土矿物特征

SEM 分析表明,石炭系角砾岩段砂岩样品的黏土矿物是以蜂窝状、丝状自生伊利石/蒙皂石(简称 I/S)有序间层为主,见有少量的片状高岭石[图 11.3(b)～图 11.3(d)];塔塔埃尔塔格组沥青砂岩的黏土矿物主要为片状高岭石[图 11.3(e)],其次为片状 I/S 有序间层[图 11.3(f)]。XRD 分析结果与 SEM 一致,石炭系角砾岩段砂岩主要为 I/S 有序间层,其次为高岭石,分别为 50％和 38％(粒级＜2μm,见表 11.1);志留系塔塔埃尔塔格组沥青砂岩主要为高岭石,其次为 I/S 有序间层,高岭石较为发育且含量变化相对较大(78％～54％,粒级＜2μm,见表 11.1)。不管是角砾岩段砂岩还是沥青砂岩,细粒级组分的黏土矿物均主要为 I/S 有序间层,分别为 94％和 91％～92％,只含少量伊利石和高岭石(含量分别为 3％～4％和 3％～5％,粒级分别为 0.3～0.15μm、＜0.15μm,见表 11.1),说明黏土矿物粒级分异较大,高岭石结晶较好,颗粒相对较大,主要集中在较粗粒级,尤其是志留系沥青砂岩,造成不同粒级黏土组分的黏土矿物组成相差较大。

石炭系角砾岩段砂岩中的 I/S 有序间层呈丝状、蜂窝状,具典型的自生伊利石特征。志留系沥青砂岩中的 I/S 有序间层虽不是丝状,但仍具有明显的自生成因特征,主要表现在:①呈弯曲片状,晶体完整,边缘生长有细小短丝状晶体,部分呈短丝状;②片体较薄、颜色较浅且明亮;③松散堆积,片与片之间存在较多空隙;④主要分布在粒间孔隙或粒表溶蚀孔中,多与长石淋滤伴生。据此可以初步认为,该 I/S 有序间层应为自生成因,属于自生 I/S 有序间层即通常所说的自生伊利石。

二、年龄测定结果

表 11.1 给出了本次研究的 K-Ar 年龄测定结果。从表 11.1 可以看出,石炭系角砾岩段的年龄略小,为 86Ma,志留系沥青砂岩的年龄略大,为 125～136Ma。XRD 纯度检测结果表明,两个层段的测年样品均接近为纯自生伊利石(91％～94％)。尽管含有少量高

表 11.1　哈 6 井石炭系、志留系砂岩储层自生伊利石 K-Ar 法同位素测年分析数据表（张有瑜和罗修泉，2012）

样号	层位	井深/m	岩性	样品粒级/μm	黏土矿物相对含量/%			I/S间层比/%	钾长石(XRD)	钾含量/%	放射成因氩/(mol/g)	$R(\frac{^{40}Ar^{放}}{^{40}Ar^{总}})/\%$	年龄±1σ/Ma
					I/S	I	K						
A1	C^6	5953.4	油浸细砂岩	<2	50	12	38	25					
				0.3~0.15	94	3	3	20	未检出	4.72	7.928×10^{-10}	89.65	94.35±0.93
				<0.15	94	3	3	20	未检出	5.09	7.756×10^{-10}	50.30	85.79±1.22
A2	S_1t	6307.1	沥青砂岩	<2	10	12	78	20					
				0.3~0.15	91	4	5	15	微量	4.34	1.066×10^{-9}	95.72	136.38±1.35
A3		6311.1		<2	33	13	54	25					
				0.3~0.15	92	4	4	20	未检出	5.10	1.144×10^{-9}	95.09	124.87±1.11

注：I/S 为伊利石/蒙皂石间层；I 为伊利石；K 为高岭石。

表 11.2　哈 6 井石炭系、志留系砂岩储层自生伊利石未真空封装 Ar-Ar 法阶段升温测年分析数据表（张有瑜和罗修泉，2012）

样品特征	温度/℃	$R(\frac{^{40}Ar}{^{39}Ar})$	$R(\frac{^{36}Ar}{^{39}Ar})$	$R(\frac{^{37}Ar}{^{39}Ar})$	$R(\frac{^{40}Ar^*}{^{39}Ar})$	$\frac{N(^{39}Ar)}{(10^{-14}mol)}$	$N(^{39}Ar)/\%$	$R(\frac{^{40}Ar^*}{^{40}Ar^{总}})/\%$	年龄/Ma	年龄误差/Ma
样品 A1，粒级为 0.3～0.15 μm，样重 78.39mg，J 为0.002410，总气体年龄为 158.92Ma，K-Ar 年龄为 94.35Ma，年龄偏老 68%，核反应冲丢失 41%	500	70.7962	0.105136	0.07636	39.7315	6.67	8.21	57.34	164.96	32.09
	550	37.3170	0.033012	0.09496	27.5661	20.59	25.34	74.59	116.03	10.80
	580	40.8759	0.026437	0.35883	33.0938	22.41	27.59	81.47	138.43	8.60
	620	51.4409	0.028972	0.32108	42.9086	19.90	24.49	83.85	177.52	9.27
	660	113.3490	0.109659	0.71977	81.0379	4.48	5.52	72.25	321.83	30.81
	700	115.1274	0.154553	0.79599	69.5533	3.04	3.74	61.48	279.57	39.25
	800	33.5999	0.017819	0.21664	28.3499	4.16	5.12	84.80	119.23	6.75

续表

样品特征	温度/℃	$R(^{40}Ar/^{39}Ar)$	$R(^{36}Ar/^{39}Ar)$	$R(^{37}Ar/^{39}Ar)$	$R(^{40}Ar^*/^{39}Ar)$	$N(^{39}Ar)/(10^{-14}mol)$	$N(^{39}Ar)/\%$	$R(^{40}Ar^*/^{40}Ar_总)/\%$	年龄/Ma	年龄误差/Ma
样品 A1,粒级<0.15μm,样重 37.79mg,J 为 0.002409,总气体年龄为 147.92Ma,K-Ar 年龄为 85.79Ma,年龄偏老 72%,核反冲丢失 42%	500	34.8557	0.049111	0.01096	20.3396	3.63	7.20	59.51	86.30	18.66
	550	26.3333	0.017836	0.04897	21.0621	8.94	17.72	80.54	89.29	5.31
	580	51.5044	0.012920	0.10800	47.6936	15.32	30.37	92.80	196.20	5.98
	620	32.9744	0.005523	0.22691	31.3594	7.42	14.71	95.22	131.38	2.69
	660	40.9390	0.004150	0.07593	39.7157	9.82	19.48	97.09	164.83	2.73
	700	41.5137	0.002385	1.35226	40.9446	2.44	4.84	98.56	169.70	3.27
	800	42.9991	0.051286	0.14566	27.8530	2.87	5.69	65.75	117.16	11.18
样品 A2,粒级为 0.3~0.15μm,样重 26.10mg,J 为 0.002494,总气体年龄为 188.56Ma,K-Ar 年龄为 136.38Ma,年龄偏老 38%,核反冲丢失 28%	500	28.9677	0.020021	0.07716	23.0536	4.54	12.46	80.15	100.85	6.45
	600	40.6915	0.006179	0.02661	38.8635	18.35	50.31	95.63	166.89	2.42
	620	59.0105	0.010244	0.24083	56.0064	5.88	16.11	95.03	235.87	3.92
	640	67.9425	0.015190	1.49873	63.6322	2.13	5.85	93.72	265.72	4.55
	670	67.2756	0.014028	1.54439	63.3138	2.04	5.60	94.16	264.49	6.03
	700	63.4052	0.023337	0.00002	56.5043	1.14	3.12	89.42	237.83	7.18
	800	104.0297	0.152492	0.75087	59.0526	2.33	6.38	57.94	247.85	42.54
样品 A3,粒级为 0.3~0.15μm,样重 69.15mg,J 为 0.002457,总气体年龄为 195.21Ma,K-Ar 年龄为 124.87Ma,年龄偏老 56%,核反冲丢失 36%	500	57.8294	0.071390	0.06794	36.7358	26.99	28.92	64.54	155.89	18.07
	600	46.2517	0.010120	0.19044	43.2765	50.14	53.73	93.73	182.29	4.49
	620	170.4286	0.161905	1.17387	122.7802	3.12	3.34	72.75	475.62	49.08
	640	160.0448	0.096236	0.96005	131.7721	2.68	2.87	82.76	505.98	32.70
	670	152.2905	0.133815	0.43033	112.8128	2.76	2.96	74.77	441.36	41.41
	700	53.8325	0.005820	0.60041	52.1758	1.42	1.53	96.96	217.60	7.23
	800	20.2710	0.005243	0.02633	18.7193	6.22	6.66	92.56	81.12	2.69

注:A1~A3 为样品编号,同表 11.1;J 为照射参数,由和样品同时照射的黑云母标样(ZBH-25)求出;$^{40}Ar^*$ 为放射性 ^{40}Ar;年龄误差范围为±1σ。

岭石(3%～5%),但由于高岭石不含 K,不会对 K-Ar 年龄产生影响。由此可以初步认为,该年龄数据基本上代表的是自生伊利石的年龄,可能反映早期油气注入事件,代表油藏(古油藏)的最早成藏期。考虑含有微量碎屑伊利石(3%～4%),可以初步认为实际年龄可能比实测年龄略有偏小,分别略小于 86Ma 和 125Ma。志留系沥青砂岩中的年龄较大者(136Ma),可能与所含的微量碎屑钾长石有关。

　　表 11.2 给出了与 K-Ar 法年龄测定相同样品的自生伊利石 Ar-Ar 阶段升温年龄测定结果,图 11.4 是其年龄谱。从表 11.2 和图 11.4 可以看出:①4 个样品的年龄谱均为上升谱,即年龄谱呈阶梯状,随着温度升高,视年龄逐渐增大,并在 600～700℃ 达到最大值,随后逐渐减小;②在视年龄差异相对较小时也可以形成年龄坪,但这种年龄坪不具有特别意义;③年龄明显偏老,4 个样品的总气体年龄分别为 158.92Ma、147.92Ma、188.56Ma 和 195.21Ma,比相同样品的 K-Ar 年龄偏老 38%～72%。照射过程中的 ^{39}Ar 核反冲丢失可能是导致 Ar-Ar 年龄明显偏老的主要原因,对此下面将作进一步论述。显然,由于核反冲丢失,使得 Ar-Ar 年龄数据可能不具有准确的地质意义,更不能反映油气注入事件和代表成藏期。

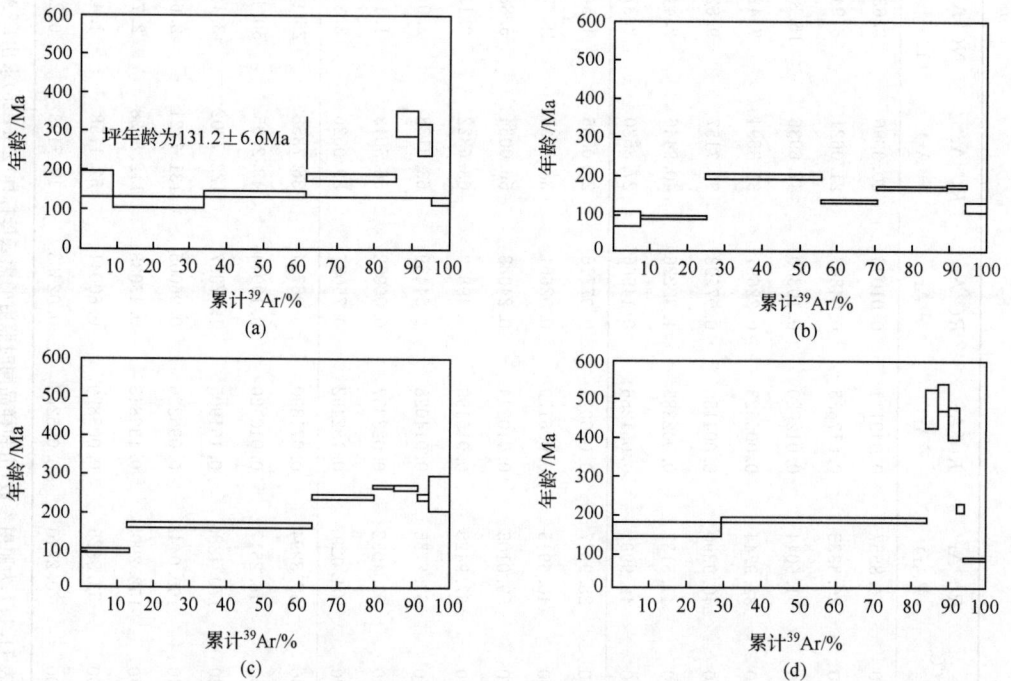

图 11.4　哈 6 井石炭系、志留系砂岩自生伊利石 Ar-Ar 法阶段升温年龄谱(张有瑜和罗修泉,2012)
(a) 样品 A1,粒级为 0.3～0.15mm;(b) 样品 A1,粒级＜0.15mm;(c) 样品 A2,粒级为 0.3～0.15mm;
(d) 样品 A3,粒级为 0.3～0.15mm

三、实验结果讨论

(一)自生伊利石年龄与成藏期

　　石炭系是塔里木盆地油气勘探的主要目的层之一,主要分布在塔中隆起、北部拗陷和

塔北隆起。塔里木盆地石炭系在塔中地区发育最为齐全,自上而下划分为 9 个岩性段
(C^1—C^9)、3 个油层组(C_I—C_{III}),其中 C_I、C_{III} 油组为砂岩储层、C_{II} 油组为灰岩储层。各
个岩性段在不同地区的发育情况不尽一致并具有一定相变,区域上把砂砾岩段与下伏东
河砂岩段合称为 C_{III} 油组,是主力产层。关于东河砂岩段的时代归属,目前也不一致。中
国石油天然气股份有限公司塔里木油田公司(简称塔里木油田公司)倾向于早石炭世,如
本次研究的哈 6 井,部分学者认为属于晚泥盆世(邹义声,1996;朱怀诚等,2002)。张惠良
等(2009)认为东河砂岩为一套穿时岩石地层单元。关于塔里木石炭系油气藏,尤其是东
河砂岩油气藏的成藏时代,不同学者利用油气包裹体、油气水界面演化史、圈闭发育史、成
藏模式等不同方法与技术进行了深入研究(邓良全等,2000;王红军和张光亚,2001;赵靖
舟,2001,2002)。不同方法的研究结论基本一致,普遍认为东河砂岩油气藏(C_{III} 油组)主
要形成于海西晚期(古生代末期),并具有多期形成演化史。笔者对塔中地区、哈得 4 井和
轮南 59 井东河砂岩油气藏(C_{III} 油组)进行了自生伊利石 K-Ar 测年研究,结果为 193～
285Ma,主要集中在 231～285Ma,表明为海西晚期成藏(张有瑜等,2004)。为便于对比,
这里把其他地区的年龄数据和本次研究的哈 6 井年龄数据同时绘于图 11.5。从图 11.5
可以看出,与其他广大地区相比,哈 6 井的年龄明显偏小,表明成藏期明显偏晚,为燕山
晚期。

　　哈 6 井石炭系角砾岩段油气藏是哈拉哈塘地区石炭系的首次发现(林志永,2007),属
于环哈拉哈塘凹陷含油气系统,其成藏特征可能与环哈拉哈塘凹陷油气藏如东河塘、塔河
和哈得逊等油气藏具有较强的关联性。燕山期—喜马拉雅期、喜马拉雅期是塔北隆起或
环哈拉哈塘凹陷油气藏最主要的成藏期(卢玉红等,2007)。哈 6 井石炭系角砾岩段油气
藏可能是该地区燕山期成藏作用的产物,可能与海西期油藏的调整和中-上奥陶统-寒武
系烃源岩的二次生油有关(崔海峰等,2009)。

　　志留系沥青砂岩是塔里木油气勘探的另一个重要目的层,分布范围与石炭系基本一
致,主要分布在塔中隆起、北部拗陷和塔北隆起。志留系沥青砂岩的主要产出层位是柯坪
塔格组(S_1k)和塔塔埃尔塔格组(S_1t),两者之间为连续沉积,缺乏截然的岩性界限。尽管
关于塔里木盆地志留系岩性段命名和层位划分并不完全一致(王成林等,2007),但在分布
区域内是可以进行对比的,因此,志留系沥青砂岩的自生伊利石年龄同样也可以在分布区
域内进行对比。对于塔中隆起及北部拗陷孔雀河地区志留系沥青砂岩的自生伊利石年
龄,笔者进行过系统研究,结果为 204～383Ma(张有瑜等,2004;Zhang et al.,2011)。对
于塔北隆起轮台低凸起英买 35 井区,笔者近期也进行过系统研究,其年龄范围为 277～
293Ma(张有瑜等,2011)。为便于对比,这里把所有年龄数据汇总于图 11.6。从图 11.6
可以看出:①志留系沥青砂岩的自生伊利石年龄分布范围较宽,大者如乔 1 井和孔雀 1
井,为 383Ma,小者如本次研究的哈 6 井,为 125Ma;②尽管分布范围较宽,但具有较为明
显的分布规律即盆地东西两端相对较大如乔 1 井和孔雀 1 井(383Ma),为晚加里东期—
早海西期成藏;盆地中心相对较小如塔中 67 井、塔中 37 井、塔中 12 井、塔中 32 井(204～
235Ma,塔中 23 井、塔中 30 井年龄偏大,可能与含有少量的碎屑伊利石有关),为晚海西
晚期成藏;英买力地区和英吉苏凹陷中等(271～293Ma),为早海西晚期—晚海西期成藏;
③与其他地区相比,哈 6 井的年龄明显偏小,表明成藏期明显偏晚,为燕山中晚期。

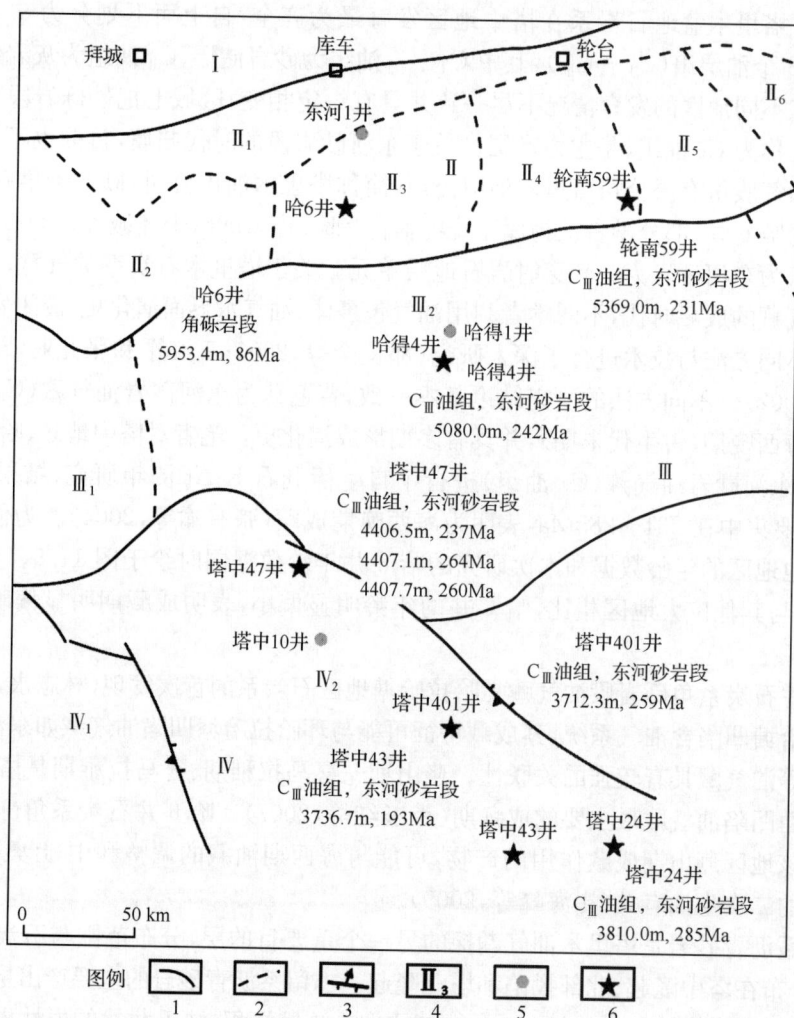

图 11.5 哈 6 井及邻区石炭系砂岩自生伊利石年龄分布(张有瑜和罗修泉,2012)

1. 一级单元界线;2. 二级单元界线;3. 断层;4. 构造单元编号;5. 井位;6. 研究井

Ⅰ. 库车拗陷;Ⅱ. 塔北隆起;Ⅱ₁. 轮台低凸起;Ⅱ₂. 英买力低凸起;Ⅱ₃. 哈拉哈塘凹陷;Ⅱ₄. 轮南低凸起;Ⅱ₅. 草湖凹陷;Ⅱ₆. 孔雀河斜坡;Ⅲ. 北部拗陷;Ⅲ₁. 阿瓦提凹陷;Ⅲ₂. 满加尔凹陷;Ⅳ. 塔中隆起;Ⅳ₁. 巴楚低凸起;Ⅳ₂. 塔中低凸起

志留系沥青砂岩油气成藏史是塔里木油气勘探的"热点"之一,许多学者利用不同的方法对其进行过深入研究,总体结论基本一致,普遍认为志留系沥青砂岩油气藏为多期成藏,具有复杂多变的油气成藏过程,经历了加里东期—早海西期成藏与破坏、晚海西期成藏及燕山中晚期—喜马拉雅期改造、调整和再充注(刘洛夫等,2000;王红军和张光亚,2001;张永贵等,2011;严永新等,2003;肖晖等,2008)。自生伊利石年龄不仅与油气系统等常规油气成藏史研究认识基本一致,还反映了不同地区志留系沥青砂岩油藏形成时间的差异。供烃中心及其演化与变迁、油气运移通道及运移方式和油气运移方向、距离等可能是控制不同地区成藏时间早晚的主要原因。咔唑类含氮化合物研究成果表明,塔北地

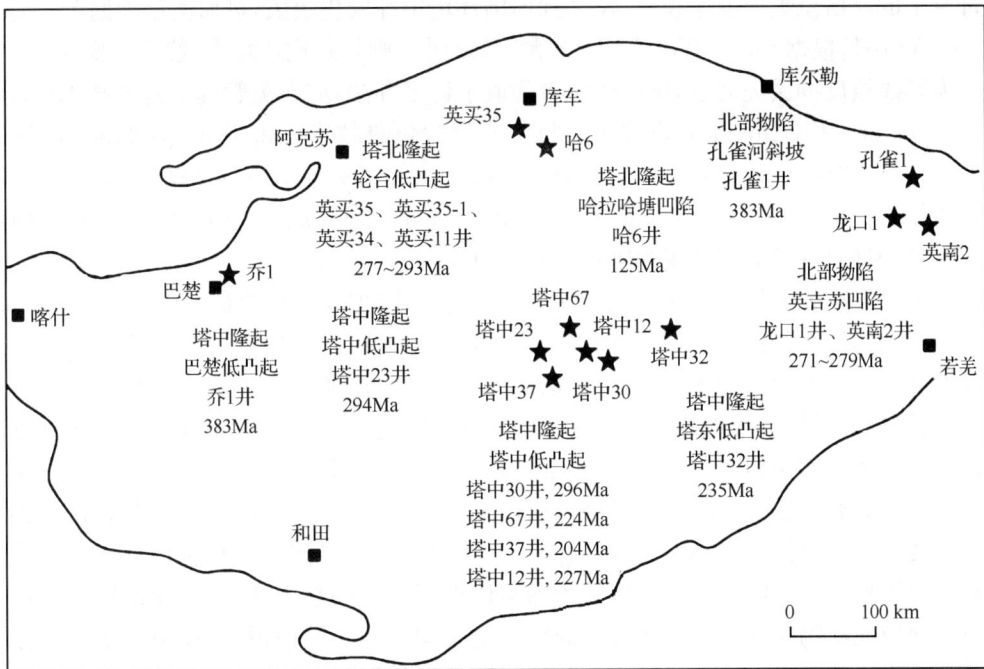

图 11.6　哈 6 井及邻区志留系砂岩自生伊利石年龄分布(张有瑜和罗修泉,2012)

区志留系沥青砂岩古油气藏的油气是来自其东南侧满加尔凹陷的中-下寒武统烃源岩,油
气经历了长距离运移,首先向西北方向进入塔北隆起志留系,然后在志留系储层内(或沿
不整合面)沿上倾方向继续向北西方向运移进入圈闭(陈元壮等,2004)。由此可以初步认
为,哈 6 井志留系沥青砂岩古油藏成藏期较晚可能与其离供烃中心较远有关。

(二)自生伊利石年龄影响因素探讨

　　常规 Ar-Ar 法年龄测定技术是常规 K-Ar 法的发展和延伸,其特点是利用核反应堆
快中子活化技术,使待测试样品中的 ^{39}K 转化为 ^{39}Ar,并与放射性 ^{40}Ar(^{40}Ar*)同时采用稀
有气体质谱仪进行测量,克服了 K-Ar 法需要采用不同的仪器和方法分别测 K、测 Ar 的
缺点(当样品不均一时,容易引起误差)。此外,K-Ar 法是一次熔样,只能给出一个年龄,
不利于研究样品的受热历史和"过剩氩"问题,而 Ar-Ar 法则是采用独特的逐级加热即阶
段升温技术,分步熔样,可以获得数个或十几个年龄并形成年龄谱,辅之以独特的数据处
理如坪年龄计算、等时线、等时年龄计算等技术,可研究样品所经历的受热过程和"过剩
氩"现象,获得更加丰富的地质信息。"过剩氩"是指岩石矿物在形成时从环境中捕获并封
闭在其晶格中的 Ar(^{40}Ar),而不是在形成之后由放射性衰变而产生并保存在晶格中的放
射性 Ar(^{40}Ar*)。过剩氩是引起实测年龄明显偏老的常见原因之一。应该说,如果不考
虑测试时间较长、分析费用较高和实验过程相对复杂等不利因素,Ar-Ar 法比 K-Ar 法具
有明显优越性。

　　由于存在核反冲丢失现象,常规 Ar-Ar 法在自生伊利石年龄测定领域遇到了极大挑
战。核反冲丢失现象是指,在快中子照射过程中, ^{39}K 转变成 ^{39}Ar, ^{39}Ar 会获得足够能量从

其母原子的晶格位置上发生位移,反冲到周围环境中并发生丢失,进而使年龄偏老。简言之,Ar-Ar 法是根据 $^{40}Ar^*/^{39}Ar$ 值计算年龄,^{39}Ar 丢失则导致比值增大,使年龄变老。

为解决核反冲丢失问题,国内外学者采取了许多办法,如石英管真空封装技术(vacuum-encapsulated technique),也称显微封装或显微包裹技术(microencapsulation)(Hess and Lippolt,1986;Foland et al.,1992;Onstott et al.,1997)、总气体年龄(total gas age)和保留年龄(retention age)(Dong et al.,1995)、选取较粗粒级(李大明等,1992)等,但都具有一定的局限性且应用效果尚需进一步探讨。

石英管真空封装技术就是在进行快中子照射之前,把样品封装在高真空石英管中,以使反冲出来的 ^{39}Ar 气体得以保留在石英管中即不至于散失到周围环境中。石英管真空封装技术具有三个方面的积极贡献:①可以使反冲程度明显降低;②使反冲气体得以保留并可以对其进行测量,直观地研究核反冲问题;③以此为基础可对年龄数据作进一步计算以求出总气体年龄和保留年龄。显然,真空封装技术没有从根本上解决核反冲问题,只是为进一步分析研究或数据处理提供了必要前提条件。总气体年龄和保留年龄是根据石英管真空封装技术提出的两个新概念(Dong et al.,1995)。总气体年龄是包括 ^{39}Ar 核反冲气体和室温下保留在矿物中的 ^{39}Ar 气体均参与计算而得出的总平均年龄;保留年龄是根据室温下保留在矿物中的 ^{39}Ar 气体计算而得出的平均年龄。一般说来,保留年龄都会比总气体年龄大。由此进一步提出了未封装总气体年龄的概念,使总气体年龄又有封装总气体年龄(encapsulated total gas age)和未封装总气体年龄(unencapsulated total gas age)之分(Dong et al.,1995)。未封装总气体年龄是指未采用真空封装时保留在矿物中的 ^{39}Ar 气体均参与计算而得出的总平均年龄,其实际意义应该是大致相当于真空封装的保留年龄,但又不完全等于真空封装的保留年龄,因为未真空封装时的 ^{39}Ar 核反冲丢失远比真空封装时强烈。未封装总气体年龄一般都会大于或远大于封装总气体年龄。实际上,如果不进行真空封装,^{39}Ar 核反冲气体就会因散失到周围的环境中而跑掉,是不可能再用仪器进行测量的。也就是说,如果不采用真空封装,是不可能获得与真空封装等同意义上的总气体年龄。表 11.2 中的总气体年龄即为未封装总气体年龄。Dong 等(1995)等认为,封装总气体年龄基本等同于 K-Ar 年龄,保留年龄可能最接近 Ar 封闭时间,这个封闭时间要么是代表沉积-成岩年龄,要么是代表变质年龄,主要取决于变质级别。同时还指出,保留年龄也可能是 Ar 封闭年龄的夸大,甚至可能会产生一个错误的较大保留年龄(Dong et al.,1995)。很明显,保留年龄概念并不总是都能收到理想应用效果。选取较粗粒级如 2~1μm(李大明等,1992),虽可能会较大程度减小核反冲丢失现象,但不利于剔除碎屑含钾矿物污染,可能同样不会总是都能收到较好应用效果。

核反冲丢失与伊利石成因类型、颗粒大小、结晶度等密切相关。对于晶体粗大、结晶度较高的高温变质伊利石(结晶度指数小于 0.25)(朱光,1995),丢失程度相对较低,约为1%,可以忽略不计;而对于晶体细小、结晶度相对较低的低温成岩自生伊利石(结晶度指数大于 0.42)(朱光,1995),丢失程度相对较高,一般为 10%~32%(真空封装条件下)(Dong et al.,1995)。核反冲丢失程度是指 ^{39}Ar 反冲气体(保留在石英管中的 ^{39}Ar 气体)占总 ^{39}Ar 气体(包括 ^{39}Ar 核反冲气体和室温下保留在矿物中的 ^{39}Ar 气体)的百分比。显然,对于未真空封装试样是不能直接准确测量其反冲丢失程度的。为便于对比,笔者认为,可以用 K-Ar 年龄作为标准或参考,利用数学计算的办法来进行定量表征,即用未封装总气体年龄减去 K-Ar 年龄后再除以未封装总气体年龄。表 11.2 中的哈 6 井石炭系、志留系砂岩自生伊利石的 ^{39}Ar 核反冲丢失程度即采用这种方法计算得出,范围为 28%～42%,表明丢失现象非常明显,这与其样品特征密切相关,是其伊利石成因类型(成岩自生 I/S 有序间层)、结晶度较低(间层比相对较大,达 15%～20%,即含有 15%～20% 的蒙皂石层;间层比大小可间接反映结晶度,间层比大,结晶度低)和颗粒较细(0.3～0.15μm 和 <0.15μm)的综合体现。此外,没有采用真空封装技术可能也是导致丢失程度较强的重要原因之一。

核反冲丢失现象是一个专业性较强的复杂问题,因篇幅所限,不展开更全面的详细讨论。简言之,核反冲丢失问题目前还没有得到很好解决,特别是核反冲丢失对年龄谱的影响,也就是如何对年龄谱进行解读和应用等,还需进一步深入探讨,认为现有的分离技术不能提纯自生伊利石、Ar-Ar 法一定比 K-Ar 法优越和在年龄谱中可以区分自生伊利石和碎屑伊利石的观点(邱华宁等,2009;云建兵等,2009)有待商榷。本次初步研究结果表明,对于油气储层中的成岩自生伊利石,^{39}Ar 核反冲丢失现象不可忽视,在利用 Ar-Ar 测年技术对其进行年龄测定进而探讨油气成藏时代时(特别是在未采用真空封装技术时)应该小心谨慎。

第四节　结论与认识

哈 6 井石炭系、志留系砂岩黏土矿物主要为 I/S 有序间层,石炭系为蜂窝状、丝状,志留系为片状、短丝状,具明显自生特征,属于自生伊利石。哈 6 井石炭系、志留系砂岩的自生伊利石年龄分别为 86Ma 和 125Ma,相当于晚白垩世—早白垩世晚期,表明分别为燕山晚期和燕山中晚期成藏。与其他地区相比,哈 6 井石炭系、志留系砂岩的自生伊利石年龄明显偏小,表明成藏期明显偏晚,应引起重视,对其在塔里木盆地油气勘探中的意义应该加强研究。

对油气储层中的成岩自生伊利石,^{39}Ar 核反冲丢失现象不可忽视,在利用 Ar-Ar 测年技术对其进行年龄测定进而探讨油气成藏时代时(特别是在未采用真空封装技术时)应小心谨慎。哈 6 井石炭系、志留系砂岩的自生伊利石 Ar-Ar 年龄由于受 ^{39}Ar 核反冲丢失影响,明显偏老,可能不具有准确地质意义,更不能反映油气注入事件和代表成藏期。

参 考 文 献

陈元壮,刘洛夫,陈利新,等.2004.塔里木盆地塔中、塔北地区志留系古油藏的油气运移.地球科学——中国地质大学学报,29(4):473-482

崔海峰,郑多明,滕团余.2009.塔北隆起哈拉哈塘凹陷石油地质特征与油气勘探方向.岩性油气藏,20(2):54-58

邓良全,刘胜,杨海军.2000.塔中隆起石炭系油气成藏期研究.新疆石油地质,21(1):23-26

李大明,陈文database,李齐等.1992.几种全岩样品 ^{40}Ar-^{39}Ar 年龄谱的探讨.地震地质,14(4):361-366

林志永.2007.塔里木盆地哈拉哈塘凹陷哈 6 井录井报告.新疆库尔勒:中国石油天然气股份有限公司塔里木油田分公司

刘洛夫,赵建章,张水昌,等.2000.塔里木盆地志留系沥青砂岩的形成期次及演化.沉积学报,18(3):475-479

卢玉红,肖中尧,顾乔元,等. 2007. 塔里木盆地环哈拉哈塘凹陷海相油气地球化学特征与成藏. 中国科学 D 辑:地球科学,37(增刊Ⅱ):167-176

罗修泉. 2006. 静态真空质谱仪分析技术//黄达峰,罗修泉,李喜斌,等. 质谱技术丛书 同位素质谱技术与应用. 北京:化学工业出版社:36-70

邱华宇,吴河勇,冯子辉,等. 2009. 油气成藏 $^{40}Ar/^{39}Ar$ 定年难题与可行性分析. 地球化学,38(4):405-411

王成林,张惠良,李玉文,等. 2007. 塔里木盆地志留系划分、对比及其地质意义. 新疆石油地质,28(2):185-188

王飞宇,何萍,张水昌,等. 1997. 利用自生伊利石 K-Ar 定年分析烃类进入储集层的时间. 地质论评,43(5):540-545

王红军,张光亚. 2001. 塔里木克拉通盆地油气勘探对策. 石油勘探与开发,28(6):50-52

王龙樟,戴橦谟,彭平安. 2004. 气藏储层自生伊利石 $^{40}Ar/^{39}Ar$ 法定年的实验研究. 科学通报,49(增刊Ⅰ):81-85

肖晖,任战利,崔军平. 2008. 塔里木盆地孔雀 1 井志留系含气储层成藏期次研究. 石油试验地质,30(4):357-362

辛仁臣,田春志,窦同君. 2000. 油藏成藏年代学分析. 地学前缘,7(3):48-54

严永新,田云,袁光喜,等. 2003. 孔雀河斜坡含油气系统及有利区带. 新疆石油地质,24(5):411-414

云建兵,施和生,朱俊章,等. 2009. 砂岩储层自生伊利石 ^{40}Ar-^{39}Ar 定年技术及油气成藏年龄探讨. 地质学报,83(8):1134-1140

张惠良,杨海军,寿建峰,等. 2009. 塔里木盆地东河砂岩沉积期次及油气勘探. 石油学报,30(6):835-842

张彦,陈文,陈克龙,等. 2006. 成岩混层(I/S)Ar-Ar 年龄谱型及 ^{39}Ar 核反冲丢失机理研究——以浙江长兴地区 P-T 界线粘土岩为例. 地质论评,52(4):556-561

张永贵,张忠民,冯兴强,等. 2011. 塔河油田南部志留系油气成藏主控因素与成藏模式. 石油学报,32(5):767-774

张有瑜,罗修泉. 2009. 油气储层自生伊利石分离提纯微孔滤膜真空抽滤装置,中国,ZL 200610090591.1

张有瑜,罗修泉. 2011. 英买力沥青砂岩自生伊利石 K-Ar 测年与成藏时代. 石油勘探与开发,38(2):203-210

张有瑜,罗修泉. 2012. 塔里木盆地哈 6 井石炭系、志留系砂岩自生伊利石 K-Ar、Ar-Ar 测年与成藏年代. 石油学报,33(5):748-757

张有瑜,董爱正,罗修泉. 2001. 油气储层自生伊利石分离提纯及其 K-Ar 同位素测年技术研究. 现代地质,15(3):315-320

张有瑜,Zwingmann H,Todd A,等. 2004. 塔里木盆地典型砂岩油气储层自生伊利石 K-Ar 同位素测年研究与成藏年代探讨. 地学前缘,11(4):637-648

赵靖舟. 2001. 油气水界面追溯法与塔里木盆地海相油气藏成藏期分析. 石油勘探与开发,28(4):53-56

赵靖舟. 2002. 塔里木盆地烃类流体包裹体与成藏年代分析. 石油勘探与开发,29(4):21-25

赵杏媛,张有瑜. 1990. 粘土矿物与粘土矿物分析. 北京:海洋出版社

朱光. 1995. 用伊利石结晶度确定碎屑沉积岩甚低级变质等级. 石油勘探与开发,22(1):33-35

朱怀诚,罗辉,王启飞,等. 2002. 论塔里木盆地"东河砂岩"的地质时代. 地层学杂志,26(3):197-201

邹义声. 1996. 塔北隆起井下巴楚组及东河砂岩段的时代. 新疆石油地质,17(4):358-363

Dong H L,Hall C M,Peacor D R,et al. 1995. Mechanisms of argon retention in clays revealed by laser ^{40}Ar-^{39}Ar dating. Science,267(20):355-359

Emery D,Robinson A. 1993. Inorganic geochemistry:Application to petroleum geology. Blackwell,Oxford,5:101-128

Foland K A,Hubacher F A,Aregart G B. 1992. ^{40}Ar-^{39}Ar dating of very fine-grained samples:An encapsulated vial procedure to overcome the problem of ^{39}Ar recoil loss. Chemical Geology,102(1-4):269-276

Hamilton P J. 2003. A review of radiometric dating techniques for clay mineral cements in sandstones//Worden R H,Morad S. Clay Mineral cements in sandstones. International Association of Sedimentologists Special Publication,34:253-287

Hamilton P J,Giles M R,Ainsworth P. 1992. K-Ar dating of illites in Brent Group reservoirs:A regional perspective//Morton A C,Haszeldine R S,Giles M R,et al. Geology of the Brent Group. Geological Society Special Publication,61:377-400

Hamilton P J,Kelly S,Fallick A E. 1989. K-Ar dating of illite in hydrocarbon reservoirs. Clay Minerals,24(2):215-231

Hess J C,Lippolt H J. 1986. Kinetics of argon isotopes during neutron irradiation:^{39}Ar loss from minerals as a source of error in ^{40}Ar/^{39}Ar dating. Chemical Geology,59(4):223-236

Lee M,Aronson J L,Savin S M. 1985. K-Ar dating of times of gas emplacement in Rotliegendes Sandstone,Netherlands. AAPG Bulletin,69(9):1381-1385

Onstott T C,Mueller P J,Vrolijk P J,et al. 1997. Laser ^{40}Ar/^{39}Ar microprobe analyses of fine-grained illite. Geochimica et Cosmochemica Acta,61(18):3851-3861

Steiger R H,Jager E. 1977. Subcommission on geochronology:Convention on the use of decay constants in geo- and cosmochronology. Earth and Planetary Science Letters,36(3):359-362

Zhang Y Y,Zwingmann H,Liu K Y,et al. 2011. Hydrocarbon charge history of the Silurian bituminous sandstone reservoirs in the Tazhong uplift,Tarim Basin,China. AAPG Bulletin,95(3):395-412

第十二章 四川盆地须家河组致密砂岩气自生伊利石年龄分布与成藏时代

须家河组砂岩是四川盆地煤成气的主要分布层位。须家河组砂岩的气藏勘探始于20世纪50年代，并在21世纪初进入勘探高峰期，特别是近期以来相继取得一系列重大突破，发现了多个大气田，如邛西、广安、合川、安岳气田等(戴金星等，2014)。四川盆地目前仍是我国油气勘探的主要"热点"盆地，须家河组砂岩是四川盆地油气勘探的主要目的层。油气成藏史，即成藏时代和成藏规律研究对于须家河组砂岩储层的油气勘探具有非常重要的指导意义。

自生伊利石是砂岩油气储层中的常见胶结物之一。利用 K-Ar、Ar-Ar 法，特别是 K-Ar 同位素测年技术，对自生伊利石进行年龄测定，可以为油气成藏史研究提供重要的年代学数据。自"九五"以来，笔者利用自生伊利石 K-Ar 测年技术，先后对须家河组砂岩储层进行了一定数量的样品分析，层位上包括须二段、须四段、须六段三大主力储层，平面上包括川西、川中广大地区，获得了丰富的年龄数据资料，并为国内多位同行学者提供了样品分析测试服务(黄志龙等，2002；罗忠，2002；傅国有，2003；罗小平，2007；刘四兵等，2009)。本章首先对须家河组砂岩储层的自生伊利石发育特征及其分布规律进行深入分析，然后根据自生伊利石年龄及其纵、横向分布特征，对须家河组砂岩气藏的成藏规律、演化特征及主要控制因素进行深入探讨。

第一节 地质背景

四川盆地自晚三叠世以来，从海相转入陆相沉积。在从海相 → 海陆过渡相 → 陆相的演变过程中，多种沉积体系和沉积类型广泛发育，砂、泥岩沉积频繁交替。须家河组自下而上划分为 6 个大的岩性段，分别是须一段、须二段、须三段、须四段、须五段和须六段，其中须一段、须三段、须五段主要为泥岩，并发育煤岩，为四川盆地的主要烃源岩(气源岩)；须二段、须四段、须六段主要为砂岩，为四川盆地的主要储集层。须一段、须三段、须五段泥岩分别主要为三角洲平原—前缘沉积、三角洲前缘—滨浅湖沉积和三角洲平原—前缘沉积，而须二段、须四段、须六段则主要为大套河流—三角洲体系的厚层砂岩沉积。

四川盆地包括 6 个二级构造带，分别是川西、川南低陡构造带，以及川北、川中、川西南低平构造带和川东高陡构造带，须家河组油气发现主要集中分布在川中低平构造带和川西低陡构造带(图 12.1)。

须家河组纵向上形成三套大的生储盖组合，分别是第一生储盖组合或下部生储盖组合，即以须一段下段、须一段上段为烃源岩层，须二段为储层，须三段为盖层；第二生储盖组合或中部生储盖组合，即以须三段段为烃源岩层，须四段为储层，须五段为盖层；第三生储盖组合或上部生储盖组合，即以须五段为烃源岩层，须六段下段为储层，须六段上段

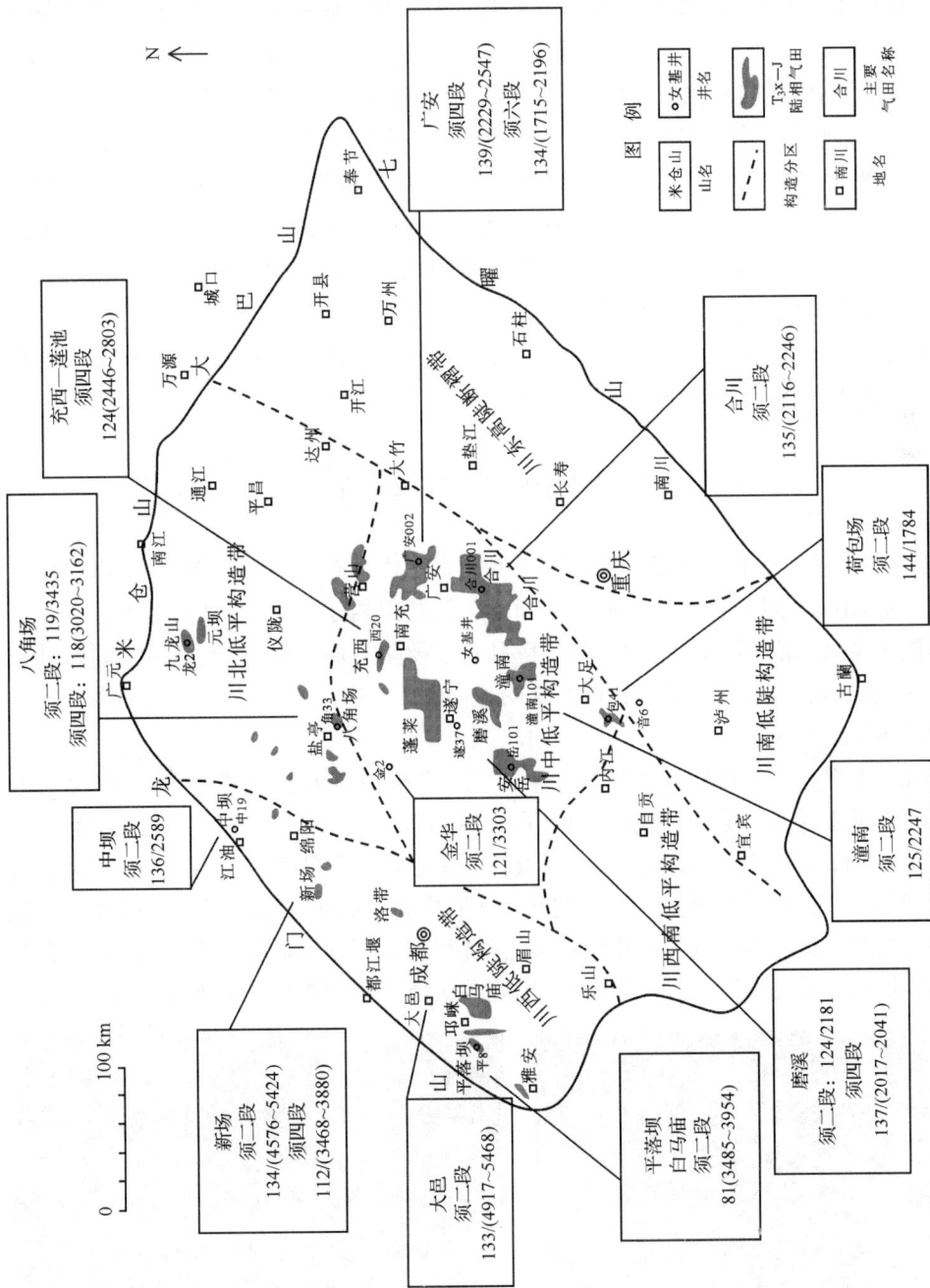

图 12.1 四川盆地须家河组砂岩气藏自生伊利石年龄分布（张有瑜等，2015）

构造单元划分及煤成气田、气藏分布底图引自藏金星等（2014），略有修改；第 1 组数据表示自生伊利石平均年龄，单位为 Ma；第 2 组数据表示样品深度，单位为 m

和侏罗系为盖层。川西地区以下部两套组合为主,川中中南部地区三套组合都发育,但下部组合的烃源岩不发育或发育较差(戴金星等,2014)。

须家河组烃源岩分布规律性较强,总体特征是西厚东薄,最大厚度区位于都江堰及其周围;成熟度、生气强度均主要表现为西高东低。须家河组储层为典型的低孔、低渗储集层,孔隙度一般为4%~10%,渗透率一般为0.01~1.0mD,虽然大面积发育,但有效储层分布非均质性较强,横向变化大,单层厚度薄,垂向上分布较为分散。须二段储层川西、川中均相对发育,须四段、须六段储层则主要集中分布在川中。与此对应,在目前已发现的油气田或气藏中,须二段气藏主要集中分布在川西,如平落坝、白马庙、大邑、新场、中坝等,部分分布在川中,如八角场、金华、磨溪、荷包场、合川等;须四段气藏主要分布在川中,如八角场、充西—莲池、磨溪、广安等,部分分布在川西,如新场;须六段气藏相对较少,主要分布在川中广安地区东部(图12.1)。

须家河组天然气主要为煤成致密砂岩气,气藏类型以致密砂岩气为主,局部发育构造、岩性、岩性-构造复合气藏(戴金星等,2014)。

第二节　自生伊利石发育特征

须家河组砂岩的成岩自生黏土胶结物主要为自生伊利石和自生绿泥石,并以自生伊利石为主或占绝对优势,分布非常稳定,平面上不管是川西还是川中,纵向上不管是须二段、须四段还是须六段,均基本一致。自生伊利石主要呈弯曲片状、片丝状、短丝状,部分为丝状,薄、透亮和松散,自生成因特征非常明显[图12.2(a)~图12.2(c)],绿泥石主要呈针叶状[图12.2(a)]。

图12.3是须二段砂岩(磨溪气田,磨24井)自生伊利石黏土样品的X射线衍射(XRD)谱图,从图中可以看出,该样品只含自生伊利石/蒙皂石(I/S)有序间层,即通常所称的自生伊利石,以及绿泥石两种黏土矿物,并以自生I/S有序间层为主(相对含量为85%),绿泥石次之(相对含量为15%),自生I/S有序间层的间层比(%S)较小,为5%,说明演化程度较高,已基本接近为矿物学意义上的伊利石;不含碎屑伊利石、碎屑钾长石及其他矿物,说明样品纯度较高。该XRD谱图是本次研究所分析样品的典型代表,充分反

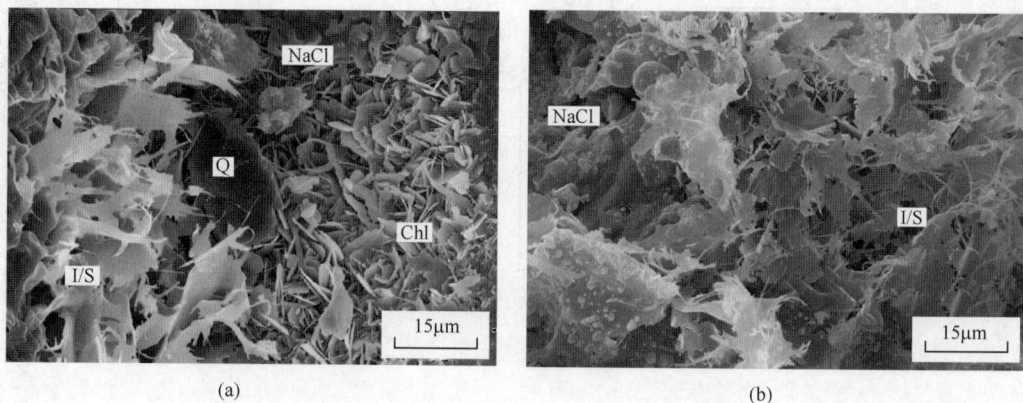

(a)　　　　　　　　　　　　　　　　(b)

(c)

图 12.2　须家河组砂岩自生伊利石特征(张有瑜等,2015)

(a) 粒表片丝状伊利石(I/S)、针叶状绿泥石(Chl)、石英(Q)和氯化钠晶体(NaCl),磨 24 井,2181.07m,须二段;
(b) 粒表片丝状伊利石(I/S)、氯化钠晶体(NaCl),广安 121 井,2229.5m,须四段;(c) 粒表片丝状伊利石(I/S)、氯
化钠晶体(NaCl),广安 111 井,2195.83m,须六段

映了须家河组砂岩自生伊利石样品的共同特征,即整洁、清晰,衍射序列完整,接近为标准谱图,平面上川西、川中,纵向上须二段、须四段、须六段,基本一致,一方面说明须家河组砂岩自生伊利石分布非常稳定,另一方面说明自生伊利石分离提纯效果较好,样品不但纯度较高,而且非常稳定。

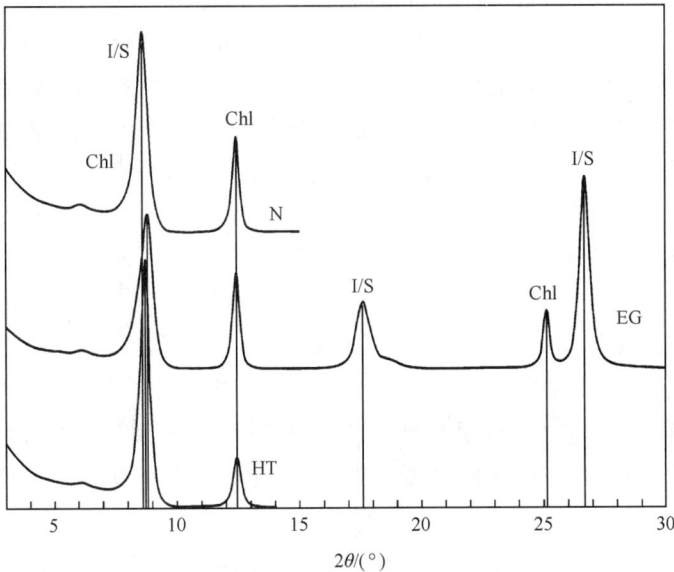

图 12.3　须家河组砂岩(磨 24 井,须二段,2181m)自生伊利石 XRD 谱图(张有瑜等,2015)

N、EG、HT 分别为自然风干、乙二醇饱和处理和 550℃/2h 加热处理定向样品;I/S、Chl 分别为 I/S 有序
间层和绿泥石的 1、2、3 级衍射峰

表 12.1 给出了本次研究的须家河组砂岩黏土矿物分析数据。从表中可以看出,须家河组砂岩储层中的黏土矿物分布具有以下特点:①所有样品都只含有 I/S 有序间层和绿

泥石两种矿物,并且以 I/S 有序间层占优势,或占绝对优势,相对含量主要为 52%～99% 和 48%～1%,约占总样品数的 94%,少量为 33%～37% 和 67%～63%,约占总样品数的 6%,仅个别样品含有少量高岭石(共 5 个样品,其中 3 个含量为 1%,另外两个含量分别 为 5% 和 3%);②I/S 有序间层的间层比较低,主要为 5%,部分为 10%;③仅有个别样品, 如 A1、C6 和 D3,含有碎屑伊利石并且含量较低,样品 C6、D3 分别为 1% 和 2%,只有样品 A1 略高,为 8%。通过对表 12.1 分析可以发现,尽管从矿物类型上看须家河组砂岩储层 中的黏土矿物发育非常一致,但在纵向即层位上和平面上不同构造之间仍具有一定的差 异。对比而言,从层位上看须二段 I/S 有序间层的发育情况相对偏好,须四段、须六段次 之,平均含量分别为 86%、72% 和 68%;从平面上看,须二段、须四段均是川西构造带 I/S 有序间层相对发育,川中构造带次之,须二段川西、川中的 I/S 有序间层平均含量分别为 91% 和 74%;须四段川西、川中的 I/S 有序间层平均含量分别为 84% 和 70%;须六段则主 要分布在川中,I/S 有序间层平均含量为 68%。

第三节　　自生伊利石年龄分布与成藏时代特征

一、K-Ar 年龄

　　油气储层自生伊利石分离提纯及其 K-Ar 年龄实验分析技术包括洗油、扫描电镜 (SEM)观察、XRD 预分析、自生伊利石分离、自生伊利石 XRD 纯度检测、测钾、测氩等多 个实验分析测试项目,笔者进行过详细介绍(张有瑜等,2001;张有瑜和罗修泉,2011)。

　　表 12.1 给出了本次研究的须家河组砂岩样品的自生伊利石 K-Ar 年龄测定分析数 据。须家河组砂岩自生伊利石 K-Ar 年龄测定样品纯度非常高,基本都属于纯自生伊利 石。虽然大多数样品中的 I/S 有序间层(自生伊利石)含量没有达到或接近 100%,但基 本不含碎屑伊利石和碎屑钾长石。绿泥石不含钾,从理论上讲,绿泥石的存在对 Ar 同位 素年代学体系基本上没有影响,笔者的实验结果也充分证明了这一点(张有瑜等,2002)。 故可以认为表 12.1 中的实测年龄基本上代表自生伊利石年龄,可以反映油气注入事件, 代表最早成藏期。除样品 A1 外,个别样品如 C6、D3、A16 和 A17 等,虽然检测出碎屑伊 利石或碎屑钾长石,但含量较低,对实测年龄的影响可能较小。样品 A1 的碎屑伊利石含 量为 8%,明显偏高,且与邻近样品相比,其实测年龄明显偏大,据此可以初步认为,可能 是受到了碎屑伊利石的影响。由于数据较少,对其原因尚有待进行深入研究,这里暂不做 进一步讨论。

　　图 12.4 给出了须家河组砂岩自生伊利石 K-Ar 年龄分布直方图。从表 12.1 和图 12.4 可以看出,须家河组砂岩自生伊利石年龄的总体分布范围为 78～156Ma,相当于晚 侏罗世—晚白垩世,平均年龄为 126Ma,相当于早白垩世。图 12.4(a)进一步表明,尽管 总体分布范围相对较宽,但主要分布范围则相对较窄,绝大多数样品(占 86%)的自生伊 利石年龄都是集中分布在 110～150Ma,说明虽然成藏时代跨度较长,但以早白垩世为主。 通过对比还可以进一步发现,虽然从总体上看,须二段、须四段和须六段的自生伊利石年

表 12.1　须家河砂岩自生伊利石 K-Ar 测年分析数据（张有瑜等，2015）

层段	样号	构造单元	油气田/藏	井号	井深/m	岩性	粒级/μm	黏土矿物相对含量/%				I/S间层比/%	钾长石	K-Ar 年龄数据		
								I/S	I	K	C			K/%	$N(^{40}Ar^*)$/%	年龄/Ma
须二段	A1	川西	平落坝	平落5	3485.50	细砂岩	0.3~0.15	87	8		5	15	—	5.36	93.41	131.04
	A2		平落坝	平落5	3788.80	细砂岩	0.3~0.15	95			5	5	—	6.85	93.23	83.42
	A3		平落坝	平落1	3537.00	细砂岩	0.3~0.15	89			11	5	—	6.93	95.85	81.02
	B1		白马庙	平落1	3570.85	细砂岩	0.5~0.15	79			21	5	—	6.71	95.58	80.56
	A4		白马庙	白马2	3953.67	细砂岩	0.45~0.15	86			14	5	—	7.02	93.66	78.41
	A5		大邑	大邑1	5006.00	砂岩	<0.15	97		1	2	5	—	6.78	91.31	127.25
	A6		大邑	大邑4	5422.00	砂岩	0.3~0.15	97		1	2	10	—	7.01	94.84	116.40
	A7		大邑	大邑4	5468.00	砂岩	0.3~0.15	96		1	3	5	—	7.02	97.48	129.42
	A8		大邑	大邑101	4917.00	砂岩	0.3~0.15	85		5	10	10	—	5.32	94.27	155.73
	A9		大邑	大邑102	4940.00	砂岩	<0.15	NES					—	5.61	93.81	138.02
	C1		新场	川鸭95	4576.07	石英砂岩	0.3~0.15	94			6	5	—	6.22	93.85	143.62
	C2		新场	川孝565	5054.40	石英砂岩	0.3~0.15	94			6	5	—	6.18	92.78	124.60
	C3		新场	川合127	4580.23	细砂岩	0.3~0.15	99			1	5	—	6.67	96.83	141.08
	C4		新场	川高561	4996.05	石英砂岩	0.3~0.15	83			17	5	—	6.18	96.26	117.37
	C5		新场	金深1	4782.40	石英砂岩	0.3~0.15	97			3	5	—	6.76	95.94	138.92
	C6		新场	马深1	5423.50	石英砂岩	0.3~0.15	96	1	3		10	—	5.01	91.05	140.47
	B2		中坝	中50	2588.56	砂岩	0.3~0.15	80			20	5	—	6.30	96.64	135.93
	A10	川中	八角场	角45	3434.50	细砂岩	0.45~0.15	56			44	10	—	5.84	95.88	118.51
	A11		金华	金31	3302.50	砂岩	<0.15	88			12	5	—	6.41	97.16	121.04
	A12		磨溪	磨24	2181.07	砂岩	0.3~0.15	85			15	5	—	6.73	97.41	123.83
	A13		潼南	潼南102	2246.84	砂岩	<0.15	36			64	5	—	3.83	95.22	124.57
	A14		合川	合川1	2116.35	砂岩	<0.3	80			20	5	—	6.13	96.58	140.69
	A15		合川	合川3	2141.45	砂岩	<0.3	NES					—	6.12	95.24	140.93
	A16		荷包场	包浅001-6	1784.25	砂岩	<0.15	96				5	Tr	6.86	97.62	143.95

续表

层段	样号	构造单元	油气田/藏	井号	井深/m	岩性	粒级/μm	黏土矿物相对含量/%				I/S间层比/%	钾长石	K-Ar年龄数据		
								I/S	I	K	C			K/%	$N(^{40}Ar^*)/\%$	年龄/Ma
须四段	D1	川西	新场	川鸭95	3468.34	石英砂岩	0.3~0.15	95			5	5	—	3.80	79.15	129.05
	D2			川泉171	3702.57	石英砂岩	0.3~0.15	71			29	5	—	5.11	91.38	108.28
	D3			川孝565	3632.50	石英砂岩	0.3~0.15	84	2		14	10	—	6.57	93.18	96.69
	D4			川丰563	3880.65	石英砂岩	0.3~0.15	84			16	5	—	6.65	91.89	115.65
	A17		八角场	角41-0	3019.80	细砂岩	0.45~0.15	37			63	10	Tr	5.26	76.27	111.39
	A18			角46-0	3088.88	细砂岩	0.45~0.15	33			67	10	—	4.88	95.87	117.03
	A19			角51	3136.05	细砂岩	0.45~0.15	37			63	10	—	5.15	96.42	112.24
	A20				3154.21	细砂岩	<0.15	81			19	10	—	6.38	96.37	117.81
	A21			角45	3161.50	细砂岩	<0.15	86			14	5	—	6.17	96.50	128.04
	A22	川中		角48	3078.00	细砂岩	<0.15	81			19	10	—	6.49	96.46	121.39
	A23			角52	3057.90	细砂岩	<0.15	75			25	10	—	5.89	96.54	119.50
	A24		充西-莲池	莲深101	2803.28	细砂岩	<0.15	79			21	5	—	6.39	96.49	125.51
	A25			西13-1	2445.53	细砂岩	<0.15	95			5	5	Tr	7.09	97.55	122.93
	E1		磨溪		2017.00	细砂岩	0.3~0.15	56			44	5	—	5.62	96.67	132.68
	E2			磨53	2021.00	细砂岩	0.3~0.15	60			40	5	Tr	6.04	96.60	132.24
	E3				2041.60	细砂岩	0.3~0.15	85			15	5	—	6.70	96.80	145.22
	A26		广安	广安121	2229.50	细砂岩	<0.15	66			34	5	—	5.51	95.68	137.16
	A27			广安128	2323.75	细砂岩	<0.3				NES			3.26	94.45	138.77
	A28			广安113	2356.75	细砂岩	<0.15	77			23	5		6.23	97.11	143.76
	A29			广安126	2400.62	细砂岩	<0.15				NES			3.83	95.00	128.12
	A30			广安122	2412.28	细砂岩	<0.15	84			16	5		6.39	97.25	143.80
	A31			广安123	2454.42	细砂岩	<0.15	78			22	5	Tr	6.23	97.10	136.53
	A32			广安125	2530.77	细砂岩	<0.15	71			29	5	—	5.89	96.82	140.25
	A33				2547.68	细砂岩	<0.15	71			29	5	—	5.86	97.19	142.26

续表

层段	样号	构造单元	油气田/藏	井号	井深/m	岩性	粒级/μm	黏土矿物相对含量/%				I/S间层比/%	钾长石	K-Ar 年龄数据		
								I/S	I	K	C			K/%	$N(^{40}Ar^*)$/%	年龄/Ma
须六段	A34			广安 002-23	1715.21	细砂岩	<0.15	52			48	5	—	4.81	95.65	129.46
	A35	川中	广安	广安 002-43	1773.20	细砂岩	0.3~0.15	55			45	5	—	5.32	97.64	138.23
	A36			广安 111	2150.80	细砂岩	<0.15	86			14	10	—	6.46	97.45	135.52
	A37				2195.85	细砂岩	<0.15	77			23	10	—	6.08	96.34	130.84

注：I/S 为伊利石/蒙皂石；I 为伊利石；K 为高岭石；C 为绿泥石；$^{40}Ar^*$ 为放射成因氩；NES 为因样品量不够，没有进行 XRD 分析；—为未检出；Tr 为微量；B1~B2,C1~C6,D1~D4,E1~E3 分别引自傅国有（2003），刘四兵等（2009），罗小平（2007），罗忠（2002），分析测试工作均由笔者实验室完成。

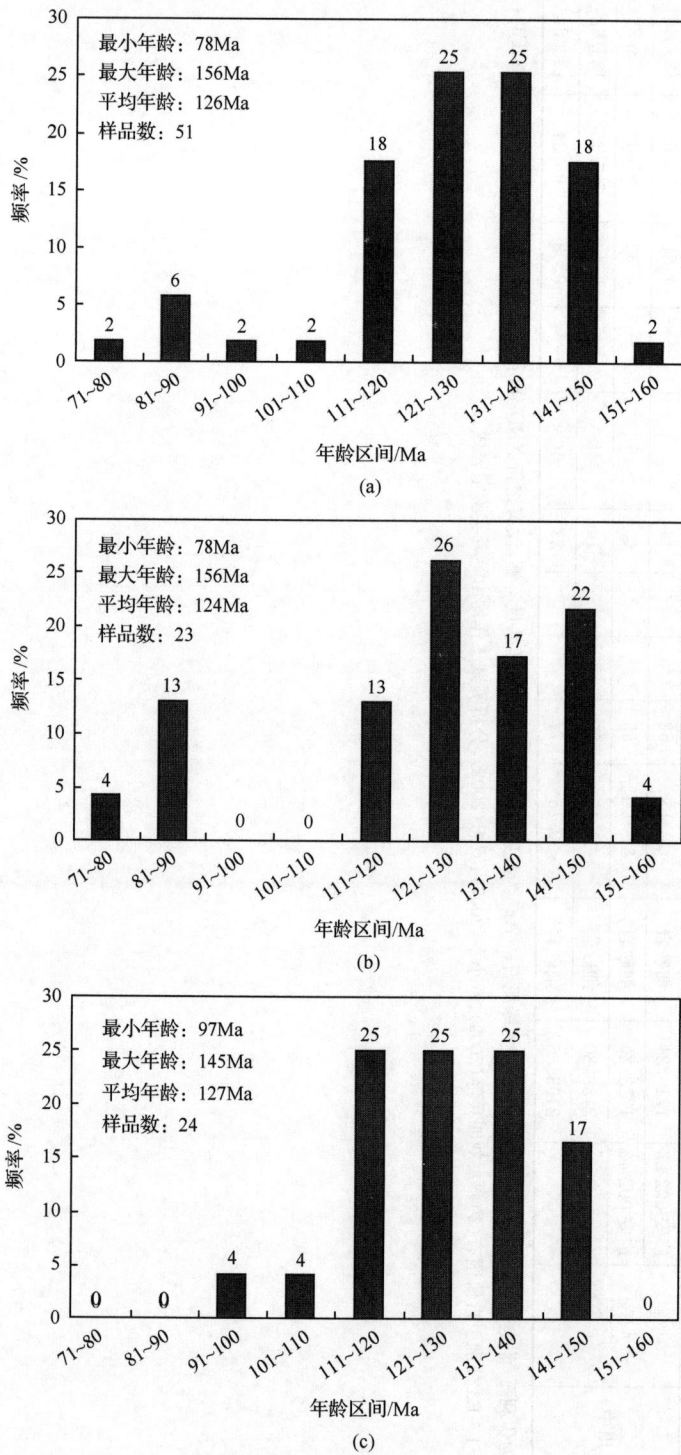

图 12.4　须家河组砂岩自生伊利石年龄分布直方图(张有瑜等,2015)

(a) 须二段、须四段、须六段;(b) 须二段;(c) 须四段

龄基本一致,尤其是平均年龄,分别为 124Ma、127Ma 和 134Ma,相差相对较小,但不同层段之间仍具有较为明显的差异,主要是分布特征明显不同。须二段年龄分布范围相对较宽,为 78～156Ma,并且明显具有两期特征,少量样品(占 17%)为 78～83Ma(平均为 81Ma),相当于晚白垩世,说明成藏相对较晚且较为集中,大部分样品(占 83%)为 110～150Ma(平均为 133Ma),相当于晚侏罗世—早白垩世,说明主要成藏相对较早且连续成藏[图 12.4(b)];须四段年龄分布范围相对较窄,为 90～150Ma(平均为 127Ma),主要为 110～150Ma,相当于晚侏罗世—早白垩世,表现为一期并且具有非常明显的连续分布特征,说明成藏期主要为晚侏罗世—早白垩世并具有连续成藏特征[图 12.4(c)];须六段虽然样品数量较少,但年龄数据基本接近,分布范围相对较窄(129～138Ma)(表 12.1),表明成藏时间主要为早白垩世。

　　图 12.1、图 12.5 分别是须家河组砂岩自生伊利石 K-Ar 年龄平面、纵向分布图。图 12.6 是广安气田须四段、须六段砂岩自生伊利石年龄平面分布图。结合图 12.1、图 12.5 及图 12.4,通过按层段划分并结合埋深及各油气田的构造位置从空间上或立体上仔细分析可以发现,须家河组砂岩自生伊利石年龄具有较为明显的分布规律,概括起来,可能主要表现在以下四个方面:①总体上明显分为两期,不管是平面上还是纵向上均明显表现出两期分布特征,即局部地区成藏相对较晚,其他广大地区成藏相对较早且基本同步,且呈连续分布,这可以看作须家河组砂岩自生伊利石年龄分布和成藏特征的大格局。首先从平面上看,以平落坝、白马庙等须二段气藏为代表的局部地区,年龄明显偏小,分布范围为 78～83Ma,平均为 81Ma,说明成藏相对较晚,主要为晚白垩世中晚期,其他广大地区须二段、须四段、须六段气藏,年龄基本一致,为 97～156Ma,并主要在 110～156Ma,没有较大差异并且连续分布,说明成藏相对较早,并且具有连续成藏特征,为晚侏罗世—早白垩世并主要为早白垩世(图 12.1);其次从纵向上看,两期特征也非常明显,除平落坝和白马庙气藏年龄数据较为集中外,其他广大地区的年龄数据分布较为分散,没有表现出明显的进一步分期特征[图 12.5(a)],说明主要成藏期基本一致并且跨度较大且呈连续分布。②纵向上下部层段略早,上部层段略晚。尽管从总体上讲,须二段、须四段的主要成藏期基本接近并呈连续分布,但仍明显表现出须二段略早,须四段略晚的分布特征,二者的自生伊利石平均年龄分别为 133Ma 和 127Ma,从图 12.4(b)、图 12.4(c)和图 12.5(b)、图 12.5(c)可以看出,与须二段相比,须四段的自生伊利石年龄分布区域和重心都表现出向年龄偏小方向偏移(不包括平落坝气田、白马庙气田),可能与须二段的烃源岩,即须一段埋深相对较大和生、排烃相对较早有关,这种规律在新场气田的表现最为明显,其须二段、须四段的自生伊利石平均年龄分别为 134Ma 和 112Ma,前者明显大于后者(图 12.1)。③平面上具有明显的变化规律,首先看川西须二段,从南端的平落坝气田、白马庙气田向北到大邑气田,再到新场气田,埋深加大,年龄变老,埋深从 3500～4000m 增加到 4500～5500m,年龄由 81Ma 增大到 134Ma,显示出自生伊利石年龄随埋深增大的变化规律[图 12.1、图 12.5(b)],说明埋深对气藏形成具有明显的控制作用,可能与生、排烃早晚和/或运移通道、运移距离等有关。值得注意的是,从表 12.1、图 12.1 和图 12.5(b)可以看出,中坝气田须二段似乎与川西的总体分布规律即埋深大、年龄大不符,其自生伊利石年龄为 136Ma,与大邑、新场一致](133Ma、134Ma),但埋深却明显偏浅(2589m,大邑、新场为 4578～

5468m,相差 2000~3000m)[图 12.5(b)]。通过进一步分析可以发现,造成这种不一致现象的原因可能是后期的构造抬升作用。从须家河组气藏分布剖面图(易士威等,2013),即北西-南东向构造剖面图(东高西低),或须家河组源储关系剖面图(戴金星等,2014)中都可以看出,中坝气田位于边缘断裂的上升盘,并且抬升幅度较大。由此可见,中坝气田的自生伊利石年龄分布与川西的总体分布规律是一致的;其次看川中须二段,根据年龄分布,大致可以划分出两个与盆地主构造线平行即北东向分布的油气区带,如金华—八角场油气区带和荷包场—合川油气区带,以及位于其间的磨溪气田、潼南气藏,前者埋深较大,为 3300~3500m,年龄偏小,为 119~121Ma,后者埋深相对较浅,小于 2300m,为 1784~2246m,年龄明显偏老,为 135~144Ma,位于中间的磨溪气田、潼南气田,呈现出过渡带特征,埋深与后者接近,分别为 2181m 和 2247m,年龄则与前者一致,分别为 124Ma 和 125Ma,显示出沿垂直构造线方向,即北西方向,由东向西埋深增加年龄反而变小[图 12.1、图 12.5(b)],这种分布特征与四川盆地东高西低的总体构造特征明显不符,说明成藏后期的构造抬升对油气成藏与分布具有明显的调整作用,对此将在下面的讨论内容中进行详细论述;最后看川中须四段,主要是川中但也包括川西北端的新场气田,自生伊利石年龄分布展示出与川中须二段相似的分布规律,虽然带状特征不十分明显,但同样是沿垂直构造线方向,即北西方向,由东向西埋深增加年龄反而变小[图 12.1、图 12.5(c)],从磨溪至充西—莲池一线以东的川中广大地区,埋深均小于 3000m,且主要小于 2500m,年龄相对较老,平均为 124~139Ma,并主要为 137~139Ma,川中西缘的八角场气田和川西北端的新场气田,埋深均大于 3000m,年龄相对较小,平均为 112~118Ma,同样显示出与东高西低的构造特征相反的分布特征。显然,与川中须二段相似,同样可能是受到了后期构造抬升作用的影响,对此将在下面的讨论内容中一起进行详细论述。④广安气田同样具有下早上晚的分布规律,须六段主要集中分布在广安气田的东部,与广安须四段相比,须六段自生伊利石年龄相对偏小,为 131~136Ma,埋深偏浅,为 2151~2196m,须四段自生伊利石年龄主要为 137~144Ma(占 86%),埋深略深,为 2230~2548m 并且主要为 2324~2548m,显示出自生伊利石年龄随埋深增加略微变大的变化规律,即最早成藏时间须四段(下部层位)相对较早、须六段(上部层位)略微偏晚(图 12.6),说明埋深对气藏形成的明显控制作用,可能与生、排烃早晚和/或运移距离有关。

另外,从图 12.1 可以看出,磨溪气田、八角场气田的自生伊利石年龄纵向分布特征似乎与前面所描述的整体分布规律不完全一致或不十分吻合。通过仔细分析可以发现,产生这种现象的原因可能主要与各气田自身所具有的特殊性有关。首先是磨溪气田,其自生伊利石年龄分布表现为,须二段小、须四段大,分别为 124Ma 和 137Ma,反映成藏时间是须四段早于须二段即上部层段早下部层段晚,原因可能与岩性对成藏的控制作用有关,即可能与须四段储层的油气充注条件相对优越有关;其次是八角场气田,其须二段、须四段自生伊利石年龄分布表现为基本一致,分别为 119Ma 和 118Ma,反映同期成藏,推测原因可能与八角场气田的早期气源有关,来自北部梓潼生气中心的油气经过长距离运移同时进入须二段、须四段储层,即同属于该气田的长距离供气成藏阶段(戴金星等,2014)。应该重点说明的是,由于磨溪气田、八角场气田的主力储层均为须四段,须二段储层的自生伊利石年龄数据相对较少(各 1 块),对于这种分布现象的代表性尚有待进一步证实。

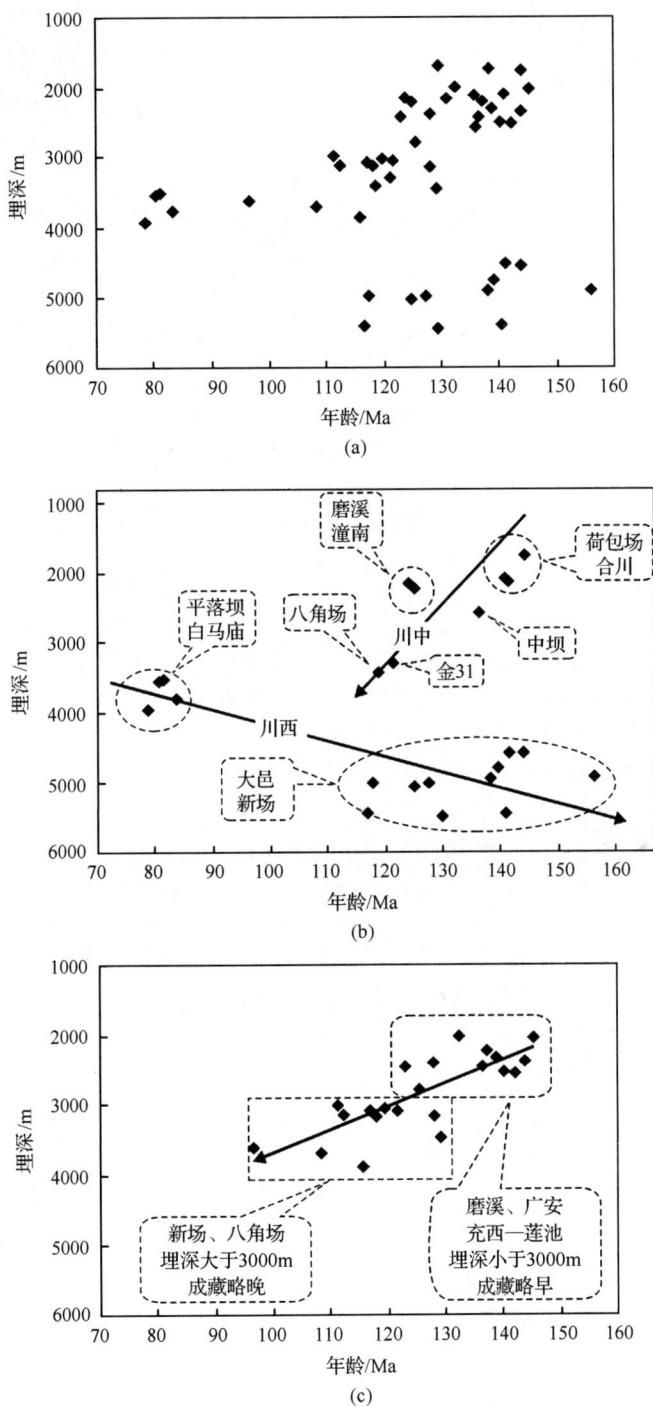

图 12.5　须家河组砂岩自生伊利石年龄纵向分布图（张有瑜等，2015）

（a）须二段、须四段、须六段；（b）须二段；（c）须四段

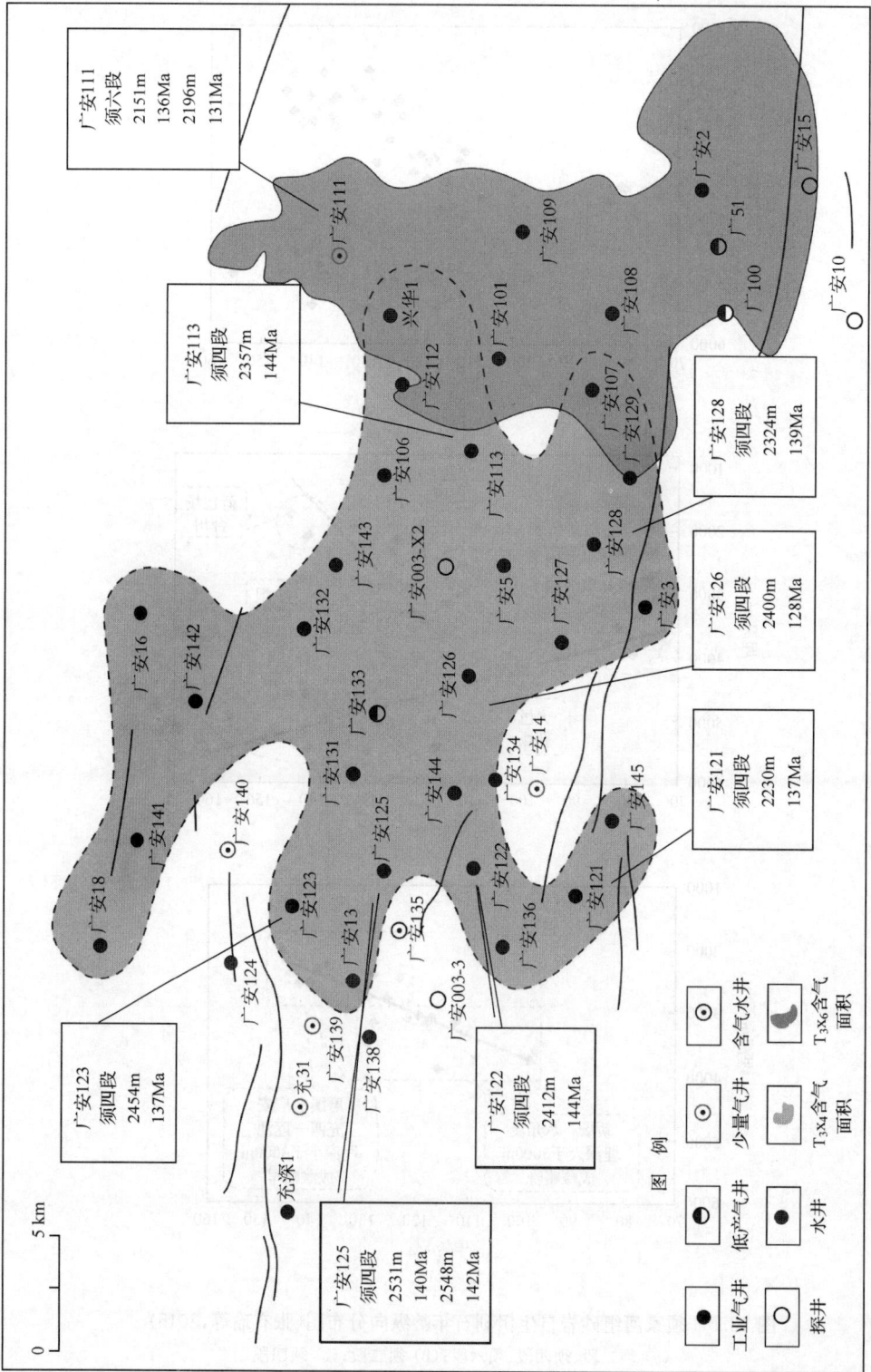

图 12.6 广安油气田须四段、须六段砂岩自生伊利石年龄平面分布图（张有瑜等，2015；底图引自戴金星等，2014，有删减）

二、Ar-Ar 年龄

表 12.2 给出了本次研究的须二段、须四段各 1 块与 K-Ar 年龄测定样品（A2、A21）相同的自生伊利石未真空封装 Ar-Ar 法阶段升温测年分析数据，图 12.7 给出了对应年龄谱。

自生伊利石 Ar-Ar 年龄测定是 Ar-Ar 年龄测定技术在自生伊利石年龄测定领域中的应用。Ar-Ar 法又称快中子活化法，需要把待测样品送到核反应堆中进行快中子照射，使样品中的 ^{39}K 转变成 ^{39}Ar。存在 ^{39}Ar 核反冲丢失现象是 Ar-Ar 法测年技术的主要缺点之一，特别是对于细粒低温矿物如黏土矿物，尤其是砂岩储层中的自生伊利石。^{39}Ar 核反冲丢失现象是指在 ^{39}K 转变成 ^{39}Ar 的过程中，^{39}Ar 会获得足够能量从其母原子的晶格位置上发生位移，反冲到周围环境中并发生丢失，从而使实测年龄明显偏老。关于自生伊利石 Ar-Ar 年龄测定技术的方法原理、技术特点，请参阅张有瑜等（2014）的论述。关于自生伊利石未真空封装和真空封装 Ar-Ar 阶段升温测年龄测定的实验方法，请分别参阅张有瑜和罗修泉（2012），以及王龙樟等（2004，2005）的论述。

从图 12.7 可以看出，须二段、须四段砂岩样品的自生伊利石未真空封装 Ar-Ar 年龄谱均为上升谱，即除了开始时的低温阶段（Ar 气刚开始释放）和结束时的高温阶段（Ar 气释放接近终了），总的趋势是随着温度不断升高，阶段表观年龄逐渐增大。由于受 ^{39}Ar 核反冲丢失现象的影响，年龄谱呈阶梯状连续增长，从而使其阶段表观年龄数据具有很大的不确定性。显然，任何一个温度阶段的表观年龄数据都是受到了 ^{39}Ar 核反冲丢失现象影响的结果，都不能代表样品也即自生伊利石的年龄，特别是低温开始阶段和高温结束阶段。从表 12.2 可以看出，低温开始阶段和高温结束阶段的表观年龄或过大或过小，如样品 A2，开始阶段分别为 395.00Ma、12.47Ma，结束阶段分别为 269.19Ma、265.15Ma；又如样品 A21，开始阶段为 24.75Ma，结束阶段为 313.67Ma，非常不稳定，并且与其对应温度阶段的 ^{39}Ar 释放百分比（可理解为权重或代表性）均在 1% 以下，基本没有代表性，不能代表样品也即自生伊利石的年龄。两个样品的总气体年龄（可理解为总平均年龄，即所有温度阶段表观年龄的平均值）分别为 104.64Ma 和 166.29Ma，与其各自 K-Ar 年龄（83.42Ma 和 128.04Ma）相比明显偏老，偏老幅度分别为 25% 和 30%，核反冲丢失程度分别为 20% 和 23%，说明总气体年龄同样不能代表样品年龄即自生伊利石的年龄。

前已述及，样品 A2、A21 均属于纯自生伊利石，不含碎屑伊利石和碎屑钾长石，其自生伊利石含量分别为 95% 和 86%（表 12.1），并且成岩演化程度相对较高（间层比较小，均为 5%，表 12.1），少量自生绿泥石（分别为 5% 和 14%，表 12.1）的存在不会对年龄数据产生明显影响。显然，认为其 K-Ar 年龄代表样品即自生伊利石年龄具有扎实的矿物学基础，可以反映成藏时间并代表成藏期。而未真空封装 Ar-Ar 测年中的阶段表观年龄和总气体年龄均不能代表样品年龄，也即自生伊利石的年龄，因而也就更不可能反映成藏时间和代表成藏期。

表 12.2　须二段、须四段砂岩自生伊利石未真空封装 Ar-Ar 法阶段升温测年分析数据表（资料来源：张有瑜等，2015）

样品特征	温度/℃	$R(^{40}Ar/^{39}Ar)$	$R(^{37}Ar/^{39}Ar)$	$R(^{36}Ar/^{39}Ar)$	$R(^{40}Ar^*/^{39}Ar)$	$N(^{39}Ar)/(10^{-14}mol)$	$N(^{39}Ar)/\%$	$N(^{40}Ar^*)/\%$	年龄/Ma	年龄误差/Ma
A2，粒级为 0.3～0.15μm，样重 44.7mg，J 为 0.001671，总气体年龄为 104.64Ma，K-Ar 年龄为 83.42Ma，年龄偏老 25%，核反冲丢失 20%	300	248.7514	243.76410	0.502025	146.4453	0.07	0.09	48.82	395.00	20.61
	400	93.1931	22.05036	0.306853	4.1496	0.25	0.32	7.05	12.47	13.66
	500	30.2911	0.47051	0.018528	24.8539	3.61	4.56	82.52	73.43	1.80
	540	38.2457	10.62532	0.018866	33.7078	5.43	6.85	87.74	98.88	2.08
	580	30.6160	8.01493	0.003192	30.4324	8.67	10.95	98.81	89.51	1.08
	620	33.5195	3.90541	0.005926	32.1416	15.24	19.25	95.72	94.40	1.25
	660	35.5316	1.46652	0.004289	34.4039	22.52	28.43	96.81	100.87	1.28
	700	38.5842	5.67699	0.003352	38.1658	12.48	15.75	98.51	111.56	1.23
	750	47.5896	8.97469	0.004469	47.2419	8.48	10.71	98.60	137.11	1.55
	800	60.7447	6.20606	0.036991	50.5014	1.99	2.52	83.21	146.19	3.62
	900	105.6303	63.58904	0.063577	96.2794	0.34	0.43	86.88	269.19	16.74
	1000	142.2651	180.10161	0.250591	94.7238	0.11	0.14	58.18	265.15	39.13
A21，粒级＜0.15μm，样重 37.03mg，J 为 0.001675，总气体年龄为 166.29Ma，K-Ar 年龄为 128.04Ma，年龄偏老 30%，核反冲丢失 23%	400	154.2155	142.66904	0.531381	8.2460	0.17	0.35	7.43	24.75	23.70
	500	49.3526	0.82672	0.006324	47.5692	3.34	6.78	96.43	138.31	1.59
	540	70.7994	13.90755	0.007228	70.4340	2.32	4.72	98.42	201.20	2.26
	580	54.2016	7.77635	0.002984	54.2058	7.44	15.12	99.40	156.79	1.71
	620	56.3454	6.63332	0.011696	53.6413	12.24	24.87	94.85	155.23	1.95
	660	59.0034	6.28125	0.001064	59.4303	12.18	24.75	100.21	171.21	1.84
	700	64.6264	6.93343	0.016654	60.5299	6.04	12.28	93.33	174.23	2.06
	750	82.8407	0.07709	0.016434	77.9901	3.32	6.74	94.30	221.51	2.69
	800	71.5852	37.57249	0.093630	48.0299	1.42	2.89	66.06	139.60	8.09
	900	48.6301	43.56686	0.039189	41.5928	0.62	1.26	83.06	121.50	3.75
	1000	201.7462	256.56491	0.439922	113.3698	0.12	0.24	46.18	313.67	66.67

注：A2、A21 为样品号，同表 12.1；J 为照射参数，由与样品同时照射的黑云母标样（ZBH-25）求出；$^{40}Ar^*$ 为放射性 ^{40}Ar；年龄误差范围为 ±1σ；年龄偏老程度、核反冲丢失程度计算方法见张有瑜和罗修泉（2012）、张有瑜等（2014）。

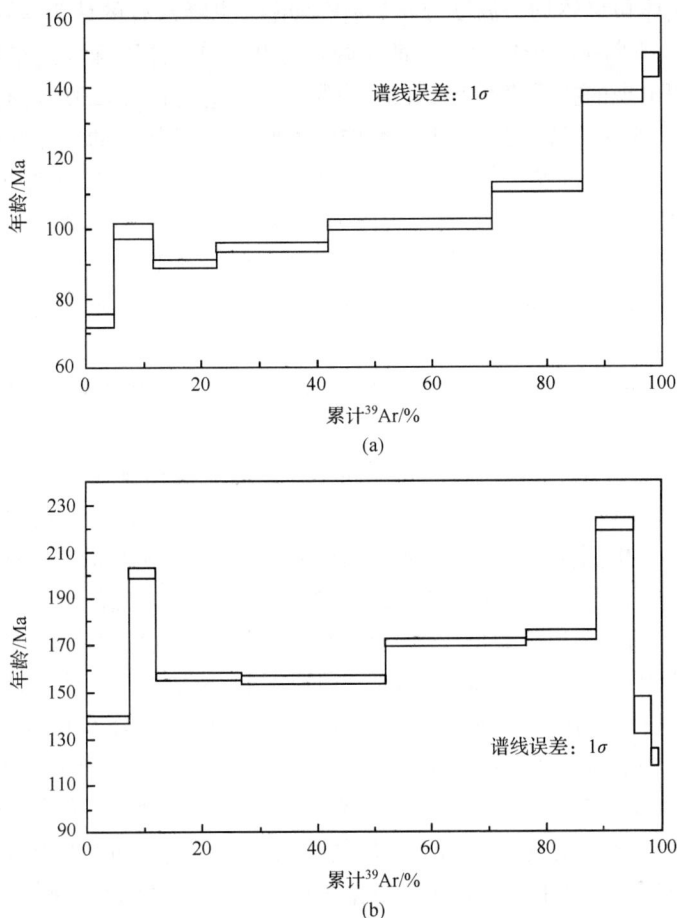

图 12.7　须二段、须四段砂岩自生伊利石未真空封装 Ar-Ar 法阶段升温年龄谱（张有瑜等,2015）
(a) 样品 A2,须二段;(b) 样品 A21,须四段;为清楚起见,绘图时,(a)图中删掉了第 1～2、第 11～12 阶段,即 300℃、400℃、900℃和 1000℃ 4 个温度阶段;(b)图中删掉了第 1、第 11 阶段,即 400℃和 1000℃ 2 个温度阶段,见表 12.2

第四节　讨　　论

四川盆地须家河组砂岩气藏属于煤成气藏,其成藏特点或富集规律已取得了比较一致的认识(谢继容等,2008;赵文智等,2010;易士威等,2013)。须家河组砂岩气藏属于自生自储,气主要来自与须二段、须四段、须六段储层呈"三明治"夹层分布的须一段、须三段、须五段煤系烃源岩,并且以垂向近距离运移为主。晚侏罗世末期,须家河组烃源岩(须一段、须三段、须五段)进入大量生气阶段,到白垩纪后期达到生气高峰,此后由于构造运动导致地层抬升,生气过程基本停止(赵文智等,2010)。关于须家河组砂岩气藏的成藏史,许多学者利用流体包裹体测温技术进行大量深入细致的研究,概括起来主要有两种观点,一为阶段成藏过程,另一为连续成藏过程(许浩等,2005;李云和时志强,2008;陶士振等,2009;谢增业等,2009;赵文智等,2010;王萌等,2012;孟海龙等,2013)。持阶段成藏观点的依据在于流体包裹体均一温度分布具有分期性(主峰),有的认为有两期(90～100℃和110～130℃),前期对应于侏罗世末期至晚白垩世以前,并以侏罗纪末期为主,后期对应于白垩纪末期出现的抬升期(李云和时志强,2008;赵文智等,2010);有的则认为有四期,即低熟生油气充注阶段(三叠纪末—晚侏罗世晚期)、成熟生油气充注阶段(晚侏罗世晚期—早白垩世早期)、过熟生气充注阶段(早白垩世早期—喜马拉雅期以前)和构造抬升充注阶段(喜马拉雅期后),并认为第三阶段为主要成藏期(许浩等,2005)。持连续成藏观点的依据在于流体包裹体均一温度分布范围较宽(61.2～148℃和80～180℃)(陶士振等,2009;谢增业等,2009),认为属于一次性连续充注类型,只是充注的时间跨度较大,为晚侏罗世至早白垩世(王萌等,2012)、白垩纪末期(孟海龙等,2013)、古近纪末(陶士振等,2009)或新近纪(谢增业等,2009),但同时也认为成藏过程分为早期深埋成藏阶段和晚期抬升成藏阶段(陶士振等,2009)。

通过上面的总结可以发现,不管是阶段成藏观点,还是连续成藏观点,其核心问题或本质是一致的,即具有三个共同点:①流体包裹体均一温度分布范围较宽、成藏时间跨度大;②存在两个大的成藏阶段,一是早期深埋成藏阶段,二是晚期抬升成藏阶段;③晚侏罗世—早白垩世为主要成藏期。其实连续是相对的,分阶段是自然的。首先,从整体或区域上看,如果把所有的均一温度数据放在一起做直方图,就会发现温度范围较宽且各个温度阶段均有分布,反映出连续成藏特点;如果把研究区和/或层系进一步具体化,就会发现的确具有一定的阶段性。其次,对所谓的连续成藏应该赋予更多的内涵,如是纵向上连续(不同层系如须二段、须四段、须六段连续成藏)、平面上连续(相邻油气田的形成时间连续)还是同一气藏连续充注(连续生烃、连续充注)。由于自生伊利石测年揭示的是最初成藏时间,所以这里只重点讨论须家河组砂岩气藏的最初成藏时间的时空变化规律。

首先,从纵向上看,自生伊利石年龄数据表明,须家河组砂岩气藏的成藏期明显分为两期,一期是早期成藏,即晚侏罗世—早白垩世,以川西、川中广大地区的须二段、须四段、须六段气藏为代表;另一期是晚期成藏,即晚白垩世,以川西南端的平落坝气田、白马庙气田为代表。由于晚期成藏,即平落坝气田、白马庙气田具有一定的特殊性如分布局限、断裂发育等,本章将重点讨论早期成藏。如前所述,川西、川中广大地区须二段、须四段、须六段气藏的自生伊利石年龄基本接近(97～156Ma,主要为97～145Ma),但总体上仍显示出须二段略大、须四段略小的变化特征,平均年龄分别为133Ma(不包括平落坝气田、白马庙气田)和127Ma,说明埋深(即生、排烃早晚)是最主要的成藏控制因素,须一段烃源岩成熟早、须三段烃源岩成熟相对略晚是导致须二段成藏略早、须四段成藏略晚的主要原因。这一点在新场气田表现尤为突出(前者为134Ma,后者为112Ma)。这种变化特征与其属于自生自储、垂向运移的成藏模式或机理是完全吻合的。川中广安地区的须四段、须六段也表现出类似规律,下部储层即须四段成藏略早(139Ma)、上部储层即须六段成藏略晚(134Ma)。八角场气田、磨溪气田,储层主要为须四段,但也发育少量须二段储层,其成藏规律看似略有不符,但实际上是由控藏因素不同引起的。八角场气田,须二段、须四段基本同期成藏(118Ma、119Ma),原因前已述及,可能与其早期气源有关,来自北部梓潼生气中心的油气同时进入须二段、须四段储层并同时成藏;磨溪气田,则表现为须二段比须四段晚,分别为124Ma和137Ma,可能与物性控藏,即孔隙度、渗透率对成藏速率、成藏早晚的控制作用有关,须四段储层条件好,油气优先进入。这种情况在四川盆地可能不是个例,类似情况在包裹体研究中也有发现,如广安 112 井的须四段下气层和须四段上气层(陶士振等,2009),又如合川 1 井,其须二段储层包裹体的均一温度明显低于须四段(王萌等,2012)。

其次,从平面上看,川西须二段从北向南表现为埋深变浅、年龄变小,新场气田、大邑气田,以及中坝气田成藏较早(分别为 136Ma、134Ma、133Ma),为晚侏罗世—早白垩世成藏,平落坝气田、白马庙气田成藏较晚(81Ma),属于晚白垩世成藏,表明可能与埋深有关,埋深大、生烃早、成藏早,与北低南高的古构造特征(白垩纪以前)吻合。前已述及,中坝气田须二段的现今埋深较浅可能是由于后期构造抬升作用。平落坝(邛西)、白马庙气藏主要为断鼻、断背斜气藏,断裂作用可能具有明显的控制作用;川中须二段、须四段,主要是须四段,自生伊利石年龄数据呈与主构造线平行,即北东向的带状分布,并且表现为沿垂直主构造线方向,即北西向,由东向西埋深增加、年龄变小,与东高西低的现今构造特征明显不符。通过分析认为,造成这种现象的原因主要是白垩纪至今的差异构造抬升作用(剥蚀),这种抬升作用由西北向东南逐渐增大。须家河组在白垩纪后期达到最大埋深,为4500～5000m(赵文智等,2010)。由此初步推断,在早期埋深成藏阶段,须家河组最大埋深可能在广安地区,并向北西方向依次变浅,广安地区烃源岩首先到达生烃门限并就近垂向运移成藏,随着埋深进一步增加,位于广安西侧的充西—莲池地区,以及更西侧的川中西北边缘的新场地区依次进入生烃门限并就近垂向运移成藏。广安、磨溪、充西—莲池地区均是须四段储层的最大厚度分布区(戴金星等,2014),也可以作为这种解释的有利证据之一。

磷灰石裂变径迹热年代学技术对于研究沉积盆地热演化历史具有非常重要的作用和意义。近十年来,多位学者利用该项技术对四川盆地热演化史进行了系统研究并取得了一系列重要认识,普遍认为,晚白垩世以来四川盆地发生了阶段式抬升剥蚀作用、盆地范围内的隆升剥蚀总厚度普遍大于 2.5km(邓宾等,2008,2009;李双建等,2011;袁海峰等,2012;梅庆华等,2014;张艳妮等,2014)。邓宾等(2009)指出四川盆地晚中生代—新生代区域低剥蚀量与大中型油气田空间分布具有密切联系,并同时指出隆升剥蚀总量等值线主要呈近东西向展布,大中型油气田普遍位于近东西向展布的新近纪低剥蚀量带内。显然,须家河组砂岩自生伊利石年龄具有近东西向分带的带状分布特征与后期构造抬升作用密切相关,说明后期构造抬升作用对四川盆地现今油气田分布具有非常重要的控制作用。

川西、川中气藏分布面积广大,成藏特征各具特色、控制成藏的因素多种多样,对于局部地区或局部层段,局部生气中心、断层、裂缝等可能会对油气成藏具有更加明显的控制作用。

须家河组砂岩气藏既有原生气藏,也有次生气藏,后期构造抬升过程中的超压气层"泄压作用"、水溶气"脱溶成藏作用"也对现今的气藏分布具有明显的控制作用(李伟等,2012)等。

^{39}Ar 核反冲丢失现象是砂岩储层自生伊利石 Ar-Ar 年龄测定中的主要问题,同时也是一个较复杂的问题,并且还存在一些值得商榷的观点和做法(Yun et al.,2010),对于这

一系列问题,Claure 等(2011)进行了全面系统的详细评述。笔者对未真空封装自生伊利石 Ar-Ar 年龄测定进行过系统研究,并对若干有关问题及其应用前景进行过详细论述(张有瑜和罗修泉,2012;张有瑜等,2014)。本次研究再次证明,对于油气储层中的自生伊利石,未真空封装 Ar-Ar 测年技术不能提供任何有实际地质意义的年龄数据。本章提供须家河组砂岩自生伊利石未真空封装 Ar-Ar 测年数据及相应研究成果,目的在于为读者提供扎实、系统、可靠的参考数据。如果有读者对自生伊利石 Ar-Ar 年代学感兴趣并且也想尝试利用 Ar-Ar 测年技术探讨须家河组砂岩气藏的成藏时代,可参考本书的实验数据(表 12.2 和图 12.7)。

第五节　结论与认识

　　须家河组砂岩储层自生伊利石(I/S 有序间层)普遍发育,主要为片丝状、短丝状、丝状,且须二段、须四段、须六段基本一致,成岩演化程度相对较高,间层比主要为 5%。须家河组砂岩自生伊利石年龄分布范围为 78～156Ma,并且明显分为两组,一组年龄较小,为 78～83Ma,仅见于平落坝、白马庙等个别气田;另一组年龄较大,主要为 97～145Ma,并且连续变化,广泛分布于川西、川中广大地区。须家河组砂岩气藏成藏时间明显分为两期,早期为晚侏罗世—早白垩世,为主要成藏期,川西、川中广大地区的绝大多数气藏均属于早期成藏;晚期成藏以平落坝、白马庙气藏为代表,为晚白垩世成藏。须家河组砂岩气藏早期成藏阶段或主要成藏期,普遍具有连续成藏特征:纵向上,须二段、须四段和须四段、须六段具有较强的连续性,主要表现为须二段略早、须四段略晚(川西、川中)、须四段略早、须六段略晚(广安);平面上,川西须二段由北向南依次变晚;川中须二段、须四段由东向西依次变晚,须二段:荷包场气田、合川气田略早,向西至磨溪、金华—八角场一带变晚;须四段:广安气田略早,向西至金华—八角场一带变晚。烃源岩埋深(即生排烃时间)是须家河组砂岩气藏成藏早晚的最主要控制因素,埋深大、成熟早、生排烃早,则成藏早(自生伊利石年龄老),反之则晚;岩性对成藏具有一定的控制作用,但分布局限,仅见于局部地区和/或部分层段;构造活动的抬升作用主要表现在成藏后期的调整阶段,年龄由东向西变小,即成藏由东向西变晚,与现今埋深即东高西低的构造特征不一致现象,是由成藏后期的构造差异抬升作用所致。由于受 ^{39}Ar 核反冲丢失现象的影响,须家河组砂岩自生伊利石的未真空封装 Ar-Ar 年龄不能反映自生伊利石年龄,更不能代表成藏期。

参 考 文 献

戴金星,等. 2014. 中国煤成大气田及气源. 北京:科学出版社

邓宾,刘树根,李智武,等. 2008. 青藏高原东缘及四川盆地晚中生代以来隆升作用对比. 成都理工大学学报(自然科学版),35(4):477-486

邓宾,刘树根,刘顺,等. 2009. 四川盆地地表剥蚀量恢复及其意义. 成都理工大学学报(自然科学版),36(6):675-686

傅国友. 2003. K-Ar 法年龄测定报告. 北京:中国石油勘探开发研究院实验中心

黄志龙,王延斌,高岗. 2002. 八角场气田煤型气藏的成藏过程研究. 煤田地质与勘探,30(4):10-13

李双建,李建明,周雁,等. 2011. 四川盆地东南缘中新生代构造隆升的裂变径迹证据. 岩石矿物学杂志,30(2):225-233

李伟,秦胜飞,胡国艺. 2012. 四川盆地须家河组水溶气的长距离侧向运移与聚集特征. 天然气工业,32(2):32-37

李云,时志强. 2008. 四川盆地中部须家河组致密砂岩储层流体包裹体研究. 岩性油气藏,20(1):27-32

刘四兵,沈忠民,吕正祥,等. 2009. 川西拗陷中段须二段天然气成藏年代探讨. 成都理工大学学报(自然科学版),36(5):523-528

罗小平. 2007. K-Ar 法年龄测定报告. 北京:中国石油勘探开发研究院实验中心

罗忠. 2002. K-Ar 法年龄测定报告. 北京:中国石油勘探开发研究院实验中心

梅庆华,何登发,文竹,等. 2014. 四川盆地乐山—龙女寺古隆起地质结构及构造演化. 石油学报,35(1):11-25

孟海龙,周鑫宇,黄亮,等. 2013. 四川盆地上三叠统碎屑岩油气成藏年代分析. 重庆科技学院学报(自然科学版),15(6):1-5

陶士振,邹才能,陶小晚,等. 2009. 川中须家河组流体包裹体与天然气成藏机理. 矿物岩石地球化学通报,28(1):2-10

王龙樟,戴橦谟,彭平安. 2004. 气藏储层自生伊利石 $^{40}Ar/^{39}Ar$ 法定年的实验研究. 科学通报,49(增刊 I):81-85

王龙樟,戴橦谟,彭平安. 2005. 自生伊利石 $^{40}Ar/^{39}Ar$ 法定年技术及气藏成藏期的确定. 地球科学——中国地质大学学报,30(1):78-82

王萌,李贤庆,黄孝波,等. 2012. 合川大气田须家河组储层流体包裹体特征及天然气成藏期研究. 石油天然气学报,34(12):18-23

谢继容,张健,李国辉,等. 2008. 四川盆地须家河组气藏成藏特点及勘探前景. 西南石油大学学报(自然科学版),30(6):40-44

谢增业,杨威,高嘉玉,等. 2009. 川中—川南地区须家河组流体包裹体特征及其成藏指示意义. 矿物岩石地球化学通报,28(1):48-52

许浩,汤达祯,魏国齐,等. 2005. 川西地区须二段油气充注历史的流体包裹体分析. 天然气地球科学,16(5):571-574

易士威,林世国,杨威,等. 2013. 四川盆地须家河组大气区形成条件. 天然气地球科学,24(1):1-8

袁海峰,倪根生,邓小江. 2012. 龙女寺构造须家河组天然气成藏主控因素. 西南石油大学学报(自然科学版),34(1):6-12

张艳妮,李荣西,刘海青,等. 2014. 四川盆地北缘大巴山前陆构造中-新生代构造隆升史. 地球科学与环境学报,36(1):230-238

张有瑜,罗修泉. 2011. 油气储层自生伊利石分离提纯微孔滤膜真空抽滤装置与技术. 石油实验地质,33(6):671-676

张有瑜,罗修泉. 2012. 哈 6 井石炭系、志留系砂岩自生伊利石 K-Ar、Ar-Ar 测年与成藏时代. 石油学报,33(5):748-757

张有瑜,董爱正,罗修泉. 2001. 油气储层自生伊利石分离提纯及其 K-Ar 同位素测年技术研究. 现代地质,15(3):315-320

张有瑜,罗修泉,宋健. 2002. 油气储层自生伊利石 K-Ar 同位素年代学研究若干问题的初步探讨. 现代地质,16(4):403-407

张有瑜,陶士振,刘可禹,等. 2015. 四川盆地须家河组致密砂岩气自生伊利石年龄分布与成藏时代. 石油学报,36(11):1367-1379

张有瑜,Zwingmann H,刘可禹,等. 2014. 自生伊利石 K-Ar、Ar-Ar 测年技术对比与应用前景展望——以苏里格气田为例. 石油学报,35(3):407-416

赵文智,王红军,徐春春,等. 2010. 川中地区须家河组天然气藏大范围成藏机理与富集条件. 石油勘探与开发,37(2):146-157

Clauer N,Jourdan F,Zwingmann H. 2011. Dating petroleum emplacement by illite ^{40}Ar-^{39}Ar laser stepwise heating: Discussion. AAPG Bulletin,95(12):2107-2111

Yun J B,Shi H S,Zhu J Z,et al. 2010. Dating petroleum emplacement by illite ^{40}Ar-^{39}Ar laser stepwise heating. AAPG Bulletin,94(6):759-771

第十三章 太原西山石炭、二叠系剖面泥页岩同位素年代地层学研究

第一节 概　述

一、目的与意义

　　随着油气勘探领域的不断扩大,石炭、二叠系相继成为我国北方油气区的勘探目的层或远景勘探目的层,并相继在准噶尔盆地和塔里木盆地获得突破、在鄂尔多斯盆地发现特大型气田、在大港孔西和乌马营发现古生界原生油气藏并有多井见明显油气显示。随着天然气研究的开展和深入,古生界原生油气藏勘探已被列入华北东部油气区(冀中、大港探区)的议事议程。然而,由于研究程度相对较低,区域地层研究不够系统、古生物研究不够详细、尚未建立年代地层单位序列,以及存在统一的划分对比关系等问题,已经对相关地质研究及油气勘探产生不利影响并成为目前华北东部油气区(冀中、大港探区)乃至整个北方油气区油气勘探所急需解决的重要现实问题之一。

　　作为我国北方石炭、二叠系煤系地层的标准剖面,山西太原西山七里沟石炭、二叠系剖面由于缺少相应的化石资料,虽经百余年中外地质学家的大量研究,但该套煤系地层的时代归属尤其是 C/P、P/T 界限及其与相邻煤田进行对比等问题仍没有得到很好解决。本次研究旨在利用泥页岩"哑层"自生伊利石及灰岩同位素测年技术对该项问题进行探讨并对泥页岩"哑层"自生伊利石及灰岩同位素测年技术进行探索,从而为解决泥页岩"哑层"这一油气勘探实践中的难题提供新技术、新方法、新手段,该项问题的解决不论是对于地层统层、地层划分与对比,还是对于井下资料与露头资料的对比以及油气资源远景评价,都具有十分重要的指导意义。

　　泥页岩自生伊利石 K-Ar 法同位素年代学研究可能是解决该项问题的有效途径之一。由于影响因素较多,除了碎屑组分之外,还容易受成岩作用、热液蚀变作用及风化作用、剥蚀作用的影响,泥页岩自生伊利石 K-Ar 同位素年代学研究目前仍是国内外尚未得到很好解决的技术难题,概括起来讲主要存在以下 7 个方面的问题:第一,从理论上讲,测试样品不容易获取,也即测试条件不容易满足。一般说来,泥页岩中含有三种成因类型的伊利石,一是陆源碎屑伊利石(包括变质伊利石和风化伊利石);二是沉积(同生、早成岩、自生)伊利石;三是成岩(晚成岩、自生)伊利石。三种伊利石中只有沉积伊利石能够反映泥页岩"哑层"的地层时代,而实际情况是并非所有的泥页岩"哑层"中均含有沉积(自生)伊利石。第二,从分离技术上讲,与砂岩相比,泥页岩的自生伊利石提纯难度更大,只提取沉积(自生)伊利石而不含碎屑伊利石(主要是风化伊利石)和成岩伊利石是非常困难的,尤其是沉积(自生)伊利石和成岩伊利石,很难将二者彻底分离开,原因在于,砂岩中的自生(成岩)伊利石和碎屑伊利石粒级相差较大,自生伊利石主要集中在较细粒级组分中,

碎屑伊利石主要集中在较粗粒级组分中；而泥页岩中的自生（成岩、沉积）伊利石和碎屑（风化、再循环）伊利石粒级相差较小。第三，从分析技术上讲，伊利石成因类型鉴定目前仍是没有得到很好解决的技术难题。尽管 X 射线衍射（XRD）和透射电镜（TEM）是常用来进行伊利石成因类型鉴定的技术手段，但难度较大。TEM 技术主要依据形态，XRD 技术主要依据衍射峰峰形（结晶度指数、多型）。但不管是结晶度指数还是多型，一般只能区分变质环境下形成的变质伊利石和非变质环境下形成的自生或成岩伊利石，即高温伊利石和低温伊利石，要想准确区分沉积（自生）伊利石、风化（再循环）伊利石、成岩伊利石困难较大，也就是说要想在进行 K-Ar 同位素测年分析之前就对所测样品的伊利石成因类型做出准确判断并进而确定所测样品是否适合是很困难的，将 TEM、XRD 二者结合，可以做出进一步的推断，但仍具有较强的多解性。第四，一般情况下，泥页岩自生伊利石的 K-Ar 年龄是一个混合年龄，由于存在继承 Ar（非放射成岩氩）和 Ar 扩散丢失（放射成因氩丢失）等现象，该年龄数据的解释与应用较为复杂。与所研究地层的年龄相比，K-Ar 测年结果可能有三种情况，即偏老、偏年轻、大致相当。再循环伊利石也即碎屑伊利石的存在可能是导致年龄偏老的主要原因，而导致年龄偏年轻则可能有以下三种原因：①黏土晶格内的放射成因 Ar 的扩散丢失（尤其是在颗粒非常细小时）；②黏土膨胀层内的放射成因 Ar 丢失（保存效率）；③成岩 K 的加入，成岩 K 的加入使 $R(^{40}Ar^*/^{40}K)$ 值降低，从而使年龄偏小（Perry，1974）。第五，测试样品粒级存在较大的不确定性，具有较强的探索性，在迄今为止所公开发表的研究成果中，有的用全岩，有的提取 $<10\mu m$、$10\sim2\mu m$、$<2\mu m$、$<1\mu m$、$<0.5\mu m$、$<0.2\mu m$ 等多个粒级，有的研究表明，粗粒级的年龄大于地层真实年龄，细粒级的年龄小于地层真实年龄，各粒级混合而得出的全岩年龄则可能接近于地层真实年龄（Perry，1974）。第六，与中生代、古生代泥页岩不同，新生代泥页岩可能很难给出具有地质意义的 K-Ar 年龄，即使是 $<0.2\mu m$ 粒级也是如此，这可能主要是因为自生伊利石结晶生长时间偏短，从而不能在细粒级组分中占优势，而中生代和晚古生代泥页岩中的 $<0.2\mu m$ 粒级与早古生代中的 $<2\mu m$ 粒级和更细粒级均有可能提供揭示成岩时代的 K-Ar 年龄，因为较长的结晶时间使得自生伊利石在这些粒级组分中占了上风。第七，即便是海绿石，也并不总能得到满意的测年结果。一般认为，海绿石的 K-Ar 年龄接近于沉积年龄，但这仅是在有些情况下成立，由于继承氩、氩因温度升高而丢失、成岩 K 的加入和膨胀层对于保存 Ar 并不有效等问题的存在（Weaver，1989），往往也很难获取较为理想的测试结果。

由此可以看出，对于泥页岩自生伊利石 K-Ar 同位素年代学研究，以下两个方面可能具有非常重要的意义，一是进一步加强伊利石鉴定技术和分析方法研究，对其做出合理的成因类型判断，并在年龄数据解释应用时对上述客观影响因素予以充分考虑；二是进一步提高自生伊利石的分离提纯质量使其得到最大程度的富集并最大限度地减少碎屑组分的影响。本次研究利用七里沟 C-P 剖面泥页岩对自生伊利石分离提纯技术进行了试验，为研究伊利石 K-Ar 年龄随粒级的变化规律及不同粒级伊利石 K-Ar 年龄的可能地质意义，对每个样品均采用逐级分离技术分别分离提取 $1\sim0.5\mu m$、$0.5\sim0.3\mu m$、$0.3\sim0.15\mu m$、$<0.15\mu m$ 四个不同粒级的伊利石组分，利用 XRD、TEM 技术、根据其 K-Ar 年龄与粒级

和钾含量之间的关系并结合地质特征对其成因类型进行了初步探讨,对其年龄数据的可能地质意义做出初步评价。

Bonhomme(1982)认为,泥页岩同位素年代学研究应该包括 K-Ar 法和 Rb-Sr 法。由于与 Rb-Sr 等时线相比,K-Ar 年龄对晚成岩事件较为敏感,选用两种方法有助于研究早成岩事件和晚成岩事件,较为年轻的 K-Ar 年龄一般认为代表的是晚成岩作用年龄,较老的 Rb-Sr 年龄则可能代表的是早成岩作用年龄,当经历过较强的晚成岩作用时,二者一致。为研究两种同位素测年技术的应用效果及前景、合理解释 K-Ar 年龄结果和深入探讨七里沟 C-P 剖面泥页岩"哑层"的地层时代,本次研究还根据 K-Ar 年龄结果和 XRD 分析结果,选择部分七里沟 C-P 剖面泥页岩自生伊利石样品进行了 Rb-Sr 法同位素年代学研究并对其等时线年龄的可能地质意义进行初步探索。

自生伊利石常常是大多数泥页岩的主要黏土矿物组分,但并非是所有的泥页岩中均含有自生伊利石,尤其是煤系地层,其黏土矿物组分大都是以高岭石为主或高岭石占绝对优势,从而使得自生伊利石 K-Ar 法、Rb-Sr 法同位素年代学研究的基础不复存在,选择合适的矿物或岩石作为同位素年代学研究的测试对象就成为利用同位素测年技术解决泥页岩"哑层"时代所必须进行深入探索的重要现实问题。石灰岩分布普遍且层位相对较为稳定,可能具有较好的开发应用前景。太原西山七里沟(包括柳子沟)C-P 剖面中石灰岩地层较为发育,有 14 层以上石灰岩地层或含钙质结核地层分布,本次研究中对剖面中的所有石灰岩地(夹)层均进行了 R(Rb/Sr)同位素比值分析并根据 R(^{87}Sr/^{86}Sr)变化曲线对其地层时代进行了探索性研究。

对于泥页岩"哑层"时代研究,火成岩夹层具有非常特殊的重要意义。本次研究对七里沟剖面中唯一的一层火山岩夹层(沉凝灰岩)进行了 K-Ar 法同位素年龄测定并对其可能的地质意义进行了探索性研究。

二、剖面简介

太原西山剖面位于山西太原西山煤田(图 13.1),包括七里沟剖面和柳子沟剖面,为我国北方石炭、二叠系标准剖面,其中的七里沟剖面是本次研究的重点剖面,只有部分石灰岩样品采自柳子沟剖面。关于七里沟剖面、柳子沟剖面的详细描述,请参见实测剖面(煤炭科学研究院地质勘探分院和山西省煤田地质勘探公司,1987)。

太原西山煤田为我国晚古生代典型的海陆交互相煤田,煤田内广泛发育着一套典型的由滨岸经三角洲到滨海平原,且以三角洲为主体的含煤沉积。自 1870 年德国李希霍芬来此调查以来,近百年间中外地质工作者纷至沓来,做了大量地层学和古生物方面的工作,有些成果至今仍不失为研究华北晚古生代含煤地层的经典著作,其中影响较大者,首推瑞典 Norin(诺林,1922)。1922 年,他最先详细绘制了太原西山石炭、二叠系剖面,采集化石标本,进行了系统研究,将煤田含煤地层划分为上、下月门沟煤系(武铁山,1997;高振家等,2014)。

随着研究工作的不断深入、技术手段的不断创新和观点认识的不断提高,太原西山剖面在时代归属、组、段命名和界线划分等许多方面都经历了不断修改和调整,具有十分丰

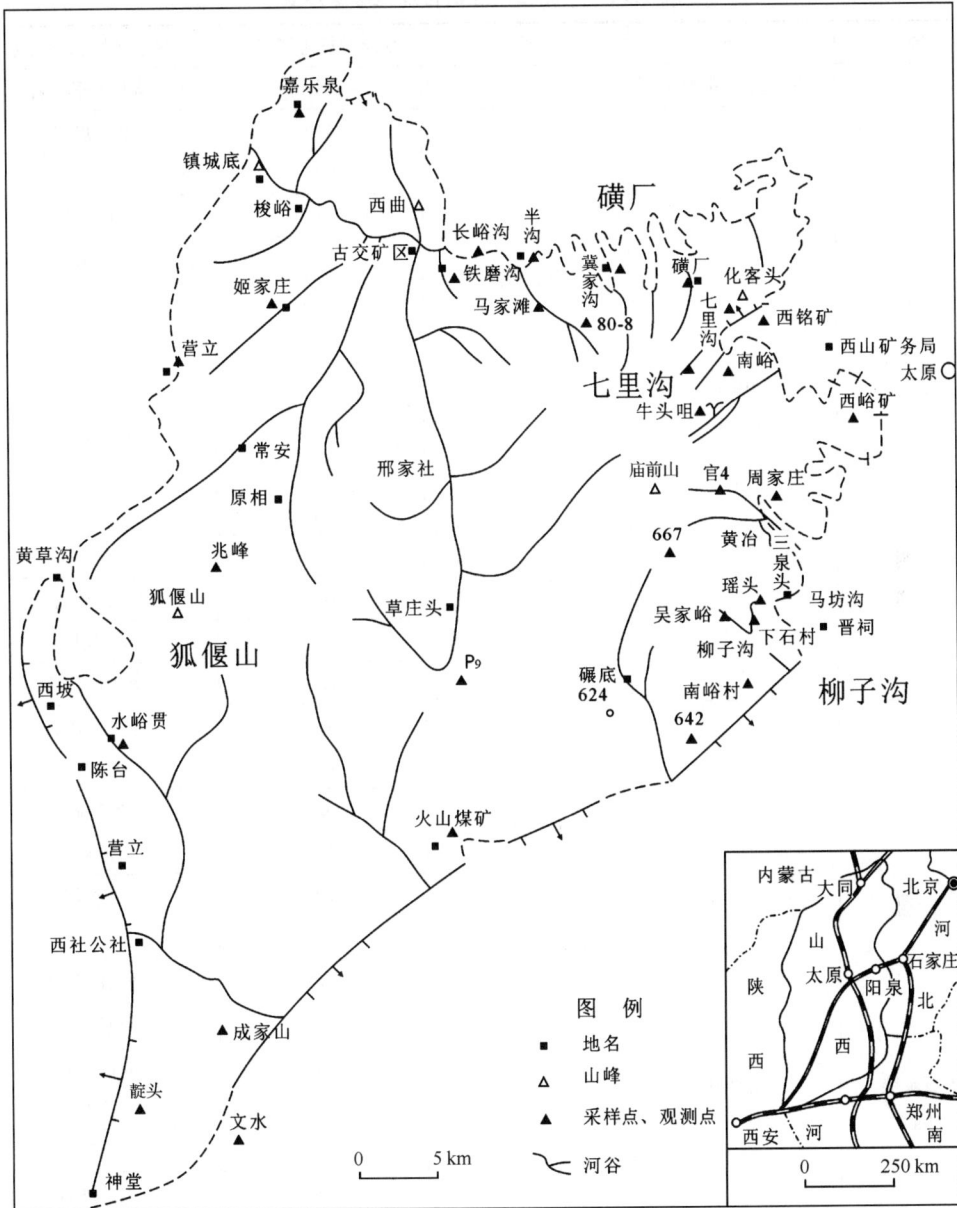

图 13.1　太原西山煤田交通位置及七里沟剖面、柳子沟剖面位置图(煤炭科学研究院地质勘探分院和山西省煤田地质勘探公司,1987)

富的发展演变历史。1959 年,第一届全国地层会议厘定了奥陶系侵蚀面(中奥陶统峰峰组,O_2f,1~2 层)以上骆驼脖子砂岩(K_4,72~74 层)之下的地层,以晋祠砂岩(K_1,17层)、北岔沟砂岩(K_3,60 层)为基底,将其分为中石炭统本溪组、上石炭统太原组和下二叠统山西组,并一直广为沿用至今(表 13.1)(煤炭科学研究院地质勘探分院和山西省煤田地质勘探公司,1987)。

表 13.1　太原西山煤田含煤地层层序表

统	组	段	煤层及标志层代号	煤层及标志层名称
下二叠统 (P₁)	下石盒子组(P₁x)		K₄	骆驼脖子砂岩
	山西组 (P₁sh)	下石村段	01#	01# 煤层
			02#	02# 煤层
			03#	03# 煤层
			1#	1# 煤层及
			TM	铁磨沟砂岩
			L₆	铁磨沟灰岩
			2#	2# 煤层
			J	冀家沟砂岩
		北岔沟段	3#	3# 煤层
			K₃ᶜ	北岔沟砂岩 C
			4#	4# 煤层
			K₃ᵇ	北岔沟砂岩 B
			5#	5# 煤层
			K₃ᵃ	火山砂岩 A
上石炭统 (C₃)	太原组 (C₃t)	东大窑段	L₅	东大窑灰岩
			6#	6# 煤层
			Q	七里沟砂岩
			L₄	斜道灰岩
			7#	7# 煤层
			Mᵦ	上马兰砂岩
		毛儿沟段	K₂	毛儿沟灰岩
			Mₐ	下马栏砂岩
			L₁	庙沟灰岩
			8#上	8# 上煤层
			8#	8# 煤层
			TL	屯兰砂岩
			9#	9# 煤层
			X	西铭砂岩
		晋祠段	10#	10# 煤层
			L₀	吴家峪灰岩
			11#	11# 煤层
			H	含鲕砂岩-粉砂岩
			K₁	晋祠砂岩

续表

时代	组	段	煤层及标志层代号	煤层及标志层名称
中石炭统 (C_2)	本溪组 (C_2b)	半沟段	L_{b4}	半沟灰岩
			L_{b3}	半沟灰岩
			T	铁砂岩
			L_{b2}	半沟灰岩
			L_{b1}	半沟灰岩
		铁铝岩段		G 层铝土矿
				山西式铁矿
中奥陶统(O_2)	峰峰组(O_2f)			

注：根据太原西山煤田含煤地层层序示意图(煤炭科学研究院地质勘探分院和山西省煤田地质勘探公司，1987)整理。

根据该划分方案，中石炭统本溪组(C_2b，3~16 层)包括铁铝岩段、半沟段(半沟灰岩)，上石炭统太原组(C_3t，17~59 层)包括晋祠段(晋祠砂岩)、毛儿沟段(毛儿沟灰岩)、东大窑段(东大窑灰岩)，下二叠统山西组(P_1sh，60~71 层)包括北岔沟段(北岔沟砂岩)、下石村段。

"十五"期间，中国石油天然气股份有限公司《中国北方油气区石炭-二叠系地层划分对比、古环境研究及油气远景评价》项目(简称 C-P 项目)地层研究课题根据原太原组晋祠段吴家峪灰岩(22 层)中含有麦粒蟠，应属上石炭统，和毛儿沟段庙沟灰岩(43 层)中含有假希瓦格蜓，应属下二叠统，将原太原组中的晋祠段单独划分为晋词组并将其定为上石炭统，将原太原组中的毛儿沟段、东大窑段仍划归为太原组并将其定为下二叠统(表 13.2)。

表 13.2　山西太原西山七里沟石炭、二叠系地层剖面简表

统	组	段	层号	累计厚度/m	煤层、标志层代号及层号	岩性描述
三叠系	刘家沟组		123			
上二叠统 (P_3)	孙家沟组		122 ~ 104	205.7		上部以紫红色和砖红色泥岩、钙质结核泥岩、灰岩和泥灰岩为主，夹紫红色、灰绿色、黄绿色长石石英砂岩；下部以黄绿色长石石英砂岩为主，夹紫红色泥岩、砂质泥岩；底部为灰白色、黄绿色厚层含砾中-粗粒长石石英砂岩
					K_{14}砂岩(104 层)	
	平顶山组		103 ~ 98	116.04	含燧石层 (102~103 层)	上部以紫色泥岩、砂质泥岩为主，夹黑色燧石条带、燧石团块以及长石净砂岩，中部为黄白色、蓝灰色、紫色中厚层含砾长石杂砂岩与紫色粉砂岩互层，间夹一细小燧石条带；下部为紫色、灰紫色、灰黄色泥岩和砂质泥岩夹黄绿色、紫色、灰色长石杂砂岩；底部为黄绿色厚层含砾粗粒石英净砂岩
					K_7砂岩(98 层)	

统	组	段	层号	累计厚度/m	煤层、标志层代号及层号	岩性描述
中二叠统（P$_2$）	新道组	二段	97～94	96.5	A$_0$层（96层）	上部为紫色、灰紫色泥岩和砂质泥岩；中部为杏黄、黄绿色细粒和中粒石英杂砂岩；下部为杂色铝土质页岩、细砂岩、黄绿色泥岩、粉砂岩和砂质泥岩不等厚互层；底部为黄绿色含砾长石杂砂岩
					砂岩（94层）	
		一段	93～90	68.2	K$_6$砂岩（90层）	上部为黄绿色粉砂岩、细砂岩、长石净砂岩与砂质页岩、砂质泥岩、泥岩不等厚互层；下部为黄绿色厚层长石砂岩；底部为砂砾岩
	石盒子组	桃花泥岩段	89～83	72.2	桃花泥岩＝A层（88层）	黄绿色长石杂砂岩、石英杂砂岩、细砂岩、粉砂岩与杂色铝土质泥岩、灰色页岩、黄绿色砂质页岩不等厚互层
					K$_5$砂岩（83层）	
		骆驼脖子段	82～72	97.1	骆驼脖子砂岩（K$_4$,72～74层）	上部以灰色、灰黑色、黄绿色、灰绿色、黄色页岩及砂质页岩、炭质页岩为主，间夹黄绿色细砂岩、灰黑色薄煤层；下部以深黄灰色、黄绿色厚层长石石英砂岩、石英砂岩为主，间夹黄绿色、黑色、灰黑色、灰色页岩及砂质页岩、薄煤层；底部为黄绿色石英杂砂岩
下二叠统（P$_1$）	山西组	下石村段	71～66b	26.92	1$^\#$煤	浅灰色、灰色、深灰色、灰黑色泥岩、粉砂质泥岩、泥质粉砂岩、粉砂岩、泥质砂岩、泥质石英砂岩及煤层不等厚互层
					2$^\#$煤＋舌形贝页岩（67～68层）	
		北岔沟段	66a～60		3$^\#$、4$^\#$煤（65层）	
					北岔沟砂岩（K$_3$,60层）	
					5$^\#$煤	
	太原组	东大窑段	59～43	57	东大窑灰岩（L$_5$,58层）	上部为黑色、浅灰色、灰白色石英砂岩、长石石英砂岩、粉砂质泥岩、泥岩、煤层；中部以灰黑色、深灰色生物灰岩为主，夹黑色、灰黑色粉砂质泥岩、泥质粉砂岩、泥岩和褐灰色凝灰岩-沉凝灰岩（46层）；下部为黑色、灰色细砂岩、石英砂岩、泥质石英砂岩、泥质长石石英砂岩、炭质泥岩及厚煤层
					6$^\#$煤（?层）	
					七里沟砂岩（Q,54层）	
					斜道灰岩（L$_4$,51层）	第43层庙沟灰岩中含假希瓦格蜓，应为早二叠世

续表

统	组	段	层号	累计厚度/m	煤层、标志层代号及层号	岩性描述
下二叠统（P₁）	太原组	东大窑段	59～43	57	7#煤（50层）	上部为黑色、浅灰色、灰白色石英砂岩、长石石英砂岩、粉砂质泥岩、泥岩、煤层；中部以灰黑色、深灰色生物灰岩为主，夹黑色、灰黑色粉砂质泥岩、泥质粉砂岩、泥岩和褐灰色凝灰岩-沉凝灰岩（46层）；下部为黑色、灰色细砂岩、石英砂岩、泥质石英砂岩、泥质长石石英砂岩、炭质泥岩及厚煤层
					上马兰砂岩（Mb,49层）	
		毛儿沟段			毛儿沟灰岩（K₂,45～47层）	
					下马兰砂岩（Ma,44层）	
					庙沟灰岩（L₁,43层）	
上石炭统（C₂）	晋祠组	晋祠段	42～17	41.18	8#煤（42层）	第43层庙沟灰岩中含假希瓦格蜓，应为早二叠世
					屯兰砂岩（TL,40～41层）	
					9#煤（39层）	
					西铭砂岩（X,30～31层）	
					10#煤（?层）	以灰黑色、灰色、深灰色、灰白色泥岩、粉砂质泥岩、铁质泥岩为主，间夹生物灰岩及煤线；底部为浅灰色沉凝灰岩
					吴家峪灰岩（L₀,22、29层）	
					11#煤（?层）	第22层吴家峪灰岩中含麦粒蜓，应为晚石炭世
					晋祠砂岩（K₁,17层）	
	本溪组	半沟段	16～3	19.48	半沟灰岩（Lb,5～16层）	以灰色、深灰色、灰黑色、黑色石英砂岩、粉砂岩、灰岩、粉砂质泥岩、泥岩为主，夹煤层；底部为浅灰色铝土矿和红褐色铁矿
		铁铝岩段			G层铝土矿山西式铁矿（3～4层）	
中奥陶统（O₂）	峰峰组		2～1			

注：根据煤炭科学研究院和山西省煤田地质勘探公司（1987）和C-P项目地层研究课题（2002；未发表）等资料整理；"?"表示不确定。

骆驼脖子砂岩（K₄,72～74层）之上分别为下石盒子组、上石盒子组和石千峰群。下石盒子组为中二叠统，包括骆驼脖子段和桃花泥岩段，上石盒子组包括中二叠统新道组和上二叠统平顶山组，石千峰群包括上二叠统孙家沟组和三叠系刘家沟组、和尚沟组。由于上石盒子组和石千峰群均为跨统或跨系地层单位且石千峰群内三组地层的层序关系较为清楚,石千峰群没有存在的必要,因此,《中国北方油气区石炭-二叠系地层划分对比、古环境研究及油气远景评价》项目地层研究课题认为,应摒弃上石盒子组和石千峰群两个地层单位名称并将骆驼脖子砂岩(K_4,72~74 层)之上的地层划分为中二叠统石盒子组(P_2sh)骆驼脖子段(72~82 层)、桃花泥岩段(83~89 层)、新道组(P_2x)一段(90~93 层)和二段(94~97 层),上二叠统平顶山组(P_3p,98~103 层)、孙家沟组(P_3s,104~122 层)以及三叠系刘家沟组(123 层)(表 13.2)。

三、样品描述

七里沟剖面自下而上共有 16 层泥页岩分布,由于自生伊利石分离提纯工作量较大,本次研究只选择了其中的 10 层进行自生伊利石分离提纯及 K-Ar 法同位素年代学研究,样品选取原则是 C/P 界线附近相对较密,并兼顾整个剖面,其中的 58 层(黑色海相页岩)因含有机质(煤)较多,未能成功制备出黏土悬浮液而放弃,最终分析测试的泥页岩层为 9 层,样品特征及相关分析测试项目见表 13.3。

表 13.3　山西太原七里沟 C-P 剖面泥页岩特征及 K-Ar、Rb-Sr 法同位素测年相关分析测试情况表

| 层号 | 样品编号 | 样品描述 | 自生伊利石分离提纯 | 分析测试项目 | | | | | |
				SEM	XRD	TEM	LGSA	K-Ar 测年	Rb-Sr 测年
7	TQ-7-CN-1	灰黑色泥岩	√		√	√		√	
23	TQ-23-CN-2	灰黑色泥岩	√		√	√		√	
29	TQ-29-CN-3	灰黑色泥岩	√		√			√	
30	TQ-30-CN-4	海绿石长石砂岩		√					
38	TQ-38-CN-19	灰色泥岩	√		√	√	√	√	
46	TQ-46-CN-5	沉凝灰岩——毛②						√	
48	TQ-48-CN-6	泥岩	√		√	√			
52	TQ-52-CN-7	灰黑色泥岩							
58	TQ-58-CN-8	黑色海相页岩	未成功						
66	TQ-66-CN-9	舌形贝海相页岩							
75	TQ-75-CN-10	灰黑色泥岩	√		√	√		√	√
80	TQ-89-CN-11	灰色泥岩							
89	TQ-89-CN-12	灰色泥岩	√		√				
91	TQ-91-CN-13	深灰色泥岩							
95	TQ-95-CN-14	灰黑色泥岩							
97	TQ-97-CN-15	黄绿色泥岩	√		√	√	√	√	√
99	TQ-99-CN-16	泥岩							
103	TQ-103-CN-17	灰色黏土延	√		√	√	√	√	√
107	TQ-107-CN-18	紫红色砂质泥岩							

注:样品编号中 TQ 表示采自太原七里沟剖面,紧随其后的数字表示剖面层号;"√"表示进行过该测试。

第 30 层在煤炭科学研究院地质勘探分院和山西省煤田地质勘探公司(1987)的七里沟实测剖面描述中为海绿石长石杂砂岩。一般来说,对于探讨地层时代,海绿石具有较高的研究意义。因扫描电镜(SEM)观察在该砂岩样品中未发现海绿石,因而未能进行海绿石分离提纯及其 K-Ar 法同位素测年分析(表 13.3)。

第 46 层为沉凝灰岩,蚀变较强,本书对此进行了 K-Ar 法同位素测年分析(表 13.3)。七里沟剖面、柳子沟剖面共发育 14 层灰岩,本书对此进行了 Rb/Sr 同位素年代学研究,灰岩名称及特征见表 13.4。

表 13.4　山西太原七里沟、柳子沟 C-P 剖面灰岩特征及 Rb/Sr 法同位素测年分析情况表

剖面	层号	样品编号	样品描述	Rb/Sr 测年
七里沟	1	TQ-1-WD-1	峰峰组(O_2f)灰岩(顶)	√
	3	TQ-3-WD-2	铁铝层中的灰岩夹层(近底部)	√
	6	TQ-6-WD-3	生物灰岩(底)	
	6	TQ-6-WD-4	生物灰岩(顶)	√
	11	TQ-11-WD-5	生物灰岩	√
	15	TQ-15-WD-6	灰岩	√
	22	TQ-22-WD-7	吴家峪灰岩(底)	
	22	TQ-22-WD-8	吴家峪灰岩(中)	√
	43	TQ-43-WD-9	庙沟灰岩(中)(顶、底风化较强)	√
	45	TQ-45-WD-10	毛儿沟灰岩——毛①(底)	√
	45	TQ-45-WD-11	毛儿沟灰岩——毛①(顶)	
	47	TQ-47-WD-12	毛儿沟灰岩——毛③	√
	51	TQ-51-WD-13	斜道灰岩	√
	107	TQ-107-WD-14	钙质结核	√
	107	TQ-107-WD-15	棕红色泥岩中的灰岩夹层(淡水灰岩)	√
柳子沟	28	TL-28-WD-19	吴家峪灰岩(麦粒蜓)	
	42	TL-42-WD-17	毛儿沟灰岩	
	47	TL-47-WD-16	斜道灰岩	
	55/56	TL-55/56-WD-18	东大窑灰岩	√
	55/56	TL-55/56-WD-20	东大窑灰岩	
	70	TL-70-WD-21	叠层灰岩	√

注:TQ 表示太原七里沟剖面;TL 表示太原柳子沟剖面。

第二节　自生伊利石 K-Ar 同位素年代学研究

一、实验技术方法与流程

泥页岩"哑层"自生伊利石 K-Ar 同位素测年是一项包括内容较多的分析技术,本次

研究设计了如图 13.2 所示的系统技术流程。该系统技术流程主要由六个部分组成,包括碎样、制备黏土悬浮液、分离提纯、K 含量测定、Ar 同位素比值分析、K-Ar 年龄计算、XRD 分析、LGSA(激光粒度)分析、TEM 分析、年龄结果评价、伊利石成因类型分析和可能地质意义分析等多个环节,每个环节都非常重要,如果处理不当均会对最终的自生伊利石 K-Ar 年龄结果产生不可忽视的影响。

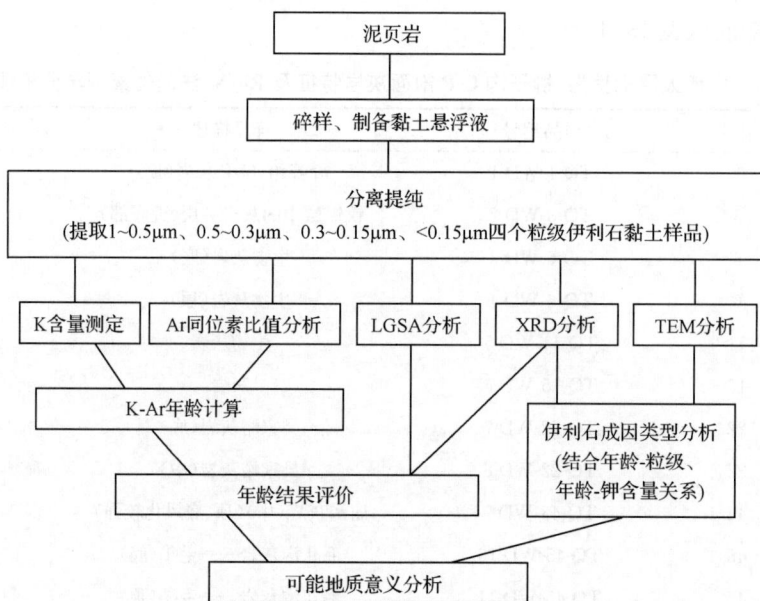

图 13.2　泥页岩"哑层"自生伊利石 K-Ar 同位素年代学研究系统技术流程

理论上讲,泥页岩"哑层"自生伊利石 K-Ar 同位素年龄测定和砂岩油气储层自生伊利石 K-Ar 同位素年龄测定在实验技术上是基本相同的,对与之相关的内容与技术笔者进行过系统研究并做过详细介绍(张有瑜等,2001,2014;张有瑜和罗修泉,2009,2011)。关于自生伊利石分离提纯方面的详细内容,请参见本书第二、三、四章;关于自生伊利石 K-Ar 年龄测定方面的详细内容,请参见本书第五、六章。

本次研究中,对七里沟 C-P 剖面中的 9(10)个层位的泥页岩样品进行了自生伊利石分离提纯,每个样品均分别提取 1~0.5μm、0.5~0.3μm、0.3~0.15μm 和<0.15μm 四个粒级组分,对两个较细粒级组分进行了 XRD 纯度检测,对部分样品(四个)的两个较细粒级进行了激光粒度检测。

激光粒度分析表明,本次研究的自生伊利石分离提纯技术达到了预期粒级要求。激光粒度分析结果中的 $d(0.1)$(累计百分比为 10% 所对应的粒径)和 $d(0.9)$(累计百分比为 90% 所对应的粒径)分别为 0.132~0.137μm 和 0.240~0.279μm,与分离粒级(0.15~0.3μm)基本一致(表 13.5、图 13.3)。应当说明的是,0.3~0.15μm 和<0.15μm 两个粒级的激光粒度分析结果基本一致可能是由于长条形丝状伊利石颗粒按球形模型计算的系统偏差引起。

表 13.5　七里沟 C-P 剖面泥页岩自生伊利石黏土样品及沉凝灰岩 LGSA、XRD、K-Ar 测年分析数据表

层号	样号	粒径/μm	测试对象	激光粒度(LGSA)/μm			X 射线衍射(XRD)					K/%	$R(^{40}Ar^*)/^{40}Ar_{总})/\%$	年龄±1σ/Ma
				$d(0.1)$	$d(0.5)$	$d(0.9)$	I/S	K	间层比(S)/%	结晶度指数	钾长石			
103	CN-17-1	1~0.5	黏土									4.83	96.92	209.51±3.03
	CN-17-2	0.5~0.3	黏土									5.05	96.50	195.82±2.83
	CN-17-3	0.3~0.15	黏土	0.132	0.180	0.256	99	1	25	1.19	未检出	4.79	95.01	184.87±2.73
	CN-17-4	<0.15	黏土	0.135	0.186	0.273	100		25	1.25	未检出	4.95	94.70	185.76±2.72
97	CN-15-1	1~0.5	黏土									2.99	95.10	210.62±3.05
	CN-15-2	0.5~0.3	黏土									3.96	95.45	188.42±2.79
	CN-15-3	0.3~0.15	黏土	0.135	0.186	0.270	83	17	25	1.14	未检出	3.89	95.02	197.45±2.87
	CN-15-4	<0.15	黏土	0.135	0.185	0.271	84	16	25	1.10	未检出	4.13	94.25	182.91±2.68
89	CN-12-1	1~0.5	黏土									1.20	88.56	185.91±3.06
	CN-12-2	0.5~0.3	黏土									1.83	90.86	179.97±2.63
	CN-12-3	0.3~0.15	黏土				45	55	25	1.27	未检出	2.60	92.59	177.42±2.58
	CN-12-4	<0.15	黏土				45	55	25	1.26	未检出	2.64	91.15	173.24±2.57
75	CN-10-1	1~0.5	黏土									4.26	97.31	281.76±4.22
	CN-10-2	0.5~0.3	黏土									4.84	96.80	236.62±3.52
	CN-10-3	0.3~0.15	黏土				87	13	15	1.08	未检出	4.86	96.76	211.15±3.11
	CN-10-4	<0.15	黏土				87	13	15	1.08	未检出	5.03	96.63	210.99±3.10
48	CN-6-1	1~0.5	黏土									3.22	96.73	318.41±4.71
	CN-6-2	0.5~0.3	黏土									4.20	96.17	279.46±4.21
	CN-6-3	0.3~0.15	黏土				81	19	15	0.98	未检出	4.43	96.47	257.38±3.77
	CN-6-4	<0.15	黏土				82	18	15	1.01	未检出	4.58	97.35	263.53±3.83

续表

层号	样号	粒径/μm	测试对象	激光粒度(LGSA)/μm			X 射线衍射(XRD)/%					K-Ar 测年		
				$d(0.1)$	$d(0.5)$	$d(0.9)$	I/S	K	间层比(S)/%	结晶度指数	钾长石	K/%	$R(^{40}Ar^*/^{40}Ar_总)/\%$	年龄±1σ/Ma
46	CN-5	沉凝灰岩	全岩									0.79	72.79	312.59±6.71
43	WD-9	沉凝灰岩				庙沟灰岩,含假希瓦格蜓,应为早二叠世(P₁)								<290
38	CN-19-1	1~0.5	黏土									1.54	96.35	633.04±9.18
	CN-19-2	0.5~0.3	黏土									1.88	96.19	507.98±7.49
	CN-19-3	0.3~0.15	黏土	0.134	0.186	0.279	53	47	10	0.82		2.22	95.89	454.00±6.63
	CN-19-4	<0.15	黏土	0.137	0.178	0.240	55	45	10	0.87	未检出	2.22	96.01	464.22±6.80
29	CN-3-1	1~0.5	黏土									3.84	97.95	640.01±14.4
	CN-3-2	0.5~0.3	黏土									4.22	98.11	545.12±8.03
	CN-3-3	0.3~0.15	黏土				83	17	5	0.89	未检出	4.45	97.83	474.98±7.00
	CN-3-4	<0.15	黏土				83	17	5	0.89	未检出	4.48	97.66	477.59±7.04
23	CN-2-1	1~0.5	黏土									2.71	97.92	681.49±10.6
	CN-2-2	0.5~0.3	黏土									2.68	96.63	590.54±8.74
	CN-2-3	0.3~0.15	黏土	0.134	0.184	0.267	53	47	5	0.81	未检出	3.04	96.76	504.66±17.8
	CN-2-4	<0.15	黏土	0.134	0.184	0.268	50	50	5	0.82	未检出	3.09	97.18	512.59±9.28
22	WD-8					昊家峪灰岩,含麦粒蜓,应为晚石炭世(C₂)								<300
7	CN-1-1	1~0.5	黏土									3.72	97.38	586.10±9.25
	CN-1-2	0.5~0.3	黏土									4.52	97.41	490.65±7.32
	CN-1-3	0.3~0.15	黏土				81	19	5	0.94	未检出	5.13	97.35	414.93±6.08
	CN-1-4	<0.15	黏土				80	20	5	0.91	未检出	5.16	97.25	425.70±9.95

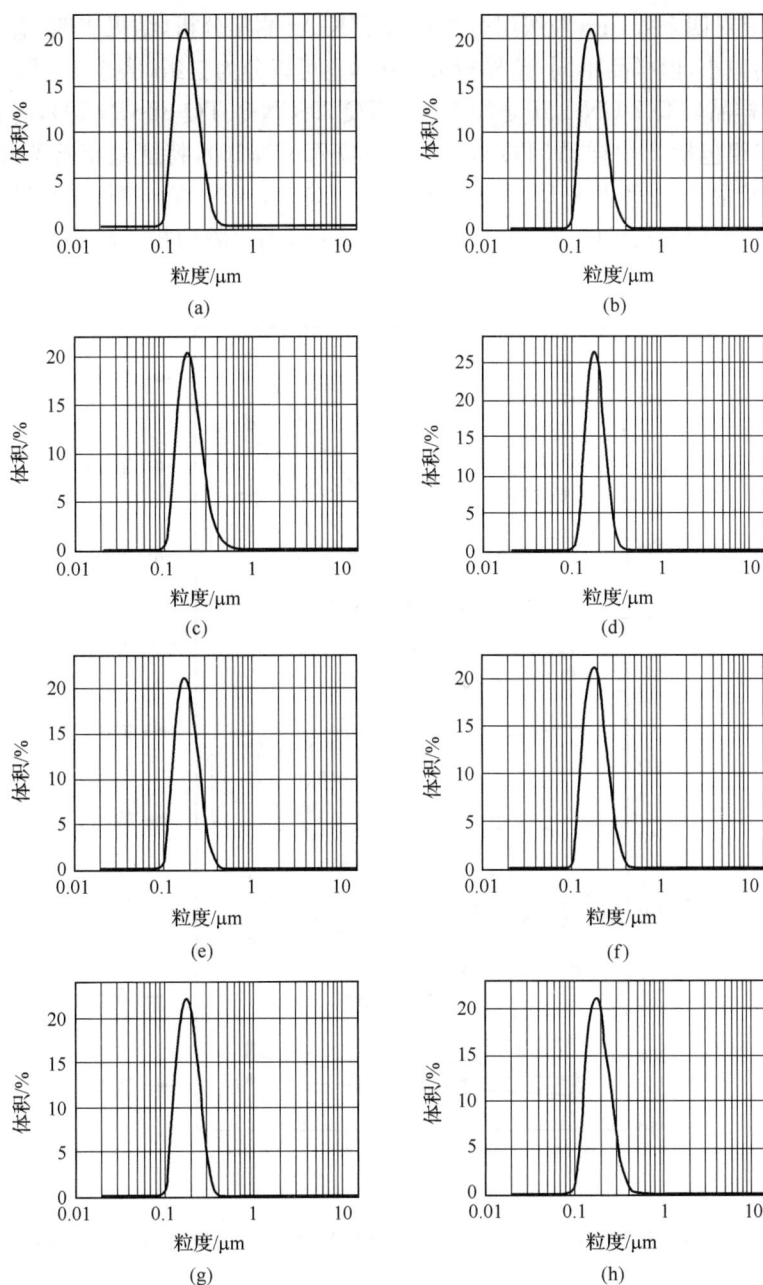

图 13.3　七里沟 C-P 剖面泥页岩自生伊利石黏土样品激光粒度分布曲线

(a) 第 23 层,0.3～0.15μm 黏土悬浮液;(b) 第 23 层,<0.15μm 黏土悬浮液;(c) 第 38 层,0.3～0.15μm 黏土悬浮液;(d) 第 38 层,<0.15μm 黏土悬浮液;(e) 第 97 层,0.3～0.15μm 黏土悬浮液;(f) 第 97 层,<0.15μm 黏土悬浮液;(g) 第 103 层,0.3～0.15μm 黏土悬浮液;(h) 第 103 层,<0.15μm 黏土悬浮液

XRD 纯度检测表明,本次研究的自生伊利石分离提纯效果较好,主要表现在以下两个方面,一是 18 块样品分析,均未检测出碎屑钾长石;二是自生伊利石得到最大程度富集,高者达 100%,基本为纯伊利石(样品号为 TQ-103-CN-17-3 和 TQ-103-CN-17-4)(表 13.5)。

本次研究对四个＜1μm粒级组分均进行了K-Ar测年分析,结果表明,总体规律是粒级变细、年龄减小,但样品不同,差异较大,基本上可以分为三组(表13.5、图13.4),第一组包括4块样品(TQ-7-CN-1、TQ-23-CN-2、TQ-29-CN-3、TQ-38-CN-19),特征是年龄相差较大;第二组包括2块样品(TQ-48-CN-6、TQ-75-CN-10),特征是年龄差异中等;第三组包括3块样品(TQ-89-CN-12、TQ-97-CN-15、TQ-103-CN-17),特征是年龄基本接近或差异较小。两个较细粒级(0.3～0.15μm、＜0.15μm)的年龄均相差较小是三组样品的共同特征(表13.5、图13.4)。

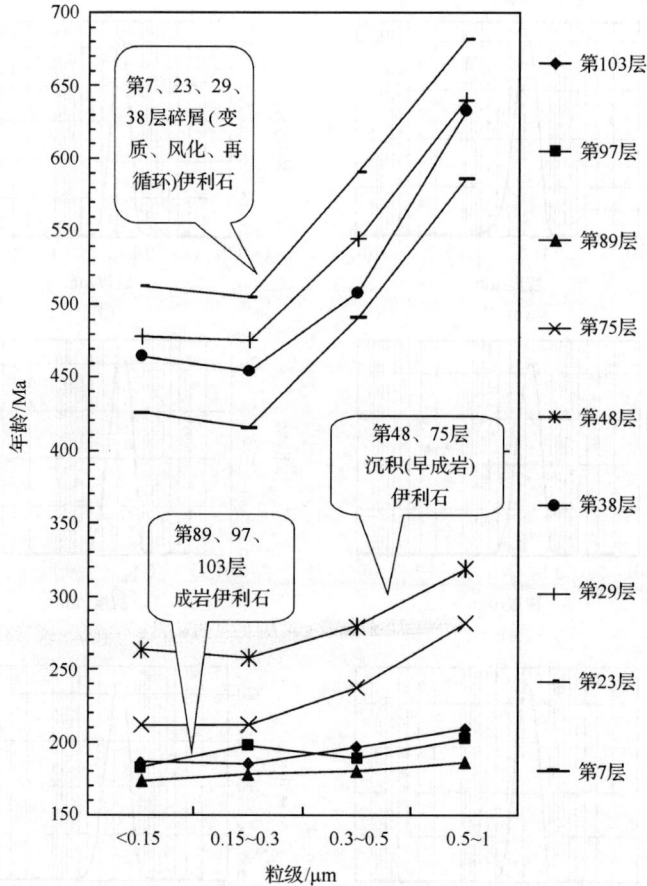

图13.4　七里沟C-P剖面泥页岩自生伊利石黏土样品粒级-年龄关系曲线

二、伊利石成因类型分析

1. 粒级-年龄关系

一般数情况下,由于可能含有多种成因的伊利石,泥页岩伊利石黏土样品的K-Ar年龄可能主要为混合年龄。根据年龄随粒级的变化关系,可以对其混合程度做出判断,然后根据具体的年龄数值并结合样品的地质特征对其成因类型做出进一步推断。如果年龄随粒级变化明显且不同粒级的年龄相差较大,则为典型的混合年龄并可能主要为陆源碎屑

（变质、风化或再循环）伊利石；如果年龄随粒级变化不明显且不同粒级的年龄相差较小或基本一致，则可能主要为成岩伊利石，其他成因的伊利石较少或基本没有。

图 13.4 表明，根据伊利石黏土样品 K-Ar 年龄随粒级的变化关系，可以将七里沟 C-P 剖面 9 块（层）泥页岩分为较为明显的三组。

第一组包括 4 块样品（TQ-7-CN-1、TQ-23-CN-2、TQ-29-CN-3、TQ-38-CN-19），年龄较大，为 415（586）～505（681）Ma［最小（最大）］，且明显随粒级变化，不同粒级的年龄相差较大，具有典型的混合年龄特征，结合年龄明显大于晚石炭世（<320Ma），可以初步认为，该 4 块泥页岩样品<1μm 的所有 4 个粒级的伊利石黏土组分可能均主要为陆源碎屑伊利石，即来自源区的变质、风化或再循环伊利石，造成不同粒级年龄差异的原因较为复杂，风化程度增高和/或轻微的成岩改造均有可能导致较细粒级的年龄变小。

第二组包括 2 块样品（TQ-48-CN-6、TQ-75-CN-10），年龄中等，第 48 层为 257（318）Ma，虽仍随粒级变化，但<0.5μm 的 3 个不同粒级的年龄相差不大，分别为 279Ma、257Ma 和 264Ma，接近其地层年龄，较粗粒级（1～0.5μm）可能因含少量碎屑含钾矿物残余而导致年龄偏大（318Ma），较细粒级（<0.3μm）可能因受轻微成岩改造而导致年龄略微偏小（257Ma、264Ma），中间粒级（0.5～0.3μm）的年龄（279Ma）或<1μm 的 4 个粒级的平均年龄（280Ma）可能更接近其地层年龄，该年龄值略小于位于其下的沉凝灰岩（第 46 层）的年龄（313Ma），该年龄值略微偏大，原因很复杂，可能与含少量碎屑钾长石有关），可能也证明了这种推测的正确性，由此可以初步认为该泥页岩的伊利石黏土组分可能主要为沉积成因，即主要为沉积（早成岩）伊利石，仅含少量的碎屑伊利石或成岩（晚成岩）伊利石；第 75 层为 211（281）Ma，虽仍随粒级变化，但明显分为两组，较粗粒级（1～0.5μm、0.5～0.3μm）分别为 281Ma，237Ma，平均为 259Ma，接近其地层年龄（P_2，272Ma），可能主要为沉积（早成岩）伊利石，或因含有微量碎屑含钾矿物（钾长石、伊利石）而导致年龄略微偏大（281Ma），或因受轻微成岩改造而导致年龄略微偏小（237Ma），两个较细粒级（0.3～0.15μm、<0.15μm）的年龄一致，均为 211Ma，明显小于地层年龄（P_2，272Ma），可能主要为成岩（晚成岩）伊利石。

第三组包括 3 块样品（TQ-89-CN-12、TQ-97-CN-15、TQ-103-CN-17），年龄较小，为 173（186）～186（210）Ma，明显小于地层年龄（P_2，272～250Ma），不同粒级的年龄基本接近或差异较小，可能主要为成岩（晚成岩）伊利石，年龄稍大者则可能含有微量碎屑钾长石和/或碎屑伊利石。

2. 钾含量-年龄关系

由于可能既含有陆源钾，也含有成岩钾，所以根据年龄随钾含量的变化关系，同样可以对其混合程度做出判断，然后根据具体的年龄数值并结合样品的地质特征对其成因类型做出进一步推断。如果年龄值随钾含量变化明显且不同钾含量的年龄相差较大，则为典型的混合年龄并可能主要为陆源碎屑（变质、风化或再循环）伊利石；如果年龄值随钾含量变化不明显且不同钾含量的年龄相差较小或基本一致，则可能主要为成岩伊利石，其他成因的伊利石较少或基本没有。

与粒级-年龄关系相似,根据伊利石黏土样品 K-Ar 年龄随钾含量的变化关系,同样可以将七里沟 C-P 剖面 9 块(层)泥页岩分为相同的三组(图 13.5),并得出相同的认识,即第一组包括 4 块样品(TQ-7-CN-1、TQ-23-CN-2、TQ-29-CN-3、TQ-38-CN-19),可能主要为陆源碎屑伊利石,即来自源区的变质、风化或再循环伊利石;第二组包括 2 块样品(TQ-48-CN-6、TQ-75-CN-10),第 48 层粒级<1μm 和第 75 层粒级为 1～0.5μm 和 0.5～0.3μm 可能主要为沉积(早成岩)伊利石,仅含少量的碎屑伊利石或成岩(晚成岩)伊利石,第 75 层较细粒级(0.3～0.15μm 和<0.15μm)可能主要为成岩(晚成岩)伊利石;第三组包括 3 块样品(TQ-89-CN-12、TQ-97-CN-15、TQ-103-CN-17),可能主要为成岩(晚成岩)伊利石,粒级稍大者(1～0.5μm)则可能含有微量碎屑钾长石和/或碎屑伊利石。

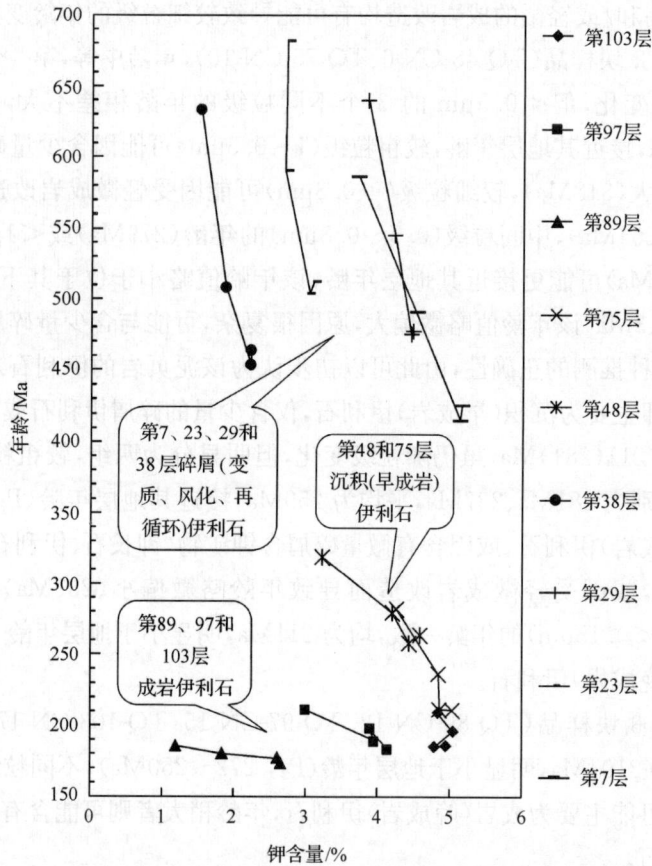

图 13.5　七里沟 C-P 剖面泥页岩自生伊利石黏土样品钾含量-年龄关系曲线

3. 结晶度指数与间层比

结晶度指数也称 Kubler 指数,指的是伊利石 1nm 衍射峰的半高宽,单位为(°)($\Delta 2\theta$,衍射倍角)。在 X 射线衍射谱图上,伊利石 1nm 衍射峰越尖锐结晶度越大,反之亦然。Kubler 指数与变质等级(结晶度)成反比。目前,Kubler 指数在国际上得到广泛使用和普遍认可。Kubler 指数>0.42 为成岩带,介于 0.42～0.25 为近地带,<0.25 为浅变带。

伊利石/蒙皂石间层矿物间层比指的是伊利石/蒙皂石间层矿物的蒙皂石晶层百分含量。随着成岩作用的逐渐增强,蒙皂石晶层逐渐向伊利石晶层转化,间层比逐渐减小。对于成岩阶段划分和有机质热演化程度研究,伊利石/蒙皂石间层矿物间层比是目前国内外广泛使用的重要参数之一。根据间层比大小,可以对伊利石/蒙皂石间层矿物类型及其所代表的成岩作用阶段做出推断并进而推断其成因类型。

从理论上讲,不管是结晶度指数还是间层比,都不能有效地区分成岩伊利石、沉积伊利石和风化伊利石,原因之一在于这三种伊利石的结晶度指数均>0.42;原因之二在于这三种伊利石的间层比均可大可小,具有较大的可变性。尽管如此,结合埋深、黏土矿物成分等其他有关资料,利用伊利石结晶度指数和间层比进行综合分析,仍可以对其成因类型做出进一步的推断。从图 13.6 可以看出,七里沟 C-P 剖面泥页岩伊利石黏土样品的结晶度指数为 0.8～1.3,间层比为 5%～25%,同样可以划分为与前面相同的三组,第一组包括第 7、23、29 和 38 层,第二组包括第 48 和 75 层,第三组包括第 89、97 和 103 层。第一组的间层比为 5%～10%,结晶度指数为 0.82～0.92,如果认为该伊利石为成岩伊利石,根据其间层比数值推断,成岩演化程度较高,接近伊利石阶段,对应于晚成岩 C 阶段,但结晶度指数明显偏大,二者不太吻合,据此可以初步认为该伊利石很有可能为碎屑成因的变质伊利石并经受了一定的风化作用(风化伊利石),风化作用使衍射峰宽化,从而导致结晶度指数增大。将间层比与高岭石的分布情况(图 13.7)结合起来进行综合分析也可以得出类似的结论,如果达到伊利石阶段即晚成岩 C 阶段,高岭石应该不存在,高岭石的大量存在表明该伊利石不应该是成岩伊利石,很有可能是碎屑(风化、再循环)伊利石。第二、第三组的结晶度指数、间层比、高岭石分布情况互相吻合,表明可能是沉积(早成岩)伊利石,也可能是成岩(晚成岩)伊利石,结合年龄数据,可以认为,第二组可能主要为沉积伊利石,第三组可能主要为成岩伊利石。

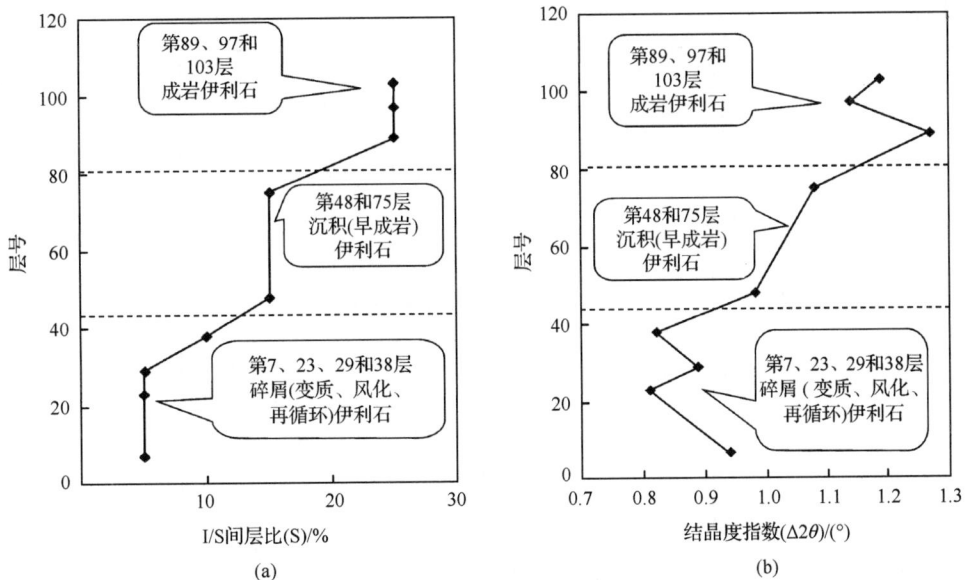

图 13.6　七里沟 C-P 剖面泥页岩自生伊利石黏土样品 I/S 间层比、结晶度指数变化曲线

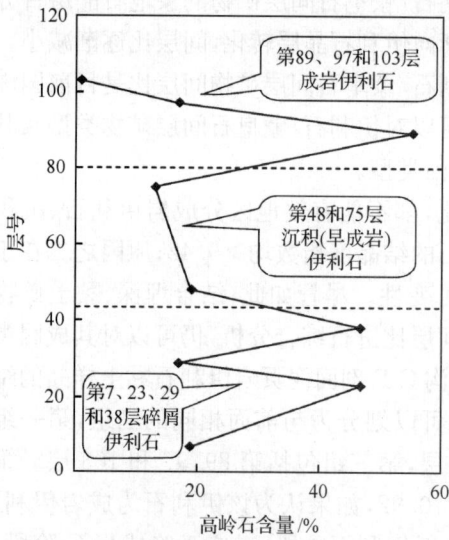

图 13.7　七里沟 C-P 剖面泥页岩自生伊利石
黏土样品高岭石含量变化曲线

应该说明的是,国际上通用的测量伊利石结晶度的黏土样品粒级<2μm,本次研究的粒级<0.3μm,这其中可能会存在一定的偏差,主要表现在具体的结晶度数值上,粒级偏小,结晶度数值则偏大,具体的对应关系很难确定。如果以粒级<2μm作标准,本书的结晶度指数可能没有这么大,但肯定会大于 0.42,不会对本书的讨论产生影响。

4. 透射电镜形貌特征

利用透射电镜观察伊利石晶体形貌,根据其晶体形貌特征便可以对其成因类型做出大致推断。一般来说,自生(沉积、成岩)伊利石多为自形、半自形晶,边界平直,个体相对较小且相对较薄,碎屑(变质、风化、再循环)伊利石多为不规则形状,个体相对较大且相对较厚。

本次研究对七里沟 C-P 剖面 9 层泥页岩的两个较细粒级(0.3～0.15μm、<0.15μm)的伊利石黏土样品进行了透射电镜形貌分析。第 7、23、29、38 层的集合体呈不规则团块状,单体呈椭圆或三角形厚板状,边缘或平直或呈磨圆状,颗粒大、厚度大,可能为碎屑(变质、风化、再循环)伊利石;第 48、75 层的集合体呈薄长方片状、不规则粒状,单体颗粒细小、厚度薄并呈长方片状,可能为沉积(早成岩)伊利石;第 89、97、103 层的集合体呈絮状—半絮状,单体颗粒细小、厚度薄并呈不规则粒状,可能为成岩(晚成岩)伊利石(图 13.8 和图 13.9)。

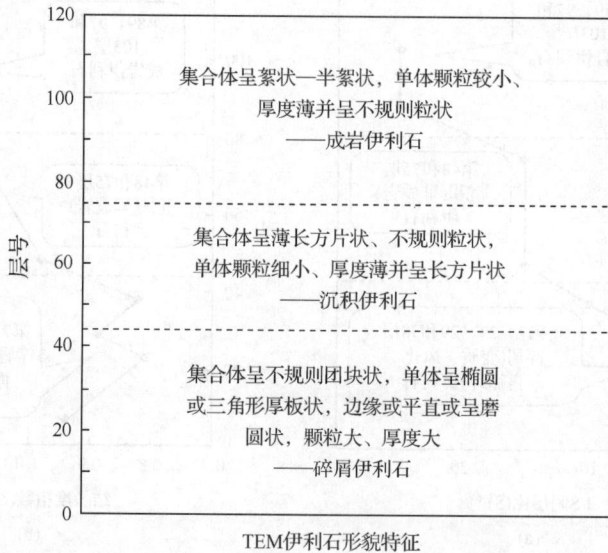

图 13.8　七里沟 C-P 剖面泥页岩自生伊利石黏土样品透射电镜(TEM)形貌特征
分析鉴定单位:中国地质大学(北京)矿物岩石材料应用国家实验室

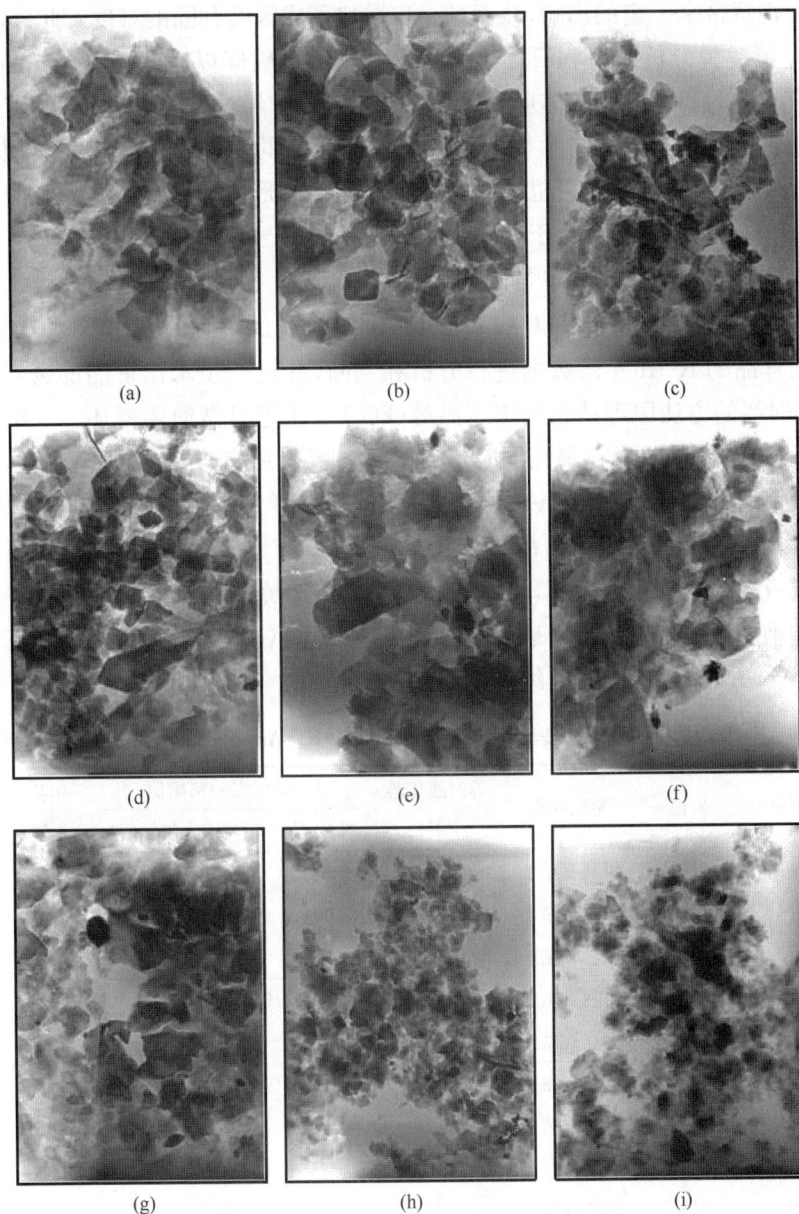

图 13.9 七里沟 C-P 剖面泥页岩自生伊利石黏土样品透射电镜(TEM)照片(分析鉴定单位：中国地质大学(北京)矿物岩石材料应用国家实验室)

(a) 第 7 层，片状伊利石，粒级<0.15μm，50K；(b) 第 23 层，片状伊利石，粒级<0.15μm，40K；(c) 第 29 层，片状伊利石，粒级<0.15μm，30K；(d) 第 38 层，片状伊利石，粒级<0.15μm，30K；(e) 第 48 层，长方片状伊利石，粒级为 0.3~0.15μm，40K；(f) 第 75 层，片状伊利石，粒级<0.15μm，40K；(g) 第 89 层，片状伊利石，粒级<0.15μm，30K；(h) 第 97 层，半絮状伊利石，粒级<0.15μm，15K；(i) 第 103 层，絮状伊利石，粒级<0.15μm，12K

应该说明的是，根据形貌进行成因类型判断，本身具有较强的多解性，加上国内该项分析开展的不多，经验不够丰富，如本次分析中的制样不是太理想，颗粒重叠太多，可能会对形貌特征观察带来一定的影响,从而进一步增加了成因类判断的难度。此外,本次用于进行透射电镜形貌分析的伊利石黏土样品是利用经过破碎以后的泥页岩样品分离提取的。破碎究竟会对伊利石的晶体形态造成多大的影响? 经过破碎以后的样品还能否反映其原始形貌特征? 砂岩中的自生伊利石由于具有充分的空间常具有较为典型的形貌特征,泥页岩中的自生伊利石是否也同样具有较为典型的形貌特征? 本次研究只是初步尝试,诸如此类的有关问题均有待于进一步深入研究。

5. $R(^{40}K/^{36}Ar)$-$R(^{40}Ar/^{36}Ar)$ 等时线

$R(^{40}K/^{36}Ar)$-$R(^{40}Ar/^{36}Ar)$ 等时线属于 K-Ar 等时线的一种。利用 K-Ar 等时线技术可以对一组样品的 K-Ar 年龄数据进行分析和判断,并进一步求出可能的真实年龄。关于 K-Ar 等时线的方法原理请参阅李志昌等(2004),这里只做简要概述。一组样品如果满足三个条件:①矿物或岩石都在同时形成,严格地说,所有样品中的 K-Ar 体系都在同一时间处于封闭状态,K-Ar 时钟同时启动;②所有样品初始氩的同位素组成相同;③K-Ar 体系一直保持封闭,那么在 $R(^{40}K/^{36}Ar)$-$R(^{40}Ar/^{36}Ar)$ 坐标上,这样一组样品将能拟合成一条直线。根据直线斜率,可以求得样品真实年龄,根据截距$[R(^{40}Ar/^{36}Ar)]$,可以判断样品的初始氩同位素组成。表 13.6 给出了七里沟 C-P 剖面泥页岩伊利石黏土样品的 $R(^{40}K/^{36}Ar)$-$R(^{40}Ar/^{36}Ar)$ 等时线分析结果。

表 13.6　七里沟 C-P 剖面泥页岩伊利石黏土样品 $R(^{40}K/^{36}Ar)$-$R(^{40}Ar/^{36}Ar)$ 等时线分析结果

层号	样号	岩性	测试对象	等时线年龄/Ma	$R(^{40}Ar/^{36}Ar)$初始值 初始值	相对于大气氩值*	相关系数	伊利石成因类型
103	CN-17	泥岩	伊利石黏土	227.67	−1421	−1716.5	0.997	
97	CN-15	泥岩	伊利石黏土	177.91	970	674.5	0.888	成岩
89	CN-12	泥岩	伊利石黏土	164.38	570	274.5	0.996	
75	CN-10	泥岩	伊利石黏土	不成等时线				?
48	CN-6	泥岩	伊利石黏土	235.24	2460	2164.5	0.960	沉积
38	CN-19	泥岩	伊利石黏土	不成等时线				?
29	CN-3	泥岩	伊利石黏土	491.14	3074	2778.5	0.821	碎屑
23	CN-2	泥岩	伊利石黏土	765.43	−6653	−6948.5	0.959	
7	CN-1	泥岩	伊利石黏土	不成等时线				?

注: * 相对于大气氩值的计算方法:等于初始值−295.5,负值表示偏小,正值表示偏大;"?"表示不能确定。

根据表 13.6 可以得出以下三点认识:①第 23、29、48、89、97、103 层可能以同一种成因类型的伊利石为主(第 7、38、75 层因不成等时线,故不进行讨论;原因可能比较复杂)。②第 23、29 层,等时线年龄分别为 765.43Ma 和 491.14Ma,明显大于地层年龄(320～295Ma),应该主要为碎屑伊利石;第 48 层,等时线年龄为 235.24Ma,接近地层年龄(295～272Ma),可能主要为沉积伊利石;第 89、97、103 层,等时线年龄分别为 164.38Ma、177.91Ma、227.67Ma,明显小于地层年龄(272～250Ma),可能主要为成岩伊利石。③根据 $R(^{40}Ar/^{36}Ar)$初始值推断,第 23、103 层(样品 CN-2、CN-17),初始氩数值与大气氩值

(295.5)相比,明显偏低(较大负值),说明表 13.5 中的实测年龄可能偏低(存在氩丢失,特别是两个较细粒级);第 89、97 层(样品 CN-12、CN-15),初始氩数值与大气氩值(295.5)基本接近(较小正值),说明表 13.5 中的实测年龄可能接近于真实年龄;第 29、48 层,初始氩数值与大气氩值(295.5)相比,明显偏高(较大正值),说明表 13.5 中的实测年龄可能偏高(存在过剩氩,特别是两个较粗粒级)。

应该说明的是,等时线技术适用于同一岩体的一组样品,利用该项技术对同一样品的不同粒级伊利石黏土组分进行分析是笔者的初步尝试,是否恰当、可行尚需进一步实践、检验。

三、伊利石 K-Ar 年龄地质意义探讨

伊利石的成因类型是讨论其 K-Ar 年龄的地质意义的基础。本次研究表明,七里沟 C-P 剖面泥页岩伊利石明显可以划分为三组,第一组包括第 7、23、29、38 层,主要为碎屑伊利石;第二组包括第 48、75 层,主要为沉积伊利石;第三组包括第 89、97、103 层,主要为成岩伊利石。

第一组年龄为 415(586)～505(681)Ma,明显大于其地层年龄(C_2,320～295Ma,位于其中的第 22 层即吴家裕灰岩含麦粒蟆,应为晚石炭世),可能是其源区母岩时代的反映,无准确地质意义,对推测其源区母岩的时代(中上元古代)可能具有一定的参考价值(表 13.7、图 13.10)。该组泥页岩地层普遍含煤($8^\#$煤、$9^\#$煤、$10^\#$煤、$11^\#$煤)(表 13.2),酸性环境和煤层的遮挡(孔隙流体运移不畅)导致伊利石成岩作用不发育,可能是碎屑(风化)伊利石得以保存的主要原因。

第二组年龄为 211(281)～257(318)Ma(含第 46 层,沉凝灰岩,313Ma),接近其地层年龄(P_1,295～272Ma,位于其下的第 43 层即庙沟灰岩含假希瓦格蟆,应为 P_1,295～272Ma),可能主要反映其地层年龄,第 46、48 层可能为下二叠统下部(早期),第 75 层可能为中二叠统下部(早期)(表 13.7、图 13.10)。

第三组年龄为 173(186)～185(210)Ma,明显小于其地层年龄(P_2—P_3,272～250Ma),可能主要反映成岩作用事件的年龄(表 13.7、图 13.10)。华北地区古生代末期至三叠纪时期(250～203Ma)受构造运动(二叠纪末期的海西运动)影响,整体隆起;侏罗纪(203～135Ma)华北地区进入断块发育阶段;侏罗纪沉积受古生代末期褶皱运动形成的复向斜和断陷的控制,多为含煤小盆地(李国玉等,1988)。所测年龄相当于早侏罗世末—中侏罗世早期,对应于断块发育时期,可能反映的是由构造抬升运动而引起的热事件——构造活动强烈,温度升高、流体活跃,有利于伊利石成岩作用发育,随着构造活动强度的降低及抬升至暴露地表后,温度降低,伊利石形成环境遭到破坏进而引起伊利石成岩作用终止。

燕山期是太原西山煤田 C-P 沉积后岩浆活动较为活跃的时期,在煤田西部和东南部分别发育狐偃山侵入体和祁县隐伏侵入体(狐偃山地理位置如图 13.1 所示)。狐偃山岩体为碱性、偏碱性杂岩群,出露面积 56km²,岩石类型主要为二长岩、二长斑岩、正长斑岩和正长岩,侵入期次分别为 150Ma 左右、150～130Ma、130～120Ma 和 130～110Ma(孙蓓蕾

表 13.7 七里沟 C-P 剖面泥页岩自生伊利石黏土样品 K-Ar 测年结果及其地层时代划分

层号	样号	岩性	测试对象	K-Ar 年龄/Ma 实测值(最小～最大)	选取值	取值说明	砂岩碎屑锆石裂变径迹年龄/Ma	地层划分
103	CN-17	泥岩	伊利石黏土	185～210	173	最小值(成岩事件年龄)		有待进一步研究
97	CN-15	泥岩	伊利石黏土	183～211				
89	CN-12	泥岩	伊利石黏土	173～186				
75	CN-10	泥岩	伊利石黏土	211～281	259	2个较粗粒级的平均值	201、584 骆驼脖子砂岩(第72、83层)	中二叠统(P₂)
48	CN-6	泥岩	伊利石黏土	257～318	280/299	4个粒级或2个较粗粒级的平均值	181、537 北岔沟砂岩(第60层)	下二叠统(P₁)
46	CN-5	沉凝灰岩	全岩	313	295	适当调整	168 七里沟砂岩(第54层)	
43	WD-9	灰岩	庙沟灰岩,含假希瓦格蜓,应为下二叠统,295～272Ma					
38	CN-19	泥岩	伊利石黏土	454～633	?	难以确定(只能为推测源区年龄时提供参考)	200、331、802 西铭砂岩(第30～31层)	有待进一步研究
29	CN-3	泥岩	伊利石黏土	475～640				
23	CN-2	泥岩	伊利石黏土	504～681				
22	WD-8	灰岩	吴家裕灰岩,含麦粒蜓,应为C₂,320～295Ma				215、289 210、301 晋祠砂岩(第17层)	上石炭统(C₂)
7	CN-1	泥岩	伊利石黏土	415～586	?	难以确定(只能为推测源区年龄时提供参考)		有待进一步研究

注:锆石裂变径迹年龄引自孙蓓蕾等(2013),其认为215～168Ma 代表锆石沉积后所发生的构造热事件,较大年龄代表锆石在物源区所经历的构造热事件;样品分别采自七里沟剖面、磺厂沟剖面,层号系笔者根据砂岩标志层推测;"?"表示不能确定。

等,2013);祁县隐伏岩体为偏碱性,岩石类型为石英二长岩,其条纹长石 K-Ar 年龄为 140.8Ma,属于燕山中期(山西省地质矿产局,1989)。

刘洪林等(2005)的煤层气研究表明,太原西山煤田晚中生代地温梯度普遍超过 6℃/100m,远高于现代大陆平均值(3℃/100m),具有异常古地热场,古地热场中的强大地热流作用使上古生界煤层在较短暂的地质时段内迅速演化至现今煤级并生成大量煤层气。西山煤田煤阶呈北东向条带状分布,从西北—东南变质程度逐步加深,狐偃山火成岩体周围上下煤组全为环状接触变质带。显然,燕山期构造热事件(岩浆活动)对西山煤田 C-P 地层,包括七里沟剖面,具有重要意义。

孙蓓蕾等(2013)的太原西山煤田西铭—杜儿坪矿区上古生界砂岩(晋祠砂岩、西铭砂岩、七里沟砂岩、北岔沟砂岩、骆驼脖子砂岩)碎屑锆石裂变径迹年龄测定结果为 215～181Ma,认为至少存在 2 次构造热事件,晚三叠世—早侏罗世(181～210Ma)和晚侏罗

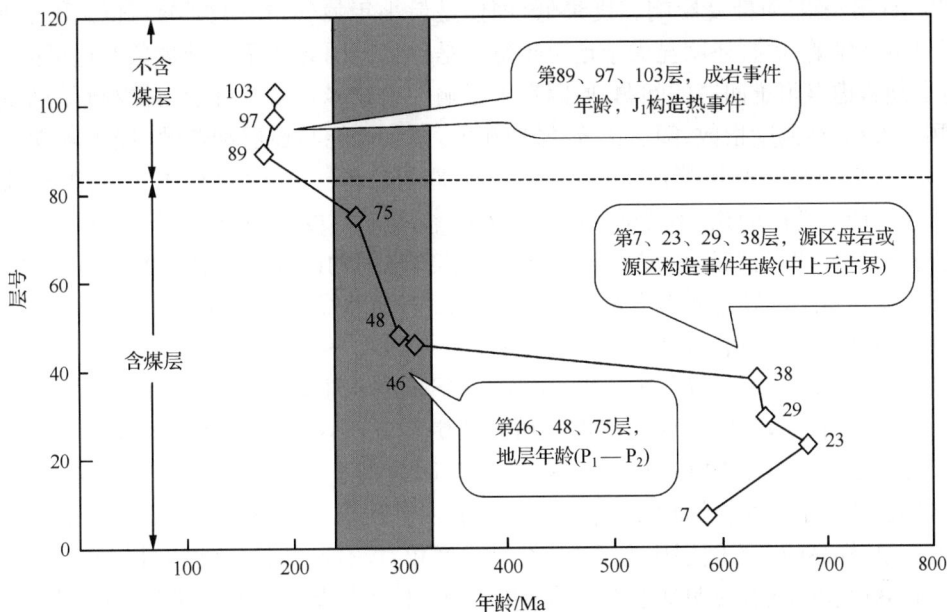

图 13.10　七里沟 C-P 剖面泥页岩自生伊利石黏土样品 K-Ar 年龄及其可能的地质意义

世—早白垩世(130Ma 左右),还可能存在 168Ma 的构造热事件(详细数据和样品分布情况参见表 13.7)。

通过对比可以发现,第三组(第 89、97、103 层)自生伊利石 K-Ar 年龄数据与锆石裂变径迹年龄数据基本一致,分别为 173～210Ma 和 181～210Ma,说明自生伊利石年龄可能的确反映的是构造热事件年龄,因而从理论上讲,应该选用相对较细粒级的年龄值或最小年龄值,因为只有较细粒级才最有可能是最晚期形成的自生伊利石,可能受污染最小并最有可能代表成岩事件(构造热事件)年龄。从表 13.5 和图 13.4 可以看出,这三层样品的不同粒级自生伊利石年龄相差不大,说明可能均主要是成岩自生伊利石。进一步对比可以发现,第 75 层样品(第二组)的两个较细粒级的年龄与其两个较粗粒级的年龄相差较大,分别为 211Ma、211Ma、237Ma 和 282Ma,前者和锆石裂变径迹年龄数据(215～181Ma)基本一致,后者和地层年龄基本接近;第 48 层样品(第二组)自生伊利石 K-Ar 年龄数据不同粒级相差较大,明显分为两组,分别为 264Ma、257Ma、279Ma 和 318Ma。分析认为这两层可能属于沉积伊利石和/或早成岩自生伊利石,同样,从理论上讲,相对较粗粒级可能受构造热事件即成岩改造相对较小,因而其年龄可能更接近于地层年龄。

从表 13.7 可以看出,砂岩碎屑锆石裂变径迹年龄测定样品自下而上基本涵盖整个C-P 剖面(第 17～83 层),并且年龄基本一致(215～181Ma),可能反映晚三叠世—早侏罗世的构造热事件(孙蓓蕾等,2013);而自生伊利石年龄明显不同,不同层之间相差较大,反映不同层之间受构造热事件影响的程度可能相差较大。如上所述,第 89、97、103 层(第三组)样品受影响最明显,年龄最小并且不同粒级的年龄均与热事件年龄基本一致;第 48、75 层(第二组)样品受影响程度明显降低,两个较细粒级的年龄和热事件年龄基本接近,并且层位偏上年龄较小、层位偏下年龄较大(第 75 层,211Ma;第 48 层,257Ma);第 7、23、

29、38层(第一组)可能受影响程度最低,即便是最小年龄(414～474Ma),也是不仅明显大于热事件年龄,而且还明显大于地层年龄。是什么原因导致了这种现象?这可能是一个既必须考虑但很难回答的问题,原因在于影响因素较多。第一可能与伊利石的结晶程度(颗粒大小、结晶度指数、间层比等)密切相关;第二可能与地层和热源(侵入岩体)的接触关系(位置、距离、产状等)密切相关;第三可能与热传导方式(热流体、断层等)密切相关;第四可能与地层的孔、渗特征(孔隙度、渗透率、地层厚度、砂泥岩比等)密切相关;第五可能与岩浆侵入时间和地层成岩阶段(成岩程度)之间的匹配关系密切相关等。由此可见,深入探讨这个问题需要做大量的基础地质工作,显然目前还相差甚远。根据目前所掌握的数据资料推测,伊利石结晶程度可能是主要原因之一。从表13.5、图13.6和图13.7可以看出,第7、23、29、38层(第一组)样品的I/S间层比主要为5%,接近真正的伊利石,说明结晶程度较高,可能主要为高温变质碎屑伊利石,热稳定性较高,不易遭受破坏;第48、75层(第二组)样品的I/S间层比为15%,说明结晶程度与第一组相比明显降低,热稳定性降低,特别是相对较细粒级,可能主要为沉积伊利石或早成岩伊利石;第89、97、103层(第三组)样品的I/S间层比为25%,结晶程度相对较低,热稳定性相对较低,4个不同粒级的年龄基本接近,说明基本为相同成因,可能主要为成岩自生伊利石,属于构造热事件的自生矿物。

从表13.7和图13.10以及上面的分析可以看出,本次研究中对自生伊利石年龄数据的地质意义解释分别选取了不同粒级的年龄,如第三组选取最小值(最细或较细粒级);第二组选取2个较粗粒级或4个粒级的平均值;第一组则选取最大值(最粗粒级)(图13.10),似乎具有较大的随意性,会不会包括太多人为因素?对于这一点,笔者认为毋庸置疑也不需回避,这可能正是利用自生伊利石测年技术探讨泥页岩地层时代的显著特色或主要特点之一。正如本章第一节概述中所述,泥页岩中的自生伊利石或伊利石年龄影响因素较多,具有很大的变数,特别是测试样品粒级存在较大的不确定性,从表13.5可以看出不同粒级具有不同的年龄,这就要求必须做出选择。本次研究中,之所以对4个连续不同的粒级组分进行分析和年龄测定就是为对比、分析和研究年龄数据及其变化规律创造必要的先决条件。关于第三组、第二组样品的年龄数据及其意义,前面已经详细讨论。关于第一组样品,图13.10中选取最大值的原因简述如下:从前面的分析及实际年龄数值均可以看出,这组样品中的伊利石主要是高温碎屑伊利石,既然是碎屑伊利石,自然是粒级相对较粗,受破坏程度较低,相对较粗的年龄数据(最大值)可能最接近源区地层或源区构造热事件年龄。尽管所说的"碎屑伊利石年龄"只具有概念意义,不具有实际意义,但从理论上讲就应该这样选择。碎屑伊利石属于来自盆外的碎屑矿物,既可能是再循环伊利石,也可能是源区变质伊利石,本身就不具有一个统一来源,自然也就不可能具有相同年龄,更何况在风化、剥蚀、搬运、沉积乃至成岩过程中还会遭受不同程度的破坏和改造,都会对放射性同位素体系即年龄数据产生较大影响。所以"碎屑伊利石年龄"只具有概念意义不具有太多的实际使用价值是因为其具有较大可变性,如表13.7所示,其只能为推测源区年龄时提供参考。应该说明的是,本次研究只是一次初步探索,对各方面问题的认识还远不够成熟,有关观点和做法仅供参考。

第三节　自生伊利石 Rb-Sr 同位素年代学研究

一、方法原理

岩石和矿物中的铷(^{87}Rb)经 β 衰变生成稳定同位素^{87}Sr。根据对试样中的母体同位素^{87}Rb 和子体同位素^{87}Sr 含量及锶同位素比值的测定,便可以根据放射性衰变定律计算试样形成封闭体系以来的时间,即岩石或矿物形成以来的年龄。关于 Rb-Sr 法同位素年龄测定的方法原理和实验技术请参见文献(Faure,1977;福尔,1983;李志昌等,2004)。

二、技术流程

本次研究的 Rb-Sr 测年分析由中国科学院地质与地球物理研究所 Rb-Sr 同位素实验室完成。锶含量、锶同位素比值、铷含量测定采用同位素稀释法,所用仪器为 VG 354 固体同位素质谱仪(英国质谱公司),实验技术步骤如下。

(1) 试样及预处理。

(2) 器皿清洗、试样分解。

(3) 分离、纯化。

(4) 锶同位素比值与含量测定。

(5) 铷含量测定。

(6) $R(^{87}Rb/^{86}Sr)$、$R(^{87}Sr/^{86}Sr)$值及等时线年龄计算。

三、伊利石 Rb-Sr 年龄地质意义探讨

K-Ar 同位素年代学研究结果表明,七里沟 C-P 剖面第 89、97、103 层泥页岩中的伊利石主要为成岩伊利石,其 K-Ar 年龄为成岩事件年龄,为进一步深入研究其地层时代和自生伊利石 Rb-Sr 同位素测年技术的应用效果,本次研究分别选择了第 75、89、97、103 层泥页岩中的伊利石黏土样品进行 Rb-Sr 同位素测年分析。第 7、23、29、38 层泥页岩,由于其伊利石主要为碎屑(风化、再循环)伊利石,故未对其进行 Rb-Sr 同位素测年分析。

等时线年龄计算是指对一组同时同源的样品所测得的 $R(^{87}Rb/^{86}Sr)$ 和 $R(^{87}Sr/^{86}Sr)$值,根据式(13.1)用最小二乘法拟合最佳直线(即等时线),并计算其斜率(m)和 $R(^{87}Sr/^{86}Sr)$初始值。

$$R\left(\frac{^{87}Sr}{^{86}Sr}\right)_P = R\left(\frac{^{87}Sr}{^{86}Sr}\right)_i + R\left(\frac{^{87}Rb}{^{86}Sr}\right)(e^{\lambda t} - 1) \tag{13.1}$$

式中,$R(^{87}Sr/^{86}Sr)_i$为试样在形成时所含的 $R(^{87}Sr/^{86}Sr)$ 的初始值;$R(^{87}Sr/^{86}Sr)_P$为试样中 $R(^{87}Sr/^{86}Sr)$ 的现代值;$R(^{87}Rb/^{86}Sr)$为试样中 $R(^{87}Rb/^{86}Sr)$ 的现代值;e 为自然对数的底;λ 为^{87}Rb 衰变成^{87}Sr 的衰变常数,采用 $1.42×10^{-11}a^{-1}$;t 为所测试样的年龄,Ma。

根据斜率 m,利用式(13.2)进一步计算出等时线年龄。

$$t = \frac{1}{\lambda}\ln(m+1) \times 10^{-6} \tag{13.2}$$

式中，t 为等时线年龄，Ma；λ 为 ^{87}Rb 衰变成 ^{87}Sr 的衰变常数，采用 $1.42\times10^{-11}a^{-1}$。

对于年龄为 100～1000Ma 的样品，在满足等时线的前提条件下，且样品数不小于 6 个或 7 个时，等时线年龄结果在 95% 置信水平下的不确定度小于试样年龄的 ±10%（张自超，1997）。

满足等时线条件的一组样品必须具有以下特征：①具有相同的 $R(^{87}Sr/^{86}Sr)$ 初始值；②自结晶以来一直保持铷和锶的封闭体系；③$R(Rb/Sr)$ 值分散范围尽可能宽。

表 13.8 是本次 Rb-Sr 同位素测年分析数据表。初步推测，七里沟 C-P 剖面第 75、89、97、103 层泥页岩层位应为中二叠统下部—上二叠统下部，年龄较为接近（272～260Ma），可以近似地认为是同时，故可以将所有数据纳入做等时线，结果表明，数据点分散，不呈线性关系，说明有不同时组分（碎屑伊利石和/或成岩伊利石）存在。为此对 4 组数据（即 4 层泥页岩）分别单独做等时线，结果表明，第 75 层数据分散，不呈线性关系；第 89、97、103 层虽略呈线性关系，但误差较大且等时线年龄过大或过小，明显不合理，同样说明有不同时组分存在。根据以上初步分析结果，对数据进行筛选，剔除 4 个异常数据点（CN-10-1、CN-10-2、CN-12-1、CN-12-2）后，线性关系较好，等时线年龄为 280±46Ma，虽误差略微偏大（16%），但基本合理[图 13.11(a)]。剔除 CN-15-1 后，第 97 层其余 3 组数据点（CN-15-2、CN-15-3、CN-15-4）的等时线年龄为 240±46Ma[图 13.11(b)]，略微偏小（应为 260Ma 左右）。剔除 CN-17-1、CN-17-3 后，第 97、103 层其他 6 组数据点的等时线年龄为 261±83Ma[图 13.11(c)]，虽误差较大，但基本合理。由此可以初步认为，第 89、97、103 层泥页岩自生伊利石黏土样品的 Rb-Sr 等时线年龄可能在 270～250Ma 范围内，与 K-Ar 年龄（173Ma）不同，可能主要反映的是其地层年龄（中-上二叠统，272～250Ma）。

应该说明的是，尽管还存在许多问题，如误差较大和数据选取、等时线年龄计算过程中可能存在一定的主观因素等，本次自生伊利石 Rb-Sr 同位素年代学研究获得了较为理想的效果并初步展示出较好的应用开发前景。导致数据较为分散和误差较大的原因可能主要是样品选择不合理。由于为首次探索，经验不足，加上时间紧、任务重、分析工作量大，本次研究每层只采集了一块样品且相关分析（分离提纯、XRD 分析、Rb-Sr 同位素分析等）不够充分，可能对等时线年龄计算的合理性和代表性都带来了一定的影响，并给数据筛选等进一步深入研究带来了一定困难。

本次研究表明，样品合理性与代表性可能是影响自生伊利石 Rb-Sr 同位素年代学研究应用效果的主要问题，按照下述原则进行可能会获得较好的分析效果和更加理想的应用效果。

（1）对同一层泥页岩，应同时顺层采 6～7 块样品，样品之间的间隔距离应尽量大一点，从而既保证同时同源，又使 $R(Rb/Sr)$ 值分散范围尽可能宽。

（2）对采自同一层泥页岩的 6～7 块样品均分离出 1～0.5μm、0.5～0.3μm、0.3～0.15μm 和＜0.15μm 四个粒级的伊利石黏土组分并对每一粒级组分均进行 XRD 和 K-Ar 测年分析。

（3）根据 XRD 和 K-Ar 测年分析结果，筛选 Rb-Sr 同位素分析样品，主要是剔除含有碎屑钾长石和/或碎屑伊利石的黏土样品。

表 13.8 七里沟 C-P 剖面部分泥页岩伊利石黏土样品 Rb-Sr 测年分析结果及其地层时代划分

层号	岩性	样号	伊利石黏土样品粒级/μm	Rb-Sr 同位素年分析						地层划分
				Rb/ppm	Sr/ppm	$R(^{87}Rb/^{86}Sr)$	$R(^{87}Sr/^{86}Sr)$	2σ	等时线年龄/Ma	
103	泥岩	CN-17-1	1~0.5	174.66	59.52	8.516	0.738716	0.000025		
		CN-17-2	0.5~0.3	175.64	57.36	8.886	0.738413	0.000050		
		CN-17-3	0.3~0.15	183.76	71.85	7.415	0.730092	0.000018		
		CN-17-4	<0.15	179.93	73.32	7.116	0.729824	0.000025		
97	泥岩	CN-15-1	1~0.5	149.98	62.55	6.952	0.729744	0.000023		
		CN-15-2	0.5~0.3	152.18	67.72	6.515	0.729431	0.000018		
		CN-15-3	0.3~0.15	154.97	74.14	6.060	0.727876	0.000020	250 ~ 270	上二叠统 — 中二叠统 (P_3-P_2)
		CN-15-4	<0.15	155.46	71.31	6.321	0.728674	0.000018		
89	泥岩	CN-12-1	1~0.5	41.55	53.55	2.248	0.720283	0.000020		
		CN-12-2	0.5~0.3	65.23	61.86	3.055	0.721464	0.000024		
		CN-12-3	0.3~0.15	97.85	51.54	5.502	0.724944	0.000030		
		CN-12-4	<0.15	97.55	54.46	5.192	0.726063	0.000030		
75	泥岩	CN-10-1	1~0.5	224.15	95.24	6.835	0.746072	0.000018		
		CN-10-2	0.5~0.3	232.22	86.75	7.772	0.743415	0.000020		
		CN-10-3	0.3~0.15	244.80	84.23	8.435	0.738705	0.000050		
		CN-10-4	<0.15	255.46	70.55	10.515	0.745456	0.000016		

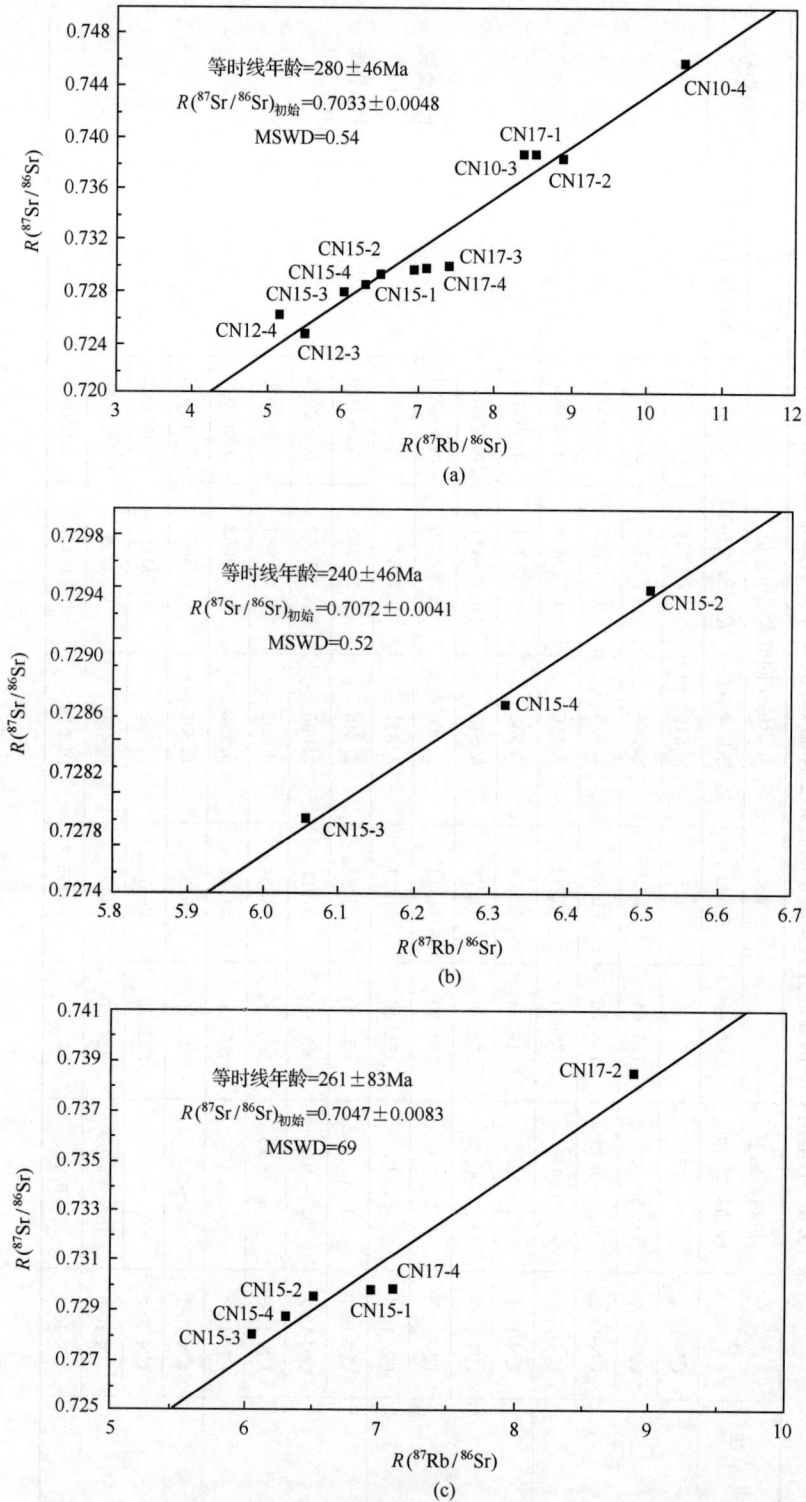

图 13.11　七里沟 C-P 剖面泥页岩自生伊利石黏土样品 Rb-Sr 等时线

(a) 第 75、89、97、103 层；(b) 第 97 层；(c) 第 97、103 层

（4）对同一层泥页岩，分别利用相同粒级伊利石黏土样品（6～7 个）的 Rb/Sr 同位素分析数据做各自的等时线并计算各自的等时线年龄。

（5）利用综合对比分析，选取最佳的等时线和最合理的等时线年龄并进而探讨泥页岩的地层时代。

第四节　碳酸盐岩 Sr 同位素年代学研究

一、方法原理

碳酸盐岩 Sr 同位素年代学研究的理论基础是：①现代大洋的 $R(^{87}Sr/^{86}Sr)$ 值基本上处处相同（等于 0.7090）；②大洋中的 $R(^{87}Sr/^{86}Sr)$ 值在整个显生宙发生了系统变化，但在每个地质时期内，该值在开阔大洋中基本上是一个恒定值。

根据对试样（碳酸盐岩）中的 ^{87}Rb 和 ^{87}Sr 含量及锶同位素比值的测定，便可以计算出试样（碳酸盐岩）的 $R(^{87}Sr/^{86}Sr)$ 初始值，利用显生宙古海洋 $R(^{87}Sr/^{86}Sr)$ 值变化曲线（图 13.12）便可以进一步推断其大致的形成时代即试样（碳酸盐岩）形成以来的年龄。显然，样品必须为海相碳酸盐岩，以及样品（碳酸盐岩）自形成以来一直保持封闭体系或没有受到明显的后期蚀变影响是碳酸盐岩 Sr 同位素年代学研究必须满足的两项基本前提。

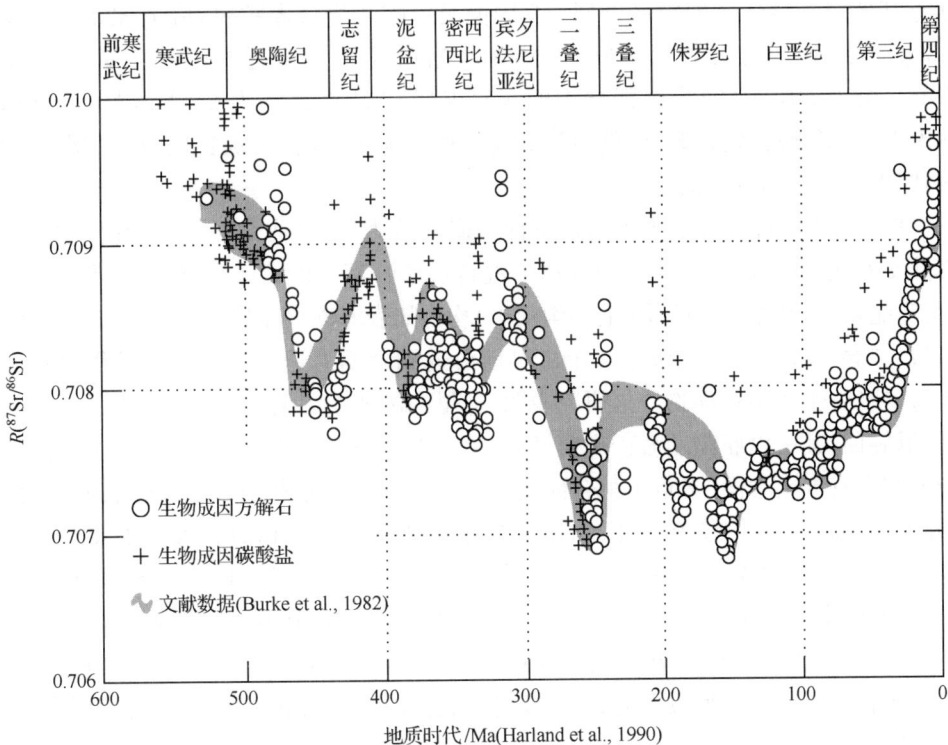

图 13.12　显生宙古海洋 $R(^{87}Sr/^{86}Sr)$ 值变化曲线（Veizer，1997）

因数据点多而密，清绘时很难保持与 Veizer（1997）原图完全一致，请以其原图为准

二、技术流程

本次研究的 Sr 同位素分析由中国科学院地质与地球物理研究所 Rb-Sr 同位素实验室完成。锶含量、锶同位素比值、铷含量测定采用同位素稀释法，所用仪器为 VG 354 固体同位素质谱仪（英国质谱公司），实验技术步骤如下。

(1) 试样及预处理。

(2) 器皿清洗、试样分解。

(3) 分离、纯化。

(4) 锶同位素比值与含量测定。

(5) 铷含量测定。

(6) $R(^{87}Rb/^{86}Sr)$、$R(^{87}Sr/^{86}Sr)$ 计算。

三、碳酸盐岩 Sr 同位素年龄地质意义探讨

表 13.9 是本次七里沟、柳子沟 C-P 剖面碳酸盐岩 Sr 同位素年代学分析数据表。从表中可以看出七里沟剖面第 1、11、22、45、47、107 层和柳子沟剖面第 70 层灰岩的 Sr 同位素年龄基本上反映的是其地层年龄，第 1 层（峰峰组灰岩）为 450Ma，与其地层时代（O_2，465～455Ma）一致；第 11 层（半沟灰岩）、第 22 层（吴家峪灰岩）均为 340Ma，虽略微偏大但接近其地层年龄（C_2，320～295Ma，其中的吴家峪灰岩含麦粒蜒，应为 320～295Ma）；第 45、47 层（毛儿沟灰岩）为 300～340Ma，略微偏大但接近其地层年龄（P_1，298～272Ma）；第 107 层（孙家沟组泥岩中的灰岩夹层）2 块样品均为 255Ma，与其地层时代（P_3，272～250Ma）一致；柳子沟剖面第 70 层[铁磨沟灰岩（叠层灰岩）]为 275Ma，与其地层时代（295～272Ma）一致。

C-P 项目古环境与含油气远景评价课题研究认为，七里沟剖面上石炭统—下二叠统为海陆交互相（陆表海碳酸盐岩与碎屑岩混合层序），其中的第 1 层（峰峰组灰岩）、第 22 层（吴家峪灰岩）和第 45、47 层（毛儿沟灰岩）均为陆表海碳酸盐岩。张韬等（1995）认为华北石炭、二叠纪含煤岩系记录了一个由早期海进到晚期海退的沉积演化过程；高金汉等（2005）的晚古生代腕足动物群落研究表明，七里沟剖面本溪期至山西期共经历了 11 次海水进、退旋回，其中以庙沟期海侵规模最大，最大古水深 10～20m。陆表海环境及海进、海退交替和夹有古土壤面、平行不整合面表明当时水体较浅且相对动荡，时而为海、时而为陆，并不严格满足 Sr 同位素测年条件，可能是导致年龄偏差相对较大的主要原因之一。第 3 层（铁铝层中的灰岩夹层）、第 6、15 层（半沟灰岩）、第 43 层（庙沟灰岩）、第 51 层（斜道灰岩）及柳子沟剖面第 55/56 层（东大窑灰岩）数据异常，其原因可能较为复杂（环境条件不满足、后期蚀变影响、其他矿物杂质影响等）有待进一步研究。第 107 层（孙家沟组泥岩中的灰岩夹层），虽年龄数据与其地层时代吻合，但由于为陆相灰岩，其可信程度也有待进一步研究。

张志存（1990）对太原西山晚石炭世蜒类进行了系统研究并对其所产出灰岩的沉积环境进行了系统分析，认为吴家峪灰岩总体为潮下低能环境为主的开阔陆表海；庙沟灰岩

表 13.9　七里沟、柳子沟 C-P 剖面碳酸盐岩 Sr 同位素测年分析结果及其地层时代划分

剖面	层号	样号	岩性	测试对象	Rb/ppm	Sr/ppm	$R(^{87}Rb/^{86}Sr)$	$R(^{87}Sr/^{86}Sr)$	2σ	$R(^{87}Sr/^{86}Sr)_i$	Sr 同位素年龄/Ma	地层划分
七里沟	107	TQ-107-WD-15	泥岩中的灰岩夹层	全岩	33.66	163.30	0.596	0.709524	0.000017	0.70737896	255	上二叠统
	107	TQ-107-WD-14	（渗水灰岩）	全岩	79.11	169.93	1.347	0.711949	0.000025	0.70710106	255	（P_3）
	51	TQ-51-WD-13	斜道灰岩	全岩	18.15	1593.63	0.033	0.709276	0.000020	0.70915018	?	
	47	TQ-47-WD-12	毛儿沟灰岩——毛③	全岩	39.11	1218.87	0.093	0.708704	0.000015	0.70834940	300	下二叠统
	45	TQ-45-WD-10	毛儿沟灰岩——毛①	全岩	50.65	913.37	0.160	0.708661	0.000021	0.70805094	340	（P_1）
	43	TQ-43-WD-9	庙沟灰岩	全岩	13.77	1424.18	0.028	0.710018	0.000015	0.70991124	?	
	22	TQ-22-WD-8	吴家峪灰岩	全岩	34.21	547.37	0.181	0.708906	0.000020	0.70814362	340	
	15	TQ-15-WD-6	七里沟灰岩	全岩	774.37	689.55	3.249	0.708648	0.000017	0.69496306	?	上石炭统
	11	TQ-11-WD-5	半沟灰岩	全岩	30.64	430.42	0.206	0.708722	0.000018	0.70785432	340	（C_2）
	6	TQ-6-WD-4	铁铝岩中的灰岩夹层	全岩	4.24	204.14	0.060	0.709718	0.000018	0.70946528	?	
	3	TQ-3-WD-2	铁铝岩中的灰岩夹层	全岩	211.49	306.42	1.997	0.708575	0.000017	0.70016354	?	
柳子沟	1	TQ-1-WD-1	峰峰组灰岩	全岩	9.12	252.15	0.105	0.708764	0.000016	0.70806389	450	中奥陶统（O_2）
	70	TL-70-WD-21	叠层灰岩（铁磨沟灰岩）	全岩	40.31	376.70	0.310	0.709126	0.000015	0.70794402	275	下二叠统（P_1）
	55/56	TL-55/56-WD-18	东大窑灰岩	全岩	31.05	1241.37	0.072	0.709182	0.000016	0.70890747	?	?

注："?" 表示根据本次研究的 Sr 同位素比值不能确定年龄。

总体是潮间—潮下低能环境的半局限陆表海,受淡水影响较为显著,与吴家峪灰岩相比,陆源碎屑含量增高;毛儿沟灰岩总体为潮下低能环境为主的开阔陆表海,陆源碎屑含量降低;斜道灰岩的沉积环境与毛儿沟灰岩相似;东大窑灰岩总体为潮间—潮下低能环境的半局限陆表海,含大量陆源碎屑物质,泥质、粉砂含量最高可达30%左右。通过对比可以发现,第 22 层(吴家峪灰岩)和第 45、47 层(毛儿沟灰岩)数据较好的原因可能与属于开阔陆表海沉积环境有关,而第 43 层(庙沟灰岩)和柳子沟剖面第 55/56 层(东大窑灰岩)数据异常可能主要是因为属于半局限陆表海沉积环境,受淡水影响较大并含有大量陆源碎屑物质。显然,沉积环境和陆源碎屑物质含量对碳酸盐岩 Sr 同位素年龄具有重要影响。

应该说明的是,碳酸盐岩 Sr 同位素年代学研究虽偶有报道,但该项技术并不十分成熟,存在的问题比较多。本次研究只是一次初步的探索性研究,虽误差较大,但大部分数据相对基本合理。本次研究表明,该项技术具有较好的开发应用前景。

第五节　七里沟、柳子沟 C-P 剖面同位素年代地层划分

本次研究对七里沟、柳子沟 C-P 剖面分别进行了泥页岩自生伊利石 K-Ar 法同位素年龄测定、泥页岩自生伊利石 Rb-Sr 法同位素年龄测定、碳酸盐岩 Sr 同位素年龄测定和沉凝灰岩 K-Ar 法年龄测定,表 13.10 为其综合成果表。结合四种方法的同位素年代学研究结果及生物地层研究成果综合分析,表 13.10 给出了七里沟、柳子沟 C-P 剖面同位素年代地层初步划分方案:七里沟剖面第 1~2 层应为中奥陶统(峰峰组);第 3~42 层应为上石炭统,包括本溪组和晋祠组;第 43~71 层应为下二叠统,包括太原组和山西组;第 72~122 层应为中二叠统-上二叠统,包括石盒子组、新道组、平顶山组和孙家沟组;C/P 界线可能在第 43 层即庙沟灰岩底;柳子沟剖面第 70 层应为下二叠统(表 13.10、表 13.2)。

应该说明的是,表 13.10 中的地层划分可能存在一定的主观性或不确定性。由于具有多源或多成因特征,沉积岩同位素年龄偏差大、重复性差,如何合理地解释与应用值得深入探索与研究,既不能拘泥于就数据论数据,将年龄数据绝对化,又不能牵强附会、随意发挥,根据各种测年技术的方法特点,结合各种相关地质信息,去伪存真、灵活运用或作为较大尺度范围定年的一种参考可能较为合理。当然,沉积岩同位素测年的精度究竟能达到一个什么样的程度或尺度("统"、"组"、"段"、"层")仍是一个值得深入探索的问题。本次研究仅仅是初步探索,对于上述问题都有待进一步深入研究。本次研究表明,对于"哑"地层时代的确定,同位素年代学研究是重要方法之一,具有较好的开发应用前景,与层序地层学、岩性地层学等其他方法相结合可能会收到较好的应用效果。

刘超等(2014)利用碎屑锆石 U-Pb 定年技术对太原西山上二叠统-下三叠统地层的最大沉积年龄进行了探讨,认为太原西山地区师脑峰砂岩的沉积时间不早于 270Ma,K_8 砂岩的沉积时间不早于 250Ma,展示了该项技术的较好开发应用前景。

表 13.10　七里沟、柳子沟 C-P 剖面同位素年代地层划分

剖面	层号	样号	岩性	同位素年龄/Ma					地层划分
				自生伊利石		碳酸盐岩 Sr 同位素年龄	沉凝灰岩 K-Ar 年龄	取值 (参考)	
				K-Ar 年龄	Rb-Sr 年龄				
七里沟剖面	107	WD-15	灰岩夹层			255		250 ～ 270	上二叠统 (P₃) — 中二叠统 (P₂)
		WD-14							
	103	CN-17	泥岩		250 ～ 270				
	97	CN-15	泥岩	173					
	89	CN-12	泥岩						
	75	CN-10	泥岩	259				259	
	51	WD-13	斜道灰岩			?		280 ～ 300	下二叠统 (P₁)
	48	CN-6	泥岩	280					
	47	WD-12	毛儿沟灰岩			300(偏大)	313(偏大)		
	46	CN-5	沉凝灰岩						
	45	WD-10	毛儿沟灰岩			340(偏大)			
	43	WD-9	庙沟灰岩			?			
				含假希瓦格蜓,应为下二叠统,295～272Ma					
	38	CN-19	泥岩	?				295 ～ 320	上石炭统 (C₂)
	29	CN-3	泥岩						
	23	CN-2	泥岩						
	22	WD-8	吴家峪灰岩			340(偏大)			
				含麦粒蜓,应为晚石炭统,320～295Ma					
	15	WD-6	半沟灰岩	?		?			
	11	WD-5							
	7	CN-1	泥岩						
	6	WD-4	半沟灰岩			?			
	3	WD-2	灰岩夹层			?			
	1	WD-1	峰峰组灰岩			450		450	中奥陶统 (O₂)
柳子沟剖面	70	WD-21	叠层灰岩 (铁磨沟灰岩)			275		275	下二叠统 (P₁)
	55/56	WD-18	东大窑灰岩			?		?	

注:"?"表示根据本次研究的分析测试数据不能确定年龄。

第六节　主要认识与结论及存在的问题与建议

一、主要认识与结论

对于泥页岩"哑层"地层时代确定，自生伊利石 K-Ar 同位素测年技术可能是较为有效的手段之一。伊利石成因类型分析与鉴定是合理解释与应用泥页岩"哑层"自生伊利石 K-Ar 同位素年龄数据的重要基础。由于并非所有的泥页岩"哑层"均含有自生（沉积）伊利石，自生伊利石 K-Ar 同位素测年技术具有一定的局限性。对于泥页岩"哑层"地层时代的确定，应综合利用自生伊利石 K-Ar 同位素测年、自生伊利石 Rb-Sr 同位素测年和碳酸盐岩 Sr 同位素测年等多种同位素测年方法，互相取长补短，相互验证，从而进一步提高年龄数据的可信度并获得更好的应用效果。火山岩夹层对于确定泥页岩"哑层"地层时代具有重要意义。

二、存在的问题与建议

进一步开展伊利石成因类型分析与鉴定技术研究，从而进一步提高伊利石成因类型分析与鉴定水平，为泥页岩"哑层"自生伊利石 K-Ar 测年分析打下坚实的基础。加强自生伊利石 Rb-Sr 同位素测年技术和碳酸盐岩 Sr 同位素测年技术研究，从而充分发挥其在解决泥页岩"哑层"时代方面的特殊作用。不同的泥页岩"哑层"具有不同的地质特征，应开阔视野、加强文献调研和理论探索，进一步开发利用其他测试对象的同位素测年技术，如碎屑锆石裂变径迹热年代学技术、碎屑锆石 U-Pb 定年技术等，从而进一步增加利用同位素测年技术解决泥页岩"哑层"时代的能力。

选择理想的自生（沉积）伊利石相对较为发育的泥页岩（"哑层"）剖面，进一步开展同位素测年方法实验。完善技术、积累经验，为进一步推广该项技术的实际应用和进一步推广该项技术的实际应用效果奠定基础。

参 考 文 献

福尔 G. 1983. 同位素地质学原理. 北京：科学出版社

高金汉，王训练，冯国良，等. 2005. 太原西山七里沟晚古生代腕足动物群落及其古环境意义. 地质通报，24(6)：528-535

高振家，陈克强，高林志. 2014. 中国岩石地层名称辞典（下册）. 成都：电子科技大学出版社，608

李国玉，吕鸣岗，等. 1988. 中国含油气盆地图集. 北京：石油工业出版社

李志昌，路远发，黄圭成. 2004. 放射性同位素地质学方法与进展. 武汉：中国地质大学出版社

刘超，孙蓓蕾，曾凡桂. 2014. 太原西山上二叠统—下三叠统地层最大沉积年龄的碎屑锆石 U-Pb 定年约束. 地质学报，88(8)：1579-1587

刘洪林，王红岩，赵国良，等. 2005. 燕山期热事件对太原西山煤层气高产富集影响. 天然气工业，25(1)：29-32

煤炭科学研究院地质勘探分院，山西省煤田地质勘探公司. 1987. 太原西山含煤地层沉积环境. 北京：煤炭工业出版社

诺林. 1922. 山西太原地层详考. 中央地质调查所地质汇报，第 4 号，65

山西省地质矿产局. 1989. 山西省区域地质志. 北京：地质出版社

孙蓓蕾，曾凡桂，李霞，等. 2013. 太原西山煤田西铭—杜儿坪矿区煤级定型事件：来自锆石裂变径迹年代学的证据. 煤炭科学，38(11)：2023-2029

武铁山. 1997. 全国地层多重划分对比研究(14)山西省岩石地层. 武汉:中国地质大学出版社,170,329

张韬,等. 1995. 中国主要聚煤期沉积环境与聚煤规律. 北京:地质出版社

张有瑜,Zwigmann H,刘可禹,等. 2014. 油气储层砂岩样品制冷—加热循环解离技术实验研究. 石油实验地质,36(6):752-761

张有瑜,董爱正,罗修泉. 2001. 油气储层自生伊利石分离提纯及其 K-Ar 同位素测年技术研究. 现代地质,15(3):315-320

张有瑜,罗修泉. 2009. 油气储层自生伊利石分离提纯微孔滤膜真空抽滤装置:中国,ZL200610090591

张有瑜,罗修泉. 2011. 油气储层自生伊利石分离提纯微孔滤膜真空抽滤装置与技术. 石油实验地质,33(6):671-676

张志存. 1990. 太原西山晚石炭世蜓类再研究. 微体古生物学报,7(2):95-122

张自超. 1998. DZ/T 0184.4—1997. 岩石矿物铷锶同位素地质年龄及锶同位素比值测定//中华人民共和国地质矿产部发布. DZ/T 0184.1~0184.22—1997. 北京:中国标准出版社

Bonhomme M G. 1982. The use of Rb-Sr and K-Ar dating methods as a stratigraphic tool applied to sedimentary rocks and minerals. Precambrian Research,18(1982):5-25

Faure G. 1977. Principles of Isotope Geology. Toronto:John Wiley & Sons

Harland W B, Armstron R L, Cox A V, et al. 1990. A Geological Time Scale 1989. Cambridge:Cambridge University Press

Perry E A. 1974. Diagenesis and the K-Ar dating of shales and clay minerals. Geological Society of America Bulletin,85:827-830

Veizer J. 1997. Strontium isotope stratigraphy:Potential resolution and event correlation. Palaeogeography,Palaeoclimatology,Palaeoecology,132:65-77

Weaver C E. 1989. Clays,Muds,and Shales. Developments in Sedimentology 44. Amsterdam:Elsevier

第十四章　库车前陆盆地中、新生代断层泥自生伊利石 K-Ar 测年研究

第一节　概　述

一、目的与意义

本章内容的成果是笔者实验室[中国石油勘探开发研究院（RIPED）]、澳大利亚联邦科学和工业研究院（CSIRO）石油资源部、塔里木油田分公司勘探开发研究院合作研究专题。

断层定年对油气勘探来说具有非常重要的意义。通过确定断层活动时代，可以为油气成藏史研究提供重要的科学依据。断层定年的具体作用和意义与所研究断层的性质或其在油气聚集历史中的作用密切相关，如果为开放断层并作为油气运移的通道，通过断层定年可以探讨油气注入时间；如果为封闭断层，通过断层定年可以探讨圈闭形成时间，如果为破坏性断层，通过断层定年可以探讨古油藏遭受破坏的时间。

本章内容属探索性基础预研课题。对断层泥自生伊利石 K-Ar 测年技术在确定库车前陆盆地中、新生代脆性断层活动时代方面的有效性进行深入探讨，从而为开创新思路、新技术、新方法研究奠定坚实基础。

二、方法原理及国内外研究现状

与新构造运动有关的近地表变形作用常常会形成脆性断层并在其断裂带内形成断层泥，其成分主要是围岩碎屑和由退化水化作用所形成的自生黏土矿物，特别是伊利石。如果围岩为高级变质岩或岩浆岩，就可以很好地将新形成的黏土矿物组分与围岩矿物组分区分开。早期的研究（Lyons and Snellenberg，1971）表明，利用同位素测年技术确定脆性断层的活动年代具有较好的应用前景。后期的研究（K-Ar 法、^{40}Ar-^{39}Ar 法、Rb-Sr 法）（Kralik et al. ，1987；Vrolijk，1999；Choo et al. ，2000；van der et al. ，2001）充分地证实了这一论断。

对于断层活动时代同位素年代测定，国外研究相对较多，如 Lyons 和 Snellenberg（1971）、Kralik 等（1987）、Vrolijk（1999）、Choo 等（2000）、van der 等（2001）、Zwigmann 和 Mancktelow（2004）、Zwingmann 等（2004），国内做过一些探索研究并取得了一些重要成果，如 K-Ar 法、Ar-Ar 法、热释光法、电子自旋共振法、裂变径迹法等（陈文寄等，1988；陈文寄和计凤桔，1991；孙瑛杰和卢演俦，1999；朱文斌等，2004；韩淑琴等，2007；王勇生等，2009）。

虽然国内外均取得了一系列重大进展,但迄今为止,断层定年,尤其是陆壳浅层脆性断层定年仍是一个国际性难题,原因可能主要有以下三点:①温度较低,使得浅层陆壳断层不会像深部断层那样发生彻底的同构造期矿物重结晶作用;②古老的(碎屑)和新形成的(自生)伊利石类矿物同时存在,从而使所获得的同位素年龄实际上是这两种矿物的混合年龄;③快中子照射过程中的 ^{39}Ar 丢失(核反冲现象)常常会使伊利石 Ar-Ar 法年龄测定产生极不合理的年龄数据(明显偏老)。由此看来,对于利用断层泥自生伊利石 K-Ar 同位素年龄测定确定断层活动时代,要想获得非常好的年龄数据和应用效果,难度是非常大的,首先所研究断层的温度必须足够高(能够产生重结晶作用),其次所研究的断层泥中必须有"质"和"量"(绝对含量和演化程度)均达到一定程度的自生伊利石,最后要有较为先进的分离提纯技术,从而使自生伊利石得到最大程度的富集并彻底剔除碎屑含钾矿物(碎屑钾长石和碎屑伊利石)的影响。

在利用 K-Ar 法同位素测年技术对断层泥自生伊利石进行年龄测定方面,国内主要是对部分深大断裂(带)进行过一定的探索性研究,如沂沭断裂(郯庐断裂沂沭段)(陈文寄等,1988;王勇生等,2009)、红河断裂(韩淑琴等,2007),而对中浅层脆性断层,特别是含油气盆地,可能研究较少(未见报道)。中浅层脆性断层多为顺层、平移、滑移、滑脱、逆冲、生长断层等,低强度、低裂度、低温、干旱是其典型特征,一般很少发生重结晶作用,更不利于形成自生伊利石。

第二节　地质背景

库车前陆盆地是塔里木盆地的一级构造单元,即库车拗陷,位于塔里木盆地北部与南天山褶皱系之间,是一个中、新生代盆地,包括三正三负一单斜七个二级构造带(图 14.1)。三个正向构造带分别为直线背斜带、秋立塔克复背斜带及南部亚肯平缓背斜带;三个负向构造带为拜城凹陷、阳霞凹陷及乌什凹陷;一个单斜带为北部单斜带(严伦等,1995)。为突出实用功能,王招明等(2004)将库车前陆盆地划分为逆冲后缘带、逆冲主体带、拜城拉分盆地、逆冲前锋带、逆冲前缘带、阳霞凹陷六个二级构造单元,自北向南与原方案的北部单斜带、直线背斜带、拜城凹陷、秋立塔克背斜带、南部亚肯平缓背斜带、阳霞凹陷——对应(不包括乌什凹陷)(图 14.2)。本次研究的巴什基奇克背斜、吐孜玛扎背斜属于逆冲主体带(直线背斜带),东秋立塔克背斜属于逆冲前锋带(秋立塔克复背斜带)。卢华复等(2000)把直线背斜带称为北部线性背斜带并划分为三段,即东、中、西段,分别为依奇克里克段、克拉苏段和吐孜玛扎段,巴什基奇克背斜和吐孜玛扎背斜分别属于克拉苏段(中段)和吐孜玛扎段(西段);卢华复等(2000)把秋立塔克复背斜带称为丘里塔格前锋带并进一步划分为东丘里塔格段、库车塔吾段、南北丘里塔格段和亚克里克—塔拉克段,东秋立塔克背斜,包括南侧的亚肯背斜属于东丘里塔格段。

库车前陆盆地存在北部断裂系和秋立塔克断裂系两大断裂系统(图 14.3,王招明等,2004)。

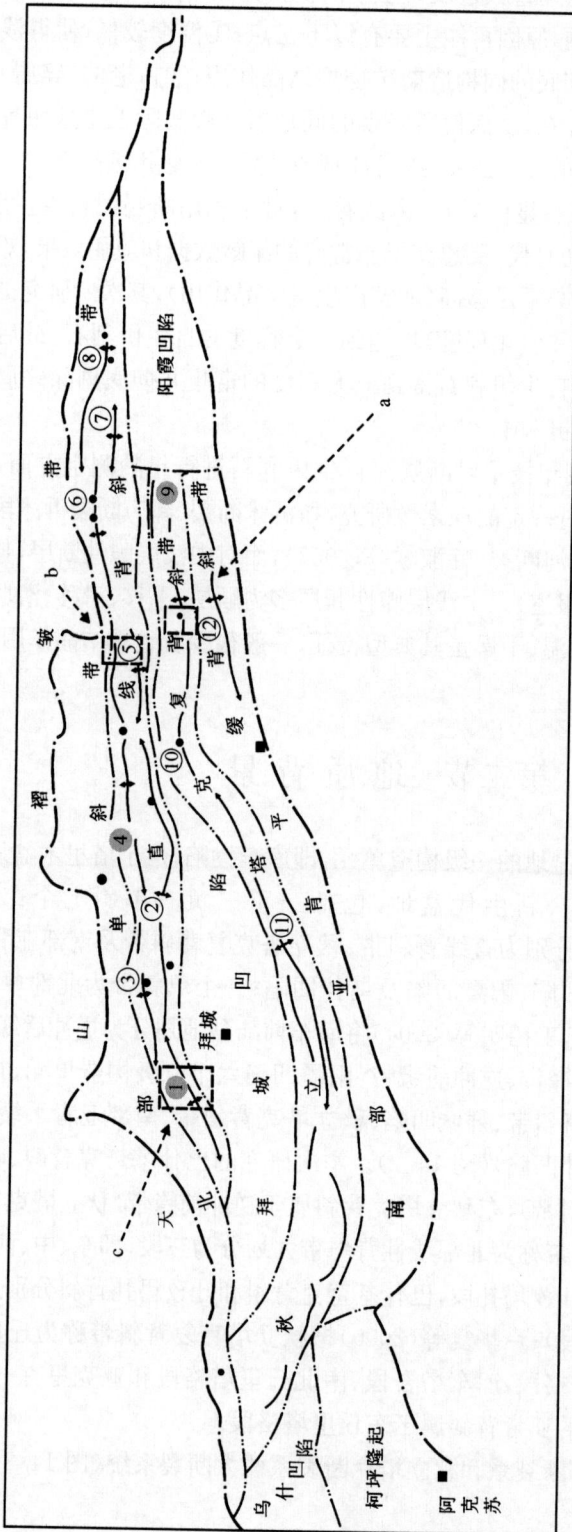

图 14.1 库车拗陷二级构造带展布图（严伦等，1995）

①吐孜玛扎背斜；②喀桑托开背斜；③库姆格列木背斜；④巴什基奇克背斜；⑤吉迪克背斜；⑥依奇克里克背斜；⑦吐孜洛克背斜；⑧吐格尔明背斜；⑨东秋立塔克青斜；⑩库车塔吾背斜；⑪亚背背斜；⑫西秋立塔克背斜；●为油气苗显示；▲为东秋玛扎背斜核部断层采样位置示意；a为东秋立塔克青斜核部断层采样位置示意图；b为巴什基奇克背斜核部断层采样位置示意图；c为吐孜玛扎背斜青斜核部断层采样位置示意图

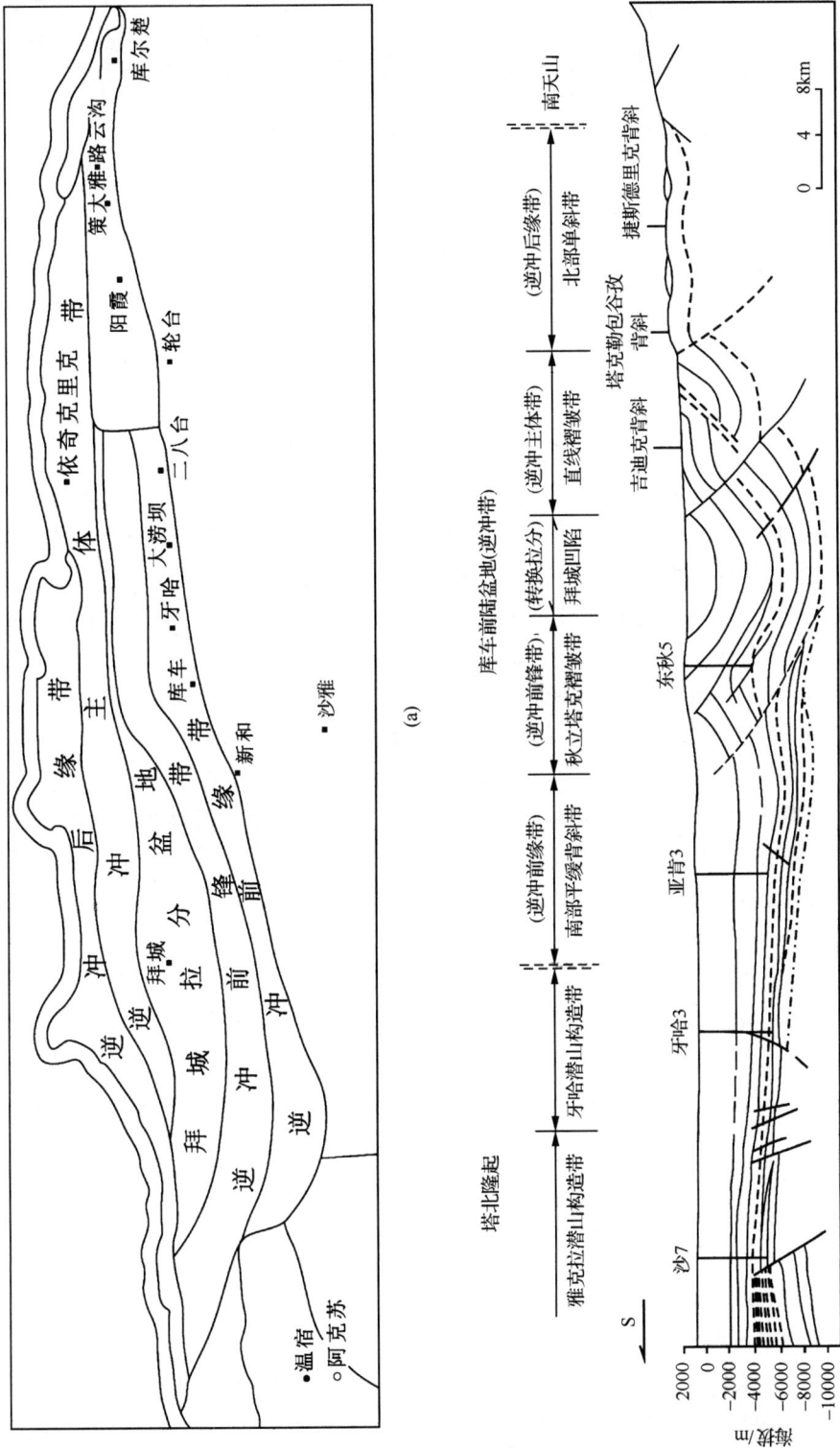

图 14.2　库车前陆盆地构造分区图及横剖面图（王招明等，2004）

（a）构造分区图；（b）横剖面图

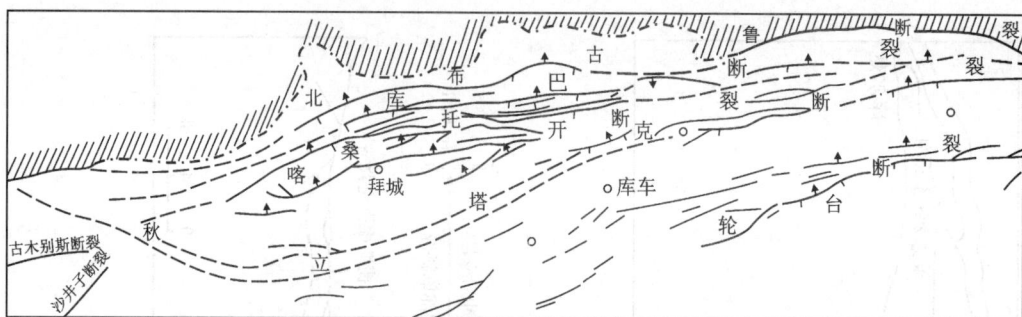

图 14.3　库车前陆盆地断裂系统图（王招明等,2004）

1. 北部断裂系

北部断裂系由盆地北缘的北布古鲁边界大断裂、库姆格列木-巴什基奇克断裂（简称库-巴断裂）及喀桑托开断裂三条主干断裂组成。该断裂系的发育形成主要与盆地北缘南天山海西褶皱系回返和库鲁塔格的隆升有关。因此,其总体走向与现今山体边界延伸方向基本一致,即西段为北北东向,向东逐渐转化为东西向并进而朝南东东向偏转,呈一略向北凸的弧形,东西延伸于库尔楚至塔拉克一带,长达 400 余千米。上述三条主断裂皆以断面北倾并向南逆冲为主,活动强度自北而南递减,从而构成一朝向盆腹下降的台阶状反向断阶,成为控制区内各次级叠瓦状派生断裂发育以至地面两排背斜带形成的主要骨架（王招明等,2004）。本次研究的巴什基奇克背斜核部断层和吐孜玛扎背斜核部断层分别属于库-巴断裂东段（巴什基奇克断裂）和喀桑托开断裂（带）。

（1）库-巴断裂:主要延伸于库姆格列木及巴什基奇克背斜轴部或偏南翼,向东经依奇克里克背斜南翼之后延入吐格尔明背斜东高点主轴北,西段经喀拉巴赫背斜南翼,于察尔齐北被第四系覆盖,东西延长 300km 以上,在中、新生界露头中多处见及。断层性质以逆冲为主,断层面北倾,一般为 $55°\sim85°$。断层在纵向上切割 N_2 以下中、新生界各层系进入基底,断距 $1500\sim3000m$。

（2）喀桑托开断裂（带）:主要延伸于吐孜玛扎—喀桑托开背斜轴南侧,向东继续出现于依奇克里克背斜南翼（依南 2 北侧）,并与吐孜洛克背斜南翼断层相接,向西隐伏于察尔齐以北大片第四系覆盖层之下。断层面北倾,倾角 $30°\sim70°$。断层在纵向上切入 N_2 以下各层系进入基底,垂直落差可达 $1200\sim2100m$,是控制吐孜玛扎、喀桑托开等地面构造的主要断层。

2. 秋立塔克断裂系

该组断裂主要沿库车-阿克苏公路以北的秋立塔克山分布,断裂系走向与拔地而起的山体延伸方向完全一致,表明二者密切相关。总体上看,该断裂系可以大致分为东、中、西三段,本次研究的东秋立塔克背斜核部断层位于该断裂系的东段。

秋立塔克断裂系东段分布在库车县以东至轮台—策达雅一带,以近东西向为主。断层切割 N_2 以下各层系进入基底,垂直落差可达 $1800\sim2380m$,性质仍以逆冲为主,断层面北倾,倾角 $30°\sim70°$,上陡下缓,具明显犁形特征,是一组基底卷入大断裂。该断裂向东延伸至轮台—策达雅一带,随着山体的消失,隐伏于现代第四系冲积扇群之下。

秋立塔克断裂中段和西段分别位于库车(盐水沟)—米斯坎塔克背斜(西盐水沟)和米斯坎塔克背斜西部—塔克拉克一带。

秋立塔克断裂系属于基底卷入型大断裂,成生于燕山期,但主要活动于喜马拉雅晚期及第四纪。

断裂与多类型褶皱构造同时发育、广泛分布是库车前陆盆地的典型构造特征,大多数局部构造及各二级构造带都与断层之间具有形影相随的紧密联系。根据断裂与构造伸展变形之间的相互依存关系,王招明等(2004)认为,断裂对构造形成的控制作用是十分明显的,即断裂是领先的,是矛盾的主要方面,而褶皱构造是随后的,处于被动的从属地位。因此,从构造的成因机制分析,库车前陆盆地的大部分构造(包括二级构造带),应属于受断层作用控制的牵引型背斜褶皱(或称断层传播褶皱及断层转折褶皱)。

第三节　实验技术与方法

一、样品描述

本次研究共采集 12 块样品,其中 6 块采自东秋立塔克背斜核部断层,1 块采自巴什基奇克背斜核部断层,5 块采自吐孜玛扎背斜核部断层,样品类型主要为断层泥和粉砂岩(表 14.1)。粉砂岩主要采自围岩,目的是与断层泥进行对比。样品采回后分成两份,一份寄往澳大利亚联邦科学和工业研究院(CSIRO)石油资源部 Ar 同位素年代实验室,一份留在中国石油勘探开发研究院(RIPED)石油地质实验研究中心 Ar 同位素年代实验室,样品分析测试情况见表 14.1。

需要指出的是,所谓的"断层泥"和"粉砂岩"在岩性上的差异并不明显,只不过是在破碎程度上,前者更强一些,后者完整性相对好一些。除了 CTB 11 号样品呈块状外,其他样品在被采下之后,基本均呈细小碎片状或小片状碎屑(详见本章第四节有关内容)。

表 14.1　库车前陆盆地中、新生代断层泥样品特征及 K-Ar 法同位素测年相关分析测试情况表

样品编号	采样地点	野外定名	镜下定名	薄片鉴定	制冷—加热循环解离/d	自生伊利石分离提纯	XRD	SEM+EDS	TEM+EDS	K-Ar年龄测定
CTB 1	东秋立塔克背斜核部断层	棕红色粉砂岩(围岩)	变粉砂岩/板岩	√	13	√	√	√		√
CTB 2		绿片岩(断层泥)	板岩	√	13	√	√	√	√	√
CTB 3		棕红色泥岩			13	√	√	√		√
CTB 4		棕红色断层泥			5	√	√	√		√
CTB 5		棕红色断层泥			13	√	√	√		√
CTB 6		棕红色粉砂岩(围岩)			13	√	√	√		√
CTB 7	巴什基奇克背斜核部断层	棕红色断层泥(片状)	砂屑灰岩	√	59	√	√		√	√

续表

样品编号	采样地点	野外定名	镜下定名	薄片鉴定	制冷—加热循环解离/d	自生伊利石分离提纯	XRD	SEM+EDS	TEM+EDS	K-Ar年龄测定
CTB 8	吐孜玛扎背斜核部断层	灰绿色断层泥	变砂屑灰岩	√	13	√	√	√	√	√
CTB 9		灰绿色断层泥	砂屑灰岩	√	√	√	√			√
CTB 10		棕红色粉砂岩(围岩)			13	√	√			√
CTB 11		浅灰绿色粉砂岩			59	√	√	√		√
CTB 12		浅灰绿色粉砂岩			5	√	√		√	√
样品数		CSIRO(71)		5	12	12	12	10	6	14
		RIPED(99)			11	11	38			39
		合计(170)		5	23	23	50	10	6	53

注：EDS表示能谱分析；"√"表示进行过该测试；CSIRO、RIPED分别表示由澳方、中方实验室完成，下同。

二、实验流程

断层泥自生伊利石K-Ar同位素测年是本次研究的主要手段。最初的设计思路是首先进行断层泥自生伊利石K-Ar同位素测年分析，然后根据自生伊利石K-Ar测年结果，开展磷灰石裂变径迹测年(AFTA)、锆石裂变径迹测年(ZFTA)及铀-钍/氦测年(U-Th/He)分析并进行综合研究。后来由于初步结果表明主要为碎屑伊利石并且年龄数据相差太远，说明所研究断层可能不具有适合本项研究的地质特征，因而没有继续开展磷灰石、锆石裂变径迹分析。

总体上讲，断层泥自生伊利石K-Ar同位素年龄测定和砂岩油气储层自生伊利石、泥页岩"哑层"自生伊利石K-Ar同位素年龄测定在实验技术上是基本相同的，对与之相关的内容和技术笔者进行过系统研究并做过详细介绍(张有瑜等，2001，2014；张有瑜和罗修泉，2009，2011a，2011b)。关于自生伊利石分离提纯方面的详细内容，请参见本书第二、三、四章；关于自生伊利石K-Ar年龄测定方面的详细内容，请参见本书第五、六章。

为充分保证分离提纯质量，本次研究对全部样品采用制冷—加热循环解离技术，冷冻时间(使样品完全解离的时间)总体相对较短(5~59d，主要为13d)，说明样品整体相对疏松，可能与属于露头样品并且成岩较弱、破碎较强有关，少数样品(2块，CTB 7、CTB 11)冷冻时间相对较长(59d)与其破碎程度相对较低、完整性相对较好(完整块状)有关(表14.1)。

透射电镜观察样品为分离提纯后的黏土粉末。本次研究主要是对两个相对较细的粒级组分[粒级为0.3~0.15μm(CTB 4、CTB 7)和粒级<0.15μm(CTB 2、CTB 5、CTB 8、CTB 12)]进行了透射电镜分析，相关实验技术请参阅文献(Sudo等，1981)。

第四节　结果与讨论

本次分别对东秋立塔克、巴什基奇克和吐孜玛扎三个背斜核部断层进行了研究,共采集了 12 块断层泥和围岩样品。三个断层分别属于北部断裂系的库-巴断裂(巴什基奇克背斜核部断层)、喀桑托开断裂(带)(吐孜玛扎背斜核部断层)和秋立塔克断裂系东段(东秋立塔克背斜核部断层)。表 14.2 为研究区地层简表。

表 14.2　库车前陆盆地研究区地层简表

系	统	组	厚度/m
新近系	上新统	库车组(N_2k)	220~2671
	中新统	康村组(N_1k)	650~1600
		吉迪克组(N_1j)	200~1300
古近系	渐新统 | 古新统	苏维依组($E_{2-3}s$)	150~600
		库姆格列木群($E_{1-2}km$)	110~3000
白垩系	下白垩统	巴什基奇克组(K_1bs)	100~360
		巴西盖组(K_1b)	60~490
		舒善河组(K_1sh)	140~1100

资料来源:中国石油勘探开发研究院等,2005。

一、东秋立塔克背斜核部断层

东秋立塔克背斜位于秋立塔克背斜带(逆冲前锋带)东段(图 14.1、图 14.2)。秋立塔克背斜带地表为一拔地而起的弧形山脉,东西绵延 280km,相对高差可达 500m,主要由一系列受断层控制的断背斜、半背斜及滑移褶皱或断鼻所组成,出露最老地层为 $E_{2-3}s$,背斜两翼地层陡立,倾角 50°~ 80°,北缓南陡,南翼局部直立倒转,特别是其最新 N_2—Q_1 地层均卷入褶皱,表明其构造隆升很晚(王招明等,2004)。

东秋立塔克背斜(以下简称东秋背斜)为一箱状背斜,核部地层为吉迪克组中上部地层,翼部地层向两侧依次为康村组和库车组,南翼地层发生倒转(图 14.4、图 14.5)。

采样地点位于克孜勒努尔沟东秋 5 井南侧出露地表的东秋背斜核部横断面。该横断面显示,细小断裂发育,地层具有明显的向南逆冲位移,碎裂作用较强,局部呈细碎片状,局部呈灰绿色与棕红色相间分布的斑驳状,但泥化作用不太明显或不彻底,没有较为明显的断层泥分布带(图 14.4~图 14.6)。

本采样点共采集 6 块样品,其中,CTB 1~CTB 4 号样品属于吉迪克组,CTB 1 为棕红色粉砂岩(围岩,块状),CTB 2 为灰绿色断层泥(绿片岩,斑驳状、碎片状),CTB 3、CTB 4 为棕红色断层泥(碎片状);CTB 5、CTB 6 号样品属于库车组,CTB 5 为棕红色断层泥(碎片状),CTB 6 为棕红色粉砂岩(围岩,块状)(图 14.6、表 14.3)。

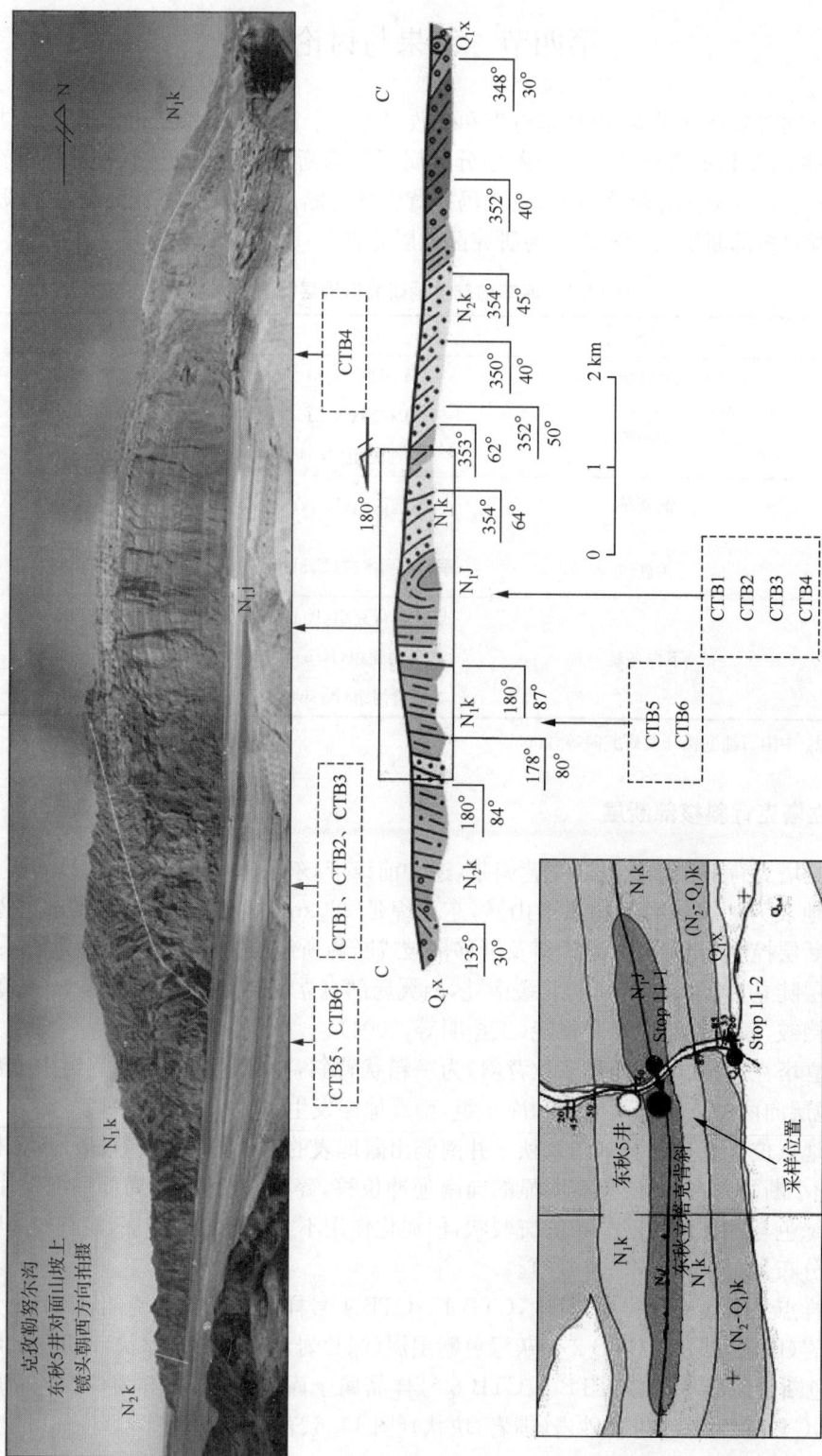

图 14.4　东秋立塔克背斜构造图（中国石油勘探开发研究院等，2005）及采用位置示意图（本图位置见图 14.1）

(a)　　　　　　　　　　　　　　(b)

图 14.5　东秋立塔克背斜核部构造特征
（a）南翼局部；（b）北翼局部

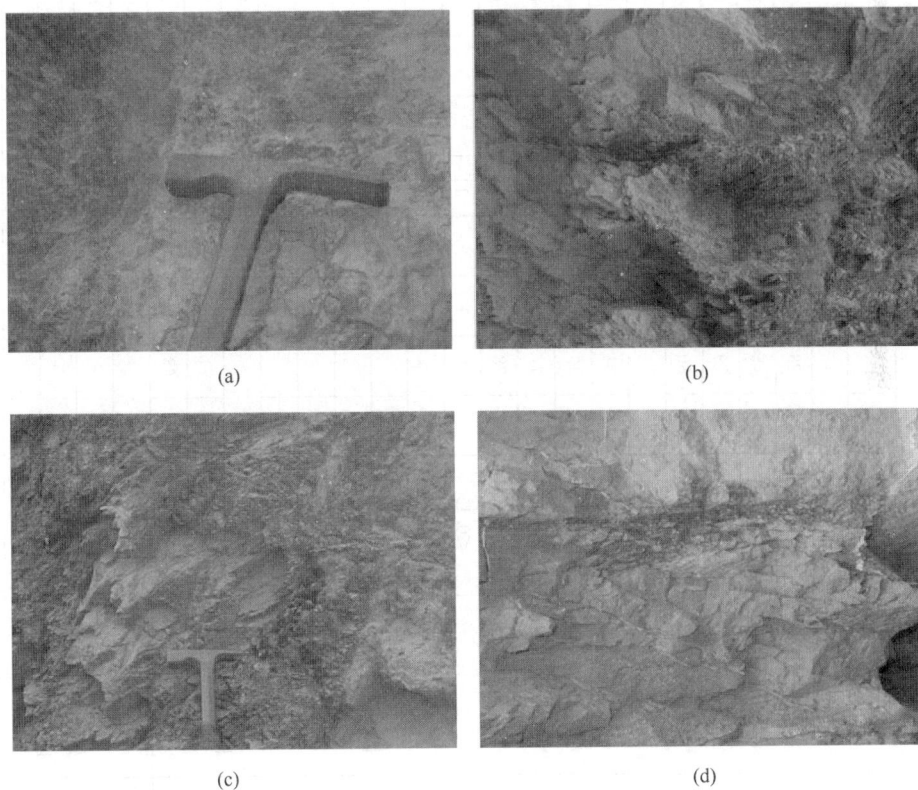

(a)　　　　　　　　　　　　　　(b)

(c)　　　　　　　　　　　　　　(d)

图 14.6　东秋立塔克背斜核部断层泥样品采样点地质特征
CTB 1 为棕红色粉砂岩（围岩）；CTB 2 为灰绿色断层泥；CTB 3～CTB 5 为棕红色断层泥；CTB 6 为棕红色粉砂岩
（a）CTB1、CTB2；（b）CTB3；（c）CTB4；（d）CTB5、CTB6

表 14.3　库车前陆盆地中、新生代断层泥伊利石 K-Ar 法同位素测年分析数据表

注：S~P 列为黏土矿物相对含量/%。

样号	构造断层	层位	岩性	测试单位	样品粒级/μm	S	I/S	I	K	C/S	P	I/S间层比/%	C/S间层比/%	钾长石	钾含量/%	$N(^{40}\mathrm{Ar}^*)$/(mol/g)	$R(^{40}\mathrm{Ar}^*/^{40}\mathrm{Ar})$/%	年龄/Ma
CTB 1	东秋立克青斜核部断层	N_1j	棕红色粉砂岩(围岩)	CSIRO	<2	XRD 定性分析:$I(2M_1)$+C/V/S+C									4.73	1.02×10^{-9}	90.97	119.90
				RIPED	1~0.5		28	57	15			10			4.25	1.11×10^{-9}	91.64	145.14
					0.5~0.3		46	40	14			10			4.75	8.12×10^{-10}	83.09	95.99
					0.3~0.15		79	12	9			10			4.84	5.95×10^{-10}	75.00	69.52
					<0.15		80	11	9			10			4.88	6.10×10^{-10}	76.91	70.70
CTB 2		N_1j	绿片岩(断层泥)	CSIRO	<2	XRD 定性分析:$I(2M_1)$+C/V/S+C									4.53	1.35×10^{-9}	91.20	164.31
				RIPED	1~0.5		34	44	22			10		Tr	4.49	1.41×10^{-9}	94.46	172.15
					0.5~0.3		49	33	18			10			4.99	1.10×10^{-9}	89.52	123.05
					0.3~0.15-cl		77	12	11			10			4.85	6.71×10^{-10}	79.99	78.07
					0.3~0.15-lx		78	12	10			10			4.94	8.44×10^{-10}	85.57	95.91
					<0.15		78	11	11			10			4.83	5.75×10^{-10}	77.37	67.42
CTB 3		N_1j	棕红色泥岩	CSIRO	<2	XRD 定性分析:$I(2M_1)$+C/V/S+C									3.93	1.09×10^{-9}	95.14	153.70
				RIPED	1~0.5		62	22		16			95	Tr	4.16	1.38×10^{-9}	92.80	181.83
					0.5~0.3		61	18		21			80		3.94	1.10×10^{-9}	89.22	154.15
					0.3~0.15		52	11		37			75		3.37	6.89×10^{-10}	81.75	114.14
					<0.15		55	10		35			75		3.45	7.12×10^{-10}	82.71	115.22
CTB 4		N_1j	棕红色断层泥	CSIRO	<2	XRD 定性分析:$I(2M_1)$+C/V/S+C									3.70	1.34×10^{-9}	88.12	197.47
				RIPED	0.3~0.15		71	3	11	15		5	45		4.09	6.42×10^{-10}	83.20	88.33
					<0.15		68	2	12	18		5	45		4.09	6.47×10^{-10}	83.49	88.92
CTB 5		N_1k	棕红色断层泥	CSIRO	<2	XRD 定性分析:$I(2M_1)$+C/V/S+C+Mu(2M)									3.03	—	—	—
				RIPED	1~0.5	27		26		17	30				3.11	1.04×10^{-9}	91.53	183.85
					0.5~0.3	30		25		9	36				2.62	6.75×10^{-10}	79.22	142.83
					0.3~0.15	38		20		5	37				2.34	5.37×10^{-10}	71.74	127.71
					<0.15	33		22		6	39				2.33	5.36×10^{-10}	72.77	127.96

续表

样号	构造断层	层位	岩性		样品粒级/μm	黏土矿物相对含量/%							I/S间层比 比/%	C/S间层比 比/%	钾长石	钾含量/%	$N(^{40}Ar^*)$/(mol/g)	$R(^{40}Ar^*/^{40}Ar_i)$/%	年龄/Ma
						S	I/S	I	K	C	C/S	P							
CTB 6	东秋立塔克背斜核部断层	N₁k	棕红色粉砂岩(围岩)	CSIRO	<2	XRD定性分析:I(2M₁)+C/V/S+C+Mu(2M)									Tr	2.91	9.25×10⁻¹⁰	91.16	174.52
					1~0.5	32		46		22						3.56	1.24×10⁻⁹	93.64	189.93
					0.5~0.3	42		43		15					—	3.15	8.66×10⁻¹⁰	87.86	151.94
				RIPED	0.3~0.15-cl	65		15		6		14			—	2.18	4.41×10⁻¹⁰	73.62	112.91
					0.3~0.15-lx	54		30		10		6			—	2.63	6.05×10⁻¹⁰	81.70	128.08
					<0.15	68		13		5		14			—	1.94	3.41×10⁻¹⁰	67.40	98.48
CTB 7	巴什基奇克背斜核部断层	E₁₋₂km/K₁sh	棕红色断层泥(片状)	CSIRO	<2	XRD定性分析:I(2M₁)+C/V/S+C+Mu(2M)										3.72	1.43×10⁻⁹	93.86	208.72
				RIPED	0.3~0.15		78	9		6	7		15	35		4.14	1.22×10⁻⁹	85.80	161.75
					0.15	因样品量不够,故未进行 XRD 分析										3.96	1.20×10⁻⁹	85.76	166.41
CTB 8		E₂₋₃s	灰绿色断层泥	CSIRO	<2	XRD定性分析:I(2M₁)+C/V/S+C+Mu(2M)										4.25	1.32×10⁻⁹	91.74	170.56
					1~0.5	9		73		18						4.83	1.99×10⁻⁹	95.76	223.61
				RIPED	0.5~0.3	10		75		15						5.12	1.76×10⁻⁹	92.82	187.93
					0.3~0.15	23		70		7						4.11	1.00×10⁻⁹	84.09	135.68
					0.15	22		71		7						4.16	1.00×10⁻⁹	84.98	133.72
CTB 9	吐孜玛扎背斜核部断层	E₂₋₃s	灰绿色断层泥	CSIRO	<2	XRD定性分析:I(2M₁)+C/V/S+C+Mu(2M)										3.98	1.28×10⁻⁹	92.00	176.42
CTB 10		E₂₋₃s	棕红色粉砂岩(围岩)	CSIRO	<2	XRD定性分析:I(2M₁)+C/V/S+C+Mu(2M)										4.58	1.26×10⁻⁹	88.88	152.46
					1~0.5	6		77		17						4.10	1.37×10⁻⁹	90.59	182.92
				RIPED	0.5~0.3	10		80		10						4.26	9.79×10⁻¹⁰	80.32	127.90
					0.3~0.15-cl	10		82		8						4.19	7.63×10⁻¹⁰	72.52	101.99
					0.3~0.15-lx	11		81		8						4.18	7.89×10⁻¹⁰	73.84	105.62
					<0.15-cl	11		82		7						4.18	7.53×10⁻¹⁰	72.76	101.02
					<0.15-lx	10		85		5						4.24	6.93×10⁻¹⁰	68.09	91.80

续表

样号	构造断层	层位	岩性	样品粒级	/μm	S	I/S	I	K	C	C/S	P	I/S间层比/%	C/S间层比/%	钾长石	钾含量/%	$N(^{40}\mathrm{Ar}^*)$/(mol/g)	$R(^{40}\mathrm{Ar}^*/^{40}\mathrm{Ar_r})$/%	年龄/Ma
									黏土矿物相对含量/%										
CTB 11	吐孜玛扎背斜核部断层	$E_{2\text{-}3}s$	浅灰绿色粉砂岩	CSIRO	<2	XRD 定性分析：I(2M₁)+C/V/S+C+Mu(2M)										3.85	1.22×10^{-9}	91.08	174.57
				CSIRO	<0.4	未进行 XRD 分析										3.95	8.27×10^{-10}	81.76	116.81
				CSIRO	<0.1	未进行 XRD 分析										3.54	5.31×10^{-10}	70.03	84.45
				RIPED	0.3~0.15	25	33	2		7		33	5		—	3.80	7.50×10^{-10}	65.61	110.33
CTB 12	吐孜玛扎背斜核部断层	$E_{2\text{-}3}s$	浅灰绿色粉砂岩	CSIRO	<2	XRD 定性分析：I(2M₁)+C/V/S+C+Mu(2M)									—	4.69	1.32×10^{-9}	87.97	155.22
				RIPED	0.3~0.15	88		4		8				5	—	4.61	8.51×10^{-10}	77.98	103.37
				RIPED	<0.15	89		4		7				5	—	4.64	8.54×10^{-10}	78.08	103.09

注：C/S 为绿泥石/蒙皂石间层；P 为坡缕石；I(2M₁)为 2M₁ 多型伊利石；C/V/S 为绿泥石/蛭石/蒙皂石间层；Mu(2M)为 2M 多型白云母；cl 为采用微孔滤膜真空抽滤技术分离；lx 为采用离心分离技术分离；Tr 为微量。

　　镜下鉴定结果表明,围岩和断层泥样品之间没有明显差异,黏土基质主要为碎屑伊利石,颗粒成分主要为碎屑白云母及少量碎屑石英、方解石和暗色矿物,镜下定名为变粉砂岩/板岩、板岩。与显微镜鉴定结果相似,XRD 分析表明 6 块样品的黏土矿物特征基本一致,主要为碎屑伊利石(包括碎屑白云母)和绿泥石(粒级<2μm)(表 14.3)。6 块样品的细粒级黏土组分的黏土矿物组成虽仍以碎屑伊利石和绿泥石为主,但不同样品之间仍具有一定的差异,CTB 1、CTB 2 样品为碎屑伊利石(包括 I/S)和绿泥石,CTB 3、CTB 4 样品除碎屑伊利石和绿泥石外,还含有一定数量的高间层比绿泥石/蒙皂石间层(C/S),CTB 5、CTB 6 样品则含有较多的蒙皂石和坡缕石(粒级为 1~0.5μm、0.5~0.3μm、0.3~0.15μm、<0.15μm)(表 14.3)。应该说明的是,表 14.3 中的 CTB 1、CTB 2 和 CTB 4 号样品均是以伊利石/蒙皂石(I/S)有序间层为主,而不是以碎屑伊利石为主,好像与上面的描述不一致。实际上这是不矛盾的,因为根据间层比(10%~5%)和岩石样品的成岩特征推断,该 I/S 有序间层并不是成岩自生矿物,而可能是碎屑伊利石在风化作用下的退化蚀变产物,仍属于碎屑伊利石的范畴。与 I/S 间层比为 10%~5% 所对应的成岩阶段应为中成岩 B 期(早、中、晚三个成岩阶段划分方案)或晚成岩 B 期(早、晚两个成岩阶段划分方案),而本次研究的吉迪克组、库车组砂岩显然没有达到这样高的成岩程度,从而说明该 I/S 有序间层不是自生成因。此外,粒级较细也可能是产生这种现象的原因之一,因为粒级较细,容易引起衍射峰变宽,这也正是为什么通常条件下描述砂岩、泥岩的黏土矿物特征,特别是伊利石结晶度都是根据粒级<2μm 黏土组分的 XRD 鉴定结果的主要原因。与之相似,CTB 5、CTB 6 号样品中的蒙皂石及 CTB 3、CTB 4 号样品中的 C/S 间层同样属于风化蚀变产物。应该指出的是,由于间层比较高(45%~95%),CTB 3、CTB 4 号样品,特别是 CTB 3 号样品中的 C/S 间层基本接近蒙皂石。CTB 5、CTB 6 号样品中的坡缕石,透射电镜下呈长纤维状(图 14.7),应该是在沉积—成岩过程中形成的自生矿物。赵杏媛等(2001)对康村组坡缕石进行过研究并认为该坡缕石的形成过程是,在碱性

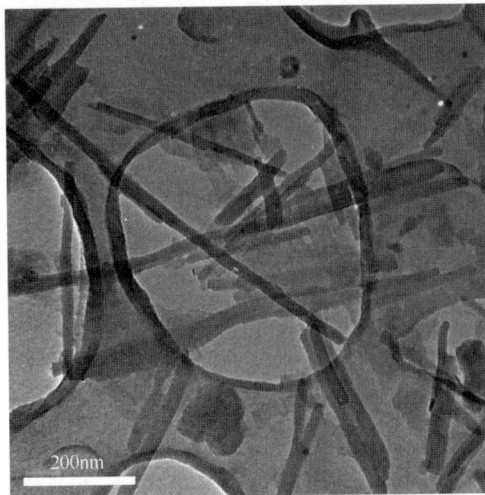

图 14.7　坡缕石透射电镜照片

CTB 5,长纤维状,粒级<0.15μm,棕红色断层泥,N₁k,东秋立塔克背斜核部断层

介质(pH 为 8～9)中石英受到溶蚀形成胶态二氧化硅,与碱、碱土金属元素经化学反应形成自生蒙皂石(或 I/S 无序间层),呈蜂窝状—网状形态;白云质被带入盆地使碱度增加;方解石沉淀形成自生方解石,使介质中 Mg^{2+} 浓度增加。Si-Al-Mg 便从水溶液中直接结晶出长丝状的坡缕石。

　　为了深入系统地研究不同粒级组分的年龄变化规律,本次研究对 6 块样品的<2μm、1～0.5μm、0.5～0.3μm、0.3～0.15μm 和<0.15μm 的不同粒级组分均进行了年龄测定,结果见表 14.3。从表 14.3 可以看出,尽管粒级与年龄之间具有非常明显的负相关变化规律,即年龄随着粒级的减小而变小[图 14.8(a)],但年龄数据仍然明显偏大,吉迪克组、康村组的最小实测年龄分别为 67Ma 和 98Ma,远远大于其地层年龄(<24Ma),显然不可能代表断层活动年龄。结合前面的黏土矿物成因类型分析,可以认为这个年龄基本上代表的是陆源碎屑伊利石经过风化剥蚀的残余年龄,不具有明确的地质意义。康村组样品(CTB 5、CTB 6)中的坡缕石虽然可能是沉积—成岩自生矿物,但因含量相对较低且测年样品中仍含有较多的碎屑伊利石(13%～30%),从而使所测得的年龄基本上代表的是碎屑伊利石的年龄,坡缕石的贡献可能非常小。

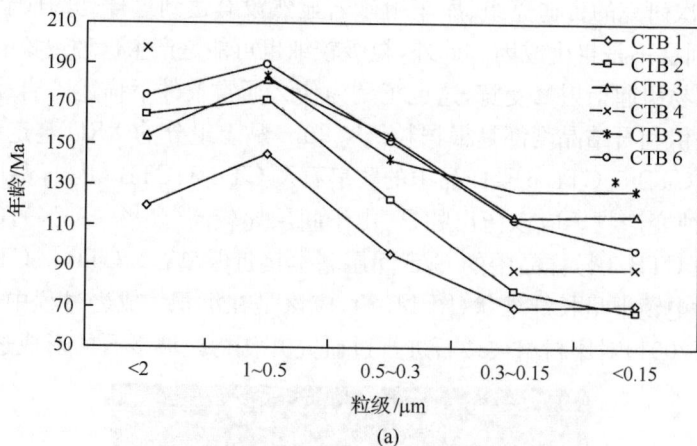

(a)

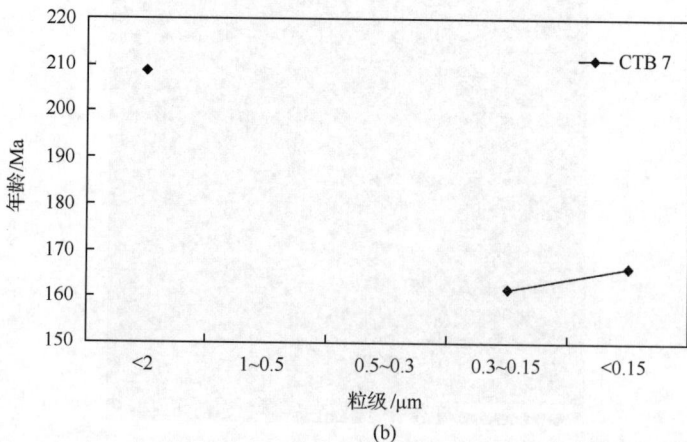

(b)

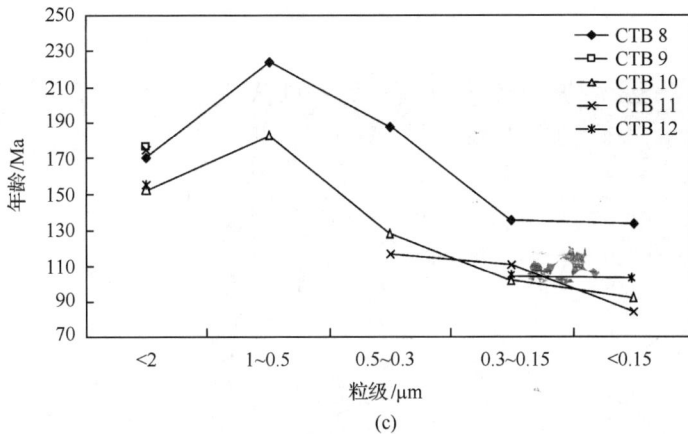

图 14.8　库车前陆盆地中新生代砂、泥岩围岩、断层泥伊利石年龄-粒级关系

(a) 东秋立塔克背斜核部断层(N_1j、N_1k)；(b) 巴什基奇克背斜核部断层($E_{1-2}km/K_1sh$)；

(c) 吐孜玛扎背斜核部断层($E_{2-3}s$)

此外，从表 14.3 还可以看出，所有样品的 0.5μm 以下的粒级组分中均未检测出碎屑钾长石，即便是 1~0.5μm 粒级组分中也只有在少数样品(占 43%)中检测出微量碎屑钾长石，说明本次研究的伊利石分离提纯质量非常高，基本上剔除了碎屑钾长石的影响，可能与所采用的冷冻—加热样品解离先进技术有关。

二、巴什基奇克背斜核部断层

巴什基奇克背斜位于库车前陆盆地直线背斜带(逆冲主体带)中部，西侧为库姆格列木背斜，东侧为坎亚肯背斜、依奇克里克背斜(图 14.1)。

直线背斜带由两排明显的冲断-褶皱带组成。巴什基奇克背斜是第一排(北排)断褶带——库姆格列木-依奇克里克断褶带的组成部分之一。该断褶带主要由库姆格列木、巴什基奇克、坎亚肯、依奇克里克和吐格尔明等线性背斜组成，均属于受断层控制的牵引型半背斜或断背斜构造，并被后期断层走滑作用错截。构造两翼不对称，倾角为 50°~70°，北缓南陡，轴部一般出露下白垩统及上侏罗统地层。但在吐格尔明东高点，则出露前震旦系变质岩及花岗岩，其两翼反转为南缓北陡，并可见新近系/中生界、白垩系/侏罗系间的交角不整合，表明东段构造隆起高，形成时间相对较早(王招明等，2004)。

巴什基奇克背斜核部断层属于库-巴断裂东段(巴什基奇克断裂)，断层性质为逆冲断层。

采样点位于库车河拐弯处，巴什基奇克背斜在该处的核部出露地层为下白垩统舒善河组(K_1sh)，北翼出露地层依次为下白垩统巴西盖组(K_1b)、巴什基奇克组(K_1bs)，南翼出露地层依次为下白垩统巴什基奇克组(K_1bs)、古近系库姆格列木群($E_{1-2}km$)和苏维依组($E_{2-3}s$)。北翼地层倾角为 46°~65°，南翼地层陡立，倾角为 85°~88°，背斜核部舒善河组地层向南逆冲到巴西盖组之上(图 14.9)。采样点位于库车河西岸，该构造部位纵向沟槽发育，沟槽内的岩石强烈挤压变形，破碎明显，细碎片状黏土(黏土碎片)呈平行断层面分布(图 14.9)。

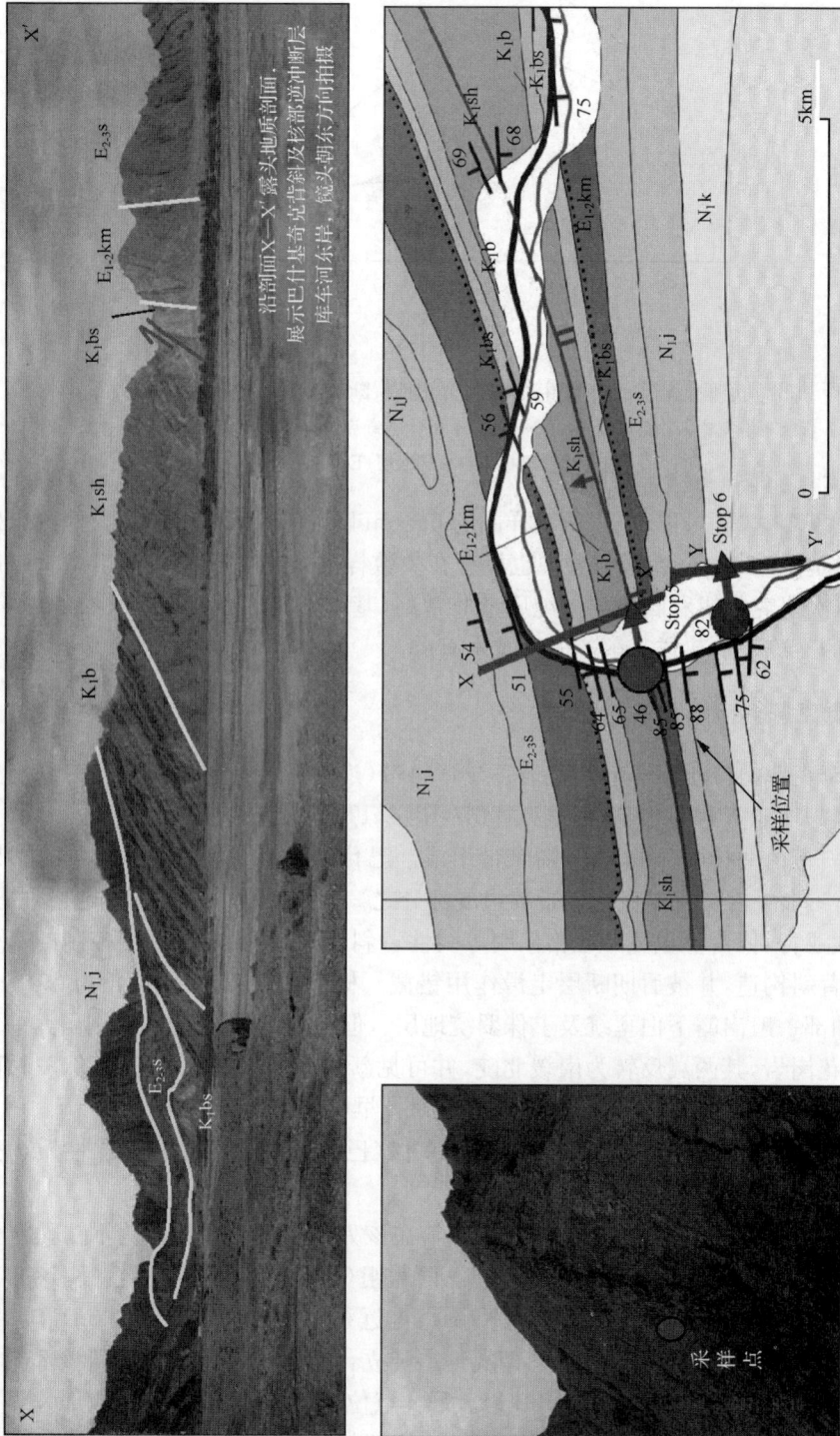

图 14.9 巴什基奇克背斜构造图(中国石油勘探开发研究院等, 2005)及采样位置和采样点岩性特征(本图位置见图 14.1)

本采样点只采集 1 块样品(CTB 7),样品类型为棕红色断层泥(片状黏土),镜下定名为砂屑灰岩,含大量方解石,其次为石英、长石、磷灰石、锆石等。XRD 分析表明,黏土矿物特征与吉迪克组、康村组基本一致,主要为碎屑伊利石(包括碎屑白云母)和绿泥石(粒级<2μm)(表 14.3)。细粒级黏土组分的黏土矿物成分虽主要为 I/S 有序间层(78%),粒级为 0.3～0.15μm)(表 14.3),但仍属于碎屑伊利石,原因前面已经述及,这里不再重复。粒级为 0.3～0.15μm 和粒级<0.15μm 两个组分的年龄分别为 162Ma 和 166Ma [表 14.3、图 14.8(b)]。从图 14.9 可以看出,采样点位于舒善河组与库姆格列木群之间的断层接触部位,根据岩性特征推断,所采样品可能属于库姆格列木群下段下部的泥晶灰岩。不管所采样品是属于库姆格列木群,还是属于舒善河组,所测得的年龄均远远大于其地层年龄,显然不可能代表断层活动年龄。与前面东秋背斜核部的吉迪克组、康村组一样,可以认为,本次研究的巴什基奇克背斜核部断层泥样品的伊利石年龄基本上代表的是陆源碎屑伊利石经过风化剥蚀后的残余年龄,不具有明确的地质意义。

三、吐孜玛扎背斜核部断层

与巴什基奇克背斜相同,吐孜玛扎背斜也属于直线背斜带(逆冲主体带),不同的是吐孜玛扎背斜是直线背斜带第二排(南排)断褶带,即喀桑托开断褶带的组成部分之一。吐孜玛扎背斜位于该断褶带的西端,向东依次为喀桑托开背斜、吉迪克背斜和吐孜洛克背斜(图 14.1)。

吐孜玛扎背斜核部断层属于喀桑托开断裂带,为基底卷入型犁式逆冲断层。

本次研究的采样点位于大北 1 井东北侧(大北 103 井附近)。吐孜玛扎背斜在此处的核部出露地层为苏维依组(E$_{2-3}$s),北翼依次为吉迪克组(N$_1$j)、康村组(N$_1$k),南翼被第四系覆盖(图 14.10)。

本采样点共采 5 块样品,CTB 8、CTB 9 为灰绿色断层泥并基本同层,CTB 10 为棕红色粉砂岩(围岩),CTB 11、CTB 12 为浅灰绿色粉砂岩(围岩),样品层位均为苏维依组(图 14.10)。

CTB 8、CTB 9 号灰绿色断层泥样品,镜下定名分别为变砂屑灰岩和砂屑灰岩,由眼球状豆荚体和叶片状包覆基质两部分组成,眼球状豆荚体的主要成分为方解石(78%),叶片状包覆基质的主要成分为碎屑伊利石(87%)。XRD 分析表明,吐孜玛扎背斜核部断层泥、围岩样品(苏维依组)的黏土矿物特征与东秋背斜核部断层的吉迪克组、康村组及巴什基奇克背斜核部断层的库姆格列木群/舒善河组基本一致,主要为碎屑伊利石(包括碎屑白云母)和绿泥石(粒级<2μm)(表 14.3)。细粒级黏土组分除碎屑伊利石和绿泥石外,普遍含有一定数量的蒙皂石,与康村组相似,尤其是 CTB 11 号样品,还含有较多的坡缕石(粒级分别为 1～0.5μm、0.5～0.3μm、0.3～0.15μm 和<0.15μm)(表 14.3)。

表 14.3 给出了 5 块样品的不同粒级组分的年龄测定结果,变化规律与前面的样品一致,即年龄与粒级密切相关[图 14.8(c)],但年龄数据仍明显偏大。5 块样品的最小年龄为 84～134Ma,明显大于其地层年龄(<55Ma),显然不能反映断层活动年龄。如前所述,产生这种结果的原因在于样品中不存在自生伊利石,所测得的年龄基本代表的是陆源碎屑伊利石经过风化剥蚀的残余年龄,不具有明确的地质意义。

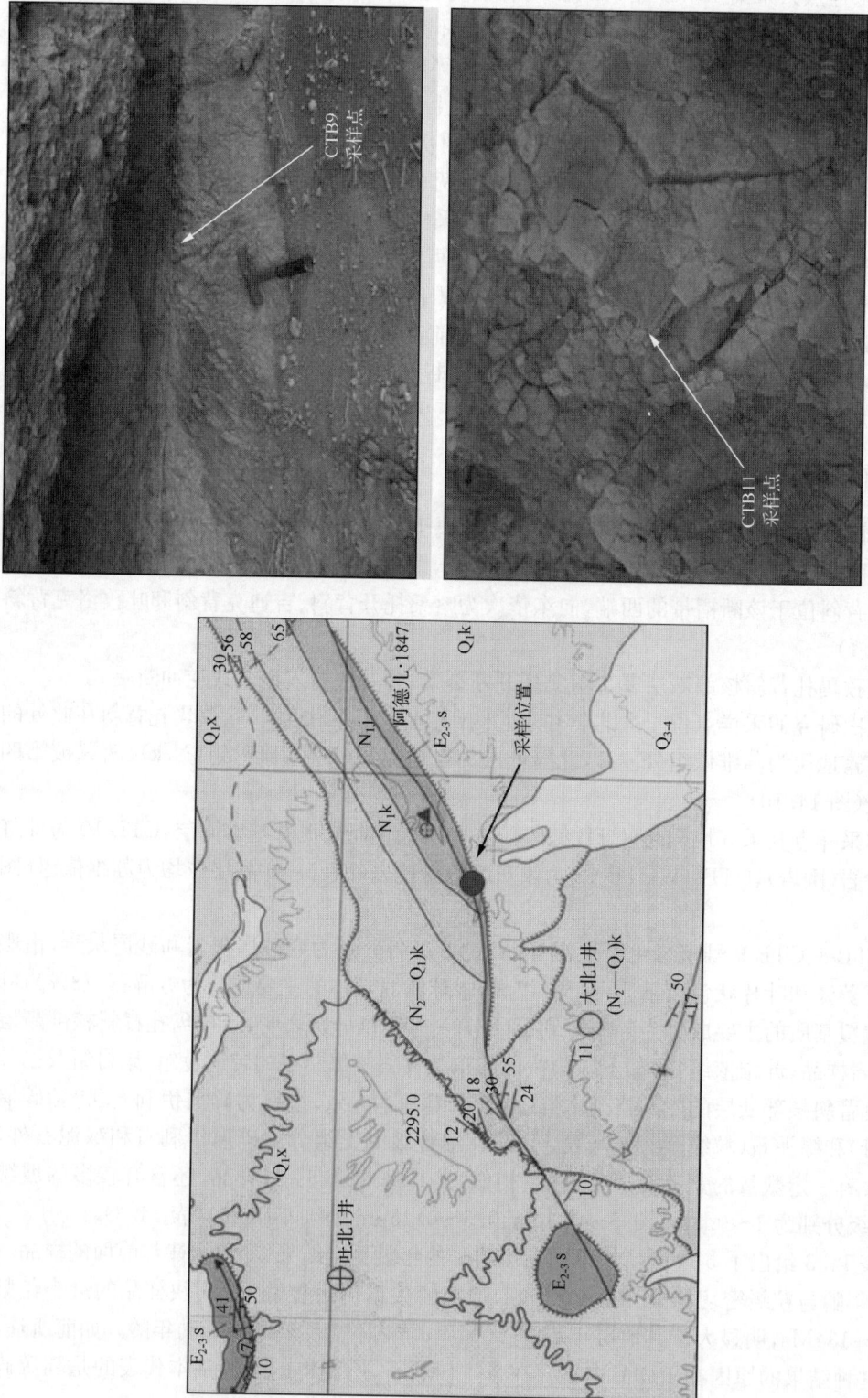

图 14.10 吐孜玛扎背斜构造图（中国石油勘探开发研究院等，2005）及采样位置和采样点岩性特征（本图位置见图 14.1）

核部地层为苏维依组（$E_{2-3}s$）；北翼地层为吉迪克组（N_1j）和康村组（N_1k）；南翼被第四系（Q_1x）覆盖

第五节　主要认识与结论及存在的问题与建议

一、主要认识与结论

（1）东秋背斜核部断层、巴什基奇克背斜核部断层、吐孜玛扎背斜核部断层泥化作用不强，断层泥与围岩之间的差异不明显，没有明显的断层泥分布带，缺少断层泥 K-Ar 同位素年代测定的研究对象，即真正意义上的断层泥。

本次研究在三个不同背斜的核部断层中共采集了 12 块样品，尽管从肉眼观察上或野外地质特征上，不同样品之间具有一定的差异，一部分样品（CTB 1、CTB 6、CTB 10、CTB 11、CTB 12）相对完整、破碎较弱，呈碎块状—块状，砂质含量相对较高（粉砂岩），围岩特征较为明显；其余样品（CTB 2、CTB 3、CTB 4、CTB 5、CTB 7、CTB 8、CTB 9）破碎较强，呈碎片状—片状，泥质含量略高（片状黏土、片岩、板岩），尤其是 CTB 2、CTB 8、CTB 9 号样品，颜色呈灰绿色，与围岩的棕红色明显不同，具有一定的断层泥特征，也正是因为如此，本次研究中仍然是把这 7 块样品初步确定为断层泥。但是，薄片鉴定、SEM 观察、XRD 分析及后续的 K-Ar 年龄测定均没有发现在所谓的"断层泥"与围岩之间存在明显差异。由此看来，这种肉眼上的差异可能是由于岩层在断裂活动过程受力不均造成的，局部破碎较强，局部破碎较弱，没有发生泥化作用或泥化较弱，所谓的"断层泥"可能不是真正意义上的断层泥。

（2）东秋背斜核部断层、巴什基奇克背斜核部断层、吐孜玛扎背斜核部断层的断层泥主要为碎屑伊利石，缺少断层泥 K-Ar 同位素年代学研究的直接测定对象——自生伊利石。

本次研究的三个不同背斜核部断层的断层泥及其围岩均属于自生伊利石极不发育，基本上可以概括为两种类型，第一类是以碎屑伊利石占绝对优势（$80\% \sim 90\%$）并含有一定数量的绿泥石（$10\% \sim 20\%$）（CTB 1、CTB 2、CTB 3、CTB 4，$N_1 j$，东秋背斜核部断层；CTB 7，$E_{1-2} km / K_1 sh$，巴什基奇克背斜核部断层；CTB 8、CTB 9、CTB 10、CTB 12，$E_{2-3} s$，吐孜玛扎背斜核部断层）；第二类是主要为蒙皂石和坡缕石，其次为碎屑伊利石及少量绿泥石，其中的坡缕石可能为自生成因（CTB 5、CTB 6，$N_1 k$，东秋背斜核部断层；CTB 11，$E_{2-3} s$，吐孜玛扎背斜核部断层）。导致这种现象产生的原因主要有两点：一是因为作为断层围岩的白垩系、古近系、新近系砂岩，特别是古近系、新近系砂岩中的黏土矿物主要为伊利石和绿泥石，并且这种伊利石主要为陆源碎屑成因（张有瑜等，2004；赵杏媛等，2001；徐同台等，2003a，2003b），这种碎屑伊利石在断层活动过程中，由于强度（主要是温度）较低，没有遭受彻底破坏，被基本完好地保存下来并构成断层泥的主要黏土矿物组分；二是由于强度（主要是温度）较低和气候相对干旱，断层活动过程中地质流体相对缺失，断层泥中没有发生明显的重结晶作用，没有产生自生黏土矿物，特别是自生伊利石。

（3）样品中基本不含自生伊利石是导致所分离出的不同粒级黏土组分中的伊利石全部为碎屑伊利石的根本原因。

天然砂岩、泥岩样品中常常是既含有自生伊利石又含有碎屑伊利石，分离提纯的目的就是要使自生伊利石得到最大程度的富集并彻底剔除碎屑伊利石，但前提是样品中必须存在足够数量的自生伊利石。道理很简单，如果样品中根本就没有自生伊利石，是无论如何也分离不出自生伊利石的。本次研究的三个背斜核部断层的断层泥及其围岩样品中基本不含自生伊利石是导致所分离出的不同粒级黏土组分中的伊利石全部为碎屑伊利石的主要原因。

（4）东秋背斜核部断层、巴什基奇克背斜核部断层、吐孜玛扎背斜核部断层的断层泥和围岩的伊利石年龄主要为陆源碎屑伊利石经过风化剥蚀后的残余年龄，不具有明确的地质意义。

本次研究的 12 块样品的最小伊利石年龄均大于其所赋存的地层年龄，既不能代表所赋存地层的地层年龄，更不能代表断层活动年龄，也不能准确反映源区年龄，显然不具有明确的地质意义。

（5）对于东秋背斜核部断层、巴什基奇克背斜核部断层和吐孜玛扎背斜核部断层，可能不适合利用自生伊利石 K-Ar 同位素测年技术探讨其活动时代，原因是断层泥中不含自生伊利石。这一认识对于库车前陆盆地广大地区的地表及中、浅层断层同样具有代表性意义。

前已述及，造成年龄数据不理想的主要原因是断层泥及围岩中主要为碎屑伊利石，不含自生伊利石。对于库车前陆盆地广大地区的地表及中、浅层断层来说，其赋存地层主要为白垩系、古近系、新近系，特别是古近系、新近系。研究表明，塔里木盆地古近系的黏土矿物组合主要为碎屑伊利石＋绿泥石，这也正是塔里木盆地黏土矿物分布特征的主要特点之一（赵杏媛等，2001；徐同台等，2003a，2003b）。作者曾对库车迪那 2 气田迪那 201 井古近系砂岩进行过伊利石年龄测定，结果为 64～79Ma，明显大于地层年龄（张有瑜等，2004）。实测数据证明上述认识是有据可依的。

（6）对于东秋背斜核部断层、巴什基奇克背斜核部断层和吐孜玛扎背斜核部断层的活动时代确定，生长断层法、热释光法（TL）等地质年代测定技术可能更为适用，应该开展深入系统研究。

卢华复等（1999）、朱文斌等（2004）曾用生长断层相关褶皱法对库车前陆变形构造发生的时间进行研究，认为该地区变形作用具有向南变新的趋势，逆冲断层在斯的克背斜带侵位最早，为 25Ma，在北部线性背斜带为 16.9Ma，拜城盆地的大宛齐背斜为 3.6Ma，最南部的亚肯背斜为 1.8Ma。朱文斌等、邓起东等、杨晓平等利用热释光技术（TL）对库车前陆冲断带晚新生代断层进行了年代测定，结果表明，喀桑托开断裂的活动时代为 $1.72×10^4$a，秋立塔克断层的活动时代为 $2.5×10^4～3.15×10^4$a（邓起东等，2000），库车断裂的活动时代为 $3.95×10^4～4.36×10^4$a（杨晓平等，2001）、$11.89×10^4$a（朱文斌等，2004）。不同人、不同方法的研究结果相差较大充分表明了库车前陆冲断带断裂活动的复杂性。

（7）虽然没有获得有意义的关于断层活动时代的年龄数据，但这并不影响本次研究的重要价值。通过本次研究，掌握了关于 K-Ar 年代测定技术在确定研究区乃至整个库车前陆盆地中浅层（表层，中新生代）断层活动时代适用情况的第一手资料，这也正是开展本次尝试性研究的主要目的之一。对于未来探讨研究区断层活动时代的研究项目，本次研究具有重要的指导意义和借鉴意义。

(8) 对于断层泥自生伊利石 K-Ar 同位素年代学研究,做好前期基础地质研究,如断层泥发育情况、断层泥黏土矿物组成特征等具有非常重要的意义。

本次研究再次充分证明前期基础地质研究工作的重要性。尽管如此,对一个新的地区而言,开展完整系统的年代学研究也是非常必要的。笔者从 1989 年开始一直从事塔里木盆地黏土矿物及与黏土矿物相关的各项研究,如储层特征、井壁稳定、成藏史等(赵杏媛等,1995,2001;徐同台等,2003a,2003b;张有瑜等,2004,2007;张有瑜和罗修泉,2011a,2011b,2012),正是因为对塔里木盆地各个层位的黏土矿物特征及其纵横向分布规律比较了解,所以对断层泥 K-Ar 测年技术在研究塔里木盆地中浅层,特别是古近系、新近系,断层活动时代中的应用效果,笔者一直持不太乐观的态度。应该特别指出的是,尽管在提前预知效果可能不太理想的前提下,还是主动开展了本项研究,其目的在于通过利用与国外专家合作的机会,对研究区开展深入系统研究,获得扎实的第一手资料,为今后的研究提供指导性依据。虽然根据各种资料可以对可能的效果做出预判,但最有说服力的还是实实在在的年龄数据。

二、存在的问题与建议

(1) 本次研究没有开展深入的地面地质研究工作,书中关于构造单元划分、断层、褶皱等基础地质特征的描述主要是参考王招明等(2004)的《库车前陆盆地露头区油气地质》和 2005 年北京前陆盆地断层相关褶皱理论与应用国际学术研讨会《中国新疆天山两侧前陆盆地野外地质考察指南》(中国石油勘探开发研究院等,2005)中的有关内容。如有不当之处,可能是由于作者理解所致。

(2) 本次研究并没有采到理想样品即真正意义上的断层泥,其他地区是否存在发育较好的断层泥应该加强研究;如果发现较好的断层泥样品,应该开展进一步的 K-Ar 年代学研究,获得更加丰富的第一手资料,使关于该项技术在研究塔里木盆地中浅层断层活动时代中的应用效果的认识更加系统、全面。

参 考 文 献

陈文寄,计凤桔. 1991. 断层活动研究中的同位素年代体系//陈文寄,彭贵. 年轻地质体系的年代测定. 北京:地震出版社:276-297

陈文寄,计凤桔,李齐,等. 1988. 沂沭断裂带断层泥中 K-Ar、FT 和 TL 体系年代学含义的初步研究. 地震地质,10(4):191-198

邓起东,冯先岳,张培震,等. 2000. 天山活动构造. 北京:地震出版社

韩淑琴,陈情来,张永双. 2007. 红河断裂北段断层泥自生伊利石 K-Ar 年龄及地质意义. 第四纪研究,27(6):1129-1130

卢华复,陈楚铭,刘志宏,等. 2000. 库车再生前陆逆冲带的构造特征与成因. 石油学报,21(3):18-24

卢华复,贾东,陈楚铭,等. 1999. 库车新生代构造性质和变形时间. 地学前缘,6(4):15-221

孙瑛杰,卢演俦. 1999. 沂沭断裂带大水场剖面断层泥的 ESR 年代学研究. 地震地质,21(4):346-350

王勇生,朱光,胡召齐,等. 2009. 郯庐断裂带沂沭段伸展活动断层泥 K-Ar 同位素定年. 中国科学 D 辑:地球科学,39(5):580-593

王招明,钟端,赵培荣,等. 2004. 库车前陆盆地露头区油气地质. 北京:石油工业出版社

徐同台,包于进,王行信,等. 2003a. 中国含油气盆地粘土矿物图册. 北京:石油工业出版社

徐同台,王行信,张有瑜,等. 2003b. 中国含油气盆地粘土矿物. 北京:石油工业出版社

严伦等. 1995. 构造与油气圈闭. 北京: 石油工业出版社

杨晓平, 周本刚, 李军, 等. 2001. 新疆南天山亚肯背斜晚更新世以来的隆起和缩短. 地震地质, 23(4): 501-509

张有瑜, 罗修泉. 2009. 油气储层自生伊利石分离提纯微孔滤膜真空抽滤装置: 中国, ZL 200610090591. 1.

张有瑜, 罗修泉. 2011a. 英买力沥青砂岩自生伊利石 K-Ar 测年与成藏年代. 石油勘探与开发, 38(2): 203-210

张有瑜, 罗修泉. 2011b. 油气储层自生伊利石分离提纯微孔滤膜真空抽滤装置与技术. 石油实验地质, 33(6): 671-676

张有瑜, 罗修泉. 2012. 塔里木盆地哈 6 井石炭系、志留系砂岩自生伊利石 K-Ar、Ar-Ar 测年与成藏时代. 石油学报, 33(5): 748-757

张有瑜, 董爱正, 罗修泉. 2001. 油气储层自生伊利石分离提纯及其 K-Ar 同位素测年技术研究. 现代地质, 15(3): 315-320

张有瑜, Zwingmann H, 刘可禹, 等. 2007. 塔中隆起志留系沥青砂岩油气储层自生伊利石 K-Ar 同位素测年研究与成藏年代探讨. 石油与天然气地质, 28(2): 166-174

张有瑜, Zwingmann H, 刘可禹, 等. 2014. 油气储层砂岩样品制冷—加热循环解离技术实验研究. 石油实验地质, 36(6): 752-761

张有瑜, Zwigmann H, Todd A, 等. 2004. 塔里木盆地典型砂岩储层自生伊利石 K-Ar 同位素测年研究与成藏年代探讨. 地学前缘, 11(4): 637-648

赵杏媛, 王行信, 张有瑜, 等. 1995. 中国含油气盆地粘土矿物. 武汉: 中国地质大学出版社

赵杏媛, 杨威, 罗俊成, 等. 2001. 塔里木盆地粘土矿物. 武汉: 中国地质大学出版社

中国石油勘探开发研究院, 普林斯顿大学, 中国石油塔里木油田分公司, 等. 2005. 中国新疆天山两侧前陆盆地野外地质考察指南. 北京:《前陆盆地断层相关褶皱理论与应用》国际学术研讨会

朱文斌, 舒良树, 孙岩, 等. 2004. 塔里木北缘晚新生代断裂活动的年代学. 矿物学报, 24(3): 225-230

Choo C O, van der P, Chang T W. 2000. Characteristics of clay minerals in gouges of the Dongrae fault, Southeastern Korea, and implications for fault activity. Clays and Clay Minerals, 48(2): 204-212

Kralik M, Klima K, Riedmüller G. 1987. Dating fault gouges. Nature, 327(6120): 315-317

Lyons J B, Snellenberg J. 1971. Dating faults. Geological Society of America Bulletin, 82(6): 1749-1752

Sudo T, Shimoda S, Yotsumodo H, et al. 1981. Electron micrographs of clay minerals. Developments in sedimentology 31, Tokyo, Kodansha Ltd. , and Amaterdam-Qxford-New York: Elsevier

van der P B A, Hall C M, Vrolijk P J, et al. 2001. The dating of shallow faults in the Earth's crust. Nature, 412: 172-175

Vrolijk P B A. 1999. Clay gouge. Journal of Structural Geology, 21(8-9): 1039-1048

Zwingmann H, Mancktelow N. 2004. Timing of Alpine fault gouges. Earth and Planetary Science Letters, 223(3-4): 415-425

Zwingmann H, Offler R, Wilson T, et al. 2004. K-Ar dating of fault gouge in the north Sudney Basin, NSW, Australia—implications for the breakup of Gondwana. Journal of Structural Geology, 26(12): 2285-2295

讨　论　篇

第十五章 自生伊利石 K-Ar、Ar-Ar 测年技术对比与应用前景展望——以苏里格气田为例

自生伊利石是砂岩油气储层中的常见胶结物之一。由于可以为油气成藏史研究提供重要的年代学数据,自生伊利石 K-Ar、Ar-Ar 测年技术,特别是 K-Ar 测年技术受到了广大油气成藏史研究学者的广泛重视并已逐渐成为油气成藏史研究课题中的一项重要内容。

成岩自生伊利石,特别是油气储层中的成岩自生伊利石年代学研究目前仍然是国际上的前沿课题,尚有许多认识和技术问题需要进一步深入研究。本章首先对自生伊利石 K-Ar、Ar-Ar 测年方法进行简要介绍,然后以苏里格气藏实测年龄数据和实际应用效果为依据对有关认识和技术问题,如两种测年方法的技术优点和问题及应用前景等进行深入探索和综合评述。

第一节 自生伊利石 K-Ar、Ar-Ar 测年技术的发展与演变

一、自生伊利石 K-Ar 测年技术

K-Ar 法是一种应用非常广泛的同位素地质年龄测定技术(李志昌等,2004)。自生伊利石 K-Ar 测年技术也属于常规 K-Ar 法年龄测定的技术范畴。

表 15.1 对 K-Ar 法的优点、缺点或局限性进行了系统总结,其中的"过剩氩"指的是岩石矿物在形成时从环境中捕获的并封闭在其晶格中的 $Ar(^{40}Ar)$,而不是在形成之后由放射性衰变产生的并保存在晶格中的放射性 $^{40}Ar(^{40}Ar^*)$。过剩氩是引起实测年龄明显偏老的常见原因之一。

自生伊利石 K-Ar 测年技术是国外 20 世纪 80 年代中后期发展起来的一项新技术,主要用于研究北海地区油气田成藏史并获得了较好的应用效果,如 Lee 等(1985)、Hamilton 等(1992)、Emery 和 Robinson(1993)等。Hamilton 等(1989)、Hamilton(2003)对该项技术进行了系统论述。从 1998 年开始,笔者实验室开始对该项技术进行专项立题攻关并取得了一系列重要进展(张有瑜等,2001,2002;张有瑜和罗修泉,2011,2012;Zhang et al.,2011)。此外,黄道军等(2004)、张忠民等(2006)、刘四兵等(2009)一大批学者也都对该项技术进行了探索性研究并取得了较好的应用效果。

表 15.1　K-Ar 法、Ar-Ar 法同位素测年技术对比

项目	K-Ar 法	Ar-Ar 法	
		常规 Ar-Ar 法	激光 Ar-Ar 法
综述	应用最为广泛的同位素地质年代测定方法之一	K-Ar 法测年技术的进一步发展和改进,越来越受重视,应用越来越广泛	
优点	①适用范围广,测试对象分布广,测年时限范围宽($x \times 10^3 \sim 1Ma$);②简便快捷、经济实用:实验流程简单、分析周期短、测试费用低	①适用范围广,测试对象分布广,测年时限范围宽;②样品量相对较少;③独特的实验和数据处理技术,如快中子活化技术——不用分开测 K、Ar,可以避免因样品不均一而引起的试验误差;阶段升温技术——可以获得多个甚至是十几个阶段年龄,形成年龄谱;坪年龄、等时线年龄、初始氩比值——可以提供更多的信息,有利于研究样品的受热历史和"过剩氩"问题	①适用范围进一步拓宽:测试对象进一步增加,测年时限进一步拓展,甚至可以达到人类历史记录范畴(Renne et al.,1997);②样品量进一步减小,达到微克级:可以进行单矿物颗粒、光薄片原位矿物或岩石年龄测定,并可以形成全自动激光 Ar-Ar 系统;③同常规 Ar-Ar 法
缺点	①样品量相对较多;②需要分开测 K 和 Ar,当样品不均一时,容易产生误差;③一次性熔样,只能获得一个年龄,不利于研究样品的受热历史,当有"过剩氩"存在时,实测年龄会偏老	①技术复杂,费用较高:技术环节多,测试周期长,分析费用高;②存在"^{39}Ar 核反冲丢失"现象,特别是对于细粒的低温矿物如黏土矿物,尤其是油气储层中的自生伊利石,需要采用特殊的样品包装及处理技术,如石英管真空封装技术	

资料来源:张有瑜等,2014

二、自生伊利石 Ar-Ar 测年技术

Ar-Ar 测年技术是 K-Ar 测年技术的进一步发展与改进。Ar-Ar 法又称快中子活化法,需要把待测样品送到核反应堆进行快中子照射,使样品中的 ^{39}K 转变成 ^{39}Ar,然后再利用惰性气体质谱仪,测量其放射性 ^{40}Ar 和 ^{39}Ar 比值,即 $R(^{40}\text{Ar}^* / ^{39}\text{Ar})$,通过进一步计算便可以求出被测样品的年龄(李志昌等,2004;McDougall and Harrison,1999)。

表 15.1 对 Ar-Ar 法,包括常规 Ar-Ar 法和激光 Ar-Ar 法的优点、缺点或局限性进行了详细总结,其中的 ^{39}Ar 核反冲丢失现象指的是在 ^{39}K 转变成 ^{39}Ar 的过程中,^{39}Ar 会获得足够能量从其母原子的晶格位置上发生位移,反冲到周围环境中并发生丢失,从而使实测年龄偏老。

为了克服 ^{39}Ar 核反冲丢失现象,Hess 和 Lippolt(1986)提出了石英管真空封装技术,也称显微包裹技术,即在送核反应堆进行快中子照射之前,把已经用铝箔包好的样品放入石英管中,然后抽真空,等达到一定的真空状态($10^{-3} \sim 10^{-5}$ Pa)后,在保持抽真空的状态下对石英真空管进行烧熔密封(焊封),使样品在快中子照射过程中始终保持在真空密封状态下,直至装入仪器系统中开始进行 Ar 同位素比值测定时再打开。从而使 Ar-Ar 测年技术又有真空封装和未真空封装之分。

自生伊利石 Ar-Ar 测年技术是 Ar-Ar 测年技术在自生伊利石年龄测定领域中的应用,Hamilton(2003)对该项技术进行了系统论述。由于技术复杂和存在^{39}Ar 核反冲丢失问题,国内外公开发表的关于砂岩油气储层自生伊利石 Ar-Ar 年代学研究成果均相对较少。Emery 和 Robinson(1993)发表了北海南部 Village 油田区二叠系赤底群风成砂岩中的自生伊利石未真空封装阶段升温 Ar-Ar 年龄谱。Clauer 等(2012)发表了德国西北部二叠系赤底群含气砂岩中的自生伊利石真空封装阶段升温 Ar-Ar 年代学研究成果。在国内,王龙樟等(2004,2005)发表了鄂尔多斯盆地苏里格气田砂岩储层中的自生伊利石真空封装阶段升温 Ar-Ar 年代学研究成果,该项研究成果具有较高的科学价值,填补了国内空白,并为本次的自生伊利石测年技术对比研究提供了有利条件。笔者发表了塔里木盆地哈 6 井石炭系、志留系砂岩储层中的自生伊利石未真空封装阶段升温 Ar-Ar 年代学研究成果(张有瑜和罗修泉,2012)。

第二节 苏里格气田自生伊利石 K-Ar、Ar-Ar 年龄及其成藏意义

苏里格气田是中国石油近期发现的大型整装气田,位于内蒙古鄂尔多斯市,区域构造上属于鄂尔多斯盆地伊陕斜坡西北部(图 15.1)。苏里格气田为一大型岩性气藏,主力气

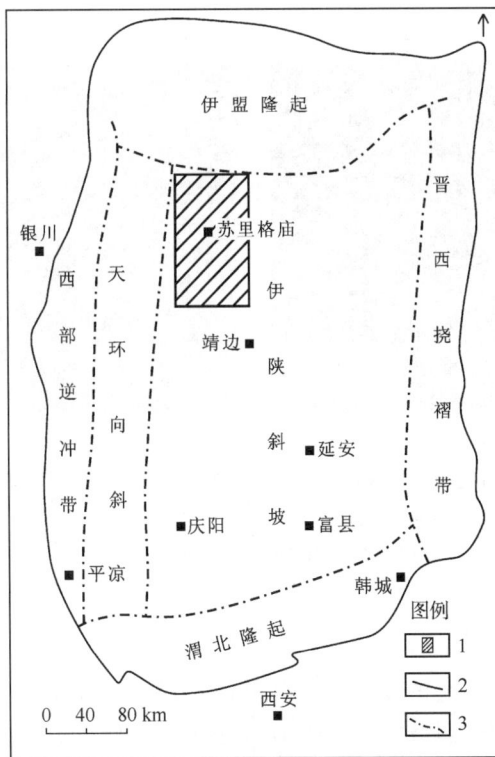

图 15.1 苏里格气田构造位置图(林良彪等,2009)
1. 苏里格气田;2. 盆地边界;3. 一级构造单元界线

源岩为石炭系本溪组、二叠系太原组和山西组海陆交互相含煤层系,区域盖层为二叠系上石盒子组洪泛平原和滨、浅湖相泥岩。主力储层为二叠系下石盒子组八段(盒八段),主要为河道砂体中-粗粒石英砂岩,其次为岩屑砂岩,孔隙度分布范围为 4‰～10‰,平均孔隙度为 7.57‰,主要渗透率分布范围为 0.1～3.16mD,总体上属于低孔、低渗致密储层(陈义才等,2010)。关于苏里格气田的成藏期,天然气地球化学和流体包裹体研究结果基本一致,即主要有两期,分别是早侏罗世晚期—晚侏罗世晚期(190～154Ma)和早白垩世(137～96Ma),主要成藏期即生气高峰期为晚侏罗世—白垩纪,可能与中生代晚期的燕山期构造热事件有关(刘新社等,2007;林良彪等,2009;张文忠等,2009)。苏里格气藏主要为近源捕获,即就近运聚成藏,产自下伏气源层的天然气主要是通过断层和裂缝向上充注进入砂体中(陈义才等,2010)。

一、苏里格气田自生伊利石矿物学特征

扫描电镜(SEM)观察表明,苏里格气田砂岩储层中自生伊利石非常发育,主要呈丝状、短丝状、片丝状,具有典型的自生成因特征(图 15.2),其次为绿泥石和高岭石。X 射线衍射(XRD)鉴定表明,苏里格气田砂岩储层中的黏土矿物主要为伊利石/蒙皂石(I/S)有序间层(含量为 24‰～49‰),间层比为 10‰～30‰,其次为绿泥石和高岭石,含量分别为 24‰～55‰ 和 9‰～25‰,并含有少量伊利石,含量为 2‰～13‰(表 15.2,粒级<2μm)。

(a)　　　　　　　　　　　　　　　(b)

图 15.2　苏里格气田砂岩储层自生伊利石特征扫描电镜照片(张有瑜等,2014)

(a) 粒表片状、片丝状、丝状伊利石(I,I/S),苏 1 井,3545.0m;(b) 粒表丝状伊利石(I/S)

和片状高岭石(Kao),苏 16 井,3356m

二、自生伊利石 K-Ar 年龄

表 15.2 给出了本次研究的 6 块砂岩样品的不同粒级组分自生伊利石的 K-Ar 年龄数据。关于自生伊利石分离提纯及其 K-Ar 年龄测定的实验方法,笔者做过详细介绍(张有瑜等,2001;张有瑜和罗修泉,2011,2012;Zhang et al. ,2011)。从表 15.2 可以看出,随着粒级逐渐变小,年龄逐渐减小,至粒级小于 0.3μm 时则基本稳定。同时,从表 15.2 还

表 15.2　苏里格气田盒八段砂岩储层自生伊利石 K-Ar、未真空封装 Ar-Ar 测年分析数据（张有瑜等，2014）

样号	井号	井深/m	岩性	粒级/μm	黏土矿物相对含量/%						I/S间层比/%	C/S间层比/%	S层含量/%	钾长石/%	K-Ar测年数据		未真空封装 Ar-Ar测年数据			
					S	I/S	I	K	C	C/S					K/%	年龄/Ma	坪年龄/Ma	NTGA/Ma	年龄偏老幅度/%	计算核反冲丢失/%
						A					B		C			D		E	F	G
A1	苏 25	3167.1	细砂岩	<2	1	35	13	24	24	3	30	50								
				1~0.5	1	40	4	20	35		30		12.0	—	2.90	230.68		295.72	28	22
				0.5~0.3	1	50	2	8	39	1	30		15.0	—	3.77	169.68		238.63	41	29
				0.3~0.15	1	66	2		30	2	30	50	19.8	—	4.40	145.82		237.17	63	39
A2	苏 25	3172.0	细砂岩	<2	1	35	13	25	25	1	30	50	12.3	—	3.20	219.31		283.36	29	23
				1~0.5	1	41	3	19	37		30		13.5	—	3.85	163.34		199.33	22	18
				0.5~0.3	1	45	2	7	46		30		18.3	—	4.62	140.56		186.46	33	25
				<0.15	1	59	2		36	2	30	50	17.7	—	4.71	149.65		216.70	45	31
A3	苏 25	3200.8	中砂岩	<2		24	2	19	55		10		3.2	—	3.83	191.17		216.94	13	12
				1~0.5		32	2	7	59		10		4.9	—	5.09	165.77		225.40	36	26
				0.5~0.3		49	1	2	48		10		7.1	—	6.53	157.21		204.17	30	23
				<0.15		71			29		10		7.8	—	6.72	169.71	222.00	210.16	24	19
A4	苏 25	3205.2	粗砂岩	<2		26	5	20	49		10		3.9	—						
				1~0.5		39	1	4	56		10		4.7	—	3.93	173.17		211.14	22	18
				0.5~0.3		47			53		10		4.7	—	4.72	164.77		173.15	5	5
				0.3~0.15		61	1		39		10		6.1	—	6.14	160.59	219.10	183.35	14	12

续表

样号	井号	井深/m	岩性	粒级/μm	黏土矿物相对含量/%						I/S间层比/%	C/S间层比/%	S层含量/%	钾长石	K-Ar测年数据		未真空封装Ar-Ar测年数据			
					S	I/S	I	K	C	C/S					K/%	年龄/Ma	坪年龄/Ma	NTGA/Ma	年龄偏老幅度/%	计算核反冲丢失/%
						A					B		C			D		E	F	G
A5	苏1	3545.0	细砂岩	<2		49	7	9	35		20									
				1～0.5		45	4	5	46		15		6.8	—	4.42	166.38	202.40	182.95	10	9
				0.5～0.3		60			40		15		9.0	—	5.36	143.94		176.22	22	18
				0.3～0.15		68			32		15		10.2	—	5.81	141.34	226.00	202.90	44	30
				<0.15		52	6		48		15		7.8	—	5.74	143.58	199.30	174.85	22	18
A6	苏16	3356.0	细砂岩	<2		40		12	42		20									
				1～0.5		42	2	3	53		15		6.3	—	3.62	150.77		191.33	27	21
				0.5～0.3		56			44		15		8.4	—	5.03	146.13		161.31	10	9
				0.3～0.15		59			41		10		5.9	—	5.94	140.54		170.77	22	18

注：NTGA为未封装Ar-Ar总气体年龄；$C＝A·B/100$；$F＝(E－D)/D·100$；$G＝(E－D)/E×100$；"—"为未检出；A1～A4和A5～A6部分黏土矿物和钾含量数据分别引自黄道军等(2004)和许怀先和李新景(2003)。

可以看出,随着粒级逐渐减小,I/S 有序间层含量逐渐增加,绿泥石含量逐渐降低,伊利石和高岭石趋于消失,至 0.3μm 以下粒级时,则是只有 I/S 有序间层和绿泥石,说明该自生伊利石样品的纯度非常高,尽管其含量范围只有 61%～78%,没有达到 100%,但不含碎屑钾长石和碎屑伊利石。绿泥石不含钾,理论上讲,绿泥石的存在对 Ar 同位素年代学体系基本上没有影响,笔者的试验结果也充分证明了这一点(张有瑜等,2002)。因此,可以认为表 15.2 中较细粒级组分(粒级为 0.3～0.15μm 和/或粒级<0.15μm)的实测年龄基本上代表自生伊利石年龄,即主要为 141～146Ma,其次为 157～161Ma,主要为晚侏罗世晚期—早白垩世早期。苏里格气田砂岩储层的自生伊利石年龄分布具有两个显著特点:①平面上在研究区广大区域范围内非常稳定,从苏 1、苏 16～苏 25 井,相距近 120km,年龄都是 141Ma[图 15.3(a)];②纵向上由深到浅,年龄变小,如苏 25 井,相对较深层位为 157～161Ma,相对较浅层位则为 141～146Ma[图 15.3(b)]。通过对比可以清楚发现,自生伊利石年龄很好地反映了苏里格气藏的成藏时代、成藏特征和成藏过程:①主要为晚侏罗世晚期—早白垩世早期(141Ma)成藏;②区域内主要生气、成藏期基本一致(年龄数据区域内一致);③主要为近源捕获、垂向运移,即年龄数据平面上一致但纵向上自下而上(由深至浅)变小。

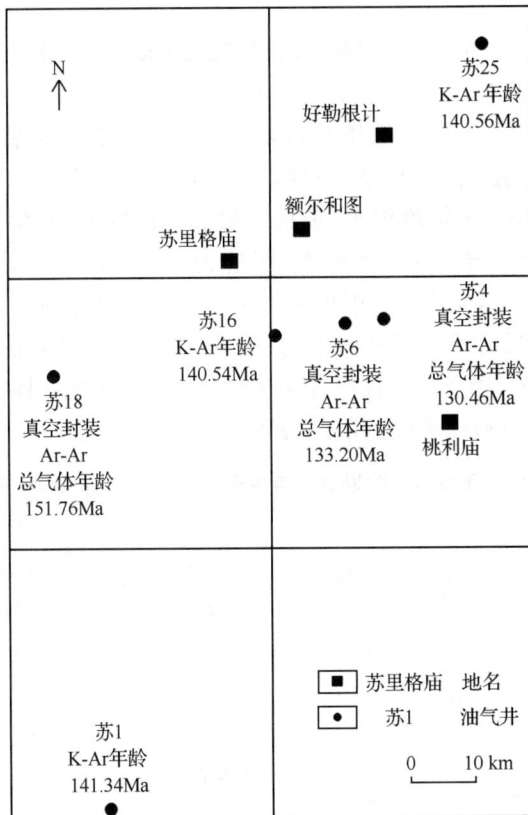

(a)

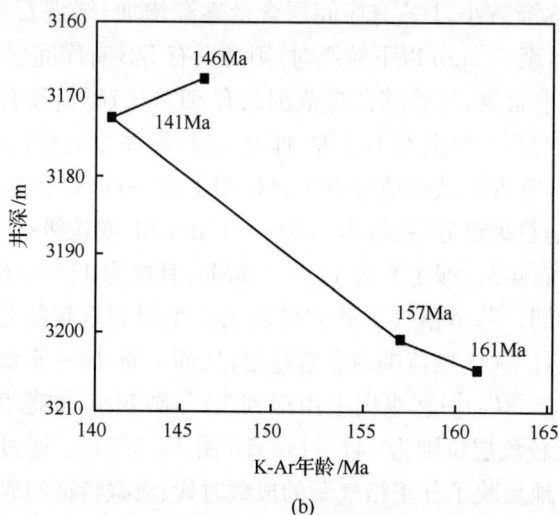

(b)

图 15.3　苏里格气田盒八段砂岩储层自生伊利石年龄分布（张有瑜等，2014）

(a) 平面分布图；(b) 纵向分布图（苏 25 井）

三、自生伊利石 Ar-Ar 年龄

　　表 15.2 给出了与 K-Ar 法年龄测定相同样品的未真空封装自生伊利石 Ar-Ar 阶段升温年龄测定结果。表 15.3 给出了王龙樟等（2004，2005）的真空封装自生伊利石 Ar-Ar 阶段升温年龄测定结果。关于自生伊利石未真空封装和真空封装 Ar-Ar 阶段升温年龄测定的实验方法，请分别参阅张有瑜和罗修泉（2012）、王龙樟等（2004，2005）的论述。从表 15.2 可以看出，与 K-Ar 年龄相比，未真空封装 Ar-Ar 总气体年龄（non-encapsulated total gas age，NTGA）明显偏老，与 K-Ar 年龄为 141～146Ma 对应的 NTGA 为171～237Ma，偏老 22%～63%，与 K-Ar 年龄为 157～161Ma 对应的 NTGA 为 183～204Ma，偏老 14%～30%。核反应堆照射过程中的 ^{39}Ar 核反冲丢失可能是导致 Ar-Ar 年龄明显偏老的主要原因。显然，由于 ^{39}Ar 核反冲丢失使 NTGA 可能不具有准确的地质意义，更不能反映油气注入时间和代表成藏期。另外，

表 15.3　苏里格气田盒八段砂岩储层自生伊利石真空封装 Ar-Ar 测年分析数据表

（王龙樟等，2004，2005）

样号	井号	井深/m	岩性	粒级/μm	黏土矿物组成	钾长石	坪年龄/Ma	ETGA/Ma	实测核反冲丢失/%
B1	苏 4	3145.0		<0.5		—	169.10	130.46★	14★
B2	苏 6	3313.0	中粗粒石英砂岩	2～1	主要为伊利石和绿泥石，含少量蒙脱石	—	176.60	151.88☆	14☆
				<0.5		—	172.50	133.20★	14★
B3	苏 18	3556～3577		2～1		—	199.90	175.91☆	12☆
				<0.5		—	189.70	151.76☆	20☆

　　注：ETGA 表示真空封装 Ar-Ar 总气体年龄；★表示根据原文数据计算；☆表示根据原文年龄谱中的坪年龄和核反冲丢失程度（R）计算。

从表 15.3 还可以看出,真空封装 Ar-Ar 总气体年龄(encapsulated total gas age,ETGA)与 K-Ar 年龄较为接近,为 130～152Ma,可能具有一定的地质意义,并大致反映油气注入时间和代表成藏期。

第三节 自生伊利石 K-Ar、Ar-Ar 测年技术对比及应用前景展望

一、自生伊利石 K-Ar 测年技术

本次研究表明,自生伊利石 K-Ar 年龄及其分布很好地反映了苏里格气田的成藏时代和成藏特征,再一次充分证明对于油气成藏时代及油气成藏史研究,自生伊利石 K-Ar 测年技术是一种首选方法,具有广阔的应用前景,不仅技术简便成熟,而且经济快捷,数据稳定、可靠,应用效果好。

实际上真正制约自生伊利石 K-Ar 测年技术推广与应用的关键因素是能否获取理想的测试样品,即纯的或基本纯的自生伊利石。显然,自生伊利石分离提纯是自生伊利石 K-Ar 年龄测定中的关键技术之一。从目前情况看,尽量提取较细粒级的黏土组分很可能是实现这一目的的唯一有效途径。近期以来,随着实验设备的不断更新,如高速、超高速离心机,实验新技术的不断开发,如微孔滤膜真空抽滤技术;实验工艺流程的不断改进,如多种分离技术相结合、逐级分离技术等(张有瑜等,2001;张有瑜和罗修泉,2011)。自生伊利石分离提纯不仅已经成为一个常规实验分析项目,并且还会越来越容易。自"九五"(1996～2000 年)以来,笔者所在实验室成功分析了中国主要含油气盆地主要油气藏大量砂岩样品并获取了大量纯的或基本纯的自生伊利石样品(黄道军等,2004;张忠民等,2006;刘四兵等,2009;Zhang et al.,2011;张有瑜和罗修泉,2012)。初步研究成果证明,对于那些自生伊利石发育并达到了一定的"质"(间层比较小)和"量"(含量较多),并且自生伊利石生长作用与油气充注具有成因联系的砂岩油气藏,自生伊利石 K-Ar 测年技术一般都会获得较为理想的年龄数据和较好的应用效果(Lee et al.,1985;Hamilton et al.,1992;Emery and Robinson,1993;黄道军等,2004;张忠民等;2006;刘四兵等,2009;Zhang et al.,2011;张有瑜和罗修泉,2012)。

对于自生伊利石 K-Ar 测年而言,表 15.1 中所列出的常规 K-Ar 法的缺点或局限性可能都不是非常重要,或者说可以忽略。首先,自生伊利石不属于极其珍贵样品,通过分离提取的样品数量绝大多数完全可以满足测试需求;其次,分开测 K、测 Ar,当样品不均一时虽然有可能会引起误差,但实际上很难标定,一般不会影响 K-Ar 法的实际应用,对于油气成藏史研究同样不会产生较大影响;最后,对于自生伊利石年龄测定,"过剩氩"现象应该不是主要问题,因为首先成岩环境不属于容易产生"过剩氩"的地质环境,其次自生伊利石不属于对"过剩氩"特别敏感的低钾矿物,如辉石、角闪石等(李志昌等,2004)。

二、自生伊利石 Ar-Ar 测年技术

自生伊利石 Ar-Ar 测年技术的最大问题就是[39]Ar 核反冲丢失现象。尽管人们对[39]Ar

核反冲丢失现象进行研究已有近 40 年的历史,并采取了许多办法,如石英管真空封装技术、总气体年龄和保留年龄等(Turner and Cadogan,1974;Hess and Lippolt,1986;Foland et al.,1992;Dong et al.,1995;Onstott et al.,1997),但都具有一定的局限性且应用效果尚需进一步深入探讨。特别是关于砂岩油气储层中的自生伊利石的 Ar-Ar 年代学研究相对较少和分析的样品数量相对有限,人们对^{39}Ar 核反冲丢失现象的认识及该项技术在油气成藏史研究中的应用远不够系统和深入,并且还存在一些需要探讨的观点和做法(Yun et al.,2010),对此,Clauer 等(2011)进行了全面系统的详细评述。

^{39}Ar 核反冲丢失现象是黏土矿物,特别是自生伊利石 Ar-Ar 法年龄测定中不可回避的重要问题之一,是 Ar-Ar 年龄数据分析和图谱解释与应用的前提和基础,下面以苏里格气田的实测数据为依据对其进行系统论述。

（一）表观年龄和年龄谱

为了进行系统对比,本次研究对与 K-Ar 法年龄测定相同的 6 块苏里格气田砂岩样品的各个不同粒级自生伊利石均进行了未真空封装 Ar-Ar 阶段升温年龄测定,图 15.4 是 2 块代表性样品(样品 A2、A5) 4 个连续粒级的年龄谱。由于数据量较大(共 21 个粒级),这里只重点给出每块样品的关键粒级（0.15～0.3 μm）的阶段升温分析数据(表 15.4)。其他样品或粒级的分析数据和年龄谱请分别参阅本书附录三和附录四。从图 15.4 可以看出,年龄谱均为上升谱,即除了开始时的低温阶段(Ar 气刚开始释放)和结束时的高温阶段(Ar 气释放接近终了),总的趋势是随着温度不断升高,表观年龄逐渐增大。同时,从图 15.4 还可以看出,尽管都为上升谱,但不同样品之间仍具有较大差异,比较而言,样品 A2 的上升谱特征［图 15.4(a)～15.4(d)］远比样品 A5 的［图 15.4(e)～图 15.4(h)］明显。

年龄谱呈阶梯状连续增长实际上反映的是^{40}Ar* /^{39}Ar 值随温度增加逐渐增大的现象,I/S 间层中的伊利石层和蒙皂石层分别具有不同的释 Ar 特征可能是产生这种现象的主要原因。首先 I/S 间层中的伊利石层的 Ar 释放温度比蒙皂石层高,其次蒙皂石层含 K 低并且其结构特征适合接收反冲的^{39}Ar 原子。在快中子照射过程中,由于具有较高的反冲能量,^{39}Ar 反冲原子会发生均一化,从而导致蒙皂石层接收了额外的^{39}Ar 原子,结果使^{40}Ar* /^{39}Ar值在低温阶段相对较低,高温阶段相对较高,形成随着温度增加逐渐增大的上升年龄谱。显然,测试样品中的蒙皂石层含量是谱型特征的主要影响因素,样品 A2、A5 的谱图变化特征很好地说明了这一点。对比表 15.2 和图 15.4 可以发现,样品 A2 的蒙皂石层含量相对较高,为 12.3%～18.3%,上升特征相对较强,样品 A5 的蒙皂石层含量相对较低,为 6.8%～10.2%,上升特征相对较弱。从表 15.2 可以进一步看出,尽管蒙皂石层含量是 I/S 有序间层的相对含量与其间层比的乘积,但主要决定于间层比,所以对比而言,影响谱图上升特征的主要因素首先是间层比,然后才是相对含量。

由于受^{39}Ar 核反冲丢失作用的影响,年龄谱呈阶梯状连续增长,从而使表观年龄数据具有很大的不确定性。显然,任何一个温度阶段的表观年龄数据都不能代表样品即自生伊利石的年龄,特别是低温开始阶段和高温结束阶段。从表 15.4 可以看出,低温开始阶段和高温结束阶段的表观年龄数据变化范围非常大,在低温阶段,小者为 24Ma,大者为

3118Ma;在高温阶段,小者为 39Ma,大者为 2382Ma,不仅或大或小、非常不稳定,并且
^{39}Ar 释放百分比(可理解为权重)较小,多在 1‰以下,基本没有代表性,因而不具有实际意
义,更不能代表样品即自生伊利石的年龄。

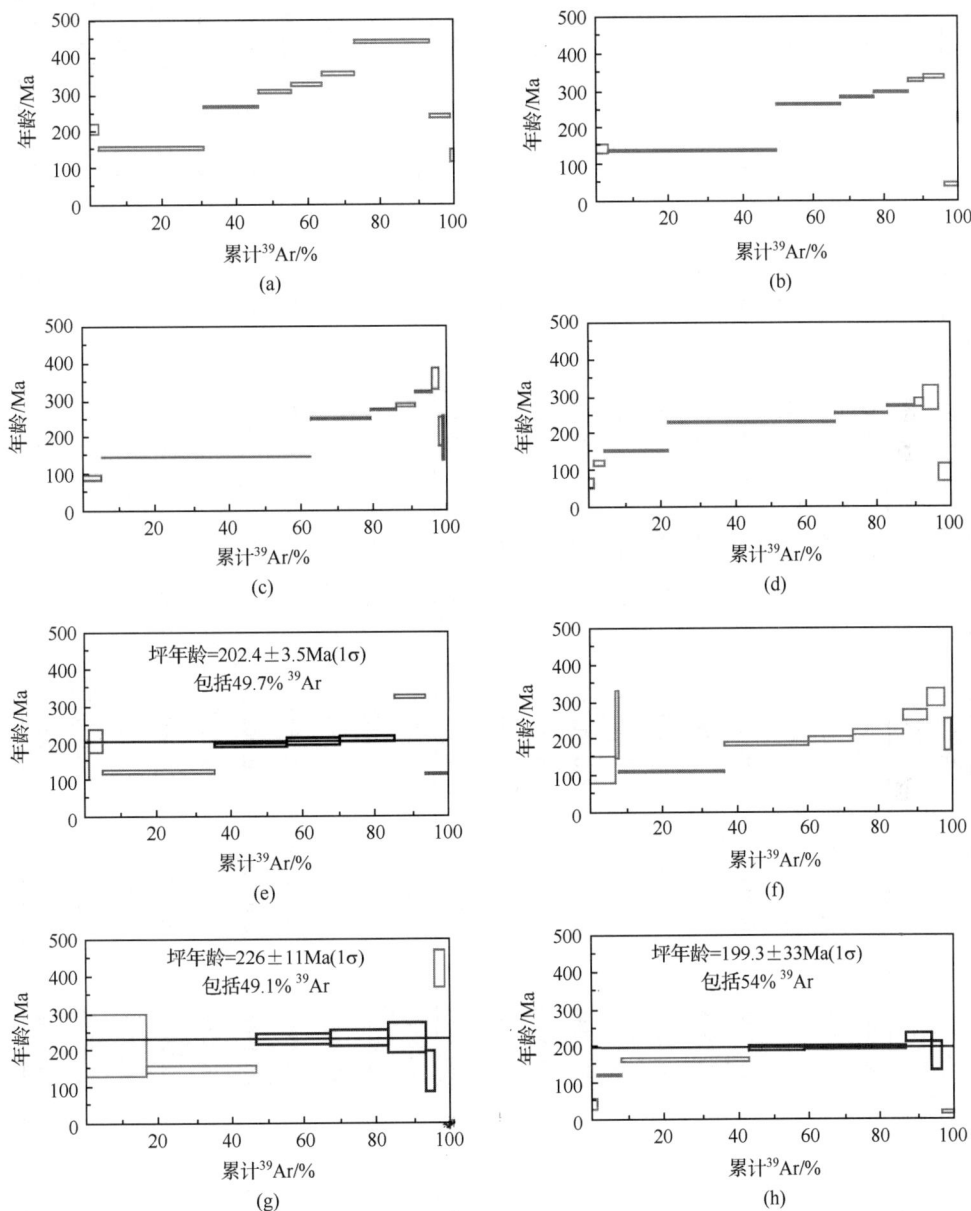

图 15.4　苏里格气田盒八段砂岩储层自生伊利石未真空封装 Ar-Ar 阶段升温年龄谱
(张有瑜等,2014)

(a) 样品 A2,粒级为 1～0.5μm;(b) 样品 A2,粒级为 0.5～0.3μm;(c) 样品 A2,粒级为 0.3～0.15μm;
(d) 样品 A2,粒级<0.15μm;(e) 样品 A5,粒级为 1～0.5μm;(f) 样品 A5,粒级为 0.5～0.3μm;
(g) 样品 A5,粒级为 0.3～0.15μm;(h) 样品 A5,粒级为<0.15μm

表 15.4 苏里格气田气田盒八段砂岩储层自生伊利石未真空封装 Ar-Ar 阶段升温测年分析数据

样品特征	温度/℃	$R(^{40}Ar/^{39}Ar)$	$R(^{36}Ar/^{39}Ar)$	$R(^{37}Ar/^{39}Ar)$	$R(^{40}Ar^*/^{39}Ar)$	$N(^{39}Ar)/(10^{-14}mol)$	$N(^{39}Ar)/\%$	$R(^{40}Ar^*)/^{40}Ar_总/\%$	年龄/Ma	年龄误差/Ma
样品 A1,粒级为 0.3~0.15μm,样重 73.2mg,J 为 0.002246,NTGA 年龄为 237.17Ma,K-Ar 年龄为 145.82Ma,年龄偏老 63%,核反冲丢失 39%	400	73.7291	0.000010	11.04832	75.1736	0.07	0.09	101.03	281.45	41.27
	500	32.0778	0.019912	0.01536	26.1903	2.46	3.20	82.16	103.11	7.29
	600	53.8399	0.007461	0.12043	51.6440	19.14	24.89	96.03	197.98	2.63
	620	62.8999	0.003461	0.09001	61.8833	42.29	54.97	98.42	234.78	2.41
	640	77.8858	0.005657	0.24759	76.2422	6.43	8.36	97.93	285.15	3.46
	670	86.2175	0.000411	0.41625	86.1497	2.79	3.62	99.89	319.10	3.18
	700	98.3318	0.037995	0.00001	87.0995	0.96	1.25	88.90	322.32	6.33
	800	157.3448	0.090894	0.01732	130.4840	1.22	1.58	83.40	463.66	32.34
	900	192.0293	0.494487	0.00001	45.9037	0.42	0.55	26.02	177.02	30.63
	1000	249.3403	0.267542	0.58207	170.3981	0.87	1.13	69.19	584.58	65.31
	1100	298.4144	0.776507	0.53957	69.0202	0.27	0.35	25.26	259.99	72.16
样品 A2,粒级为 0.3~0.15μm,样重 71.2mg,J 为 0.002268,NTGA 年龄为 186.46Ma,K-Ar 年龄为 140.56Ma,年龄偏老 33%,核反冲丢失 25%	400	253.8297	0.829877	0.00001	8.5962	0.196	0.32	6.08	34.83	55.18
	500	30.8252	0.030649	0.24862	21.7856	2.947	4.75	71.48	87.00	7.47
	600	37.7869	0.004789	0.10512	36.3775	35.926	57.90	96.37	143.02	2.20
	620	65.3834	0.003455	0.05480	64.3645	10.227	16.48	98.48	245.81	2.71
	640	72.4982	0.005079	0.00001	70.9927	4.562	7.35	97.98	269.32	3.19
	670	77.1219	0.008338	0.11529	74.6685	3.321	5.35	96.90	282.23	4.15
	700	85.2609	0.002268	0.00001	84.5859	2.726	4.39	99.23	316.60	3.78
	800	139.0399	0.149482	1.14309	95.0316	1.271	2.05	69.17	352.11	30.14
	900	125.7585	0.241077	0.00001	54.5153	0.578	0.93	44.93	210.30	39.61
	1000	267.9640	0.741332	3.87299	49.3240	0.290	0.47	20.62	191.30	59.26

续表

样品特征	温度/℃	$R(^{40}\mathrm{Ar}/^{39}\mathrm{Ar})$	$R(^{36}\mathrm{Ar}/^{39}\mathrm{Ar})$	$R(^{37}\mathrm{Ar}/^{39}\mathrm{Ar})$	$R(^{40}\mathrm{Ar}^*/^{39}\mathrm{Ar})$	$N(^{39}\mathrm{Ar})/(10^{-14}\mathrm{mol})$	$N(^{39}\mathrm{Ar})/\%$	$R(^{40}\mathrm{Ar}^*/^{40}\mathrm{Ar}_{总})/\%$	年龄/Ma	年龄误差/Ma
样品 A3,粒级为 0.3~0.15μm,样重 65.9mg,J 为 0.002059,NTGA 年龄为 204.17Ma,K-Ar 年龄为 157.21Ma,年龄偏老 30%,核反冲丢失 23%	400	2786.0700	1.813647	0.00001	2250.1325	0.11	0.12	81.30	3118.48	164.55
	500	98.7767	0.079952	0.13316	75.1635	5.46	6.23	76.75	259.58	22.18
	600	48.3774	0.011417	0.10538	45.0102	31.39	35.77	93.23	159.89	3.66
	620	58.7607	0.000687	0.00001	58.5530	23.18	26.42	99.66	205.35	2.03
	640	59.9351	0.000353	0.06017	59.8332	16.59	18.91	99.83	209.59	2.01
	670	63.9775	0.002398	0.21722	63.2907	7.16	8.16	98.94	220.98	2.37
	700	109.4266	0.049452	0.77095	94.9223	2.20	2.51	87.06	322.05	14.99
	800	126.9481	0.168364	0.72800	77.2888	1.57	1.79	61.94	266.41	32.05
	900	1511.1474	0.673711	18.03260	1332.7087	0.08	0.09	87.28	2381.58	159.98
样品 A4,粒级为 0.3~0.15μm,样重 65.4mg,J 为 0.002067,NTGA 年龄为 183.35Ma,K-Ar 年龄为 160.59Ma,年龄偏老 14%,核反冲丢失 12%	400	98.0578	0.311155	5.14335	6.4982	0.20	0.27	9.20	24.07	52.00
	500	32.4232	0.011168	0.00001	29.1184	2.57	3.42	90.09	105.44	6.13
	600	39.3984	0.002527	0.08596	38.6557	25.99	34.60	98.16	138.67	1.69
	620	70.0218	0.020610	0.00001	63.9269	12.22	16.27	91.54	223.89	5.44
	640	66.7329	0.013564	0.00001	62.7198	13.21	17.59	94.15	219.91	4.60
	670	67.7087	0.011965	0.09170	64.1794	10.91	14.53	94.93	224.72	4.39
	700	61.8294	0.000096	0.00001	61.7962	6.67	8.89	99.95	216.86	2.10
	800	50.8203	0.018829	0.00001	45.2515	2.94	3.91	89.35	161.31	2.95
	900	18.6469	0.000000	1.12780	18.7390	0.40	0.53	100.39	68.56	1.51

续表

样品特征	温度/℃	$R(^{40}Ar/^{39}Ar)$	$R(^{36}Ar/^{39}Ar)$	$R(^{37}Ar/^{39}Ar)$	$R(^{40}Ar^*/^{39}Ar)$	$N(^{39}Ar)/(10^{-14}mol)$	$N(^{39}Ar)/\%$	$R(^{40}Ar^*/^{40}Ar_{总})/\%$	年龄/Ma	年龄误差/Ma
样品 A5,粒级为 0.3～	400	210.7374	0.527854	0.00001	54.7517	4.566	16.36	28.04	211.69	85.40
0.15μm,样重 20.4mg,	600	59.9262	0.075483	0.19084	37.6353	8.446	30.27	63.83	148.14	10.22
J 为 0.002274,NTGA	620	76.7930	0.058945	0.00001	59.3700	5.657	20.28	77.94	228.46	14.64
年龄为 202.90Ma,K-Ar 年	640	92.8122	0.109639	0.00001	60.4092	4.441	15.92	66.06	232.21	21.16
龄为 141.34Ma,年龄	670	124.1359	0.216086	0.41095	60.3269	2.936	10.52	50.01	231.91	39.26
偏老 44%,核反冲丢失	700	218.0151	0.617843	0.00001	35.4376	0.661	2.37	18.59	139.81	56.21
30%	800	185.1727	0.240409	1.07053	114.3014	0.733	2.63	62.74	416.81	51.55
	900	20.2094	0.035934	0.00001	9.5861	0.459	1.64	48.90	38.90	29.04
样品 A6,粒级为 0.3～	500	35.2198	0.019506	0.21196	29.4711	5.93	5.40	84.12	119.31	5.99
0.15μm,样重 61.6mg,	600	36.7838	0.003489	0.08410	35.7563	28.47	25.94	97.28	143.77	1.73
J 为 0.002320,NTGA	620	47.8707	0.001668	0.00348	47.3733	38.13	34.75	98.99	188.11	1.90
年为 170.77Ma,K-Ar 年	640	47.1537	0.000768	0.05565	46.9280	9.67	8.81	99.53	186.43	2.00
龄为 140.54Ma,年龄	670	46.5998	0.002999	0.21152	45.7316	11.21	10.21	98.17	181.91	2.05
偏老 22%,核反冲丢失	700	46.3296	0.002658	0.00001	45.5394	9.88	9.00	98.34	181.18	1.85
18%	800	49.0480	0.011030	0.55056	45.8433	3.54	3.23	93.61	182.33	5.60
	900	42.0765	0.000001	0.09207	42.0811	2.91	2.66	100.00	168.05	1.69

注：A1～A6 为样品编号,同表 15.2;J 为照射参数,由与样品同时照射的黑云母标样(ZBH-25)求出;NTGA 为未真空封装 Ar-Ar 总气体年龄;$^{40}Ar^*$ 为放射性 ^{40}Ar;年龄误差范围为±1σ。

（二）年龄坪和坪年龄

年龄坪指的是年龄谱中表观年龄基本一致的一段宽而平稳的年龄谱。坪年龄是构成年龄坪的所有温度阶段的表观年龄的加权平均值。年龄坪具有严格的定义，主要包括：①构成年龄坪的阶段表观年龄必须是在误差范围内一致；②构成年龄坪的年龄阶段必须是连续的且至少要在 3～5 个以上；③构成年龄坪的所有年龄阶段的^{39}Ar 累积释放量至少要占总释放量的 50％以上（McDougall and Harrison，1999；李志昌等，2004）。对于造岩矿物 Ar-Ar 年龄测定，坪年龄具有非常重要的实用意义。当与等时线年龄在误差范围内一致，并且其 $R(^{40}Ar/^{36}Ar)$ 初始值接近大气氩值即 295.5 时，坪年龄可以解释为测试样品的结晶年龄或氩封闭年龄，说明样品的 K-Ar 体系自进入封闭状态后再没有受到新的热干扰，并且放射成因^{40}Ar 与^{39}Ar 在晶体中均匀分布，阶段升温期间在各温度阶段下所释放的氩气的$^{40}Ar^*/^{39}$Ar 值基本恒定（McDougall and Harrison，1999；李志昌等，2004）。但是，对于自生伊利石 Ar-Ar 年龄测定，由于存在^{39}Ar 核反冲丢失现象，从而使坪年龄的作用大打折扣，可能不具有明确的地质意义。因为构成这种年龄坪的各个温度阶段的表观年龄都受到了^{39}Ar 核反冲丢失的影响，由此而得出的所谓坪年龄实质上是受到^{39}Ar 核反冲丢失影响以后的坪年龄。正如 Emery 和 Robinson（1993）所论述的一样，这种坪年龄的存在只能说明构成年龄坪的各个温度阶段的^{39}Ar 核反冲丢失程度基本接近。

本次研究的 A3、A4、A5 号样品部分粒级组分具有年龄坪，其坪年龄分别为222.00Ma、219.10Ma、202.40Ma、226.00Ma 和 199.30Ma[表 15.2、图 15.4(e)、图 15.4（g）、图 15.4（h）]，均大于其各自的对应 K-Ar 年龄，即 169.71Ma、160.59Ma、166.38Ma、141.34Ma 和 143.58Ma。坪年龄明显偏老，是由于^{39}Ar 核反冲丢失现象所致。显然，这种未真空封装样品的坪年龄不具有明确地质意义，更不能代表自生伊利石的形成年龄。

表 15.3 同时还给出了王龙樟等（2004，2005）的真空封装样品的坪年龄，分别为169.10Ma、172.50Ma 和 189.70Ma，分别大于本次研究的 K-Ar 年龄和小于本次研究的未真空封装样品的坪年龄，对其作用和意义将在下面的总气体年龄内容中一起讨论。

（三）总气体年龄

对于自生伊利石 Ar-Ar 测年，总气体年龄有封装总气体年龄（ETGA）和未封装总气体年龄（NTGA）之分。ETGA 是指采用真空封装时包括 ^{39}Ar 反冲气体（反冲出来但被保存在石英管中）和保留在矿物中并通过加热释放出来的^{39}Ar 气体均参与计算而得出的总平均年龄。NTGA 是指未采用真空封装时保留在矿物中并通过加热释放出来的^{39}Ar 气体均参与计算而得出的总平均年龄。如果不采用真空封装，^{39}Ar 反冲气体就会因散失到周围环境中而跑掉，不可能再用仪器进行测量，所以 NTGA 一般都会大于或远大于 ETGA。Dong 等（1995）的数据表明，对于成岩自生伊利石，相同样品的 NTGA 比其 ETGA偏老 15％～54％，他们同时还说明，ETGA 基本等同于 K-Ar 年龄。

表 15.2 表明，苏里格气藏自生伊利石 NTGA（170.77～237.17Ma，0.3μm 以下粒级）远比其对应样品的 K-Ar 年龄（140.54～160.59Ma，0.3μm 以下粒级）老，偏老幅度为14％～63％，主要偏老 22％～63％，显然不能代表自生伊利石的形成年龄，更不能反映成

藏时代。与 NTGA 不同，ETGA（130.46～151.76Ma，粒级＜0.5μm）则与 K-Ar 年龄（140.54～160.59Ma，粒级＜0.3μm）基本接近（表 15.2 和 15.3），说明真空封装技术的确具有一定效果，可能反映自生伊利石的形成年龄。从图 15.3（a）可以看出，真空封装样品的采样井与 K-Ar 测年样品的采样井交叉分布，再加上苏里格气藏区域内主要生气、成藏期基本一致，所以可以认为这些采样井气藏的成藏期应该是大致相同的，即其自生伊利石年龄应该基本一致，也就是说表 15.2、表 15.3 中的 K-Ar 年龄和 ETGA 是可以进行对比的。本次对比研究表明，对于自生伊利石真空封装 Ar-Ar 年龄数据到底应该怎样使用和怎样使用效果更好这一现实问题，可能还有待进一步深入研究。王龙樟等（2004，2005）认为，真空封装样品（B1～B3）的年龄坪可能基本上没有受到核反冲丢失的影响（表 15.3），因而坪年龄是可靠的，其代表了自生伊利石的形成年龄，推测气藏形成的最早时间不早于169Ma。通过对比可以发现，真空封装样品的坪年龄均大于本次研究的 K-Ar 年龄，说明这些坪年龄可能还是受到了一定的 ^{39}Ar 核反冲丢失的影响（总丢失程度为 14%～20%）（表 15.3）。由此看来，采用 ETGA 可能更好，因为它既考虑了核反冲丢失的影响，并且也与其定义相吻合（Dong et al.，1995）。从表 15.2、表 15.3 和图 15.3（a）可以看出，与 K-Ar 年龄相比，ETGA 具有一定偏差，因为这里的 ETGA 是进一步计算结果，只是大致相当或基本等同于 K-Ar 年龄，计算过程中可能会引入一定偏差。一般情况下，这种偏差不会太大，对成藏史研究不会有太大的影响，如对于本次研究的苏里格气藏，ETGA 同样表明主要为晚侏罗世晚期—早白垩世早期成藏。同时，这也正是自生伊利石 Ar-Ar 年龄数据的解释与应用一般多以 K-Ar 或 Rb-Sr 等年龄数据作基准或参考的主要原因之一（Clauer et al.，2012；（Dong et al.，1995）。

（四）^{39}Ar 核反冲丢失程度及其控制因素

^{39}Ar 核反冲丢失程度指的是采用石英管真空封装时，^{39}Ar 反冲气体占总 ^{39}Ar 气体（包括 ^{39}Ar 反冲气体和保留在矿物中并通过加热释放出来的 ^{39}Ar 气体）的百分比。显然，对于未真空封装样品是不能直接测量其反冲丢失程度的，原因前已述及。为了便于对比，笔者提出，可以用 K-Ar 年龄作为标准或参考，利用数学计算的办法来进行定量表征，即用 NTGA 去 K-Ar 年龄后再除以 NTGA（张有瑜和罗修泉，2012）。其物理意义是 NTGA 中比 K-Ar 年龄大的那一部分年龄是由于 ^{39}Ar 丢失而引起的。表 15.2 中的苏里格气田砂岩自生伊利石的计算 ^{39}Ar 核反冲丢失程度即是采用这种方法计算得出的，范围为 5%～39%，表明丢失现象较为明显并且变化相对较大。

谱型特征、坪年龄、总气体年龄都与 ^{39}Ar 核反冲丢失程度密切相关，是其在不同方面的具体体现。对于砂岩油气储层中的自生伊利石而言，^{39}Ar 核反冲丢失程度主要与其颗粒大小、含量、结晶程度等密切相关。颗粒粗、含量高、结晶好，丢失程度较低，反之则较高。

图 15.5 是苏里格气田不同粒级自生伊利石 ^{39}Ar 核反冲丢失程度对比图，从图中可以看出，尽管存在一定的波动，但总体趋势是粒级越细，丢失越多，如样品 A1～A3 和 A5。样品 A4、A6 略显异常，其原因很复杂，初步推断很可能与其不同粒级的未真空封装总气体年龄规律性相对较差（表 15.2）有关。

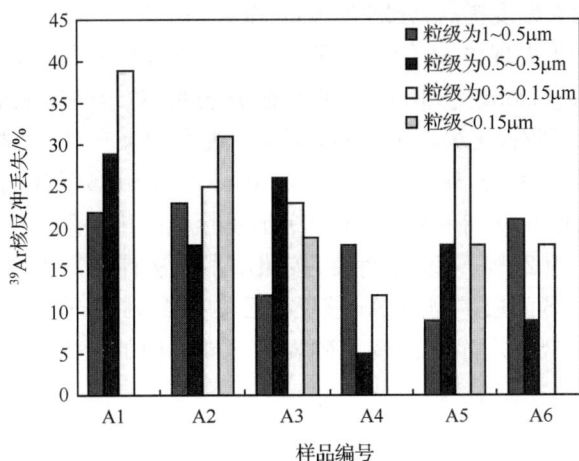

图 15.5 苏里格气田不同粒级自生伊利石 ^{39}Ar 核反冲丢失程度对比图

对于砂岩油气储层中的自生伊利石（I/S 有序间层），间层比大小可以间接反映结晶程度，间层比较小表示结晶程度较高，间层比较大表示结晶程度较低。同样，对于研究砂岩油气储层中的自生伊利石的 ^{39}Ar 核反冲丢失程度，蒙皂石层含量参数（计算方法见表 15.2）可能更为直观而有效，因为它可以综合反映被测样品中的自生伊利石（I/S 有序间层）含量和结晶度（间层比）。图 15.6 表明，苏里格气田砂岩自生伊利石的 ^{39}Ar 核反冲丢失程度与蒙皂石层含量、间层比均呈较好的正相关关系，相关系数分别为 0.68 和 0.51，说明对于核反冲丢失具有决定性控制作用的首先是间层比，然后是相对含量，即首先是"质"（结晶程度），然后是"量"（相对含量）。应该说明的是，图 15.6 中的相关系数不是太高，原因可能主要有四点：①核反冲丢失数据的精确程度相对较低；②间层比数据的精度相对较低，一般只为 5%；③核反冲丢失受多种因素控制，采用单因素回归相关系数不会太高；④各个粒级的全部数据都参与计算，如果只选择相同粒级，如粒级为 0.3～

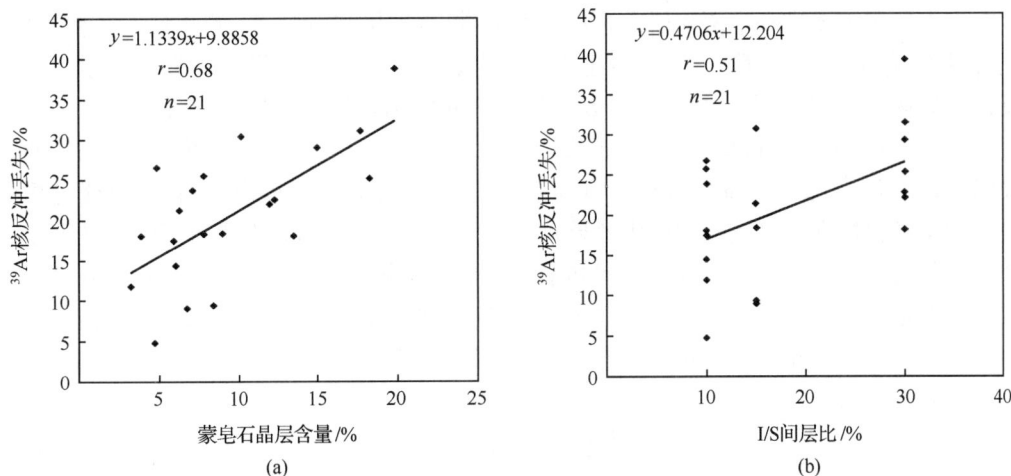

图 15.6 苏里格气田自生伊利石 ^{39}Ar 核反冲丢失程度与蒙皂石晶层含量、I/S 间层比相关图

(a) ^{39}Ar 核反冲丢失与蒙皂石晶层含量相关图；(b) ^{39}Ar 核反冲丢失与 I/S 层间比相关图

0.15μm,相关系数则大幅度提高,分别为 0.77 和 0.71。

对于^{39}Ar核反冲丢失现象,人们已经研究了近 40 年,对于^{39}Ar核反冲丢失程度,也有相对较多的数据发表。Dong 等(1995)的系统研究表明,对于晶体细小、结晶程度相对较低的低温成岩自生伊利石,丢失程度相对较高,一般为 11％～32％(真空封装);Kunk 和 Brusewitz(1987)的研究发现,瑞典 big bentonite bed 中的 I/S 间层的^{39}Ar核反冲丢失高达 55％(真空封装);Emery 和 Robinson(1993)的北海油田二叠系砂岩储层自生伊利石的^{39}Ar核反冲丢失应为 29％(未真空封装,按照本书方法计算);张彦等(2006)浙江长兴地区 P-T 界线成岩 I/S 间层矿物的^{39}Ar核反冲丢失为 48％(未真空封装);张有瑜和罗修泉(2012)塔里木盆地哈 6 井石炭-志留系砂岩油气储层中的自生伊利石的^{39}Ar核反冲丢失为 36％～42％(未真空封装)。

(五)石英管真空封装技术

石英管真空封装技术具有三个方面的积极贡献:①可以使反冲程度明显降低;②使反冲气体得以保留并可以对其进行测量,直观地研究核反冲问题;③以此为基础还可以对阶段升温实验数据作进一步计算,进而求出总气体年龄等重要参数,有效地解决实际问题并提高方法的实用性。真空封装技术并没有从根本上解决核反冲问题,只是为进一步分析研究和数据处理提供了必要的前提条件。王龙樟等(2004,2005)的真空封装研究成果为本次研究提供了非常宝贵而可靠的对比资料和实验数据,这也正是笔者选择苏里格气田作为实例进行不同测年技术对比研究的主要原因之一。

(六)应用前景展望

油气成藏史研究目前仍是国内外油气勘探的热点问题之一,利用自生伊利石年代测定技术探讨成藏时代承载着广大油气勘探工作者的美好期望。近期以来,自生伊利石年龄测定技术为成藏史研究提供了大量的年龄数据和科学依据,发挥了重要作用,但同时也存在许多问题需要进一步深入研究。从技术上讲,自生伊利石 K-Ar 测年技术简便快捷、经济成熟、稳定可靠,是第一选择;自生伊利石未真空封装 Ar-Ar 测年技术,由于受^{39}Ar核反冲丢失影响,很难获得理想的年龄数据和较好的应用效果,如果没有其他特殊目的,可以不予考虑;自生伊利石真空封装 Ar-Ar 测年技术,虽然没有从根本上解决^{39}Ar核反冲丢失问题,但为进一步深入研究提供了有利的前提条件,如果运用得当,便有可能获得相对较好的年龄数据和相对较好的应用效果;尽管对真空封装技术,正在进行不断的技术改进和技术革新,如真空预加热、真空压实和采用其他类型的中子源如氘-氚等(Renne et al.,2005),但根据目前发展状况并结合本次研究,笔者初步认为,其应用效果可能不会比自生伊利石 K-Ar 法好,并且技术复杂、环节多、周期长和费用高等将会严重制约其推广与应用。

第四节　结　　论

苏里格二叠系盒八段砂岩气藏黏土矿物主要为 I/S 有序间层,其次为绿泥石,I/S 有序间层呈丝状、短丝状、片丝状,具有明显的自生特征,属于自生伊利石。

　　苏里格二叠系盒八段砂岩气藏的自生伊利石 K-Ar 年龄、未真空封装 Ar-Ar 总气体年龄和真空封装 Ar-Ar 总气体年龄分别为 141~146Ma、171~237Ma 和 130~152Ma。K-Ar 年龄表明主要为晚侏罗世晚期—早白垩世早期成藏,其分布规律很好地反映了成藏特征和成藏过程;与 K-Ar 年龄相比,未真空封装 Ar-Ar 总气体年龄明显偏老,不能代表自生伊利石的形成年龄,更不能反映成藏时代,^{39}Ar 核反冲丢失现象是导致偏老的主要原因;真空封装 Ar-Ar 总气体年龄与 K-Ar 年龄基本接近,可能代表自生伊利石的形成年龄并反映成藏时代。

　　通过技术对比及对苏里格气田的实际研究表明,对于利用自生伊利石同位素测年技术探讨砂岩油气藏成藏时代,K-Ar 法简便快捷、经济成熟、稳定可靠,是第一选择;未真空封装 Ar-Ar 法,由于受^{39}Ar 核反冲丢失影响,很难获得理想的年龄数据和较好的应用效果,如果没有其他特殊目的,可以不予考虑;真空封装 Ar-Ar 法,虽然没有从根本上解决^{39}Ar 核反冲丢失问题,但为进一步深入研究提供了有利的前提条件,如果运用得当,有可能获得相对较好的年龄数据和相对较好的应用效果,但技术复杂、环节多、周期长和费用高等将会严重制约其推广与应用。

参 考 文 献

陈义才,王波,张胜,等.2010.苏里格地区盒 8 段天然气充注成藏机理与成藏模式探讨.石油天然气学报(江汉石油学院学报),32(4):7-11

黄道军,刘新社,张清,等.2004.自生伊利石 K-Ar 测年技术在鄂尔多斯盆地油气成藏时期研究中的初步应用.低渗透油气田,9(4):9,37-39

李志昌,路远发,黄圭成.2004.放射性同位素地质学方法与进展.武汉:中国地质大学出版社

林良彪,蔺宏斌,侯明才,等.2009.鄂尔多斯盆地苏里格气田上古生界天然气地球化学及成藏特征.沉积与特提斯地质,29(2):77-82

刘四兵,沈忠民,吕正祥,等.2009.川西拗陷中段须二段天然气成藏年代探讨.成都理工大学学报(自然科学版),36(5):523-528

刘新社,周立发,侯云东.2007.运用流体包裹体研究鄂尔多斯盆地上古生界天然气成藏.石油学报,28(6):37-42

王龙樟,戴橦谟,彭平安.2004.气藏储层自生伊利石^{40}Ar/^{39}Ar 法定年的实验研究.科学通报,49(增刊Ⅰ):81-85

王龙樟,戴橦谟,彭平安.2005.自生伊利石^{40}Ar/^{39}Ar 法定年技术及气藏成藏期的确定.地球科学——中国地质大学学报,30(1):78-82

许怀先,李新景.2003.K-Ar 法年龄测定报告.北京:中国石油勘探开发研究院实验中心

张文忠,郭彦如,汤达祯,等.2009.苏里格气田上古生界储层流体包裹体特征及成藏期次划分.石油学报,30(5):685-691

张彦,陈文,陈克龙,刘新宇.2006.成岩混层(I/S)Ar-Ar 年龄谱型及^{39}Ar 核反冲丢失机理研究——以浙江长兴地区 P-T 界线粘土岩为例.地质论评,52(4):556-561

张有瑜,罗修泉.2011.油气储层自生伊利石分离提纯微孔滤膜真空抽滤装置与技术.石油实验地质,33(6):671-676

张有瑜,罗修泉.2012.哈 6 井石炭系、志留系砂岩自生伊利石 K-Ar、Ar-Ar 测年与成藏时代.石油学报,33(5):748-757

张有瑜,董爱正,罗修泉.2001.油气储层自生伊利石分离提纯及其 K-Ar 同位素测年技术研究.现代地质,15(3):315-320

张有瑜,罗修泉,宋健.2002.油气储层中自生伊利石 K-Ar 同位素年代学研究若干问题的初步探讨.现代地质,16(4):403-407

张有瑜,Zwingmann H,刘可禹,等.2014.自生伊利石 K-Ar、Ar-Ar 测年技术对比与应用前景展望——以苏里格气田为例.石油学报,35(3):407-416

张忠民,周瑾,邬兴威. 2006. 东海盆地西湖凹陷中央背斜带油气运移期次及成藏. 石油试验地质,28(1):30-33,37

Clauer N,Jourdan F,Zwingmann H. 2011. Dating petroleum emplacement by illite ^{40}Ar-^{39}Ar laser stepwise heating:Discussion. AAPG Bulletin,95(12):2107-2111

Clauer N,Zwingmann H,Liewig N,et al. 2012. Comparative ^{40}Ar/^{39}Ar and K/Ar dating of illite-type clay minerals:A tentative explanation for age identities and differences. Earth-Science Reviews,115(1-2):76-96

Dong H L,Hall C M,Peacor D R,et al. 1995. Mechanisms of argon retention in clays revealed by laser ^{40}Ar-^{39}Ar dating. Science,267(20):355-359

Emery D, Robinson A. 1993. Inorganic Geochemistry: Application to Petroleum Geology. London: Blackwell Scientific Publications

Foland K A,Hubacher F A,Aregart G B. 1992. ^{40}Ar-^{39}Ar dating of very fine-grained samples:An encapsulated vial procedure to overcome the problem of ^{39}Ar recoil loss. Chemical Geology,102(1-4):269-276

Hamilton P J. 2003. A review of radiometric dating techniques for clay mineral cements in sandstones//Worden R H, Morad S. Clay Mineral cements in sandstones. International Association of Sedimentologists Special Publication,34: 253-287

Hamilton P J,Giles M R,Ainsworth P. 1992. K-Ar dating of illites in Brent Group reservoirs:A regional perspective// Morton A C,Haszeldine R S,Giles M R,et al. Geology of the Brent Group. Geological Society Special Publication, 61:377-400

Hamilton P J,Kelly S,Fallick A E. 1989. K-Ar dating of illite in hydrocarbon reservoirs. Clay Minerals,24(2):215-231

Hess J C,Lippolt H J. 1986. Kinetics of argon isotopes during neutron irradiation:^{39}Ar loss from minerals as a source of error in ^{40}Ar/^{39}Ar dating. Chemical Geology,59(4):223-236

Kunk M J,Brusewitz A M. 1987. ^{39}Ar recoil in an I/S clay from the Ordovician "big bentonite bed" at Kinnekulle,Sweden. Geological Society of America Bulletin,19:230

Lee M,Aronson J L,Savin S M. 1985. K-Ar dating of times of gas emplacement in Rotliegendes Sandstone,Netherlands. AAPG Bulletin,69(9):1381-1385

McDougall I,Harrison T M. 1999. Geochronology and Thermochronology by the ^{40}Ar/^{39}Ar Method (second edition). Oxford:Oxford University Press

Onstott T C,Mueller P J,Vrolijk P J,et al. 1997. Laser ^{40}Ar/^{39}Ar microprobe analyses of fine-grained illite. Geochimica et Cosmochemica Acta,61(18):3851-3861

Renne P R,Knight K B,Nomade S,et al. 2005. Application of deuteron-deuteron (D-D) fusion neutrons to ^{40}Ar/^{39}Ar geochronology. Applied Radiation Isotope,62:25-32

Turner G,Cadogan P H. 1974. Possible effects of ^{39}Ar recoil in ^{40}Ar/^{39}Ar dating. Geochimica et Cosmochimica Acta, 38(5):1601-1615

Yun J B,Shi H S,Zhu J Z,et al. 2010. Dating petroleum emplacement by illite ^{40}Ar-^{39}Ar laser stepwise heating. AAPG Bulletin,94(6):759-771

Zhang Y Y,Zwingmann H,Liu K Y,et al. 2011. Hydrocarbon charge history of the Silurian bituminous sandstone reservoirs in the Tazhong uplift,Tarim Basin,China. AAPG Bulletin,95(3):395-412

第十六章 再论利用自生伊利石 Ar-Ar 测年技术确定油气成藏年代中的若干问题——以塔里木盆地志留系沥青砂岩为例

　　塔里木盆地是我国最大的一个内陆盆地,面积约为 560000km² 。志留系沥青砂岩是塔里木盆地的重要储层之一,主要分布在塔北隆起、北部拗陷和塔中隆起,并在英买 34 (YM34)井、英买 35(YM35)井、英买 35-1(YM35-1)井(塔北隆起)和塔中 11(TZ11)井、塔中 47(TZ47)井(塔中隆起)获得工业油气流,在英买 11(YM11)井、哈 6(H6)井(塔北隆起)、孔雀 1(KQ1)井(北部拗陷)和塔中 23(TZ23)井、塔中 30(TZ30)井、塔中 12(TZ12)井等(塔中隆起)获得低产油气流或良好的油气显示(图 16.1)(塔中 47、塔中 11 井分别位于塔中 12 井西北 70km、30km 处)。

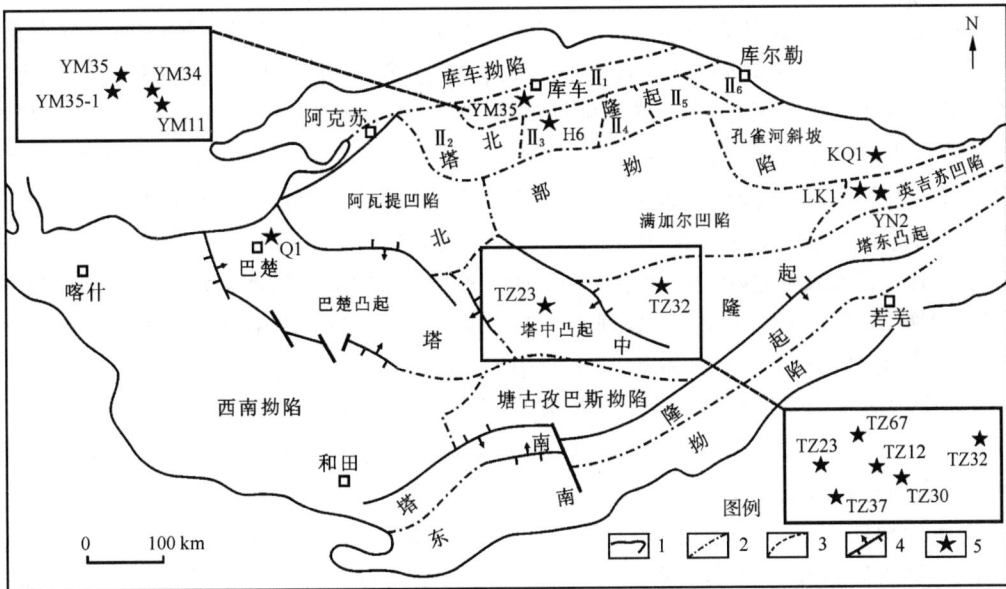

图 16.1　塔里木盆地构造单元划分及研究井井位图(Zhang et al. ,2016)

1. 盆地边界;2. 一级构造单元界线;3. 二级构造单元界线;4. 断层;5. 研究井;Ⅱ₁. 轮台凸起;Ⅱ₂. 英买力低凸起;Ⅱ₃. 哈拉哈塘凹陷;Ⅱ₄. 轮南凸起;Ⅱ₅. 草湖凹陷;Ⅱ₆. 库尔勒鼻状低凸起

　　志留系沥青砂岩油气藏的油气注入时间是塔里木盆地油气勘探的重要研究内容之一。油气注入时间和生烃时间是油气系统研究的两项关键要素(Magon and Dow,1994)。油气注入时间的确定对了解塔里木盆地志留系沥青砂岩古油气藏的形成和分布具有非常重要的意义。利用油气储层自生伊利石 K-Ar 同位素测年技术,笔者对塔里木盆地志留系沥青砂岩古油气藏的油气注入时间进行了系统研究并获得了较好的应用效果(Zhang et al. ,2005,2011;张有瑜和罗修泉,2011a,2012)。

由于具有独特的实验技术,如快中子活化、阶段升温,以及实验数据处理技术,如坪年龄、等时线计算等,Ar-Ar 同位素测年技术受到了越来越广泛的重视和应用。但由于存在 ^{39}Ar 核反冲丢失现象,Ar-Ar 同位素测年技术在自生伊利石年龄测定领域遇到了极大的挑战(Emery and Robinson,1993;Hamilton,2003;Clauer et al. ,2012)。近期,Yun 等(2010)发表了利用未真空封装激光 Ar-Ar 测年技术进行砂岩伊利石年龄测定的研究实例。然而,由于忽略了 ^{39}Ar 核反冲丢失"现象,Yun 等(2010)的关于 Ar-Ar 年龄测定实验数据的解释与应用有待商榷(Clauer et al. ,2011)。本章利用阶段升温技术对塔里木盆地志留系沥青砂岩中的自生伊利石进行 Ar-Ar 年龄测定,并通过与 K-Ar 年龄的对比,对其年龄谱特征、^{39}Ar 核反冲丢失现象和影响因素及该项技术在探讨油气成藏时代中的应用前景进行初步探讨。

第一节 地质背景

志留系沥青砂岩是塔里木盆地的主要储层之一,在塔北隆起、北部拗陷和塔中隆起广泛分布,层位上属于志留系下统。关于塔里木盆地志留系,目前比较一致的划分方案是,自下而上依次为柯坪塔格组(S_1k)、塔塔埃尔塔格组(S_1t)、依木干他乌组(S_2y)和克兹尔塔格组(S_3k)(贾承造等,2004),其中柯坪塔格组、塔塔埃尔塔格组为连续沉积,缺乏截然的岩性变化。塔北隆起、塔中隆起的志留系沥青砂岩主要分布在柯坪塔格组上部和塔塔埃尔塔格组下部,北部拗陷孔雀河斜坡孔雀 1(KQ1)井的志留系沥青砂岩属于土什布拉克组。沥青砂岩厚度变化较大,塔北隆起轮台凸起英买 34 井、英买 35 井、英买 35-1 井较小,为 102～124m;塔北隆起哈拉哈塘凹陷哈 6 井、北部拗陷孔雀河斜坡孔雀 1 井和塔中隆起巴楚凸起乔 1(Q1)井较大,分别为 383m、822m 和 489m;塔中隆起塔中凸起塔中 37(TZ37)井、塔中 67(TZ67)井和塔中 12 井中等,为 160～184m(表 16.1)。

塔中地区志留系地层自下而上主要发育五个岩性段,分别为暗色泥岩段(常常缺失)、下砂岩段、红色泥岩段、上砂岩段和上泥岩段,沥青砂岩主要分布在下砂岩段,所以下砂岩段也称为沥青砂岩段。沥青砂岩与上覆地层红色泥岩段、上砂岩段和上泥岩段为整合接触,与下伏地层寒武-奥陶系泥灰岩、灰岩(区域主力烃源岩)为不整合接触。下志留统红色泥岩、沥青砂岩和寒武-奥陶系泥灰岩、灰岩构成完整的生储盖组合(图 16.2)。北部拗陷孔雀河斜坡孔雀 1 井的志留系沥青砂岩也是主要分布在下砂岩段。塔北隆起轮台凸起英买 34 井、英买 35 井、英买 35-1 井和哈拉哈塘凹陷哈 6 井的志留系沥青砂岩均没有做进一步的岩性段划分。

塔中地区的志留系沥青砂岩可以进一步划分为三个岩性段,即上部砂岩、中部泥岩和下部砂岩,也被称为上沥青砂岩段、灰色泥岩段和下沥青砂岩段,其中下部砂岩,即下沥青砂岩段是目前志留系最有利的勘探层位,同时也是本次研究的重点(图 16.2)。下沥青砂岩段主要为风暴控制下的一套海侵滨岸—陆棚沉积,形成大面积的砂岩分布,岩石类型主要为石英砂岩、岩屑砂岩,储层物性相对较好(朱如凯等,2005)。下沥青砂岩段主要为低孔、低渗储层,不同井区差异较大,塔中 47 井较好,平均孔隙度为 11.9%(2.9%～

20.1%),平均渗透率为 163.84mD(0.03~3063mD);塔中 20(TZ20)井(位于塔中 12 井北西约 45km,如图 16.1 所示)较差,平均孔隙度为 4.52%(2.1%~7.8%),平均渗透率为 0.15mD(0.01~0.52mD);塔中 12 井中等,平均孔隙度为 10.04%(4.82%~15.55%),平均渗透率为 8.02mD(0.1~96.38mD)。

表 16.1　塔里木盆地研究井志留系沥青砂岩地层划分(Zhang et al.,2016)

一级构造单元		塔北隆起			塔北拗陷	塔中隆起		
二级构造单元		轮台凸起			哈拉哈塘凹陷	孔雀河斜坡	巴楚凸起	塔中凸起		
井号		英买 34	英买 35	英买 35-1	哈 6	孔雀 1	乔 1	塔中 37	塔中 67	塔中 12
上覆地层		K_1kp 5384.0	K_1kp 5579.0	K_1kp 5564.0	C^7 6102.0	J_1a 1806.0	D 1067.5	D 4403.0	C^8 4259.5	C^7 4073.5
依木干他乌组 (S_1y)		缺失	缺失	缺失	缺失	2638.8	1475.5	4582.0	4496.5	4247.0
塔塔埃尔塔格组(S_1t)	沥青砂岩	缺失	缺失	缺失	6341.0 (239.0)	3461.0 (822.2)	1895.0 (420.5)	4741.5 (159.5)	4680.0 (183.5) (未钻穿)	4424.0 (177.0)
柯坪塔格组(S_1k)		5505.0 (121.0)	5681.0 (102.0)	5688.0 (124.0)	6485.0 (144.0)	缺失	1963.5 (68.5)	缺失		缺失
下伏地层		O	O	O	O	O	O	O		O

注：1. 地层分层数据(单位为 m)引自完井报告;2. 括号中的数字为地层厚度,m。

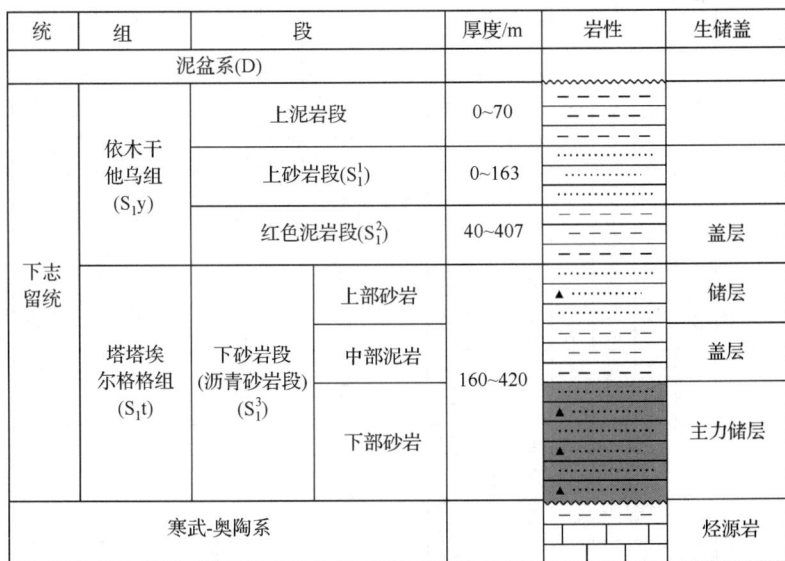

统	组	段		厚度/m	岩性	生储盖
		泥盆系(D)				
下志留统	依木干他乌组 (S_1y)	上泥岩段		0~70		
		上砂岩段(S_1^1)		0~163		
		红色泥岩段(S_1^2)		40~407		盖层
	塔塔埃尔格格组 (S_1t)	下砂岩段 (沥青砂岩段) (S_1^3)	上部砂岩	160~420		储层
			中部泥岩			盖层
			下部砂岩			主力储层
	寒武-奥陶系					烃源岩

图例　▭ 泥岩　▭ 砂岩　▭ 石灰岩　▲ 沥青质　▨ 研究储层

图 16.2　塔里木盆地塔中凸起下古生界简化地层柱状图(Zhang et al.,2011)

表 16.2　塔里木盆地部分井志留系沥青砂岩自生伊利石 K-Ar、Ar-Ar 同位素年代测定数据表（Zhang et al.，2016）

样品编号	构造单元	井号	井深/m	样品粒级/μm	黏土矿物相对含量%				I/S间层比/%	S层含量/%	钾长石	K-Ar测年数据		坪年龄/Ma	未真空封装 Ar-Ar测年数据		
					I/S (A)	I	K	C	B	C	含量/%	钾含量/%	年龄/Ma (D)	/Ma	UTGA/Ma (E)	年龄偏老幅度/% (F)	^{39}Ar核反冲丢失/% (G)
A1	塔北隆起 轮台凸起	YM34	5386.90	0.3~0.15	92		8		5	4.60	—	3.00	255.40*		291.74	14	12
A2	轮台凸起	YM35	5588.70	0.3~0.15	100				5	5.00	—	6.38	293.49*		322.64	10	9
A3	轮台凸起	YM35-1	5574.00	0.3~0.15	97			3	5	4.85	—	6.07	286.60*	341.1	327.42	14	12
A4	塔北隆起	YM35-1	5631.60	0.3~0.15	94			6	5	4.70	—	6.71	287.76*	322.9	340.07	18	15
A5	哈拉哈塘凹陷	H6	6307.10	0.3~0.15	91	4	5		15	13.65	Tr	4.34	136.38*		188.56*	38	28
A6	哈拉哈塘凹陷	H6	6311.10	0.3~0.15	92	4	4		20	18.40	—	5.10	124.87*		195.21*	56	36
A7	塔北坳陷 孔雀河斜坡	KQ1	2799.70	0.3~0.15	66	11		23	25	16.50	—	4.95	389.64*		481.63	24	19
A8	巴楚凸起	Q1	1719.10	1~0.5	56			44	5	2.80	—	5.55	416.63*		490.34	18	15
A8				0.5~0.3	64			36	5	3.20	—	5.82	407.92*		464.98	14	12
A8				0.3~0.15	73			27	5	3.65	—	5.89	385.52*		413.16	7	7
A8				<0.15	72			28	5	3.60	—	6.02	383.45*		467.67	22	18
A9	塔中凸起	TZ37	4679.93	0.3~0.15	99	1			25	24.75	—	5.58	209.88*		291.71	39	28
A10	塔中隆起 塔中凸起	TZ67	4642.78	1~0.5	91	7		2	30	27.30	—	4.90	290.57*		389.49	34	25
A10				0.5~0.3	93	5		2	30	27.90	—	4.54	245.32*		491.86	100	50
A10				0.3~0.15	100				30	30.00	—	4.42	234.15*		379.15	62	38
A10				<0.15	100				30	30.00	—	4.50	224.07*		455.95	103	51
A11	塔中凸起	TZ12	4380.40	0.3~0.15	96	1		3	30	28.80	—	4.21	234.10*		429.17	83	45

注：I/S为伊利石/蒙皂石间层；I为伊利石；K为高岭石；C为绿泥石；S为蒙皂石；"—"为未检出；Tr为痕量；UTGA为未真空封装总体气体年龄；"*"引自张有瑜和罗修泉（2011a,2012），Zhang等（2011）；C=A×B/100；F=(E−D)/D×100；G=(E−D)/E×100。

塔北隆起轮台凸起英买 34 井、英买 35 井、英买 35-1 井志留系沥青砂岩的岩石类型主要为石英砂岩和岩屑石英砂岩,岩石致密、孔渗性较差,平均孔隙度约为 5.2%(0.52%～11.2%),英买 35 井平均孔隙度为 5.53%;英买 35-1 井平均孔隙度为 5.18%;平均渗透率为 3.83mD(0.011～396mD),总体为特低孔、特低渗储层。

鉴于对志留系沥青砂岩的层位、岩性段划分与命名并未完全统一,并且层位相近,为了便于描述,这里只简单地统一将其划归为下志留统(S₁)。

笔者先后对分别采自塔北隆起、北部拗陷和塔中隆起的志留系沥青砂岩样品(19 口井,24 块)进行了自生伊利石 K-Ar 年龄测定,基本掌握了年龄总体分布特征(Zhang et al.,2005,2011;张有瑜和罗修泉,2011a,2012)。以此为基础,本次研究选择具有较强代表性的样品(9 口井,11 块)进行自生伊利石 Ar-Ar 年龄测定(表 16.2)。

第二节　实验技术与方法

油气储层自生伊利石 K-Ar、Ar-Ar 同位素年代测定包括洗油(氯仿抽提)、扫描电镜(SEM)观察、X 射线衍射(XRD)黏土矿物预分析、自生伊利石分离提纯、自生伊利石 XRD 纯度检测、核反应堆快中子照射、K 含量测定和 Ar 同位素比值[K-Ar 法包括 $R(^{40}Ar/^{38}Ar)$、$R(^{38}Ar/^{36}Ar)$;Ar-Ar 法包括 $R(^{40}Ar/^{39}Ar)$、$R(^{37}Ar/^{39}Ar)$、$R(^{36}Ar/^{39}Ar)$]测定等。

本次研究的目的是在自生伊利石 K-Ar 年代学研究的基础上开展自生伊利石 Ar-Ar 年代学研究。关于自生伊利石分离提纯(Stokes 沉降法则、离心分离技术和微孔滤膜真空抽滤技术)、自生伊利石纯度检测[XRD 谱图分峰技术、透射电镜(TEM)观察技术]和自生伊利石 K-Ar 年龄测定(K 含量测定、Ar 同位素比值测定、年龄计算)等,笔者已经作过详细介绍(张有瑜等,2001;张有瑜和罗修泉,2011b;Zhang et al.,2011),或请参阅本书第二至六章。

首先将准备进行 Ar-Ar 法年龄测定的黏土粉末样品封装在石英瓶中送中国原子能科学研究院核反应堆接受快中子照射。使用 B4 孔道,中子流通量为 $2.6 \times 10^{13} n \cdot cm^{-2} \cdot s^{-1}$ (n 为中子数),照射总时间为 600min。同时,还用国内标样黑云母(编号为 ZBH-25,标准年龄为 133.2Ma,K 含量为 7.6%)作为监控样和待测样品一起封装并接受快中子照射。使用石墨电阻炉对经过快中子照射的样品进行阶段升温加热,每个阶段加热 20min 并用海绵钛吸气泵(简称钛泵),也称海绵钛炉和锆铝吸气泵(简称锆铝泵)纯化 20min。

本次研究的具体纯化过程是:①对钛泵进行升温脱气(850～900℃,恒温 25min);同时用分子泵抽走解吸的气体,以提高纯化能力。②使钛泵降温至 800℃并保持恒温,启动石墨电阻炉(熔样炉)熔样程序开始升温熔样,利用钛泵对样品所释放的气体进行一级纯化,即吸附 O_2、N_2、CO、CO_2 和碳氢化合物等活性气体,纯化时间为 10min。钛泵的吸附能力非常强,经过 10min 的吸附纯化,绝大部分活性气体便会被基本吸附殆尽。③使钛泵降温至 400℃,并同时利用锆铝泵进行二、三级纯化,纯化时间为 10min。钛泵在温度为 400℃时可以大量吸附 H_2。MM5400 静态真空质谱仪(通常也称惰性气体质谱仪)的纯化系统配备 2 个锆铝泵,1 个保持为室温,1 个设定为 300℃。在室温条件下工作的锆铝泵,可以大量吸附 H_2,在 300℃ 条件下工作的锆铝泵,可以大量吸附 O_2、N_2、CO、CO_2 和碳氢化合物等活性气体。④经过一、二、三级纯化后,待测气体已经基本不含各种活性气体,可以进入质谱仪测量系统进行 Ar 同位素比值测定。为充分保证纯化质量,MM5400 静态真空质谱仪在分析系统还配备 2 个在常温下工作的锆铝泵,一个在离子源前端,另一个在接收器下方,从而实现在测量的同时还要作进一步的纯化。

熔样起始温度为 300℃,最高温度为 1200℃。具体的温度阶段根据样品的释 Ar 特点确定并进行适当调整。采用高灵敏度质谱仪(MM5400 静态真空质谱仪)对样品所释放的并经过纯化的 Ar 气进行同位素(^{36}Ar、^{37}Ar、^{38}Ar、^{39}Ar、^{40}Ar)测定,每个峰值均采集 11 组数据,计算出比值后回归至时间零点,从而得到样品的 Ar 同位素比值。利用 Isoplot 软件(Ludwig,2000)进行年龄谱绘制和坪年龄计算等数据处理工作。年龄误差考虑了 $R(^{40}\text{Ar}/^{39}\text{Ar})$、$R(^{37}\text{Ar}/^{39}\text{Ar})$、$R(^{36}\text{Ar}/^{39}\text{Ar})$ 测量误差和放射成因氩($^{40}\text{Ar}^*$)含量等。误差范围为 $\pm 1\sigma$。

第三节　实　验　结　果

一、黏土矿物特征

SEM 分析表明,塔里木盆地志留系沥青砂岩储层中的黏土矿物主要为伊利石/蒙皂石(I/S)有序间层,见有少量的丝状伊利石,个别井含有较多的高岭石或绿泥石。I/S 有序间层主要为片状、蜂窝状,其次为片丝(片+短丝)状、丝状,并具有较强的地区性,塔北隆起轮台凸起英买 35 井等、哈拉哈塘凹陷哈 6 井主要为片状、片丝状[图 16.3(a)、图 16.3(b)];北部拗陷孔雀河斜坡孔雀 1 井主要为丝状;塔中隆起巴楚凸起乔 1 井主要为片状,塔中凸起塔中 67 井等主要为蜂窝状[图 16.3(c)、图 16.3(d)]。高岭石主要为片状、六方板状、书状、蠕虫状[图 16.3(e)、图 16.3(f)]。绿泥石主要呈叶片状。

塔里木盆地志留系沥青砂岩储层中的 I/S 有序间层(间层比为 5%～30%),虽然形貌特征具有一定的差异,但都具有明显的自生成因特征,属于通常所说的自生伊利石,即广义的自生伊利石(包括自生伊利石和自生 I/S 有序间层)。除了孔雀 1 井和塔中 37 井、塔中 67 井、塔中 12 井的丝状、蜂窝状 I/S 有序间层,属于典型的自生成因外,乔 1 井和英买 34 井、英买 35 井、英买 35-1 井、英买 11 井的片状以及哈 6 井的片丝状 I/S 有序间层也都属于自生成因,主要表现在以下四点:①呈弯曲片状,晶体完整,边缘生长有细小短丝状晶体;②片体较薄、颜色较浅且明亮;③松散堆积,片与片之间存在较多空隙;④主要分布在粒间孔隙或粒表溶蚀孔中。

XRD 分析结果表明,与其形貌特征对应,塔里木盆地志留系沥青砂岩储层中的 I/S 有序间层,在矿物类型(主要指间层比大小)上同样具有较强的地区分布特征,塔北隆起轮台凸起英买 34 井、英买 35 井、英买 35-1 井等和塔中隆起巴楚凸起乔 1 井间层比较低,为 5%,尤其是英买 35 井,基本接近为纯伊利石[表 16.2、图 16.4(a)],形貌特征主要为片状[图 16.3(a)];塔北隆起哈拉哈塘凹陷哈 6 井,间层比中等,为 15%～20%,基本接近为纯 I/S 有序间层(91％～92％)[表 16.2、图 16.4(b)],形貌特征主要为片丝状[图 16.3(b)];北部拗陷孔雀河斜坡孔雀 1 井和塔中隆起塔中 37 井、塔中 67 井、塔中 12 井等,间层比相对较高,为 25％～30％,特别是塔中 67 井基本接近纯 $R=1$ (R1 型)I/S 有序间层,相对含量为 100％[表 16.2、图 16.4(c)],形貌特征主要为蜂窝状[图 16.3(c)、图 16.3(d)]。

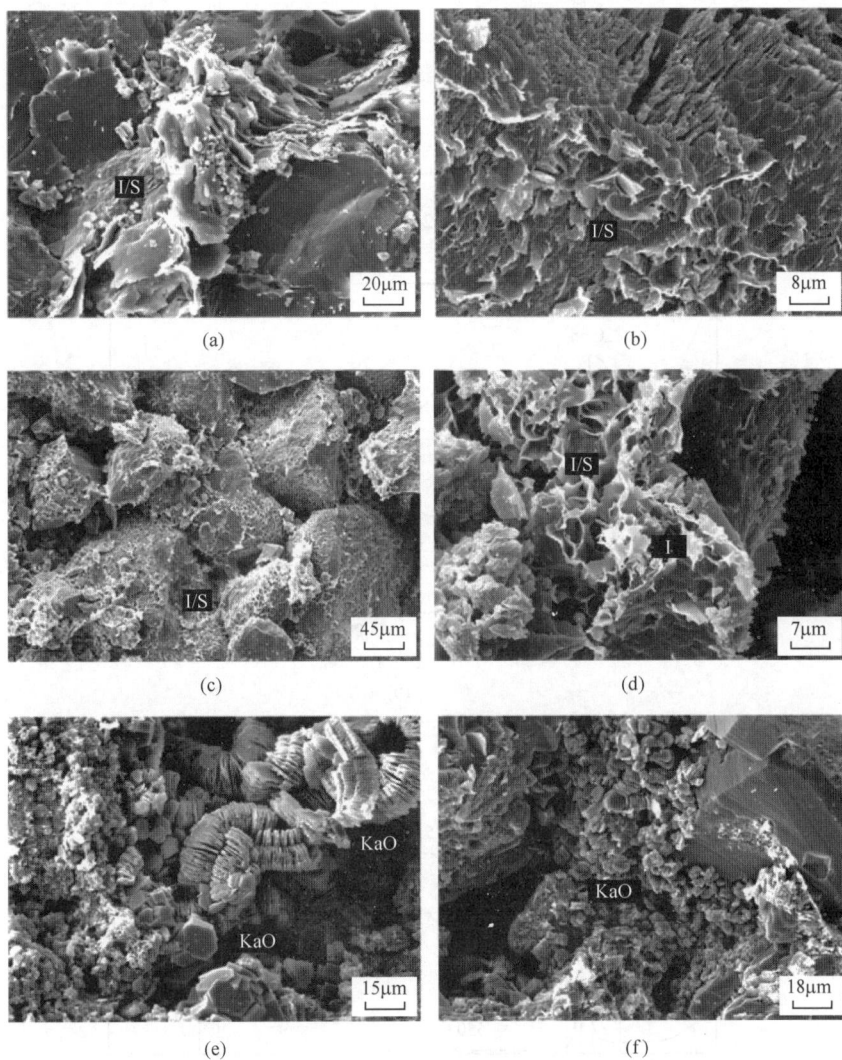

图 16.3　塔里木盆地志留系(S₁)沥青砂岩黏土矿物特征(Zhang et al.,2011;
张有瑜和罗修泉,2011a,2012)

(a) 粒间片状 I/S 有序间层,荧光细砂岩,英买 35 井,5588.70m,SEM;(b) 粒表片丝状 I/S 有序间层与长石淋滤,沥青砂岩,哈 6 井,6311.10m,SEM;(c) 粒表蜂窝状 I/S 有序间层,灰黑色沥青砂岩,塔中 67 井,4642.78m,SEM;(d) 粒表蜂窝状 I/S 有序间层和丝状伊利石(I),灰黑色沥青砂岩,塔中 67 井,4642.78m,SEM;(e) 粒间六方板状、书状、蠕虫状高岭石,含油细砂岩,英买 34 井,5388.70m,SEM;(f) 粒间片状高岭石,沥青砂岩,哈 6 井,6307.10m,SEM

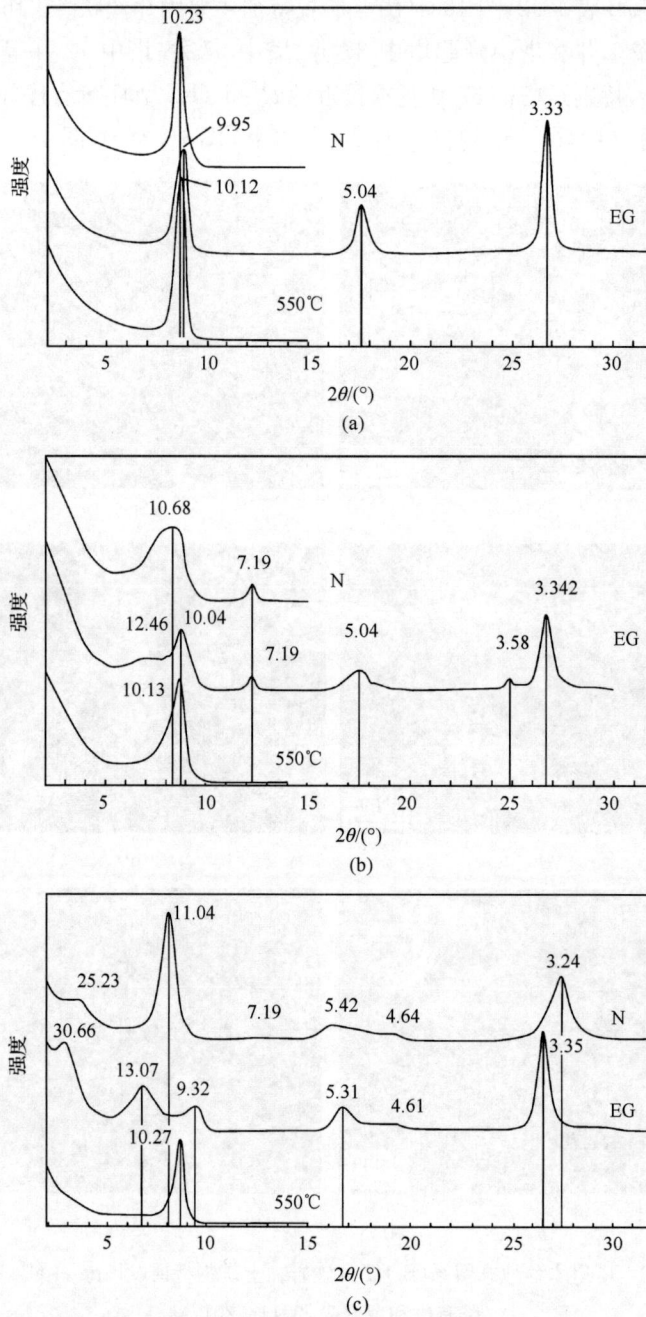

图 16.4　塔里木盆地志留系沥青砂岩自生伊利石 XRD 谱图（张有瑜和罗修泉，2011a；
Zhang et al.，2016；Zhang et al.，2011）

N 为自然风干定向样品；EG 为乙二醇饱和处理定向样品；550℃为加热处理（550℃/2h）定向样品；图中的数字为
晶面间距，10^{-1}nm；(a)纯自生伊利石，基本不含膨胀层（间层比＝5％，0.3～0.15μm，英买 35 井，5588.70m）；
(b)基本为纯自生 I/S 有序间层，含少量膨胀层（间层比＝20％，0.3～0.15μm，哈 6 井，6311.10m；(c)纯自生 R1 型
I/S 有序间层，含较多膨胀层（间层比＝30％，＜0.15μm，塔中 67 井，4642.78m）

从含量上看,塔里木盆地志留系沥青砂岩储层可以划分为两类,一类基本接近为纯 I/S 有序间层,如样品 A1～A6 和 A9～A11,相对含量为 91％～100％;另一类为含有一定数量的绿泥石,如样品 A7 和 A8,I/S 有序间层的相对含量为 56％～72％(表 16.2)。

二、K-Ar 年龄测定结果

笔者先后对分别采自塔北隆起、北部拗陷和塔中隆起的志留系沥青砂岩样品(19 口井,24 块)进行自生伊利石 K-Ar 年龄测定(Zhang et al.,2005,2011;张有瑜和罗修泉,2011a,2012)。表 16.2 给出了本次用来进行 Ar-Ar 年龄测定对比研究的部分典型样品(9 口井,11 块)的 K-Ar 年龄测定结果。图 16.5 给出了 K-Ar 年龄的分布特征。表 16.2 表明,自生伊利石年龄分布范围较宽,390～125Ma(粒级为 0.3～0.15μm 或<0.15μm),所对应的成藏期分别为晚加里东期——早海西期和燕山中晚期。图 16.5 表明,尽管年龄分布范围较宽,但具有较为明显的分布规律,即盆地东西两端相对较大,如乔 1 井和孔雀 1 井(383Ma、390Ma),为晚加里东期——早海西期成藏;盆地中心相对较小,如塔中 67 井、塔中 37 井、塔中 12 井、塔中 32 井(210～235Ma,塔中 23 井、塔中 30 井年龄偏大,分别为 294Ma、296Ma,可能与含有少量碎屑伊利石有关),为晚海西晚期成藏;英买力地区(英买 34 井、英买 35 井、英买 35-1 井)和英吉苏凹陷(龙口 1 井、英南 2 井)中等(255～293Ma),为早海西晚期——晚海西期成藏;哈 6 井明显偏小(125Ma),成藏期明显偏晚,为燕山中晚期。自生伊利石 K-Ar 年龄不仅与油气系统等常规油气成藏史研究认识基本一致,还反映了不同地区志留系沥青砂岩油藏形成时间上的差异。供烃中心及其演化与变迁、油气运移通道及运移方式和油气运移方向、距离等可能是控制不同地区成藏时间差异的主要原因。

塔里木盆地志留系沥青砂岩的自生伊利石 K-Ar 年龄数据具有充分的矿物学依据如 SEM、XRD、TEM 等;年代学依据如 K 含量、放射成因氩、年龄数据一致性和分布规律性等;石油地质学依据如生、排烃和油气运移等,为其 Ar-Ar 年代学研究提供了坚实的基础条件和年龄依据。

三、Ar-Ar 年龄测定结果

表 16.2 给出了与 K-Ar 法年龄测定相同样品的自生伊利石 Ar-Ar 法阶段升温年龄测定结果。从表 16.2 可以看出,Ar-Ar 年龄数值明显偏老,未真空封装总气体年龄为 188.56～467.67Ma,比相同样品的 K-Ar 年龄(125～390Ma)偏老 7％～103％(0.3～0.15μm 或<0.15μm)。照射过程中的 ^{39}Ar 核反冲丢失可能是导致 Ar-Ar 年龄明显偏老的主要原因,这正是本次研究的重点内容,下面将作进一步详细论述。由于 ^{39}Ar 核反冲丢失现象,Ar-Ar 年龄数据可能不具准确的地质意义,更不能反映油气注入事件和代表成藏期。

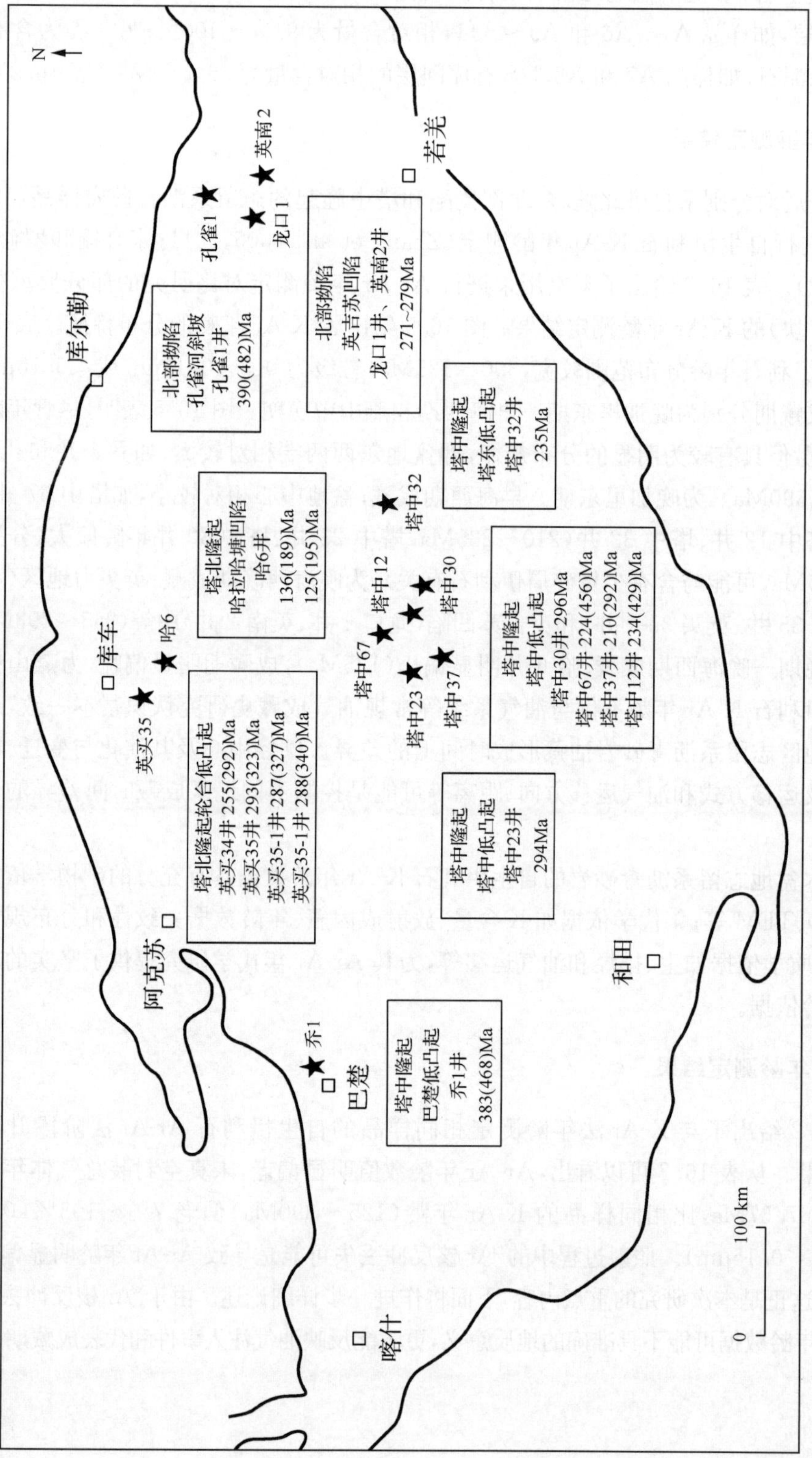

图 16.5　塔里木盆地志留系（S₁）沥青砂岩自生伊利石 K-Ar、Ar-Ar 年龄分布（Zhang et al.，2016）括号中的数字为未真空封装 Ar-Ar 总气体年龄

第四节　讨　论

Ar-Ar 测年技术需要把待测样品送到核反应堆中进行快中子照射,使 ^{39}K 转化为 ^{39}Ar,与放射性 ^{40}Ar(^{40}Ar*)同时采用稀有气体同位素质谱仪进行测量。在进行快中子照射的过程中, ^{39}K 转变成 ^{39}Ar, ^{39}Ar 会获得足够的能量从其母原子的晶格位置上发生位移,反冲到周围环境中并发生丢失,从而使年龄偏老。简单地说,Ar-Ar 法是根据 R(^{40}Ar* / ^{39}Ar) 值计算年龄, ^{39}Ar 丢失则导致比值增大,从而使年龄变老。这种现象就是所谓的 ^{39}Ar 核反冲丢失现象。

尽管人们对 ^{39}Ar 核反冲丢失现象进行研究已有近 40 年的历史,并采取了许多办法,如石英管真空封装技术也称显微封装或显微包裹技术、总气体年龄和保留年龄(Turner and Cadogan,1974;Hess and Lippolt,1986;Foland et al. ,1992;Onstott et al. ,1997;Dong et al. ,1995)等,但都具有一定的局限性且应用效果尚需进一步探讨。特别是关于砂岩油气储层中的自生伊利石的 Ar-Ar 年代学研究相对较少和分析的样品数量相对有限,人们对 ^{39}Ar 核反冲丢失现象的认识及该项技术在油气成藏史研究中的应用远不够系统和深入,并且还存在一些尚需进一步探讨观点和做法,如 Yun 等(2010)。对此,Clauer 等(2011)进行了全面系统的详细评述。

^{39}Ar 核反冲丢失现象是黏土矿物,特别是自生伊利石 Ar-Ar 法年龄测定中不可回避的重要问题之一,是 Ar-Ar 年龄数据分析和图谱解释与应用的前提和基础,下面将以本次研究的实测数据为依据对其进行系统论述。

一、表观年龄和年龄谱谱型特征

表 16.3 是塔里木盆地志留系沥青砂岩自生伊利石 Ar-Ar 法阶段升温测年分析数据表。图 16.6 是部分代表性样品的年龄谱(其他年龄谱请参阅本书附录四)。从表 16.3 和图 16.6 可以看出,本次研究的所有样品的年龄谱(11 块样品共 17 个年龄谱)均为上升谱,即年龄谱呈阶梯状,除了开始时的低温部分和结束时的高温部分,总的趋势是随着温度升高,表观年龄逐渐增大,在 700~800℃ 或 900~1000℃ 达到最大值。

年龄谱呈阶梯状连续增长实际上反映的是 R(^{40}Ar* / ^{39}Ar) 值随温度增加逐渐增大的现象,I/S 间层中的伊利石层和蒙皂石层分别具有不同的释 Ar 特征可能是产生这种现象的主要原因。首先 I/S 间层中的伊利石层的 Ar 释放温度比蒙皂石层的高,其次蒙皂石层含 K 低且其结构特征适合接收反冲的 ^{39}Ar 原子。在快中子照射过程中,由于具有较高的反冲能量, ^{39}Ar 反冲原子会发生均一化,从而导致蒙皂石层接收了额外的 ^{39}Ar 原子,结果使 R(^{40}Ar* / ^{39}Ar) 值先低后高,形成随着温度增加逐渐增大的上升年龄谱(Janks et al. ,1992;Dong et al. ,2000)。显然,测试样品中的蒙皂石层含量是谱型特征的主要影响因素。蒙皂石层含量与测试样品中的 I/S 间层相对含量和 I/S 间层间层比密切相关。如果首先根据年龄谱连续谱段中的最大和最小年龄计算出表观年龄增长率(apparent age increment,AAI),然后根据 I/S 间层相对含量和 I/S 间层间层比计算出蒙皂石层含量(smectite layer content,SLC),便可以对二者的相关性进行定量表征。为了尽量减小其他

表 16.3　塔里木盆地志留系沥青砂岩自生伊利石末真空封装 Ar-Ar 法阶段升温测年分析数据表（Zhang et al., 2016）

样品特征	温度/℃	$R(^{40}Ar/^{39}Ar)$	$R(^{36}Ar/^{39}Ar)$	$R(^{37}Ar/^{39}Ar)$	$R(^{40}Ar^*/^{39}Ar)$	$N(^{39}Ar)/(10^{-14}mol)$	$N(^{39}Ar)/\%$	$R(^{40}Ar^*/^{40}Ar_{总})/\%$	年龄/Ma	年龄误差/Ma
A1，粒级为 0.3~0.15μm，样重 47.23mg，J 为 0.001879，总气体年龄为 291.74Ma，K-Ar 年龄为 255.40Ma，年龄偏老 14%，核反冲丢失 12%	500	131.6410	0.145745	2.36526	88.9057	1.33	4.93	68.32	278.69	30.26
	600	60.4006	0.009423	0.92835	57.7202	12.79	47.25	95.62	185.75	3.24
	620	119.0418	0.008746	0.93460	116.6066	7.04	26.01	97.94	357.40	4.49
	640	160.5532	0.006592	0.00002	158.6005	2.48	9.16	98.82	470.54	5.29
	670	181.9017	0.020156	2.39847	176.4518	0.96	3.54	96.91	516.57	9.36
	700	182.9851	0.000001	0.00002	182.9800	0.78	2.87	100.00	533.11	8.91
	800	133.7362	0.025034	3.91051	127.0112	1.44	5.30	94.82	386.10	6.10
	900	693.2044	2.332572	0.00002	3.9246	0.25	0.94	3.34	13.25	134.59
A2，粒级为 0.3~0.15μm，样重 53.21mg，J 为 0.002501，总气体年龄为 322.64Ma，K-Ar 年龄为 293.49Ma，年龄偏老 10%，核反冲丢失 9%	500	66.6643	0.019951	0.19795	60.7877	5.70	8.40	91.42	255.31	6.14
	600	70.5587	0.005262	0.34365	69.0424	11.63	17.13	97.88	287.35	2.98
	620	79.0423	0.001945	0.07241	78.4724	12.38	18.25	99.29	323.28	3.25
	640	86.0801	0.020472	0.35260	80.0737	11.64	17.15	93.19	329.31	3.21
	670	89.9683	0.022931	0.40771	83.2437	13.73	20.24	92.70	341.18	3.93
	700	139.6297	0.107320	0.00002	107.9118	2.59	3.82	77.92	431.03	21.78
	800	88.1652	0.005151	0.00002	86.6383	9.55	14.07	98.32	353.81	3.78
	900	31.2875	0.007975	9.82787	29.8591	0.65	0.95	94.84	129.93	10.13
A3，粒级为 0.3~0.15μm，样重 51.42mg，J 为 0.002479，坪年龄 341.1Ma，总气体年龄为 327.42Ma，K-Ar 年龄为 286.60Ma，年龄偏老 14%，核反冲丢失 12%	500	54.8322	0.029463	10.14214	47.2259	0.58	0.57	85.84	199.72	24.24
	600	75.8153	0.006084	0.17356	74.0353	18.54	17.97	97.70	303.98	3.29
	620	79.2162	0.002671	0.00002	78.4221	15.38	14.91	99.03	320.48	3.21
	640	80.8833	0.002527	0.28697	80.1708	16.15	15.66	99.12	327.02	3.13
	670	82.8428	0.001320	0.30745	82.4902	17.50	16.96	99.56	335.65	3.26
	700	84.5336	0.000330	0.11763	84.4476	20.66	20.03	99.89	342.90	3.15
	800	85.7432	0.002591	0.00074	84.9728	13.73	13.32	99.13	344.84	3.43
	900	44.5088	0.000243	9.41270	45.4441	0.60	0.58	101.30	192.58	3.78

续表

样品特征	温度/℃	R(⁴⁰Ar/³⁹Ar)	R(³⁶Ar/³⁹Ar)	R(³⁷Ar/³⁹Ar)	R(⁴⁰Ar*/³⁹Ar)	N(³⁹Ar)/(10⁻¹⁴mol)	N(³⁹Ar)/%	R(⁴⁰Ar*/⁴⁰Ar总)/%	年龄/Ma	年龄误差/Ma
A4,粒级为 0.3~0.15μm,样重 50.26mg,J 为 0.002457,坪年龄为 322.9Ma,总气体年龄为 340.07Ma,K-Ar 年龄为 287.76Ma,年龄偏老 18%,核反冲丢失 15%	400	102.3674	0.061891	0.01486	84.0758	20.60	16.39	82.63	338.76	21.06
	600	83.9896	0.028117	0.13315	75.6939	20.28	16.13	90.39	307.71	8.27
	620	88.8567	0.026372	0.19819	81.0859	17.16	13.65	91.48	327.75	7.27
	640	91.3175	0.035201	0.60000	80.9925	13.78	10.96	88.97	327.40	6.84
	670	91.0631	0.018230	0.12255	85.6885	16.91	13.45	94.25	344.68	5.85
	700	94.5179	0.016825	0.44894	89.6057	19.05	15.15	94.91	358.97	5.28
	800	97.6174	0.018932	0.00002	92.0182	16.80	13.36	94.42	367.71	6.06
	900	199.5870	0.252917	4.16205	125.5615	1.15	0.92	63.74	485.07	63.57
A5,粒级为 0.3~0.15μm,样重 26.10mg,J 为 0.002494,总气体年龄 188.56Ma,K-Ar 年龄为 136.38Ma,年龄偏老 38%,核反冲丢失 28%	500	28.9677	0.020021	0.07716	23.0536	4.54	12.46	80.15	100.85	6.45
	600	40.6915	0.006179	0.02661	38.8635	18.35	50.31	95.63	166.89	2.42
	620	59.0105	0.010244	0.24083	56.0064	5.88	16.11	95.03	235.87	3.92
	640	67.9425	0.015190	1.49873	63.6322	2.13	5.85	93.72	265.72	4.55
	670	67.2756	0.014028	1.54439	63.3138	2.04	5.60	94.16	264.49	6.03
	700	63.4052	0.023337	0.00002	56.5043	1.14	3.12	89.42	237.83	7.18
	800	104.0297	0.152492	0.75087	59.0526	2.33	6.38	57.94	247.85	42.54
A6,粒级为 0.3~0.15μm,样重 69.15mg,J 为 0.002457,总气体年龄 195.21Ma,K-Ar 年龄 124.87Ma,年龄偏老 56%,核反冲丢失 36%	500	57.8294	0.071390	0.06794	36.7358	26.99	28.92	64.54	155.89	18.07
	600	46.2517	0.010120	0.19044	43.2765	50.14	53.73	93.73	182.29	4.49
	620	170.4286	0.161905	1.17387	122.7802	3.12	3.34	72.75	475.62	49.08
	640	160.0448	0.096236	0.96005	131.7721	2.68	2.87	82.76	505.98	32.70
	670	152.2905	0.133815	0.43033	112.8128	2.76	2.96	74.77	441.36	41.41
	700	53.8325	0.005820	0.60041	52.1758	1.42	1.53	96.96	217.60	7.23
	800	20.2710	0.005243	0.02633	18.7193	6.22	6.66	92.56	81.12	2.69

续表

样品特征	温度/℃	$R(^{40}Ar/^{39}Ar)$	$R(^{36}Ar/^{39}Ar)$	$R(^{37}Ar/^{39}Ar)$	$R(^{40}Ar^*/^{39}Ar)$	$N(^{39}Ar)/(10^{-14}mol)$	$N(^{39}Ar)/\%$	$R(^{40}Ar^*/^{40}Ar_总)/\%$	年龄/Ma	年龄误差/Ma
A7,粒级为0.3～0.15μm,样重63.42mg,J为0.002345,总气体年龄为481.63Ma,K-Ar年龄为389.64Ma,年龄偏老24%,核反冲丢失19%	400	122.7874	0.068503	0.19755	102.5702	8.98	10.78	83.98	388.83	21.01
	500	120.7200	0.037608	0.00001	109.6021	3.19	3.83	91.05	412.65	9.43
	600	120.2245	0.016875	0.21711	115.2688	23.16	27.79	95.98	431.62	4.97
	620	137.8314	0.010901	0.15812	134.6336	18.73	22.47	97.73	494.98	4.80
	640	160.4698	0.002858	0.00001	159.6205	6.49	7.79	99.49	573.59	5.69
	670	168.1824	0.008376	0.15983	165.7353	6.91	8.30	98.57	592.31	5.35
	700	172.0154	0.001953	0.00001	171.4334	9.28	11.13	99.67	609.59	5.38
	800	158.1799	0.031238	0.00001	148.9442	4.80	5.76	94.32	540.42	8.19
	900	16.7017	0.021041	0.00001	10.4793	1.81	2.17	63.78	43.80	3.63
A8,粒级为1～0.5μm,样重48.64mg,J为0.002371,总气体年龄为490.34Ma,K-Ar年龄为416.63Ma,年龄偏老18%,核反冲丢失15%	500	141.3436	0.446550	0.00001	9.3832	0.78	1.12	9.24	39.69	30.83
	600	70.6275	0.030010	0.00001	61.7549	10.84	15.69	87.79	246.51	8.91
	620	93.4067	0.016840	0.18303	88.4517	9.11	13.19	94.83	343.46	5.13
	640	151.9628	0.014094	0.00001	147.7931	6.29	9.10	97.33	541.95	6.61
	670	167.6402	0.021381	0.18636	161.3548	7.08	10.26	96.34	584.40	7.24
	700	171.2716	0.018372	0.08543	165.8555	8.49	12.29	96.92	598.27	6.21
	800	171.1674	0.007166	0.04341	169.0540	23.55	34.09	98.80	608.06	5.44
	850	136.3061	0.065628	0.70746	117.0250	2.29	3.32	86.20	441.76	15.04
	900	125.5698	0.325260	0.00001	29.4508	0.64	0.93	25.59	121.77	13.02
A8,粒级为0.5～0.3μm,样重48.34mg,J为0.002396,总气体年龄为464.98Ma,K-Ar年龄为407.92Ma,年龄偏老14%,核反冲丢失12%	500	204.1757	0.636912	0.89123	16.0381	1.21	1.37	10.42	68.02	86.68
	600	73.8328	0.043860	0.07222	60.8762	14.80	16.77	82.94	245.62	11.48
	620	102.7546	0.022042	0.31492	96.2831	13.51	15.31	93.85	374.47	6.26
	640	149.5120	0.026074	0.05696	141.8130	9.68	10.97	94.99	527.68	8.13
	670	153.9498	0.022861	0.04208	147.1977	10.00	11.33	95.73	544.97	6.54
	700	161.1977	0.015155	0.19268	156.7526	13.83	15.67	97.30	575.25	5.99
	750	167.1060	0.010696	0.12248	163.9653	14.06	15.93	98.16	597.77	5.85
	800	170.7990	0.029044	0.02573	162.2169	7.51	8.50	95.11	592.34	8.19
	900	90.1338	0.099673	0.24282	60.7049	3.66	4.15	68.25	244.98	21.27

续表

样品特征	温度/℃	R(⁴⁰Ar/³⁹Ar)	R(³⁶Ar/³⁹Ar)	R(³⁷Ar/³⁹Ar)	R(⁴⁰Ar*/³⁹Ar)	N(³⁹Ar)/(10⁻¹⁴mol)	N(³⁹Ar)/%	R(⁴⁰Ar*/⁴⁰Ar总)/%	年龄/Ma	年龄误差/Ma
A8,粒级为 0.3~0.15μm,样重 56.44mg,J 为 0.001888,总气体年龄 413.16Ma,K-Ar 年龄为 385.52Ma,年龄偏老 7%,核反冲丢失 7%	400	120.7319	0.037977	0.14594	109.5282	16.57	19.77	90.97	339.09	9.39
	450	124.5431	0.051257	4.20961	110.0637	0.56	0.67	88.41	340.60	14.80
	500	107.5816	0.003284	1.95842	106.9140	1.71	2.03	99.25	331.69	4.71
	600	104.2561	0.004611	0.16041	102.9134	24.13	28.79	98.74	320.32	3.06
	620	147.2142	0.000001	0.31503	147.2689	1.33	1.59	100.01	442.58	5.03
	640	172.4474	0.005152	0.16847	170.9552	19.35	23.09	99.15	504.62	4.46
	670	185.3008	0.005432	0.00002	183.6907	9.09	10.85	99.16	537.12	4.83
	700	186.9620	0.005555	0.18706	185.3571	8.07	9.62	99.15	541.33	4.87
	800	100.3198	0.008344	0.49223	97.9231	3.01	3.59	97.64	306.03	4.54
A8,粒级为 <0.15μm,样重 59.43mg,J 为 0.001899,总气体年龄 467.67Ma,K-Ar 年龄为 383.45Ma,年龄偏老 22%,核反冲丢失 18%	400	73.1767	0.077346	0.56057	50.3785	2.87	4.17	69.68	164.82	20.09
	500	108.6759	0.023294	0.02699	101.7918	5.04	7.33	93.84	318.81	5.77
	600	122.1152	0.007693	0.19303	119.8695	5.77	8.39	98.20	369.98	4.49
	620	168.3036	0.004795	0.16983	166.9167	21.94	31.90	99.19	496.71	4.44
	640	181.5790	0.041385	0.47285	169.4430	9.20	13.38	93.47	503.27	11.95
	670	187.2162	0.002923	0.33054	186.4207	9.79	14.23	99.56	546.74	4.81
	700	190.6818	0.000338	0.00002	190.5772	5.78	8.41	99.95	557.23	4.94
	800	164.0913	0.005167	0.00002	162.5595	7.80	11.34	99.09	485.34	4.39
	900	47.6535	0.050504	2.40673	32.9593	0.59	0.86	69.89	109.52	17.56
A9,粒级为 0.3~0.15μm,样重 83.16mg,J 为 0.001985,总气体年龄 291.71Ma,K-Ar 年龄为 209.88Ma,年龄偏老 39%,核反冲丢失 28%	500	40.6524	0.031473	0.33308	31.3794	2.87	4.99	77.80	109.01	7.62
	600	71.6073	0.013739	0.36812	67.5889	5.04	32.92	94.52	227.12	4.40
	620	90.6634	0.014937	0.16938	86.2685	5.77	21.87	95.27	285.15	5.06
	640	99.8601	0.017506	0.33240	94.7313	21.94	12.19	94.98	310.84	5.11
	670	124.4338	0.044132	0.00003	111.3880	9.20	6.84	89.81	360.36	6.99
	700	133.0819	0.020587	0.34222	127.0528	9.79	6.11	95.57	405.72	7.29
	800	138.4321	0.023422	0.22227	131.5453	5.78	13.74	95.15	418.52	6.50
	900	122.6544	0.082387	1.36638	98.5095	7.80	1.35	80.78	322.19	9.29

续表

样品特征	温度/℃	$R(^{40}Ar/^{39}Ar)$	$R(^{36}Ar/^{39}Ar)$	$R(^{37}Ar/^{39}Ar)$	$R(^{40}Ar^*/^{39}Ar)$	$N(^{39}Ar)/(10^{-14}mol)$	$N(^{39}Ar)/\%$	$R(^{40}Ar^*/^{40}Ar_总)/\%$	年龄/Ma	年龄误差/Ma
A10,粒级为 1~0.5μm,样重 51.46mg,J 为 0.001910,总气体年龄为 389.49Ma,K-Ar 年龄为 290.57Ma,年龄偏老 34%,核反冲丢失 25%	500	94.1804	0.043701	1.28797	81.4378	2.14	4.83	86.76	260.81	8.57
	600	109.1555	0.008605	0.11752	106.6265	14.29	32.27	97.74	334.40	3.80
	620	128.4644	0.008415	0.00002	125.9730	7.43	16.78	98.11	388.95	4.17
	640	136.6716	0.008451	0.00002	134.1694	4.87	11.01	98.22	411.57	4.17
	670	147.2480	0.014640	0.87346	143.0797	2.68	6.06	97.18	435.84	6.00
	700	151.0065	0.018893	0.69177	145.5489	3.32	7.51	96.43	442.51	5.08
	800	158.6973	0.007679	0.00002	156.4233	8.51	19.23	98.61	471.60	4.80
	900	127.2798	0.052202	0.00002	111.8493	1.02	2.30	88.21	349.29	16.01
A10,粒级为 0.5~0.3μm,样重 64.06mg,J 为 0.001921,总气体年龄为 491.86Ma,K-Ar 年龄为 245.32Ma,年龄偏老 100%,核反冲丢失 50%	500	116.3319	0.032336	0.00002	106.7720	1.23	2.05	92.01	336.57	16.33
	600	126.3980	0.018254	0.17299	121.0282	14.88	24.76	95.86	377.11	6.19
	620	140.4291	0.041149	0.22572	128.3041	12.02	20.01	91.59	397.45	9.49
	640	151.0820	0.028744	0.08604	142.5993	7.17	11.93	94.54	436.76	8.99
	670	161.0437	0.052110	0.00002	145.6405	4.51	7.50	90.70	445.02	12.36
	700	179.6853	0.064892	0.14231	160.5335	4.64	7.73	89.63	484.90	15.85
	800	324.7398	0.464452	0.35863	187.5691	8.59	14.29	58.92	555.13	66.61
	900	520.3638	0.445701	1.17088	389.1044	5.00	8.32	75.41	1006.94	89.17
	1000	561.6716	1.005419	3.11608	265.4531	1.56	2.59	48.61	743.37	136.57
	1100	327.0177	0.089382	0.00002	300.6005	0.49	0.81	92.15	822.28	24.89
A10,粒级为 0.3~0.15μm,样重 51.30mg,J 为 0.001914,总气体年龄为 379.15Ma,K-Ar 年龄为 234.15Ma,年龄偏老 62%,核反冲丢失 38%	500	69.6448	0.045907	0.43179	56.1245	2.66	6.41	81.10	184.07	3.84
	600	109.3402	0.008377	0.42565	106.9269	13.31	32.04	97.82	335.90	4.05
	620	121.2066	0.013644	0.32615	117.2239	7.03	16.93	96.78	365.17	4.03
	640	131.3977	0.017873	0.93277	126.2725	3.79	9.12	96.14	390.51	5.93
	670	136.7480	0.027278	0.00002	128.6827	3.92	9.44	94.27	397.20	6.16
	700	146.3612	0.020447	0.17012	140.3457	3.28	7.90	95.99	429.23	6.83
	800	184.9741	0.206299	0.94993	124.1702	2.74	6.59	67.99	384.66	8.45
	900	285.2730	0.422668	1.54303	160.6791	1.80	4.34	57.47	483.74	56.32
	1000	255.5694	0.098513	0.42133	226.5607	2.67	6.42	88.94	649.83	27.22
	1100	254.4543	0.474433	0.00002	114.2547	0.34	0.82	46.44	356.78	24.42

续表

样品特征	温度/℃	$R(^{40}Ar/^{39}Ar)$	$R(^{36}Ar/^{39}Ar)$	$R(^{37}Ar/^{39}Ar)$	$R(^{40}Ar^*/^{39}Ar)$	$N(^{39}Ar)/(10^{-14}mol)$	$N(^{39}Ar)/\%$	$R(^{40}Ar^*/^{40}Ar_{总})/\%$	年龄/Ma	年龄误差/Ma
A10,粒级为<0.15μm,样重55.43mg,J为0.001897,总气体年龄为455.95Ma,K-Ar年龄为224.07Ma,年龄偏老103%,核反冲丢失51%	500	80.9650	0.082825	0.00002	56.4855	1.27	3.36	70.61	183.63	8.53
	600	123.4706	0.041570	0.51724	111.2651	7.25	19.17	90.35	345.47	4.72
	620	138.3597	0.044767	0.29651	125.1772	5.90	15.60	90.72	384.36	10.15
	640	157.4987	0.041375	0.00002	145.2677	3.84	10.15	92.45	439.09	11.89
	670	165.7506	0.092819	1.90561	138.6657	3.54	9.36	83.99	421.29	14.68
	700	172.8475	0.148531	0.90881	129.1107	3.03	8.01	75.35	395.21	11.46
	800	244.6643	0.156213	0.30749	198.5697	3.80	10.05	81.67	576.70	34.80
	900	869.5999	2.649087	0.73465	86.8934	3.43	9.06	12.49	275.26	107.37
	1000	601.1205	0.880510	0.49441	341.0961	4.96	13.12	57.93	900.18	129.96
	1100	498.6697	1.334232	2.86930	104.8452	0.80	2.12	23.18	327.24	47.40
A11,粒级为0.3~0.15μm,样重77.50mg,J为0.001997,总气体年龄为429.17Ma,K-Ar年龄为234.10Ma,年龄偏老83%,核反冲丢失45%	500	129.7871	0.343371	0.00003	28.3162	0.59	1.54	23.99	99.23	25.46
	600	121.3317	0.050803	0.03581	106.3203	8.91	23.39	87.97	347.34	11.18
	620	138.4202	0.049999	0.00003	123.6408	6.82	17.89	89.62	398.09	10.07
	640	149.8735	0.054249	0.03619	133.8445	5.34	14.01	89.60	427.33	11.62
	670	163.9493	0.071456	1.03531	143.0220	5.71	14.99	87.52	453.23	11.96
	700	175.4770	0.062927	0.00003	156.8774	4.98	13.06	89.70	491.65	11.13
	800	200.3983	0.068984	0.65753	180.1509	3.16	8.30	90.13	554.39	18.00
	900	314.6906	0.235974	1.85683	245.4544	0.97	2.55	78.50	719.60	56.22
	1000	292.1257	0.470076	0.00003	153.2134	1.14	2.98	53.77	481.57	46.92
	1100	617.1753	1.733137	3.12961	105.5166	0.49	1.29	19.36	344.95	32.34

注: 样品编号同表 16.2;J 为照射参数,由和样品同时照射的黑云母标样(ZBH-25)求出;$^{40}Ar^*$ 为放射性 ^{40}Ar;误差范围为 1σ。

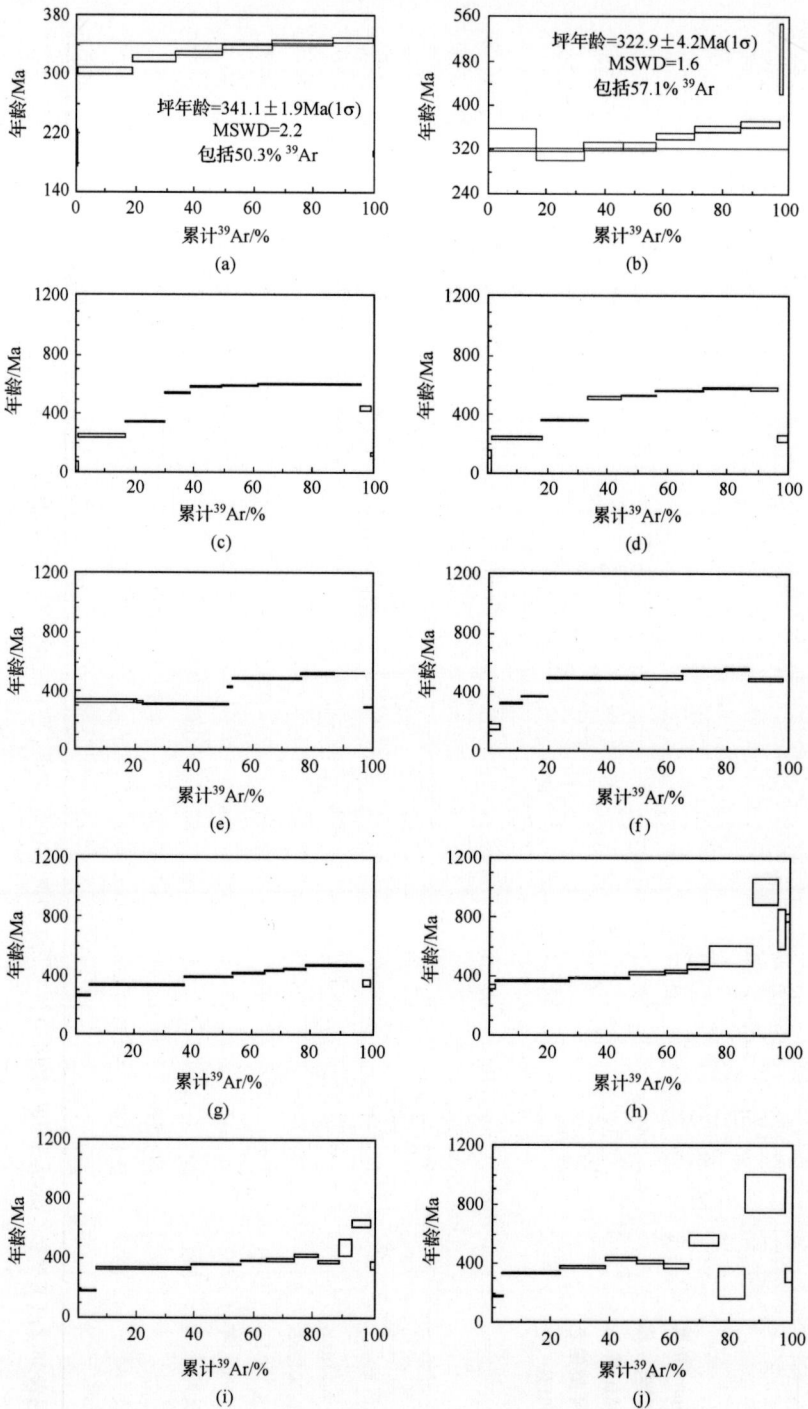

图 16.6　塔里木盆地志留系沥青砂岩自生伊利石 Ar-Ar 法阶段升温年龄谱图(Zhang et al. ,2016)

(a) A3(样品编号,同表 16.2 和表 16.3,下同),英买 35-1 井,5574.00m,粒级为 0.3～0.15μm,间层比 5%;(b) A4,英买 35-1 井,5631.00m,粒级为 0.3～0.15μm,间层比 5%;(c)～(f) A8,乔 1 井,1719.10m,1～0.5μm、0.5～0.3μm、0.3～0.15μm 和<0.15μm,间层比 5%;(g)～(j) A10,塔中 67 井,4342.78m,1～0.5μm、0.5～0.3μm、0.3～0.15μm 和<0.15μm,间层比 30%;谱线误差为 1σ

因素的可能干扰,这里只选择相同粒级(即 0.3～0.15μm)的数据参与计算(计算方法见表16.4),结果表明,二者具有非常明显的正相关关系,相关系数高达 0.95[不包括 3 个异常数据即样品 A1、A7 和 A11,见表 16.4、图 16.7(a)]。

表 16.4　塔里木盆地志留系沥青砂岩自生伊利石 Ar-Ar 法表观年龄增长率(Zhang et al.,2016)

样号	井号	井深/m	粒级/μm	I/S /%	I/S间层 比/S%	S层含 量/%	最小年龄		最大年龄		表观年 龄增长 率/%
							年龄 /Ma	温度阶 段/℃	年龄 /Ma	温度阶 段/℃	
				A	B	C	D		E		F
A1	YM34	5386.9	0.3～0.15	92	5	5	186	600	533	700	187
A2	YM35	5588.7	0.3～0.15	100	5	5	255	500	341	670	34
A3	YM35-1	5574.0	0.3～0.15	97	5	5	304	600	345	800	13
A4	YM35-1	5631.6	0.3～0.15	94	5	5	308	600	368	800	19
A5	H6	6307.1	0.3～0.15	91	15	14	101	500	264	670	161
A6	H6	6311.1	0.3～0.15	92	20	18	156	400	506	640	224
A7	KQ1	2799.7	0.3～0.15	66	25	17	388	400	610	700	57
A8	Q1	1719.1	0.3～0.15	73	5	4	339	400	541	700	60
A9	TZ37	4679.9	0.3～0.15	99	25	25	109	500	419	800	284
A10	TZ67	4642.8	0.3～0.15	100	30	30	184	500	650	1000	253
A11	TZ12	4380.4	0.3～0.15	96	30	29	347	600	719	900	107

注:$C=A×B/100$;$F=(E-D)/D×100$。

通过对比图 16.7(a)和图 16.7(b)可以发现,I/S 间层间层比是年龄谱谱型特征的最主要控制因素,其与表观年龄增长率(AAI)的相关系数为 0.96[不包括 3 个异常数据即样品 A1、A7 和 A11,见表 16.4、图 16.7(b)],说明间层比越大,上升特征越明显,如 A5 和 A6、A9 和 A10[表 16.4、图 16.6(i)];间层比越小,上升特征越不明显,如 A2～A4、A8[表 16.4、图 16.6(a)、图 16.6(b)、图 16.6(e)]。显然,对于年龄谱的谱型特征,即表观年龄增长率,I/S 间层间层比的控制作用远比其相对含量明显。因为从表 16.2 可以看出,蒙皂石层含量主要受间层比控制,I/S 相对含量只是处于次要地位。

图 16.6(c)～图 16.6(j)是样品 A8(Q1)和样品 A10(TZ67)2 个样品的 4 个连续不同粒级自生伊利石的年龄谱。通过对比可以看出,谱型特征与测试样品的粒级具有较为明显的对应关系,尽管 2 个样品之间具有较大的差异,但却具有相似的变化规律。①既便是相对较粗粒级,如 1.0～0.5μm 也呈较为明显的上升谱;②间层比较高(30%,A10)的自生伊利石的上升谱特征远比间层比较低(5%,A8)的自生伊利石明显,特别是相对较细粒级,如<0.5μm 的 3 个粒级[图 16.6(d)～图 16.6(f)、图 16.6(h)～图 16.6(j)];③比较而言,0.3～0.15μm 粒级年龄谱的上升特征相对较弱[图 16.6(e)、图 16.6(i)];④粒级越细,上升特征越明显,尤其是 0.3～0.15μm 和<0.15μm 两个粒级对比[图 16.6(e)、16.6(f)和图 16.6(i)、16.6(j)]。

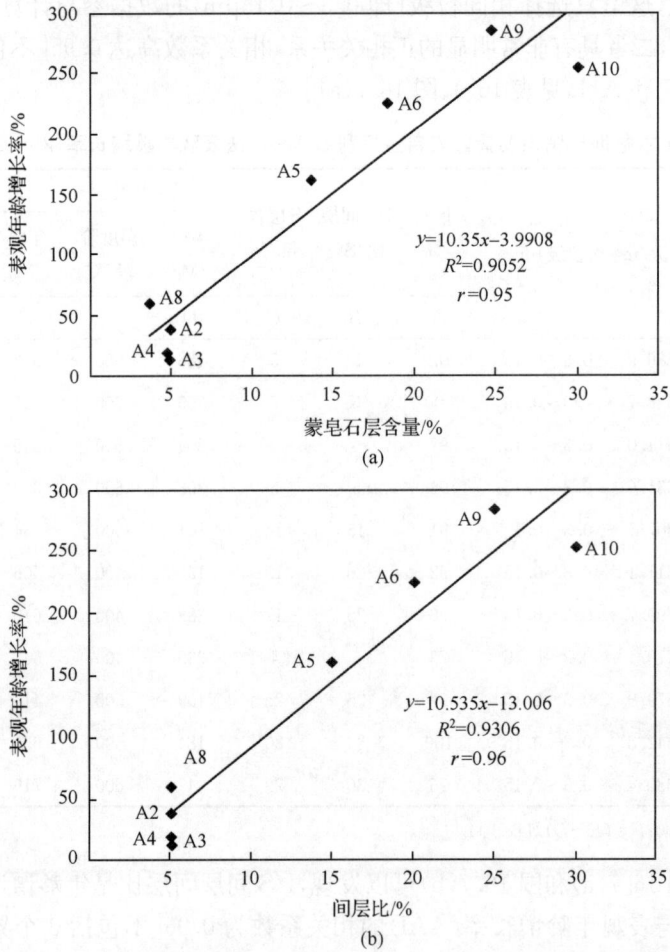

图 16.7　塔里木盆地志留系沥青砂岩自生伊利石 Ar-Ar 法表观年龄增长率与蒙皂石层含量
和间层比相关关系曲线(Zhang et al. ,2016)

A2～A6 和 A8～A10 为样品编号,同表 16.4;(a) 表观年龄增长率与蒙皂石层含量相关关系曲线;
(b) 表观年龄增长率与层间比相关关系曲线

　　由于受 ^{39}Ar 核反冲丢失作用的影响,表观年龄呈阶梯状连续增长,与 K-Ar 年龄相比,具有很大的不确定性。显然,任何一个温度阶段的表观年龄都不能代表样品也即自生伊利石的年龄。

二、年龄坪和坪年龄

　　年龄坪指的是年龄谱中表观年龄基本一致的一段宽而平稳的年龄谱。与年龄坪对应的表观年龄称作坪年龄。坪年龄也可以理解为构成年龄坪的阶段表观年龄的平均值并具有专用计算软件,如 ISOPLOT(Ludwig,2000)等。年龄坪有严格的定义,主要包括以下三个方面的内容:①构成年龄坪的阶段表观年龄必须是在误差范围内一致;②构成年龄坪的年龄阶段必须是连续的且至少要在 3～5 个阶段以上;③构成年龄坪的年龄阶段的 ^{39}Ar 累积释放量或总释放量至少要在 50％以上(McDougall and Harrison,1999;李志昌等,2004)。当与等时线年龄在误差范围内一致,并且 $R(^{40}Ar/^{36}Ar)$ 初始值接近大气氩值(295.5)时,坪年龄可以解释为测试样品的结晶年龄如火山岩岩体快速冷却,或氩封闭年龄,即岩体抬升(或剥蚀)年龄如深成岩体缓慢冷却,说明样品的 K-Ar 体系自进入封闭状态后再没有受到新的热干扰,并且放射成因 ^{40}Ar 与 ^{39}Ar 在晶体中均匀分布,阶段升温期间在各温度阶段下所释放的氩气的 R($^{40}Ar/^{39}Ar$)值基本恒定。但对于自生伊利石 Ar-Ar 同位素年龄测定,由于存在 ^{39}Ar 核反冲丢失现象,坪年龄失去作用,可能不具有任何明确的地质意义。正如 Emery 和 Robinson(1993)所论述的一样,坪年龄的存在只是说明构成年龄坪的各个温度阶段的 ^{39}Ar 核反冲丢失程度基本接近。

本次研究的 A3 和 A4 号样品具有年龄坪,其坪年龄分别为 341Ma 和 323Ma[图 16.6(a)、图 16.6(b)],均大于其各自的对应 K-Ar 年龄即 287Ma 和 288Ma。坪年龄明显偏老,显然是由于 ^{39}Ar 核反冲丢失现象所致。从图中可以看出,对于 A3 号样品构成坪年龄的是高温阶段[图 16.6(a)],而对于 A4 号样品构成坪年龄的是低温阶段[图 16.6(b)]。与此对应,坪年龄分别大于或小于其各自的对应总气体年龄即 327Ma 和 340Ma(表 16.2)。两个样品都不具有合理的等时线年龄(分别为 2020Ma 和 1823Ma,远大于各自的坪年龄,即 341Ma 和 323Ma)和 R($^{40}Ar/^{36}Ar$)初始值(分别为 845、550,远大于大气氩值即 295.5)。显然,这两个样品的坪年龄不具有明确的地质意义,更不能代表自生伊利石的形成年龄。

三、总气体年龄和保留年龄

总气体年龄和保留年龄(retention age)是根据石英管真空封装技术提出的两个新概念(Dong et al.,1995)。石英管真空封装技术是在进行快中子照射之前,把样品封装在高真空的石英管中,从而使反冲出来的 ^{39}Ar 气体得以保留在石英管中,而不会散失到周围环境中。总气体年龄是包括 ^{39}Ar 反冲气体(反冲出来但被保存在石英管中的 ^{39}Ar 气体)和室温下保留在矿物中的 ^{39}Ar 气体(保留在矿物中并通过加热释放出来的 ^{39}Ar 气体)均参与计算得出的总平均年龄;保留年龄是据室温下保留在矿物中的 ^{39}Ar 气体计算得出的平均年龄。一般来说,保留年龄都会比总气体年龄大。由此进一步提出了未封装总气体年龄概念,使总气体年龄又有封装总气体年龄(encapsulated total gas age,ETGA)和未封装总气体年龄(unencapsulated total gas age,UTGA)之分。未封装总气体年龄是指未采用真空封装时保留在矿物中的 ^{39}Ar 气体参与计算得出的总平均年龄,其实际意义应大致相当于真空封装的保留年龄,但又不完全等于真空封装的保留年龄,因为未真空封装时的 ^{39}Ar 反冲丢失远比真空封装时强烈。未封装总气体年龄一般都会大于或远大于封装总气体年龄。Dong 等(1995)的数据表明,对于成岩带伊利石,相同样品的未封装总气体年龄比其封装样品的总气体年龄和保留年龄分别偏老 15％～54％和 4％～15％。实际上,如果不采用真空封装,^{39}Ar 反冲气体就会因散失到周围环境中而跑掉,不可能再用仪器进行测量。也就是说,如果不采用真空封装,是不可能获得与真空封装等同意义的总气体年龄。表 16.2 中的总气体年龄即为未封装总气体年龄。Dong 等(1995)认为,封装总气体年龄基本等同于 K-Ar 年龄,保留年龄可能最接近 Ar 封闭时间。Dong 等(1995)的研究表明,保留年龄和其他的年代学数据一致,如 U-Pb、Rb-Sr、Sm-Nd,并被解释为反映沉积-成岩或变质作用时间,但他们同时还指出,由于受反冲³⁹Ar 的均一化作用的影响,保留年龄也可能是黏土矿物 Ar 封闭年龄的夸大,极端情况下甚至可能会产生一个错误的较大保留年龄。由于本次研究没有采用真空封装技术,故这里只重点讨论未封装总气体年龄。

与 K-Ar 年龄相比,塔里木盆地志留系沥青砂岩自生伊利石的 Ar-Ar 未封装总气体年龄明显偏老,偏老幅度或称未真空封装总气体年龄增长率(unencapsulated total gas age increment,UTGAI)变化较大,低者为 7‰,高者为 103‰(表 16.2)。照射过程中的³⁹Ar 核反冲丢失可能是导致 Ar-Ar 未封装总气体年龄明显偏老的主要原因,丢失得越多,增长得越高。测试样品中的蒙皂石层含量是年龄增长率的主要控制因素,蒙皂石层含量越高,增长率越大。图 16.8(a)表明两者具有非常好的正相关关系,相关系数为 0.90(粒级为 0.3~0.15μm,见表 16.2)。与年龄谱谱型特征相似,图 16.8(b)表明 I/S 间层的间层比是总气体年龄增长率的最主要控制因素,二者之间的相关系数为 0.85(粒级为 0.3~0.15μm,见表 16.2)。

图 16.8(c)给出了 A8(Q1)和 A10(TZ67)2 个样品的 4 个连续不同粒级自生伊利石的总气体年龄增长率。从图 16.8(c)可以看出,与年龄谱谱型特征一致,年龄增长率与测试样品的粒级密切相关:①即便是粒级相对较粗,年龄增长也非常明显;②间层比相对较大的自生伊利石(A10)的年龄增长远比间层比相对较小的自生伊利石(A8)明显;③尽管 2 个样品的特征具有较大的差异,但所显示的结果都是 0.3~0.15μm 粒级的年龄增长率相对较小;④粒级越细,年龄增长越明显,如样品 A8 和 A10 的 0.3~

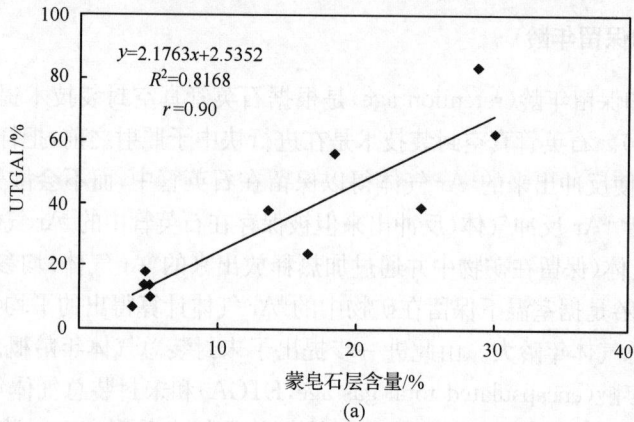

(a)

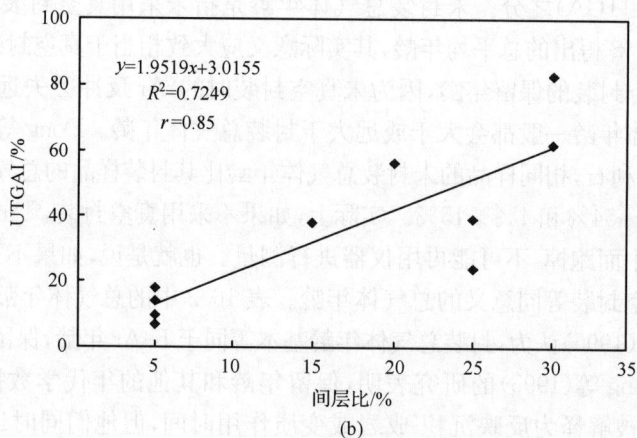

(b)

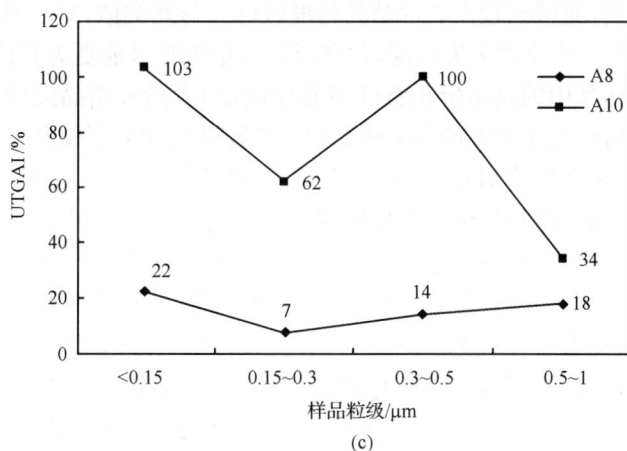

图 16.8　塔里木盆地志留系沥青砂岩自生伊利石 Ar-Ar 法 UTGAI 与蒙皂石层含量、

间层比和样品粒级相关关系曲线(Zhang et al. ,2016)

A8:乔 1 井,1719.10m;A10:塔中 67 井,4642.78m

(a) UTGAI 与蒙皂石层含量相关关系曲线;(b) UTGAI 与间层比相关关系曲线;

(c) UTGAI 与样品粒级相关关系曲线

0.15μm 和小于 0.15μm 两个粒级,尽管其黏土矿物组成完全一致,但后者的年龄增长率明显偏大(表 16.2)。

四、^{39}Ar 核反冲丢失程度及其控制因素

^{39}Ar 核反冲丢失程度是根据石英管真空封装技术提出的一个新概念,指的是 ^{39}Ar 反冲气体(保留在石英管中的 ^{39}Ar 气体)占总 ^{39}Ar 气体(包括 ^{39}Ar 反冲气体和室温下保留在矿物中的 ^{39}Ar 气体,也即通过加热释放出来的 ^{39}Ar 气体)的百分比。显然,对于未真空封装试样是不能直接准确测量其反冲丢失程度的,因为如果不采用真空封装,^{39}Ar 反冲气体就会因散失到周围环境中而跑掉,不可能再用仪器进行测量。为了便于对比,笔者认为,可以用 K-Ar 年龄作为标准或参考,利用数学计算的办法来进行定量表征,即用未封装总气体年龄减去 K-Ar 年龄后再除以未封装总气体年龄。其物理意义是未封装总气体年龄中比 K-Ar 年龄大的那一部分年龄是由 ^{39}Ar 核反冲丢失产生的。表 16.2 中的塔里木盆地志留系沥青砂岩自生伊利石的 ^{39}Ar 核反冲丢失程度即是采用这种方法计算得出的,范围为 7%～51%,表明丢失现象非常明显且变化相对较大。

^{39}Ar 核反冲丢失程度与伊利石的成因类型及含量、颗粒大小、结晶度等密切相关。对于伊利石的结晶度,国际上一般是用"结晶度指数"进行定量表征并据此对甚低级变质带进行划分(Kübler,1967,1968;见 Kisch,1990;朱光,1995)。但对于研究砂岩油气储层中的自生伊利石的 ^{39}Ar 核反冲丢失程度,间层比参数可能效果更好,原因在于这种伊利石都属于成岩自生伊利石,结晶度指数均大于 0.42°($\Delta 2\theta$),并且很多都是 I/S 有序间层(含有少量蒙皂石层,即膨胀层),而非真正意义上的伊利石。此外,测试样品的粒级也远比小于 2μm 小得多。间层比大小可以间接反映自生伊利石(I/S 有序间层)的结晶度,间层比较

小表示结晶程度较高,间层比较大表示结晶程度较低。与此类似,对于研究砂岩油气储层中的自生伊利石的^{39}Ar核反冲丢失程度,蒙皂石层含量参数可能更为直接而有效,因为它可以综合反映被测样品中的自生伊利石(I/S有序间层)含量和结晶度(间层比)。塔里木盆地志留系沥青砂岩自生伊利石的^{39}Ar核反冲丢失程度与蒙皂石层含量和间层比均呈较好的正相关关系,相关系数分别为0.89和0.85($n=17$)[图16.9(a)、图16.9(b)]。相关系数基本相同说明,间层比是最主要的控制因素。英买34井、英买35井、英买35-1井和乔1井,间层比较小(5%),结晶较好,蒙皂石层含量较小(3.65%~5.00%),丢失程度相对较低(7%~15%);哈6井、孔雀1井和塔中37井,间层比中等(15%~25%),结晶相对较好,蒙皂石层含量中等(13.65%~24.75%),丢失程度中等(19%~36%);塔中67井、塔中12井,间层比较大(30%),结晶相对较差,蒙皂石层含量较大(28.80%~30.00%),丢失程度相对较高(38%~45%,粒级为0.3~0.15μm)(表16.2)。图16.9(c)给出了A8(Q1)和A10(TZ67)2个样品的4个连续不同粒级自生伊利石的^{39}Ar核反冲丢失程度,显示出与年龄谱谱型特征和未封装总气体年龄增长率相似的变化规律:①既便是相对较粗的粒级,如1~0.5μm,也表现出较明显的丢失(15%~25%);②间层比较高(30%,A10)

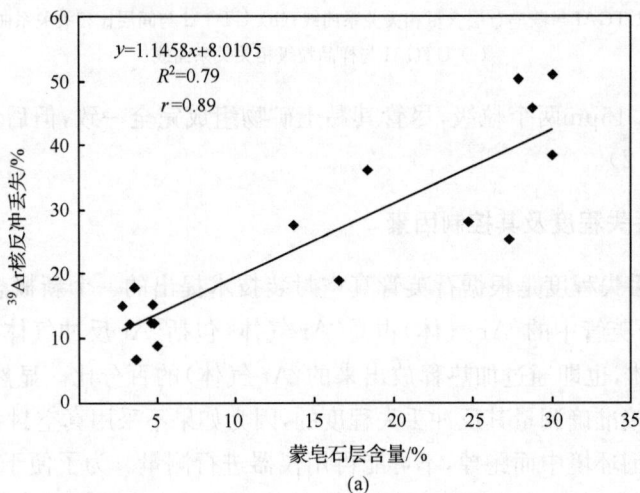

$y=1.1458x+8.0105$
$R^2=0.79$
$r=0.89$

(纵轴)^{39}Ar核反冲丢失/%

(横轴)蒙皂石层含量/%

(a)

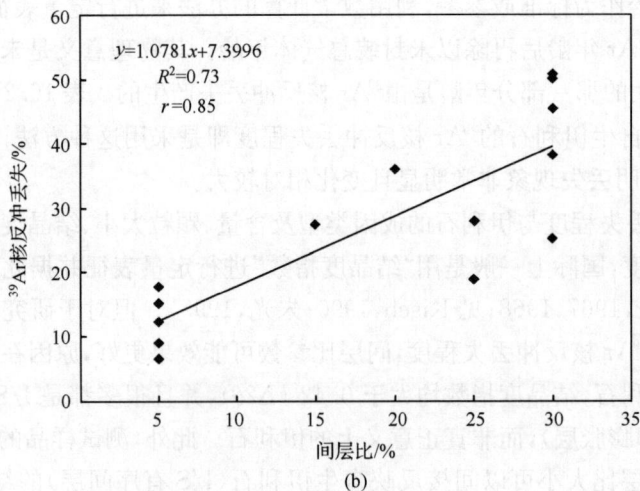

$y=1.0781x+7.3996$
$R^2=0.73$
$r=0.85$

(纵轴)^{39}Ar核反冲丢失/%

(横轴)间层比/%

(b)

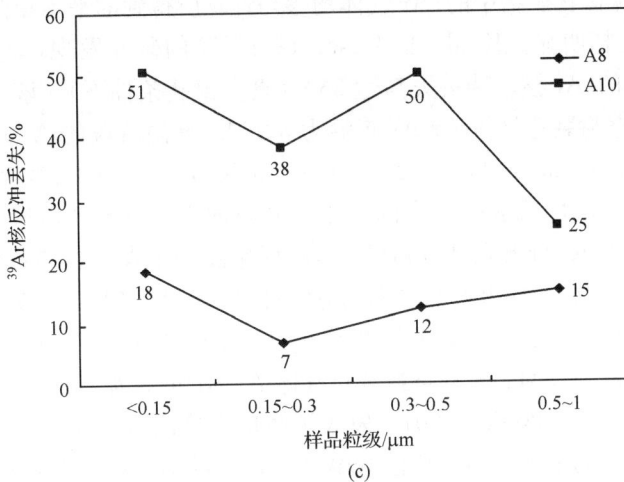

图 16.9 塔里木盆地志留系沥青砂岩自生伊利石[39]Ar 核反冲丢失与蒙皂石层含量、
间层比和样品粒级相关关系曲线(Zhang et al.，2016)

A8 为乔 1 井，1719.10m；A10 为塔中 67 井，4642.78m。(a)[39]Ar 核反冲丢失与蒙皂石层含量相关关系曲线；
(b)[39]Ar 核反冲丢失与间层比相关关系曲线；(c)[39]Ar 核反冲丢失与样品粒级相关关系曲线

的自生伊利石的丢失程度远比间层比较低(5%，A8)的自生伊利石明显，特别是相对较细粒级，如<0.5μm 的 3 个粒级；③比较而言，粒级为 0.3~0.15μm 粒级的丢失程度相对较低；④粒级越细，丢失程度越高，尤其是 0.3~0.15μm 和<0.15μm 两个粒级。

不管是谱型特征、总气体年龄增长率还是[39]Ar 核反冲丢失程度，A10 号样品的 1~0.5μm 粒级均显示出与 A10 样品的其他粒级和 A8 号样品不一致的变化规律[图 16.6(g)、图 16.8(c)、图 16.9(c)]。产生这种差异的原因非常复杂，可能是多种因素，如粒级、I/S 含量、间层比、释氩特征、[39]Ar 核反冲丢失特征等的综合作用结果。由于本次研究只进行了 2 个样品的 4 个连续不同粒级的自生伊利石 Ar-Ar 年龄测定，并且由于工作量非常大，很难获得大量的数据支持，所以关于这一现象的代表性及其具体原因还有待进一步深入研究。

对于[39]Ar 核反冲丢失程度，Dong 等(1995)进行过系统研究，并认为对于晶体粗大、结晶程度较高的高温变质伊利石(结晶度指数小于 0.25)，丢失程度相对较低，约为 1%，可以忽略不计；而对于晶体细小、结晶程度相对较低的低温成岩自生伊利石(结晶度指数大于 0.42)，丢失程度相对较高，一般为 11%~32%(真空封装条件下)。本次研究的丢失程度比文献(Dong et al.，1995)大得多，测试样品特征差别较大可能是主要原因。Dong 等(1995)的研究对象为变质斑脱岩、成岩斑脱岩、页岩和粉砂岩，其伊利石的结晶程度可能相对较高。除样品特征不一样外，没有采用真空封装技术可能也是导致丢失程度较强的重要原因之一。计算表明，Dong 等(1995)未真空封装样品的总气体年龄均比真空封装样品的保留年龄老，偏老幅度为 4%~15%，说明同一样品未采用真空封装的[39]Ar 核反冲丢失程度明显大于采用真空封装条件下的。前已述及，未封装总气体年龄是未采用真空封装时，室温下保留在矿物中的[39]Ar 气体均参与计算所得到的平均年龄；保留年龄是采用真空封装时,室温下保留在矿物中的^{39}Ar 气体均参与计算所得到的平均年龄。年龄越老,说明^{39}Ar 核反冲丢失越明显。Kunk 和 Brusewitz(1987)的研究发现,瑞典"big bentonite bed"中的 I/S 间层的^{39}Ar 核反冲丢失高达 55%(真空封装条件下)。该 I/S 间层的 K-Ar 年龄为 340Ma,真空封装总气体 Ar-Ar 年龄为 388Ma,高温阶段的 Ar-Ar 表观年龄高达 700～850Ma(Claure et al.,2011,2012)。Emery 和 Robinson(1993)发表了北海南部 Village 油田区二叠系赤底群风成砂岩中的自生伊利石的未真空封装阶段升温 Ar-Ar 年龄谱。该自生伊利石的 K-Ar 年龄为 155Ma,但其坪年龄和未真空封装总气体 Ar-Ar 年龄分别为 240Ma 和 217Ma。如果按照本书的方法计算,其^{39}Ar 核反冲丢失应为 29%。张彦等(2006)发表了中国浙江长兴地区 P-T 界线成岩 I/S 间层的 Ar-Ar 年龄谱。该 I/S 间层的 K-Ar 年龄为 172～219Ma,未真空封装总气体 Ar-Ar 年龄为 258～348Ma,^{39}Ar 核反冲丢失高达 48%。张有瑜和罗修泉(2012)发表了塔里木盆地哈 6 井石炭-志留系砂岩油气储层中的自生伊利石的未真空封装阶段升温 Ar-Ar 年龄谱。该自生伊利石的 K-Ar 年龄分别为 86Ma(石炭系)和 125Ma(志留系),但其未真空封装总气体 Ar-Ar 年龄分别为 148Ma(石炭系)和 195Ma(志留系),^{39}Ar 核反冲丢失分别为 42%(石炭系)和 36%(志留系)。

五、石英管真空封装技术

石英管真空封装技术自从诞生以来,许多学者进行了不断探索,如 Hess 和 Lippolt(1986)、Kunk 和 Brusewitz(1987)、Foland 等(1992)、Dong 等(1995)、Onstott 等(1997)等。石英管真空封装技术具有三个方面的积极贡献,一是可以使反冲程度明显降低;二是使反冲气体得以保留并可以对其进行测量,直观地研究核反冲问题;三是以此为基础还可以对实验数据作进一步计算进而求出"总气体年龄"和"保留年龄"。封装总气体年龄基本等同于 K-Ar 年龄,保留年龄可能最接近 Ar 封闭时间,有时可能具有一定的实际意义。显然,真空封装技术没有从根本上解决核反冲问题,只是为进一步分析研究或数据处理提供了必要的前提条件。由于需要对仪器(如 MM5400 静态真空质谱计)进行改造,更重要的是基于对真空封装技术的认识,本次研究没有对分析的样品开展真空封装 Ar-Ar 测年方面的实验研究,但这并不影响本书的认识和结论,因为我们有非常系统而可靠的 K-Ar 年龄数据,具有比真空封装 Ar-Ar 年龄数据更可靠的对比价值。

六、应用前景展望

与 K-Ar 法相比,Ar-Ar 法具有许多优点:①不需要分开测 K 和 Ar,避免因样品不均一而引起的可能误差。②以获得多个年龄并形成年龄谱,有利于研究样品的受热历史和过剩氩现象。过剩氩指的是岩石矿物在形成时从环境中捕获的并封闭在其晶格中的 Ar(^{40}Ar),而不是在形成之后由放射性衰变而产生的并保存在晶格中的放射性 Ar(^{40}Ar*)。过剩氩是引起实测年龄明显偏老的常见原因之一。③配以激光发生器,可以形成激光 Ar-Ar 系统,能够使样品量大幅度减少,达到微克级,或进行单矿物颗粒年龄测定。④配以摄像头,可以对光薄片进行原位岩石或矿物年龄测定。

一般情况下,对于砂岩油气储层中的自生伊利石,特别是自生 I/S 有序间层这一特殊测试对象,Ar-Ar 法的这些优点变得不那么重要失去了意义。①如果不采用石英管真空封装技术,Ar-Ar 法,包括常规 Ar-Ar 和激光 Ar-Ar,不能给出具有明确意义的年龄数据包括表观年龄、坪年龄和总气体年龄,更不能用于研究油气成藏时间,如本次研究、Emery 和 Robinson(1993)的研究及笔者的近期研究(张有瑜和罗修泉,2012)等。②即便是采用石英管真空封装技术,通过计算可以获得真空封装总气体年龄,其最大的可能也只是接近于 K-Ar 年龄,但远不如 K-Ar 法直接、简单(分析步骤少)、经济(分析费用低)和快速(分析周期短)、可靠(技术经典、成熟)。③笔者的分离提纯经验(Zhang et al. ,2005,2011;张有瑜和罗修泉,2011a,2012)证明,只要方法得当,绝大多数砂岩样品都是可以分离出足够数量的自生伊利石样品(粒级为 0.3～0.15μm 和/或粒级<0.15μm,各 200～500mg 以上),完全可以满足 K-Ar 年龄测定及其他相关分析,如 XRD 纯度检测、K 含量测定和 Ar 同位素比值测定等的样品需求。如果被测样品为纯自生伊利石,包括含有一定数量蒙皂石层(膨胀层)的纯自生 I/S 有序间层,K-Ar 法可以给出非常好的年龄数据,如北海南部二叠系赤底群下莱曼组砂岩(Emery and Robinson,1993)、塔里木盆地白垩系、侏罗系、石炭系、志留系砂岩(Zhang et al. ,2005,2011;张有瑜和罗修泉,2011a,2012)等,而 Ar-Ar 法(主要是指未真空封装 Ar-Ar 法)因受 ^{39}Ar 核反冲丢失的影响,不能给出有意义的年龄数据;如果被测样品中含有少量或微量碎屑伊利石,利用钾长石含量/伊利石含量值(Liewig et al. ,1987)和 IAA 技术(Pevear,1992)等,K-Ar 法仍有可能获得有价值的年龄数据,而 Ar-Ar 法则不能,因为 Ar-Ar 年龄数据中不仅有碎屑伊利石的影响,而且还有 ^{39}Ar 核反冲丢失的影响(同样主要是指未真空封装 Ar-Ar 法),如果是采用真空封装技术并使用封装总气体年龄,如 Van der 等(2001),理论上讲,其效果应和 K-Ar 法相同;如果被测样品主要为碎屑伊利石,则表明被测样品中不含或基本不含自生伊利石,不管是 K-Ar 法还是 Ar-Ar 法均不可能给出有意义的年龄数据,因为不存在适宜的测试对象。

　　Ar-Ar 法测年技术的释 Ar 过程是从低温到高温的阶段升温过程,这实际上是一个从颗粒表面到颗粒中心的释 Ar 过程。低温阶段对应的是自颗粒表面和容易丢失 Ar 的那些部位上释放的气体,高温阶段对应的是自颗粒中心和不容易丢失 Ar 的那些部位上释放的气体。尽管不同矿物的释 Ar 温度具有一定的差异,有的略高,有的略低,但对于由两种以上的矿物组成的混合样品而言,从低温到高温的每一个阶段的释放气体都是这两种矿物的混合气体,尽管所占比例可能有所差异,一种矿物可能低温阶段多一点,另一种矿物可能高温阶段多一点,但所对应的表观年龄都是混合年龄即混合型年龄谱。在这种情况下,从年龄谱上一般是很难区分出两种矿物的独立年龄的,除非是两种矿物的释 Ar 温度相差足够大,形成明显的阶梯型年龄谱并能够区分由不同矿物产生的坪年龄,如蚀变绿帘石(交代原生斜长石)和原生斜长石(李志昌等,2004)。即便是在这种情况下,也还需要其他的年龄数据资料,如锆石 U/Pb 年龄等加以佐证。显然,对于由自生伊利石和碎屑伊利石组成的混合样品而言,一般不能从其混合年龄谱上区分出自生伊利石年龄和碎屑伊利石年龄。更何况对于砂岩油气储层而言,不管是自生伊利石还是碎屑伊利石应该都属于低温矿物(相对于火成矿物),释 Ar 温度较低并且相差较小,低温阶段会有少量碎屑伊利石的贡献,高温阶段会有少量自生伊利石的贡献。更为重要的是,不管是低温阶段的表观年龄还是高温阶段的表观年龄都是受到了 ^{39}Ar 核反冲丢失影响以后的表观年龄。

　　自生伊利石是一个较为宽泛的术语，一般包括真正矿物学意义上的伊利石（间层比小于 5%）和 I/S 有序间层（间层比为 40%～5%），从成因上讲，有沉积、成岩、变质、断裂活动和成矿围岩蚀变之分，从形成温度上讲，有高温（变质、断裂、热液蚀变）、低温（沉积、成岩）之分，从形成方式上讲，有新成（主要是砂岩胶结物中的成岩自生伊利石）和变成（主要是泥岩中的成岩自生伊利石，以及变质、断裂和蚀变自生伊利石）之分。对于其他类型的自生伊利石，^{39}Ar 核反冲丢失现象可能较弱，或许可以忽略，但本次初步研究表明，对于砂岩油气储层中的成岩自生伊利石，特别是含有一定数量（<30%）蒙皂石层的 I/S 有序间层，^{39}Ar 核反冲丢失现象不容忽视，在利用 Ar-Ar 测年技术，特别是在未采用真空封装技术时，对其进行年龄测定并进而探讨油气成藏时代时应该特别小心谨慎，即便是间层比较小（<5%）的 I/S 有序间层，^{39}Ar 核反冲丢失现象也非常明显，如本次研究（7%～18%）。

　　Clauer 等（2011）指出：^{39}Ar 核反冲是一个物理过程，对所有接受快中子照射的细粒矿物都会产生影响。采用各种技术手段，如在真空中预加热样品、在真空中压实样品、在真空中照射和采用另外的中子源（比如氖-氘）相结合的办法，从物理上降低或避免^{39}Ar 核反冲丢失可能具有较好的发展前景，Kapusta 等（1997）和 Renne 等（2005）已经开始进行类似探索。

第五节　结论与认识

　　塔里木盆地志留系沥青砂岩中的黏土矿物主要为 I/S 有序间层，多为蜂窝状、短丝状和弯曲片状，具有明显的自生特征，属于成岩自生伊利石。塔里木盆地志留系沥青砂岩自生伊利石的未真空封装 Ar-Ar 总气体年龄为 188.56～491.86Ma。与 K-Ar 年龄（124.87～383.45Ma）相比，Ar-Ar 年龄明显偏老，偏老幅度为 7%～103%，核反应堆照射过程中的^{39}Ar 核反冲丢失是导致 Ar-Ar 年龄明显偏老的主要原因。塔里木盆地志留系沥青砂岩自生伊利石的^{39}Ar 核反冲丢失程度为 7%～51%，说明丢失明显且变化较大，与其伊利石的成因类型及含量（用测试样品中的蒙皂石层含量表示）、颗粒大小、结晶度（用 I/S 有序间层的间层比表示）等密切相关，其中间层比是最主要的控制因素。^{39}Ar 核反冲丢失程度与间层比和蒙皂石层含量的相关系数分别为 0.85 和 0.89（$n=17$）。2 块砂岩样品的 4 个不同粒级组分（粒级为 1～0.5μm、0.5～0.3μm、0.3～0.15μm 和<0.15μm）系统分析表明，既便是粒级相对较粗，如 1～0.5μm 也具有较为明显的丢失（15%～25%）；比较而言，0.3～0.15μm 粒级的丢失程度相对较低（7%～38%）。

　　年龄谱上升幅度（用表观年龄增长率表示）和年龄偏老幅度（用未封装总气体年龄增长率表示）均可以间接反映^{39}Ar 核反冲丢失程度，二者与蒙皂石层含量的相关系数分别为 0.95（$n=8$，粒级为 0.3～0.15μm）和 0.90（$n=11$，粒级为 0.3～0.15μm）。塔里木盆地志留系沥青砂岩自生伊利石的 K-Ar 年龄准确性好、可靠性高，并具有明显的分布规律，很好地反映了古油气藏的成藏时间和成藏规律。由于存在^{39}Ar 核反冲丢失现象，塔里木盆地志留系沥青砂岩自生伊利石的 Ar-Ar 年龄明显偏老，不具有准确的地质意义，更不能反映油气注入时间和代表油气成藏期。

对于油气储层中的细粒成岩自生伊利石,特别是含有一定数量蒙皂石层的细粒 I/S 有序间层(间层比<30%),^{39}Ar 核反冲丢失现象不容忽视,在利用 Ar-Ar 测年技术,特别是在未采用真空封装技术时,对其进行年龄测定并进而探讨油气成藏时代时应该特别小心谨慎,即便是间层比较小(<5%)的 I/S 有序间层,^{39}Ar 核反冲丢失现象也非常明显(7%~18%)。

参 考 文 献

贾承造,张师本,伍绍祖,等. 2004. 塔里木盆地及周边地层(上册)各纪地层总结. 北京:科学出版社

李志昌,路远发,黄圭成. 2004. 放射性同位素地质学方法与进展. 武汉:中国地质大学出版社

张彦,陈文,陈克龙,刘新宇. 2006. 成岩混层(I/S)Ar-Ar 年龄谱型及 ^{39}Ar 核反冲丢失机理研究——以浙江长兴地区 P-T 界线粘土岩为例. 地质评论,52(4):556-561

张有瑜,董爱正,罗修泉. 2001. 油气储层自生伊利石分离提纯及其 K-Ar 同位素测年技术研究. 现代地质,15(3):315-320

张有瑜,罗修泉. 2011a. 英买力沥青砂岩自生伊利石 K-Ar 测年与成藏时代. 石油勘探与开发,38(2):203-210

张有瑜,罗修泉. 2011b. 油气储层自生伊利石分离提纯微孔滤膜真空抽滤装置与技术. 石油实验地质,33(6):671-676

张有瑜,罗修泉. 2012. 哈 6 井石炭系、志留系砂岩自生伊利石 K-Ar、Ar-Ar 测年与成藏时代. 石油学报,33(5):748-757

朱光. 1995. 用伊利石结晶度确定碎屑沉积岩甚低级变质等级. 石油勘探与开发,22(1):33-35

朱如凯,郭宏莉,何东博,等. 2005. 塔中地区志留系柯坪塔格组砂体类型及储集性. 石油勘探与开发,32(5):16-19,24

Clauer N,Jourdan F,Zwingmann H. 2011. Dating petroleum emplacement by illite $^{40}Ar/^{39}Ar$ laser stepwise heating:Discussion. AAPG Bulletin,95(12):2107-2111

Clauer N,Zwingmann H,Liewig N,et al. 2012. Comparative $^{40}Ar/^{39}Ar$ and K/Ar dating of illite-type clay minerals:A tentative explanation for age identities and differences. Earth-Science Reviews,115:76-96

Dong H L,Hall C M,Peacor D R,et al. 1995. Mechanisms of argon retention in clays revealed by laser $^{40}Ar-^{39}Ar$ dating. Science,267:355-359

Dong H L,Hall C M,Peacor D R,et al. 2000. Thermal $^{40}Ar/^{39}Ar$ separation of diagenetic from detrital illitic clays in Gulf Coast shales. Earth and Planetary Science Letters,175(3-4):309-325

Emery D,Robinson A. 1993. Inorganic Geochemistry:Application to Petroleum Geology. London:Scientific Publications Blackwell

Foland K A,Hubacher F A,Aregart G B. 1992. $^{40}Ar-^{39}Ar$ dating of very fine-grained samples:an encapsulated vial procedure to overcome the problem of ^{39}Ar recoil loss. Chemical Geology,102(1-4):269-276

Hamilton P J. 2003. A review of radiometric dating techniques for clay mineral cements in sandstones. //Worden R H,Morad S. Clay Mineral cements in sandstones. Special Publication Number 34 of the International Association of Sedimentologists. Cornwall:Blackwell Publishing:253-287

Hess J C,Lippolt H J. 1986. Kinetics of Ar isotopes during neutron irradiation: ^{39}Ar loss from minerals as a source of error in $^{40}Ar/^{39}Ar$ dating. Chemical Geology,59(4):223-236

Janks J S,Yusas M R,Hall C M. 1992. Clay mineralogy of an interbedded sandstone,dolomite,and anhydrite:Permian Yates Formation,Winkler County,Texas. //Houseknecht D W,Pittman E D. Origin,diagenesis and petrophysics of clay minerals in sandstones. SEPM Special Publication,47:145-157

Kapusta Y,Steintiz G,Akkerman A,et al. 1997. Monitoring the deficit of ^{39}Ar in irradiated clay fractions and glauconites:Modeling and analytical procedure. Geochimical et Cosmochimica Acta,61(21):4671-4678

Kisch H J. 1990. Calibration of the anchizone:A critical comparison of illite 'crystallinity' scales used for definition. Journal of Metamorphic Geology,8(1):31-46

Kunk M J,Brusewitz A M. 1987. ^{39}Ar recoil in I/S clay from the Ordovician "big bentonite bed" at Kinnekulle,Sweden. Geological Society of America Bulletin,19:230

Ludwig K R. 2000. Isoplot：a plotting and regression program for radiogenic-isotope data；ver. 2. 31. State of California：Berkeley Geochronology Center

Liewig N，Clauer N，Sommer F. 1987. Rb-Sr and K-Ar dating of clay diagenesis in Jurassic Sandstones oil reservoir，North Sea. AAPG Bulletin，71(12)：1467-1474

Magoon L B，Dow W G. 1994. The Petroleum System//Magoon L B and Dow W G. The petroleum system—From source to trap. American Association of Petroleum Geologists Memoir，60：3-24

McDougall I，Harrison T M. 1999. Geochronology and Thermochronology by the $^{40}Ar/^{39}Ar$ Method，second edition. New York Oxford：Oxford University Press

Onstott T C，Mueller P J，Vrolijk P J，et al. 1997. Laser $^{40}Ar/^{39}Ar$ microprobe analyses of fine-grained illite. Geochimica et Cosmochemica Acta，61(18)：3851-3861

Pevear D R. 1992. Illite age analysis，a new tool for basin thermal history analysis. //Kharaka Y K，Maest A S. Water-rock interaction：proceedings of the 7th International Symposium on Water-Rock Interaction. Rotterdam：A. A. Balkema：1251-1254

Renne P R，Knight K B，Nomade S，et al. 2005. Application of deuteron-deuteron(D-D) fusion neutrons to $^{40}Ar/^{39}Ar$ geochronology. Applied Radiation Isotope，62：25-32

Turner G，Cadogan P H. 1974. Possible effects of ^{39}Ar recoil in $^{40}Ar-^{39}Ar$ dating. Geochimica et Cosmochimica Acta，5：1601-1615

Van der P B A，Hall C M，Vrolijk P J，et al. 2001. The dating of shallow faults in the Earth's crust. Nature，412(12)：172-175

Yun J B，Shi H S，Zhu J Z，et al. 2010. Dating petroleum emplacement by illite $^{40}Ar/^{39}Ar$ laser stepwise heating. AAPG Bulletin，94(6)：759-771

Zhang Y Y，Liu K Y，Luo X Q. 2016. Evaluation of $^{40}Ar/^{39}Ar$ geochronology of authigenic illites in determining hydrocarbon charge timing — A case study from the Silurian bituminous sandstone reservoirs, Tarim Basin，China. Acta Geologica Sinica (English Edition)，待刊

Zhang Y Y，Zwingmann H，Liu Keyu，et al. 2011. Hydrocarbon charge history of the Silurian bituminous sandstone reservoirs in the Central Uplift，Tarim Basin，China. AAPG Bulletin，95(3)：395-412

Zhang Y Y，Zwingmann H，Todd A，et al. 2005. K/Ar dating of authigenic illite and its applications to study of hydrocarbon charging histories of typical sandstone reservoirs in the Tarim Basin，China. Petroleum Science，2(2)：12-24，81

附　　录

附录一　中国主要含油气盆地部分典型砂岩油气储层层自生伊利石 K-Ar、Ar-Ar 同位素年代测定数据表

$C=A×B/100$；$F=(E-D)/D×100$；$G=(E-D)/E×100$；部分样品的黏土矿物、K-Ar 年龄数据分别引自：S2（马玉杰，2002），S7 和 S8（苏劲，2010），S54（孙玉梅，2000）、S55 和 S56（王延斌，2000）、S57（王延斌，2001），S58 和 S59（张忠民，2001；张忠民等，2006），未真空封装总气体年龄、Ar-Ar 法阶段升温年龄谱见本书附录二

F1　塔里木盆地白垩系、侏罗系、三叠系、石炭系

样品编号	层位	井号	井深/m	样品粒级/μm	I/S (A)	C	K	I	C/S	I/S同层比/%(B)	C/S间层比/%	蒙脱石层含量/%(C)	钾长石含量(XRD)	钾含量/%	年龄/Ma(D)	坪年龄/Ma	未真空封装总气体年龄/Ma(E)	年龄偏老/%(F)	39Ar核反冲丢失/%(G)
S1	K	油娜201	5196.45	0.3~0.15	96	1	1	2		25		24.0	—	4.90	15.47	19.0	20.95	35	26
S2			5329.96	0.3~0.15	81	3	1	6	10	30	40	24.3	—	3.56	23.90	51.8	55.11	131	57
S3	J₁y	依南2	4550.40	1~0.5	84	3	3	13		15		12.6	—	7.10	91.23		102.53	12	11
S4				0.5~0.3	92	2	3	6		15		13.8	—	6.98	46.60		53.04	14	12
S5			4900.40	0.3~0.15	97	1	2	2		15		14.6	—	6.73	23.29		40.76	75	43
S6	J₁a			0.3~0.15	82	15	3	3		15		12.3	—	6.29	35.46		48.32	36	26
S7	T	轮南26	4973.85	0.3~0.15	93	3	2	2		30		27.9	—	3.63	48.15		146.61	204	67
S8				<0.15	96	2	1	1		30		28.8	—	3.59	32.83		120.90	268	73
S9	C⁶	哈6	5953.40	0.3~0.15	94	3	3	3		20		18.8	—	4.72	94.35	131.2	158.92	68	41
S10				<0.15	94	3	3	3		20		18.8	—	5.09	85.79		147.92	72	42
S11	C⁷	轮南63	5578.28	0.3~0.15	94	1	2	3		25		23.5	—	4.67	206.24		295.26	43	30
S12				<0.15	95	2	2	2		25		23.8	—	4.56	210.72	212.0	254.94	17	21
S13			5580.28	0.3~0.15	95	1	2	2		25		23.8	—	4.06	203.43		261.59	29	22

F2　塔里木盆地志留系

样品编号	层位	井号	井深/m	样品粒级/μm	黏土矿物相对含量/%					I/S间层比/%	C/S间层比/%	蒙皂石层含量/%	钾长石(XRD)	K-Ar		坪年龄/Ma	Ar-Ar		
					I/S	I	K	C	C/S					钾含量/%	年龄/Ma		未真空封装总气体年龄/Ma	年龄偏老/%	39Ar核反冲丢失/%
					A					B		C			D		E	F	G
S14	S₁k	英买34	5386.90	0.3~0.15	92		8			5		4.6	—	3.00	255.40		291.74	14	12
S15		英买35	5588.70	0.3~0.15	100					5		5.0	—	6.38	293.49		322.64	10	9
S16		英买	5574.00	0.3~0.15	97			3		5		4.9	—	6.07	286.60	341.1	327.42	14	12
S17		35-1	5631.60	0.3~0.15	94	4	5	6		5		4.7	微量	6.71	287.76	322.9	340.07	18	15
S18	S₁t	哈6	6307.10	0.3~0.15	91	4	5			15		13.7		4.34	136.38		188.56	38	28
S19			6311.10	0.3~0.15	92	4	4			20		18.4		5.10	124.87		195.21	56	36
S20	S₁	孔雀1	2799.70	0.3~0.15	66	11		23		25		16.5		4.95	389.64		481.63	24	19
S21		乔1	1719.10	1~0.5	56			44		5		2.8	—	5.55	416.63		490.34	18	15
S22				0.5~0.3	64			36		5		3.2	—	5.82	407.92		464.98	14	12
S23				0.3~0.15	73			27		5		3.7	—	5.89	385.52		413.16	7	7
S24				<0.15	72			28		5		3.6		6.02	383.45		467.67	22	18
S25	S₁t	塔中37	4679.93	0.3~0.15	99	1				25		24.8	—	5.58	209.88		291.71	39	28
S26		塔中67	4642.78	1~0.5	91	7		2		30		27.3	—	4.90	290.57		389.49	34	25
S27				0.5~0.3	93	5		2		30		27.9	—	4.54	245.32		491.86	100	50
S28				0.3~0.15	100					30		30.0	—	4.42	234.15		379.15	62	38
S29				<0.15	100					30		30.0	—	4.50	224.07		455.95	103	51
S30		塔中12	4380.40	0.3~0.15	96	1	3			30		28.8	—	4.21	234.10		429.17	83	45

F3　鄂尔多斯盆地二叠系

样品编号	层位	井号	井深/m	样品粒级/μm	黏土矿物相对含量/% I/S (A)	I	K	C	C/S	I/S间层比/% (B)	C/S间层比/%	蒙皂石层含量/% (C)	钾长石(XRD)	K-Ar 钾含量/%	K-Ar 年龄/Ma (D)	Ar-Ar 坪年龄/Ma	Ar-Ar 未真空封装总气体年龄/Ma (E)	Ar-Ar 年龄偏老/% (F)	Ar-Ar 39Ar核反冲丢失/% (G)
S31				1~0.5	40	4	20	35		30		12.0	—	2.90	230.68		295.72	28	22
S32			3167.1	0.5~0.3	50	2	8	39		30		15.0	—	3.77	169.68		238.63	41	29
S33				0.3~0.15	66	2		30	1	30	50	19.8	—	4.40	145.82		237.17	63	39
S34				1~0.5	41	3	19	37		30		12.3	—	3.20	219.31		283.36	29	23
S35			3172.0	0.5~0.3	45	2	7	46		30		13.5	—	3.85	163.34		199.33	22	18
S36		苏25		0.3~0.15	61	2		36	1	30	50	18.3	—	4.62	140.56		186.46	33	25
S37				<0.15	59	1		39	1	30	50	17.7	—	4.71	149.65		216.70	45	31
S38	P₂x			1~0.5	32	2	7	59		10		3.2	—	3.83	191.17	234.70	216.94	13	12
S39			3200.8	0.5~0.3	49	1	2	48		10		4.9	—	5.09	165.77		225.40	36	26
S40				0.3~0.15	71			29		10		7.1	—	6.53	157.21		204.17	30	23
S41				<0.15	78			22		10		7.8	—	6.72	169.71	222.00	210.16	24	19
S42				1~0.5	39	1	4	56		10		3.9	—	3.93	173.17		211.14	22	18
S43			3205.2	0.5~0.3	47			53		10		4.7	—	4.72	164.77		173.15	5	5
S44				0.3~0.15	61			39		10		6.1	—	6.14	160.59	219.10	183.35	14	12
S45				1~0.5	45	4	5	46		15		6.8	—	4.42	166.38	202.40	182.95	10	9
S46		苏1	3545.0	0.5~0.3	60			40		15		9.0	—	5.36	143.94		176.22	22	18
S47				0.3~0.15	68			32		15		10.2	—	5.81	141.34	226.00	202.90	44	30
S48				<0.15	52			48		15		7.8	—	5.74	143.58	199.30	174.85	22	18
S49				1~0.5	42	2	3	53		15		6.3	—	3.62	150.77		191.33	27	21
S50		苏16	3356.0	0.5~0.3	56			44		15		8.4	—	5.03	146.13		161.31	10	9
S51				0.3~0.15	59	2		41		10		5.9	—	5.94	140.54		170.77	22	18

F4 四川盆地三叠系、渤海湾、东海盆地古近系

样品编号	层位	井号	井深/m	样品粒级/μm	黏土矿物相对含量/%					I/S同层比/%	C/S间层比/%	蒙皂石层含量/%	钾长石(XRD)	K-Ar		Ar-Ar			
					I/S	I	K	C	C/S					钾含量/%	年龄/Ma	坪年龄/Ma	未真空封装总气体年龄/Ma	年龄偏老/%	^{39}Ar核反冲丢失/%
					A			C		B		C			D		E	F	G
S52	T_3x^2	平落5	3788.80	0.3~0.15	95			5		5		4.8	—	6.85	83.42		104.64	25	20
S53	T_3x^4	角45	3161.50	<0.15	86			14		5		4.3	—	6.17	128.04		166.29	30	23
S54	Es3	渤中BZ34-2-2AD	3726.20	0.3~0.15	94	2		4		20		18.8	—	4.08	28.01		61.87	121	55
S55	E_3h	东海1井	3414.29	0.3~0.15	86			14		20		17.2		5.99	23.50		40.15	71	41
S56		东海1井	3682.28	0.3~0.15	74			26		5		3.7		5.01	25.94		40.59	57	36
S57	E_3h	东海Hy-7-1-1	3608.00	0.3~0.15	88		3	9		15		13.2		3.94	18.93	33.89	42.03	122	55
S58	E_3p	东海春晓1井	3671.70	0.3~0.15	96		4			30		28.8		5.28	12.58		27.25	117	54
S59	E_3h	东海玉泉1井	2861.20	0.3~0.15	97	2	1			30		29.1		5.29	20.83		41.21	98	49

参 考 文 献

马玉杰. 2002. K-Ar法年龄测定报告. 北京:中国石油勘探开发研究院实验地质实验研究中心,21-2002-048

苏劲. 2010. K-Ar法年龄测定报告. 北京:中国石油勘探开发研究院实验地质实验研究中心,21-2010-010

孙玉梅. 2000. K-Ar法年龄测定报告. 北京:中国石油勘探开发研究院实验地质实验研究中心,21-2000-020

王延斌. 2000. K-Ar法年龄测定报告. 北京:中国石油勘探开发研究院实验地质实验研究中心,21-2000-028

王延斌. 2001. K-Ar法年龄测定报告. 北京:中国石油勘探开发研究院实验地质实验研究中心,21-2001-014

张忠民. 2001. K-Ar法年龄测定报告. 北京:中国石油勘探开发研究院实验地质实验研究中心,21-2001-017

张忠民,周瑾,邬兴威. 2006. 东海盆地西湖凹陷中央背斜带油气运移期次及成藏. 石油实验地质,28(1):30-33,37

附录二　中国主要含油气盆地部分典型砂岩型油气储层自生伊利石末真空封装 Ar-Ar 法阶段升温年龄测定数据表、年龄谱索引

样品编号	数据表	年龄谱
S1	附录三:S1	附录四:S1
S2	附录三:S2	附录四:S2
S3	附录三:S3	附录四:S3
S4	附录三:S4	附录四:S4
S5	附录三:S5	附录四:S5
S6	附录三:S6	附录四:S6
S7	附录三:S7	附录四:S7
S8	附录三:S8	附录四:S8
S9	表11.2:A1	图11.4:A1
S10	表16.3:A1	附录四:S10
S11	附录三:S11	附录四:S11
S12	附录三:S12	附录四:S12
S13	附录三:S13	附录四:S13
S14	表16.3:A1	附录四:S14
S15	表16.3:A2	附录四:S15
S16	表16.3:A3	图16.6:A3
S17	表16.3:A4	图16.6:A4
S18	表11.2:A2,A3　表16.3:A5,A6	图11.4:A2,A3
S19	表16.3:A7	附录四:S19
S20	附录三:S20	附录四:S20
S21	表16.3:A8	图16.6:A8
S22	表16.3:A8	图16.6:A8
S23	表16.3:A8	图16.6:A8
S24	表16.3:A8	图16.6:A8
S25	表16.3:A9	附录四:S25
S26	表16.3:A10	图16.6:A10
S27	表16.3:A10	图16.6:A10
S28	表16.3:A10	图16.6:A10
S29	表16.3:A11	图16.6:A10
S30	附录三:S30	附录四:S30
S31	附录三:S31	附录四:S31
S32	附录三:S32	附录四:S32
S33	表15.4:A1	附录四:S33
S34	附录三:S34	图15.4:A2
S35	附录三:S35	图15.4:A2
S36	表15.4:A2	图15.4:A2
S37	附录三:S37	图15.4:A2
S38	附录三:S38	附录四:S38
S39	附录三:S39	附录四:S39
S40	表15.4:A3	附录四:S40
S41	附录三:S41	附录四:S41
S42	附录三:S42	附录四:S42
S43	附录三:S43	附录四:S43
S44	表15.4:A4	附录四:S44
S45	附录三:S45	附录四:S45
S46	附录三:S46	附录四:S46
S47	表15.4:A5	图15.4:A5
S48	附录三:S48	图15.4:A5
S49	附录三:S49	附录四:S49
S50	附录三:S50	附录四:S50
S51	表15.4:A6	附录四:S51
S52	表12.2:A2	图12.7:A2
S53	表12.2:A21	图12.7:A21
S54	附录三:S54	附录四:S54
S55	附录三:S55	附录四:S55
S56	附录三:S56	附录四:S56
S57	附录三:S57	附录四:S57
S58	附录三:S58	附录四:S58
S59	附录三:S59	附录四:S59

注：样品编号同本书附录一

附录三　中国主要含油气盆地部分典型砂岩油气储层自生伊利石未真空封装 Ar-Ar 法阶段升温年龄测定数据表

样品特征	温度/℃	R(^{40}Ar/^{39}Ar)	R(^{36}Ar/^{39}Ar)	R(^{37}Ar/^{39}Ar)	R(^{40}Ar*/^{39}Ar)	N(^{39}Ar)/(10^{-14}mol)	N(^{39}Ar)/%	R(^{40}Ar*/^{40}Ar$_{总}$)/%	年龄/Ma	年龄误差/Ma
S1，粒级为 0.3~0.15μm，样重 130.9mg，J 为 0.001523，坪年龄为 18.99Ma，总气体年龄为 20.95Ma，K-Ar 年龄为 15.47Ma，年龄偏老 35%，核反冲丢失 26%	540	16.5342	0.037719	4.94780	5.7571	7.36	6.64	36.51	15.75	3.06
	580	16.6743	0.032665	0.67222	7.0684	10.47	9.45	43.97	19.32	1.28
	620	18.4898	0.041301	4.70597	6.6393	11.52	10.40	37.57	18.15	1.31
	660	17.1608	0.036805	34.36954	8.9640	24.86	24.47	52.26	24.47	2.38
	700	19.9993	0.050770	10.46000	5.7821	7.91	7.26	30.68	15.82	2.13
	750	14.8652	0.034178	37.37387	7.6393	46.84	43.00	51.36	20.87	2.26
S2，粒级为 0.3~0.15μm，样重 122.8mg，J 为 0.001462，坪年龄为 51.80Ma，总气体年龄为 55.11Ma，K-Ar 年龄为 23.90Ma，年龄偏老 131%，核反冲丢失 57%	540	25.2605	0.070148	21.12130	6.1279	1.79	1.83	26.01	16.09	3.55
	580	40.8344	0.092069	23.11414	15.5509	7.63	7.83	39.14	40.55	2.88
	620	35.6149	0.195402	495.96537	21.6832	0.17	0.18	38.99	56.29	7.40
	660	20.8901	0.014307	50.46618	21.0917	44.01	46.04	97.06	54.78	2.57
	700	24.0402	0.036898	68.05413	18.9968	30.53	31.35	75.53	49.41	2.14
	750	29.0028	0.048464	197.20980	34.0671	11.36	11.67	99.16	87.67	5.14
	800	106.9180	0.377194	202.40393	11.7051	1.89	1.94	11.78	30.61	13.30
S3，粒级为 1~0.5μm，样重 42.4mg，J 为 0.001724，总气体年龄为 102.53Ma，K-Ar 年龄为 91.23Ma，年龄偏老 12%，核反冲丢失 11%	500	31.2159	0.104801	17.14605	1.4780	1.51	1.66	7.35	4.59	9.63
	540	19.5830	0.002557	6.40151	19.3762	6.87	7.53	98.49	59.27	0.71
	580	16.7821	0.022706	8.63372	10.7542	3.26	3.57	64.67	33.13	2.10
	620	14.7907	0.011309	3.20979	11.7019	8.34	9.14	79.51	36.02	1.11
	660	17.3892	0.006043	3.24380	15.8702	23.88	26.18	91.28	48.68	0.77
	700	30.7903	0.004993	5.53537	29.8354	24.41	26.76	96.57	90.47	1.10
	750	67.4523	0.008427	2.99951	65.3277	15.82	17.34	96.71	192.49	2.17
	800	119.0635	0.004774	7.42164	118.8850	3.52	3.86	99.28	336.28	3.47
	900	102.4437	0.026484	8.43450	95.8624	3.15	3.45	93.14	275.87	3.59
	1000	128.9966	0.299490	46.62636	45.5068	0.48	0.52	35.81	136.23	25.66

续表

样品特征	温度/℃	$R(^{40}\mathrm{Ar}/^{39}\mathrm{Ar})$	$R(^{36}\mathrm{Ar}/^{39}\mathrm{Ar})$	$R(^{37}\mathrm{Ar}/^{39}\mathrm{Ar})$	$R(^{40}\mathrm{Ar}^*/^{39}\mathrm{Ar})$	$N(^{39}\mathrm{Ar})/(10^{-14}\mathrm{mol})$	$N(^{39}\mathrm{Ar})/\%$	$R(^{40}\mathrm{Ar}^*/^{40}\mathrm{Ar}_{总})/\%$	年龄/Ma	年龄误差/Ma
S4，粒级为0.5~0.3μm，样重51.0mg，J为0.001716，总气年龄为53.04Ma，K-Ar年龄为46.60Ma，年龄偏老14%，核反冲丢失12%	500	26.8485	0.025772	8.82043	19.9952	4.25	4.97	74.69	60.85	2.44
	540	13.6197	0.018529	3.09816	8.3799	6.64	7.78	62.46	25.75	1.72
	580	12.7439	0.018625	2.38087	7.4183	9.72	11.38	59.27	22.82	0.87
	620	12.1357	0.001238	1.00777	11.8462	17.94	21.01	97.61	36.30	0.47
	660	12.7260	0.009154	14.56954	11.1800	21.91	25.66	87.24	34.28	0.90
	700	23.0911	0.006802	15.20897	22.4291	20.07	23.50	96.09	68.12	1.20
	750	69.2321	0.003670	1.87837	68.3794	2.69	3.15	98.66	200.12	2.31
	800	100.4528	0.032798	5.60902	91.5675	2.16	2.53	91.00	263.24	4.30
S5，粒级为0.3~0.15μm，样重77.8mg，J为0.001646，总气年龄为40.76Ma，K-Ar年龄为23.29Ma，年龄偏老75%，核反冲丢失43%	500	31.4113	0.089417	7.63767	5.5591	3.20	2.24	19.90	16.43	7.85
	540	11.5472	0.011969	0.78905	8.0667	10.44	7.33	70.66	23.80	1.10
	580	11.7662	0.001323	3.10259	11.6195	17.38	12.20	98.56	34.18	0.42
	620	10.5456	0.005332	17.72799	10.3697	29.30	21.04	97.09	30.54	0.78
	660	10.3119	0.005755	23.39302	10.4616	41.91	29.42	99.66	30.81	0.84
	700	15.5107	0.004580	21.09422	15.9180	32.32	22.69	100.92	46.67	0.91
	750	49.7849	0.012699	62.84921	53.1751	7.90	5.54	101.42	151.39	2.72
S6，粒级为0.3~0.15μm，样重61.2mg，J为0.001585，总气年龄为48.32Ma，K-Ar年龄为35.46Ma，年龄偏老36%，核反冲丢失26%	500	94.5194	0.165019	40.66826	50.2815	2.70	2.54	52.83	138.31	13.32
	540	15.7480	0.018569	10.29065	11.0773	9.36	8.78	70.63	31.39	1.63
	580	13.2801	0.011455	4.45245	10.2427	12.23	11.47	77.51	29.05	0.60
	620	13.6613	0.010965	26.38399	12.5530	26.64	25.64	90.31	35.54	1.23
	660	15.3783	0.007593	21.57126	14.9178	36.09	33.86	95.52	42.15	1.01
	700	24.6418	0.010003	21.92757	23.6531	14.55	13.65	94.49	66.39	1.69
	750	51.2909	0.027301	12.90162	44.5966	3.57	3.35	86.45	123.20	3.06
	800	195.5722	0.482290	38.26672	57.5372	1.46	1.37	30.51	157.42	38.49

续表

样品特征	温度/℃	$R(^{40}Ar/^{39}Ar)$	$R(^{36}Ar/^{39}Ar)$	$R(^{37}Ar/^{39}Ar)$	$R(^{40}Ar^*/^{39}Ar)$	$N(^{39}Ar)/(10^{-14}mol)$	$N(^{39}Ar)/\%$	$R(^{40}Ar^*/^{40}Ar_{总})/\%$	年龄/Ma	年龄误差/Ma
S7，粒级为0.3~0.15μm，样重71.4mg，J为0.001740，总气体年龄为146.61Ma，K-Ar年龄为48.15Ma，年龄偏老204%，核反冲丢失67%	500	80.2954	0.216742	8.96735	17.0017	2.16	3.38	23.23	52.58	39.38
	600	46.4059	0.001149	10.37139	47.1910	30.60	47.88	100.83	142.32	13.60
	620	32.8904	0.001289	6.52334	33.1414	19.66	30.77	100.24	101.11	9.82
	660	77.3138	0.093907	6.04130	50.2323	6.52	10.20	65.64	151.12	16.24
	700	95.4296	0.012839	12.40429	93.4442	2.78	4.35	97.03	271.71	5.79
	800	253.4153	0.314722	7.74289	161.9698	2.19	3.42	64.53	447.80	45.84
S8，粒级为<0.15μm，样重109.5mg，J为0.001732，总气体年龄为120.90Ma，K-Ar年龄为32.83Ma，年龄偏老268%，核反冲丢失73%	500	27.0657	0.025365	130.90602	32.2441	5.78	8.31	106.62	98.01	4.15
	540	28.9799	0.016938	75.14897	31.1843	12.99	18.67	101.18	94.87	2.70
	620	39.6575	0.006721	28.92590	40.6645	27.24	39.15	100.18	122.75	1.68
	660	38.9969	0.014344	76.85778	42.8547	13.51	19.42	103.10	129.13	2.88
	700	41.2138	0.018691	103.30067	46.9120	8.11	11.66	104.35	140.89	3.69
	750	78.1160	0.066985	64.66774	66.3587	1.94	2.79	81.10	196.22	6.32
S11，粒级为0.3~0.15μm，样重53.8mg，J为0.002435，总气体年龄为295.26Ma，K-Ar年龄为206.24Ma，年龄偏老43%，核反冲丢失30%	400	100.7538	0.123050	0.19023	64.4109	22.04	36.34	64.92	262.83	31.85
	600	67.1780	0.018728	0.66737	61.7196	10.00	16.49	92.05	252.58	5.22
	620	78.3552	0.015330	0.20839	73.8476	16.12	26.58	94.39	298.31	4.90
	640	95.9478	0.015410	0.25248	91.4260	4.52	7.45	95.40	362.60	4.82
	670	106.7018	0.014147	1.67016	102.7734	3.33	5.49	96.30	402.92	6.61
	700	114.4125	0.034144	2.30061	104.6754	2.34	3.85	91.56	409.59	9.05
	800	115.2257	0.031645	2.53190	106.2662	1.77	2.92	92.26	415.15	10.46
	900	59.4897	0.038348	0.00002	48.1532	0.53	0.87	81.47	200.01	28.76

续表

样品特征	温度/℃	$R(^{40}Ar/^{39}Ar)$	$R(^{36}Ar/^{39}Ar)$	$R(^{37}Ar/^{39}Ar)$	$R(^{40}Ar^*/^{39}Ar)$	$N(^{39}Ar)/(10^{-14}mol)$	$N(^{39}Ar)/\%$	$R(^{40}Ar^*/^{40}Ar_{总})/\%$	年龄/Ma	年龄误差/Ma
S12,粒级为<0.15μm,样重61.5mg,J为0.002412,坪年龄为212.00Ma,总气体年龄为254.94Ma,K-Ar年龄为210.72Ma,年龄偏老17%,核反冲丢失21%	400	90.6974	0.126381	0.22509	53.3726	14.44	26.87	59.98	218.46	36.05
	500	69.9464	0.077035	0.70752	47.2550	0.68	1.26	68.43	194.72	24.81
	600	64.2629	0.041897	0.22164	51.9025	22.91	42.63	81.29	212.78	7.46
	620	86.4617	0.016239	0.36993	81.7090	10.69	19.89	94.63	324.52	5.88
	640	116.2585	0.021881	1.22526	109.9833	1.48	2.76	94.66	424.47	9.35
	670	118.4301	0.012576	0.47171	114.7862	1.58	2.94	96.97	440.91	7.45
	700	118.4073	0.000001	8.14407	119.7655	0.36	0.66	100.47	457.80	12.01
	800	115.7143	0.040699	0.69368	103.7900	1.30	2.43	89.93	403.04	10.59
	900	96.4938	0.174430	1.25766	45.0797	0.30	0.56	48.16	186.20	19.50
S13,粒级为0.3~0.15μm,样重52.4mg,J为0.002411,总气体年龄为261.59Ma,K-Ar年龄为203.43Ma,年龄偏老29%,核反冲丢失22%	500	49.0927	0.044602	0.93441	36.0014	4.32	12.88	74.02	150.16	12.23
	600	59.3744	0.017209	0.55469	54.3481	14.20	42.37	91.73	222.13	5.32
	620	77.1379	0.013556	0.48731	73.1905	8.20	24.47	94.99	293.17	3.71
	640	99.9018	0.022892	0.00002	93.1325	1.70	5.06	93.41	365.43	8.09
	670	105.7227	0.038403	0.00002	94.3697	1.83	5.46	89.56	369.82	8.58
	700	110.6788	0.010754	4.02162	108.1318	0.67	2.01	97.46	417.94	13.18
	800	121.4876	0.051645	0.00003	106.2218	2.21	6.60	87.78	411.33	9.79
	900	58.0159	0.041607	0.00003	45.7162	0.39	1.16	79.39	188.63	46.78
S31,粒级为1~0.5μm,样重76.0mg,J为0.002214,总气体年龄为295.72Ma,K-Ar年龄为230.68Ma,年龄偏老28%,核反冲丢失22%	600	67.5865	0.025273	0.09489	60.1247	11.37	15.29	89.26	225.45	7.17
	700	76.9969	0.001979	0.11169	76.4221	50.15	67.42	99.27	282.00	2.78
	800	127.3453	0.013505	0.09102	123.3654	11.19	15.04	96.95	435.63	4.12
	900	78.5641	0.020298	0.00001	72.5613	1.23	1.65	92.57	268.76	5.61
	1000	208.7058	0.674785	0.00001	9.3020	0.21	0.28	7.12	36.78	77.46
	1100	373.5001	1.210586	0.00001	15.7671	0.17	0.22	6.89	61.90	106.18
	1200	383.9961	0.324589	21.91403	294.8359	0.08	0.10	76.11	906.42	138.37

续表

样品特征	温度/℃	$R(^{40}Ar/^{39}Ar)$	$R(^{36}Ar/^{39}Ar)$	$R(^{37}Ar/^{39}Ar)$	$R(^{40}Ar^*/^{39}Ar)$	$N(^{39}Ar)/(10^{-14}mol)$	$N(^{39}Ar)/\%$	$R(^{40}Ar^*/^{40}Ar_总)/\%$	年龄/Ma	年龄误差/Ma
S32,粒级为0.5~0.3μm,样重74.8mg,J为0.002230,总气体年龄为238.63Ma,K-Ar年龄为169.68Ma,年龄偏老41%,核反冲丢失29%	500	52.2483	0.061457	0.00001	34.0828	3.14	4.90	66.20	132.15	6.93
	550	68.1966	0.012670	0.00874	64.4489	5.40	8.44	94.66	242.25	4.45
	600	37.3856	0.003978	0.10968	36.2164	17.81	27.81	96.95	140.11	1.90
	630	67.3688	0.001676	0.20943	66.8949	16.52	25.80	99.30	250.84	2.78
	650	89.9782	0.018950	0.56261	84.4519	9.35	14.60	93.99	311.27	4.34
	670	98.6913	0.001894	0.10642	98.1429	7.36	11.49	99.45	357.04	3.73
	700	105.1498	0.005324	0.92127	103.7140	1.37	2.14	98.60	375.33	8.18
	800	97.0075	0.019761	0.08335	91.1753	2.32	3.62	94.15	333.89	7.17
	900	55.1628	0.084473	1.57414	30.3465	0.76	1.19	56.20	118.13	17.08
S34,粒级为1~0.5μm,样重74.5mg,J为0.002263,总气体年龄为283.36Ma,K-Ar年龄为219.31Ma,年龄偏老29%,核反冲丢失23%	500	73.0609	0.064363	0.00001	54.0368	4.52	2.17	74.69	208.12	14.86
	600	43.3977	0.012015	0.07268	39.8501	45.43	29.17	92.05	155.76	4.39
	620	72.1465	0.007300	0.20202	70.0104	40.00	15.08	97.11	265.31	2.67
	640	82.8769	0.001575	0.11611	82.4227	27.75	8.99	99.46	308.53	3.27
	670	88.0192	0.000001	0.00001	88.0141	27.43	8.37	99.99	327.67	3.16
	700	97.3908	0.004534	0.00001	96.0461	31.36	8.84	98.66	354.81	4.07
	800	124.5470	0.007345	0.13567	122.3949	92.60	20.99	98.31	441.07	4.22
	900	68.4244	0.020054	0.49971	62.5543	13.05	5.46	91.62	238.84	4.18
	1000	70.9602	0.126788	2.39275	33.7242	1.23	0.93	48.90	132.68	15.86
S35,粒级为0.5~0.3μm,样重73.1mg,J为0.002273,总气体年龄为199.33Ma,K-Ar年龄为163.34Ma,年龄偏老22%,核反冲丢失18%	500	45.2838	0.036104	0.77319	34.6867	2.43	3.41	77.20	136.90	11.87
	600	35.8228	0.006949	0.13148	33.7774	33.02	46.34	94.44	133.44	2.41
	620	68.1509	0.003879	0.14354	67.0179	12.70	17.82	98.37	255.78	2.62
	640	73.5345	0.001786	0.06544	73.0106	6.77	9.50	99.30	276.98	2.79
	670	76.4705	0.000417	0.11302	76.3574	6.55	9.19	99.85	288.72	2.78
	700	86.2849	0.001971	0.00001	85.6977	2.97	4.17	99.34	321.06	3.60
	800	95.0076	0.022497	0.17178	88.3793	4.10	5.75	93.21	330.24	5.10
	900	14.5984	0.013396	0.00001	10.6350	2.58	3.62	73.61	43.09	4.15
	1000	57.0717	0.000000	3.89962	57.5240	0.14	0.20	100.47	221.68	12.92

续表

样品特征	温度/℃	$R(^{40}Ar/^{39}Ar)$	$R(^{36}Ar/^{39}Ar)$	$R(^{37}Ar/^{39}Ar)$	$R(^{40}Ar^*/^{39}Ar)$	$N(^{39}Ar)/(10^{-14}mol)$	$N(^{39}Ar)/\%$	$R(^{40}Ar^*)/^{40}Ar_总)/\%$	年龄/Ma	年龄误差/Ma
S37,粒级为<0.15μm,样重 75.6mg,J 为 0.002262,总气体年龄为 216.70Ma,K-Ar 年龄为 149.65Ma,年龄偏老 45%,核反冲丢失 31%	400	47.3330	0.107327	0.00001	15.6130	0.92	1.39	34.85	62.61	16.50
	500	32.5594	0.010071	0.44427	29.6208	1.94	2.95	91.19	116.99	7.55
	600	40.4257	0.007094	0.07261	38.3320	11.29	17.15	94.96	150.01	3.11
	620	61.8325	0.005411	0.13596	60.2450	30.60	46.50	97.49	230.47	2.63
	640	68.5018	0.006237	0.11520	66.6684	9.51	14.45	97.39	253.39	3.44
	670	73.1259	0.005524	0.03288	71.4931	4.93	7.49	97.83	270.42	3.31
	700	82.9426	0.026982	0.84278	75.0754	1.73	2.62	90.72	282.96	11.53
	800	118.6109	0.138842	0.30950	77.6196	2.76	4.19	66.39	291.81	32.92
	900	52.1781	0.099481	0.93629	22.8604	2.14	3.25	45.35	90.95	22.85
S38,粒级为 1~0.5μm,样重 71.3mg,J 为 0.002256,总气体年龄为 216.94Ma,K-Ar 年龄为 191.17Ma,年龄偏老 13%,核反冲丢失 12%	400	95.8337	0.085571	0.00001	70.5426	0.70	1.02	74.34	266.42	32.65
	500	29.0872	0.069201	0.00001	8.6334	0.13	0.20	31.64	34.80	82.10
	600	39.6572	0.002605	0.03145	38.8860	16.36	23.84	98.11	151.70	2.22
	620	62.3523	0.002444	0.04175	61.6302	10.53	15.35	98.87	234.85	2.41
	640	61.9784	0.000140	0.46380	61.9883	1.74	2.53	99.98	236.13	2.54
	650	62.7591	0.006147	0.20796	60.9627	8.09	11.79	97.20	232.47	2.49
	670	62.4876	0.002393	0.00001	61.7758	8.22	11.99	98.89	235.37	2.60
	700	66.5156	0.002929	0.00001	65.6454	3.68	5.37	98.73	249.14	3.96
	800	97.1318	0.011813	0.00001	93.6364	11.42	16.64	96.50	345.73	5.76
	900	22.5636	0.002901	0.14520	21.7144	7.52	10.96	96.33	86.28	1.37
S39,粒级为 0.5~0.3μm,样重 68.8mg,J 为 0.002050,总气体年龄为 225.40Ma,K-Ar 年龄为 165.77Ma,年龄偏老 36%,核反冲丢失 26%	500	112.8326	0.115616	0.08044	78.6740	4.59	6.56	70.56	269.74	27.33
	600	39.4726	0.003252	0.11831	38.5189	16.47	23.55	97.64	137.11	2.22
	620	66.1035	0.002827	0.06965	65.2721	17.75	25.37	98.77	226.55	2.21
	640	76.3449	0.015734	0.15034	71.7102	11.89	17.00	94.09	247.43	4.67
	670	81.1627	0.013604	0.13732	77.1562	11.07	15.83	95.19	264.90	5.24
	700	114.8692	0.049038	0.00001	100.3737	3.51	5.02	87.73	337.56	15.88
	800	66.0949	0.032304	0.20067	56.5675	4.18	5.97	85.97	197.93	13.43
	900	285.8499	0.128822	3.47661	248.7217	0.49	0.70	87.14	743.30	30.25

续表

样品特征	温度/℃	$R(^{40}Ar)/^{39}Ar$	$R(^{36}Ar)/^{39}Ar$	$R(^{37}Ar)/^{39}Ar$	$R(^{40}Ar^*)/^{39}Ar$	$N(^{39}Ar)/(10^{-14}mol)$	$N(^{39}Ar)/\%$	$R(^{40}Ar^*)/^{40}Ar_总)/\%$	年龄/Ma	年龄误差/Ma
S41,粒级为<0.15μm,样重69.8mg,J为0.002069,坪年龄为222.00Ma,总气体年龄为210.16Ma,K-Ar年龄为169.71Ma,年龄偏老24%,核反冲丢失19%	400	869.4877	0.337023	2.42516	771.5727	0.31	0.34	88.88	1721.23	79.26
	500	79.6223	0.059501	0.01525	62.0367	6.69	7.26	78.53	217.85	18.15
	600	54.2118	0.015881	0.05180	49.5199	32.22	34.96	91.58	175.96	3.88
	620	68.5602	0.019460	0.01636	62.8070	16.22	17.60	91.84	220.40	5.71
	640	66.6380	0.014955	0.12366	62.2292	15.16	16.45	93.56	218.49	4.98
	670	69.5563	0.015645	0.13720	64.9452	14.08	15.28	93.55	227.45	5.04
	700	68.7269	0.009603	0.07132	65.8932	5.35	5.80	95.99	230.56	2.67
	800	59.1060	0.021648	0.33602	52.7424	2.04	2.21	89.51	186.84	8.63
	900	108.6968	0.322743	0.00001	13.3214	0.10	0.11	14.70	49.05	80.30
S42,粒级为1~0.5μm,样重70.9mg,J为0.002078,总气体年龄211.14Ma,K-Ar年龄为173.17Ma,年龄偏老22%,核反冲丢失18%	500	162.8987	0.335838	0.74204	63.7445	1.91	2.31	40.80	224.41	46.11
	600	45.5545	0.017185	0.04987	40.4767	22.42	27.11	89.16	145.69	4.95
	620	77.2268	0.017462	0.10766	72.0759	14.82	17.92	93.51	251.78	5.27
	640	80.2041	0.019522	0.00426	74.4312	16.86	20.38	93.00	259.44	5.61
	670	72.7898	0.048006	0.69536	58.6813	12.30	14.87	81.11	207.57	4.13
	700	91.9409	0.046950	0.19285	78.0881	5.72	6.91	85.34	271.27	11.91
	800	75.8578	0.044212	0.56528	62.8572	5.53	6.68	83.30	221.47	12.74
	900	46.1554	0.057582	0.00001	29.1351	3.15	3.81	64.15	106.04	18.68
S43,粒级为0.5~0.3μm,样重69.0mg,J为0.002077,总气体年龄为173.15Ma,K-Ar年龄为164.77Ma,年龄偏老5%,核反冲丢失5%	400	216.2516	0.701604	8.61596	9.6000	0.18	0.25	7.07	35.62	74.21
	500	57.4904	0.028646	0.06364	49.0279	5.22	7.27	85.69	174.94	6.29
	600	38.8756	0.003732	0.01450	37.7693	28.15	39.20	97.23	136.24	1.77
	620	65.3352	0.003335	0.07715	64.3543	15.61	21.75	98.53	226.32	2.26
	640	62.8124	0.001239	0.13419	62.4578	9.34	13.01	99.44	220.04	2.17
	670	62.0319	0.003368	0.04965	61.0378	6.84	9.52	98.44	215.33	2.50
	700	186.1875	0.390244	0.00001	70.8656	0.66	0.92	39.79	247.71	49.75
	800	32.0074	0.025552	0.00001	24.4521	4.46	6.21	77.05	89.37	5.46
	900	18.7583	0.026538	0.03621	10.9145	1.34	1.87	59.35	40.44	12.37

续表

样品特征	温度/℃	$R(^{40}Ar/^{39}Ar)$	$R(^{36}Ar/^{39}Ar)$	$R(^{37}Ar/^{39}Ar)$	$R(^{40}Ar^*/^{39}Ar)$	$N(^{39}Ar)/(10^{-14}mol)$	$N(^{39}Ar)/\%$	$R(^{40}Ar^*)/^{40}Ar_{总}/\%$	年龄/Ma	年龄误差/Ma
S45，粒级为1~0.5μm，样重76.5mg，J为0.002057，坪年龄为202.40Ma，总气体年龄为182.95Ma，K-Ar年龄为166.38Ma，年龄偏老10%，核反冲丢失9%	400	99.4509	0.192278	2.74213	42.9172	0.64	0.90	44.65	152.62	56.43
	500	100.7309	0.139816	0.00001	59.4104	2.81	3.93	60.12	208.00	30.13
	600	42.4643	0.027822	0.05999	34.2441	21.84	30.55	81.18	122.80	4.71
	620	67.7364	0.040691	0.16236	55.7261	14.48	20.25	82.75	195.77	5.15
	640	75.0402	0.056049	0.12853	58.4883	10.28	14.39	78.55	204.94	7.39
	670	76.9802	0.056564	0.13632	60.2771	10.78	15.08	78.90	210.86	6.40
	800	107.9331	0.043565	0.00001	95.0548	6.14	8.59	88.40	322.17	5.02
	900	32.5902	0.001351	0.00001	32.1863	4.52	6.32	98.79	115.65	1.79
S46，粒级为0.5~0.3μm，样重63.8mg，J为0.002047，总气体年龄为176.22Ma，K-Ar年龄为143.94Ma，年龄偏老22%，核反冲丢失18%	400	117.9446	0.291291	0.00001	31.8634	6.34	7.19	29.05	113.99	35.83
	500	286.2640	0.735229	0.44544	69.0554	0.82	0.93	26.23	238.52	91.79
	600	41.4817	0.037441	0.06763	30.4196	25.15	28.51	74.07	108.97	3.99
	620	64.9984	0.041151	0.09646	52.8446	20.98	23.78	81.82	185.29	4.42
	640	70.1689	0.046754	0.03647	56.3524	10.97	12.44	80.86	196.94	6.24
	670	73.2458	0.036789	0.06939	62.3783	12.15	13.77	85.57	216.79	7.41
	700	94.9423	0.062666	0.47202	76.4822	5.91	6.70	81.07	262.39	14.99
	800	125.5966	0.114376	0.17284	91.8187	4.15	4.70	73.85	310.71	24.38
	900	103.1638	0.146314	0.37687	59.9682	1.74	1.97	59.28	208.88	45.59
S48，粒级为<0.15μm，样重70.6mg，J为0.002279，坪年龄为199.30Ma，总气体年龄为174.85Ma，K-Ar年龄为143.58Ma，年龄偏老22%，核反冲丢失18%	400	32.9212	0.072138	0.24043	11.6189	1.01	1.34	37.09	47.15	14.54
	500	35.2171	0.010707	0.00001	32.0485	4.94	6.53	91.25	127.17	2.40
	600	44.4470	0.008555	0.10170	41.9248	26.49	35.04	94.48	164.62	3.01
	620	57.7843	0.025597	0.22304	50.2404	11.84	15.66	87.29	195.56	6.15
	640	58.2586	0.025389	0.00001	50.7515	11.46	15.16	87.47	197.45	5.84
	670	59.6374	0.030564	0.33824	50.6387	10.04	13.27	85.31	197.03	5.96
	700	72.4010	0.047963	0.39252	58.2695	5.28	6.99	81.00	224.94	10.51
	800	121.6862	0.260314	0.00001	44.7586	2.18	2.88	38.54	175.22	37.40
	900	8.0423	0.007434	0.00001	5.8409	2.36	3.12	73.39	23.86	4.20

续表

样品特征	温度/℃	$R(^{40}Ar/^{39}Ar)$	$R(^{36}Ar/^{39}Ar)$	$R(^{37}Ar/^{39}Ar)$	$R(^{40}Ar^*/^{39}Ar)$	$N(^{39}Ar)/(10^{-14}mol)$	$N(^{39}Ar)/\%$	$R(^{40}Ar^*/^{40}Ar_{总})/\%$	年龄/Ma	年龄误差/Ma
	400	88.7381	0.296226	2.17575	1.3550	1.08	1.66	4.27	5.57	24.29
	500	64.4953	0.054487	0.19992	48.4115	3.42	5.23	75.74	189.19	11.51
S49，粒级为1～0.5μm，样重	600	39.0190	0.008713	0.00001	36.4396	12.36	18.90	93.57	144.22	3.61
69.2mg，J 为 0.002284，总	620	32.8599	0.001898	0.26965	32.3203	11.89	18.19	98.38	128.48	2.05
气体年龄为 191.33Ma，K-	640	59.9139	0.001824	0.15690	59.3888	18.64	28.50	99.14	229.47	2.28
Ar 年龄为 150.77Ma，年龄	670	56.8198	0.003702	0.05241	55.7270	6.21	9.49	98.13	216.13	2.30
偏老 27%，核反冲丢失 21%	700	53.3979	0.000243	0.00001	53.3214	3.65	5.58	99.86	207.32	2.02
	800	69.4801	0.007615	0.00001	67.2250	5.77	8.82	96.84	257.68	2.82
	900	76.1603	0.000000	0.15580	76.1761	2.37	3.63	100.01	289.37	3.23
	500	42.0597	0.031540	0.00001	32.7348	3.25	4.08	78.45	130.35	4.84
S50，粒级为 0.5～0.3μm，样	600	27.4739	0.007596	0.02420	25.2268	26.43	33.15	92.05	101.27	1.64
重 63.6mg，J 为 0.002289，	620	51.8319	0.004388	0.03727	50.5348	16.72	20.97	97.56	197.46	2.03
总气体年龄 161.31Ma，	640	52.0504	0.002282	0.03779	51.3755	9.00	11.29	98.74	200.57	2.54
K-Ar 年龄为 146.13Ma，年	670	51.0741	0.001016	0.12800	50.7835	9.82	12.31	99.44	198.38	2.18
龄偏老 10%，核反冲丢失	700	50.0927	0.007947	0.33914	47.7766	7.18	9.00	95.48	187.23	2.23
9%	800	53.9898	0.005640	0.15395	52.3357	4.56	5.71	97.01	204.12	2.95
	900	40.1429	0.002642	0.00001	39.3576	2.78	3.48	98.10	155.61	3.34
	500	20.6626	0.050793	31.99006	8.1249	5.10	10.66	40.10	24.28	3.05
S54，粒级为 0.3～0.15μm，	540	16.7912	0.029594	40.13607	11.2494	7.11	14.85	65.92	33.53	1.80
样重 81.1mg，J 为 0.001668，	580	21.5439	0.085972	145.30826	7.2849	0.46	0.95	32.14	21.79	3.38
总气体年龄为 61.87Ma，K-	620	18.1798	0.012621	34.58183	17.3806	15.53	36.30	93.23	51.55	1.09
Ar 年龄为 28.01Ma，年龄	660	23.1112	0.020166	74.00120	23.8115	13.77	28.75	97.13	70.26	3.52
偏老 121%，核反冲丢失	700	39.8245	0.020990	75.84261	41.5304	4.31	9.00	98.06	120.81	2.78
55%	750	40.7327	0.065623	215.20659	44.2651	1.61	3.36	90.36	128.49	7.11

续表

样品特征	温度/℃	$R(^{40}Ar/^{39}Ar)$	$R(^{36}Ar/^{39}Ar)$	$R(^{37}Ar/^{39}Ar)$	$R(^{40}Ar^*/^{39}Ar)$	$N(^{39}Ar)/(10^{-14}mol)$	$N(^{39}Ar)/\%$	$R(^{40}Ar^*)/^{40}Ar_总/\%$	年龄/Ma	年龄误差/Ma
S55，粒级为 0.3~0.15μm，样重 72.0mg，J 为 0.001664，总气体年龄为 40.15Ma，K-Ar 年龄为 23.50Ma，年龄偏老 71%，核反冲丢失 41%	500	58.4142	0.191948	49.46333	5.4096	2.09	2.55	11.47	16.17	9.09
	540	15.1993	0.011327	13.56624	12.9502	8.83	10.78	84.75	38.46	0.81
	580	13.1610	0.017462	60.77939	12.9372	10.59	12.93	93.89	38.43	1.01
	620	13.4438	0.013081	22.21567	11.3511	21.69	27.17	83.48	33.76	0.73
	660	13.4481	0.013034	42.42882	13.0445	19.42	23.71	94.01	38.74	1.54
	700	15.2145	0.013908	54.73038	15.6695	15.88	19.39	98.67	46.44	1.73
	750	32.1457	0.028779	100.76287	33.4978	2.55	3.11	96.01	97.86	4.07
	800	78.1239	0.242287	4.56348	6.8720	0.87	1.06	11.31	20.51	9.69
S56，粒级为 0.3~0.15μm，样重 72.3mg，J 为 0.001658，总气体年龄为 40.59Ma，K-Ar 年龄为 25.94Ma，年龄偏老 57%，核反冲丢失 36%	500	29.7166	0.096256	35.11620	3.8662	2.62	3.73	15.13	11.53	3.34
	540	23.1581	0.047570	18.99555	10.6050	5.53	7.87	46.66	31.45	1.69
	580	18.6111	0.030234	9.17880	10.3997	8.96	12.76	56.73	30.85	1.13
	620	17.1297	0.024325	31.13231	12.4555	5.16	7.63	71.79	36.88	1.00
	660	15.3077	0.009949	29.79969	14.8310	25.45	36.23	94.80	43.83	1.36
	700	16.3425	0.013643	57.65680	17.1909	17.72	25.23	100.47	50.71	1.83
	750	28.1825	0.044116	52.60975	19.7051	1.92	2.74	67.97	58.01	3.39
	800	27.4067	0.092465	123.54451	9.8103	1.06	1.51	34.34	29.11	4.44
	900	24.0895	0.084237	53.18215	3.0942	1.82	2.60	14.84	9.23	5.34
S57，粒级为 0.3~0.15μm，样重 106.4mg，J 为 0.001656，坪年龄 33.89Ma，总气体年龄为 42.03Ma，K-Ar 年龄为 18.93Ma，年龄偏老 122%，核反冲丢失 55%	500	12.8350	0.031616	103.05306	11.7679	2.82	3.90	84.91	34.82	2.55
	580	12.6697	0.012981	33.86696	11.5441	8.04	11.13	89.07	34.17	0.70
	620	9.8282	0.022044	90.84805	10.5175	13.00	17.98	99.65	31.16	2.04
	660	9.8592	0.037243	154.12007	11.1566	23.72	34.15	99.89	33.03	3.94
	700	15.8777	0.027589	115.56010	17.5434	21.64	29.94	100.55	51.67	3.03
	750	35.1655	0.039397	49.41525	28.1415	1.51	2.08	77.55	82.19	3.75
	800	53.3507	0.036796	26.15717	45.2808	1.55	2.15	83.58	130.47	3.53

续表

样品特征	温度/℃	$R({}^{40}Ar/{}^{39}Ar)$	$R({}^{36}Ar/{}^{39}Ar)$	$R({}^{37}Ar/{}^{39}Ar)$	$R({}^{40}Ar^*/{}^{39}Ar)$	$N({}^{39}Ar)/(10^{-14}mol)$	$N({}^{39}Ar)/\%$	$R({}^{40}Ar^*/{}^{40}Ar_总)/\%$	年龄/Ma	年龄误差/Ma
S58，粒级为 0.3～0.15μm，样重 117.9mg，J为 0.001654，总气体年龄为 27.25Ma，K-Ar 年龄为 12.58Ma，年龄偏老 117%，核反冲丢失 54%	500	19.1965	0.064536	18.13119	1.4271	1.94	1.87	9.95	4.25	2.19
	540	8.1299	0.019818	22.97533	3.9706	6.11	5.88	49.52	11.81	0.70
	580	7.7394	0.011951	21.61841	5.8369	11.96	11.51	74.96	17.34	0.56
	620	8.4137	0.013735	11.65185	5.2249	18.15	17.79	62.65	15.53	0.43
	700	9.0230	0.009128	30.73373	8.7149	53.54	51.49	94.52	25.82	0.99
	750	22.8523	0.012375	57.45913	24.3922	12.27	11.80	101.87	71.36	2.58
S59，粒级为 0.3～0.15μm，样重 72.3mg，J为 0.001652，总气体年龄为 41.21Ma，K-Ar 年龄为 20.83Ma，年龄偏老 98%，核反冲丢失 49%	500	33.2301	0.131670	89.48857	0.7097	0.91	1.24	4.84	2.11	4.51
	540	14.4217	0.023675	18.05364	8.8289	5.77	7.88	61.49	26.13	0.97
	580	13.5230	0.021514	32.35147	9.7066	8.04	10.99	70.86	28.70	0.96
	620	13.7417	0.012080	29.50784	12.5571	22.68	31.39	89.61	37.05	0.86
	660	15.2033	0.013917	10.59912	11.9391	19.45	26.59	78.51	35.24	1.30
	700	20.5810	0.014039	24.76865	18.5534	11.92	16.29	88.73	54.47	1.56
	750	37.3254	0.021959	21.86174	32.9617	3.50	4.78	87.15	95.67	3.48
	800	45.7668	0.052030	124.07458	43.5333	0.89	1.22	86.14	125.30	4.66

注：J 为照射参数，由和样品同时照射的黑云母标样（ZBH-25）求出；${}^{40}Ar^*$ 为放射性 ${}^{40}Ar$；误差范围为 1σ；表中数据为"0"表示其小数点位数更多，而非真正是"0"

附　录　四

　　中国主要含油气盆地部分典型砂岩油气储层自生伊利石未真空封装 Ar-Ar 法阶段升温年龄谱图（样品编号同本书附录一）。

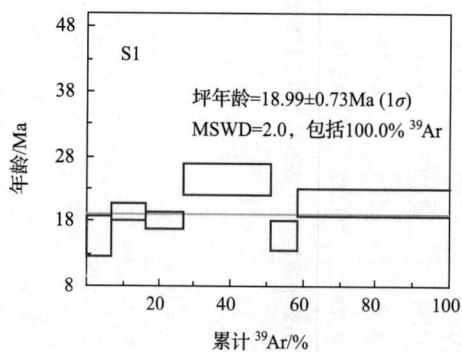

(F1)

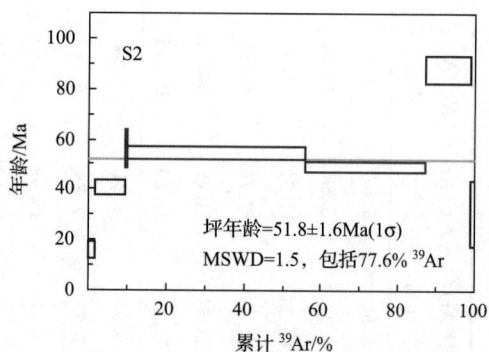

(F2)

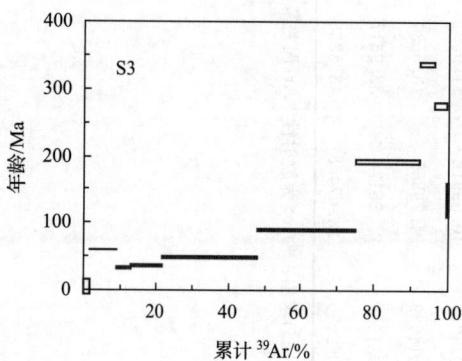

(F3)

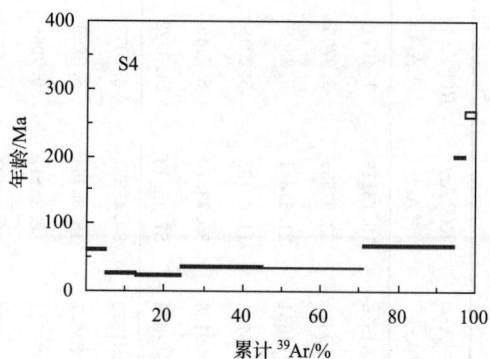

(F4)

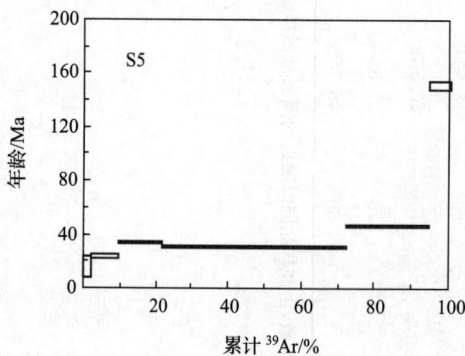

(F5)

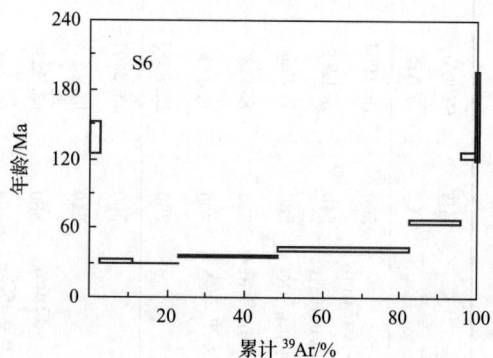

(F6)

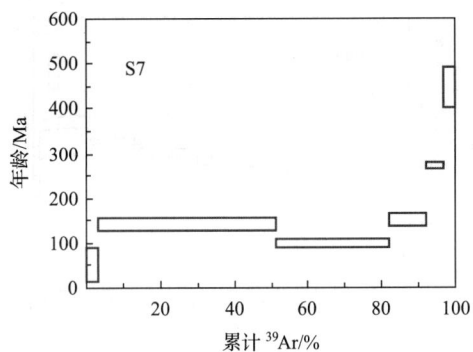

(F7)

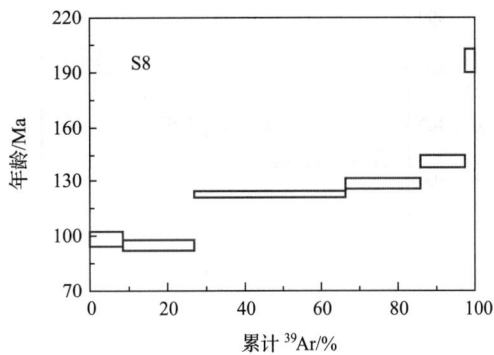

(F8)

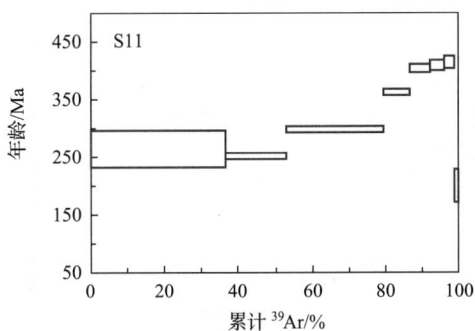

(F9)

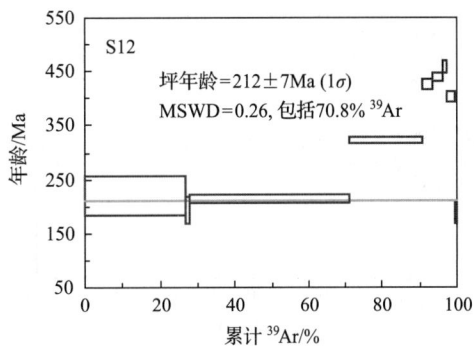

(F10)

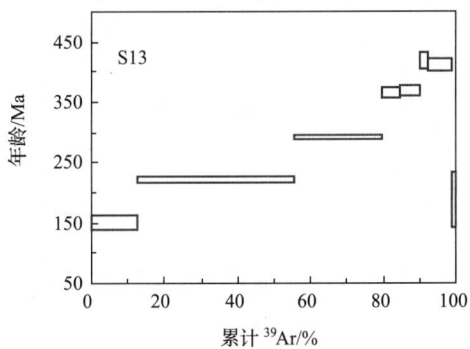

(F11)

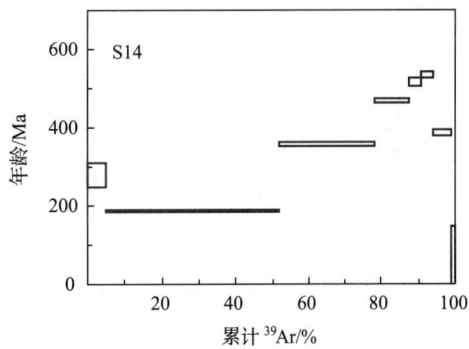

(F12)

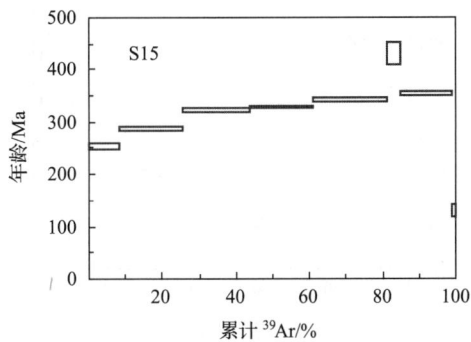

(F13)

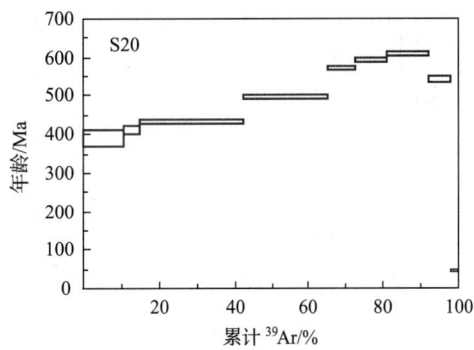

(F14)

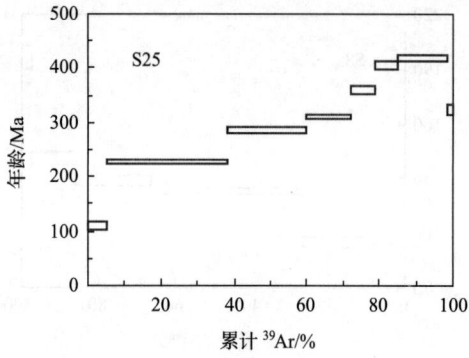

(F15)

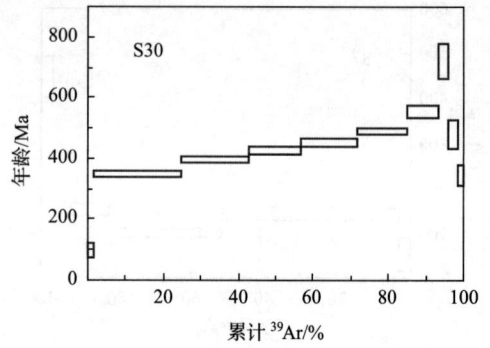

(F16)

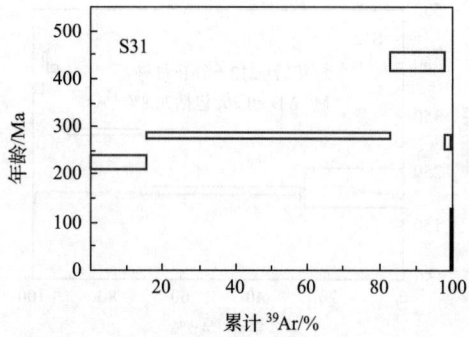

(F17)

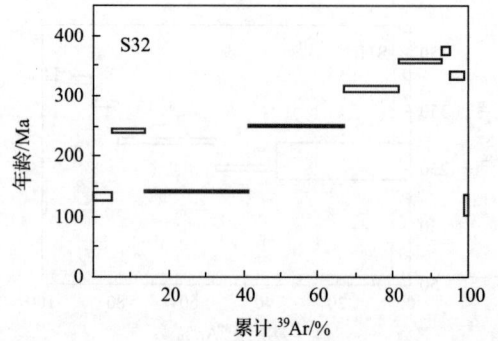

(F18)

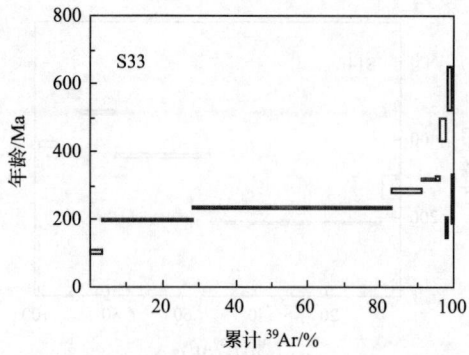

(F19)

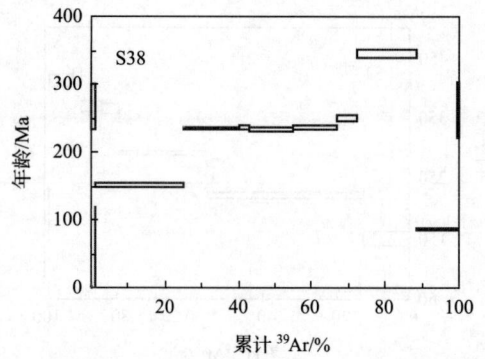

(F20)

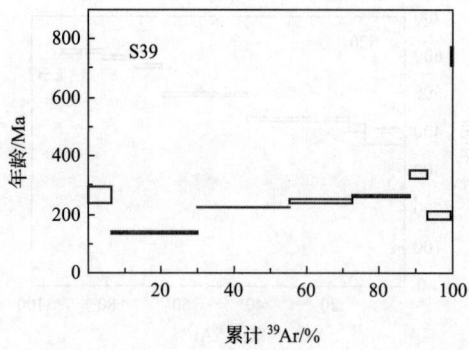

(F21)

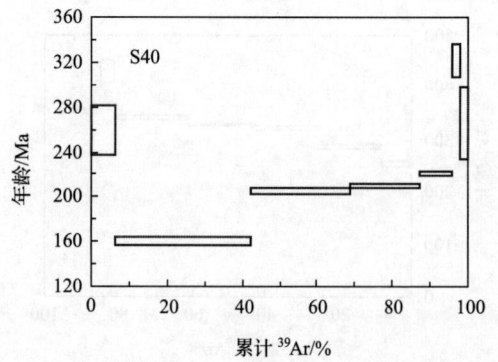

(F22)

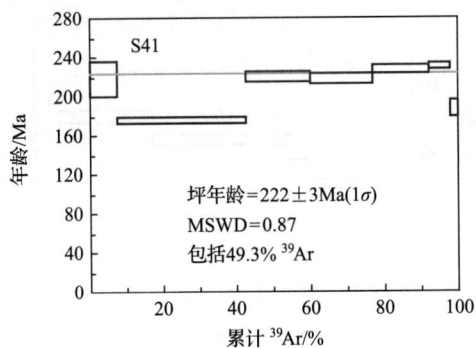

(F23)

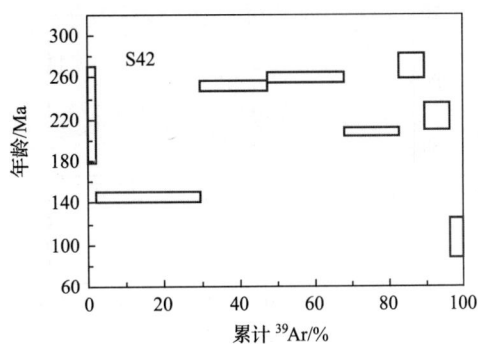

(F24)

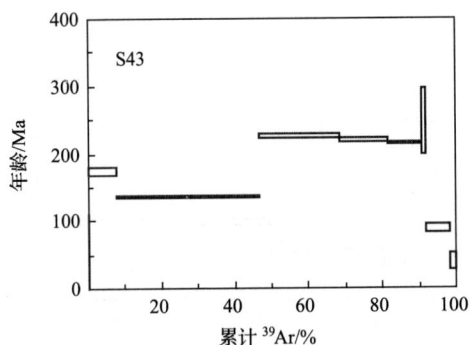

(F25)

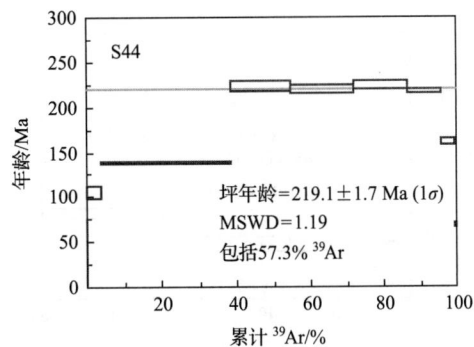

(F26)

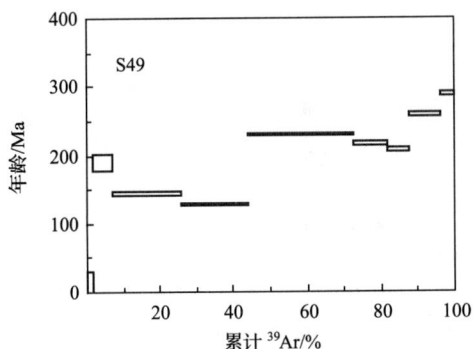

(F27)

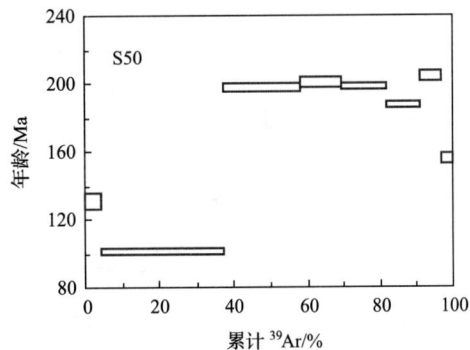

(F28)

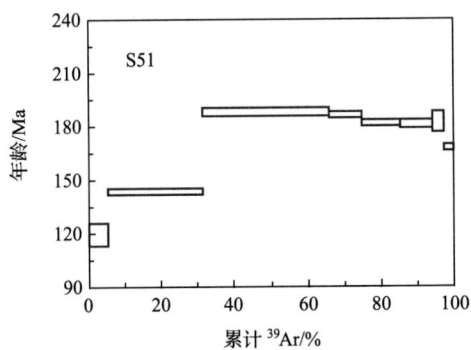

(F29)

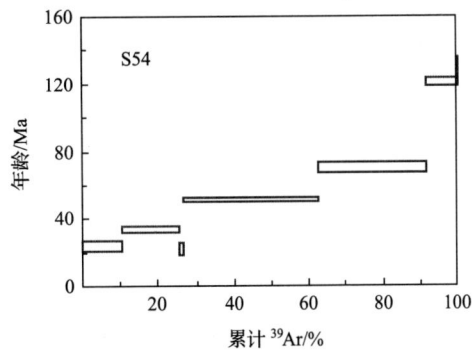

(F30)

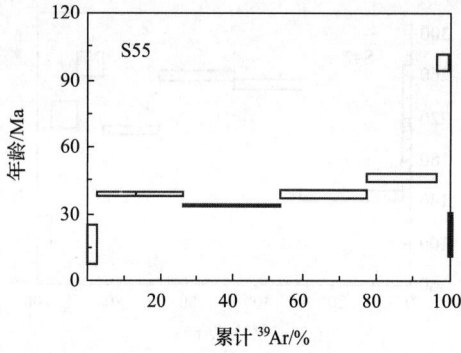

(F31)

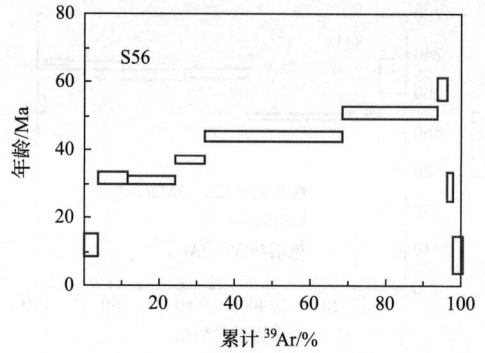

(F32)

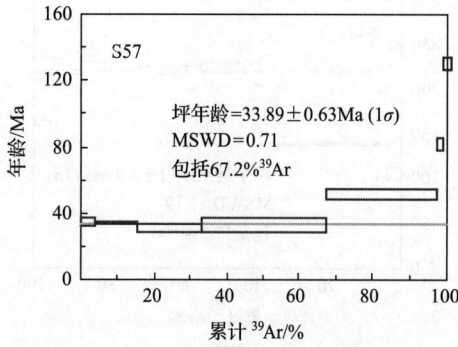

坪年龄=33.89±0.63Ma (1σ)
MSWD=0.71
包括67.2%^{39}Ar

(F33)

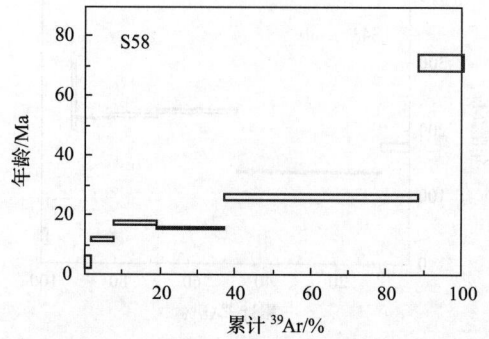

(F34)

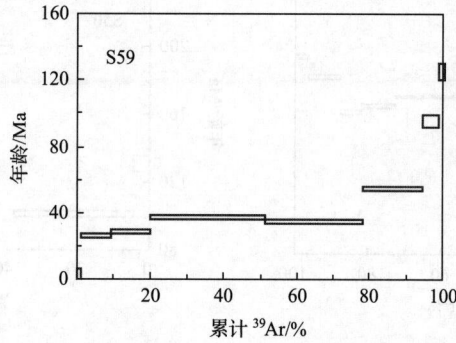

(F35)